DR. GERHARD GAWALEK

TENSIDE

DR. GERHARD GAWALEK

TENSIDE

Mit 59 Abbildungen
und 53 Tabellen

AKADEMIE-VERLAG
BERLIN 1975

Erschienen im Akademie-Verlag, 108 Berlin, Leipziger Str. 3–4

Lizenznummer: 202 · 100/492/75
Schutzumschlag, Einband und Typographie: Rolf Kunze
Gesamtherstellung: VEB Druckhaus „Maxim Gorki“, 74 Altenburg
Bestellnummer: 761 870 5 (6128) · LSV 1275
Printed in GDR
EVP 48,–

Vorwort

Vorliegende Monographie stellt eine erweiterte Neuauflage des WTB „*Wasch- und Netzmittel*" dar. Das Buch soll einen guten Überblick über das gesamte Gebiet der Tenside geben. In den Vordergrund gestellt sind die Verfahren zur Herstellung dieser Verbindungen. Außer den klassischen Produkten sind eine Anzahl modernerer Stoffgruppen, z. B. die fluorhaltigen Tenside, einbezogen worden. Insgesamt erfolgte eine Ausrichtung auf die petrolchemischen Rohstoffe, welche die Grundstoffe aus der Kohle weitgehend verdrängt haben. Trotz dieser Entwicklung haben die Fettstoffe für die Tensidchemie eine gewisse Bedeutung behalten.

Die sehr umfangreiche Literatur dieses Gebietes — insbesondere die Patentliteratur zur Herstellung von Wasch- und Reinigungsmitteln u. dgl. — kann in ihrer Gesamtheit hier nicht erfaßt werden, da es sich häufig um weniger bedeutende Rezepturen oder Verfahrensvarianten handelt. Desgleichen wurde vielfach auf die Wiedergabe älterer Literatur verzichtet, die durch neuere Arbeiten überholt ist. Trotzdem werden etwa 800 Literaturangaben gebracht.

Die ungeheuer große Zahl an Markenbezeichnungen des In- und Auslandes ist grundsätzlich nicht erfaßt oder erwähnt worden, um eine bessere Übersicht zu behalten. Des weiteren sind bewußt eine Reihe angelsächsischer Fachausdrücke wie *Syndets*, *Detergents*, *Surfactants*, *Builder* u. dgl. nicht übernommen worden, da sie zuweilen zu falschen Vorstellungen führen

Gerhard Gawalek

Inhalt

3. Aniontenside

8. Analytik

Einleitung

Für die grenzflächenaktiven Verbindungen wurde im Jahre 1960 anläßlich des III. Internationalen Kongresses des Comité Internationale de la Detergence in Köln die Bezeichnung „*Tenside*“ eingeführt. Der Begriff ist vom lateinischen *tensio* = *Spannung* abgeleitet. Auf Grund des verschiedenen chemischen Charakters der grenzflächenaktiven Stoffe unterscheidet man zwischen Aniontensiden, Kationtensiden, nichtionogenen Tensiden und ampholytischen Tensiden oder Amphotensiden. — Für die waschaktiven Substanzen (*WAS*) wurde der Begriff „*Saponide*“ vorgeschlagen, der sich jedoch bisher nicht in dem Umfang wie die Bezeichnung „Tenside“ hat durchsetzen können. Siehe dazu auch Kling [1].

Die Chemie der Tenside hat im vergangenen halben Jahrhundert eine außerordentliche Entwicklung erfahren. Während die Weltproduktion 1939 bei 10000 Tonnen lag, wurde sie im Jahre 1958 auf 2,8 Millionen Tonnen geschätzt, d. h. in 20 Jahren ist die Produktion auf das dreihundertfache gestiegen. Von 1958 bis 1973 ist der Anstieg weniger groß.

Die Anzahl der im Patentschrifttum vorgeschlagenen Tenside und ihrer Zubereitungen ist ungeheuer groß und vielfältig. Die Zahl der verwendeten Grundtypen dürfte sich auf 100 bis 200 belaufen, wovon ein großer Teil nur in geringen Mengen für spezielle Zwecke hergestellt werden. Etwa 20 bis 30 Verbindungsgruppen werden in einer technischen Großproduktion gewonnen. Nur wenige der bekannten Tenside erfüllen alle an sie gestellten Anforderungen. Außer den physikalischen Eigenschaften dieser Verbindungen sind leicht beschaffbare, preisgünstige Rohstoffe und die biologische Abbaufähigkeit der Tenside im Abwasser von Bedeutung.

Nach Lindner [2] erschienen allein in der Zeit von 1963 bis Mitte 1966 auf dem Gebiet der Tenside mehr als 1000 nur deutsche Auslegeschriften und Patente. Mit 49% nehmen die Aniontenside die führende Position ein; ihnen folgten die nichtionogenen Verbindungen mit 31%, die Kationtenside mit 15% und nur 5% beziehen sich auf die Amphotenside. Seit 1964 besteht ein deutlicher Trend zugunsten der nichtionogenen Tenside. Unter den Aniontensiden werden die biologisch leicht abbaubaren Verbindungen, öllösliche Alkylarylsulfonate (Schmieröladditive), die Sulfochlorierung und die Sulfoxydation von n-Paraffinen sowie Acylisäthionate und Acyltauride ausführlicher bearbeitet. Als neuere Verfahren treten in das Blickfeld die Umsetzung von Eiweißabbauprodukten mit Olefinoxiden, die Sulfonierung von Polysiloxanen und Alkoxysilanen. Auch neuartige Phosphorver-

Tabelle 1a. Weltübersicht über die Erzeugung von Wasch- und Reinigungsmitteln in 1000 t

	1960	1964	1967	1968
Seifen	5808	6019	5991	
Seifenflocken	160	125	121	6605
Seifenpulver	859	898	528	
synthet. Waschmittel	3633	5202	6454	6900

Tabelle 1b. Weltproduktion an Seifen, Wasch- und Reinigungsmitteln in 1000 t 1971 [32]

	Produktion		1971:1970
	1970	1971	
Seifen einschließlich Flocken und Pulver	6093,5	6000,0	− 1,5
Synthesewaschmittel	8350,0	8900,0	+ 6,6
sonstige	1933,4	2200,0	+13,8
insgesamt	16376,8	17100,0	+ 3,8

Tabelle 1c. Weltverbrauch an Seifen, Wasch- und Reinigungsmitteln nach Kontinenten 1970 (je 1000 t) [32]

Kontinent	Seife	Waschmittel				Verbrauch pro Kopf
		Seifen-basis	Synthese-basis	sonstige	ins-gesamt	[kg]
Westeuropa	825,5	176,1	2779,1	861,1	4641,8	13,8
Sozialist. Staaten	1117,8	141,4	846,9	86,7	2252,8	6,5
Nordamerika	439,4	121,0	3133,2	880,0	4573,6	20,2
Mittelamerika	305,5	16,0	276,1	19,3	616,9	6,9
Südamerika	640,1	66,8	166,1	13,8	887,3	4,7
Australien	60,4	22,8	124,1	30,0	237,3	15,4
Afrika	584,8	1,0	162,3	31,7	779,8	2,3
Asien	1406,6	29,9	883,4	4,3	2324,2	1,2
insgesamt	5427,2	575,0	8374,5	19226,9	16313,8	⌀:4,6

bindungen und Fluortenside werden eingehender beschrieben. 40% der Patente über nichtionogene Verbindungen befassen sich mit Zuckerverbindungen, z. B. Fett- bzw. Naphthensäureester der Polysaccharide. Äthylenoxid-Propylenoxid-Block-Copolymerisate unterschiedlichster Zusammensetzung werden als Tenside patentiert. Weiterhin werden Maleinsäureanhydridaddukte ungesättigter Fettsäuren sowie Ureide und Zitronensäureester mit speziellen physikalisch-chemischen Eigenschaften synthetisiert. Das Gebiet der ebenfalls stärker in Erscheinung tretenden Kationtenside wird durch neue Verfahren zur Gewinnung von Amiden, Aminen, Aminoxiden, quaternären Ammoniumverbindungen, fluorhaltigen Substanzen und verschiedenartigen Kondensationsprodukten bereichert. Die Entwicklung der Amphotenside geht in Richtung auf desinfizierende Wasch- und Reinigungsmittel weiter. Für die Tensidproduktion Japans gibt KAWAKAMI [3] eine stärkere Entwicklung der Alkanolamide, Phosphorsäureester, Alaninderivate, Azetylenabkömmlinge, Fluortenside und der Äthylenoxid-Propylenoxid-Polymeren an.

Von BERTSCH wird die Seife im Grunde genommen als „alter Zopf" betrachtet, d. h. , daß sie keine Daseinsberechtigung mehr besitzt. Tatsächlich geht die Seifenproduktion allgemein mehr und mehr zurück. In der DDR wurden 1965 53054 t Seife produziert, dagegen 1966 nur noch 52522t. Im Gegensatz dazu liegt die Waschmittelproduktion der DDR im Jahre 1966 bei 178094 t. In anderen Ländern ist der Unterschied weitaus krasser. Der Seifenanteil an der Gesamttensidmenge ist innerhalb von 10 Jahren um die Hälfte zurückgegangen. Größter Seifenproduzent der Welt ist zur Zeit die Sowjetunion mit einer Jahresproduktion von 1,65 Millionen Tonnen.

Eine Übersicht über die Weltproduktion an Wasch- und Reinigungsmitteln gibt Tabelle 1a, 1b, 1c. Die Änderung des Verhältnisses von Seife zu synthetischen Tensiden in den Jahren von 1960 bis 1968 geht aus Tab. 2 hervor [4].

Tabelle 2. Verhältnis Seife / synthetische Waschmittel

	1960 [%]	1964 [%]	1967 [%]	1968 [%]
Seife	59	52,2	45	43,2
synthet. Waschmittel	32	38,5	44	45,2

1964 waren von der Welttensidproduktion ca. 75% Aniontenside, 20% nichtionogene Tenside und 5% Amphotenside. Von den Aniontensiden waren 75% Tetrapropylenbenzolsulfonate, deren Produktion heute wegen ihrer schlechten biologischen Abbaubarkeit weitgehend reduziert bzw. ganz

Tabelle 3a. Verwendung der Tenside [2]

	Anteile in % 1965
1. Textilveredlung	13,2
2. Waschen und Reinigen im Haus und Gewerbe	8,9
3. Körperpflege, Kosmetik	8,5
4. Desinfektion, Konservierung	8,5
5. Farben und Lacke	2,3
6. Emulgieren, Schmieren, Polieren	8,5
7. Zellstoff, Papier (Imprägnieren)	4,3
8. Leder, Rauchwaren	1,3
9. Pflanzen- und Vorratsschutz	4,0
10. Chemische Verfahren (Fasern, Plaste, Kautschuk)	11,2
11. Flotation, Bergbau	4,6
12. Metalloberflächenbehandlung (Korrosionsschutz, Galvanotechnik)	10,2
13. Fotomaterialien	5,3
14. Bau- und Werkstoffe, Bautenschutz, Straßenbau	2,6
15. Lebens-, Genuß- und Futtermittel	3,3
16. Heilbehandlung, Heilmittel	3,3

Tabelle 3b. Anwendungsgebiete für Tenside nach Pacificio und Jonescu [726]

Wasch- und Reinigungsmittel für den Haushalt	51,5%
Erdölindustrie	17,0%
Zement- und Baustoffindustrie	7,0%
Konfektionierte Reiniger	4,5%
Metallindustrie, Flotation	3,5%
Textilindustrie	3,0%
Lebensmittelindustrie	2,5%
Chemische Zwischenprodukte	2,0%
Kosmetische Industrie	2,0%
Landwirtschaft (Schädlingsbekämpfung)	1,0%
Chemische Reinigung	1,0%
Sonstige Verbraucher	5,0%

eingestellt wurde. Sie sind durch ähnlich gebaute Verbindungen mit geradkettigen Alkylen (Kerylbenzolsulfonate) ersetzt worden.

Durch die Mangellage auf dem Gebiet der Seifenrohstoffe insbesondere in der Zeit nach dem zweiten Weltkrieg war man gezwungen, synthetische oder teilsynthetische Tenside zu entwickeln, die heute die Grundlage für die meisten Waschmittel bilden. In Deutschland bestand nach dem Kriege eine Abneigung gegen die Verwendung synthetischer Waschmittel, die vorwiegend auf die schlechte Qualität dieser Produkte in den Kriegs- und ersten Nachkriegsjahren zurückzuführen war. In jener Zeit wurde die Weiterentwicklung der Tenside teilweise mit Zurückhaltung aufgenommen. Angeregt durch die gute Qualität von Produkten aus anderen Ländern und durch deren Absatzergebnisse, trat dann auch in Europa eine lebhafte Entwicklung auf dem Gebiet der Tenside ein. Obwohl die hauptsächliche Entwicklung heute weitgehend abgeschlossen ist, sind Überraschungen auf dem Gebiet nicht ganz ausgeschlossen. Neben einer beachtlichen Verschiebung auf dem Sektor der Tensidrohstoffe änderten sich auch die Herstellungsmethoden. Der Trend ging von den Fettchemikalien, die auch heute noch in beachtlichen Mengen eingesetzt werden, zur Kohle und schließlich zum Erdöl, bzw. vom Acetylen zum Äthylen. Während früher relativ große Fettmengen zur Herstellung von Tensiden eingesetzt wurden, kommen heute vielfach petrolchemische Grundstoffe, wie n-Paraffine, Olefine, Aromaten u. a. zum Einsatz. Synthetische Tenside bzw. teilsynthetische sind alle grenzflächenaktiven Verbindungen, die aus umgewandelten Naturfetten, Erdöl oder auch Kohleprodukten hergestellt werden.

Die Hauptmenge der Tenside wird für Reinigungszwecke verwendet. Als Abnehmer der Fertigprodukte treten in erster Linie die Textilindustrie und die Haushalte auf, von denen Textilhilfsmittel sowie Wasch- und Reinigungsmittel aller Art in großem Umfang verbraucht werden. Der Bedarf für die Körperreinigung und für allgemeine Reinigungszwecke bleiben dahinter zurück. In zunehmendem Maße werden die verschiedenen Tenside für industrielle Zwecke als Emulgatoren, Netzmittel, Dispergatoren, Schaummittel und ähnliches eingesetzt. Siehe dazu Tab. 3a [5, 6, 7], sowie Tab. 3b.

Historische Entwicklung der Tenside

Zur Reinigung von Körper und Bekleidung dienende Mittel sind altes Kulturgut der Menschheit. Die ersten Hinweise über den Gebrauch von Seifen stammen von sumerischen Tontafeln, die etwa um 2500 v. d. Z. entstanden sind. Nach LEVEY [8] wird die Herstellung von Seife aus Öl und Pottasche sogar quantitativ beschrieben. Von den alten Ägyptern aus der Zeit um etwa 1550 bis 700 v. d. Z. ist bekannt, daß sie vornehmlich weiße Gewänder trugen, die sie mit Sodalösungen gewaschen haben sollen. Die Soda stammte aus den nordafrikanischen Sodaseen (*Trona*: $Na_2CO_3 \cdot NaHCO_3 \cdot H_2O$). Bei dieser Art des Waschens spielte das mechanische Bearbeitungsmoment die entscheidende Rolle. Neuere Forschungsergebnisse beweisen jedoch, daß im alten Ägypten um 600 v. d. Z. die Seifenherstellung bekannt war.

Nach PLINIUS GAIUS SECUNDUS, genannt der ältere PLINIUS (24 bis 79 u. Z.) soll bei den Germanen und Gallieren ein aus Ziegentalg und Holzasche bereitetes Produkt als eine Art Haarpomade — wohl hauptsächlich zur Abtötung des Ungeziefers — benutzt worden sein. Es wird angenommen, daß die Seife der Germanen Kaliseife war, da sie aus der Asche von Landpflanzen, die vorwiegend aus Pottasche besteht, gewonnen wurde. Angeblich war die gallische Seife härter, weil zu ihrer Herstellung die sodahaltige Asche von Meerespflanzen oder aus Ägypten über das Mittelmeer importierte Soda verwendet wurde und es sich also um eine Natronseife gehandelt haben muß.

Die Römer der Kaiserzeit sollen von der Seife keinen Gebrauch gemacht haben. Im damaligen Rom wurde zur Reinigung von Textilien Urin verwendet, der in Gefäßen gesammelt wurde, die öffentlich in den Straßen standen. Das Sammeln des Urins und das Reinigen der Kleidungsstücke ist von Sklaven besorgt worden.

Im 2. Jahrhundert u. Z. berichtet GALENUS in seinem Werk „*De simplicibus medicaminibus*" über die Verwendung der Seife als erweichend wirkendes Heilmittel und als Mittel zur leichteren Entfernung des Schmutzes vom Körper und aus der Bekleidung. Seifen sind aus Fetten mit Aschenlaugen gewonnen worden [9, 10].

Besonders in den Häfen des Mittelmeerraumes wie Marseille, Venedig, Savona wurde frühzeitig eine für die damalige Zeit beachtliche Seifenindustrie entwickelt. Einerseits standen tierische und pflanzliche Fette in reichlicher Menge zur Verfügung und andererseits war importierte oder aus

Meerespflanzen gewonnene Soda zur Verfügung. Aus diesen Städten kamen im 15. Jahrhundert erhebliche Seifenmengen über die Alpen nach Europa.

Obwohl bei den Germanen die Seife bereits bekannt gewesen ist, reinigte man in Deutschland im Mittelalter die Wäsche fast nur mit Holzaschenlauge. Die aus Italien oder Frankreich eingeführte Seife hatte Seltenheitswert. Erst im 17. Jahrhundert begann man in Bayern mit der gewerbsmäßigen Seifenproduktion.

Einen starken Aufschwung nahm die Seifenproduktion erst, als die Soda durch den LEBLANC-Prozeß billig zu erhalten war und in ausreichender Menge zur Verfügung stand. In Deutschland setzte die Hauptentwicklung der Seifenindustrie in den dreißiger Jahren des 19. Jahrhunderts ein. Damals begann auch CHEVREUL [11] in Frankreich seine Untersuchungen zur Chemie der Fette.

Seifenpulver als pulverisierte Gemische von trockener Seife und Soda kamen erst gegen Ende des 19. Jahrhunderts in den Handel. Einige Vorläufer der synthetischen Tenside sind bereits in der ersten Hälfte des 19. Jahrhunderts hergestellt worden. Man erkannte allerdings noch nicht ihre Bedeutung. Durch Behandlung des Cetylalkohols mit Schwefelsäure stellten DUMAS und PELIGOT 1836 den sauren Cetylschwefelsäureester her. Auch anderen Chemikern des 19. Jahrhunderts gelang die Darstellung verschiedener Alkylschwefelsäureester aus den entsprechenden Fett- oder Wachsalkoholen. Jedoch findet man nur selten Hinweise auf einen technischen Verwendungszweck. Erst 1928 glückte BERTSCH [12] der „große Wurf", nämlich die Entdeckung der Eignung höhermolekularer Alkylsulfate als neutrale, in mancher Beziehung den Seifen überlegene waschaktive Substanzen und die Ausarbeitung von Verfahren zu ihrer technischen Herstellung. Die Produkte erlangten als „Gardinole" und in Form des ersten neutralen Feinwaschmittels „Fewa" Weltruf. Sie gehören noch heute zu den besten waschaktiven Substanzen.

Bei den Versuchen zur Synthese von Glyzerin entdeckte GÜNTHER [13] bereits 1917, daß sich Isopropanol mit Naphthalinsulfonsäure zur Diisopropyl-naphthalinsulfonsäure umsetzen läßt. Es wurde festgestellt, daß das Natriumsalz dieser Säure in wäßriger Lösung gute Netz- und Emulgiereigenschaften aufwies; darüber hinaus auch starke Schaumbildung und eine gewisse Reinigungskraft besaß.

Den Grundstein zu den heutigen nichtionogenen Tensiden legten SCHÖLLER und WITTWER [14]. Sie fanden 1930, daß durch Veresterung langgliedriger Polylglykoläther mit Ölsäure, Stearinsäure u. dgl. wasserlösliche Produkte entstehen, deren wäßrige Lösungen Schaum-, Netz- und Waschwirkung aufweisen.

Einen ausgezeichneten Überblick über die Entwicklung der modernen Tenside gibt PÜSCHEL [15, 16]. Siehe dazu Tab. 4a bis 4e. Interessante Einzelheiten zur Entwicklung der Tenside bringen auch METZGER [17], HUETER [18] und SCHRAUTH [19].

Tabelle 4a. Entwicklung der Tenside bis 1925 (nach F. PÜSCHEL [15])

Typ	Konstitution	entwickelt von: Jahr, Erfinder
Seife	$R \cdot COOMe$	Altertum
sulfatierte ungesättigte Öle	— —	1834, RUNGE 1846, MERCER
sulfatiertes Rizinusöl	—	1875
verbesserte sulfatierte Öle		1896, Krefelder Seifenfabrik
fettaromatische Sulfonsäuren	$R \cdot CH \cdot R' \cdot COOH$ / $Ar \cdot SO_3H$	1900, TWITCHELL
Dialkylnaphthalin-sulfonate	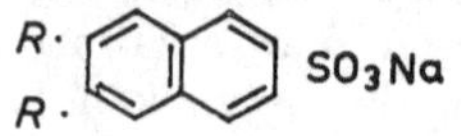	1917, F. GÜNTHER, J. D. RIEDEL

Tabelle 4b. Entwicklung der Tenside von 1925 bis 1929

Typ	Konstitution	Jahr, Erfinder
hochsulfierte Öle aus ungesättigten Fetten und Fettsäuren, bes. Rizinolsäure	meist Sulfo- oder Sulfatocarbonsäuren bzw. Gylzeride	1925, BERTSCH 1927, HÖCHTLEN, CREMER
Esteröle, sulfatierte Rizinolsäurebutylester	$R \cdot CH \cdot R' \cdot COOC_4H_9$ / $O \cdot SO_3Na$	1928, BERTSCH
Amidöle, sulfatiertes Ölsäure-N-äthylanilid	$R \cdot CH \cdot R' \cdot CO \cdot N \cdot C_6H_5$ / $\quad\cdot$ $O \cdot SO_3Na \quad C_2H_5$	1928
Fettsäureamido-ammonium-salze	$R \cdot CO \cdot NH \cdot C_2H_4{}^{\oplus} \cdot N \cdot X \cdot Ac^{\ominus}$ $\cdot$ C_2H_5	1927, HARTMANN, KÄGI

X = H, Methyl, Benzyl; Ac = Cl, Acetat, Laktat.

Tabelle 4c. Entwicklung der Tenside von 1929 bis 1935

Typ	Konstitution	entwickelt von: Jahr, Erfinder
I. Anionaktive Tenside auf Basis Fettsäure.		
primäre Alkylsulfate	$R\cdot CH_2\cdot O\cdot SO_3Me$	1928/29, BERTSCH
Ester-Sulfonate	$R\cdot COO\cdot C_2H_4\cdot SO_3Me$	1929, DAIMLER, PLATZ
Amid-Sulfonate	$R\cdot CO\cdot N\cdot C_2H_4\cdot SO_3Me$ CH_3	1930
modifizierte Seifen Ölsäuresarkosid	$R\cdot CO\cdot N\cdot CH_2CH_2COONa$ CH_3	1930
Ölsäure-Polypeptid-Kondensat	$R\cdot CO\cdot (NH\cdot R'\cdot CO)_nONa$	1930, SOMMER
Alkylbenzimidazolsulfonate	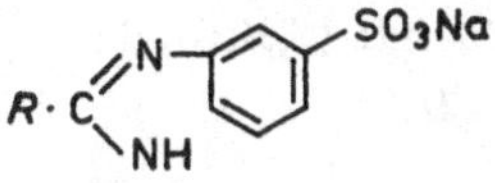	1932
Estersulfate, Monoglyzeridsulfate	$R\cdot COO\cdot CH_2\cdot CH\cdot OH$ $CH_2\cdot O\cdot SO_3Na$	1929, SCHRAUTH 1932
Alkylamidsulfate	$R\cdot CO\cdot NH\cdot R'\cdot O\cdot SO_3Na$	1933
II. Anionaktive Tenside aus Basis Erdöl, Kohle		
sekundäre Alkylsulfate, Olefinsulfate	$R\cdot CH(O\cdot SO_3Na)\cdot R'$	1934
verzweigte Sekundär-sulfate	R_1, R_2 stark verzweigt	1934
Alkylbenzolsulfonate	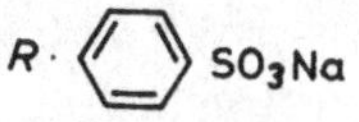	1933
sekundäre Alkylsulfonate	$R_1\cdot CH(SO_3Na)\cdot R_2$	
Dialkylsulfobernstein-säureester	$R\cdot OOC\cdot CH\cdot CH_2\cdot COOR$ SO_3Na	1933
Alkylsulfonsäure-Poly-peptid-Kondensate	$R\cdot SO_2(NH\cdot R\cdot CO)_n\cdot ONa$	1936, LINDNER

Typ	Konstitution	entwickelt Jahr, Erfinder
III. Kationaktive Tenside:		
Alkyl-dimethyl-benzyl-ammoniumsalze	$\left[\begin{array}{c} R\cdot N^{\oplus}(CH_3)_2\ Cl^{\ominus} \\ \cdot \\ CH_2\cdot C_6H_5 \end{array}\right]$	Anwendung als Desinfiziens DOMAGK, 1934
N-Alkylpyridiniumsalze		HUNSDIECKER, VOGT 1931
IV. Äthylenoxid-Addukte:		
Polyglykolester		
Fettsäure-Addukte	$R\cdot CO\cdot(OC_2H_4)_nOH$	SCHÖLLER, WITTWER 1930
Tallöl-Addukte	– – –	
Polyglykol-Amide	$R\cdot CO\cdot NH\cdot(C_2H_4O)_nH$	
Polyglykoläther, Alkyläther	$R\cdot(C_2H_4O)_nOH$	SCHÖLLER, WITTWER 1930
Alkylphenoläther	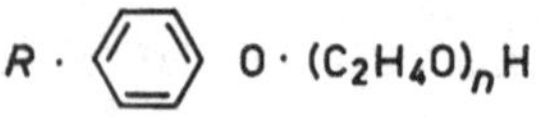	1935
Polyglykoläthersulfate	$R\cdot O\cdot(C_2H_4O)_n\cdot O\cdot SO_3Me$	1930

Tabelle 4d. Entwicklung der Tenside von 1935 bis 1945

Typ	Konstitution	entwickelt Jahr, Erfinder
I. Amphotere Tenside		
α-Alkyl-betain	$\begin{array}{l} R\cdot CH\cdot COO^{\ominus} \\ \quad\ \cdot \\ \quad N^{\oplus}(CH_3)_3 \end{array}$	1937
II. Polyhydroxylverbindungen:		
Fettsäure-sorbitanester	$R\cdot COO\cdot CH_2\cdot CH\cdot CH\cdot CH\cdot OH$, mit $\cdot OH$, $\cdot O$, $\cdot CHOH$ an den drei CH; O und CHOH über CH_2 verbunden	CANTOR, 1943

Typ	Konstitution	entwickelt Jahr, Erfinder
Fettsäuresorbitanester-polyglykoläther	entsprechend wie oben nur OH-Gruppen mit Polyglykol veräthert	1944
III. Fettsäurealkylolamide:		
Monoäthanolamide	$R\cdot CO\cdot NH\cdot C_2H_4OH$	1937
Diäthanolamide	$R\cdot CO\cdot N\langle{}^{C_2H_4OH}_{CH_4OH_2}$	1937

Tabelle 4e. Entwicklung der Tenside von 1945 bis 1960

Typ	Konstitution	entwickelt von: Jahr, Erfinder
I. Amphotere Tenside:		
N-Alkyl-diäthylentriamin-carbonsäuren	$\begin{matrix} R\cdot NH\cdot C_2H_4 \\ R\cdot NH\cdot C_2H_4 \end{matrix}\rangle N\cdot CH_2COOH$ $R\cdot(NH\cdot C_2H_4)_2\cdot NH\cdot CH_2COOH$	1944—1948
N-Alkyl-asparaginsäure	$R\cdot NH\cdot CH\cdot COOH$ $\qquad\quad CH_2\cdot COOH$	1948
N-Alkyl-β-alanin	$R\cdot NH\cdot CH_2CH_2COOH$	1949
II. Nichtionogene Tenside:		
Polypropylenglykolpoly-glykoläther	$H(OC_2H_4)_x\cdot(OC_3H_6)_n\cdot(OC_2H_4)_y\cdot OH$ $R\cdot(OC_3H_6)_n\cdot(OC_2H_4)_x\cdot OH$	1954
Äthylendiaminopolypropy-lenglykol-polyglykoläther	$CH_2\cdot N[(OC_3H_6)_n\cdot(C_2H_4O)_xH]_2$ $CH_2\cdot N[(OC_3H_6)_n\cdot(C_2H_4O)_xH]_2$	1954
Dialkyl-dioxyacetylene	$\begin{matrix} R_1 \\ R_2 \end{matrix}\rangle \underset{OH}{C}-C\equiv C-\underset{OH}{C}\langle\begin{matrix} R_1 \\ R_2 \end{matrix}$	1955
Fettsäure-Zuckerester	$R\cdot CO\cdot$(Saccharose)	PETERS, SNELL, 1947 1956
Alkyl-Zucker-Urethane	$R\cdot NH\cdot CO\cdot$(Saccharose)	ULSPERGER, 1957

1. Charakteristik der Tenside

1.1. Physikalische und chemische Eigenschaften

Nach der allgemeinen Definition sind Tenside chemische Verbindungen, die sich in Lösungsmitteln, insbesondere in Wasser, so verteilen, daß ihre Konzentration an den Grenzflächen höher ist als im Innern des Lösungsmittels. Diese Verteilung wird durch den molekularen Aufbau dieser Substanzen bedingt, d. h. die Anreicherung der Tensidmoleküle in den Phasengrenzen ist auf ihren amphiphilen Molekülaufbau zurückzuführen. Der molekulare Aufbau und die tensioaktiven Eigenschaften der Verbindungen stehen in enger Beziehung zueinander, und man kann die wichtigsten Effekte der Tenside aus den Konstitutionen ableiten.

An den Phasengrenzen erfolgt eine orientierte Adsorption der Tensidmoleküle, wobei die unpolaren hydrophoben Gruppen nach der unpolaren Phase, wie Luft, Festkörper usw. ausgerichtet werden. Dadurch tritt eine Veränderung der ursprünglichen Grenzflächenspannung der lösenden Flüssigkeit auf, die zur Änderung einiger physikalischer Eigenschaften, Netzvermögen, Emulgier- und Dispergiervermögen, Schaumkraft u. dgl. führt. Eine schematische Darstellung der Anordnung der Tensidmoleküle an Grenzflächen zeigt Abb. 1. Die Moleküle orientieren sich in der Oberfläche von Wasser so, daß die *hydrophilen* Teile dem Flüssigkeitsinnern, der *hydrophobe* dagegen der angrenzenden Phase zugekehrt ist, d. h. entweder der Luft, Festkörpern oder dgl. In Öl lösliche Tenside, z. B. als Additive für Mineralöle, sind darin umgekehrt orientiert. Der hydrophobe Teil ist an der Grenzfläche nach dem Innern der Flüssigkeit gerichtet, während der hydrophile Teil nach außen weist.

Wie bereits erwähnt, besteht das Tensidmolekül vielfach aus einem meist größeren unpolaren Teil, den Kohlenwasserstoffrest mit vorwiegend 12 bis 18 Kohlenstoffatomen und einem polaren Teil, der die Wasserlöslichkeit des Moleküls bewirkt.

Der erste Teil ist die hydrophobe (= wasserfeindliche bzw. *lipophile* = *fettfreundliche*) Gruppe. Der polare Teil ist die hydratationsfähige, solvatationsfähige hydrophile Gruppe (= wasserfreundlich). Alle Tenside enthalten in unterschiedlicher Form diese für ihre Eigenschaften entscheidenden Molekülgruppen. Von ihrer chemischen Konstitution ist die Qualität der Tenside abhängig. Nur bei starkem Einfluß der hydrophilen Gruppe ist die Substanz in Wasser löslich.

Abb. 1. Anordnung der tensioaktiven Moleküle.
a) in einer wäßrigen Lösung, *b*) in Mineralöl gelöst.

2 = hydrophober Teil, 1 = hydrophiler Teil. Bei *a* ist der hydrophobe Teil zur Grenzfläche gerichtet, bei *b* der hydrophile Teil.

Die Hydrophobie ist für alle Kohlenwasserstoffverbindungen, z. B. den Aliphaten, Naphthenen oder Alkylarylen charakteristisch. Typische Hydrophilie verleihen die Carbonyl-, Sulfat- oder Sulfonatgruppe, sowie auch eine Häufung semihydrophiler Gruppen, wie $—CH_2 \cdot O \cdot CH_2 \cdot$, oder mehrfach semipolare stickstoffenthaltende Reste, wie $—NH_2$, $CO \cdot NH \cdot$ usw. Spezielle Eigenschaften einiger hydrophiler Gruppen sind in Tab. 5 erfaßt.

Tabelle 5. Eigenschaften, die von verschiedenen hydrophilen Gruppen Aniontensiden verliehen werden [21]

Eigenschaften	COO*Me*	$O \cdot SO_3Me$	SO_3Me
Waschkraft	+++	++	+
Schmutztragevermögen	+++	++	+
Dispergierwirkung	+	++	+++
Netzkraft	+	++	+++
Emulgiervermögen	+	++	+++
Schaumkraft	+	++	+++
Schaumbeständigkeit	+++	++	+
Anschäumvermögen	+	++	+++
Konzentrationswirksamkeit	+	++	+++
Chemische Resistenz	—	++	+++
Hartwasserbeständigkeit	—	++	+++
Löslichkeit	+	++	+++
Farbe	++	++	+
Chemische Reaktion (pH)	+++	++	+
Ausspülbarkeit von Zellulose	+++	++	+
Ausspülbarkeit von Eiweißfasern	+	++	+++
Hautverträglichkeit	+++	++	+

— = Effekt schlecht oder nicht vorhanden ++ = Effekt gut
\+ = Effekt vorhanden, genügend +++ = Effekt sehr gut

1.1.1. Die Grenzflächenspannung

Wie bereits erwähnt, fundiert die Verwendung der Tenside auf ihrer Eigenschaft, die Grenzflächenspannung – insbesondere von Wasser – herabzusetzen. Die Grenzflächenspannung ist die Kraft in dyn gemessen, welche aufgewendet werden muß, um eine Flüssigkeitsoberfläche entlang eines Zentimeters auszudehnen. Die zu ihrer Bestimmung geeigneten Methoden sind im Abschnitt „Analytik" beschrieben.

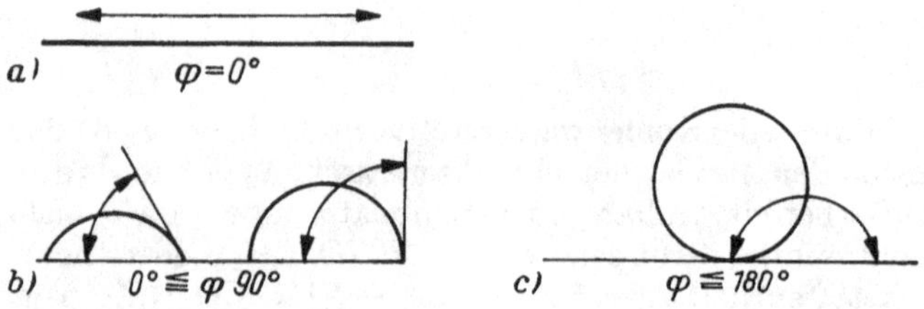

Abb. 2. Änderung des Randwinkels mit der Benetzung.

a) Grenzfall totale Benetzung *b*) Festkörper, benetzbar, *c*) Grenzfall, Unbenetzbarkeit.

Abb. 3. Benetzung eines festen Gegenstandes gegen die Luftphase.

a) Ausgangsverhältnis,

b) Einstellung des Gleichgewichtes auf den Wert φ_A.

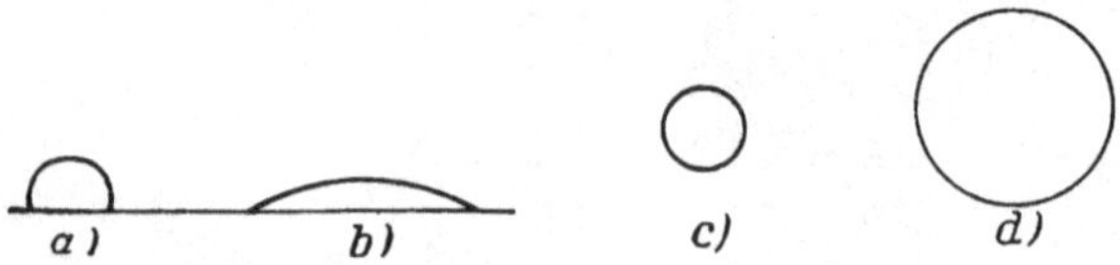

Abb. 4. Ausbreitung eines Wassertropfens mit und ohne Tensid auf einer Unterlage.

a) ohne Netzmittel,

b) mit Netzmittel,

c) Größe der Grundfläche ohne Netzmittel,

d) Größe der Grundfläche mit Netzmittel.

Den Vorgang der Verringerung der Grenzflächenspannung veranschaulichen die Abb. 2, 3 und 4. Ein auf einer Unterlage befindlicher tensidfreier Wassertropfen weist einen relativ großen Randwinkel auf und bedeckt eine relativ kleine Grundfläche. Bei Zusatz von 0,5 bis 1% eines Tensids ändert sich der Randwinkel und wird kleiner, und damit wächst proportional die vom Tropfen bedeckte Fläche. Das Benetzungsvermögen ist der Grenzflächenspannung umgekehrt proportional.

1.1.2. Die Netzwirkung

Man versteht unter „netzen" oder „benetzen" die Verdrängung, insbesondere von Luft, z. B. aus Textilien oder die Ausbreitung von Flüssigkeiten auf glatten Flächen (feste Körper). Die Benetzung läßt sich durch die freie Grenzflächenenergie ausdrücken. Hierbei sind mechanische Kräfte von untergeordneter Bedeutung.

Das Verhältnis eines auf einer festen Unterlage liegenden Tropfens ist durch die Grenzflächenspannung σ_A, σ_S, σ_{AS} bestimmt. Unter dem Einfluß der erwähnten Kräfte tritt eine Verschiebung der Randlinien bei gleichzeitiger Änderung der Form des Tropfens ein, bis sich ein Gleichgewicht einstellt. Wird angenommen, daß sich dieses Gleichgewicht bei dem durch A und S gegebenen algebraischen Wert φ_A des Randwinkels einstellt, so muß für diesen Zustand die algebraische Summe der in der Grundfläche wirksamen Kräfte gleich Null werden, wenn die nach links gerichteten als negativ und die nach rechts gerichteten als positiv eingesetzt werden:

$$-\sigma_{AS} - \sigma_A \cos \varphi_A + \sigma_S = 0$$

$$\sigma_A \cos \varphi_A - \sigma_S - \sigma_{AS} = jA$$

jA = Benetzungs- oder Haftspannung der Flüssigkeit auf der Unterlage. Siehe dazu Abb. 3. Die zunehmende Benetzung und die Abnahme des Randwinkels φ_A zeigt Abb. 2.

Bei der Benetzung und Schmutzablösung während des Waschvorganges handelt es sich um reziproke Vorgänge. Die Netzfähigkeit hängt von der Oberflächenbeschaffenheit ab. Durch rauhe Oberflächen wird der Ausbreitungs- oder „Spreitungs"-Koeffizient von Flüssigkeiten erniedrigt.

1.1.3. Emulgiervermögen, Dispergierwirkung

Bekanntlich sind Emulsionen Systeme, in denen eine Flüssigkeit als disperse Phase in einer anderen vorliegt. Charakteristisch ist die niedere Grenzflächenspannung der flüssig/flüssig Phase, die durch Zugabe von Tensiden erreicht werden kann. Spontane Emulgierung tritt ein, wenn die Brownsche Molekularbewegung ausreicht, um die sehr niedrigen Grenzflächenspannungen dauernd zu überwinden und zur Bildung stabiler Emulsionen mit kleinsten Teilchen führt. Desweiteren kann daneben eine Bildung hydratisierter Schichten und eines Zeta-Potentials auftreten.

Die Tendenz einiger Tenside, um den Öl-Wasser- bzw. Wasser-Öl-Emulsionstyp zu bilden, hängt von der Funktion des Zwischenflächenfilms ab. Durch höhermolekulare, kolloidale Substanzen wird die Stabilität meist verbessert.

Allgemein hängt die Emulsionsbildung und deren Stabilität von einer Reihe von Faktoren ab, wie Dichteunterschiede der Phasen, Adsorptionsfähigkeit einer dritten Phase für die Teilchen, Veränderung der Potentialdifferenz, Zusatz von Elektrolyten u. dgl.

Auf den grundsätzlich gleichen Vorgang beziehen sich die Dispergierung und Peptisierung, d. h. die Zerteilung und das Inschwebehalten von Feststoffen in einer flüssigen Phase. Dispersionen können Molekülgruppen in solcher Größe enthalten, daß sie das Licht beugen. Im Elektronenmikroskop sind die Teilchen wahrnehmbar. Ihre elektrische Ladung ist an der Oberfläche so verteilt, daß Elcktrolyte mit entgegengesetzter Ladung ausflockend wirken. Die Herabsetzung der Grenzflächenspannung durch Adsorption eines Tensids wirkt zerteilend oder peptisierend auf die adsorbierende Phase. Größere Teilchen bleiben nur dann suspendiert, wenn durch eine Adsorptionsmembran die Flockung verhindert wird. Tenside können bei höheren Konzentrationen auch fällend wirken, wenn die Energiebarriere der monomolekular umhüllten Schmutzteilchen hydrophobiert wird.

1.1.4. Schaumkraft

Eine weit verbreitete Eigenschaft der Tenside ist das Schäumen, das jedoch nicht bei allen tensioaktiven Substanzen auftritt. Durch die Berührung von Luft mit geeigneten Tensidlösungen bilden sich an den Grenzflächen der Luft im Innern der Tensidlösung Adsorptionsschichten, deren hydrophobe Molekülteilchen der Luft und die hydrophilen Gruppen der Wasserphase zugekehrt sind. Die in der Tensidlösung aufsteigende Luftblase umgibt sich beim Durchstoßen der Flüssigkeitsoberfläche mit einer Doppelschicht von Tensidmolekülen in Wasser. Das Oberflächenhäutchen enthält zwischen den solvationsfähigen Gruppen Flüssigkeit und bildet sogenannte Lamellen, die ein mechanisch stabiles Gebilde darstellen. Die Dicke der Schaumhülle liegt bei frischem Schaum etwa bei 0,001 mm und wird durch Ausfließen von Flüssigkeiten geringer.

Niedrige Oberflächenspannung, hohe Oberflächenviskosität und eine langsame Abnahme der Oberflächenspannung erhöhen die Schaumstabilität. Früher wurde dem Schaum eine gewisse Waschwirkung zugesprochen. Der Schaum hat zwar eine gewisse unterstützende Wirkung beim Waschvorgang als Schmutzträger, weist aber keine spezifischen Merkmale für eine Waschkraft auf. Das Auftreten von Schaum kann in manchen Fällen als Indikator für freie Waschmittelreserven angesehen werden.

1.1.5. Micelltheorie

Physikalisch chemische Untersuchungen zeigen, daß die Tenside nur in äußerst stark verdünnten Lösungen als Einzelmoleküle auftreten. In stärker konzentrierten Lösungen lagern sich die Moleküle zusammen, so daß es zur Bildung von Molekülknäueln kommt, welche die Ausmaße und Eigenschaften von Kolloiden aufweisen. Die Moleküle sind in wäßrigen Lösungen auch nur teilweise dissoziiert. Die Anionen der Säuren — bei kationaktiven Stoffen die Kationen — absorbieren die nicht dissoziierten Moleküle in einem solchen Ausmaße, daß Molekülzusammenhäufungen von 20 bis 30000 Einzelmolekülen entstehen. Diese Zusammenballungen von Molekülen werden Kolloidmicellen genannt. Der Vorgang läßt sich etwa folgendermaßen veranschaulichen:

$$2\,C_{17}H_{35}COONa \rightarrow C_{17}H_{35}COO^- + Na^+ + C_{17}H_{35}COONa$$

Durch Absorption der Neutralseife entsteht nachstehender Komplex:

$$(C_{17}H_{35}COONa \cdot C_{17}H_{35}COO)^- + Na^+$$

Da stets mehr Neutralmoleküle als Ionen vorliegen, bleibt das obige Verhältnis nicht erhalten; in der Micelle ist eine Vielzahl nicht dissoziierter Moleküle vereinigt. Die Größe der Micellen wird vor allem durch die Größe der hydrophoben Molekülteile bestimmt. Fettsäuremoleküle mit weniger als 10 C-Atomen bilden nur kleine Micellen und sind kaum tensioaktiv. Eine kurze Übersicht über die möglichen Größen von Micellen einiger Tenside zeigt Tab. 6.

Im Gegensatz zu den Molekülanhäufungen bis zu 30000 Einzelmolekülen geben Harkins, Matton und Stearns in Tab. 6 relativ niedrige Molekülzahlen pro Micelle an.

Tabelle 6. Anzahl der Tensidmoleküle pro Micelle nach einer Überschlagsrechnung

Tensid	Kritische Konzentration		niedrigste Konzentration, bei der d_1 gemessen wurde	n_s = Zahl der Moleküle pro Micelle
	[Mol/*l*]	[g/*l*]	[%]	
Kaliumlaurat	0,023	5,59	12,2	ca 39
Kaliummyristat	0,006	1,70	9,8	ca 56
Natriumoleat	0,001	0,30	9,4	ca 103
Natriumlaurylsulfat	0,006	1,76	20,0	ca 57
Laurylammoniumchlorid	0,014	3,11	9,7	148

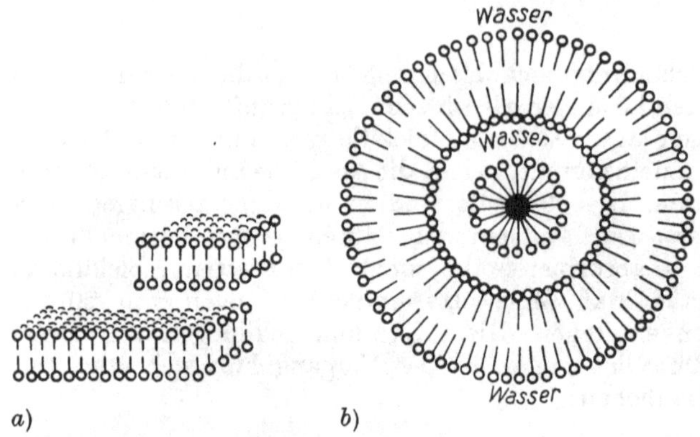

Abb. 5. Micellformen.

a) Blockmicelle nach Rösch,
b) Schnitt durch eine Kugelmicelle nach Orthner.

Nach Vorstellungen von Hess [24] und Orthner [25] handelt es sich bei den Micellen um geordnete Gebilde. Hess nimmt an, daß sich die Moleküle der tensioaktiven Verbindungen block-, band- oder stäbchenförmig angeordnet haben (Abb. 5). Nach Orthner dagegen treten kugelsymmetrische Formen mit schalenartigem Aufbau auf. Auch vollkommen asymmetrische Gebilde sind bekannt geworden. Der Aufbau der Micelle hängt wesentlich von der chemischen Struktur der Tenside ab. Tokiwa und Ohki [26] kommen bei Alkylbenzolsulfonaten auf Grund hydrodynamischer Messungen zu der Annahme, daß die Micellen der kurzkettigen Verbindungen klein, kugelförmig und stark hydratisiert sind, während die längerkettigen Alkylbenzolsulfonate große und asymmetrische Micellen bilden.

Die Größe der Micellen ist nicht nur vom Gewicht der Einzelmoleküle, sondern auch von deren Konzentration, der Lösungstemperatur, etwa vorhandener dissoziierter Salze und einigen weniger bedeutenden Faktoren

Tabelle 7. Mittlere kritische Micellenkonzentration einiger Tenside

Anzahl der C-Atome	Seife [g/l]	Alkylsulfate [g/l]	Alkylsulfonate [g/l]
C_{12}	6	2	3
C_{14}	2	0,6	0,8
C_{16}	0,8	0,2	0,4
C_{18}	0,5	0,1	0,3
C_{18}, ungesättigt	0,3	–	–

abhängig [27]. Von der Größe der Micellen werden einige Eigenschaften der Tenside erheblich beeinflußt, nämlich die Tensioaktivität, das Schaumvermögen und das Emulgiervermögen, also Eigenschaften, die für den Netz- oder Waschvorgang von Bedeutung sind. Die Micellen können zahlreiche, normalerweise unlösliche Substanzen durch Solubilisation in ihren Verband aufnehmen und sie auf dem Wege praktisch lösen.

An sich ist die Bildung ionischer Micellen für den Waschvorgang von nur untergeordneter Bedeutung. Wichtiger dagegen ist die kritische Micellenkonzentration. Unter der kritischen Konzentration (KMK) wird das Optimum verstanden, unter und über dem die Eigenschaften der Tenside sich negativ verändern. So wird bei der KMK das Maximum der Waschwirkung erreicht. Sie ist ein wichtiger Faktor der waschaktiven Tenside; von ihr ist die Aktivität der Waschmittellösung abhängig. In Tab. 7 sind für einige Tenside die KMK-Werte zusammengestellt [28]. Nach Preston [29] hat z. B. Dodecylsulfat im Bereich der kritischen Konzentration die beste Waschkraft, Tensioaktivität und weitere optimale physikalische Eigenschaften. Synthetische Tenside erreichen nach Tab. 7 ihre KMK bei niederen Konzentrationen als die entsprechenden Seifen. Mit zunehmender Zahl der CH_2-Gruppen nimmt die kritische Konzentration allgemein ab. Anorganische Zusätze bewirken eine Verringerung der KMK. Durch komplexe Alkaliphosphate wird sie deutlich beeinflußt.

1.1.6. Einfluß der chemischen Struktur auf die Tensideigenschaften

Um den Tensiden in dieser oder jener Richtung verbesserte Eigenschaften zu verleihen, ändert man die hydrophile Gruppe oder den hydrophoben Alkylrest. Auch eine Variierung der Stellung der hydrophilen Gruppe im hydrophoben Molekülteil führt oft zu einer beträchtlichen Änderung der spezifischen Eigenschaften. Von Götte [30] werden auf Grund empirischer Befunde bei der Untersuchung anionischer und nichtionogener Tenside mit unterschiedlichstem Bau ihrer hydrophoben und hydrophilen Bereiche folgende Regeln abgeleitet:

1. Um für eine gegebene Anwendungstemperatur optimale Eigenschaften zu erreichen, muß ein bestimmtes Verhältnis zwischen hydrophobem und hydrophilem Bereich der Tensidmolekel gewährt sein. Bei anionischen Verbindungen ist eine Abstimmung nur durch Änderung des Alkylrestes möglich; bei nichtionogenen Verbindungen auch durch eine Änderung des Alkoxylierungsgrades. Letztere Möglichkeit trifft heute teilweise auch für anionische Tenside zu.

2. Der Einbau einer zweiten hydrophilen Gruppe ist im allgemeinen für die Gesamteigenschaften eines Tensids ungünstig. Spezielle Eigenschaften sind damit jedoch erzielbar.

3. Mittelständige hydrophile Gruppen und Kohlenstoffketten mit Verzweigungen bedingen für eine gute Waschwirkung eine höhere Kohlenstoffzahl. Die Löslichkeit der Tenside wird bereits durch Methylgruppen erheblich gesteigert. Cyclische Kohlenwasserstoffgruppen können Alkylketten ganz oder teilweise ersetzen.

Einen ausführlichen Überblick über Struktur und tensioaktive Eigenschaften verschiedener Verbindungen bringt auch GANTZ [31] sowie KÖLBEL und KURZENDÖRFER [31a].

Nach Untersuchungen von KASHIWAGI und EZAKI [33] sind die Grenzflächeneigenschaften der Tenside praktisch unabhängig von der Art des Kations. Für Triäthanolammoniumdodecylsulfat, Morpholiniumdodecylsulfat, Pyridiniumdodecylsulfat, Natriumdodecylsulfat, Triäthanolammoniumalkylbenzolsulfonat und Natriumalkylbenzolsulfonat ist der Flächenbedarf der Moleküle unabhängig vom Kation 34 Å^2/Mol. Auch die Werte für die kritische Micellenkonzentration und die Micellenbildung sind einander ähnlich. Eine starke Abhängigkeit von der Art des Kations zeigen die Löslichkeit und die Viscosität dieser Kolloidelektrolyte. Von BOLLE und Mitarbeitern [338] wurde beim Vergleich der Eigenschaften von Endgruppen (Na-1-dodecylsulfonat, Na-Dodecylsulfat, Na-2-(dodecyl)äthansulfonat und Dodecyl-Na-Thiosulfat) zwischen Tensioaktivität und Schaumeigenschaften Parallelität beobachtet.

Anionaktive Substanzen haben als Waschmittel zuweilen Nachteile. Beim Waschen von Wolle, Seide oder ähnlich gebauten synthetischen Fasern, die in ihren Grundmolekülen Amino- und Carboxylgruppen enthalten und demzufolge amphoter sind, können vor allem im sauren Gebiet anionaktive Waschmittelmoleküle durch die Faser stark adsorbiert werden, so daß die Waschlauge kaum noch über Moleküle für den eigentlichen Waschprozeß verfügt. Um die Fasern hat sich in diesem Falle nicht nur eine monomolekulare, sondern eine weitaus stärkere Umnetzungsschicht gebildet. Bei kationaktiven Verbindungen tritt diese Erscheinung ebenfalls auf, allerdings nur bei cellulosehaltigen Fasern.

1.1.7. Systematik der Tenside

In wäßriger Lösung zerfallen viele Tenside zum Teil in Ionen. Tensioaktive Verbindungen, bei denen der hydrophobe Rest ein Anion ist, werden anionaktiv (*anionakapillaraktiv*) genannt. Im Gegensatz dazu stehen die Verbindungen, die als hydrophoben Rest ein Kation enthalten und dementsprechend kationaktiv (*kationkapillaraktiv*) sind. Treten beide Gruppen in einem Molekül auf, so spricht man von *ampholytischen* Verbindungen bzw. Amphotensiden. Seltener sind Neutralverbindungen, in denen eine anionaktive Verbindung durch eine kationaktive neutralisiert ist. Diese Verbindungen dürfen nicht mit den nichtionogenen verwechselt werden.

Außer diesen mehr oder weniger stark dissoziierbaren Verbindungen gibt es eine Anzahl undissoziierbarer tensioaktiver Stoffe, die in wäßriger Lösung neutral reagieren und als nichtionogene Tenside bezeichnet werden. Ihre Löslichkeit in Wasser beruht auf der Anwesenheit schwach hydrophiler Gruppen im Molekül.

Die größte Bedeutung besitzen nach wie vor die anionaktiven Stoffe, welche in den meisten handelsüblichen Waschmitteln in unterschiedlichen Mengen enthalten sind. Ihr ältester Vertreter ist bekanntlich die Seife. Sie wird, wie auch alle anderen Vertreter der ionogenen Substanzen, zu den Kolloidelektrolyten gezählt.

Eine Gliederung der bekanntesten Tenside wird im nachstehenden Abschnitt gebracht.

1.2. Allgemeine Gliederung der Tenside nach LINDNER *[20]*

Wegen ihrer Bedeutung werden an erster Stelle die anionaktiven Tenside genannt:

1. Anionaktive Verbindungen

1.1. Salze der Carbonsäuren

1.1.1. Salze der unsubstituierten Carbonsäuren: geradkettige, verzweigte oder alicyclische Säuren, Fettsäuren, Isofettsäuren, Harzsäuren, Naphthensäuren

$R \cdot COOMe$ Vertreter: echte Seifen, Resinate, Naphthenate

1.1.2. Salze der Aminocarbonsäuren:

$H_2N \cdot R_1 \cdot (CO \cdot NH \cdot R_2)_n \cdot COOMe$

1.1.3. Salze der acylierten Aminocarbonsäuren:

$R \cdot CO \cdot NH \cdot R_1 \cdot (CO \cdot NH \cdot R_2)_n \cdot COOMe$

1.2. Salze saurer Schwefelsäureester

1.2.1. Fettsäuresulfate Vertreter: Türkischrotöl

$$\begin{array}{l} R_1 \cdot \underset{\displaystyle O \cdot SO_3Me}{CH} \cdot R_2 \cdot COOMe \end{array}$$

1.2.2. primäre Alkylsulfate („Fettalkoholsulfate")

$R \cdot O \cdot SO_3Me$

Zeichenerklärung:

Me = einwertiges Kation wie Na^+, K^+, NH_4^+ oder eine organische Base,

R = steht im allgemeinen für einen Kohlenwasserstoffrest (gesättigt oder ungesättigt) mit etwa 10 bis 18 C-Atomen,

R_1 und R_2 sind kurze bis mittellange Alkyle.

1.2.3. sekundäre Alkylsulfate (zum Teil „Olefinsulfate“)

$R \cdot CH \cdot R_2$
$O \cdot SO_3 Me$

1.2.4. Sulfate der Oxo- und anderer verzweigter Alkohole

$R_1 \cdot CH \cdot R_2$
$CH_2 \cdot O \cdot SO_3 Me$

1.2.5. Sulfate der Alkylpolyalkohole

$R_1 \cdot CH \cdot OH$ oder $R \cdot CH \cdot OH$
$R_2 CH \cdot O \cdot SO_3 Me$ $CH_2 \cdot O \cdot SO_3 Me$

1.2.6. Sulfate der substituierten Polyglykoläther
(sulfatierte Äthylenoxidaddukte)

$R \cdot O \cdot (C_2H_4O)_n \cdot SO_3 Me$ — *R* kann auch ein aromatischer Rest sein
$R \cdot COO(C_2H_4O)_n \cdot SO_3 Me$
$R \cdot NH \cdot (C_2H_4O)_n \cdot SO_3 Me$
$R \cdot CO \cdot NH \cdot (C_2H_4O)_n \cdot SO_3 Me$

1.2.7. Sulfate acylierter oder alkylierter Alkylolamide

$R_1 \cdot CO \cdot NH \cdot R_2 \cdot O \cdot SO_3 Me$ und $R_1 \cdot NH \cdot R_2 \cdot O \cdot SO_3 Me$

1.3. Salze echter Sulfonsäuren (Sulfonate)
1.3.1. primäre Alkylsulfonate $R \cdot SO_3 Me$
1.3.2. sekundäre Alkylsulfonate

$R_1 \cdot CH \cdot R_2$
$SO_3 Me$

1.3.3. Alkensulfonate

$R \cdot CH_2{=}CH_2 \cdot SO_3 Me$

1.3.4. Sulfonate von Fettsäuren, deren Ester, Amide usw.

$R \cdot CH \cdot COOMe$ und $R_1 \cdot CH \cdot R_2 \cdot CO \cdot X$ — X = blockierende Gruppe
$SO_3 Me$ $SO_3 Me$

1.3.5. Alkylbenzolsulfonate

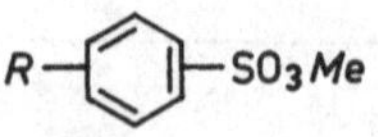

1.3.6. Alkylnaphthalinsulfonate

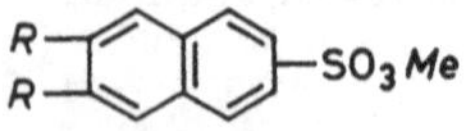

1.4. seltenere hydrophile anionaktive Gruppen

Hierzu gehören folgende hydrophile Gruppen: Phosphate, Polyphosphate, Phosphonate, Phosphinate, Thiosulfate, Hydrogensulfite, Sulfinate, Persulfate u. a. Sie haben eine weitaus geringere Bedeutung als die übrigen Aniontenside.

2. *Nichtionogene Substanzen*

2.1. substituierte Polyalkohole

$CH_2OH \cdot (CH \cdot OH)_n \cdot CH_2OOC \cdot R$ und

$CH_2OH \cdot (CH \cdot OH)_n \cdot O \cdot R \cdot$

2.2. Polyglykoläther

2.2.1. Alkylpolyglykoläther

$R \cdot O \cdot (C_2H_4O)_nH$

2.2.2. Acylpolyglykoläther

$R \cdot COO \cdot (C_2H_4O)_nH$

2.2.3. Alkylarylpolyglykoläther (aus alkylierten Phenolen oder Naphtholen)

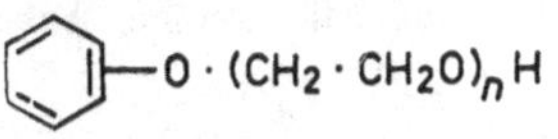

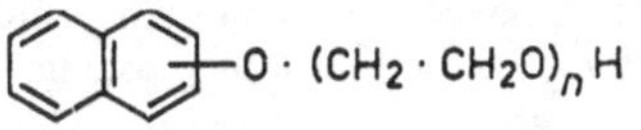

2.2.4. Addukte aus Säureamiden

2.2.4.1. Amide der Fettsäuren

$R \cdot CO \cdot NH \cdot (C_2H_4O)_nH$

2.2.4.2. Amide der Alkylsulfonsäuren

$R \cdot SO_2 \cdot NH \cdot (C_2H_4O)_nII$

2.3. substituierte Polyamine

$R \cdot NH \cdot (C_2H_4O)_nH$ und $R \cdot CO \cdot NH \cdot (C_2H_4O)_nH$

3. *Kationaktive Substanzen*

Man unterscheidet zwischen dem $R \cdot$N-Typ und dem $R \cdot X \cdot$N-Typ

3.1. $R \cdot N$-Typ

3.1.1. Alkylaminsalze

$R \cdot N \cdot X_2 \cdot HAc$ (X = H oder andere Reste)

3.1.2. Quaternäre Ammoniumsalze

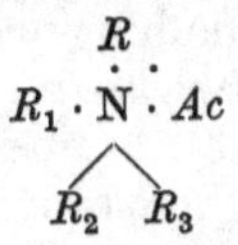

3.1.3. Alkylpyridiniumsalze

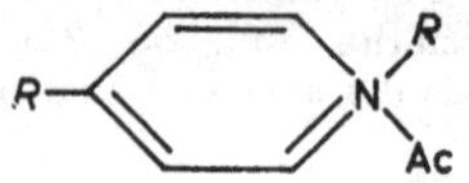

3.2. Verbindungen des $R \cdot X \cdot$N-Typs

3.2.1. Acylalkylolamine

$$\begin{array}{l} R\cdot CO\cdot NH \\ \quad\; R_1\cdot OH \end{array} \quad \text{und} \quad R\cdot CO\cdot N\cdot(R\cdot OH)_2$$

3.2.2. Alkyläthylenharnstoffe

$$\begin{array}{r} CH_2 \\ | \\ R\cdot NH\cdot CO\cdot N \\ | \\ CH_2 \end{array}$$

Zu den kationaktiven Verbindungen gehören auch die weniger bekannten Phosphaonium-, Sulfonium- und Oxoniumverbindungen.

4. *Amphotenside*

Die Amphotenside sind eine Gruppe oberflächenaktiver Verbindungen von zur Zeit noch geringer Bedeutung, die jedoch einige charakteristische Eigenschaften aufweisen.

4.1. Alkylbetaine

$$\begin{array}{c} R_1 \\ R_1\cdot N^+\cdot R\cdot COO^- \end{array} \quad \text{und} \quad \begin{array}{c} R_2 \\ R_1\cdot N^+\cdot R_3\cdot COO^- \\ R_2 \end{array} \qquad R_2 = CH_3 \text{ o. ä.};\ R_3 = CH_2 \text{ o. ä.}$$

4.2. Sulfobetaine

$$\begin{array}{c} R_2 \\ R_1\cdot N^+\cdot R_3\cdot SO_3^- \\ R_2 \end{array}$$

Radikale wie beim Alkylbetain

Des weiteren sei auf die silizium- und fluorhaltigen Tenside hingewiesen, die sich durch spezielle charakteristische Eigenschaften auszeichnen. Diese Zusammenstellung gibt lediglich einen annähernden Überblick über das gesamte Gebiet der Tenside und kann keinen Anspruch auf Vollständigkeit erheben. Nur die wichtigsten Verbindungen, die in der Technik eine Bedeutung erlangt haben oder die von wissenschaftlichem Interesse sind, sind hier erwähnt worden. Je nach Struktur sind die Fluortenside und die Si-haltigen Verbindungen den einzelnen Gruppen zuzuordnen.

Nach einer älteren, von HETZER [22] stammenden Einteilung lassen sich die Aniontenside nach einer bildhaften Darstellung in sechs Typen unterteilen. Hierbei dienen die Länge der Hauptvalenzkette und die Stellung der hydrophilen Gruppe im Molekül als Merkmale:

1. Stumpen:

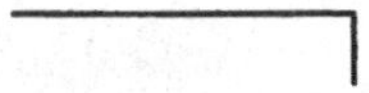

kurzer hydrophober Rest, endständige hydrophile Gruppe (Schäumer, Netzer, keine waschaktiven Substanzen).
a) niedermolekulare fettsaure Salze, *b*) niedere Alkylsulfate, *c*) Salze von Alkylnaphthalinsulfonsäuren, *d*) Harzseifen.

2. Stangen:

langer hydrophober Rest, eine endständige hydrophile Gruppe (Schäumer, Netzer, waschaktive Substanzen).
a) höhermolekulare fettsaure Salze, *b*) Salze der Fettsäurekondensationsprodukte, *c*) höhere Alkylsulfate, *d*) Äthylenoxidadditionsverbindungen, auch sulfatierte.

3. Störche:

langer hydrophober Rest, mittelständige hydrophile Gruppe (Schäumer, Netzer, waschaktive Substanzen).
a) blockierte Sulfooleate, Sulforizinoleate, *b*) sekundäre Alkylsulfate.

4. Zweiachser:

langer hydrophober Rest, zwei hydrophile Gruppen, eine mittel-, eine endständige (Dispergatoren, keine waschaktive Substanzen).
a) Sulfooleate und Sulforizinoleate, *b*) Oleylalkoholdisulfate.

5. Flieger:

langer hydrophober Rest, zwei mittelständige hydrophile Gruppen (Dispergatoren, keine waschaktiven Substanzen, keine Netzer)
a) blockierte Rizinoldischwefelsäureester.

6. Dreiachser:

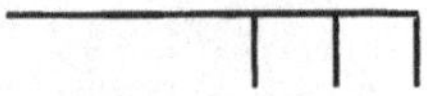

langer hydrophober Rest, drei hydrophile Gruppen, davon zwei mittel-, eine endständige (Dispergatoren, keine Netzer, keine waschaktiven Substanzen).
a) Rizinoldischwefelsäureester.

Aus der strukturellen Einteilung geht hervor, daß die Gruppe der waschaktiven Substanzen vorwiegend aus den Verbindungen mit langem hydrophoben Rest und nur einer endständigen hydrophilen Gruppe besteht.

Nach STÜPEL [21] können die waschaktiven Substanzen in drei Gruppen eingeteilt werden:

1. entfettende Stoffe (Abwaschmittel),
2. avivierende Substanzen (Feinwaschmittel),
3. hochwaschaktive und schmutztragende Verbindungen (Grobwaschmittel).

Eine weitere Einteilung der Tenside, die sich an die LINDNERsche Einteilung anlehnt, bringt RIETHMAYER [23].

2. Rohstoffe zur Tensidherstellung

Während früher nahezu ausschließlich Fette als organische Ausgangsstoffe für teilsynthetische und synthetische Tenside eingesetzt wurden, spielen heute petrolchemische Verbindungen eine zunehmend größer werdende Rolle auf diesem Gebiet. Die bedeutendsten Aniontenside, die Alkylbenzolsulfonate, werden nur aus petrolchemischen Rohstoffen gewonnen. Ähnlich ist es bei verschiedenen nichtionogenen Verbindungen und auch bei den Kationtensiden.

Durch die starke Steigerung der Erdölförderung ist die Gewinnung von Rohstoffen für Tensidsynthesen aus der Braun- oder Steinkohle sehr in den Hintergrund getreten. Besonders in der DDR waren derartige Produkte, die vielfach aus der FISCHER-TROPSCH-Synthese stammten, weit verbreitet.

2.1. Petrolchemische Ausgangsstoffe

Erdöl ist das größte Reservoir für flüssige und feste Paraffinkohlenwasserstoffe und sekundär auch für Aromaten sowie höher- und niedermolekulare Olefine. Von untergeordneter Bedeutung sind der Braunkohlenteer, das Schieferöl und die Erdwachse. Die ständig steigende Erdölförderung bietet die günstigsten Voraussetzungen. Andererseits können die früher für die Tensidherstellung verwendeten Fettmengen der menschlichen Ernährung zugeführt werden. Der Hauptlieferant von Erdöl für die DDR ist die Sowjetunion.

Die Qualität der Erdöle und ihre Zusammensetzung ist sehr unterschiedlich und hängt weitgehend vom Ursprungsort ab. Die sehr komplexen Stoffgemische bestehen vorwiegend aus Kohlenwasserstoffen, die paraffinbasisch, naphthenbasisch oder aromatisch sein können. Vorwiegend treten paraffinbasische und naphthenbasische Öle auf. Während paraffinbasische Erdöle wenig Aromaten enthalten, sind diese in naphthenbasischen Ölen stärker vertreten. Viele der sowjetischen Öle sind naphthenbasisch.

Für die Tensid-Chemie sind besonders die im Erdöl vorkommenden höhermolekularen n-Paraffine von 10 Kohlenstoffatomen an aufwärts von Bedeutung. Sekundär gewinnt man aus den Erdölfraktionen durch Spaltung (Pyrolyse) sowohl niedere (Äthylen, Propylen) und höhere Olefine (C_{10} bis C_{20}), als auch Aromaten (Benzol, Toluol, Xylole u. dgl.) und Cycloparaffine.

2.1.1. n-Paraffine

Von Interesse für die Tensidsynthesen sind vorwiegend die geradkettigen Paraffine, die u. a. als unerwünschte Komponenten in den Schmierölfraktionen vorkommen und daraus z. B. durch Ausfrieren abgetrennt werden können. Auch die Kerosinfraktionen sind wertvolle Quellen für n-Paraffine mit 10 bis 18 C-Atomen. Die Kennzahlen der wichtigsten n-Paraffine sind in Tab. 8 zusammengefaßt.

Zur Abtrennung der festen Paraffine löst man die Schmierölfraktionen in einem Lösungsmittel, z. B. einem Gemisch aus Methyläthylketon und Benzol, und kühlt die Lösung ab. Dabei scheidet sich das Paraffin in kristalliner Form ab und kann durch Filtration entfernt werden. Der Rückstand ist ein in seiner Qualität verbessertes Schmieröl.

Als Lösungsmittel für die Entparaffinierung hat sich auch flüssiges Propan gut bewährt. In dem unter Druck stehenden Propan wird das Öl (ca. 3 Teile flüssiges Propan auf 1 Teil Schmieröl) durch Temperaturerhöhung vollständig gelöst. Anschließend läßt man das Propan verdampfen, wobei eine Abkühlung auf etwa −35 °C eintritt. Bei einer Temperatur, die etwa 20 °C unterhalb des Stockpunktes des Schmieröls liegt, wird kontinuierlich filtriert. Die noch stark ölhaltigen, braun gefärbten Paraffine reinigt man durch nochmalige Lösung, z. B. in Äthylenchlorid, kühlt wieder ab und filtriert oder zentrifugiert. Auf die Einzelheiten der verschiedenen Verfahren soll hier nicht näher eingegangen werden. Der Restölgehalt des Paraffins soll möglichst unter 1% liegen.

Das so gewonnene Paraffin ist in der Form nicht für dieParaffinoxydation zur Herstellung synthetischer Fettsäuren geeignet. Es ist also eine Abtrennung der verzweigten Paraffine, der Cycloparaffine und der Aromaten erforderlich. Für die Trennung haben sich insbesondere zwei Verfahren als geeignet erwiesen:

1. Abtrennung der n-Paraffine mit Hilfe von Molekularsieben,
2. Extraktiv-Kristallisation mit Harnstoffadditionsverbindungen.

Nach den beiden Verfahren lassen sich die n-Paraffine verschiedener Kettenlänge aus ihren Gemischen isolieren. Obwohl die Extraktiv-Kristallisation recht gute Ergebnisse bringt, gibt man in neuerer Zeit den Molsiebverfahren den Vorzug.

2.1.1.1. Abtrennung von n-Paraffinen mit Molekularsieben

Sehr reine n-Paraffine mit unterschiedlichen Kettenlängen, die besonders in der Tensid-Chemie z. B. zur Paraffinoxydation, Sulfochlorierung u. dgl. Verwendung finden, werden vorteilhaft mittels Molekularsieben aus geeigneten Erdölfraktionen nach verschiedenen Verfahren gewonnen [34 bis 41]. Die Verfahren beruhen darauf, daß die Normalparaffine in die Hohlräume der Kristallgitter der Molekularsiebe eingelagert und anschließend

Tabelle 8. Einige Kennzahlen von n-Kohlenwasserstoffen

Name	Formel	Molekulargewicht	Fp. [°C]	Kp. [°C]	D_4^{20}
n-Hexan	C_6H_{14}	86,1	−94,3	68,7	0,6594
n-Heptan	C_7H_{16}	100,1	−90,6	98,4	0,6838
n-Octan	C_8H_{18}	114,1	−56,6	125,6	0,703
n-Nonan	C_9H_{20}	128,2	−51	150	0,718
n-Decan	$C_{10}H_{22}$	142,2	−32	173	0,730
n-Undecan	$C_{11}H_{24}$	156,2	−26	193−195	0,740
n-Dodecan	$C_{12}H_{26}$	170,2	−12	214	0,749
n-Tridecan	$C_{13}H_{28}$	184,2	−6	234	
n-Tetradecan	$C_{14}H_{30}$	198,2	+5	252	0,765
n-Pentadecan	$C_{15}H_{32}$	212,3	10	270	
n-Hexadecan	$C_{16}H_{34}$	226,3	18	287	0,775
n-Heptadecan	$C_{17}H_{36}$	240,3	22	303	
n-Octadecan	$C_{18}H_{38}$	254,3	28	317	
n-Nonadecan	$C_{19}H_{40}$	268,3	32	330	
n-Eicosan	$C_{20}H_{42}$	282,3	36	—	$0{,}778_{36°}$
n-Heneicosan	$C_{21}H_{44}$	296,4	40	215_{15mm}	
n-Docosan	$C_{22}H_{46}$	310,4	47	224_{15mm}	
n-Tricosan	$C_{23}H_{48}$	324,4	48	234_{15mm}	
n-Tetracosan	$C_{24}H_{50}$	338,4	54	$237-240_{15mm}$	
n-Pentacosan	$C_{25}H_{52}$	352,4	54−56	254_{15mm}	
n-Hexacosan	$C_{26}H_{54}$	366,4	59−60	262_{15mm}	
n-Heptacosan	$C_{27}H_{56}$	380,5	59	270_{15mm}	
n-Octacosan	$C_{28}H_{58}$	394,5	62	278_{15mm}	
n-Nonacosan	$C_{29}H_{60}$	408,5	64	ca. 286_{15mm}	
n-Triacontan	$C_{30}H_{62}$	422,5	60−70	—	

wieder daraus desorbiert werden. Verzweigte Kohlenwasserstoffe und cyclische Verbindungen können auf Grund ihres sperrigen Molekülbaues nicht in das Kristallgitter eintreten. Bei den technischen Verfahren unterscheidet man die Adsorption in der Gasphase und in der Flüssigphase. Die Erdölfraktionen werden beim Gasphasenprozeß zusammen mit geeigneten Trägergasen durch das Adsorbersystem geleitet, das die für die Adsorption erforderlichen Molekularsiebtypen enthält. Hierbei arbeitet man häufig unter einem geringen Überdruck (maximal 10 kp · cm^{-2}). Nach erfolgter Adsorption spült man mit dem Trägergas die im Zwischenkornvolumen und in den Sekundärporen der Molekularsiebe anhaftenden nicht-n-paraffinischen Teile aus. Die Desorption erfolgt mit Hilfe eines niedermolekularen aliphatischen Kohlenwasserstoffes (Pentan, Hexan, Heptan, Octan). Adsorption und Desorption werden meist bei der gleichen Temperatur und bei gleichem Druck vorgenommen.

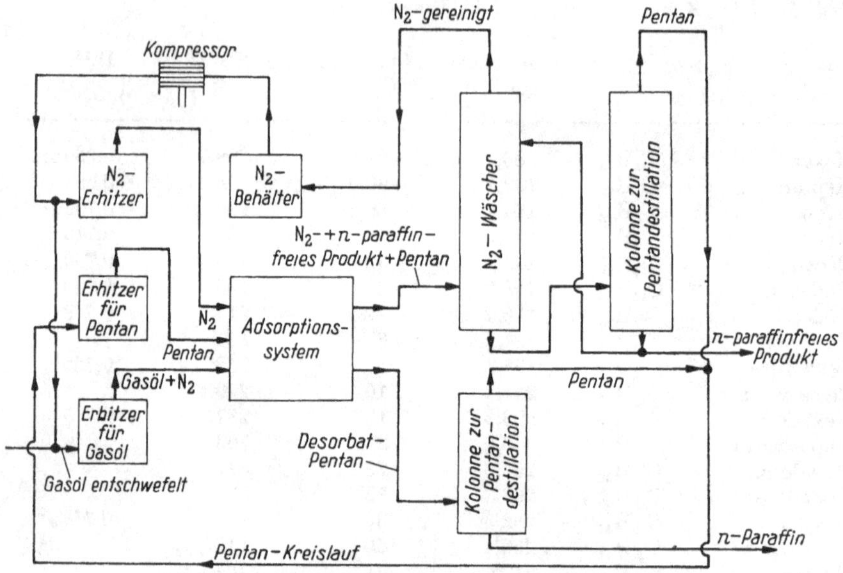

Abb. 6. Fließschema des Molsiebverfahrens der British Petroleum Co. [42].

Während die Adsorption der n-Verbindungen relativ einfach durchführbar ist, bringt die Desorption einige Probleme mit sich. So verläuft sie z. B. weitaus langsamer als die Adsorption.

Aus der Vielzahl von Verfahren sollen drei ausführlicher betrachtet werden:

Beim Verfahren der British Petroleum Co. Ltd. [42, 43] wird zur Adsorption das gereinigte Einsatzmaterial mit Hilfe von Stickstoff als Trägergas gasförmig an einem Molekularsieb 5 Å adsorbiert. Der Grad der Adsorption wird aus der Konzentration des aus dem Adsorptionssystem austretenden n-paraffinarmen Produktes ermittelt. Mit zunehmender Beladung des Molekularsiebes nimmt die n-Paraffinkonzentration im austretenden Kohlenwasserstoffgemisch zu und erreicht schließlich den Wert des Einsatzproduktes. Zur Entfernung der zwischen den Molekularsiebteilchen festgehaltenen nicht-n-paraffinischen Verbindungen wird das Adsorptionssystem mit dem Trägergas durchgeblasen. Anschließend nimmt man die Desorption mit Pentan vor, dessen Siedepunkt wesentlich unter dem des Desorbates liegt. Bei der Trennung höhermolekularer Kohlenwasserstoffe tritt eine leichte Spaltreaktion auf, die im Laufe einer längeren Betriebszeit zu einer Koksablagerung auf den Molekularsieben führt. Aus dem Grunde ist es erforderlich, das Molekularsieb nach etwa 500 Betriebsstunden zu regenerieren, d. h. der Koks wird mit Luft abgebrannt. Die Reinheit der bei dem Verfahren anfallenden n-Paraffine liegt bei 97 bis 98%. Aus Kerosin und Gasölfraktionen werden n-Paraffine mit Kettenlängen von 10 bis 13 und 14 bis 17 Kohlenstoffsatomen hergestellt. In ihrer Beschreibung der Molekularsiebverfahren gehen SCHIRMER [44] und HAGGE [45] näher auf diesen Prozeß ein. Ein Fließschema des Verfahrens zeigt Abb. 6.

Das in der DDR entwickelte PAREX-Verfahren [46, 47] dient in ähnlicher Weise zur Isolierung von C_{10} bis C_{18} und von C_{14} bis C_{18}-n-Paraffinen aus sowjetischem Romaschkino-Erdöl, das 20 bis 22% n-Paraffine enthält. Zur Trennung wird ein im Chemie-Kombinat Bitterfeld (früher VEB Farbenfabrik Wolfen) entwickeltes Molekularsieb ZEOSORB 5 AM eingesetzt. Bei der Zweistufen-Adsorption von n-Paraffinen im Siedebereich von 300 bis 400 °C und Drücken von 5 bis 10 kp · cm^{-2} wird ein wasserstoffhaltiges Trägergas verwendet. Die drei Adsorber der Anlage werden nacheinander beschickt. Das Ausspülen der in den Sekundärporen und im Zwischenkornvolumen adsorbierten Produkte erfolgt unter den Adsorptionsbedingungen. Beim gleichen Druck und gleicher Temperatur wird die Desorption mit n-Pentan vorgenommen. Die Reinheit der Paraffine liegt zwischen 98 und 99% bei einem Aromatengehalt von 0,3 bis 1%. Durch Nachbehandlung kann der Aromatengehalt auf weniger als 0,05% ge-

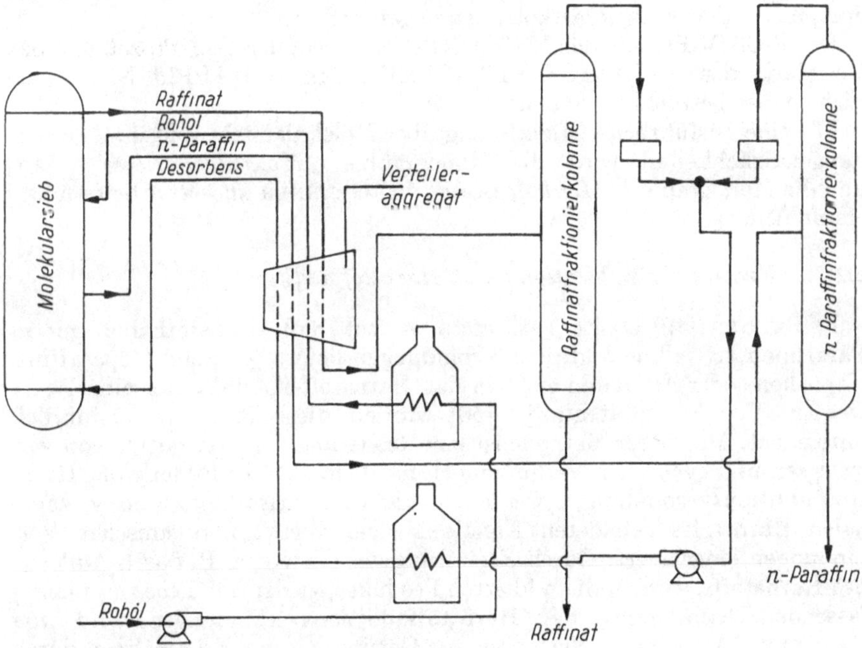

Abb. 7. Fließschema des Molex-Prozesses.

bracht werden. Die Ausbeute an n-Paraffinen liegt bei 90 bis 95%, bezogen auf den n-Paraffingehalt des Einsatzproduktes [48]. Derartige n-Paraffine sind zur Sulfochlorierung sowie zur Herstellung von Alkylbenzolen — über die Alkylhalogenide — geeignet. Sie können durchaus die früher eingesetzten Fischer-Tropsch-Fraktionen wie Kogasine oder Paraffingatsch ersetzen.

Eine Regeneration der Molekularsiebe erfolgt beim PAREX-Verfahren in Abhängigkeit vom Einsatzmaterial nach 1000 bis 3000 Stunden Betriebszeit. Gegen Wasser, das im Einsatzprodukt oder im Trägergas enthalten sein kann, sind die Molekularsiebe sehr empfindlich.

Nach dem ebenfalls isothermischen Flüssigphasenprinzip arbeitet der sogenannte MOLEX-Prozeß, der vollkontinuierlich abläuft. Im Vergleich zu anderen Verfahren findet die Adsorption nur in *einem* Adsorber statt. Ein System von Verteilungsventilen regelt die einzelnen Produktströme innerhalb des Adsorbers, so daß kontinuierlich n-Paraffin und entparaffiniertes Produkt abgezogen werden können. Auch hier wird eine niedrigsiedende n-Paraffinfraktion (Hexan, Heptan, Octan) zur Desorption verwendet. Das Fließschema des MOLEX-Prozesses zeigt Abb. 7. Wie daraus ersichtlich, werden der n-Paraffinextrakt und das Raffinat in zwei Strömen abgezogen. Beide Ströme werden nach Passieren eines Verteileraggregates entsprechenden Fraktionierkolonnen zugeführt.

Der ISOSIV-Prozeß, das ENOSORB-Verfahren, der TSF-Prozeß und das Verfahren der BATAAFSE PETROLEUM MATSCHAPPIJ N. V. sollen nicht näher betrachtet werden.

Für eine ausführliche Orientierung über Molekularsiebe und ihre Anwendungsmöglichkeiten wird die Monographie „*Molecular Sieves*" [34a] und die Monographie „*Molekularsiebe*" von Grubner und Mitarbeitern [34] empfohlen.

2.1.1.2. Extraktivkristallisation durch Harnstoffaddition

F. Bengen [49] stellte 1940 erstmals fest, daß Harnstoff u. a. mit n-Paraffinen kristalline Additionsverbindungen liefert, während Isoparaffine, Naphthene oder Aromaten nicht in das Harnstoff-Kristallgitter eingelagert werden. Von W. Schlenk jr. [50] wurden diese Produkte ausführlich untersucht. Mit dieser Methode ist eine Isolierung der n-Paraffine von verzweigten und cyclischen Verbindungen möglich. Bei der Bildung der Harnstoffadditionsverbindungen werden in die vom Kristallgitter des hexagonalen Harnstoffs gebildeten Kanäle die geradkettigen organischen Verbindungen eingelagert. Durch Zerstörung des Gitters, z. B. durch Auflösen des Harnstoffs, werden die addierten Produkte wieder frei. Eine zusammenfassende Beschreibung der Harnstoffadditionsverbindungen wird von Gawalek [51] gegeben. Verfahren zur Gewinnung von n-Paraffinen durch Harnstoffaddition sind von verschiedenen Seiten erarbeitet worden; einige davon sind in mehr oder weniger großem Umfang im technischen Maßstab in Betrieb. Dieselöle, Schmieröle oder Heizöle lassen sich auf diesem Wege entparaffinieren, wobei eine Qualitätsverbesserung dieser Produkte erzielt wird, und andererseits können Normalparaffine gewonnen werden.

Die Deutsche Erdöl A. G. in Heide hatte seit 1955 eine Anlage mit einer Tagesleistung von 50 t in Betrieb, mit der vorwiegend Dieselöl und Spindelöl entparaffiniert worden sind. Als Lösungsmittel für die Kohlenwasserstoffe dient Methylenchlorid, während Harnstoff in wäßriger Lösung zum Einsatz kommt. Das Wasser darf nur 40%, bezogen auf Harnstoff, ausmachen, da sonst der Harnstoffkomplex leicht wieder zerfällt. Das zur Lösung des Harnstoffs verwendete Wasser wird von der Additionsverbindung festgehalten; die flüssige Phase enthält außer dem Lösungsmittel nur die nicht addierten Teile. Die Adduktbildung ist eine Gleichgewichtsreaktion. Zur weitgehenden Verschiebung des Gleichgewichtes nach rechts muß immer eine hohe Harnstoffkonzentration vorhanden sein. Je nach Größe der eingelagerten Paraffinmoleküle kommen auf ein Molekül mit 5 bis 18 C-Atomen 5,5 bis 15 Moleküle Harnstoff.

Das in der Abb. 8 gezeigte Fließschema stellt das Verfahren der Deutschen Erdöl A. G. dar. Unter Rühren werden gleiche Volumina Paraffinöl und Methylenchlorid zu einer bei 70 °C gesättigten wäßrigen Lösung des Harnstoffs gegeben. Die Adduktbildung setzt unmittelbar nach Zusammengeben der Komponenten ein, wobei die auftretende exotherme Bildungsenthalpie das Methylenchlorid zum Verdampfen bringt. Durch einen Rückflußkühler gelangt das Methylenchlorid wieder in das Reaktionsgefäß zurück, so daß die Temperatur darin bei 35 bis 45 °C gehalten wird. Aus dem Rührgefäß gelangt das Reaktionsgemisch auf ein Filter. Das Filtrat wird in der Lösungsmittelrückgewinnung vom Methylenchlorid befreit; der Rückstand geht zur Weiterverarbeitung. Der Filterkuchen wird zur Entfernung nichtaddierter Ölanteile mit dem Lösungsmittel ausgewaschen und das Addukt dann im Zersetzer unter Rühren mit Dampf zerlegt. Es entstehen dabei eine wäßrige Harnstofflösung und die n-Paraffine, die in einem Absetzgefäß voneinander getrennt werden. In der zweiten Lösungsmittelrückgewinnung wird das restliche Methylenchlorid vom n-Paraffin abdestilliert. Die im Kreislauf geführte Harnstofflösung wird wieder so weit konzentriert, daß sie einer bei 70 °C gesättigten Lösung entspricht. Auf diesem Wege sind n-Paraffinkohlenwasserstoffe mit ca. 95%iger Reinheit gewonnen worden.

Eine wesentlich größere Anlage mit einer Tagesleistung von etwa 650 Barrel hatte die Standard Oil Companie 1957 in Betrieb. In dieser Anlage, die als Lösungsmittel ein Gemisch aus Toluol und Methyläthylketon verwendet, werden verschiedenartige Produkte entparaffiniert [52]. Die Lösungsmittel können den Additionsprozeß entscheidend beeinflussen, d. h. ihn beschleunigen oder hemmen. Aus diesem Grunde ist die Auswahl eines geeigneten Lösungsmittels wichtig. Außer Methanol [53] und Methyläthylketon werden auch sek.-Butanol oder für höhersiedende Verbindungen Methylisobutyl-

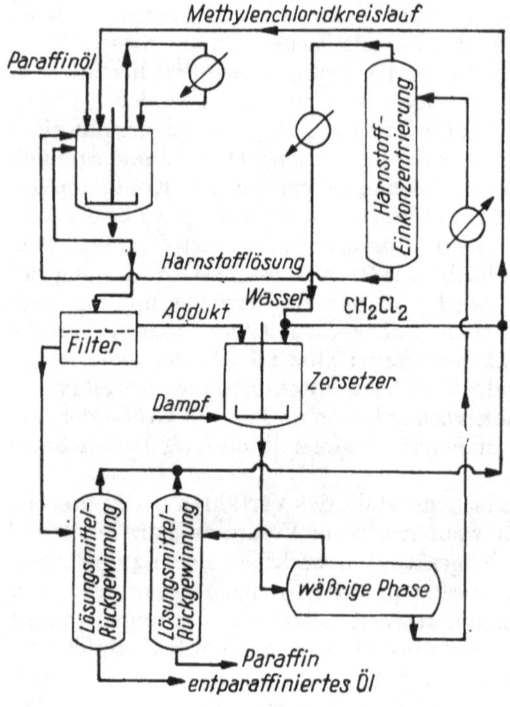

Abb. 8.
Harnstoffadditionsverfahren der Deutschen Erdöl A. G.

keton vorgeschlagen. Nach Möglichkeit soll der Harnstoff und das Lösungsmittel verlustfrei im Kreislauf gefahren werden.

Eine Zusammensetzung der n-Paraffine aus der Harnstoffaddition nach dem EDELEANU-Verfahren [54] zeigt Tab. 9.

Tabelle 9. Paraffine aus der extraktiven Harnstoffkristallisation nach dem EDELEANU-Verfahren [54]

Ausgangsmaterial	Siedebereich [°C]	Produktzusammensetzung		
		C-Zahlbereich	Hauptanteil	n-Paraffin in Gewicht [%]
Petroleum	190—260	C_{10}—C_{16}	C_{12}—C_{13}	96
Gasöl	260—325	C_{10}—C_{22}	C_{17}	95
Spindelöl	300—400	C_{14}—C_{28}	C_{20}	95
Kreislauföl einer Spaltanlage	250—400	C_{12}—C_{30}	C_{22}	95
Olefinschnitt aus einer Spaltanlage	175—245	C_{10}—C_{14}	C_{12}	96

Durch portionsweisen Zusatz von Harnstoff kann eine fraktionierte Harnstoffaddition komplizierter Kohlenwasserstoffgemische erreicht werden. Dabei reicht die jeweils zugesetzte Harnstoffmenge nicht zur Adduktbildung aller Paraffine aus, sondern es werden nur die höheren Glieder der homologen Reihe und nach weiteren Zusätzen auch die niederen Homologen erfaßt. Nach jedem Harnstoffzusatz wird durch Rühren das Addukt gebildet, ausgewaschen, abfiltriert und zersetzt. Zum Filtrat gibt man die nächste Portion Harnstoff und verfährt in gleicher Weise, bis keine Fällung mehr erfolgt.

Nach einem neueren japanischen Verfahren, dem Nurex-Prozeß, werden ein aromatischer Kohlenwasserstoff und Methanol mit dem Einsatzöl inintesiv gemischt und durch Zusatz von festem Harnstoff das Addukt gebildet. Addukt und nichtaddiertes Öl werden durch Vakuum-Filtration getrennt. Das ausgewaschene Addukt gelangt in einen Zersetzer und wird dort durch Erhitzen mit dem aromatischen Kohlenwasserstoff bei einer Temperatur uuterhalb 100 °C in Harnstoff und Paraffin aufgespalten. In einem zweiten Zersetzer wird die Spaltung vervollständigt. Auch hier werden Lösungsmittel und Harnstoff im Kreislauf geführt [55, 56].

Rein kontinuierliche Methoden werden in der Literatur zwar beschrieben [54, 57], sie sind aber bisher nicht zur technischen Reife entwickelt worden. MIDDLEBROOKS und MAKIN [58] arbeiten mit einer stationären Anordnung des Harnstoffs. Er wird in einem nicht adsorbierenden, faserigen Material (Glasfasern oder Asbest) eingebettet in einer Trennsäule aufgeschichtet. Beim Durchfließen des n-paraffinhaltigen Produkts entsteht das Addukt. Bei einer Temperatur, bei der sich kein Addukt mehr bilden kann, leitet man einen vorgewärmten Kohlenwasserstoff durch die Säule. Bei der eintretenden Zersetzung des Adduktes soll der Harnstoff in der Säule zurückbleiben und wieder verwendbar sein. Die Vorteile dieses Verfahrens sind nicht ohne weiteres erkennbar. Für analytische Zwecke lassen sich derartige Anordnungen verschiedentlich einsetzen.

Außer für die Paraffintrennung lassen sich die Harnstoffaddukte zur Isolierung geradkettiger Fettsäuren und Fettalkohole aus technischen Gemischen, die u. a. auch verzweigte Verbindungen enthalten, einsetzen. Durch selektive Bildung der Harnstoffaddukte haben SWEN und PARKER [59] Ölsäure aus dem Olivenöl bzw. den Methylestern der Olivenölfettsäuren abgetrennt. Es konnte 97 bis 99%ige Ölsäure in 60 bis 70%iger Ausbeute gewonnen werden. Des weiteren können längerkettige Olefine über die Harnstoffadditionsverbindungen von Isoolefinen abgetrennt werden.

2.1.2. Olefine (Alkene)

Sowohl die niederen Olefine wie *Äthylen* und *Propylen* als auch die entsprechenden höhermolekularen Verbindungen dieser Gruppe mit mehr als 10 Kohlenstoffatomen sind für die moderne Tensidchemie von außerordentlicher Bedeutung. Einen Überblick über die Einsatzmöglichkeiten der α-Olefine mit 6 bis 18 Kohlenstoffatomen zeigt Tab. 10 [60]. Die niederen Glieder lassen sich relativ einfach durch Oligomerisierung in höhermolekulare Olefine überführen. Die Oligomerisate des Propylen und Butylen bestehen jedoch vorwiegend aus verzweigtkettigen Verbindungen. Allgemein sind die Olefine weitaus reaktionsfreudiger als die entsprechenden Paraffine. Sie addieren z. B. Schwefelsäure unter Bildung sekundärer Alkylsulfate (siehe Seite 165).

Tabelle 10. Einsatz der α-Olefine von C_6—C_{18} in der Tensidchemie [60]

C_{10}—C_{13}	Alkylierung von Benzol	Alkylarylsulfonate
C_9—C_{13}	Alkylierung von Phenol	nichtionogene Tenside
C_{12}—C_{16}	Hydroformylierung und Sulfatierung	prim. Alkohole, sek. Alkylsulfate
C_{12}—C_{16}	Addition von Bisulfiten (Peroxide)	prim. Alkylsulfonate
C_{16}—C_{18}	Addition von H_2SO_4	sek. Alkylsulfate
C_{13}—C_{20}	Oxydation mit Chromsäure	C_{12}—C_{18} geradkettige Carbonsäuren
C_{16}—C_{18}	Sulfierung mit SO_3	Alkensulfate

Äthylen ($CH_2{:}CH_2$) ist ein Gas, das bei —104°C flüssig ist und bei —169°C fest wird. Früher fiel es bei der Kohlenwasserstoff-Spaltung als Nebenprodukt an. Heute stellt man es nach einer Vielzahl von Verfahren, insbesondere der Pyrolyse, als Ausgangsprodukt für eine große Anzahl von Verbindungen, wie Plaste, Äthylenoxid, Fettalkohole, Olefine u. dgl. her. Am vorteilhaftesten pyrolysiert man Äthan oder niedere Kohlenwasserstoffe; ungünstigere Ausbeuten werden mit höheren Kohlenwasserstoffen erhalten. Letztere neigen häufig zur Koksbildung, die zu Störungen des Betriebes führen kann. Führt man die Pyrolyse mit mehr oder weniger Wasserdampf und sehr kurzen Verweilzeiten durch, so lassen sich auch höhermolekulare Verbindungen zufriedenstellend verarbeiten. Das billigste und vorteilhafteste Ausgangsmaterial wäre Roherdöl, dessen Verarbeitung jedoch z. Z. noch Schwierigkeiten bereitet. Außer den Olefinen fallen bei der Pyrolyse — je nach Betriebsbedingungen — auch mehr oder weniger große Aromatenmengen an.

Einen ausführlichen Überblick über die Gewinnung und Verarbeitung der Olefine gibt Asinger [60].

Propylen ($CH_3 \cdot CH{:}CH_2$), ein dem Äthylen in seinen Eigenschaften ähnliches Olefin, fällt ebenfalls bei den Crack- und Pyrolyseprozessen in geringeren Mengen als Äthylen an und wird aus den Gasgemischen durch Druckdestillation in guter Reinheit gewonnen. Obwohl es z. Z. noch nicht so bedeutend ist wie das Äthylen, scheint eine umfangreichere Propylen-Chemie in der Entwicklung zu sein. Auch in der Tensid-Chemie tritt das Propylen in zunehmend größerem Umfang auf.

Von geringerer Bedeutung sind die *Pentene* und *Butylene*. Sie treten in der Tensidchemie weniger in Erscheinung.

2.1.2.1. Höhermolekulare Olefine

Zur Herstellung der höhermolekularen Olefine sind eine Reihe von Verfahren bekannt. Einmal lassen sie sich durch Oligomerisierung aus niederen Olefinen darstellen. Sie können weiterhin durch katalytische oder durch chlorierende Dehydrierung höherer paraffinischer Kohlenwasserstoffe gewonnen werden. Ein heute weit verbreitetes Verfahren ist die Olefingewinnung aus paraffinischen Spaltprodukten.

2.1.2.1.1. Oligomerisierung von Propylen

Die Oligomerisierung der niederen Olefine, insbesondere des Propylens, ist unter Normalbedingungen auf katalytischem Wege durchführbar. Derartige Homo- oder Cooligomerisate spielen oder spielten in der Tensid-Chemie eine wichtige Rolle. Die Tetra- und Pentapropylene dienen zur Alkylierung von Benzol und damit zur Herstellung der biologisch schwer abbaubaren Alkylbenzolsulfonate (TBS). Da diese Gruppe von höhermolekularen Olefinen noch immer eine gewisse Bedeutung besitzt, soll sie hier näher beschrieben werden. Diese Verbindungen werden wegen ihrer schlechten biologischen Abbaubarkeit in den meisten Industriestaaten nicht mehr zur Alkylierung eingesetzt. Jedoch werden Oligomerisierungsprodukte des Propylens und der Butylene als Ausgangsmaterial für die Oxosynthese zur Gewinnung entsprechender Alkohole für Weichmacher und für andere chemische Produkte benötigt.

Von Bedeutung sind für die petrolchemischen Prozesse vor allem Oligomerisierungsverfahren, die so gesteuert werden können, daß die Reaktion zu einheitlichen Endprodukten führt, ohne daß langwierige Trennoperationen erforderlich sind. Trotz der Entwicklung neuer spezieller Katalysatoren, wie Kobalt- und Nickelverbindungen, haben Schwefelsäure und Phosphorsäure ihre Bedeutung weitgehend beibehalten. Um definierte Oligomerisierungsprodukte zu erhalten, müssen die erforderlichen Reaktionsbedingungen exakt eingehalten werden. Andernfalls fallen Polymerengemische an, die aus einer Vielzahl von Komponenten bestehen. Rein formelmäßig kann die Umsetzung zum Tetrapropylen folgendermaßen verlaufen:

$$4CH_3\cdot CH{:}CH_2 \xrightarrow[\text{oder } H_2SO_4]{H_3PO_4} \begin{matrix} CH_3 \\ CH_3 \end{matrix}\!\!>\!CH\cdot CH_2\cdot \underset{\displaystyle CH}{\dot{C}H}\cdot CH_2\cdot \underset{\displaystyle CH_3}{\dot{C}H}\cdot CH_2\cdot CH{:}CH_2$$

Im technischen Maßstab kann die Oligomerisierung in nachstehender Weise vorgenommen werden: In drei 5 m hohen, innen versilberten Reaktionsrohren von 180 mm Durchmesser, die elektrisch beheizbar sind, werden ca. 40 kg 85%ige Phosphorsäure und ca. 70 kg Roholigomerisat gefüllt.

In die auf 100 °C vorgeheizten Rohre wird kontinuierlich verflüssigtes Propylen unter 15 kp · cm^{-2} Stickstoffdruck aus den Vorratsbehältern gedrückt, wobei die Temperatur auf 200 °C erhöht wird. Man kühlt bei dieser Temperatur und steigert den Druck im ersten Rohr auf 60 kp · cm^{-2}. Im letzten Rohr soll der Druck bei 40 kp · cm^{-2} liegen. Bei 180 bis 200 °C verläuft die exotherme Reaktion so schnell, daß der Durchsatz pro Stunde 250 kg Gas betragen kann. Davon werden etwa 200 bis 230 kg oligomerisiert. Das Reaktionsprodukt gelangt anschließend in eine Kolonne zur Entgasung, in der die nichtumgesetzten Teile abgetrennt und wieder eingesetzt werden. Nach einer Raffination mit Bleicherde und Natronlauge wird das Oligomerisat destillativ getrennt. Man zerlegt allgemein in vier Fraktionen, und zwar von 60 bis 130 °C (C_6—C_9), 130 bis 180 °C (C_9—C_{11}), 180 bis 200 °C (C_{12}) und weiter bis 260 °C (höhere Olefine). Einige charakteristische Daten von Tetrapropenen zeigt Tab. 11.

Tabelle 11. Charakteristische Daten von Tetrapropenen [61]

Probe-Nr.	Farbe	Dichte	n_D^{20}	Mol.-Gew.	Bromzahl	Bemerkungen
I	gelb	0,7955	1,4440	180	74,5	süßer, stechender Geruch
II	hellgelb	0,7768	1,4410	176	93,5	sehr schwacher, süßer Geruch
III	hellgelb	0,7843	1,4431	179	90,5	schwacher, süßer Geruch
IV	farblos	0,7853	1,4396	172	78,6	süßer Geruch
V	fast farblos	0,7703	1,4358	172	91,0	schwacher, aromatischer Geruch

Auf die Oligomerisierung von Propylen mit anderen sauren und alkalischen Katalysatoren sowie mit Kobalt- und Nickelkatalysatoren soll hier nicht eingegangen werden, weil sie für die Tensid-Chemie von geringerer Bedeutung sind. Auch die Mischoligomerisierung von Propylen mit Äthylen oder Propylen mit Isobutylen soll nur kurz erwähnt werden.

In Gegenwart von Bortrifluorid und H_3PO_4 unter gleichzeitigem Durchleiten von BF_3 erhält man aus flüssigen Olefinen mit 6 bis 10 C-Atomen bei normaler Temperatur und normalem oder erhöhtem Druck vorwiegend Dimere und Oligomere der eingesetzten Olefine, die sich besonders zum Alkylieren von Aromaten oder zur direkten Sulfatierung oder Sulfonierung eignen. Wahrscheinlich sind diese Verbindungen leichter biologisch abbaubar als die Propylenoligomeren [62].

2.1.2.1.2. Olefinsynthese nach Ziegler (Alfen-Prozeß)

Diese Synthese stellt ein modernes, aber noch relativ teures Verfahren zur Gewinnung geradkettiger Olefine dar. Läßt man Äthylen auf Aluminiumtriäthyl bei 100 bis 120 °C und etwa 100 kp · cm^{-2} einwirken, so treten mehrere Äthylenmoleküle zwischen das Aluminium und die Äthylgruppen und es entstehen höhermolekulare Aluminiumalkyle:

$$\mathrm{Al}\begin{cases}\mathrm{C_2H_5}\\ \mathrm{C_2H_5}\\ \mathrm{C_2H_5}\end{cases} + 3\,\mathrm{C_2H_4} \rightarrow \mathrm{Al}\begin{cases}\mathrm{CH_2\cdot CH_2\cdot CH_2\cdot CH_3}\\ \mathrm{CH_2\cdot CH_2\cdot CH_3\cdot CH_3}\\ \mathrm{CH_2\cdot CH_2\cdot CH_2\cdot CH_3}\end{cases}$$

Nach Anlagerung einer von den Reaktionsbedingungen abhängigen Anzahl Äthylenmolekülen wird die sogenannte Aufbaureaktion beendet. Es erfolgt anschließend eine Verdrängung der längerkettigen Moleküle, wobei die höhermolekularen Alkylgruppen als Olefine abgespalten werden und Äthylen an ihre Stelle tritt:

$$\mathrm{Al}\begin{cases}\mathrm{C}_n\mathrm{H}_{2n+1}\\ \mathrm{C}_n\mathrm{H}_{2n+1}\\ \mathrm{C}_n\mathrm{H}_{2n+1}\end{cases} + 3\,\mathrm{C_2H_4} \rightarrow \mathrm{Al}\begin{cases}\mathrm{C_2H_5}\\ \mathrm{C_2H_5}\\ \mathrm{C_2H_5}\end{cases} + 3\,\mathrm{C}_n\mathrm{H}_{2n}$$

Höhere Temperaturen beschleunigen die Verdrängungsreaktion, besonders begünstigt wird sie durch Nickelverbindungen.

Um höhermolekulare Olefine zu gewinnen, arbeitet man in möglichst zwei Stufen. In der ersten Stufe läßt man unter Druck auf Aluminiumtriäthyl einwirken. Ebenfalls unter Druck — mit Äthylen — lassen sich die höhermolekularen Aluminiumalkyle durch Zugabe von Nickelsalzen zersetzen. Für eine rentable Ausbeute ist die richtige Führung der Aufbau- und der Verdrängungsreaktion besonders wichtig.

Nach neueren Arbeiten konnte z. B. die relativ niedrige Geschwindigkeit der Aufbaureaktion durch Einsatz gewendelter Kupferreaktoren bei einer kontinuierlichen Reaktionsführung im Gleichstrom bei 160 °C bedeutend erhöht werden. Der Durchsatz ließ sich auf die fünfzehn- bis sechzehnfache Menge erhöhen. Eine Verbesserung der Verdrängungsreaktion wird erreicht, wenn man die Aluminiumalkyle in Gegenwart von Äthylen unter leichtem Überdruck etwa 0,5 bis 2 auf 280 bis 320 °C erhitzt. Vorteilhaft läßt man das Reaktionsgemisch mit einer hohen Geschwindigkeit durch eine geeignete Kapillare strömen. Pro Liter Reaktionsraum können pro Stunde 35 bis 50 kg Produkt erhalten werden, das bei Verwendung von Äthylen als verdrängende Komponente fast nur aus den α-Olefinen und aus dem Aluminiumtriäthyl besteht. Man arbeitet in diesem Falle ohne Nickel, und man kann aus dem Reaktionsgemisch das Aluminiumtriäthyl destillativ entfernen. Als erste Fraktion fällt ein Vorlauf von C_4 bis C_{10}-Olefinen an und anschließend ein Gemisch aus Aluminiumtriäthyl mit C_{12}- und C_{14}-Olefinen. Höhere Olefine verbleiben als Rückstand. Trotz ihres Gehaltes an C_{12}- und C_{14}-Olefinen gibt man die zweite Fraktion wieder in die Aufbaustufe, wo sie den Reaktor durchläuft, ohne daß sich die Olefine wesentlich verändern, während das Aluminiumtriäthyl wieder aufgebaut wird. Im Anschluß daran destilliert man die C_{12}- und C_{14}-Olefine von den höhersiedenden Aluminiumalkylen ab. Der Rückstand gelangt in den Verdrängungsreaktor.

Geradkettige α-Olefine mit bis zu 30 C-Atomen stellt man her, indem die Trialkylverbindungen im zerstäubten Zustand bei Temperaturen zwischen 360 bis 370 °C und Drücken unterhalb 14 kp · cm^{-2} mit einem niedermolekularen Mono-1-Olefin etwa 0,5 bis 15 min erhitzt und die durch Verdrängung der Alkylreste freigesetzten Olefine in üblicher Weise von einander trennt [63].

Die Kombination der Aufbau- und Verdrängungsstufe bei der ZIEGLERschen α-Olefinsynthese wurde besonders von ZOSEL [64] durchgeführt. Das Fließschema des Verfahrens zeigt Abb. 9 [65, 66].

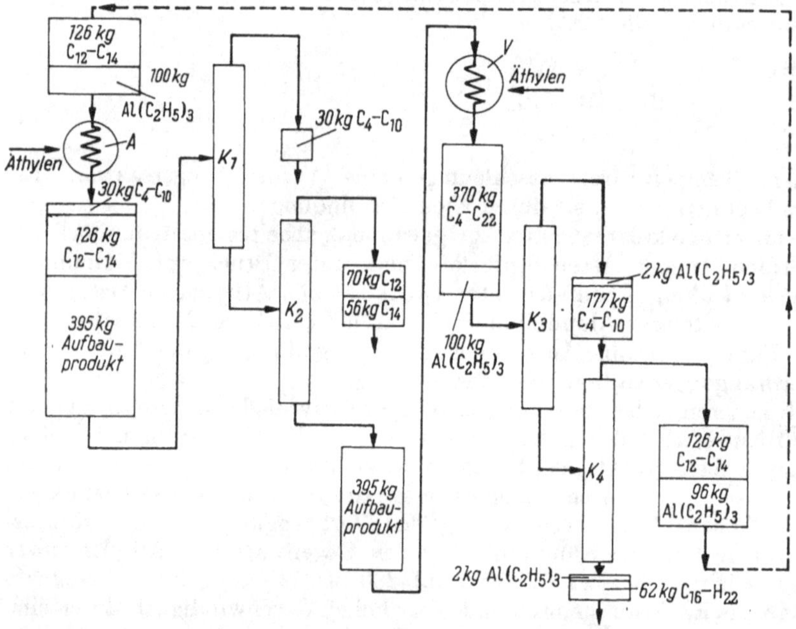

Abb. 9. α-Olefin-Synthese nach ZIEGLER durch Kombination der Aufbau- und Verdrängungsstufen.

A – Aufbau-Reaktor, *V* – Verdrängungs-Reaktor, C_4-C_{22}, K_1 – Kolonne *1*, 120 °C, 60 Torr, K_2 – Kolonne *2*, 120 °C, 4 Torr, K_3 – Kolonne *3*, 120 °C, 60 Torr, K_4 – Kolonne *4*, 120 °C, 4 Torr.

2.1.2.1.3. Höhermolekulare Olefine durch Dehydrochlorierung von Chlorparaffinen

Aus höheren Kohlenwasserstoffen lassen sich entsprechende Olefine über die Chlorparaffine und anschließender Dehydrochlorierung gewinnen.

Derartige Olefine mit geraden Kohlenstoffketten sind für die Fabrikation der geradkettigen Alkylbenzole, die für die Alkylbenzolsulfonatherstellung benötigt werden, von Bedeutung. Wegen ihrer besseren biologischen Abbaubarkeit sind sie an die Stelle der Tetrapropenbenzolsulfonate (TPBS) getreten, die als „biologisch harte“ Tenside in verschiedenen Staaten nicht mehr verbraucht werden dürfen.

Zur Darstellung der Chlorparaffine werden geradkettige Paraffinkohlenwasserstoffe mit 10 bis 14 C-Atomen, die aus entsprechenden Erdölfraktionen durch Harnstoffaddition oder durch Molekularsiebverfahren isoliert wurden, teils diskontinuierlich teils kontinuierlich unter Belichtung (UV-Licht) chloriert. Die Chlorierung wird so geführt, daß nur Monochlorparaffine entstehen. Um die Bildung von unerwünschten Di- und Polychloriden möglichst niedrig zu halten, wird nur bis zu einem Chlorgehalt von ca 30% des für vollständige Monochlorierung berechneten Chlorwertes chloriert. Da bei der Chlorierung das Chlor an jedes beliebige Kohlenstoffatom der C-Kette treten kann, bilden sich aus den Chloralkanen bei der Dehydrochlorierung auch Olefine mit verschiedener Stellung der Doppelbindung im Molekül. Durch den katalytischen Einfluß des entstehenden Chlorwasserstoffes tritt außerdem eine weitere Verschiebung der Doppelbindungen, insbesondere zur Mitte des Moleküls hin, ein.

Da die Chlorierung sich nicht auf alle Moleküle erstreckt, entsteht bei der katalytischen Dehydrochlorierung ein Gemisch aus Olefinen und Paraffinen. Je nach Verwendungszweck kann man die Olefine entweder mit Sulfierungsmitteln in Alkylsulfate überführen, die wasserlöslich sind und leicht von den Paraffinen abgetrennt werden können. Sie lassen sich auch zur Alkylierung von Aromaten einsetzen, wobei FRIEDEL-CRAFTS-Katalysatoren verwendet werden. Die nicht umgesetzten Paraffine gehen in die Chlorierung zurück.

Für die Alkylierung von Aromaten können allerdings Chloralkane direkt — ohne Dehydrochlorierung — Verwendung finden. Auf diesem Wege lassen sich Alkylbenzole sehr vorteilhaft und mit guten Ausbeuten gewinnen [67, 68, 69].

Um bei der Dehydrochlorierung Polymerisations- und Spaltreaktionen zu vermeiden, muß sie unter besonderen Vorsichtsmaßnahmen erfolgen. Gute Resultate erzielt man, wenn die Chlorwasserstoffabspaltung in einem Reaktor durchgeführt wird, der gleichzeitig als Fraktionierkolonne dient. Der Reak- ist mit speziellen Eisenringen in Form der RASCHIG-Ringe gefüllt, die als Katalysator dienen. In den auf 250°C erhitzten Reaktor leitet man das Chlorparaffin-Paraffin-Gemisch ein. Nach der Reaktion tritt Olefin, Paraffin und Chlorwasserstoff am Kolonnenkopf kontinuierlich aus. Die Reaktionsprodukte sind fast frei von Chlorparaffinen. Der Polymerisationsgrad der Olefine ist nur gering. Es ist jedoch ratsam, nur mit engen Paraffinfraktionen zu arbeiten, z. B. C_{12} bis C_{13}.

Eine Paraffinfraktion (2000 kg), die aus 35% *Dodecan* und 61% *Tridecan* bestand und die bis zu 7,1% Chlorgehalt chloriert wurde, liefert nach Durchgang durch die Dehydrochlorierungskolonne 1838 kg Olefin-Paraffingemisch, dessen Bromzahl von 34 einer Olefinausbeute von 98,6% der Theorie entspricht.

2.1.2.1.4. Katalytische Dehydrierung höhermolekularer n-Paraffine

Eine vorteilhafte Methode zur Gewinnung höhermolekularer Olefine ist die katalytische Dehydrierung entsprechender Paraffinkohlenwasserstoffe ohne Spaltung der Kohlenstoffkette. Die Reaktionsbedingungen sind dazu so zu wählen, daß keine oder nur minimale Crackung erfolgt oder eine Aromatenbildung eintritt. Auch hier können vorteilhaft Paraffine aus der Harnstoffaddition oder den Molekularsiebverfahren eingesetzt werden. Zur Vermeidung der erwähnten Nebenreaktionen fährt man nur kleine Durchsätze. Die Umsätze liegen bei 10%. Als Nebenprodukt fällt bei der Dehydrierung Wasserstoff von 96%iger Reinheit an. Entscheidend für eine rentable Umsetzung ist die Qualität des Katalysators und die optimale Durchsatzmenge. Vorwiegend wird ein Tonerde-Chromoxid-Katalysator eingesetzt.

Das theoretisch sehr sinnvolle Verfahren wird heute kaum angewendet und ist durch die Spaltverfahren weitgehend verdrängt worden.

2.1.2.1.5. Höhermolekulare Olefine durch Spaltung von n-Paraffinen

Billige Olefine mit 12 bis 20 Kohlenstoffatomen und fast ausschließlich endständiger Doppelbindung werden heute in großem Umfang durch Hochtemperaturspaltung geeigneter Kohlenwasserstofffraktionen gewonnen. Das Einsatzmaterial soll vorwiegend aus n-Paraffinen bestehen, die auf den bereits mehrfach erwähnten Wegen aus Erdölfraktionen isoliert werden. Auch die Weichparaffine der Fischer-Tropsch-Synthese eignen sich bevorzugt zur Spaltung. Die Einsatzparaffine müssen über C-Kettenlängen verfügen, die größer sind als die gewünschten Olefine. Für Olefine mit 12 bis 20 Kohlenstoffatomen braucht man Paraffine mit einer mittleren C-Zahl von 26 bzw. einer C-Zahlbreite von 20 bis 32. Das entspricht etwa einem Siedebereich von 350 bis 480 °C.

Zur Spaltung leitet man die Paraffindämpfe häufig gemeinsam mit Wasserdampf bei etwa 550 bis 650 °C durch einen Röhrenreaktor. Je nach Durchsatzgeschwindigkeit und Temperatur erfolgt eine mehr oder weniger intensive Spaltung. Allgemein wird nur ein Teil des Paraffins umgesetzt. Aus dem Spaltprodukt werden durch Destillation die niedriger siedenden Anteile einschließlich der Olefine abgetrennt und der paraffinische Rückstand erneut der Spaltung zugeführt. Da die Aufspaltung der Kohlenstoffkette an jedem beliebigen C-Atom erfolgen kann, bilden sich neben den höhermolekularen Olefinen auch kurzkettige Verbindungen, die u. a. auch Diolefine enthalten können. In gewissem Umfang ist eine Lenkung der Spaltung mit dem Ziel der Anreicherung von höhermolekularen α-Olefinen möglich.

Die Ausbeute an α-Olefinen hängt einmal von den Reaktionsbedingungen und zum anderen von der Qualität der eingesetzten Paraffine ab. Häufig treten unerwünschte Nebenreaktionen auf, die zur Bildung von Naphthenen und Aromaten führen. Allgemein rechnet man bei optimalen Bedingungen (Temperatur, Druck, Verweilzeit, Paraffinqualität) mit 55 bis 65% an flüssigen Olefinen. Die Olefingemische bestehen zu etwa 90% aus α-Olefinen, der Rest sind Paraffine, verschiedene Diolefine sowie Naphthene und verzweigte Olefine. Ein Rohspaltprodukt kann z. B. folgende Zusammensetzung aufweisen:

Gase (C_4 und leichtere Kohlenwasserstoffe)	32,4%
C_5 – C_7	14,8%
C_8 – C_{10}	12,3%
C_{11} – C_{13}	12,0%
C_{14} – C_{16}	11,9%
C_{17} – C_{20}	16,6%

Abb. 10 zeigt das Fließschema einer Anlage zur Herstellung von Spaltolefinen, die folgendermaßen arbeitet: Im Röhrenofen, der mit Ausgangs- und Rückparaffin sowie mit überhitztem Wasserdampf beschickt wird, erfolgt die nahezu vollständige Verdampfung der Einsatzstoffe. Unverdampfte Teile scheidet man in einem Zyklon ab. Bei etwa 600 °C und einer Reaktionszeit von 10 s werden im Cracker die Dämpfe gespalten und unmittelbar danach das Reaktionsgemisch abgekühlt, um Nebenreaktionen zu unterbinden. Die Abkühlung wird — wie auch bei anderen Spaltprozessen — mit Frisch- oder Kreislaufprodukt vorgenommen. Nach der Abkühlung durch Quenchen trennt man das Spaltprodukt durch Destillation vom nicht umgesetzten Paraffin, das wieder mit Frischparaffin in die Anlage zurückgeht. Das aus Wasser und Spaltprodukt bestehende Kondensat wird getrennt. In einem Stabilisator werden dem aus niederen und höheren Verbindungen bestehendem Kondensat die Gase und leichten Spaltprodukte — bis etwa C_5 — abgenommen. Den vorwiegend aus mittleren und höheren Olefinen zusammengesetzten Rückstand zerlegt man in einer Destillationskolonne in die gewünschten Fraktionen.

In der Weise gewonnene α-Olefine mit 12 bis 18 C-Atomen sind besonders für die Herstellung von sekundären Alkylsulfaten geeignet. Derart geradkettige Tenside weisen einmal eine annehmbare Waschkraft auf und gehören außerdem zur Gruppe der „biologisch weichen" Verbindungen, d. h. sie werden auf biologischem Wege relativ schnell abgebaut. Die Fraktion von C_8 bis C_{15} verwendet man zur Alkylierung von Benzol oder Phenol (Alkylbenzolsulfonate, Alkylphenolpolyglykoläther). Die gesamte Palette der

Olefine kann auch über die Oxosynthese (ROELEN-Reaktion) in die entsprechenden Aldehyde oder Alkohole überführt werden. Während aus den niederen Alkoholen Weichmacher hergestellt werden, geben die höhermolekularen Alkohole nach der Sulfatierung primäre Alkylsulfate. Eine Sulfonierung der höheren Olefinfraktionen mit Schwefeltrioxid liefert Alkenylsulfonate (siehe Seite 198).

Die Verwendungsmöglichkeiten für höhermolekulare Olefine sind weitaus größer, und sie sollen hier nicht alle besprochen werden. Abschließend soll auf die umfangreiche Literatur zu diesem Gebiet hingewiesen werden [70—76].

Geradkettige Olefine können bei genügender Kettenlänge (ab C_{10}) durch Harnstoffadduktbildung oder durch Molekularsiebadsorption von Isoolefinen getrennt werden. Fast alle Olefine bilden mit Schwermetallsalzen instabile Komplexe, die sich vorteilhaft zu ihrer Abtrennung aus Gemischen mit Paraffinen einsetzen lassen. Durch die flüssig-flüssig-Extraktion besteht ebenfalls die Möglichkeit zur Isolierung der Olefine von den Paraffinen.

2.1.2.1.6. Weitere Synthesen für höhermolekulare Olefine

Es soll kurz auf weitere Möglichkeiten zur Herstellung von Olefinen eingegangen werden, die sich jedoch bisher weniger bewährt haben. Teilweise sind diese Synthesen zu kompliziert und die Ausgangsstoffe zu teuer oder die Ausbeuten sind wirtschaftlich nicht vertretbar.

Auf die Verwendung höhermolekularer Olefine aus Produkten der FISCHER-TROPSCH-Synthese soll zuerst hingewiesen werden. Unter bestimmten Reaktionsbedingungen fallen bei dieser Synthese Produkte an, die bis zu 80% verschiedener — insbesondere geradkettiger — Olefine enthalten können. Diese Verbindungen stellen ein ideales Material zur Sulfierung und zur Alkylierung dar. Durch die Einstellung des Betriebes der meisten FISCHER-TROPSCH-Anlagen fällt diese Olefinquelle aus.

Die Disproportionierung von Olefinen nach dem sogenannten „*Triolefinprozeß*" läßt sich unter bestimmten Bedingungen auch auf höhermolekulare Olefine ausdehnen. Bei dem Verfahren leitet man ein oder mehrere Olefine z. B. über einen Aluminiumoxid-Molybdänoxid-Katalysator. *Propylen* setzt sich dabei zu *Äthylen* und *Butylen-(2)* um [77]. Das Verfahren wird für die genannten Olefine bereits technisch durchgeführt [78]. Setzt man andere Olefine ein, z. B. *Penten-(1)*, so kommt man u. a. zu *Hexenen, Heptenen* und *Octenen*. Beim Einsatz von *Hexen-(1)* fallen Olefine vom *Äthylen* bis zum *Dodecen* an. Da die Ausbeuten an höhermolekularen Olefinen gering sind, kommt die Disproportionierung dafür weniger zur Anwendung. Mit viel Arbeitsaufwand wäre es durchaus möglich, Olefine jeder gewünschten Kettenlange herzustellen. Das Verfahren könnte aber ökonomisch nicht bestehen.

Es besteht auch die Möglichkeit, höhere Olefine aus Fetten, Fettalkoholen, Wachsen u. dgl. durch thermische Spaltung zu gewinnen. Aus Ölsäure

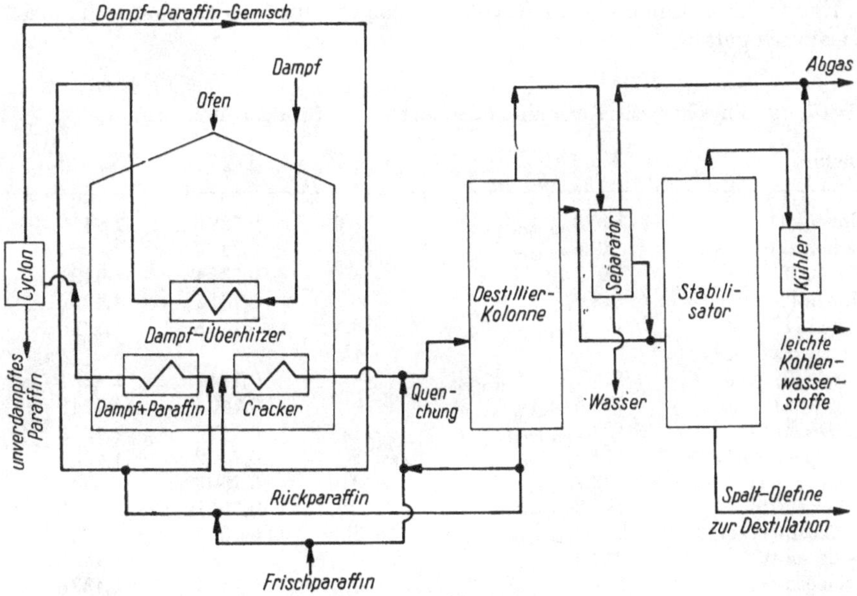

Abb. 10. Herstellung von Spaltolefinen: Schema zur Erzeugung höhermolekularer α-Olefine durch Paraffin-Spaltung.

kann auf thermischem Wege Heptadecen gewonnen werden. In ähnlicher Weise liefert Spermwachs bei der trockenen Destillation Hexadecen und Palmitinsäure. Dehydratisierung von Fettalkoholen führt ebenfalls zu den entsprechenden Olefinen. Inwieweit derartige Methoden sinnvoll sind und technisch rentabel arbeiten können, ist unbekannt.

Von rein wissenschaftlichem Interesse ist die Synthese höherer Olefine mit innenständiger Doppelbindung durch Umsetzung von Lithiumalkylen mit Äthylen in Gegenwart von Halopolyfluormethanen, z. B. Trifluorbrommethan, Dibromdifluormethan, bei $-70°$ bis 0 °C. Aus n-Butyllithium kann in 91%iger Ausbeute *Nonen-(4)* erhalten werden [79]. Ein definiertes Olefin mit innenständiger Doppelbindung erhält man aus Oleylalkohol durch Tosylierung und Reduktion mit Lithiumalanat in Tetrahydrofuran. Mit 60%iger Ausbeute wird ein cis-trans Isomerengemisch von *Octadecen-(9)* erhalten [80].

Abschließend sei noch auf die Möglichkeit hingewiesen, durch Telomerisierung von α-Olefinen mit Äthylen in Anwesenheit von Diäthylaluminiumchlorid bei etwa 200 °C und 175 kp · cm^{-2} höhermolekulare Olefine zu gewinnen [81].

Mehrfach ungesättigte Verbindungen, wie Diolefine und Polyolefine (*Diene, Polyene*) treten allgemein als Ausgangsstoffe in der Tensid-Chemie weniger in Erscheinung.

Einige Kennzahlen der wichtigsten flüssigen Monoolefine sind in Tab. 12 zusammengefaßt.

Tabelle 12. Physikalische Konstanten der wichtigsten flüssigen Monoolefine

Olefin	Kp. [°C]	Fp. [°C]	D_{20}	n_D^{20}
Nonen-(1)	$146{,}8_{760\,mm}$	−81,6	0,7292	1,4157
Nonen-(2)	$149{,}4_{760\,mm}$	—	0,7407	1,4201
Nonen-(3)	$148{,}2_{765\,mm}$	—	0,7334	1,4191
Nonen-(4)	$148{,}0_{760\,mm}$	—	0,7313	1,4200
Decen-(1)	$170{,}6_{760\,mm}$	−66,6	0,7408	1,4215
Decen-(2)	—	—	—	—
Decen-(3)	$173-173{,}5_{760\,mm}$	—	0,7447	1,4221
Decen-(4)	$170{,}6_{760\,mm}$	—	0,7404	1,4243
cis-Decen-(5)	$169{,}5_{739\,mm}$	−112	0,7445	1,4252
trans-Decen-(5)	$170{,}2_{760\,mm}$	−73	0,7412	1,4235
Undecen-(1)	$192{,}7_{760\,mm}$	−49	0,7503	1,4261
Undecen-(5)	$192{,}2_{760\,mm}$	—	0,7511	1,4289
Dodecen-(1)	$213{,}3_{760\,mm}$	−33,6	0,7583	1,4300
Dodecen-(6)	$212{,}9_{745\,mm}$	—	0,7597	1,4328
Tridecen-(1)	$104_{10\,mm}$	−22,2	0,7654	1,4335
Tetradecen-(1)	$125_{14\,mm}$	—	0,7726	1,4367
Pentadecen-(1)	$135_{10\,mm}$	−3,8	0,7763	1,4389
Hexadecen-(1)	$155_{15\,mm}$	+ 4	0,7811	1,4412
Heptadecen-(1)	$156_{10\,mm}$	+10,7	0,7860	1,4436
Oktadecen-(1)	$176-178_{14\,mm}$	+18,0	0,7888	1,4450
Eikosen-(1)	$151_{1,5\,mm}$	+28,5	—	$1{,}4440_{30°}$

2.1.3. Acetylen (Alkin)

Acetylen, $CH{\equiv}CH$, unterscheidet sich vom Äthylen durch das Fehlen von zwei Wasserstoffatomen; es enthält bekanntlich eine dreifache Bindung und ist ein sehr reaktionsfreudiges Gas. Die Herstellung erfolgt zum Teil über Calciumcarbid und zum Teil nach den Flammenbogen-Verfahren. Obwohl noch sehr große Mengen Acetylen in aller Welt hergestellt werden, ist seine Bedeutung durch die Entwicklung der Äthylenchemie zurückgegangen. Viele Produkte, die ursprünglich aus Acetylen gewonnen wurden, lassen sich heute billiger und bequemer aus Äthylen synthetisieren. So ist die Hydrierung von Acetylen zu Äthylen vollständig aufgegeben worden.

Eine Vielzahl von Produkten sind durch eine Hydratisierung des Acetylens erhältlich:

$$CH{\equiv}CH + H_2O \xrightarrow{\text{Katalysator}} CH_3 \cdot CHO$$

Die Umsetzung wird durch Einleiten von Acetylen in schwefelsaure Quecksilbersulfatlösung durchgeführt. Der entstehende Acetaldehyd kann oxydiert oder reduziert (Essigsäure oder Äthylalkohol) werden, und aus den Folgeprodukten lassen sich Essigsäureanhydrid, Acetylchlorid, Äthylacetat u. dgl. herstellen. Auf Acetylen als Plast- und Lösungsmittelgrundstoff sei nur kurz verwiesen. In neuerer Zeit treten verschiedene acetylenische Tenside mit spezifischen Eigenschaften auf, die auf Seite 273 noch näher besprochen werden.

Trotz der überaus großen technischen Bedeutung des Acetylens wird es auf die Dauer nicht mit den Produkten aus Äthylen konkurrieren können.

2.1.4. Aromatische Kohlenwasserstoffe

Aromaten bilden als längerkettige Alkylaromaten wichtige Ausgangsstoffe z. B. für die Alkylarylsulfonate. Zur Herstellung dieser Verbindungen kommen insbesondere größere Mengen Benzol und Naphthalin zum Einsatz, die nach unterschiedlichen Veıfahren großtechnisch alkyliert werden.

Die früher aus Steinkohlenteer gewonnenen Aromaten (*Benzol, Toluol, Xylole, Naphthalin* u. a.) werden heute in großem Umfang aus petrolchemischen Rohstoffen gewonnen. Allerdings kommen niedere Aromaten in den Erdölen nur in geringen Mengen vor. Sie entstehen vorwiegend bei den

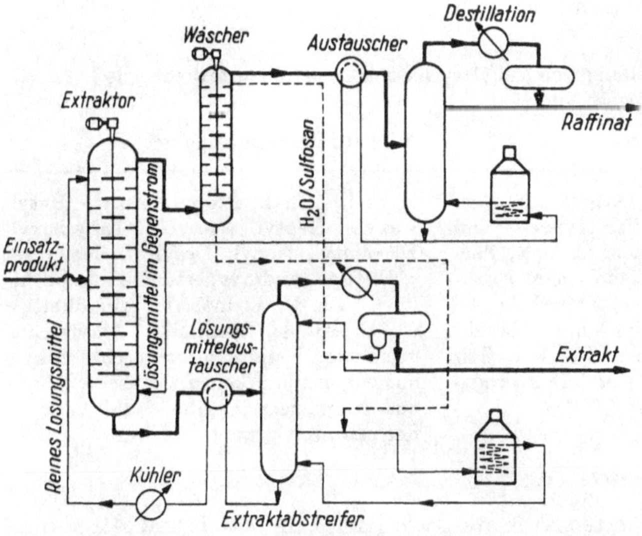

Abb. 11. Fließschema einer Anlage zur flüssig-flüssig Extraktion von Aromaten mit Sulfolan.

verschiedenen Pyrolyseprozessen, die zum Teil direkt zur Aromatenbildung ausgelegt sind, und beim Reformieren von Schwerbenzinfraktionen. Bei den Reformingprozessen werden auf katalytischem Wege vor allem Naphthene zu Aromaten dehydriert. Ausführlich beschrieben wird die Herstellung und Isolierung von Aromaten aus petrolchemischen Ausgangsstoffen von ASINGER [60].

Aus den aromatenhaltigen Fraktionen der Reformingverfahren gewinnt man sie z. B. durch flüssig-flüssig-Extraktion mit einer Reinheit von mehr als 95%, wobei als Extraktionsmittel Sulfolan, Monomethylformamid oder auch flüssiges Schwefeldioxid Verwendung finden. Je nach Verwendungszweck wird die Reinheit durch Destillation oder Raffination erhöht. Das Fließschema einer Anlage zur flüssig-flüssig-Extraktion mit Sulfolan zeigt Abb. 11.

Von den höheren Aromaten, wie Naphthalin, Anthracen, Phenanthren u. a., wird nur das Naphthalin als Mono- oder Dialkylnaphthalin zur Tensidherstellung eingesetzt. Anthracen oder Phenanthren sind zwar auch alkyliert und sulfoniert worden, aber als Tenside spielen diese Verbindungen keine Rolle. Allgemein kann gesagt werden, daß alle ein- oder mehrkernigen Aromaten reaktionsfreudig sind und sich leicht alkylieren lassen. In Tab. 13 sind die Aromaten aufgeführt, die zur Alkylierung und für die Tensidherstellung vorgeschlagen und auch verwendet worden sind. Da Alkylaromaten, insbesondere Alkylbenzole, mit längeren Seitenketten für die Tensidproduktion besonders interessant sind, soll ihre Herstellung in den nachstehenden Kapiteln näher besprochen werden.

Tabelle 13. Zur Herstellung von Alkylarylsulfonaten geeignete aromatische und aliphatische Komponenten

Aromatische Komponenten	Aliphatische Komponenten
Benzol, Toluol, Xylol, Äthylbenzol, Mesitylen, Phenol, Kresole, Xylenole und andere alkylierte Phenole, Anisole, Phenetole und andere Phenoläther, Naphthalin, Alkylnaphthaline, Naphthole, Alkylnaphthole, Diphenyl und Alkyldiphenyle, Phenylphenole, Di- und Triphenylmethan, Benzoin und Desoxybenzoine.	Methyl, Äthyl, Propyl, Amyl, Butyl, Hexyl, Heptyl, Octyl, 2-Äthylhexyl, Diisobutyl, Nonyl, Decyl, Dodecyl, geradkettige, hydroxylierte, olefinische Alkyle, Oleyl, Rizinoleyle, geradkettige C_9—C_{18}-Alkyle, gemischte Alkyle aus gecrackten Paraffinen, gemischte Alkyle aus polymeren Alkenen, gemischte Alkyle aus Napthenen, Ölsäure- und Ölsäurederivate, Acylgruppen, Ketone

2.1.4.1. Monoalkylbenzole

Die niederen alkylierten Aromaten, wie *Toluol,* die *Xylole* und *Äthylbenzol* geben ihrer kurzen Seitenketten wegen noch keine tensioaktiven Verbindungen. Es sei denn, daß man längere Alkylgruppen einführt. Sulfonierte kurzkettige Aromaten, z. B. Touolsulfonsäure, werden mehr und mehr als hydrotrope Verbindungen (siehe Seite 322) verwendet.

N. K. ADAM [82] stellte 1923 die Hexadecylbenzolsulfonsäure auf nachstehendem Wege her und machte auf die Seifenähnlichkeit ihrer Salze aufmerksam. Aus Palmitinsäurechlorid wurde mit Benzol in Anwesenheit von wasserfreiem Aluminiumchlorid als FRIEDEL-CRAFTS-Katalysator das Palmitophenon erhalten, das durch Reduktion mit amalgamiertem Zink und Salzsäure (CLEMMENSEN-Reduktion) in das Hexadecylbenzol umgewandelt wurde. Aus dem Hexadecylbenzol erhielt ADAM mit rauchender Schwefelsäure die Sulfonsäure. Für ein technisches Verfahren ist die Methode zu kompliziert und unrentabel. Bereits 1925 wies LINDNER [83] auf die technische Bedeutung derartiger Verbindungen hin und stellte Alkylbenzolsulfonate mit *Dodecyl-*, *Hexadecyl* und *Octadecyl* in der Seitenkette her. Ein vorteilhafteres Verfahren zur Darstellung höhermolekularer Alyklbenzole arbeiteten 1934 F. GÜNTHER und Mitarbeiter [84] aus. Als Ausgangsstoffe werden neben den aromatischen Komponenten, wie Benzol, Toluol und Xylole, höhermolekulare Olefine oder monochlorierte paraffinische Kohlenwasserstoffe eingesetzt. Die Anlagerung der Alkylgruppe an die Aromaten erfolgte großtechnisch mit Hilfe der FRIEDEL-CRAFTS-Katalysatoren. (Siehe Tab. 14, Kenndaten von Alkylbenzolen.)

Tabelle 14. Physikalisch-chemische Konstanten von Alkylbenzolen

Alkylbenzol	Formel	Kp. [°C]	Fp. [°C]	D^{20}	n_D^{20}
Methylbenzol (Toluol)	C_7H_8	110,6	−94,99	0,867	1,4969
Äthylbenzol	C_8H_{10}	136,2	−94,97	0,867	1,4959
n-Propylbenzol	C_9H_{12}	159,2	−99,50	0,862	1,4920
n-Butylbenzol	$C_{10}H_{14}$	183,3	−87,87	0,860	1,4898
n-Pentylbenzol	$C_{11}H_{16}$	205,4	−75	0,858	1,4878
n-Hexylbenzol	$C_{12}H_{18}$	226,1	−61	0,857	1,4864
n-Heptylbenzol	$C_{13}H_{20}$	245,5	−48	0,857	1,4854
n-Octylbenzol	$C_{14}H_{22}$	264,5	−36	0,856	1,4845
n-Nonylbenzol	$C_{15}H_{24}$	282,0	−24	0,856	1,4838
n-Decylbenzol	$C_{16}H_{26}$	300,0	−14,4	0,855	1,4832
n-Undecylbenzol	$C_{17}H_{28}$	316	− 5	0,855	1,4828
n-Dodecylbenzol	$C_{18}H_{30}$	331	+ 3	0,855	1,4824
n-Tridecylbenzol	$C_{19}H_{32}$	346	10	0,855	1,4821
n-Tetradecylbenzol	$C_{20}H_{34}$	359	16	0,855	1,4815
n-Pentadecylbenzol	$C_{21}H_{36}$	373	22	0,854	1,4814
n-Hexadecylbenzol	$C_{22}H_{38}$	385	27	0,854	1,4813
n-Heptadecylbenzol	$C_{23}H_{40}$	397	32	0,8546	1,4810
n-Octadecylbenzol	$C_{24}H_{42}$	408	36	0,8546	1,4809
n-Nonadecylbenzol	$C_{25}H_{44}$	419	40	0,8545	1,4807
n-Eicosylbenzol	$C_{26}H_{46}$	429	44	0,8545	1,4805

Obwohl Toluol, die Xylole und Äthylbenzol sich leichter als Benzol alkylieren lassen, werden sie nur selten für technische Alkylierungen verwendet. Da die Qualität der Alkylbenzolsulfonate stark von der Reinheit der Alkylbenzole abhängt, sollen möglichst nur in engen Grenzen siedende Fraktionen zur Sulfonierung eingesetzt werden. Deshalb sollen die Alkylbenzole vor Sulfonierung destilliert werden, um wirklich einwandfreie Produkte einzusetzen.

Wie bereits erwähnt, kann die Alkylierung des Benzols einmal mit monochlorierten, geradkettigen Paraffinen erfolgen und zum anderen mit Monoolefinen entsprechender Kettenlänge, d. h. C_{12} bis C_{15}. Die Olefine stammen teils aus der Spaltung von hochmolekularen Paraffinen und teils werden sie durch Oligomerisierung niederer Olefine erhalten (siehe Seite 49). Erstere stellen geradkettige Verbindungen mit vorwiegend endständigen Doppelbindungen dar, während die Oligomeren Methylverzweigungen aufweisen. Die Oligomeren haben auch die Doppelbindung am Ende des Moleküls.

Bei der Chlorierung der paraffinischen Kohlenwasserstoffe mit 12 bis 14 Kohlenstoffatomen kann das Chlor an jedes beliebige C-Atom treten. Allein bei der Chlorierung des Dodecans ist mit sechs isomeren Monochlorverbindungen zu rechnen, die bei der Alkylierung sechs isomere Dodecylbenzole ergeben können, weil der Benzolring an jedes der 12 C-Atome treten kann. Hier ist also von vornherein kein einheitliches Endprodukt zu erwarten:

1 2 3 4 5 6 7 8 9 10 11 12

$CH_3 \cdot CH_2 \cdot CH_2 \cdot CH_2 \cdot CH_2 \cdot CH_2 \cdot CH_2 \cdot CH_2 \cdot CH_2 \cdot CH \cdot CH_2 \cdot CH_3$

Man kann diese Verhältnisse mit der Sulfochlorierung oder der Sulfoxydation vergleichen, wo die Sulfogruppe statistisch über die ganze Kohlenstoffkette verteilt sein kann.

Aus neueren Arbeiten von ASINGER und Mitarbeiter [85] geht hervor, daß auch bei der Alkylierung von Benzol mit geradkettigen α-Olefinen immer Gemische stellungsisomerer Phenylalkane entstehen. Die Phenylgruppe verteilt sich wahrscheinlich infolge Wanderung der Doppelbindung innerhalb des Moleküls auch bei endständigen Olefinen über die gesamte Kohlenstoffkette. Die Verschiebung der Doppelbindungen wird sehr wahrscheinlich durch die sauren Alkylierungskatalysatoren, z. B. Fluorwasserstoffsäure oder Schwefelsäure, hervorgerufen. Aluminiumchlorid dagegen hat eine stellungsisomerisierende Wirkung und verursacht eine Verschiebung der Phenylgruppen nach der Alkylierung. Danach entstehen bei der technischen Alkylierung keine von Stellungsisomeren freie Alkylbenzole. — Methoden zur Synthese definierter Alkylaromaten für wissenschaftliche Zwecke sind von verschiedenen Autoren erarbeitet worden [86, 87, 88, 89], sie haben allerdings keine technische Bedeutung.

Die ersten technisch hergestellten Alkylbenzole wurden folgendermaßen gewonnen: Das Ausgangsmaterial war eine Erdölfraktion aus einem n-paraffinischen Öl mit einem Siedebereich von 200 bis 300 °C; die Molmasse entspricht einem Tetradecan ($C_{14}H_{30}$). Durch Chlorierung bei 60 bis 70 °C konnte ein überwiegend monochloriertes Produkt mit etwa 30% Chlor erhalten werden. Für die Alkylierung kamen ein Mol Tetradecylchlorid, 5 Mol Benzol und 0,1 Mol wasserfreies Aluminiumchlorid zum Einsatz. Die Temperatur lag zwischen 30 und 35 °C. Der große Benzolüberschuß ist erforderlich, um eine mehrfache Alkylierung des Benzols weitgehend zu verhindern. Dialkylbenzole geben keine hochwertigen Tenside. Das vom Katalysator befreite, gewaschene und getrocknete rohe Tetradecylbenzol wird durch Destillation zerlegt.

Im damaligen Deutschland erfolgte die Herstellung der Alkylbenzole auch vielfach über monochlorierte Mepasine, also Produkte aus der FISCHER-TROPSCH-Synthese. Die verwendete Fraktion entspricht annähernd dem Tetradecan und enthält nur wenig verzweigte Verbindungen. Das Mepasin wird in großen, homogen verbleiten Behältern von 8000 *l* Fassungsvermögen in Chargen von etwa 5000 kg bei 85 bis 115 °C so lange chloriert, bis die ursprüngliche Dichte von 0,778 auf 0,892 gestiegen war. Unter günstigen Bedingungen dauert die Chlorierung bei guter Ableitung der exothermen Reaktionswärme etwa 48 Stunden. Vorteilhaft läßt sich die Chlorierung nach dem sogenannten Kaskadenverfahren (siehe Sulfochlorierung) kontinuierlich vornehmen.

Die Alkylierung wird in einem geschlossenen Rührkessel von ca. 6000 *l* Fassungsvermögen durchgeführt, der mit einer Heiz- und Kühlvorrichtung versehen ist. Es werden 2200 kg Benzol und 70 kg wasserfreies Aluminiumchlorid vorgelegt und nach dem Erwärmen auf 40 °C läßt man langsam das chlorierte Tetradecan zufließen. Die Zugabe soll in etwa sechs Stunden beendet sein. Zur Vervollständigung der Umsetzung wird bei 70° C weitere zwei Stunden nachgerührt. Nach Abtrennung des Aluminiumchloridschlammes kommt das Rohprodukt in einen emaillierten Kessel, wo durch Waschen mit Wasser und Sodalösung die restlichen Katalysatorteile und die Salzsäure entfernt werden. Durch Erhöhung der Temperatur auf 80 °C und später auf 130 °C entfernt man das nichtalkylierte Benzol und etwa vorhandene niedrigsiedende Verbindungen auf destillativem Wege aus dem Alkylbenzolgemisch. Nach Filtration gelangt das rohe Alkylbenzol in die Vakuumdestillation. Die Alkylbenzolfraktionen können dann sulfoniert werden.

Die Herstellung eines wirklich monochlorierten aliphatischen Kohlenwasserstoffes durch direkte Chlorierung ist sehr schwierig. Es entstehen in unterschiedlichen Mengen di-, tri- und polychlorierte Verbindungen, die bei der Alkylierung zu kompliziert gebauten Nebenprodukten führen. Nach Arbeiten von H. D. WULF und Mitarbeitern [90] ist bei der Chlorierung von n-Paraffinen, die durch Molekularsiebverfahren abgetrennt worden sind, die Bildung von erheblichen Mengen Dichloralkanen unvermeidbar. Je nach Syntheseweg entstehen aus den Dichloralkanen mit Benzol in verschiedenem Umfang Dialkyltetraline und Dialkylindane, die sich wegen ihrer geringen Siedepunktsdifferenzen nicht von den Alkylbenzolen durch Destillation trennen lassen:

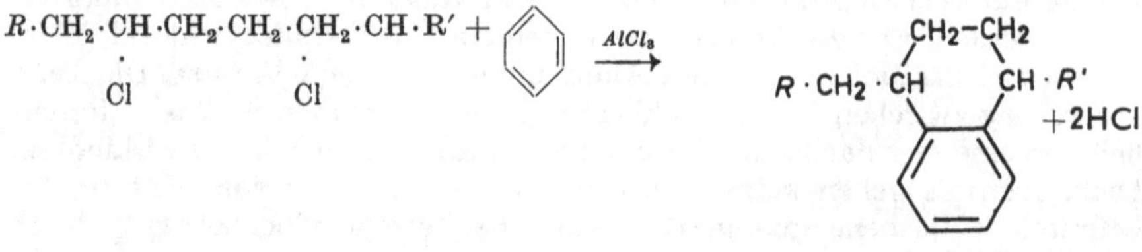

1.4—Dialkytetralin

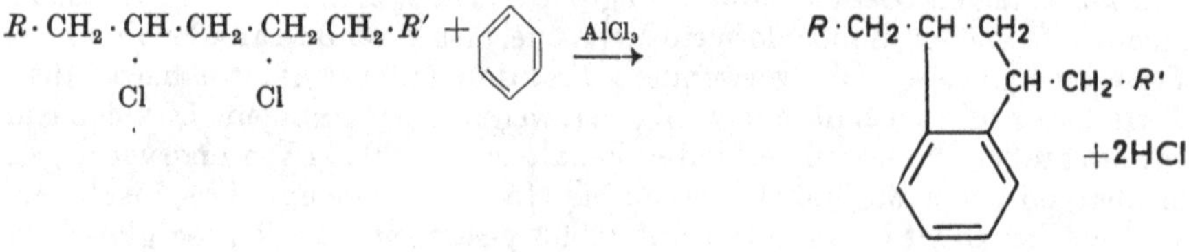

1.3—Dialkylindan

Die Bildung dieser Verbindungen führt bei den Sulfonaten zu einer Beeinträchtigung der grenzflächenaktiven Eigenschaften. Aus Messungen der kritischen Micellkonzentration und der Schaumbildung der 1,3-Dialkylindan-Sulfonate im Vergleich zu den entsprechenden Alkylbenzolsulfonaten geht hervor, daß die Bildung von 1,3-Dialkylindan einer Verkürzung des Alkylrestes im Alkylbenzol um ein bis zwei Kohlenstoffatome gleichgesetzt werden kann.

Nach anderen Verfahren alkyliert man das Benzol vorwiegend mit definierten Olefinen. Vor allem verwendet man Olefine — wie bereits erwähnt — mit endständigen Doppelbindungen, die besonders wertvolle und biologisch leicht abbaubare Substanzen liefern. Inwiefern bei der Alkylierung die Doppelbindung endständig bleibt, ist bereits besprochen worden. Ebenfalls wertvolle waschaktive Substanzen stellt man aus den sogenannten Tetrapropylenbenzolen her, obwohl hier nichtgeradkettige Olefine zur Alkylierung Verwendung finden. Leider haben diese Tenside den Nachteil, daß sie biologisch schwer abbaubar sind und zur Verunreinigung und Schaumbildung der Gewässer führen.

Obwohl die Tetrapropylenbenzole wegen ihrer großen biologischen Stabilität in einigen Staaten nicht mehr oder nur bedingt verwendet werden dürfen, soll ihre Herstellung hier beschrieben werden.

Das monomere Propen fällt bei der Pyrolyse von Kohlenwasserstoffen in beträchtlichen Mengen an und kann durch Druckdestillation in guter Reinheit erhalten werden. Durch Oligomerisierung wird es in Tri-, Tetra- oder Pentapropylen überführt (siehe Seite 49). Die Alkylierung des Benzols mit dem durch Destillation gereinigten Oligomerpropen wird in folgender Weise vorgenommen: In einem geeigneten, geschlossenen Rührkessel werden 1080 kg Benzol auf ca. 10 °C gekühlt und 547 kg wasserfreie Fluorwasserstoffsäure zugegeben. Vom Oligomerpropen — meist wird ein definierter Schnitt verwendet — läßt man 1472 kg so schnell in das Reaktionsgefäß einfließen, daß die Temperatur von 10 °C beibehalten bleibt. Nach beendeter Zugabe wird weitere zwei bis drei Stunden gerührt und anschließend in einer Destillierblase bei 20 °C die Flußsäure und bei 80 °C das überschüssige Benzol abdestilliert. Das Produkt wird in der Destillierblase neutralisiert und abschließend filtriert. Die Ausbeute liegt bei 1940 kg Alkylbenzol.

Nach modernen Verfahren wird das Oligomerpropylen mit dem Benzol gemischt und kontinuierlich in ein Reaktionsgefäß gedrückt, in dem sich die Flußsäure befindet. Durch intensive Kühlung wird die exotherme Reaktionswärme abgeführt und die Temperatur auf etwa 10 °C gehalten. Eein Teil des Behälterinhalts gelangt laufend in ein Absetzgefäß, wo sich die Flußsäure abtrennt und in das Reaktionsgefäß zurückgelangt. Das übrige Reaktionsgemisch aus Benzol, Oligomerpropylen und Alkylbenzol geht zur Aufarbeitung. In dem Maße, wie das Reaktionsgemisch abfließt wird, frisches Einsatzgemisch zugeführt bzw. die Flußsäure ergänzt. Das Rohalkylbenzol wird durch Destillation von geringen Flußsäureresten, von nicht alkyliertem Benzol und vom Oligomerpropylen befreit. Nach der Neutralisation wird das Alkylbenzol im Vakuum fraktioniert destilliert. Die Hauptfraktion fällt bei 270 bis 316 $°C_{760\,mm}$ an. Die Ausbeute auf das Rohalkylat bezogen liegt bei 86%.

Oligomere des Butylens sind für die Alkylierung des Benzols und seiner Homologen nicht oder nur bedingt geeignet, da sie eine zu weitgehende Isomerisierung erfahren und dabei z. B. p-Di-tert.-Butylbenzol liefern. Besonders ungünstig verhalten sich Copolymerisate von Gemischen der niederen Olefine. Auch hier tritt bei der Alkylierung eine Depolymerisation ein, wobei die Spaltstücke an die Aromaten treten und kurzkettige Alkylbenzole liefern, die die Qualität der Alkylarylsulfonate vermindern.

Zur Vermeidung von Isomerisierungserscheinungen auch bei den Propylenoligomeren müssen die Reaktionsbedingungen, insbesondere die Temperatur, genau eingehalten werden.

Zur Alkylierung des Benzols mit Tetrapropylen läßt sich auch Schwefelsäure, Aluminiumchlorid oder Bortrifluorid als Katalysator verwenden. Bei den ersten beiden Verbindungen liegen die Reaktionstemperaturen höher als bei der Flußsäure (10 bis 20 °C bei der Schwefelsäure, 35 bis 40 °C beim Aluminiumchlorid). Beim Bortrifluorid liegt die Temperatur etwas niedriger. Unter bestimmten Bedingungen können auch Phosphorsäure oder primäres Aluminiumphosphat als Katalysatoren eingesetzt werden.

Nach Untersuchungen von ZVERINA [91] über die katalytische Wirkung wasserfreier Flußsäure, Aluminiumchlorid und seiner Komplexe sowie Schwefelsäure bei der Alkylierung von Benzol mit Olefinen ist Schwefelsäure als Katalysator ungeeignet. Für Aluminiumchlorid und seine Komplexe ist die relativ große Beanspruchung der Apparatur und die Forderung nach korrosionsfestem Material nachteilig. Wasserfreie Flußsäure erweist sich als am geeignetsten, sowohl hinsichtlich der Technologie als auch der Ökonomie. — Im Gegensatz dazu haben SHARRAH und Mitarbeiter [92] festgestellt, daß bei der Alkylierung von Benzol mit Tetrapropylen bei gleicher Zusammensetzung des Reaktionsgemisches Schwefelsäure bessere Ausbeuten als Flußsäure oder Aluminiumchlorid ergibt. Die Ausbeuten an Dodecylbenzol sind um so höher, je größer das Verhältnis Benzol zu Dodecen ist. Die optimalen Reaktionsbedingungen sind vom Katalysator abhängig. ALUL [93] fand bei der Alkylierung von Benzol mit geradkettigen α-Olefinen (C_{12}, C_{14}, C_{16}, C_{18}) in Gegenwart von wasserfreier Flußsäure, daß sich die Mengen an 2-Phenylisomeren von 25 auf 32% erhöhen, wenn man von C_{12} zu C_{18} übergeht. Die Alkylierung ohne flüssige H_2F_2-Phase liefert mehr 2-Phenylisomere. In Anwesenheit von Hexan steigt der Gehalt an internen Isomeren. Mit Aluminiumchlorid tritt ebenfalls Isomerisierung ein, die durch Hexan nicht beeinflußt wird. Die höchsten Ausbeuten an mittelständigen Alkylbenzolen werden bei tiefen Temperaturen in Gegenwart eines flüssigen Katalysators, z. B. Flußsäure, und bei Verdünnung mit einem inerten Kohlenwasserstoff erhalten.

L. A. POTOLOWSKI und Mitarbeiter [94] setzten Benzol und Diisoamylen ein, verwenden Aluminiumchlorid oder Schwefelsäure als Katalysatoren und erzielen damit nachstehende Ausbeuten an Alkylierungsprodukten: Fraktion 212 bis 320°C mit $AlCl_3$: 112% bezogen auf das Dimere; mit H_2SO_4: 98%. Die Fraktion 180 bis 350°C gibt 136% bzw. 118% Ausbeute. Der Katalysatorverbrauch beträgt bei der Fraktion 180 bis 350°C 6,9% $AlCl_3$ bzw. 9,6% H_2SO_4.

Einige Angaben über Alkylierungsausbeuten und physikalisch-chemische Konstanten der Monoalkylbenzole aus entsprechenden Oligomerpropylenen bringt VAN EMBDEN [61]. Siehe dazu Tab. 15.

Zur Entfernung von färbenden Verunreinigungen aus den durch Alkylierung mit FRIEDEL-CRAFTS-Katalysatoren erhaltenen Reaktionsgemischen wird das Alkylbenzol bei 20 bis 100°C für die Dauer von 5 bis 60 min. mit einem Oxydationsmittel, wie Natrium- oder Kaliumchromat bzw. -bichromat, Chromsäure oder Ozon in Gegenwart von Wasser und Schwefelsäure behandelt. Die entstehenden zwei Phasen trennt man voneinander. Die obere organische Schicht, die praktisch frei von Oxydationsmittel ist, wird mit 1 bis 5% Schwefelsäure, bezogen auf die Kohlenwasserstoffe, bei 25 bis 80°C behandelt und anschließend säurefrei gewaschen [95]. Unter bestimmten Bedingungen läßt sich für die Aufhellung der Alkylbenzole auch Bleicherde einsetzen.

Tabelle 15. Alkylierungsausbeuten und einige Konstanten der Monoalkylbenzole aus den entsprechenden Tetrapropenen der *Tab. 11* [61]

Probe-Nr.	Vorlauf 100–125 °C$_{5mm}$ Ausbeute %	Hauptfraktion Ausbeute [%]	Siedepunkts-Intervall [°C]	D_4^{20}	n_D^{20}	Farbe
I	29,0	26,5	130–150$_{5\,mm}$	0,8743	1,4900	gelb
II	9,1	53,9	125–145$_{6\,mm}$	0,8713	1,4901	gelb
III	11,4	56,9	125–145$_{5\,mm}$	0,8743	1,4909	gelb
IV	11,7	57,7	115–132$_{2\,mm}$	0,8711	1,4900	gelb
V	7,9	54,2	125–145$_{5\,mm}$	0,8690	1,4898	gelb

Allgemein geht heute die Tendenz dahin, anstelle der Chloralkane entsprechende Olefine für die Alkylierung einzusetzen. Außerdem gibt man gasförmigen Katalysatoren (H_2F_2, BF_3) den Vorzug, weil sie sich bequem dosieren und wieder entfernen lassen. Wesentlich bei diesen Reaktionen sind die milden Arbeitsbedingungen, welche bei guten Ausbeuten weniger Nebenprodukte entstehen lassen. Beim heutigen Stand der Technik und im Hinblick auf die Gleichmäßigkeit des Endproduktes sowie auf die Wirtschaftlichkeit ist es nahezu selbstverständlich, daß die Alkylierung kontinuierlich vorgenommen wird.

2.1.4.2. Alkylnaphthaline

Im Gegensatz zu den Monoalkylbenzolen geben die alkylierten Naphthaline bereits mit niedermolekularen Alkylresten nach der Sulfonierung und Neutralisation brauchbare Tenside, die als Netzmittel und als Farbereihilfsmittel beachtliche Bedeutung erlangt haben. Derartige Alkylnaphthaline enthalten vorwiegend zwei Alkyle mit kürzeren Ketten im Molekül, wie *Di-iso-propylnaphthalin, Di-n-butylnaphthalin, Di-isobutylnaphthalin.* Auch *iso-Propylnaphthalin,* sowie Amyl- oder Hexylnaphthalin lassen sich als Ausgangsstoffe für Alkylnaphthalinsulfonate verwenden. Alkylnaphthaline mit längeren Seitenketten geben nach der Sulfonierung und Neutralisation waschaktive Substanzen, z. B. schon das Monocaprylnaphthalin [96].

Die Alkylierung des Naphthalins läßt sich ähnlich wie beim Benzol vornehmen. Da die Alkylierung jedoch leichter abläuft, muß die Reaktion so gelenkt werden, daß möglichst wenig polyalkylierte Verbindungen anfallen. Die Reaktion kann durch Zusatz inerter Lösungsmittel, z. B. von paraffinischen Schwerbenzinfraktionen, gebremst werden. Allgemein kann die Alkylierung nach drei Methoden vorgenommen werden:

1. mit Halogenalkanen,
2. mit Olefinen,
3. mit Alkoholen.

2.1.4.2.1. Alkylierung mit Halogenalkanen

Für die Alkylnaphthaline mit längeren Seitenketten werden vorwiegend chlorierte höhersiedende Kohlenwasserstoffe — ähnlich wie bei der Benzolalkylierung — in Gegenwart von Aluminiumchlorid oder anderen FRIEDEL-CRAFTS-Katalysatoren umgesetzt.

Nach einem älteren Verfahren kann die Anlagerung der Seitenkette auf folgendem Wege erfolgen [97]: Chloriertes Mepasin, das einem Monochloralkan entspricht, und die zur Monoalkylierung erforderliche Menge Naphthalin werden mit etwa der doppelten Menge einer Schwerbenzinfraktion gemischt. Zur Vermeidung einer mehrfachen Alkylierung muß ein Naphthalinüberschuß vorhanden sein. Die Reaktion läuft bei 60 bis 100 °C bei Anwesenheit eines FRIEDEL-CRAFTS-Katalysators ($AlCl_3$) unter Chlorwasserstoffabspaltung innerhalb von 15 min ab. Der schlammartige Katalysator wird dann vom Reaktionsprodukt abgetrennt und, um die letzten Katalysatorreste zu entfernen, wird mit Bleicherde behandelt. Nach der Filtration destilliert man das Verdünnungsmittel und das überschüssige Naphthalin im Vakuum ab. Das Rohalkylat wird im Hochvakuum in verschiedene Fraktionen zerlegt, die sulfoniert werden können. Inwieweit derartige Produkte heute noch als waschaktive Substanzen Verwendung finden, ist nicht bekannt.

2.1.4.2.2. Alkylierung mit Olefinen

Neben den monomeren niederen Olefinen, wie Propen, Isobutylen u.dgl., werden auch deren Oligomere oder Spaltolefine im technischen Maßstab für die Alkylierung des Naphthalins eingesetzt. Propylen kann leicht mit Aluminiumchlorid an Naphthalin addiert werden. Die Reaktion kann zum *Mono-iso-propylnaphthalin* und zum *Di-iso-propylnaphthalin* führen:

$$CH_3CH{=}CH_2 + C_{10}H_8 \xrightarrow{AlCl_3} (CH_3)_2 \cdot CH \cdot C_{10}H_7$$

$$2\,CH_3 \cdot CH{=}CH_2 + C_{10}H_8 \xrightarrow{AlCl_3} (CH_3)_2 \cdot CH \cdot C_{10}H_6 \cdot CH \cdot (CH_3)_2$$

Dibutylnaphthalin, ein für die Herstellung bewährter Netzmitteltypen benötigter Ausgangsstoff, kann aus 44 Teilen Naphthalin, 25 Teilen Äthylenchlorid als Verdünnungsmittel, 8 Teile einer 92%igen Schwefelsäure als Katalysator und 44 Teilen Buten gewonnen werden. Die drei ersten Komponenten mischt man unter Rühren und erwärmt auf 50 °C. Unter Normaldruck wird dann Buten eingeleitet. Die Aufarbeitung des Reaktionsgemisches erfolgt nach der bereits beschriebenen Methode. Ein Überschuß an Schwefelsäure führt zur Alkylnaphthalinsulfonsäure (siehe Seite 229).

2.1.4.2.3. Alkylierung mit Alkoholen

Zweikernige Aromaten lassen sich bei Anwesenheit eines wasserentziehenden Mittels, wie Schwefelsäure, Phosphorsäure, Phosphorpentoxid, Schwefeltrioxid oder Chlorsulfonsäure mit niederen Alkoholen (Propanole, Butanole), in die entsprechenden Alkyl- oder Dialkylnaphthaline überführen. In Gegenwart einer großen Schwefelsäuremenge kommt man direkt zu den Sulfonsäuren.

In ähnlicher Weise lassen sich auch die höhermolekularen Fettalkohole zur Alkylierung einsetzen. Jedoch wird diese Möglichkeit weniger genutzt, da Fettalkohole nach Sulfatierung an und für sich waschaktive Substanzen liefern. Als Katalysatoren für die Herstellung unsulfonierter Aromaten aus Alkoholen kommen außer den genannten Verbindungen auch Aluminiumchlorid, Zinkchlorid, Bortrifluorid sowie dessen Gemisch mit Phosphorpentoxid oder Borsäureanhydrid in Frage. Tab. 16 enthält einige Kenndaten von Alkylnaphthalinen.

Tabelle 16. Physikalisch-chemische Konstanten von Alkylnaphthalinen

Alkylnaphthalin	Formel	Kp. [°C]	Fp. [°C]	D^{20}	n_D^{20}
2-Methylnaphthalin	$C_{11}H_{10}$	241,0	+34,58	0,9904	1,6019
2-Äthylnaphthalin	$C_{12}H_{12}$	257,9	− 7,4	0,9885	1,5977
2-n-Propylnaphthalin	$C_{13}H_{14}$	273,5	− 3	0,9734	1,5850
2-n-Butylnaphthalin	$C_{14}H_{16}$	292	− 5	0,9624	1,5755
2-n-Pentylnaphthalin	$C_{15}H_{18}$	310	− 4	0,9527	1,5673
2-n-Hexylnaphthalin	$C_{16}H_{20}$	324	− 3	0,9445	1,5599
2-n-Heptylnaphthalin	$C_{17}H_{22}$	341	+ 1	0,0371	1,5480
2-n-Octylnaphthalin	$C_{18}H_{24}$	357	12	0,9317	1,5433
2-n-Nonylnaphthalin	$C_{19}H_{26}$	372	12	0,9266	1,5392
2-n-Decylnaphthalin	$C_{20}H_{28}$	387	20	0,9221	1,5356
2-n-Undecylnaphthalin	$C_{21}H_{30}$	401	20	0,9182	1,5323
2-Dodecylnaphthalin	$C_{22}H_{32}$	414	26	0,9146	−

2.1.4.3. Alkylphenole

Obwohl die Alkylphenole nicht zu den Kohlenwasserstoffen zählen, sollen sie hier eingeordnet werden. Unter den hier besprochenen Verbindungen werden insbesondere Phenole mit längeren Alkylketten verstanden, d. h. also keine Kresole oder Xylenole. Allgemein lassen sich alle Phenole und Naphthole leicht alkylieren, weil die phenolische Hydroxylgruppe weitere Substituenten in o- oder p-Stellung dirigiert, wodurch eine Reaktionsbeschleunigung erfolgt.

Ähnlich wie bei der Aromatenalkylierung können die Phenole mit endständigen Alkylchloriden oder technisch chlorierten Paraffinen alkyliert werden. Gleichermaßen einsetzbar sind Olefine unterschiedlicher Struktur und Herkunft. Wie bei den Alkylnaphthalinen lassen sich vereinzelt auch Alkohole als Alkylierungskomponente verwenden. Im wesentlichen entsprechen die Alkylierungsverfahren für Phenol und seine Homologen denen für Aromaten, besonders für Benzol und Naphthalin.

Das zur Alkylierung einzusetzende Phenol stammt zum Teil aus der Steinkohlen- oder Braunkohlenteerdestillation. In neuerer Zeit wird auch synthetisches Phenol herangezogen. Nach der FRIEDEL-CRAFTS-Synthese werden die Alkylierungskomponenten an das Phenol, Kresole, Phenoläther u. dgl. angelagert. Die dafür vorgeschlagenen Verfahren sind sehr zahlreich und es kann nur auf einige kurz eingegangen werden. So lassen sich Monochlorparaffine, die aus n-Paraffinen mit 12 bis 14 C-Atomen hergestellt sind, mit Phenol in Gegenwart von wasserfreiem Zinkchlorid umsetzen. Auf 150 Teile Chlorparaffine setzt man 150 bis 200 Teile Phenol ein. Die Katalysatormenge liegt bei 3 bis 5%. Die Reaktionstemperatur beträgt etwa 75 °C, steigt aber zuweilen bis auf 170 °C. Nach 4 bis 5 Stunden Reaktionsdauer ist die Salzsäureentwicklung beendet und das Reaktionsprodukt wird vom Katalysator befreit, gewaschen und im Vakuum fraktioniert. Beim Einsatz von chloriertem Paraffin sind keine einheitlichen Alkylphenole zu erwarten, da — wie bei den Monoalkylbenzolen — das Chloratom an jedem beliebigen C-Atom in der Paraffinkette stehen kann und die Alkylierung entsprechend verläuft. Deshalb wird im Vakuum von 4 Torr eine zwischen 175 und 220 °C liegende Fraktion der Alkylphenole abgenommen.

An Stelle von Zinkchlorid wird auch Zinkstaub oder eine 75%ige Schwefelsäure als Katalysator vorgeschlagen. Aluminiumchlorid ist weniger geeignet, da die Reaktion zu schnell verläuft und teilweise zur Polymerisation der aliphatischen Verbindungen führt.

Beim Einsatz von Olefinen zur Alkylierung verwendet man vorwiegend Bortrifluorid oder seltener wasserfreie Flußsäure als Katalysator. Häufig setzt man Oligomerolefine, insbesondere die Propylenoligomeren, zur Alkylierung ein. Auch Diisobutylen wird verwendet. Bei der Gewinnung von Monoisooctylphenol ($Kp._{10mm}$ 150—154 °C) durch Alkylierung von Phenol mit Diisobutylen ist Bortrifluorid als Katalysator vorteilhafter als Zinkchlorid, da nur ein Zehntel der Menge benötigt wird und die Reaktion wesentlich schneller verläuft. Die Neutralisation kann entfallen und die Ausgangsstoffe brauchen nicht zu wasserfrei sein. Das Bortrifluorid läßt sich zurückgewinnen und kann im Kreislauf geführt werden. Mit einem geringen Phenolüberschuß und 0,5% BF_3 (auf die Phenolmenge bezogen) werden bei 40° bis 50 °C in 30 bis 60 min. Ausbeuten von etwa 90% erzielt [98]. Nach einem anderen Verfahren wird zur Alkylierung ein aus *Octanol-(2)* durch Dehydratisierung gewonnenes Octen eingesetzt, also eine geradkettige Verbindung. Derartige geradkettige Alkyle sind für einen späteren biologischen Abbau vorteilhafter als die isomeren Verbindungen [99].

Propylenoligomere mit 9 bis 24 C-Atomen im Molekül lassen sich in

Gegenwart katalytischer Mengen eines Monohydrates der Toluolsulfonsäure bei 80 bis 150 °C mit Phenol verbinden, wobei u. a. die isomeren Mononoyl-, Monododecyl- oder Monopentadecylphenole entstehen [100]. In analoger Weise können statt des Phenols auch die Kresole z. B. mit Diisobutylen in Gegenwart von $AlCl_3$ als Katalysator alkyliert werden [101].

Bei der direkten Kondensation von Alkoholen mit Phenolen sollen Katalysatoren wie Zinkchlorid, Aluminiumchlorid, Bortrifluorid oder Schwefelsäure verwendbar sein.

Die Alkylphenole werden hauptsächlich zur Herstellung von Alkylphenolpolyglykoläthern mit einer mehr oder weniger großen Anzahl von Äthylenoxid- oder Propylenoxidmolekülen eingesetzt.

2.2. *Synthetische Kohlenwasserstoffe*

Die Entwicklung der Erdölförderung im Weltmaßstab und vor allem der Import großer Mengen sowjetischen Erdöls in die DDR führten dazu, daß die Synthese von Kohlenwasserstoffen aus heimischen Grundstoffen (Braunkohle) stark in den Hintergrund getreten ist. Bekanntlich haben die wichtigsten Verfahren zur Kohlenwasserstoffsynthese als Rohstoffbasis Steinkohle, Braunkohle, Teere, Peche und auch Torf. Obwohl die Synthesekohlenwasserstoffe z. Z. kaum noch eine Bedeutung haben, sollen der Vollständigkeit halber die bedeutendsten Verfahren kurz Erwähnung finden. Teilweise lieferten diese Verfahren für die Tensid-Chemie wichtige Ausgangsstoffe, z. B. auch n-Paraffine.

2.2.1. *Das Bergius-Pier-Verfahren*

Nach diesem Verfahren wird Kohle in feiner Verteilung im Gemisch mit wasserstoffarmen Ölen oder Ölrückständen in Anwesenheit von Katalysatoren und von Wasserstoff in Kohlenwasserstoffe überführt. Man arbeitet dabei in zwei Stufen. In der ersten Stufe, der Sumpfphase, wird bei 450 bis 490 °C und 300 bis 700 kp · cm^{-2} über einen Eisenkatalysator ein Mittelöl gewonnen, das in der zweiten Stufe, der Gasphase, bei 350 bis 450 °C und 300 kp · cm^{-2} über Wolfram- oder Molybdänkatalysatoren in Benzin bzw. Gasöl umgewandelt wird. Nach diesem Verfahren wurden 1944 etwa 300000 t Synthesekohlenwasserstoffe erzeugt.

2.2.2. *Das Fischer-Tropsch-Verfahren*

Die von F. Fischer und H. Tropsch im Jahre 1925 entdeckte Synthese hat zeitweilig in Deutschland beachtliche Bedeutung erlangt. In sieben Jahren wurden neun Werke errichtet, die etwa 750000 jato Synthesekohlenwasserstoffe herstellten. Während die Hauptmenge der Kohlenwasserstoffe als Benzin und Dieseltreibstoff verwendet wurde, diente ein Teil zur Sulfochlorierung und zur Herstellung synthetischer Fettsäuren, Oxoalkoholen u. dgl.

Nach dem Verfahren wird ein Kohlenmonoxid-Wasserstoff-Gemisch, das sogenannte Synthesegas, bei Atmosphärendruck bzw. bei Drücken bis 10 $kp \cdot cm^{-2}$ über Kobalt- oder Eisenkatalysatoren in Kohlenwasserstoffe umgesetzt. Das Synthesegas wird vorwiegend durch Einblasen von Wasserdampf in Rohbraunkohle oder Steinkohle bei etwa 1000 °C gewonnen. Um die Aktivität der Katalysatoren nicht zu beeinträchtigen, ist eine sorgfältige Entfernung von Schwefelverbindungen erforderlich. Das ursprünglich unter Normaldruck arbeitende Verfahren wurde in einigen Betrieben als Mitteldrucksynthese betrieben. Die Kohlenmonoxidhydrierung ist von der Art des Katalysators abhängig. Man kann sie folgendermaßen schematisch formulieren:

Eisenkatalysator: $$2CO + H_2 \xrightarrow{230°} CH_2^- + CO_2$$

Kobaltkatalysator: $$CO + 2H_2 \xrightarrow{180°} CH_2^- + H_2O$$

CH_2^- bedeutet ein sich intermediär bildendes Kohlenwasserstoffradikal, das in Abhängigkeit von Druck und Temperatur sich zu mehr oder weniger hochmolekularen Aliphaten aneinander reiht. Durch Änderung der Reaktionsbedingungen lassen sich entweder vorwiegend niedere oder höhere Kohlenwasserstoffe gewinnen. Auch der Olefingehalt der Reaktionsprodukte läßt sich entsprechend variieren. Man kann unter bestimmten Bedingungen bis zu 85% Olefine im Kohlenwasserstoffgemisch erhalten.

Während bei dem Grundverfahren der Katalysator stationär angeordnet ist, existieren Verfahrensvarianten, in denen das Synthesegas über bewegten Katalysator (Wirbelbett) geführt wird, um bessere Ausbeuten und eine günstigere Abführung der exothermen Reaktionswärme zu erreichen. Das gleiche Ziel wird beim Flüssigphasenverfahren angestrebt, bei dem die Katalysatoren in suspendierter Form in hochsiedenden Kohlenwasserstoffen zum Einsatz kommen. Die Ausbeuten sollen hierbei günstiger liegen, und der Anfall gasförmiger Kohlenwasserstoffe ist geringer.

Für die Tensid-Chemie sind die bei der Fischer-Tropsch-Synthese anfallenden höheren n-Paraffine von Bedeutung. Aus dem Kogasin I (Kp. 160—230 °C) stellt man entsprechende Monochlorparaffine für die Benzolalkylierung her (siehe Seite 216). Höhermolekulare Olefine lassen sich in Oxoalkohole umwandeln. Für die Sulfochlorierung oder die Sulfoxydation ist das *Kogasin* II (Kp. 230—320 °C) geeignet. Die Gatschfraktion (Kp. 320 bis 450 °C) ist das Ausgangsmaterial für synthetische Fettsäuren gewesen (siehe Paraffinoxydation).

Die direkte Herstellung sauerstoffhaltiger Verbindungen, insbesondere von Alkoholen, Aldehyden, Ketonen oder auch Carbonsäuren, gelingt mit der Fischer-Tropsch-Synthese bei Drücken von 30 bis 35 kp · cm^{-2}. Unter diesen Bedingungen kann der Anteil an sauerstoffhaltigen Produkten bis zu 30% betragen. Eine Variante dieses Verfahrens ist die sogenannte Synol-Synthese zur Gewinnung von Alkoholen.

2.2.3. Das Kölbel-Rheinpreussen-Verfahren

Eine neuere Variante der Fischer-Tropsch-Synthese ist das Kölbel-Rheinpreußen-Verfahren. Hierbei wird Kohlenmonoxid mit Wasserdampf bei etwa 210 bis 260 °C unter Atmosphärendruck oder Überdruck in Gegenwart von Spezialkatalysatoren aus Eisen, Kobalt oder Nickel umgesetzt. Auch bei diesem Verfahren ist die Möglichkeit gegeben, durch Änderung der Reaktionsbedingungen und der Komponentenzusammensetzung die Art der Endprodukte zu variieren. Außer den Gliedern der homologen Reihe von Methan bis zu den höheren Paraffinen bilden sich auch, je nach Versuchsbedingungen, Olefine in Mengen von 35 bis 60%.

Durch die zunehmende Entwicklung der Erdölindustrie sind die Anlagen zur Kohlenwasserstoffsynthese nicht mehr oder nur für spezielle Zwecke in Betrieb, z. B. für die Herstellung hochschmelzender Paraffine.

2.3. Alkylenoxide (Äthylenoxid, Propylenoxid)

Die Alkylenoxide haben für die Tensidherstellung eine große Bedeutung erlangt. Viele nichtionogene, anionaktive und kationaktive Verbindungen bauen darauf auf und enthalten pro Molekül mehr oder weniger Moleküle der Alkylenoxide.

2.3.1. Äthylenoxid

Reines Äthylenoxid ist eine farblose, bei +12,5 °C siedende, neutralreagierende Flüssigkeit, die mit Wasser leicht mischbar ist. Früher stellte man es so her, daß man Äthylen mit unterchloriger Säure in das Äthylenchlorhydrin überführte. Aus dem Chlorhydrin wird mit kochender Alkali- oder Erdalkalihydroxidlösung (Kalkmilch) Chlorwasserstoff abgespalten und es entsteht das Äthylenoxid:

$$CH_2{=}CH_2 + HOCl \rightarrow \underset{OH}{CH_2}\cdot\underset{Cl}{CH_2}$$

$$\underset{OH}{CH_2}\cdot\underset{Cl}{CH_2} + NaOH \rightarrow \underbrace{CH_2\cdot CH_2}_{O} + H_2O + NaCl$$

Nach modernen Verfahren wird es heute durch direkte Oxydation von Äthylen bei höheren Temperaturen vorwiegend über Silber-Katalysatoren hergestellt.

Bei der Oxydation des Äthylens tritt neben der Bildung von Äthylenoxid eine Verbrennung auf, d. h. es kommt zur Wasser- und Kohlendioxidbildung, die jedoch nach Möglichkeit weitgehend unterdrückt werden muß:

$$2\,CH_2{=}CH_2 + O_2 \rightarrow 2\,\underset{\diagdown\;O\;\diagup}{CH_2\cdot CH_2}$$

$$CH_2{=}CH_2 + 3\,O_2 \rightarrow 2\,CO_2 + 2\,H_2O$$

Die heute für die Oxydation verwendeten Silberkatalysatoren werden mit verschiedenen Zusätzen hergestellt, um optimale Äthylenoxidausbeuten zu erhalten. Ein derartiger Katalysator besteht z. B. aus Legierungen des Silbers mit Erdalkalimetallen, die wenig Nickel enthalten. Man aktiviert sie mit Wasserdampf oberhalb 100 °C über mehrere Stunden und behandelt sie dann mit 5 bis 50%iger Essig- oder Ameisensäure, eventuell unter Zusatz oxydierender Stoffe wie Kaliumpermanganat oder Wasserstoffperoxid. Nach einer längeren Behandlung mit Kohlendioxid bei 260 bis 350 °C ist der Katalysator einsatzbereit [102]. Ein anderer Katalysator besteht aus Ferrosilizium als Trägermaterial und aufgetragenem Silber, das mit Bariumcarbonat aktiviert ist. Der Siliziumgehalt des Trägers soll zwischen 50 bis 95% liegen. Bei 225 °C ist ein Äthylenumsatz von ca. 100% erreicht worden [103]. Eine Vielzahl weiterer Katalysatoren ist in der Literatur beschrieben [104, 105, 106, 107, 108].

Man benutzt zur Oxydation teilweise Luft und andererseits auch Sauerstoff. Die Sauerstoffverfahren sollen rentabler arbeiten, jedoch muß die Reinheit des Äthylens bei mindestens 98% liegen. Zum Einsatz kommt ein 95%iger Sauerstoff, der noch Stickstoff und Argon als Inertgase enthält. Pro kg Äthylenoxid werden 1,8 kg Sauerstoff benötigt. Mit nur einem Oxydationsreaktor und einer Äthylenoxidabsorptionsanlage werden mit geringerem apparativem Aufwand als bei der Luftoxydation bessere Ausbeuten erhalten.

Das Schema einer Anlage zur Oxydation von Äthylen mit Luftsauerstoff zeigt Abb. 12. Bei dem Verfahren werden zwei hintereinander geschaltete Reaktionsstufen benötigt. In den auf 270 bis 290 °C erhitzten ersten Reaktor, der mit körnigem Silberkatalysator gefüllt ist, wird Frischäthylen und Kreislaufgas sowie Luft mit einem Druck von 8 bis 20 kp · cm^{-2} eingeleitet. Durch den Reaktor führende Röhren sind zur Abführung der hohen Reaktionswärme durch unter Druck stehendes Wasser oder einem geeigneten organischen Kühlmittel erforderlich. Um eine zu weitgehende Oxydation (Verbrennung) zu vermeiden, darf die Temperatur bestimmte Grenzwerte nicht übersteigen. Kleine Mengen Äthylenchlorid bewirken eine Unterdrückung der Verbrennungsreaktion [109]. Im ersten Reaktor (Ofen *I*) werden bei einer Selektivität von 70% 30 bis 40% des Äthylens umgesetzt. Die aus dem Reaktor austretenden Produkte werden nach Absorption des Äthylenoxids in Wasser (Absorber *I*) zum Teil wieder in den Ofen *I* geleitet (Kreislaufgas). Ein anderer Teil des Abgases aus dem ersten Reaktor gelangt in den Nachreaktor (Ofen *II*), in dem eine 70%ige Umsetzung des Restäthylens mit einer etwa 55%igen Selektivität erfolgt. Im Absorber *II* werden die Gase ebenfalls mit Wasser zur Lösung des Äthylenoxids gewaschen und verlassen dann die Anlage. Die aus den Absorbern *I* und *II* kommenden äthylenoxidhaltigen Waschwässer werden durch Erhitzen im Austreiber vom Äthylenoxid befreit.

Im Prinzip arbeitet das Sauerstoffverfahren genauso, jedoch nur mit einem Reaktor und etwa geringerer Reaktionstemperatur. Frischäthylen und Kreislaufgas werden komprimiert, mit Sauerstoff versetzt und in einem ähnlichen Reaktor wie beim Luftverfahren umgesetzt. Die Weiterverarbeitung geht ebenfalls wie beim Luftverfahren vor sich. Zur Entfernung von Kohlendioxid wäscht man das Kreislaufgas vor dem wiederholten Einsatz mit einer Lauge.

Verschiedentlich kommt auch das Wirbelschichtverfahren zur Äthylenoxydation zur Verwendung. Der Äthylengehalt des Einsatzgases darf dabei 2,9% nicht übersteigen, um eine Explosion des Gasgemisches zu vermeiden.

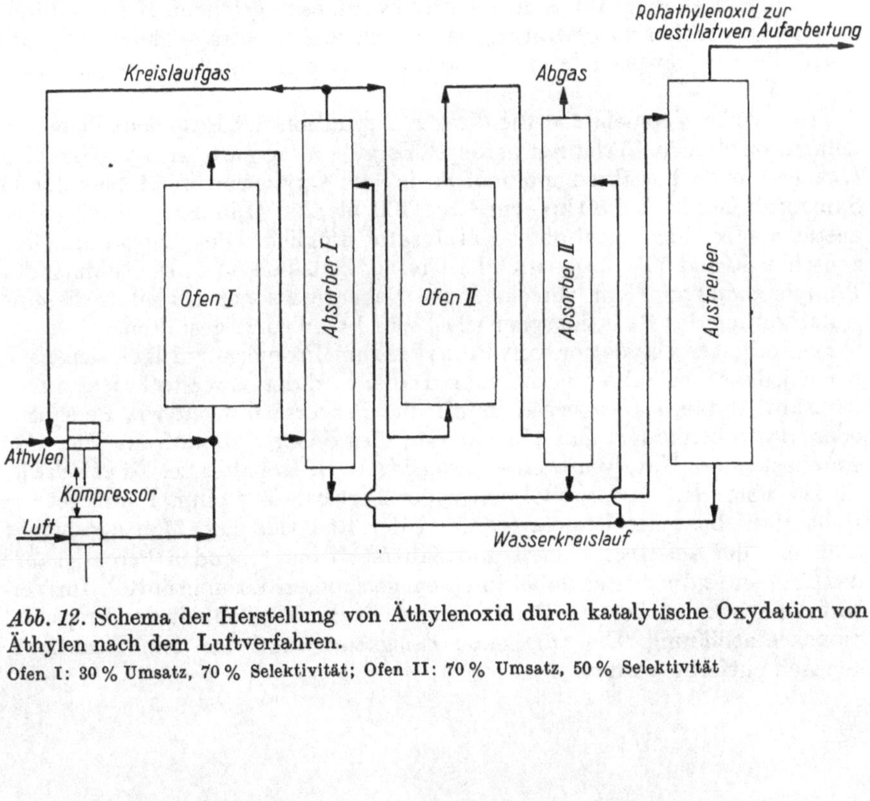

Abb. 12. Schema der Herstellung von Äthylenoxid durch katalytische Oxydation von Äthylen nach dem Luftverfahren.

Ofen I: 30 % Umsatz, 70 % Selektivität; Ofen II: 70 % Umsatz, 50 % Selektivität

Bei Reaktionstemperaturen von 260 bis 290 °C beträgt die Verweilzeit nur 1 bis 4 s. Mit reinem Sauerstoff kann die Temperatur bei 230 bis 240 °C gehalten werden. Wegen der relativ hohen Gasgeschwindigkeit verwendet man zur Adsorption des Äthylenoxids Aktivkohle. Unter bestimmten Voraussetzungen kann die Absorption auch mit Wasser vorgenommen werden.

Zur Äthylenoxidherstellung über Äthylenchlorhydrin benötigt man pro kg Äthylenoxid etwa 2 kg Chlor, 0,9 kg Äthylen und 2 kg Calciumhydroxid, während zur direkten Oxydation für ein Kilogramm 1,04 kg Äthylen benötigt werden. Die Vorteile sind deutlich beim Oxydationsverfahren, das auch weitaus eleganter arbeitet.

Zum Schluß soll darauf hingewiesen werden, daß Äthylenoxid giftig ist und mit Luft explosive Gemische bildet. Bei der Verarbeitung ist deshalb größte Vorsicht geboten.

Weitere verbesserte Herstellungsverfahren zur Äthylenoxidgewinnung beschreiben verschiedene Patente [110].

2.3.2. Propylenoxid

Der Bedarf an *Propylenoxid* ist zur Zeit noch nicht so groß wie der an Äthylenoxid, aber sobald es möglich sein wird, es in größeren Mengen durch direkte Oxydation zu gewinnen, wird auch die Nachfrage steigen. In der Tensidchemie hat sich Propylenoxid bereits gut eingeführt (siehe dazu Seite 257).

Trotz vieler Versuche hat die direkte Oxydation des Propylens bisher zu keinem optimalen Verfahren geführt. Es gibt zwar gute Ansätze, die sich aber erst noch bewähren müssen. So ist die Oxydation mit molekularem Sauerstoff bei 35 bis 80 kp · cm^{-2} bei 160 bis 250 °C in Propylenglykoldiacetat als Lösungsmittel ohne Katalysator möglich. Die Ausbeuten sollen zwischen 40 und 50% liegen und der Umsatz bei 20 bis 50%. Die Bildung des Propylenoxids wird von verschiedenen Nebenreaktionen begleitet, die eine Aufarbeitung des Reaktionsgemisches sehr kompliziert gestalten.

Die indirekte Oxydation von Propylen zum Propylenoxid läßt sich nach verschiedenen Verfahren vornehmen. Dabei wird der Sauerstoff nicht direkt wirksam, sondern aktiver Sauerstoff aus Perverbindungen wie Persäuren oder Hydroperoxiden. Zur Übertragung des Sauerstoffs auf das Propylen sind bestimmte Katalysatoren erforderlich, z. B. Kobaltsalze. Da es schwierig ist, eine genügend große Menge der Peroxide auf einmal einzusetzen, stellt man diese unmittelbar während der Reaktion her. Man epoxydiert z. B. mit der aus Acetaldehyd und Sauerstoff entstehenden Peressigsäure das Propen und arbeitet dabei in einem geeigneten Lösungsmittel. Im Verlauf der stark exothermen Reaktion besteht die Möglichkeit der Propylenmonoacetatbildung. Die anfallende Essigsäure muß aus dem Reaktionsgemisch entfernt werden.

Nach dem SHAWINIGAN-Verfahren arbeitet man so, daß am Boden des Reaktors das flüssige Propylen in das aus Äthylacetat und 8% Acetaldehyd bestehende Lösungsmittel eingeleitet wird. Als Katalysator dient Kobaltchlorid. Die Ausbeute ist um so höher, je verdünnter das Äthylacetat an Acetaldehyd ist. Bei 100 bis 140°C und 21 kp · cm^{-2} leitet man kontinuierlich ebenfalls am Boden des Reaktors ein Sauerstoff-Stickstoff-Gemisch kontinuierlich ein. Das Verhältnis Propylen:Acetaldehyd soll 1,3:1 sein. Die Propylenoxidausbeute liegt bei 45%.

Das Verfahren der Imperial Chemical Ind. arbeitet gleichfalls mit Äthylacetat als Lösungsmittel. Sie setzen jedoch auch Methylacetat-Methanol-Gemische oder Rückstände aus dem Prozeß ein. Als Katalysator dient ein Kobaltnaphthenat. Bei Drücken von 80 kp · cm^{-2} und 110°C wird mit einem Oxydationsgas gearbeitet, das 4% Sauerstoff enthält. Auf Acetaldehyd bezogen liegen die Ausbeuten bei 77%, auf Propylen berechnet bei 62%.

Höhere Ausbeuten werden erhalten, wenn man als Katalysator für die Sauerstoffübertragung Molybdänhexacarbonyl oder Molybdänacetonylacetonat verwendet und die Reaktion bei 17 bis 70 kp · cm^{-2} und 80 bis 130°C ausführt. Die Ausbeuten sollen 95% erreichen.

Mit gutem Erfolg kann auch Äthylbenzolhydroperoxid eingesetzt werden. Bei der Epoxydierung wird es zum Phenylmethylcarbinol, das sich weiter zum Styrol dehydratisieren läßt:

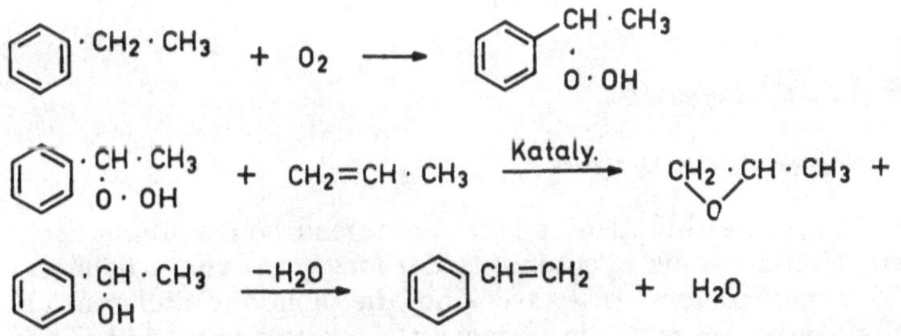

Styrol und Propylenoxid fallen etwa im Verhältnis 50:20 an. Das Fließschema einer solchen Anlage zeigt Abb. 13. Bei der eigentlichenEpoxydation wird am vorteilhaftesten mit Molybdänverbindungen als Katalysator gearbeitet, wobei nur Spuren von 0,0001 bis 0,005 Mol pro Mol Peroxid benötigt werden. Von allen Katalysatoren ist Molybdän am aktivsten. Unter ähnlichen Bedingungen lassen sich höhermolekulare Olefine oder ungesättigte Fette bzw. Fettsäuren mit relativ guten Ergebnissen epoxydieren.

Nach einem neueren Verfahren der Scientific Design-Co. [111] ist Propylenoxid durch Oxydation von Propylen leicht zugänglich. Das Verfahren soll fast stöchiometrische Ausbeuten erreichen. Das Verfahren zeichnet sich

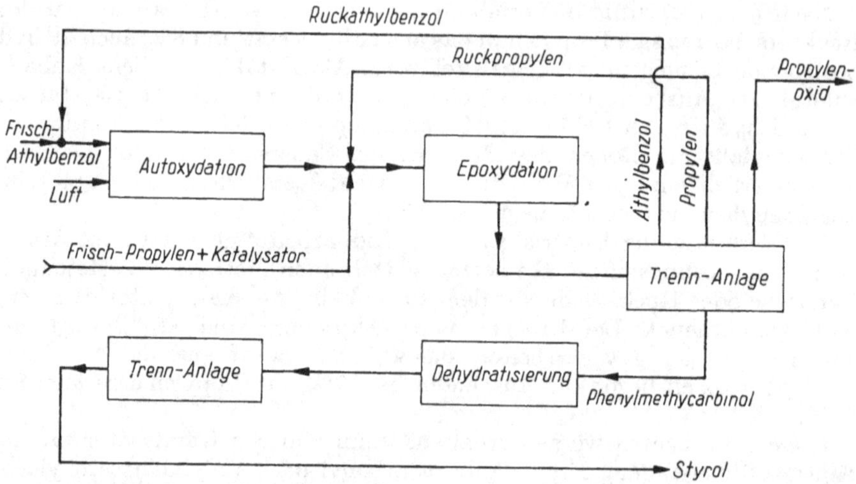

Abb. 13. Schema der Epoxydation von Propylen durch Sauerstoffübertragung von einem Kohlenwasserstoffhydroperoxid.

durch hohe Selektivität aus, so daß keine Essigsäure entsteht. Bei üblichem verfahrenstechnischem Aufwand sind nur sehr milde Reaktionsbedingungen erforderlich.

2.4. *Fettchemische Ausgangsstoffe*

2.4.1. *Carbonsäuren und ihre Derivate*

Für die Tensid-Chemie sind niedere und vorwiegend höhere aliphatische — in geringem Umfang auch cyclische — Carbonsäuren von erheblicher Bedeutung. Von besonderem Interesse sind die höhermolekularen aliphatischen Monocarbonsäuren, die sogenannten Fettsäuren und deren Derivate. Sie treten in den nativen Fetten in großen Mengen auf und bildeten früher die Hauptbasis für die Tensidherstellung. Trotz der starken petrolchemischen Konkurrenz spielen die fettchemischen Rohstoffe noch immer eine beachtliche Rolle. Andererseits werden größere Mengen synthetischer Fettsäuren und Fettalkohole aus petrolchemischen Rohstoffen hergestellt.

2.4.1.1. *Fette und fette Öle*

Fette und fette Öle sind neutrale Ester des Glyzerins mit vorwiegend höhermolekularen Fettsäuren. Sie stellen Gemische der verschiedenen Triglyzeride der geradkettigen und geradzahligen gesättigten sowie ungesättigten Fettsäuren mit 12 bis 18 Kohlenstoffatomen in der Kette dar. Höhere und niedere oder verzweigte Fettsäuren treten relativ selten auf und sind von untergeordneter Bedeutung. Je nachdem, ob im Molekül alle drei Fettsäuren gleichartig oder verschieden sind, spricht man von einfachen oder gemischten Triglyzeriden. In den meisten natürlichen Fetten kommen durch Zerfall der Triglyzeride auch freie Fettsäuren vor. Rein formelmäßig sind nachstehende Verbindungen möglich:

$CH_2\cdot OOC\cdot R_1$	$CH_2\cdot OOC\cdot R_1$	$CH_2\cdot OOC\cdot R_1$
·	·	·
$CH\cdot OOC\cdot R_1$	$CH\cdot OOC\cdot R_2$	$CH\cdot OOC\cdot R_1$
·	·	·
$CH_2\cdot OOC\cdot R_1$	$CH_2\cdot OOC\cdot R_1$	$CH_2OOC\cdot R_2$
$CH_2\cdot OOC\cdot R_1$	$CH_2\cdot OOC\cdot R_1$	$CH_2\cdot OOC\cdot R_2$
·	·	·
$CH\cdot OOC\cdot R_2$	$CH\cdot OOC\cdot R_3$	$CH\cdot OOC\cdot R_1$
·	·	·
$CH_2\cdot OOC\cdot R_3$	$CH_2\cdot OOC\cdot R_2$	$CH_2\cdot OOC\cdot R_3$

Eine Zusammenstellung der physikalisch-chemischen Konstanten der wichtigsten einfachen und gemischten Triglyzeride bringt Tab. 17.

Tabelle 17. Kennzahlen einiger Triglyzeride

Glyzerid	Formel	Molekulargewicht	Verseifungszahl	Fp. [°C]
einsäurige				
Trilaurin	$C_3H_5(C_{12}H_{23}O_2)_3$	639	264	46,4
Trimyristin	$C_3H_5(C_{14}H_{27}O_2)_3$	723	233	56,2
Tripalmitin	$C_3H_5(C_{16}H_{31}O_2)_3$	807	209	65
Tristearin	$C_3H_5(C_{18}H_{35}O_2)_3$	891	189	72
Triolein	$C_3H_5(C_{18}H_{33}O_2)_3$	885	190	flüssig
zweisäurige				
Stearodipalmitin	$C_3H_5\left\{\begin{matrix}C_{18}H_{35}O_2\\(C_{16}H_{31}O_2)_2\end{matrix}\right.$	833	202	55 u. 60
Palmitodistearin	$C_3H_5\left\{\begin{matrix}(C_{18}H_{35}O_2)_2\\C_{16}H_{31}O_2\end{matrix}\right.$	863	195	63 u. 68,5
Oleodipalmitin	$C_3H_5\left\{\begin{matrix}(C_{16}H_{31}O_2)_2\\C_{18}H_{33}O_2\end{matrix}\right.$	833	202	48 u. 34,5
Dioleostearin	$C_3H_5\left\{\begin{matrix}(C_{18}H_{33}O_2)_2\\C_{18}H_{35}O_2\end{matrix}\right.$	887	190	—
Oleodistearin	$C_3H_5\left\{\begin{matrix}(C_{18}H_{35}O_2)_2\\C_{18}H_{33}O_2\end{matrix}\right.$	899	190	38,5 u. 45

Glyzerid	Formel	Molekular-gewicht	Ver-seifungs-zahl	Fp, [°C]
dreisäurige				
Palmitooleostearin	$C_3H_5\left\{\begin{matrix}C_{16}H_{31}O_2\\C_{18}H_{33}O_2\\C_{18}H_{35}O_2\end{matrix}\right.$	861	196	31 u. 42
Oleopalmitobutyrin	$C_3H_5\left\{\begin{matrix}C_{18}H_{33}O_2\\C_{16}H_{31}O_2\\C_4H_7O_2\end{matrix}\right.$	665	254	15,5

Nach ihrer Herkunft und ihren Eigenschaften teilt man die Fette und fetten Öle in nachstehende Gruppen ein:

a) Vegetabilische Fette oder Öle:
aa) nichttrocknende Öle mit Jodzahlen unter 100, wie Erdnuß, Olivenöl, Mandelöl,
ab) schwach trocknende Öle mit Jodzahlen bis 130, wie Rüböl (Rapsöl), Sesamöl, Baumwollsaatöl, Maisöl,
ac) trocknende Öle mit Jodzahlen von 130 bis 190, sie enthalten mehrfach ungesättigte Säuren wie Linolsäure, Linolensäure; Vertreter dieser Gruppe sind Leinöl, Hanföl, Mohnöl, Tungöl,
ad) feste Pflanzenfette mit meist geringen Jodzahlen und einem hohen Gehalt an festen Fettsäuren, wie Kokosfett, Palmkernfett.
b) Animalische Fette:
ba) Feste Fette der Landtiere, wie Schweineschmalz, Rindertalg, Butterfett,
bb) flüssige Fette von Landtieren, wie Klauenöl, Schmalzöl,
bc) Fette von Seetieren, wie Robbentran, Walfischtran, Fischöle.

Charakteristisch für tierische Fette ist ihr Gehalt an Cholesterin, $C_{27}H_{46}OH$, während pflanzliche Fette an ihrem Phytosteringehalt erkannt werden können. Bei den Sterinen handelt es sich um hochmolekulare Alkohole mit hydrierten Benzolringen. Als weitere in kleineren Mengen auftretende Bestandteile der Fette sind die Lipochrome, Lipoide und Phosphatide zu nennen.

2.4.1.1.1. Gewinnung der Fette

Auf die sehr unterschiedlichen Verfahren zur Isolierung der Fette aus den Pflanzenteilen — meist Samen — und den tierischen Geweben soll hier nur kurz eingegangen werden. Weitere Einzelheiten sind der einschlägigen, umfangreichen Literatur zu entnehmen.

Allgemein erfolgt die Abtrennung der pflanzlichen Fette aus den fettführenden Teilen der Pflanzen in mehreren Arbeitsgängen. Durch Auspressen der zerkleinerten Samen oder Früchte in hydraulischen Pressen bei Drücken von 150 bis 300 kp · cm^{-2} wird ein feines Öl gewonnen, das vorwiegend als Speiseöl verwendet wird. Zur Verbesserung der Ausbeute preßt man bei erhöhter Temperatur noch zwei- oder dreimal. Die dabei anfallenden Öle sind in der Farbe bedeutend dunkler als das Öl erster Pressung, und sie sind geschmacklich nicht ganz einwandfrei. Zur vollständigen Entfettung des Preßgutes (Ölkuchen) wird häufig eine Extraktion mit Benzin, Tetrachlorkohlenstoff, Trichloräthylen oder anderen geeigneten Lösungsmitteln angeschlossen. Die Fettextraktion wird heute in modernen, zum Teil kontinuierlich arbeitenden Extraktoren durchgeführt, die über ein sehr hohes Leistungsvermögen verfügen.

Zur Abtrennung der tierischen Fette werden die fetthaltigen Gewebe entweder trocken oder mit Wasser bzw. Dampf bei 50 bis 70 °C geschmolzen und ausgepreßt. Aus Knochen oder Klauen wird das Fett bzw. Öl durch Auskochen oder auf extraktivem Wege gewonnen.

Zur Entfernung färbender oder riechender bzw. andersartiger Bestandteile des Fettes werden die Rohprodukte einer Raffination unterzogen. Für die Seifenfabrikation werden häufig die Öle der zweiten oder dritten Pressung sowie Extraktionsöle eingesetzt, die relativ dunkel sind. Diese Öle werden mit 0,5 bis 2% Schwefelsäure, mit Bichromat und Salzsäure, Kaliumpermanganat und Schwefelsäure und/oder mit Bleicherde bei Temperaturen um 100 °C behandelt. Anschließend filtriert man die Produkte. In anderen Fällen werden auch Wasserstoffperoxid, Natriumperborat, Persulfate, schweflige Säure u. a. als Bleichmittel eingesetzt. Unangenehm riechende Fette behandelt man zur Entfernung der Geruchsträger mit überhitztem Wasserdampf.

Rohe Öle und Fette kommen selten in vollkommen neutralem Zustand vor. Meist enthalten sie mehr oder weniger große Mengen freier Fettsäuren. Während in tierischen Ölen und Fetten nur wenig freie Fettsäuren auftreten — Talg weist selten mehr als 5% auf —, ist in pflanzlichen Ölen die Menge weitaus größer. Beim Olivenöl sind es bisweilen 25% und beim Palmöl sogar bis 80%. Verschiedene Ölsaaten enthalten Verbindungen, die als lipolytische oder fettspaltende Enzyme bekannt sind. Beim Mahlen der Saaten werden diese Verbindungen besonders wirksam und sind mit Hilfe von Feuchtigkeit, Wärme und einer geringen Acidität in der Lage, Neutralfette in sehr kurzer Zeit vollständig in Fettsäuren und Glyzerin zu spalten (siehe Fettspaltung).

Einige Kenndaten der bekanntesten und wichtigsten Fette sind in Tab. 18 zusammengefaßt.

Werden Fette längere Zeit der Einwirkung von Licht und Luft ausgesetzt, so nehmen sie einen unangenehmen Geruch und Geschmack an; sie werden ranzig. Die Hauptursache des Ranzigwerdens ist die Bildung von z. B. Oxydationsprodukten der ungesättigten Fettsäuren, die Zersetzung der in geringen Mengen vorhandenen Eiweißstoffe und die Abspaltung freier Fettsäuren aus den Triglyzeriden. Fette mit vielen ungesättigten Fett-

Tabelle 18. Vorkommen und Eigenschaften der wichtigsten in Europa handelüblichen pflanzlichen Fette Öle und

Fettart	Vorkommen	Fett-gehalt [%]	Erstarrungs-punkt [°C]	enthaltene Fettsäuren [%]
Baumwollsamenöl	Samen der Baumwollstaude	19–49	–6 bis –1	Ölsäure 30–35 Linolsäure 40 bis 45 Palmitinsäure 20–25
Bucheckernöl	Samen der Rotbuche	26–32	–17	Ölsäure 77 Linolsäure 9
chinesischer Talg, Stillingiatalg	Samen des Talgbaumes	17–22	27–35	Palmitin-, Öl-, Stearinsäure bis 60
chinesisches Holzöl, Tungöl	Samen versch. Aleucitesarten	48–59	–3–3	Ölsäure bis 15 Eläostearinsäure bis 80
Erdnußöl	Erdnüsse	35–52	–2–8	Ölsäure ca. 80 Linolsäure ca. 8
Hanföl	Frucht des Hanfs	31–33	–28–15	Ölsäure 14 Linolsäure 65 Linolensäure 16
Japanwachs	Fruchtfleisch der Beeren des Sumachbaumes	40–65	45–50	Palmitin- u. Japansäure
Kakaobutter	Fett der Kakaobohne	51–57	20–27	Ölsäure 34–38 Linolsäure 2–5
Kokosnußfett	Samen der Kokospalme aus Kopra	35–36 60–70	14–25	Laurinsäure bis 55 Myristinsäure bis 20 Palmitinsäure bis 8
Leinöl	Samen des Flachses oder Leins	36–40	–27 bis –15	Ölsäure bis 20 Linolsäure bis 59 Linolensäure bis 45
Maisöl	geschälte Maiskeime	15–33	–15 bis –10	Ölsäure 45 Linolsäure 41 Palmitinsäure 7
Malabartalg	Samen des Talgbaumes	49	30,5	

Fettart	Vorkommen	Fett-gehalt [%]	Erstarrungs-punkt [°C]	enthaltene Fettsäuren [%]
Mandelöl	Samen des Mandel-baumes	53—55	—21 bis —10	Ölsäure 80—83 Linolsäure 14—16
Mohnöl	Samen des Mohns	30—51	—20 bis —17	Ölsäure 28 Linolsäure 58,5
Olivenöl	Fruchtfleisch der Oliven	20—70	— 2 bis 10	Ölsäure 66—84 Palmitinsäure 8—10
Palmkernöl	Fruchtsamen der Ölpalme	42—53	20—24	Laurinsäure bis 55 Myristinsäure bis 23 Palmitinsäure bis 9
Palmöl, Palmfett	Fruchtfleisch der Ölpalme	41—66	31—41	Ölsäure bis 55 Palmitin- und Stearinsäure
Rizinusöl	Samen der Rizinusstaude	35—55	—18 bis —10	Rizinolsäure 97 Ölsäure 3
Rüböl, Rapsöl	Samen verschied. Brassicaarten	22—44	—10 bis 10	Erucasäure bis 65 Ölsäure 20 Linolsäure 14
Schwarzsenföl	Samen des Schwarzsenfs	18—31	—11 bis 17,5	Erucasäure 50 Ölsäure 24,5 Linolsäure 19,5
Sojaöl	Sojabohnen	16—20	—18 bis —8	Ölsäure bis 36 Linolsäure bis 57
Sonnenblumenöl	Samen der Sonnenblumen	31—37	—18 bis —7	Ölsäure bis 39 Linolsäure bis 47
Walnußöl	Walnüsse	30—60	—29 bis —27	Ölsäure bis 15 Linolsäure bis 88 Linolensäure bis 4

säuren — hierzu gehören die meisten fetten Öle — neigen weit mehr zum Ranzigwerden als Fette mit gesättigten Fettsäuren. Raffinierte Fette werden schwerer ranzig als rohe Produkte. Zur Vermeidung des Ranzigwerdens können verschiedene Stoffe als Inhibitoren zugesetzt werden, z. B. Tocopherol, Gallate, Thioharnstoff, Hydrochinon u. a. Speisefette dürfen keine Oxydationsinhibitoren enthalten. Als natürliche Inhibitoren wirken Phosphatide und Vitamin E.

2.4.1.1.2. Fetthärtung durch Hydrierung

Nur kurz soll auf die Hydrierung der Doppelbindung in ungesättigten Fettsäuren bzw. in Fetten eingegangen werden. Für die Tensid-Chemie ist dieser Veredlungsvorgang von untergeordneter Bedeutung. Chemisch unterscheiden sich die flüssigen Fette von den festen insbesondere durch ihren geringeren Gehalt an Wasserstoff. Überführt man ungesättigte Fettsäuren, wie Ölsäure oder Linolsäure durch Wasserstoffaddition an die Doppelbindung in die gesättigte Form, so erhält man bekanntlich die feste Stearinsäure:

$$CH_3(CH_2)_7\cdot CH{=}CH\cdot (CH_2)_7\cdot COOH + H_2 \rightarrow CH_3(CH_2)_7\cdot CH_2\cdot CH_2\cdot (CH_2)_7\cdot COOH$$

Nach dem Verfahren von NORMANN [144] wird die Hydrierung in Gegenwart von feinverteiltem metallischen Nickel oder Nickelformiat, das anschließend zum Nickel reduziert wird, als Katalysator durchgeführt. Die Hydrierung verläuft bei etwa 180 °C unter Normaldruck. Je nach Einwirkungsdauer des Wasserstoffes führt eine mehr oder weniger intensive Hydrierung zu weicheren oder härteren Fetten. Bei der Hydrierung von Fettsäuren mit Nickel bei 200 °C und ungenügender Wasserstoffzuführung können cyclische Fettsäuren entstehen. Vorzugsweise werden sie aus Fettsäuren mit drei oder mehr konjugierten oder isolierten Doppelbindungen erhalten [145].

Die Hauptmenge der gehärteten Fette wird in der Margarineindustrie verarbeitet. Über Einzelheiten der technischen Durchführung und auch über die kontinuierliche Fetthärtung berichtet OSTEROTH [146].

2.4.1.1.3. Fettspaltung

Für die Tensidherstellung werden die Fette häufig in die freien Fettsäuren zerlegt, da diese sich einfacher verarbeiten lassen. Die Spaltung der Neutralfette in Glyzerin und Fettsäuren erfolgt unter Wasseraufnahme. Die Fettspaltung kann nach verschiedenen Verfahren vorgenommen werden.

Sie ist eine Gleichgewichtsreaktion, die bei Anwesenheit von viel Wasser weitgehend von links nach rechts verläuft:

$$(R\cdot COO)_3\cdot C_3H_5 + 3\,H_2O \rightleftharpoons 3\,R\cdot COOH + C_3H_5(OH)_3$$

In den meisten Fällen werden die Fette nur zu etwa 90% aufgespalten und in dieser Form weiterverarbeitet, d. h. destilliert oder durch Abkühlung und Auspressung in Stearin und Olein getrennt bzw. sofort ohne weitere Vorbehandlung zur Seifenfabrikation eingesetzt. Gespalten werden tierische und pflanzliche Fette (Rindertalg, Schweineschmalz, Palmöl, Palmkernöl,

Palmkernfett, Kokosfett). Auch Seetierfette wie Trane von Wal, Dorsch und Hering werden verarbeitet. Dabei fallen vorwiegend Stearinsäure, Palmitinsäure und Ölsäure an. Einige Fette liefern auch Laurinsäure und Myristinsäure.

Die bekanntesten Verfahren der Fettspaltung sind:

1. Reaktivspaltung mit Hilfe chemischer Fettspalter,
2. Druckspaltung mit und ohne Katalysator,
3. Säurespaltung.

1. Reaktivspaltung: Emulgiert man mit Hilfe eines speziellen Emulgators das Fett in Wasser und kocht es bzw. leitet Dampf ein, so tritt eine weitgehende Spaltung der Trigylzeride ein. Der zuerst von TWITCHELL [112] beschriebene Emulgator — das Reaktiv — war eine sogenannte „Benzolstearosulfonsäure" oder richtiger 9-Sulfophenylstearinsäure folgender Formel:

$$CH_3\cdot(CH_2)_7\cdot\underset{\displaystyle C_6H_4\cdot SO_3H}{CH}\cdot(CH_2)_8\cdot COOH$$

Das ursprüngliche TWITCHELL-Reaktiv ist heute durch wirksamere ähnlich gebaute Verbindungen abgelöst worden, z. B. sollen nach DRIMUS und Mitarbeitern [113] mit Alkylarylsulfonaten und Alkylsulfonaten bessere Resultate als mit allen übrigen Reaktiven erzielt worden sein.

Die einzusetzenden Fette müssen durch Raffination gereinigt werden, um eine erfolgreiche Spaltung zu erzielen. Das gilt besonders für Extraktionsöle, Trane und Fischöle. Zur Spaltung kocht man das Fett in offenen, mit Dampf beheizten Kesseln mit 20 bis 30% Wasser und 0,5% bis 1% des Reaktivs sowie der gleichen Menge Schwefelsäure. Nach etwa 8 bis 24 Stunden ist die Spaltung beendet. Die Reaktionsdauer richtet sich nach der Art des Fettes. Im Anschluß an die erste Spaltung wird das Glyzerinwasser abgezogen und, wenn man hohe Spalteffekte erzielen will (mehr als 90%), wird eine zweite Spaltung von 2 bis 6 Stunden angeschlossen, wobei ein Zusatz von Säure und Reaktiv nicht erforderlich ist. Nach beendeter zweiter Spaltung wird das Glyzerinwasser wieder entfernt. Durch kurzes Kochen mit Soda neutralisiert man noch vorhandene Schwefelsäure und reinigt dann die Spaltfettsäuren durch Auswaschen mit Wasser. Bei unmittelbarer Weiterverarbeitung kann die Neutralisation entfallen.

2. Druckspaltung: Die reine Hochdruckfettspaltung ohne Katalysator wird in Edelstahl-Autoklaven vorgenommen, die mit Rührwerk und Edelstahl-Dampfschlange versehen sind, in Gegenwart von Wasser. Für 1000kg Fette bzw. fette Öle werden 400 *l* Wasser verwendet. Zur weitgehenden Aufspaltung der Fette muß bei einem Druck von 20 bis 30 kp · cm^{-2} und einer Temperatur von 220 bis 260°C gearbeitet werden. Unter diesen Bedingungen verläuft die Spaltung sehr schnell und der Spaltungsgrad beträgt

bis zu 95%. Moderne Anlagen arbeiten kontinuierlich nach diesem Verfahren.

Nach dem Hochdruckspaltverfahren „TPG—SA“ der Firma Mazzoni wird im Autoklav bei 225 °C und 26 kp · cm^{-2} mit Wasser als Spaltmittel gearbeitet. Bei dieser Temperatur wird eine optimale Fettspaltung erzielt, wobei die Fettsäuren — auch hochungesättigte — unverändert bleiben. Durch die Abwesenheit eines Katalysators wird die Arbeit vereinfacht und die Unkosten vermindert.

Zur Entfernung von Schleimstoffen und Eisenseifen wird eine Vorreinigung der Fette mit Schwefel- oder Phosphorsäure vorgenommen. Vorgereinigte Fette liefern nach der Destillation bessere Fettsäuren. Normalerweise wird ein Spaltgrad von 90 bis 92% erreicht. Der Wert liegt nur wenig unter dem Gleichgewichtswert. Das Spaltwasser enthält 15 bis 17% Glyzerin. Den schematischen Ablauf des Verfahrens zeigt Abb. 14. In Kessel *1*, der innen mit säurefestem Material ausgekleidet ist, wird das Fett mit einer kleinen Menge Schwefelsäure oder Phosphorsäure vorgereinigt. Der saure Ansatz wird in den Absetzbehälter *4* entleert und wird mit Wasser gewaschen. Im Behälter *6* werden die Fettstoffe und das Spaltwasser dosiert und gelangen über eine Pumpe (*11*) in den Spaltautoklav (*5*), wo die Spaltung erfolgt. Nach der Spaltung gelangt das Produkt über einen Zentrifugalabscheider (*7*) in den Ausbeutebehälter (*9*).

Mit Katalysatoren, wie geringen Mengen Zinkoxid, Kupferoxid, Calciumoxid oder Magnesiumoxid — jeweils 2 bis 4% — lassen sich auch stark verunreinigte Fette sowie deren Gemische zu Fettsäuren und Glyzerin spalten. Bei Temperaturen oberhalb 100 °C und etwa 5 bis 10 kp · cm^{-2} Druck wird in 6 bis 12 Stunden die Spaltung durchgeführt. Zur Entfernung der entstandenen Metallseifen aus den Fettsäuren werden diese mit Schwefelsäure zersetzt und mit Wasser ausgewaschen. Fette lassen sich durch diese Druckspaltung bis zu 95% in Fettsäuren überführen.

3. Säurespaltung: Dieses Verfahren, das mit 4 bis 12% konzentrierter Schwefelsäure arbeitet, wird heute kaum noch durchgeführt, weil neben der eigentlichen Spaltung weitere chemische Veränderungen eintreten und dadurch die Fettsäuren dunkelgefärbt anfallen. Sie müssen erst mit Bleicherde aufgehellt werden, bevor man sie weiter verarbeiten kann.

Das früher vereinzelt verwendete Kalkverseifungsverfahren nach Krebitz hat keine Bedeutung mehr, und auch die fermentative Fettspaltung mit Lipasen ist heute weitgehend überholt.

Die bei der Fettspaltung anfallenden Fettsäuren können bei ausreichender Reinheit direkt weiterverarbeitet werden, oder sie werden durch Vakuumdestillation in die gewünschten Fraktionen zerlegt. Die durch Hochdruckspaltung gewonnenen Destillatfettsäuren enthalten meist nicht über ein Prozent Unverseifbares und sind nahezu rein weiß.

Der Spaltungsgrad bekannter Fette und Öle kann durch Ermittlung der Säurezahl und der Verseifungszahl festgestellt werden.

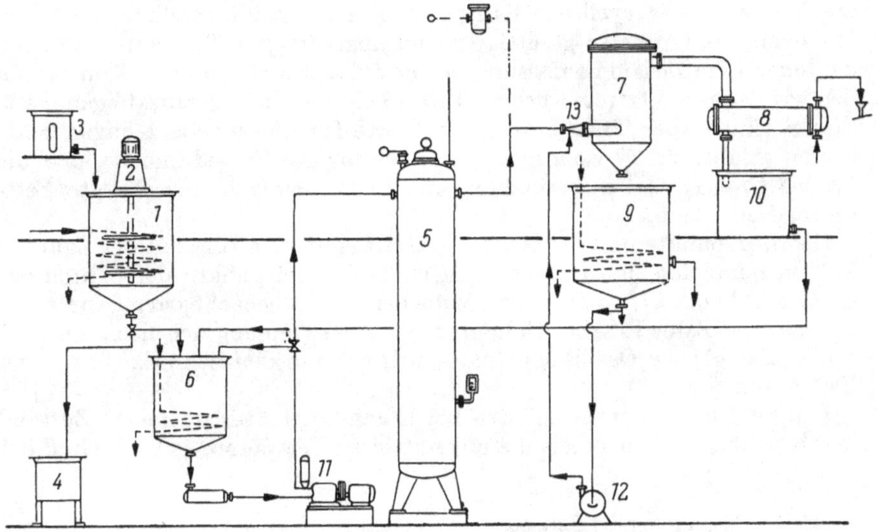

Abb. 14. Hochdruckfettspaltung nach dem *TPG-SA*-Verfahren.

1 – Fettbehandlungsbehälter, *2* – Rührwerk, *3* – Dosierbehälter fur Schwefelsäure, *4* – Sammelbehälter für Abfallsäure, *5* – Autoklav für die Spaltung, *6* – Speisebehälter, *7* – Zentrifugalabscheider, *8* – Kondensator, *9* – Ausbeutebehälter für die Autoklaventleerung, *10* – Behälter zur Kondensatsammlung, *11* – Elektropumpe zur Autoklavenspeisung, *12* – Mischer zur Fettsaurekuhlung, *13* – Rücklaufpumpe für Glyzerinwasser.

Zur Trennung der flüssigen von den festen Fettsäuren wird das Fettsäuregemisch abgekühlt und das in Platten erstarrte Material preßt man kalt bei ca. 300 kp · cm^{-2}. Dabei fließt vorwiegend Ölsäure (Olein) bzw. Linol- und Linolensäure ab. Darin gelöst sind geringe Mengen fester Säuren. Um die Abtrennung der Ölsäure zu vervollständigen, wird bei erhöhter Temperatur eine zweite Pressung angeschlossen. Der feste Rückstand ist das Stearin, ein Gemisch aus Stearin- und Palmitinsäure. Die Fettsäuren aus der Spaltung können ohne vorherige Destillation abgekühlt und gepreßt werden. Das dabei anfallende Olein wird als Saponifikatolein bezeichnet und ist von geringerer Qualität. Besser ist das Destillatolein, welches durch Auspressen der Destillatfettsäuren gewonnen wird.

2.4.1.2. Höhermolekulare Fettsäuren

Wie bereits im vorhergehenden Abschnitt mehrfach erwähnt, sind die aus den Fetten gewonnenen höhermolekularen Fettsäuren geradzahlig und geradkettig, d. h. in der Natur treten nur Fettsäuren mit geraden C-Zahlen auf. Ungeradzahlige Fettsäuren kommen in den synthetischen Säuren aus der Paraffinoxydation vor. Seltener finden sich hydroxylierte Säuren sowie zweibasische oder cyclische Säuren. Für die Tensidherstellung sind insbesondere die normalen gesättigten und ungesättigten Fettsäuren von Bedeutung. Eine Zusammenfassung der physikalisch-chemischen Konstanten der wichtigsten Vertreter bringt Tab. 19. Neben den geradzahligen Fettsäuren sind in der Tabelle auch die Werte für die ungeradzahligen Fettsäuren erfaßt. Von besonderem Interesse für die Tensid-Chemie sind die C_{12} bis C_{18}-gesättigten Fettsäuren und die C_{18}-einfach ungesättigte Fettsäure, die Ölsäure.

Die Siedepunkte und Schmelzpunkte steigen regelmäßig mit der Zahl der C-Atome im Molekül. Dagegen liegen die Schmelzpunkte der Säuren mit gerader Zahl der C-Atome höher als die der beiden benachbarten Säuren mit ungerader C-Zahl. In Abb. 15 kommt diese Erscheinung deutlich zum Ausdruck. Die gleiche Oszillation findet sich auch in den Schmelzwärme der Fettsäuren.

Während gesättigte Fettsäuren bei Raumtemperatur in reinem Zustand relativ stabil sind, nehmen die ungesättigten Fettsäuren je nach Grad der

Tabelle 19. Kenndaten der Fettsäuren

Nr.	Name	Formel	Mol-gew.	Fp. [°C]	Kp. [°C]	Säure-zahl	Dichte
1.	Buttersäure	C_3H_7COOH	88	−6	162	637	$0{,}9587_{20/4}$
2.	Valeriansäure	C_4H_9COOH	102	−35	186	549	$0{,}9415_{20}$
3.	Capronsäure	$C_5H_{11}COOH$	116	− 4	208	483	$0{,}9294_{20/20}$
4.	Önanthsäure	$C_6H_{13}COOH$	130	−10	223	431	$0{,}9183_{20}$
5.	Caprylsäure	$C_7H_{15}COOH$	144	+16	237	389	$0{,}9100_{20/4}$
6.	Pelargonsäure	$C_8H_{17}COOH$	158	12	253−254	355	$0{,}9068_{14.5/4}$
7.	Caprinsäure	$C_9H_{19}COOH$	172	31	268	326	$0{,}895_{30}$
8.	Undecansäure	$C_{10}H_{21}COOH$	186	28,5	280	301	
9.	Laurinsäure	$C_{11}H_{23}COOH$	200	44	176_{15}	280	$0{,}883_{20}$
10.	Tridecansäure	$C_{12}H_{25}COOH$	214	42,5	200_{24}	262	$0{,}8547_{70/4}$
11.	Myristinsäure	$C_{13}H_{27}COOH$	228	54	199_{16}	246	$0{,}8528_{70/4}$
12.	Pentadecansäure	$C_{14}H_{29}COOH$	242	52	195_{13}	232	$0{,}8514_{70/4}$
13.	Palmitinsäure	$C_{15}H_{31}COOH$	256	64	215_{15}	219	$0{,}8487_{70/4}$
14.	Heptadecansäure	$C_{16}H_{33}COOH$	270	62		208	
15.	Stearinsäure	$C_{17}H_{35}COOH$	284	70	232_{18}	197	$0{,}8490_{70/4}$
16.	Nonadecansäure	$C_{18}H_{37}COOH$	298	64,5		188	$0{,}8468_{70/4}$
17.	Arachinsäure	$C_{19}H_{39}COOH$	312	75	$240-250_{18}$	180	
18.	Ölsäure[1]	$C_{17}H_{33}COOH$	282	14	$215-216_5$		
19.	Linolsäure[2]	$C_{17}H_{31}COOH$	280	flüssig	210_5	in trocknenden Ölen	
20.	Linolensäure[3]	$C_{17}H_{29}COOH$	278	flüssig	210_5	in trocknenden Ölen	

[1]) 9:10-Octadecensäure

[2]) 9:10, 12:13-Octadekadiensäure

[3]) 9:10, 12:13, 15:16-Octadekatriensäure

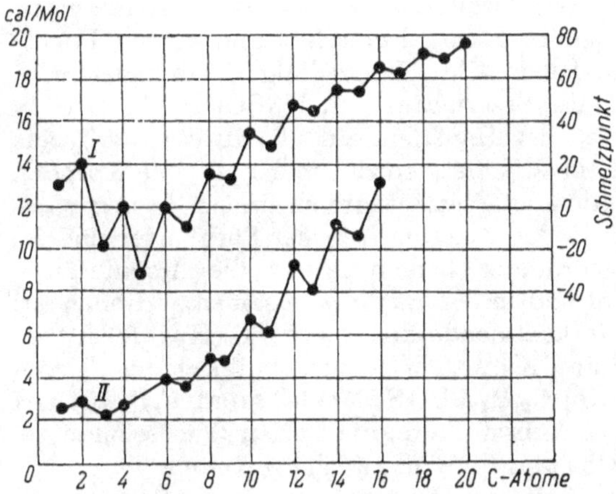

Abb. 15. Schmelzpunkte (*I*) und Schmelzwärmen (*II*) der normalen Fettsäuren.

Ungesättigtheit und der Reinheit mehr oder weniger leicht Sauerstoff auf und bilden verschiedenartige Oxydationsprodukte, wie Önanthaldehyd, Pelargonaldehyd u. ä. Spuren von Metallsalzen beschleunigen das Ranzigwerden dieser Säuren.

Nur die niederen Fettsäuren sind in Wasser löslich; bereits die Capronsäure (C_6) löst sich nur wenig in Wasser. Mit zunehmender Länge der Kohlenstoffkette des Moleküls nimmt auch die Löslichkeit in Äthanol und Aceton ab. Äthyläther, und Chloroform lösen die höheren Fettsäuren gut.

Die bereits erwähnten ungeradzahligen Fettsäuren treten in Naturprodukten nicht auf; sie fallen aber bei der Oxydation der höheren Paraffine im gleichen Umfang wie die geradzahligen Fettsäuren an. Ihre physikalisch-chemischen Eigenschaften entsprechen im allgemeinen denen der paarigen Fettsäuren. Sie können ohne Bedenken für die Seifenherstellung oder für Tensidsynthesen Verwendung finden.

Von den nativen paarigen Säuren treten die Capronsäure, $C_5H_{13}COOH$, Caprylsäure, $C_7H_{15}COOH$, und die Caprinsäure, $C_9H_{19}COOH$, in geringen Mengen im Milchfett, Kokosnußfett und in verschiedenen Palmkernfetten auf. Laurinsäure, $C_{11}H_{23}COOH$, kommt in den Samenfetten der Lorbeerarten vor, daher auch ihr Name. In größeren Mengen wird sie aus dem Kokosfett und den Palmkernfetten isoliert. Die Myristinsäure, $C_{13}H_{27}COOH$, tritt in den Fetten der *Myristiacea* auf. Sie ist ebenfalls ein wichtiger Bestandteil der Palmöle und der Palmkernfette und kommt außerdem in den Milchfetten und im Kopföl des Pottwales vor. In nahezu allen Fetten ist die Palmitinsäure, $C_{15}H_{31}COOH$, vertreten. Diese am meisten verbreitete Fettsäure ist der Hauptbestandteil einiger vegetabilischer und animalischer

Fette, z. B. kommt sie im Baumwollsamenöl, Palmöl, Palmkernfett, Olivenöl, Erdnußöl, Sojabohnenöl, Maisöl, Butterfett und in den Depotfetten der Haustiere, d. h. im Rindertalg, Hammeltalg, Schweinefett u. a. vor. Weit verbreitet ist auch die Stearinsäure, $C_{17}H_{35}COOH$. Sie tritt in erster Linie in den Depotfetten der Haustiere auf, die zu etwa 30% aus Stearinsäure bestehen. Auch im Milchfett sowie im Kopf- und Körperöl des Pottwals und anderer Seetiere ist Stearinsäure zu finden. In den vegetabilischen Fetten kommt sie in der Kakaobutter, der Sheabutter und im Borneotalg vor. Von untergeordneter Bedeutung ist die Arachinsäure, $C_{19}H_{39}COOH$, die im Erdnußöl und in den *Sapindacea*samen zu finden ist. Die im Erdnußöl und Rüböl vorkommende Behensäure, $C_{22}H_{43}COOH$, tritt nur in relativ kleinen Mengen auf. Kurz zu erwähnen sind noch die höheren Fettsäuren wie Lignocerinsäure, $C_{23}H_{47}COOH$, Montansäure, $C_{27}H_{53}COOH$ und auch die Myricinsäure und Melissinsäure, die zu den Wachssäuren gehören und z. B. im Bienenwachs und Carnaubawachs auftreten.

Von größerer Wichtigkeit sind die bereits erwähnten ungesättigten Fettsäuren, wobei zwischen den einfach und mehrfach ungesättigten Säuren zu unterscheiden ist. In der Tensid-Chemie trifft man häufig auf die einfach ungesättigte Ölsäure, $C_{17}H_{33}COOH$. Die Doppelbindung dieser Säure steht in der Kohlenstoffkette in 9,10-Stellung, d. h. die Ölsäure ist eine Δ9,10-Octadecensäure. Man findet sie im Olivenöl, Baumwollsamenöl, Leinöl, Sojaöl, Rapsöl, Butterfett, Schweinefett, Rindertalg, Hammeltalg und in Geflügelfetten. Entsprechende Säuren mit kürzeren Ketten sind die Caproleinsäure, $C_9H_{17}COOH$, die im Butterfett vorkommt, die Lauroleinsäure, $C_{11}H_{21}COOH$, die im Kopföl des Pottwals zu finden ist, die Myristoleinsäure, $C_{13}H_{25}COOH$, die aus Spermöl isoliert werden kann, und die Palmitoleinsäure, $C_{15}H_{29}COOH$, auch Physetölsäure genannt. Die Erucasäure, $C_{21}H_{41}COOH$, ist eine Δ13,14-Docosensäure, während die Rizinolsäure eine 12-Hydroxy-Δ9,10-Octadecensäure darstellt. Die Doppelbindung dieser Säure ist an der gleichen Stelle wie in der Ölsäure angeordnet. Bis auf die Ölsäure sind die nur in kleinen Mengen auftretenden sonstigen einfach ungesättigten Säuren von untergeordneter Bedeutung.

Die mehrfach ungesättigten Fettsäuren sind komplizierter aufgebaut. So enthält die Linolsäure, $C_{18}H_{31}COOH$, zwei Doppelbindungen und ist eine Δ9,10,12,13-Octadecadiensäure, während die Linolensäure, $C_{18}H_{29}COOH$, drei Doppelbindungen aufweist und eine Δ9,10,12,13,15,16-Octadecatriensäure ist. Ebenfalls drei Doppelbindungen kommen in der Elaeostearinsäure, einer Δ9,10,11,12,13,14-Octadecatriensäure vor. Die ersten beiden Fettsäuren enthalten zwei bzw. drei Doppelbindungen mit einer Unterbrechung von zwei einfachen Bindungen. Die Elaeostearinsäure besitzt jeweils abwechselnd eine einfache und eine Doppelbindung (—CH=CH·CH=CH—), d. h. sie bildet ein konjugiertes System, das leicht polymerisiert werden kann.

Höhere ungesättigte Fettsäuren bilden häufig zwei *geometrisch-isomere*

Formen, die *cis*- und *trans*-Form. So stellt die Ölsäure z. B. die *cis*-Form dar, und die Elaidinsäure ist die *trans*-Form:

$\begin{array}{r} CH_3\cdot(CH_2)_7\cdot CH \\ \Vert \\ HOOC\cdot(CH_2)_7\cdot CH \end{array}$	$\begin{array}{l} CH_3\cdot(CH_2)_7\cdot CH \\ \Vert \\ CH\cdot(CH_2)_7\cdot COOH \end{array}$
Ölsäure (Fp. 14°)	Elaidinsäure (Fp. 44°)
cis-Δ 9,10-Octadecensäure	*trans*-Δ 9,10-Octadecensäure

In natürlichen Fetten tritt die Elaidinsäure nicht auf. Sie kann aus Ölsäure durch Einwirkung von Stickoxiden oder Schwefel hergestellt werden.

Linolsäure kommt als Begleiter der Ölsäure in vielen pflanzlichen und tierischen Fetten vor, jedoch meist in wesentlich kleineren Mengen. Beträchtliche Anteile an Linol- und Linolensäure sind in den halbtrocknenden und trocknenden fetten Ölen, wie dem Baumwollsamenöl, Mohnöl, Sojabohnenöl, Sonnenblumenöl, Hanföl und besonders im Leinöl zu finden. Leinöl, Perillaöl und Hanföl bestehen zu 25 bis 50% aus Linolensäure (siehe hierzu auch [114, 115, 116, 117]).

2.4.1.2.1. Synthetische höhermolekulare Fettsäuren

Für die Herstellung synthetischer geradkettiger Fettsäuren hat sich besonders die Oxydation höhermolekularer geradkettiger Paraffine als sehr geeignet erwiesen. Das Verfahren wird vor allem in der UdSSR und in der DDR in größerem Umfange angewendet [118, 119, 120, 121].

Als Ausgangsprodukt werden heute Paraffine aus dem Erdöl eingesetzt, das durch Molekularsiebverfahren oder Harnstoffaddition von Isoparaffinen befreit wurde. Außerdem müssen die Paraffine vor der Oxydation weitgehend raffiniert werden, um Oxydationsinhibitoren, wie schwefelhaltige Verbindungen und/oder Phenole, zu entfernen. Zur Raffination verwendet man verdünnte Salpetersäure oder wasserfreies Aluminiumchlorid. In der DDR kamen längere Zeit Paraffine aus der Fischer-Tropsch-Synthese zum Einsatz, die bekanntlich vorwiegend aus geradkettigen Paraffinen bestehen und bei denen keine Raffination erforderlich war. Das Molekulargewicht der zur Oxydation eingesetzten Paraffine von 250 bis 420 entspricht einer C-Zahl von 18 bis 30. Die Schmelzpunkte liegen etwa bei 28 bis 65 °C. Am besten eignen sich Paraffingemische mit 19 bis 24 C-Atomen [122, 123, 124, 46, 47].

Für spezielle Zwecke werden auch Rohparaffine oxydiert. D. B. Oretschkin und Mitarbeiter [126] setzen Isoparaffine ein und verwenden die daraus hergestellten Fettsäuren insbesondere als Flotationsmittel.

Durchführung der Paraffinoxydation

In Gegenwart von ca. 0,2% Manganverbindungen, z. B. Manganstearat oder Kaliumpermanganat, wird das Paraffin bei 100 bis 130 °C mit feinverteilter Luft oxydiert. Um den Beginn der Reaktion zu erleichtern, setzt man dem Paraffin eine kleine Menge partiell anoxydiertes Produkt zu. Die Verwendung verschiedener Katalysatoren, wie Kaliumpermanganat oder Manganseifen, ergibt nach PERTSCHENKO und Mitarbeitern [125] keine Unterschiede in der Zusammensetzung der anfallenden Fettsäuren bzw. des gesamten Oxydates. Auch die Oxydationsdauer wird dadurch nicht beeinflußt. Nach Untersuchungen von G. WAGNER [127, 128] können die Mangankatalysatoren vollwertig durch Ozonisierung ersetzt werden. Die Paraffinoxydation läßt sich damit bequem kontinuierlich gestalten und die Qualität des Oxydates soll besser sein als bei der Verwendung von Manganverbindungen. Die Fettsäuren zeigen das gleiche Kettenlängenspektrum wie bei der Oxydation mit Manganverbindungen. Die Oxydationsdauer läßt sich durch Ozon verkürzen.

Zur Initiierung der Oxydationsreaktion hat man auch γ-Strahlen und andere ionisierende Strahlungsquellen sowie Peroxide eingesetzt. Die Ergebnisse sind einander annähernd ähnlich.

Die Oxydation kann an jedem Kohlenstoffatom der Paraffinkette eintreten; es hat jedoch den Anschein, als ob die endständigen Kohlenstoffatome bevorzugt werden. Beim Beginn der Oxydation entstehen nämlich größere Mengen Ameisensäure und entsprechende langkettige Fettsäuren, während sich mit fortschreitender Reaktionsdauer Spaltstücke jeder Kettenlänge nachweisen lassen. Im Laufe der Oxydation werden auch die bereits entstandenen Fettsäuren weiter abgebaut, wobei Oxy-, Keto- und Dicarbonsäuren entstehen. Eine zu lange Oxydationsdauer führt zur Bildung vieler kurzkettiger und überoxydierter Produkte, die unerwünscht sind. Man muß die Oxydation daher beenden, wenn etwa 25 bis 30% des Paraffins umgesetzt sind.

Zur Isolierung der Fettsäuren neutralisiert man das Reaktionsgemisch mit Natronlauge, so daß die Fettsäuren in wasserlöslicher Form als Seifen vorliegen. Die Hauptmenge des nicht umgesetzten Paraffins setzt sich auf der wäßrigen Seifenlösung ab. Das sogenannte Unverseifbare *I* (*UV I*) wird abgetrennt und später dem Frischparaffin zugesetzt. Läßt man die Rohseifenlösung in einem Autoklaven bei 25 kp · cm^{-2} und 180 °C stehen, so wird ein weiterer Teil des Unverseifbaren zur Abscheidung gebracht. Man spricht hier vom Unverseifbaren II (*UV II*), das im Gegensatz vom *UV I* größere Mengen anoxydierte Verbindungen wie Fettalkohole enthält. Im sogenannten *UV*-Ofen wird der Rest der noch vorhandenen, nichtfettsauren Verbindungen bis auf 2 bis 3% durch Wasserdampfdestillation aus den Rohseifen entfernt. Gleichzeitig werden bei diesem Arbeitsgang, der bei 330 bis 370 °C vor sich geht, Qualitätsverbesserungen der Fettsäuren erzielt, weil bei dieser Behandlung überoxydierte Bestandteile, wie Oxysäuren, Lactone, Estolide u. dgl. abgebaut werden. Derartige überoxydierte Produkte verleihen den Fettsäuren einen unangenehmen Geruch und führen zu Verfärbungen.

Nach einer abgewandelten Methode versetzt man das verseifte Produkt mit 45%igem Äthanol, um das *UV I* vollständiger als ölige Schicht zu isolieren, während die Seife im verdünnten Alkohol gelöst ist. Die alkoholische Seifenlösung wird durch Gegenstromextraktion von den Resten an unverseifbaren Verbindungen mit Benzin befreit. Diese Neutralprodukte stellen das *UV II* dar. Sowjetische Forscher haben aus dem *UV II* Fettalkohole gewonnen, die mit gutem Erfolg zur Tensidsynthese eingesetzt worden sind.

Die beim oben beschriebenen Verfahren anfallenden trockenen Seifen löst man in Wasser und zersetzt mit verdünnter Schwefelsäure oder Salzsäure. Zur Entfernung niederer Fettsäuren und von Mineralsäureresten werden die Fettsäuren mit Wasser gewaschen und destilliert. Nach anderen Verfahren destilliert man die Fettsäuren insgesamt über und zerlegt sie anschließend durch Vakuumdestillation in Fraktionen. Andere Verfahren fraktionieren direkt. Üblicherweise gewinnt man Vorlauffettsäuren (C_4 bis C_9), Hauptlauffettsäuren (C_{10} bis C_{20}) und Nachlauffettsäuren (C_{21} bis C_{25}). Für die Seifenherstellung und zur Gewinnung von Fettalkoholen kommen nur die Hauptlauffettsäuren in Frage. Nach Lewin [129] enthält das bei der Oxydation technischer Paraffine anfallende Säuregemisch etwa 70% Säuren im Bereich von C_5 bis C_{21}, von denen im Mittel nur etwa 50% erwünschte Säuren sind. Durch exakte Destillation wird der Anteil auf 70 bis 95% gesteigert. Inwieweit diese Angaben auf Fettsäuren aus hochprozentigen n-Paraffinen zutreffen ist nicht bekannt. Tab. 20 gibt einen Überblick über die Zusammensetzung und Ausbeuten von Fettsäuren aus Paraffingatsch. Abb. 16 zeigt das Fließschema einer Anlage zur technischen Paraf-

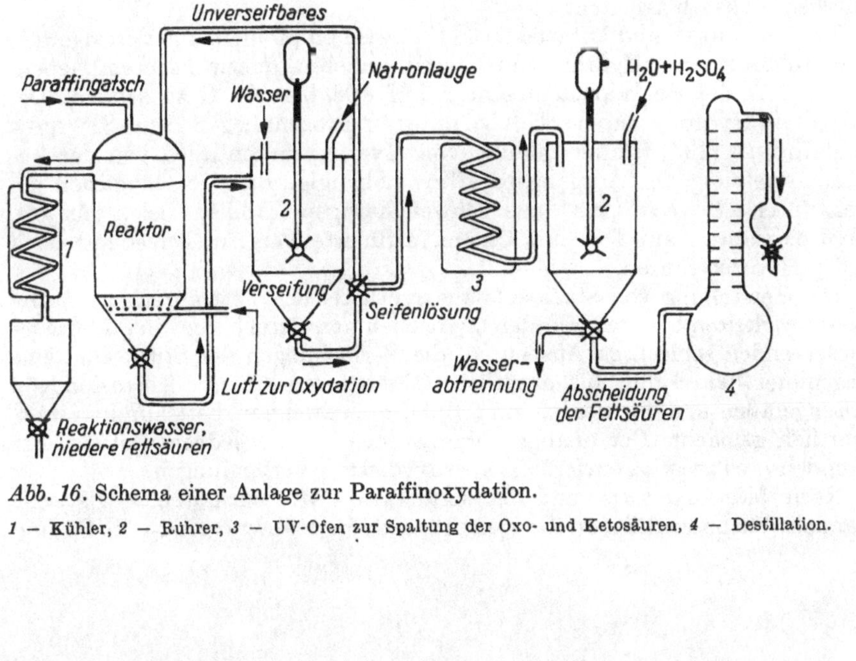

Abb. 16. Schema einer Anlage zur Paraffinoxydation.

1 – Kühler, *2* – Rührer, *3* – UV-Ofen zur Spaltung der Oxo- und Ketosäuren, *4* – Destillation.

finoxydation. Die aus säurebeständigem Stahl oder Aluminium bestehenden Oxydationsreaktoren haben Durchmesser von 1 bis 2,5 m und sind 8 bis 12 m hoch. Ihr Fassungsvermögen liegt bei 30 bis 60 m³ Paraffin.

Tabelle 20. Destillation von Rohfettsäuren der Paraffinoxydation

	Vorlauf [°C]	Hauptlauf [°C]	Nachlauf [°C]	Rückstand [°C]
Temperatur	bis 120	120—270	270—315	—
Ausbeute [%]	15— 20	56— 60	7— 12	1— 13
Mol-Gewicht	C_8—C_{10}	C_{10}—C_{20}	C_{20}—C_{28}	—
Säurezahl	350—460	245	155—160	80— 90
Verseifungszahl	350—460	255	175—180	110—120
Esterzahl	—	10	20	30

Abgewandelte Verfahren der Paraffinoxydation arbeiten z. B. mit Hilfe von Hohlmischern. Das Paraffin wird dabei unter Rühren oxydiert, und man erzielt eine feinere Luftverteilung und eine optimalere Sauerstoffausnutzung. Von SSEDATSCHEW und Mitarbeitern [130] sowie anderen Forschern [131] sind kontinuierliche Prozesse zur Oxydation im Schaumzustand ausgearbeitet worden. Die optimalen Bedingungen des Verfahrens sind: Temperatur 125 bis 130 °C, Luftverbrauch 1 m³/kg Paraffin. Die Wirksamkeit des Verfahrens konnte im Vergleich zu den periodischen Methoden bis auf 270% erhöht werden. Es ist nicht bekannt, ob diese Verfahren im technischen Maßstab arbeiten.

Von MOSCHKIN und Mitarbeitern [132] wird empfohlen, zur Verringerung der Bildung von Hydroxysäuren und anderen unerwünschten Nebenprodukten die Reaktionstemperatur auf 106 bis 108 °C zu senken. Der Gehalt an Hydroxysäuren soll dabei unter ein Prozent liegen. Nach SAWIDOW und IGONIN [133] ist die Bildung von Hydroxysäuren auch von der Zusammensetzung der Ausgangsparaffine abhängig. Bei der Oxydation sogenannter „*Ost-Paraffine*“ aus schwefelhaltigen Erdölen fielen bis 6% Hydroxysäuren an. Das mit Oleum raffinierte Paraffin liefert nur noch 1,5% Hydroxysäuren.

Die Herstellung von Stückseife aus synthetischen Fettsäuren hat häufig Schwierigkeiten bereitet. Für den unangenehmen Geruch, die hin und wieder auftretenden schlechten Ausbeuten, die Verfärbungen der Stückseife, eine gegenüber den Seifen aus natürlichen Fettsäuren erhöhte Korrosion von Eisengefäßen u. a. m. werden zum Teil die verzweigten Fettsäuren verantwortlich gemacht. Der unangenehme Geruch kommt jedoch weitaus eher von den nicht restlos entfernten überoxydierten Verbindungen.

Nach MANKOWSKAJA und GETMANSKAJA [134] enthalten sowjetische handelsübliche Fraktionen der synthetischen Fettsäuren von C_{10} bis C_{16} und

C_{17} bis C_{20} 20 bis 27% Fettsäuren, die keine Harnstoffadditionsverbindungen bilden, d. h. daß diese Säuren nicht geradkettig sind. 30 bis 35% dieser Säuren sind Isosäuren mit kurzen Seitenketten. Sie sind fest und geruchlos. Dagegen sind 40 bis 45% der nicht addierbaren Säuren rotbraune unangenehm riechende Naphthensäuren mit Schmelzpunkten unterhalb −21 °C. Eine C_{16} bis C_{21} Fettsäuren enthaltende Fraktion aus der Paraffinoxydation enthielt ca. 31% pastenartige Isosäuren von unangenehmem Geruch. Das Säuregemisch konnte durch langsames Abkühlen von 60 auf 28 °C in eine feste und eine flüssige Phase zerlegt werden. Sehr wahrscheinlich stammen diese Fettsäuren aus nicht rein n-paraffinischen Gemischen [135].

Zur Trennung der geradkettigen und verzweigten höhermolekularen Fettsäuren schlagen MANNES und DRESEN [136] zwei Wege vor. Einmal

Tabelle 21. Kennzahlen einiger n-Fettsäuren und Dialkylessigsäuren

Fettsäure	C-Atome in der längsten Kette	d_4^{70}	n_D^{70}	Oberflächenspannung [dyn/cm]
C_{12}				
Laurinsäure	12	0,8546	1,4230	26,58
2-Methyl-nonyl-essig-säure	11	0,8506	1,4222	26,73
5-Methyl-nonyl-essigsäure	11	0,8610	1,4227	27,14
Äthyl-octyl-essigsäure	10	0,8549	1,4211	25,45
Butyl-hexyl-essigsäure	8	0,8542	1,4193	25,48
Di-iso-amyl-essigsäure	7	0,8448	1,4168	23,26
C_{13}				
Tridecansäure	13	0,8547	1,4253	27,10
Propyl-octyl-essigsäure	10	0,8534	1,4226	25,21
Iso-amyl-hexyl-essigsäure	8	0,8462	1,4205	23,65
C_{14}				
Myristinsäure	14	0,8528	1,4274	27,82
Methyl-undecyl-essigsäure	13	0,8524	1,4261	27,54
Butyl-octyl-essigsäure	10	0,8499	1,4237	25,35
Hexyl-hexyl-essigsäure	8	0,8537	1,4238	25,81
C_{15}				
Pentadecansäure	15	0,8514	1,4294	28,61
Iso-amyl-octyl-essigsäure	10	0,8448	1 4246	24,77
C_{16}				
Palmitinsäure	16	0,8487	1,4306	28,48
Äthyl-dodecyl-essigsäure	14	0,8445	1,4273	27,82
Hexyl-octyl-essigsäure	10	0,8463	1,4253	26,45

kühlt man die wäßrigen Seifenlösungen synthetischer Fettsäuren mit mindestens 10 Kohlenstoffatomen so weit ab, daß sich die Seifen der geradkettigen Säuren fest abscheiden. Die Anteile mit vorwiegend verzweigten Fettsäuren gewinnt man aus den wäßrigen Seifenlösungen. Nach dem zweiten Verfahren behandelt man die Fettsäuregemische in Form ihrer Seifen mit organischen Lösungsmitteln. Die Salze der verzweigten Säuren sind löslicher als die der geradkettigen Säuren.

Wie bei den Paraffinen können die Fettsäuren auch durch die Harnstoffaddition in geradkettige und verzweigte Anteile zerlegt werden. Dieser Weg ist verschiedentlich beschritten worden.

Über die physikalisch-chemischen Eigenschaften einiger verzweigtkettiger (*Dialkylessigsäuren*) und normaler Fettsäuren mit 12 bis 16 C-Atomen berichten METZGER und GAWALEK [137, 138] siehe dazu Tab. 21. Die Löslichkeit der Seifen dieser Fettsäuren in Wasser ist wesentlich größer als die der geradkettigen Fettsäuren. Entsprechend ist die Aussalzung dieser Seifen aus wäßrigen Lösungen schwieriger durchführbar als bei den Seifen der n-Fettsäuren.

Die mit den Oxydationsabgasen flüchtigen Produkte kondensiert man. Sie bestehen vorwiegend aus niedermolekularen Fettsäuren von der Ameisensäure bis zur Buttersäure. Die Vorlauffettsäuren (C_4 bis C_{10}) werden teilweise zu Alkoholen reduziert, die man zur Weichmacherherstellung einsetzt. Man verestert sie z. B. mit Phthalsäure oder Adipinsäure. Nach anderen Verfahren werden daraus Ketone gewonnen und diese zu sekundären Alkoholen hydriert. Hierbei treten zwei Moleküle der Vorlauffettsäure zu einem Molekül Keton zusammen. Die relativ hochmolekularen sekundären Alkohole können sulfatiert werden und geben Netzmittel.

Reaktionsmechanismus der Paraffinoxydation

Der Mechanismus der Paraffinoxydation ist sehr kompliziert und noch nicht in allen Phasen geklärt, da zumeist eine Anzahl von Reaktionen nebeneinander ablaufen. Als feststehend gilt heute, daß als erster Schritt eine Hydroperoxidbildung erfolgt (Formel 1), die auf einen Radikalmechanismus zurückgeführt wird. Die sekundären Hydroperoxide zerfallen unter Keton- und Aldehydbildung (Formel 2). Als dritter Schritt wird das Keton an der neben der Carbonylgruppe befindlichen Methylengruppe zum α-Ketohydroperoxid oxydiert, das anschließend in je ein Mol Aldehyd und Fettsäure zerfällt:

1. $R_1\cdot CH_2\cdot CH_2\cdot CH_2\cdot R_2 + O_2 \rightarrow R_1\cdot CH_2\cdot \underset{\substack{\cdot \\ O \\ \cdot \\ OH}}{CH}\cdot CH_2\cdot R_2$

$$2.\quad \begin{array}{c}R_1\cdot CH_2\cdot \underset{\substack{\cdot\\ O\\ \cdot\\ OH}}{CH}\cdot CH_2\cdot R_2\end{array} \rightarrow R_1\cdot CH_2\cdot CO\cdot CH_2\cdot R_2 \quad \text{oder als Nebenreaktion}$$

$$\qquad\qquad R_1^{\cdot}\cdot CH_2\cdot \underset{\substack{\cdot\\ OH}}{CH}\cdot CH_2\cdot R_2 + 1/2\, O_2$$

$$3.\quad R_1\cdot CH_2\cdot CO\cdot CH_2\cdot R_2 + O_2 \rightarrow R_1\cdot \underset{\substack{\cdot\\ O\\ \cdot\\ OH}}{CH}\cdot CO\cdot CH_2\cdot R_2 \rightarrow$$

$$4.\quad R_1\cdot CHO + R_2\cdot CH_2\cdot COOH$$

Der Aldehyd wird über eine Persäure zur Carbonsäure oxydiert [139, 140, 141, 142].

Von DJAKONOWA und Mitarbeitern [143] wurde die Kinetik der Paraffinoxydation unter kontinuierlichen Bedingungen eingehend studiert. Sie fanden, daß sich bei kontinuierlicher Arbeitsweise ein stationärer Zustand des Systems einstellt, bei dem die Konzentrationen der Reaktionsprodukte konstant bleiben. Bei Vergrößerung der Einsatzmengen und Intensivierung der Reaktion verringern sich die stationären Konzentrationen der Reaktionsprodukte. Bei nichtkatalytischer Oxydation erreicht die Abhängigkeit der Bildungsgeschwindigkeit der Oxydationsprodukte von der Geschwindigkeit der Paraffinzugabe einen extremen Wert.

2.4.1.2.2. Gewinnung reinster Fettsäuren durch Destillation

Im Gegensatz zur Direktdestillation der Fettsäuren wird von STAGE [147] der Weg der kombinierten chemisch destillativen Reinigung vorgeschlagen. Die Fettsäuren lassen sich in besserer Reinheit gewinnen, wenn sie vor der Destillation verestert werden. Im Gegensatz zu früheren Arbeitsweisen wird nicht die Rohfettsäure verestert, sondern mittels einer vielstufigen Fraktionieranlage gewonnene Schnitte, die jeweils nur Fettsäuren mit drei aufeinander folgenden C-Zahlen enthalten. Die Veresterung erfolgt in einer kontinuierlichen Apparatur mit einem geringen Alkoholüberschuß, z. B. mit Methanol. Aus diesen Estern werden durch Feinfraktionierung in einem Mehrkolonnensystem die praktisch geruchsfreien Ester gewonnen. Neben jeder Hauptfraktion fällt eine Zwischenfraktion an, die die ebenfalls veresterten Nebenkomponenten wie Oxy-, Keto- und Dicarbonsäuren enthält. Durch Hydrolyse erhält man aus den Estern kontinuierlich die Fettsäuren, die nochmals einer direkten Destillation unterworfen werden können. Diese Fettsäuren haben eine Reinheit von mehr als 99%.

Zur Gewinnung von Fettalkoholen können die Ester sofort hydriert werden [148], siehe Abb. 17.

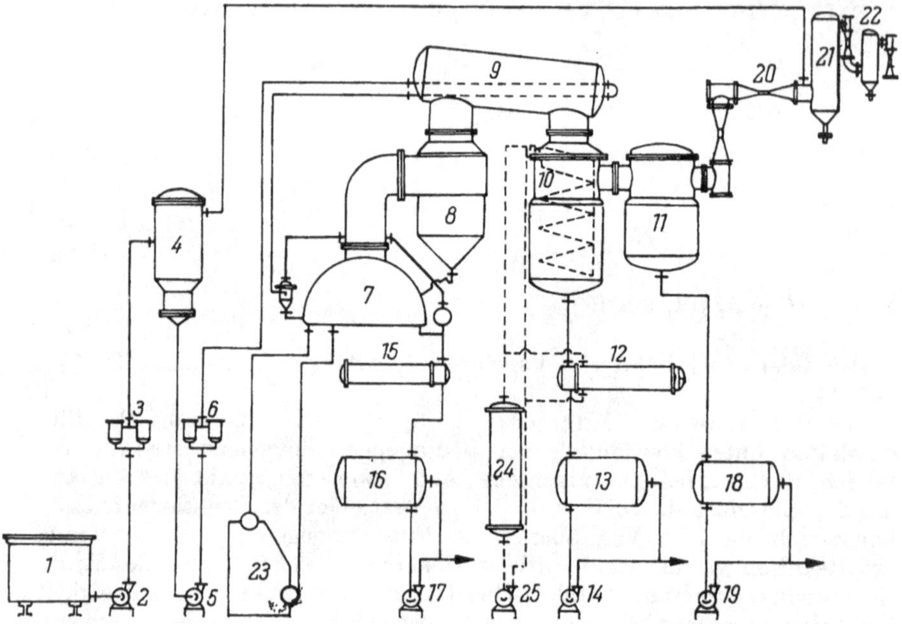

Abb. 17. Kontinuierliche Fettsäure-Destillation der Fa. Mazzoni.

1 – Speisebehälter für Rohfettsäure, *2* – Elektropumpe zur Speisung der Rohfettsäure, *3* – Filter, *4* – Entlüfter u. Entwässerer der Fettsäure, *5* – Elektropumpe zur Speisung der entwässerten Fettsäure, *6* – Filter, *7* – Destillierblase, *8* – Zyklon-Abscheider, *9* – Wärmeaustauscher, *10* – Oberflächenkondensator, *11* – Nebelabscheider, *12* – Destillat-Kühler, *13* – Sammelbehälter für Destillat, *14* – Elektropumpe für Destillatabzug, *15* – Kühler für den Rückstand, *16* – Sammelbehälter für den Rückstand, *17* – Elektropumpe für den Abzug des Destillates, *18* – Sammelbehälter für den Vorlauf, *19* – Elektropumpe für den Abzug des Vorlaufes, *20* – Ejektorengruppe zur Vakuumerzeugung, *21* – Barometrischer Kondensator, *22* – Dampfejektoren, *23* – Hochdruck-Dampferzeuger, *24* – Hilfskühler für Kühlflüssigkeit, *25* – Umlaufpumpe für destilliertes Wasser.

Die Ansicht, daß Seifen aus destillierten Fettsäuren weniger stabil sind als Seifen aus Fetten gleicher Qualität, dürfte bei derartig gereinigten Fettsäuren hinfällig sein. Die Färbung der Seifen aus direkt destillierten Fettsäuren soll von kleinen Mengen ketonisierter Fettsäuren herrühren, die sich mit Alkalien verfärben.

2.4.1.3. *Harzsäuren*

In der Tensidindustrie spielen Harzsäuren aus Kolophonium nur eine untergeordnete Rolle. Das Kolophonium, der Hauptlieferant der Harzsäuren, besteht zu etwa 80% aus verschiedenen Harzsäuren der Bruttoformel $C_{20}H_{30}O_2$. Es handelt sich bei diesen Verbindungen um hydroaromatische Substanzen, nämlich der Abietinsäure, Lävopimarsäure und Dextropimarsäure, die sich lediglich in ihrer Struktur unterscheiden.

Man gewinnt das Kolophonium aus dem Rohterpentin, das aus verschiedenen Nadelholzarten gewonnen wird. Durch Wasserdampf- oder direkte Destillation zerlegt man es in Terpentinöl und Kolophonium. — Je nach Art des Kolophoniums schwankt dessen Farbe zwischen wasserhell und schwarzbraun. Es ist spröde und hat glänzende Bruchflächen. Bei 70 °C wird es weich und ist bei 100 °C nahezu flüssig. In Wasser löst sich Kolophonium nicht, in Äther, Äthanol, Benzin, Chloroform, Aceton, Schwefelkohlenstoff, Tetrachlorkohlenstoff löst es sich. Mit Lösungen der Alkalicarbonate oder Äthalkalien geht es unter Bildung der harzsauren Verbindungen in Lösung und bildet gelbbraune, schäumende Flüssigkeiten, die ein gewisses Reinigungsvermögen aufweisen.

Tabelle 22. Kennzahlen von Tallölen

	Rohtallöl	dest. Tallöl	Tallöl-fettsäure	Tallöl-harzsäure
Säurezahl (mgKOH/g)	167	191	196	165
Verseifungszahl (mgKOH/g)	173	195	197	175
Harzsäuren (%)	51,1	28	1,3	—
Fettsäuren (%)	40,8	70,5	96,5	1,5
Unverseifbares (%)	7,1	1,5	1,8	3,0
Jodzahl	175	147	135	—
Dichte (25°)	0,975	0,940	0,896	

In Fettsäureseifen verbessern die Harzsäuren deren Löslichkeit und das Schaumvermögen. Gute Seifen sollen allerdings möglichst wenig oder keine Resinate enthalten, weil dadurch die Seife klebrig wird und damit gewaschene Textilien leicht vergilben. Diese Erscheinung zeigt sich besonders bei Verwendung von hartem Wasser, da hier ebenfalls, wie bei den Fettsäureseifen, mit Calcium- und Magnesiumsalzen die entsprechenden unlöslichen Resinate entstehen, die die Fasern inkrustieren und verfärben.

2.4.1.4. Tallöl (Fichtenöl)

Bei der Herstellung von Zellstoff nach dem Sulfatverfahren fällt beim Aufschluß des Holzes an der Oberfläche der Kochlauge eine dunkle Masse, die Sulfatseife, an. Mit Schwefelsäure zersetzt gibt sie das Rohtallöl, dessen Zusammensetzung Tab. 22 zeigt.

Tallöl ist ein Gemisch aus etwa 45 bis 70% Fettsäuren und 20 bis 50% Harzsäuren (Abietinsäure u. a.) sowie verschiedenen Oxydations- und Reduktionsprodukten. Bei den Fettsäuren handelt es sich um Ölsäure, Linolsäure, Linolensäure, Palmitinsäure und Rizinolsäure. Harzarmes

Rohtallöl ist flüssig; mit steigendem Harzgehalt treten feste Ausscheidungen auf. Harzreiches Tallöl bildet halbfeste Massen. Vor der Destillation wird meist eine Raffination mit Säuren oder Bleicherde durchgeführt. Die Destillation erfolgt unter Vakuum oder mit Wasserdampf. Eine einwandfrei durchgeführte Destillation kann eine Trennung der Fettsäuren und der Harzsäuren ergeben.

Allgemein zeichnet sich Tallöl durch einen wenig angenehmen Geruch aus; seine Alkalisalze werden als Seifen in der Textilindustrie verwendet. Gerucharme Tallöle verwendet man für verschiedene Zwecke in der Tensidchemie.

2.4.1.5. Naphthensäuren

Unter Naphthensäuren versteht man allgemein alle organischen Säuren, die im rohen Erdöl vorkommen. Der Hauptanteil davon sind monocyclische, einen Cyclopentanring enthaltende Säuren mit endständiger Carboxylgruppe in einer Seitenkette. Niedermolekulare Naphthensäuren mit 6 bis 7 Kohlenstoffatomen sind gesättigte aliphatische Säuren der Bruttoformel $C_nH_{2n}O_2$. Dagegen haben die Naphthensäuren mit Molgewichten von 200 bis 210 8 bis 12 C-Atome und entsprechen der Formel $C_nH_{2n}O_4$. Die bicyclischen höhermolekularen Naphthensäuren enthalten 13 bis 23 C-Atome, Bruttoformel: $C_nH_{2n}O_8$. Technische Produkte bestehen meist aus Mischungen der mono- und bicyclischen Verbindungen sowie der aliphatischen Säuren. Höhere Konzentrationen an Naphthensäuren werden in der Regel nur in asphalt- oder naphthenbasischen Rohölen erwartet.

Die Napthensäuren gehören, wie die Fettsäuren und Harzsäuren, zu den seifenbildenden Carbonsäuren. In der DDR kommen Naphthensäuren als Tensidrohstoffe weniger in Betracht. Die Säuren werden vorwiegend aus den sowjetischen, galizischen und rumänischen Erdölfraktionen durch Laugenwäsche gewonnen. Sie kommen in den leichten, dünnflüssigen Mineralölfraktionen bis einschließlich Spindelöl vor. Aus den alkalischen Naphthenatlaugen werden sie durch Säuren abgeschieden. Man kann die

Tabelle 23. Kennzahlen reiner Naphthensäuren rumänischer Herkunft

Säure	Siedegrenzen [°C]	n_D^{20}	Jodzahl	Dichte 20°
Heptanaphthensäure	216–220		–	0,9513
Octanaphthensäure	234–238	1,4471	2,9	0,9761
Nonanaphthensäure	248–252	1,4531	1,9	0,9836
Decanaphthensäure	257–261	1,4598	0,9	0,9851
Undecanaphthensäure	263–266	1,4706	1,15	0,9876
Dodecannaphthensäure	272–275	1,4753	0,7	0,9884

Öle auch mit wäßrigem Ammoniak extrahieren und zersetzt anschließend die Ammoniumnaphthenate thermisch. Anstatt des Ammoniaks lassen sich auch organische Basen vorteilhaft einsetzen. Die Extrakte zerlegt man mit Kohlendioxid.

Je nach Herkunft weisen die Säuren sehr unterschiedliche Kennzahlen auf. Die Säurezahlen liegen zwischen 80 bis 300. Das mittlere Molgewicht beträgt etwa 280; das entspricht einer Säurezahl von 200 mgKOH/g. Die Dichte schwankt zwischen 0,951 bis 0,988 bei 20 °C. Eine Zusammenstellung einiger Kennzahlen von Naphthensäuren aus rumänischen Erdölen enthält Tab. 23.

Technische Naphthensäuren enthalten häufig Naphthensulfosäuren. Kondensations- oder Veresterungsprodukte der Naphthensäuren werden für verschiedene Tensidsynthesen eingesetzt.

2.4.1.6. Gallensäuren

Gallensäuren kommen in Mengen von 5 bis 8% in der Galle der Säugetiere vor, und zwar sind sie amidartig an Glykokoll oder Taurin gebunden. Die drei wichtigsten Vertreter sind:

Cholsäure. $C_{23}H_{36}(OH)_3 \cdot COOH$
Desoxycholsäure. $C_{23}H_{37}(OH)_2 \cdot COOH$
Lithocholsäure. $C_{23}H_{38}(OH) \cdot COOH$

Die Alkalisalze der Gallensäuren, die Gallenseifen, fanden früher als Waschmittel Verwendung. Bekanntlich aktivieren die Gallensäuren die Pankreaslipasen, emulgieren Neutralfette und geben mit Lipiden wasserlösliche Choleinsäuren.

2.4.2. Fettalkohole

Für verschiedene Tensidsynthesen stellen die Fettalkohole ihrer reaktionsfreudigen Hydroxylgruppe sowie ihrer relativ langen Alkylketten wegen wertvolle Ausgangsstoffe dar. Sie sind in Wasser unlöslich und unterscheiden sich von den Paraffinen durch ihre Polarität, die durch die Hydroxygruppe bewirkt wird. Fettalkohole sind leichter zu emulgieren als die entsprechenden Paraffine. Die Polarität wird mit zunehmender Länge der Kohlenstoffkette geringer und die Fettalkohole werden den Paraffinen ähnlicher. Die niederen Glieder der homologen Reihe sind bei Raumtemperatur flüssig, die höheren sind fest, haben paraffinisches Aussehen und lassen sich schwerer als die niederen Verbindungen verestern.

Da die natürlichen Fettalkoholquellen bei weitem nicht den mengenmäßigen Anforderungen entsprachen, mußten neue Verfahren zu ihrer Herstellung entwickelt werden. Die wichtigsten Wege sollen in ihren Grundzügen hier beschrieben werden. Tab. 24 gibt einen Überblick über die

Tabelle 24. Kennzahlen der wichtigsten Fettalkohole

Name	Formel	Molekulargewicht	Fp. [°C]	Kp. [°C]	Hydroxylzahl
n-Hexanol	$C_6H_{13}OH$	102	—	157	549
n-Heptanol	$C_7H_{15}OH$	116	−36	176	485
n-Octanol	$C_8H_{17}OH$	130	−15	195	431
n-Nonanol	$C_9H_{19}OH$	144	−5	213	389
n-Decanol	$C_{10}H_{21}OH$	158	+7	231	355
n-Undecanol	$C_{11}H_{23}OH$	172	14	$131_{15\,mm}$	326
n-Dodecanol	$C_{12}H_{25}OH$	186	24	$135-137_{10\,mm}$	301
n-Tridecanol	$C_{13}H_{27}OH$	200	30	$155_{13\,mm}$	280
n-Tetradecanol	$C_{14}H_{29}OH$	214	38	$159-161_{10\,mm}$	262
n-Pentadecanol	$C_{15}H_{31}OH$	228	44		246
n-Hexadecanol	$C_{16}H_{33}OH$	242	49	$178-182_{12\,mm}$	232
n-Heptadecanol	$C_{17}H_{35}OH$	256	54		219
n-Octadecanol	$C_{18}H_{37}OH$	270	58	$202_{10\,mm}$	208
n-Nonadecanol	$C_{19}H_{39}OH$	284	63	$166-167_{0,3\,mm}$	197
n-Eicosanol	$C_{20}H_{41}OH$	298	66	$243-250_{8\,mm}$	188
n-Hexadecenol	$C_{16}H_{31}OH$	240	—	—	233
n-Octadecenol	$C_{18}H_{35}OH$	268	15—16	$177-183_{3\,mm}$	209

$C_{12}H_{25}OH$ = Laurylalkohol
$C_{14}H_{29}OH$ = Myristylalkohol
$C_{16}H_{33}OH$ = Cetylalkohol, Palmitylalkohol
$C_{18}H_{37}OH$ = Stearylalkohol
$C_{18}H_{35}OH$ = Oleylalkohol

wichtigsten physikalisch-chemischen Kennzahlen der geradzahligen und ungeradzahligen Fettalkohole.

2.4.2.1. Natürliche Fettalkohole oder Wachsalkohole

Ursprünglich standen für die Herstellung der primären Alkylsulfate nur die natürlichen Fettalkohole zur Verfügung. Primäre Alkohole mit 16 und 18 Kohlenstoffatomen lassen sich technisch in lohnender Ausbeute aus den flüssigen Wachsen isolieren, die aus Seetieren gewonnen werden. Es handelt sich dabei um Pottwalöl, Döglingsöl u. a. Diese Öle bestehen aus einem Gemisch von Wachsestern und relativ wenig Triglyzeriden, die sowohl feste als auch flüssige — insbesondere einfach ungesättigte Fettsäuren und Fettalkohole enthalten. Das Öl des Pottwals z. B. wird durch Abkühlung und Pressung von dem sich daraus abscheidenden festen Wachs, dem Walrat, befreit. Im flüssigen Teil, dem Spermacetiöl, liegen die Fettalkohole als Wachsester vor. Bei diesen Fettalkoholen handelt es sich um Cetylalkohol (45% des Unverseifbaren), Octadecylalkohol (6%), Tetradecenylalkohol (8%), Hexadecenylalkohol (4%) und 27 bis 30% Oleylalkohol. Die Zusammensetzung der Fettalkohole ändert sich mit der Art der Seetieröle.

Man kann also den Cetylalkohol, (n-Hexadecanol) und den Oleylalkohol (Octadecen-(9)-ol-(1) als die wichtigsten natürlichen Fettalkohole ansehen. Ersterer bildet den Hauptbestandteil des Walrats, der im wesentlichen aus Palmitinsäurecetylester besteht. Technischer Cetylalkohol aus Walrat oder aus Spermacetiöl enthält meist kleinere Mengen der gesättigten Homologen und der entsprechenden ungesättigten Fettalkohole. In gleicher Weise ist auch der Oleylalkohol aus Spermacetiöl nicht chemisch rein, sondern enthält mehr oder weniger große Mengen der gesättigten Fettalkohole. Von untergeordneter Bedeutung sind Alkohole mit mehr als 18 Kohlenstoffatomen. Sie sind ebenfalls in kleinen Mengen im Kopföl des Pottwals nachgewiesen worden. Weitere höhere Wachsalkohole wie der Cerylalkohol, $C_{25}H_{51}OH$, u. dgl. lassen sich zwar in die entsprechenden Alkylsulfate überführen, die jedoch über keine besonderen tensioaktiven Eigenschaften verfügen, weil die Wasserlöslichkeit bei den sehr hochmolekularen Verbindungen stark abnimmt.

Durch die modernen Fettalkoholsynthesen haben die natürlichen Fettalkohole bzw. Wachsalkohole stark an Bedeutung verloren. Sie sind sehr weitgehend durch synthetische Produkte ersetzt worden, deren Qualität die der natürlichen Alkohole teilweise übertrifft.

2.4.2.2. *Fettalkohole durch Fettsäure-Hydrierung*

Zur Deckung des steigenden Bedarfes an primären Alkylsulfaten ging man dazu über, Fettalkohole aus verschiedenen Ausgangsstoffen herzustellen. An erster Stelle ist die Reduktion der höheren Fettsäuren oder ihrer Ester zu nennen.

Grundsätzlich unterscheidet man bei der Hydrierung von Fettsäuren zu Fettalkoholen zwischen der Reduktion mit Wasserstoff über Katalysatoren und der Reduktion mit metallischem Natrium, wobei naszierender Wasserstoff wirksam wird. Letztere Methode wird heute kaum noch angewendet, sie soll jedoch der Vollständigkeit halber mit erwähnt werden.

Bei der Hydrierung mit Katalysatoren unterscheidet man:

1. Hydrierung der freien Fettsäuren:

$$R\cdot\underset{\displaystyle OH}{C{=}O} + 2H_2 \rightarrow R\cdot CH_2OH + H_2O$$

2. Hydrierung synthetischer Fettsäureester niedermolekularer Alkohole wie der Methyl- oder Butylester:

$$R\cdot\underset{\displaystyle O\cdot CH_3}{C{=}O} + 2H_2 \rightarrow R\cdot CH_2OH + CH_3OH$$

3. Hydrierung von Fettsäuretriglyzeriden:

$$\begin{array}{ll} R\cdot C{=}O & \\ \quad\cdot & \\ \quad O\cdot CH_2 & \qquad\qquad\qquad\qquad CH_2OH \\ \qquad\quad\cdot & \qquad\qquad\qquad\qquad\quad\cdot \\ R\cdot C\cdot O\cdot CH + 6H_2 \rightarrow 3R\cdot CH_2OH + CH\cdot OH & \\ \quad\| \quad\cdot \quad\cdot & \qquad\qquad\qquad\qquad\quad\cdot \\ \quad O \quad O \quad CH_2 & \qquad\qquad\qquad\qquad CH_2OH \\ \qquad\cdot & \\ \quad R\cdot C{=}O & \end{array}$$

Das erste Verfahren verläuft nicht so einfach stöchiometrisch, wie nach der Reaktion zu erwarten ist. Der entstandene Alkohol kann sich mit noch nicht umgesetzten Fettsäuremolekülen verestern. Außerdem kann die Hydrierung, insbesondere die Hochdruckhydrierung, zu Kohlenwasserstoffen führen:

$$R\cdot COOH + 3H_2 \rightarrow R\cdot CH_3 + 2H_2O$$

Bei Einhaltung exakter Reaktionsbedingungen und ausgewählter Katalysatoren läßt sich die Hydrierung jedoch erfolgreich durchführen.

Durch NORMANN [147a] wurden die chemischen Vorgänge bei der Fettsäurehydrierung zu Fettalkoholen weitgehend aufgeklärt. Die Umsetzung geht nicht nach der einfachen Reaktionsgleichung:

$$R\cdot COOR' + 2H_2 \rightarrow R\cdot CH_2OH + R'OH$$

vor sich, vielmehr bildet sich durch Anlagerung von Wasserstoff aus dem Fettsäureester erst ein Halbacetal nach:

$$R\cdot COOR' + H_2 \rightarrow R\cdot CH(OH)\cdot OR'$$

Mit weiterem Wasserstoff bildet sich nach Austritt von Wasser ein Äther:

$$R\cdot CH(OH)\cdot OR' + H_2 \rightarrow R\cdot CH_2OR' + H_2O$$

Außerdem besteht die Möglichkeit, daß aus dem Halbacetal kein Wasser abgespalten wird und zwei Alkohole entstehen:

$$R\cdot CH(OH)\cdot OR' + H_2 \rightarrow R\cdot CH_2OH + R'\cdot OH$$

Weiterhin kann aus dem Fettsäureester eine Fettsäure und ein Kohlenwasserstoff entstehen, die Fettsäure wird weiter zum Alkohol reduziert:

$$R\cdot COOR' + H_2 \rightarrow R\cdot COOH + R\cdot H$$

2.4.2.2.1. Hochdruckhydrierung der Fettsäureester

ADKINS und FOLKER [148] berichteten 1931 als erste über die Hochdruckhydrierung von Fettsäureestern zu Fettalkoholen mit Hilfe von Kupferchromit-Katalysatoren bei einem Druck von 220 bis 250 kp · cm^{-2} und etwa 250 °C. Früher war man der Ansicht, daß es zwar möglich ist, die Doppelbindung in ungesättigten Fettsäuren zu hydrieren, nicht aber die Carboxylgruppe in eine Hydroxylgruppe umzuwandeln. Die erwähnten Autoren stellten Lauryl- und Myristylalkohol mit Ausbeuten von 97,5 bzw. 98,5% her. Etwa zur gleichen Zeit arbeiteten auch SCHRAUTH, SCHENK und STICKDORN [149] an der katalytischen Hochdruckhydrierung von Fettstoffen. Nach ihren Untersuchungen entstehen bei Verwendung von Kupfer als Katalysator bei Temperaturen um 320 °C und etwa 200 kp · cm^{-2} Wasserstoffdruck vorzugsweise Alkohole. Bei 350 °C und gleichem Druck geht die Hydrierung bis zu den entsprechenden Kohlenwasserstoffen. In Gegenwart von Zink-Kupfer-Katalysatoren erhielten die Autoren aus Laurinsäuremethylester bei 145 bis 155 kp · cm^{-2} Wasserstoffdruck und 325 °C Laurylalkohol. Mit einem Nickel-Katalysator bildet sich bei 120 bis 290 kp · cm^{-2} und 390 °C Dodecan, d. h. die Hydrierung führt zum Kohlenwasserstoff.

Durch Verfeinerung der Verfahren ist man heute in der Lage, bereits bei Drücken von etwa 100 kp · cm^{-2} gute Umsetzungen zu erzielen. Jedoch werden unter diesen Bedingungen auch die wertvollen ungesättigten Fettsäuren an der Doppelbindung hydriert. Auf diese Weise konnten vorerst keine ungesättigten Fettalkohole erhalten werden, die für die Herstellung tensioaktiver Substanzen besonders vorteilhaft sind.

Bereits in der zusammenfassenden Arbeit von SCHRAUTH [150] über die technische Hochdruckhydrierung von Fettstoffen wird auf die Möglichkeit eingegangen, die Hydrierung ungesättigter Fettsäuren so zu leiten, daß die Doppelbindung erhalten bleibt und nur die Carboxylgruppe in eine Hydroxylgruppe umgewandelt wird. Zu diesem Zwecke sind gewisse Vergiftungen der üblichen Katalysatoren mit geeigneten Verbindungen erforderlich. In einer Vielzahl von Arbeiten wird die Hydrierung ungesättigter Fettsäuren zu den entsprechenden Alkoholen beschrieben. So arbeitet z. B. ein Verfahren mit Zink-Vanadin- oder Kadmium-Vanadin-Katalysatoren [151]. Nach MORENO und Mitarbeitern [152] soll ein Zusatz von Kadmiumcarbonat zu einem Kupferchromit-Katalysator ebenfalls eine Hydrierung der Doppelbindung verhindern. Umfangreiche Arbeiten von BERTSCH und Mitarbeitern [153] sowie KÖNIG und Mitarbeitern [154] führten zu Verfahren, welche die Herstellung ungesättigter Fettalkohole durch selektive katalytische Hochdruckhydrierung u. a. mit metallischen oder metallisch-oxidischen Kupfer-Kadmium-Katalysatoren ermöglicht.

Für die technische kontinuierliche Hydrierung werden Reaktoren verwendet, die ein Fassungsvermögen von 100 bis 800 *l* haben und bei 170 bis 190 kp · cm^{-2} und 190 bis 300 °C betrieben werden. Das Fließschema einer

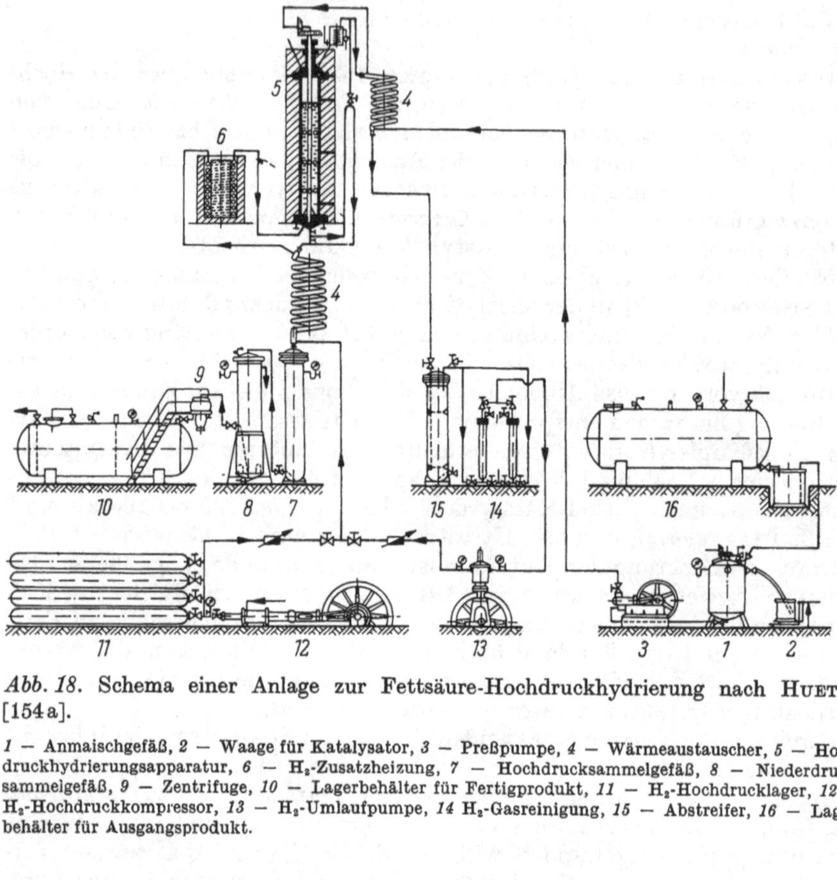

Abb. 18. Schema einer Anlage zur Fettsäure-Hochdruckhydrierung nach HUETER [154a].

1 – Anmaischgefäß, *2* – Waage für Katalysator, *3* – Preßpumpe, *4* – Wärmeaustauscher, *5* – Hochdruckhydrierungsapparatur, *6* – H_2-Zusatzheizung, *7* – Hochdrucksammelgefäß, *8* – Niederdrucksammelgefäß, *9* – Zentrifuge, *10* – Lagerbehälter für Fertigprodukt, *11* – H_2-Hochdrucklager, *12* – H_2-Hochdruckkompressor, *13* – H_2-Umlaufpumpe, *14* H_2-Gasreinigung, *15* – Abstreifer, *16* – Lagerbehälter für Ausgangsprodukt.

kontinuierlichen Anlage ohne stationären Katalysator zeigt Abb. 18. Die Fettsäureester bzw. Triglyzeride werden aus einem mit Dampf beheizten Lagerbehälter in einem mit Rührwerk versehenen Anmaischbehälter gepumpt. Nach Zugabe einer bestimmten Katalysatormenge gelangt die Mischung kontinuierlich in den Hydrierautoklaven. Die in einem Wärmeaustauscher vortemperierten Fettsäureester treten von oben in den senkrecht stehenden Rührautoklaven ein. Nach der Hydrierung tritt der Fettalkohol am unteren Autoklaventeil aus und wird einem noch unter Druck stehenden Sammelbehälter zugeführt. Nach Entspannung entfernt man in einer Zentrifuge den Katalysator. Der Wasserstoff wird im Gegenstrom von unten eingeleitet; durch Wärmeaustauscher wurde er bereits auf Reaktionstemperatur vorgewärmt. Der im großen Überschuß vorhandene Wasserstoff wird im Kreislauf bewegt und wird durch eine H_2-Zusatzheizung vorgewärmt. Durch entsprechende Regulierung des Zu- und Ablaufes läßt sich erreichen, daß nahezu der gesamte Fettsäureester hydriert wird. Geringe nicht hydrierte Mengen werden durch Behandlung mit wäßriger Lauge entfernt. Das Alkoholgemisch wird anschließend im Vakuum fraktioniert destilliert.

Vorteilhafter ist es, den Katalysator in Tablettenform fest im Reaktor anzuordnen, wie es bei vielen anderen Verfahren vorgenommen wird. Dadurch wird der Aufbau der Gesamtapparatur vereinfacht.

Nach der beschriebenen Methode werden in der DDR auch aus den synthetischen Fettsäuren der Paraffinoxydation Fettalkohole verschiedenen Molekulargewichtes für unterschiedliche Zwecke, jedoch vorwiegend zur Herstellung von Tensiden, produziert.

Nach Untersuchungen sowjetischer Forscher [155] werden Fettsäuren (C_{10} bis C_{20}) aus der Paraffinoxydation an stationären Cu-Cr-Katalysatoren zu den entsprechenden Alkoholen hydriert. Die Umsetzung erfolgt bei 230 bis 240 °C und 300 kp · cm^{-2} Wasserstoffdruck mit einer Volumengeschwindigkeit des Einsatzproduktes von 0,15 $l/l \cdot h$. Das Molverhältnis von Einsatzprodukt : Wasserstoff liegt bei 1:200. Die Alkoholausbeute liegt bei 93% der theoretischen Menge. Bei dem kontinuierlichen Verfahren kann der Katalysator mindestens 20 Tage eingesetzt werden. In 450 Stunden werden lediglich 1,3% — bezogen auf Chrom — des Katalysators aufgelöst. Als Reaktormaterial eignen sich auf Grund ihrer Korrosionsbeständigkeit am besten chemisch reines Aluminium und Nickel sowie einige nichtrostende Stähle.

2.4.2.2.2. Reduktion der Fettsäureester nach Bouveault-Blanc

Durch die klassischen Arbeiten von Bouveault und Blanc [156, 157] ist die heute großtechnische Fettalkoholsynthese eingeleitet worden. In Gegenwart von Alkoholen werden die erhitzten Fettsäureester mit metallischem Natrium reduziert. Als Lösungsmittel kann Toluol oder Xylol Verwendung finden. So läßt sich z. B. aus Ölsäureäthylester der ungesättigte Oleylalkohol erhalten. Das metallische Natrium reagiert mit den Alkoholen unter Bildung von Wasserstoff und Natriumalkoholat. Das Alkoholat wirkt als Verseifungsmittel für die Fettsäureester. Durch den naszierenden Wasserstoff werden die freien Fettsäuren in die entsprechenden Alkohole überführt. Die Umsetzung verläuft schematisch folgendermaßen:

$$R \cdot COO \cdot R' + 2 C_2H_5OH + 4 Na \rightarrow R \cdot CH_2ONa + 2 C_2H_5ONa + R'ONa$$

Ursprünglich war man der Ansicht, daß zur Reduktion von 1 Mol Fettsäureester 4 Mol Alkohol erforderlich sind. Heute wird nur noch mit 2 Mol Alkohol gerechnet. Der in der Formel erwähnte Äthylalkohol kann auch durch andere niedermolekulare, häufig sekundäre Alkohole ersetzt werden.

So lassen sich auch die Triglyzeride großtechnisch direkt ohne Umesterung in die Fettalkohole überführen. Formelmäßig erfolgt es mit Methylamylalkohol nach dem Schema:

$$\begin{array}{llllllll}
 & R\cdot C{=}O & & & & & & \\
 & \quad\cdot & & & & & & \\
 & \quad O\cdot CH_2 & & CH_3 & & CH_2ONa & & CH_3 \\
 & \quad\cdot & & \cdot & & \cdot & & \cdot \\
R\cdot C\cdot O\cdot CH & + 12\,Na & + & 6\,C_4H_9\cdot CH\cdot OH & \rightarrow 3\,R\cdot CH_2ONa + & CH\cdot ONa & + & 6\,C_4H_9\cdot CH\cdot ONa \\
\;\; \| \quad\;\; \cdot & & & & & \cdot & & \\
\;\; O \;\; O\cdot CH_2 & & & & & CH\cdot ONa & & \\
\qquad\;\; \cdot & & & & & & & \\
\qquad R\cdot C{=}O & & & & & & &
\end{array}$$

Allgemein wird die Reaktion praktisch in folgender Weise vorgenommen: In siedendem Xylol oder Toulol wird das metallische Natrium geschmolzen und durch intensives Rühren fein dispergiert. Zu dem in einer geschlossenen Rührapparatur, die mit einem gut wirkenden Kühler versehen ist, befindlichen Lösungsmittel und Natrium gibt man möglichst schnell das Gemisch von Fettsäureester und Alkohol. Die heftig einsetzende Reaktion klingt schnell ab. Zur vollständigen Umsetzung läßt man einige Zeit nachrühren und überführt das Reaktionsgemisch dann unter Inertgas (Stickstoff) in das Nachbehandlungsgefäß. Hier werden durch Zusatz von Wasser die Alkoholate und überschüssiges Natrium zersetzt. Anschließend kommt das Gemisch in den Absetztank, wo sich die Schichten (Alkohole und wäßrige Phase) trennen. Die wäßrige alkalische Schicht wird abgezogen. Sie enthält, wenn Triglyzeride reduziert wurden, Glyzerin und Ätznatron. Die in der oberen Schicht befindlichen Fettalkohole trennt man nach dem Trocknen durch Vakuumdestillation. Ihre Ausbeute liegt etwa bei 85 bis 90%. Für 100 kg Kokosfettalkohole sind ca. 56 kg Natrium erforderlich. Zuweilen bereitet die Abtrennung der Fettalkohole einige Schwierigkeiten, da vor allem höhere Alkohole zur Emulsionsbildung neigen.

Bei der Reduktion der Ester ungesättigter Fettsäuren tritt keine Hydrierung der Doppelbindung ein. So kann aus Isobutyloleat in guter Ausbeute Oleylalkohol gewonnen werden.

Als Vorzüge der Bouveault-Blanc-Reduktion gegenüber der Hochdruckhydrierung sind zu nennen: Die Möglichkeit zur Darstellung ungesättigter Fettalkohole, das Arbeiten unter Normaldruck und der geringe Materialaufwand für die Apparatur im Vergleich zur Hochdruckhydrierung. Man ist jedoch trotz der größeren Anlagenkosten zur Hochdruckhydrierung übergegangen; die Arbeitsweise ist eleganter und vorteilhafter.

2.4.2.3. *Oxoalkohole* (Hydroformylierung)

Bei der Einwirkung von Kohlenmonoxid und Wasserstoff auf Olefine in Gegenwart von Kobalt- oder Eisenkatalysatoren (Kobaltcarbonyl, metallisches Kobalt) und unter bestimmten Temperatur- und Druckbedingungen bilden sich Aldehyde, die durch katalytische Hydrierung am gleichen Katalysator in primäre Alkohole umgewandelt werden können. Nach ihrem Entdecker führt die Reaktion den Namen ROELEN-Reaktion [158] oder auch Oxosynthese, die heute mit zu den wichtigsten petrolchemischen Verfahren gehört und großtechnisch weltweite Anwendung gefunden hat. Formelmäßig erfolgt nachstehende Umsetzung:

$$a)\; 2R\cdot CH{=}CH_2 + 2CO + 2H_2 \rightarrow \begin{cases} R\cdot CH_2\cdot CH_2CHO \\ R\cdot \underset{\displaystyle CHO}{CH}\cdot CH_3 \end{cases}$$

Da die Anlagerung an beide Seiten der Doppelbindung erfolgen kann, liefern unsymmetrische Olefine in wechselnden Mengenverhältnissen zwei isomere Aldehyde. Sterische Verhältnisse, wie Verzweigungen oder Ringbildungen, können die Bildung des einen Isomeren bzw. die Anlagerung an beide Seiten der Doppelbindung erschweren oder ganz verhindern.

Die Überführung der Aldehyde in Alkohole geht relativ glatt vor sich:

$$b)\; R\cdot CH_2\cdot CH_2\cdot CHO + H_2 \rightarrow R\cdot CH_2CH_2CH_2OH \text{ oder}$$

$$c)\; R\cdot \underset{\displaystyle CHO}{CH}\cdot CH_3 + H_2 \rightarrow R\cdot \underset{\displaystyle CH_2OH}{CH}\cdot CH_3$$

Der Oxo-Reaktion sind nahezu alle Olefine zugänglich. Auch isolierte Diene oder Polyene sowie eine Vielzahl von olefinischen Verbindungen mit funktionellen Gruppen, z. B. ungesättigte Ester, Alkohole und Nitrile, können hydroformyliert werden. Des weiteren sind einige reaktiv gesättigte Verbindungen, wie Epoxide, dieser Reaktion zugänglich.

Die eigentliche Anlagerung von Kohlenmonoxid und Wasserstoff im Verhältnis 1:1 erfolgt in Gegenwart des Katalysators bei 130 bis 150 °C bei 200 kp · cm^{-2}, wobei gegebenenfalls das Verhältnis von $CO : H_2$ zugunsten des CO verschoben sein muß, damit sich die erforderliche Carbonylmenge bilden kann. Je kleiner die Olefinmoleküle sind, um so niedriger kann die Reaktionstemperatur gehalten werden. Mit Äthylen tritt die Aldehydbildung am Kobalt bereits bei 50 °C ein, während für die höheren Olefine die Temperaturen bei 130 bis 150 °C liegen.

Bei H_2-Überschuß läuft die Reduktion der Aldehyde schon anteilig ab. Es ist jedoch zweckmäßig, sie möglichst ganz in eine zweite Prozeßstufe zu verlegen, in der bei Temperaturen von 190 bis 200 °C und 200 kp · cm^{-2} Wasserstoffdruck die Hydrierung an Kobalt-Kieselgur-Trägerkatalysatoren abläuft. Hierbei können auch Polymere der Aldehyde, die sich durch Sekundärreaktionen gebildet haben, depolymerisiert und in monomere Alkohole zurückverwandelt werden. Bei dieser Hydrierung zersetzen sich auch die von den Reaktionsprodukten der Aldehydstufe gelösten organischen Kobaltverbindungen.

Das Verfahren läßt sich weitgehend kontinuierlich ausführen, wobei zwei Wege unterschieden werden:

1. Arbeitsweise mit stationär angeordnetem Katalysator (metallisches Kobalt auf Bimsstein),

2. Arbeitsweise mit nichtstationärem Katalysator, das sogenannte Maischverfahren, bei dem das Olefin mit dem Katalysator als Dispersion durch den Reaktor wandert.

Abb. 19 zeigt das Fließschema einer kontinuierlichen Anlage zur Alkoholerzeugung nach dem Oxoverfahren: Das Olefin wird aus dem Vorratsbehälter *A* in die Destillationsblase *B* gepumpt, die gewünschte Fraktion wird abdestilliert (für Tenside meist C_{11} bis C_{12}) und in das Anmaischgefäß *D* gedrückt, wo es mit 3 bis 5% Katalysator versetzt wird. In der Mühle *E* wird der Katalysator im Olefin dispergiert und gelangt in den Reaktor *F*, wo unter den bereits erwähnten Bedingungen die Hydroformylierung stattfindet. Die Aldehyde werden im Reaktor 2(*G*) durch Hydrierung in die Alkohole überführt. Nach beendeter Reaktion entfernt man im Druckfilter *H* den Katalysator aus dem Reaktionsgemisch. Das Rohprodukt wird dann destilliert. Die Ausgangsprodukte unterscheiden sich von den Endprodukten durch eine um ein Kohlenstoffatom verlängerte Kette. Dadurch ist es möglich, die eventuell noch vorhandenen Paraffine von den Alkoholen auf destillativem Wege zu trennen.

Im zweiten Weltkrieg wurde eine Anlage zur Erzeugung von 8000 jato Fettalkohole aus Olefinen der Fischer-Tropsch-Synthese erbaut. Heute verfügen viele Anlagen über eine um ein Vielfaches höhere Kapazität. Für 1968 wurde die Weltjahresproduktion an verschiedenartigen Oxo-Produkten auf mehr als 1,5 Mill. t geschätzt.

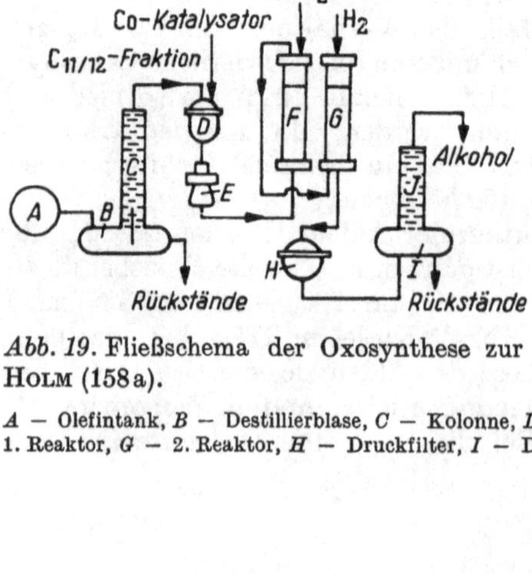

Abb. 19. Fließschema der Oxosynthese zur kontinuierlichen Alkoholerzeugung nach Holm (158a).

A – Olefintank, *B* – Destillierblase, *C* – Kolonne, *D* – Anmaischgefäß, *E* – Katalysatormühle, *F* – 1. Reaktor, *G* – 2. Reaktor, *H* – Druckfilter, *I* – Destillierblase, *J* – Kolonne.

Zur Herstellung von Alkoholen erlangte auch die Telomerisation niederer Olefine mit Methanol technische Bedeutung.

2.4.2.4. Fettalkohole durch die Ziegler-Synthese (Alfol-Verfahren)

Etwa seit 1962 wird das von ZIEGLER [159] entdeckte Alfol-Verfahren technisch erprobt und liefert Fettalkohole unterschiedlichen Molgewichtes. Obwohl es sich um eine komplizierte Reaktionsform handelt, gewinnen die Alfol-Fettalkohole ständig an Bedeutung. Sie werden gegenwärtig bereits zu niederen Preisen als die entsprechenden Oxo-Alkohole angeboten. Zu ihrer Herstellung geht man vom Aluminiumtriäthyl aus [160, 65, 66]:

a) Herstellung von Aluminiumtriäthyl:

$$Al + 3/2\,H_2 + 2\,Al(C_2H_5)_3 \rightarrow \underset{\text{Aluminiumdiäthylhydrid}}{3\,Al(C_2H_5)_2H}$$

$$3\,Al(C_2H_5)_2H + 3\,C_2H_4 \rightarrow \underset{\text{Aluminiumtriäthyl}}{3\,Al(C_2H_5)_3}$$

b) Polymerisation:

$$Al(C_2H_5)_3 + nC_2H_4 \rightarrow Al\begin{matrix} R_1 \\ R_2 \\ R_3 \end{matrix}$$

c) Oxydation:

$$Al\begin{matrix} R_1 \\ R_2 \\ R_3 \end{matrix} + 3/2\,O_2 \rightarrow \underset{\text{Al-Alkoxide}}{Al\begin{matrix} O\cdot R_1 \\ O\cdot R_2 \\ O\cdot R_3 \end{matrix}}$$

d) Hydrolyse:

$$2\,Al\begin{matrix} O\cdot R_1 \\ O\cdot R_2 \\ O\cdot R_3 \end{matrix} + \begin{matrix} 3\,H_2SO_4 \\ \text{oder } 6H_2O \end{matrix} \rightarrow \begin{matrix} Al_2(SO_4)_3 \\ 2\,Al(OH)_3 \end{matrix} + \underset{\text{Alfol-Alkohole}}{\begin{matrix} 2R_1OH \\ 2R_2OH \\ 2R_3OH \end{matrix}}$$

Die an einem Al-Atom stehenden Alkohole können verschiedene Kettenlängen aufweisen.

An Stelle des Äthylens lassen sich höhere Olefine mit endständigen Doppelbindungen für die Fettalkoholsynthese einsetzen. Der Arbeitsgang ist im Prinzip ähnlich, nur die Polymerisation entfällt [162]:

$$Al\begin{matrix} R \\ R \\ R \end{matrix} + 3/2\,O_2 \rightarrow Al\begin{matrix} OR \\ OR \\ OR \end{matrix} + 3\,H_2O \rightarrow 3\,R\cdot OH + Al(OH)_3$$

Während die ersten Fettalkohole durch gelenkte Polymerisation entstehen und nur geradzahlige Verbindungen enthalten, können in der letztgenannten Gruppe auch ungeradzahlige Alkohole auftreten. Die Oxydation kann in einfacher Weise mit Luftsauerstoff vorgenommen werden. Die aus Alfol-Alkoholen hergestellten Tenside (primäre Alkylsulfate) zeichnen sich auf Grund ihrer geradkettigen Struktur durch eine schnelle und vollständige biologische Abbaubarkeit aus. Das umgesetzte Aluminium bleibt in Form eines sehr reinen Tonerdehydrates zurück.

2.4.2.5. Guerbet-Alkohole

Ende des 19. Jahrhunderts fand GUERBET [161], daß zwei Alkoholmoleküle in Gegenwart von Natriumalkoholat bei höheren Temperaturen kondensieren. Nach Untersuchungen von MACHEMER [163] ist der Reaktionsmechanismus sehr kompliziert. Eine einfache Formulierung sieht folgendermaßen aus:

$$C_2H_5ONa + 2C_2H_5OH \rightarrow C_4H_8OH + CH_3COONa + 2H_2$$

Aus primären niedermolekularen Alkoholen lassen sich auf dem Wege primäre „*dimere*" oder „*trimere*" Alkohole gewinnen, die für die Herstellung von Wasch- und Netzmitteln von Bedeutung sind. Nach dem Verfahren sind großtechnisch ein C_8- und ein C_{12}-Alkohol hergestellt worden, die als Ausgangsstoffe für verschiedene Tensidsynthesen Verwendung fanden. Aus n-Butanol haben BOLLE und Mitarbeiter [164] mit Natrium, Calciumoxid und Raneynickel 44% Äthylhexanol erhalten. Die Umsetzung wurde bei Normaldruck unter Rückfluß durchgeführt. In ähnlicher Weise entstehen aus n-Propanol 2-Methylpentanol, aus n-Hexanol das 2-Butylhexanol und aus n-Octanol das 2-Hexyldecanol.

Nicht zu den GUERBET-Alkoholen gehörende sekundäre Alkohole lassen sich in folgender Weise, z. B. aus den niederen Fettsäuren der Paraffinoxydation, darstellen: Die Fettsäuren werden bei höheren Temperaturen über einen Thoriumoxid-Tonerde-Katalysator geleitet, wobei sie in Ketone überführt werden. Die Ketone wandelt man durch Hydrierung in sekundäre Alkohole um. Die Umsetzung entspricht etwa nachstehender Formulierung:

a) Ketonisierung:

$$\begin{matrix} C_7H_{15}COOH \\ C_7H_{15}COOH \end{matrix} \rightarrow CO_2 + H_2O + \begin{matrix} C_7H_{15} \\ C_7H_{15} \end{matrix}\!\!>CO$$

b) Reduktion:

$$\begin{matrix} C_7H_{15} \\ C_7H_{15} \end{matrix}\!\!>CO \xrightarrow{+H_2} \begin{matrix} C_7H_{15} \\ C_7H_{15} \end{matrix}\!\!>CH \cdot OH$$

Die sulfatierten und neutralisierten Alkohole sind als Netzmittel verwendbar.

2.4.2.6. *Synol-Synthese*

Durch Abwandlung der FISCHER-TROPSCH-Synthese, die bekanntlich aus Kohlenmonoxid und Wasserstoff über Kobalt- oder Eisenkatalysatoren Kohlenwasserstoffe verschiedener Kettenlänge liefert, lassen sich mit bestimmten Katalysatoren sowie veränderten Druck- und Temperaturverhältnissen sauerstoffhaltige Produkte gewinnen, die vorwiegend aus niederen und höheren Alkoholen bestehen. So wurde bei einem Druck von 18 bis 25 kp · cm^{-2} und 175 bis 190 °C über einen Eisenkatalysator Produkte gewonnen, die zu etwa 55% aus Alkoholen der Kettenlängen C_2 bis C_{20} bestanden. Das Verfahren ist unter der Bezeichnung Synol-Synthese bekannt geworden. Es hat jedoch aus verschiedenen Gründen keine wesentliche Bedeutung erlangt.

Da die Siedelage der Alkohole und der Kohlenwasserstoffe annähernd gleich ist, kann eine Trennung der Verbindungen auf destillativem Wege nur schwer erfolgen. Man könnte die Alkohole durch Bildung höhermolekularer Ester, z. B. der Borsäure oder Phthalsäure, oder durch selektive Extraktion mit geeigneten Lösungsmitteln aus ihren Gemischen isolieren.

2.4.2.7. *Alkohole aus der Paraffinoxydation*

Die Gewinnung von Alkoholen durch Paraffinoxydation wird vorwiegend in der UdSSR durchgeführt. HELLTHALER und PETER [165] beobachteten bereits 1928, daß die Ausbeute an Alkoholen bei der Paraffinoxydation gesteigert werden kann, wenn man die Reaktion in Gegenwart von Borsäure ablaufen läßt. Borsäure gibt mit Alkoholen relativ schnell die Borsäureester, die nur einer minimalen Weiteroxydation unterliegen. Man soll damals bereits bei der Oxydation von Paraffin bei 175°C in Gegenwart von 5% Borsäure nach dreistündiger Oxydationszeit 50% Alkohole erhalten haben.

BASCHKIROFF und Mitarbeiter [166, 167] stellten fest, daß der Sauerstoffpartialdruck auf die optimale Alkoholausbeute von entscheidender Bedeutung ist. Aus den Zahlen der Tab. 25 ist klar zu entnehmen, inwieweit sich die Alkoholausbeute mit dem Partialdruck des Sauerstoffs ändert. Eine Verlängerung der Oxydationsdauer führt nicht zu einer Verringerung der Alkoholausbeute. Man kann die Kohlenwasserstoffe bis zu 50% oxydieren.

Die nicht oxydierten Kohlenwasserstoffe werden von den sehr hochsiedenden Borsäureestern im Vakuum abdestilliert. Anschließend verseift man die Ester bei etwa 95 °C mit Wasser. Zur Abtrennung kleiner Säure- und Esteranteile wäscht man die Rohalkohole mit Lauge. Die Alkoholausbeute liegt bei 60%.

Wie bereits erwähnt, findet — im Gegensatz zu den Fettsäuren — bei den Alkoholen keine weitere Oxydation nach der Veresterung statt, so daß die Kettenlängen erhalten bleiben und mit der des Ausgangsparaffins über-

Tabelle 25. Änderung der Produktzusammensetzung bei der Paraffinoxydation bei unterschiedlichem Sauerstoffpartialdruck (Reaktionsbedingungen: Temperatur: 165 °C, Gasdurchsatz: 500 *l*/kg/h, Dauer: 4 Stunden, Schichthöhe: 60 mm, 5% Borsäure)

Sauerstoff-partialdruck [kp · cm^{-2}]	Oxydatanalyse *SZ*	*EZ*	CO Zahl	OH Zahl	Sauerstoff-haltige Verbindungen [m/Mol/g]	Produktverteilung [Mol %] Säure	Keton	Alkohol
0,032	4,1	4,3	10,2	66,3	1,59	9,5	11,5	79,6
0,050	3,7	3,9	15,9	60,2	1,57	8,7	18,1	73,0
0,099	10,9	10,9	25,1	74,9	2,37	16,5	18,9	64,6
0,150	42,0	23,0	61,8	68,6	3,91	29,7	28,3	42,0

Tabelle 26. Kennzahlen der Alkohole aus der Paraffinoxydation

Alkohole	*SZ*	*EZ*	OH-Zahl	Jodzahl	CO-Zahl
Rohalkohole	4,2—5,8	21,6—26,4	193,2—216,0	11,8—17,7	20,4—26,1
Destillat bei 5 Torr bis 185 °C,	0,0—0,6	0,7— 5,0	228,2—246,0	8,0—14,0	13,0—17,0
Wasserdampf-destillat bei 275 °C/20 Torr	0,0—1,4	1,8—12,7	135,2—180,6	18,3—34,2	26,2—45,0

einstimmen. Da die Hydroxylgruppen sich vorwiegend an den innenständigen Kohlenstoffatomen befinden, werden in erster Linie sekundäre Alkohole erhalten (etwa 90%, 10% sind primär).

Ein vereinfachtes Schema des technischen Verfahrens stellt Abb. 20 dar. Ein Normalparaffin aus der Fischer-Tropsch-Synthese oder aus Erdölparaffinen im Siedebereich von 275 bis 320 °C (C_{16} bis C_{18}) und einer Dichte von 0,780 bis 0,785 bei 20 °C wird mit Kreislaufparaffin im Verhältnis 45:55 im Vorheizer auf 165°C erwärmt und im Oxydationsreaktor bei 175 °C mit einem Stickstoff-Sauerstoffgemisch oxydiert. Der Sauerstoffgehalt des Gases liegt zwischen 3,8 und 4,2%. Dem Paraffin werden 4,5% Borsäure zugesetzt. Über 3,5 bis 4 Stunden oxydiert man mit 500 *l* Gas/kg Paraffin/h, wobei das Gas im Kreislauf geführt wird. Der verbrauchte Sauerstoff wird kontinuierlich erneuert. Bei einer Hydroxylzahl von 70 mg KOH/g unterbricht man die Oxydation. Die Säurezahl soll dabei 20 nicht überschreiten [168].

Das auf 82 °C abgekühlte Produkt wird in einem Absetzgefäß von der nicht veresterten Borsäure abgetrennt und filtriert. Die nicht umgesetzten

Kohlenwasserstoffe destilliert man bei einem Druck von 5 Torr ab. Der Rückstand – Borsäureester der Alkohole – wird bei 96 bis 98 °C mit Wasser verseift und die Borsäure mit Wasser ausgewaschen und zurückgewonnen. Mit einer ca. 40%igen Natronlauge werden die im Rohalkoholgemisch vorhandenen Säuren und Ester bei 110 °C verseift. Anschließend destilliert man die Alkohole bei 5 Torr ab. Der Rückstand wird auf Fettsäuren verarbeitet. Aus 100 kg Frischparaffin lassen sich 67 kg Alkohole, etwa 11,5 kg destillierte, nicht wasserlösliche Fettsäuren, 12,4 kg niedermolekulares Oxydationsprodukt und 9,1 kg Rückstand gewinnen. Tab. 26 enthält die Kennzahlen der durch Oxydation erhaltenen Alkohole.

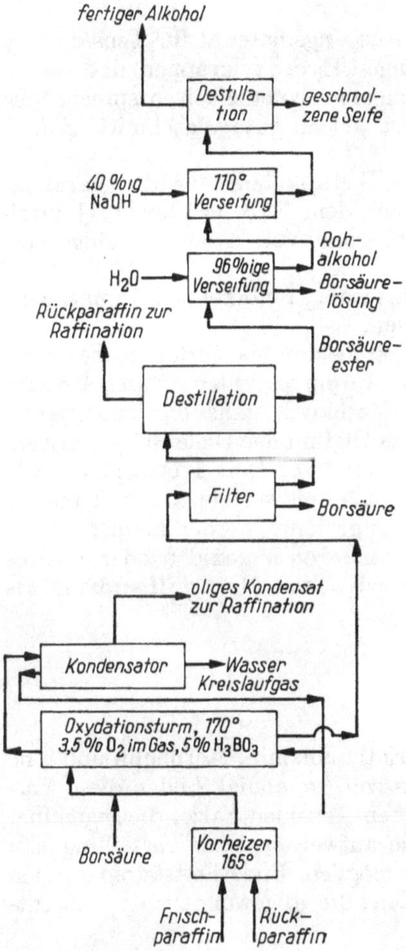

Abb. 20. Vereinfachtes Schema der Alkoholherstellung durch Oxydation von Paraffinfraktionen mit einem 3,5% O_2 enthaltenden Stickstoff-Gemisch bei 170 °C in Gegenwart von Borsäure nach BASCHKIROFF und Mitarbeiter.

Nach KLANG und Mitarbeitern [169] wird das Paraffin bei 150 bis 200 °C im Luftstrom (10 *l* Luft/kg Paraffin/min) in Gegenwart von Kaliumpermanganat und etwa 5 bis 10% Borsäure oxydiert. Die Abtrennung der Alkohole wird in einfacher Weise durch Extraktion des Reaktionsproduktes mit Methanol vorgenommen.

MANKOWSKAJA und Mitarbeiter [170] sind der Ansicht, daß die Art der anfallenden Fettalkohole vom eingesetzten Katalysator abhängig ist. Mit Manganverbindungen als Katalysatoren wurden ca. 11% sekundäre Alkohole erhalten, während sich mit Borsäure 7% primäre Alkohole bilden sollen. Bei der Destillation der Alkohole aus dem Unverseifbaren erfolgt eine erhöhte Anreicherung der primären Verbindungen (75%) im Verhältnis zu den sekundären Alkoholen.

Die sekundären Alkohole werden als Ausgangsmaterial für Tenside verwendet. Auf Grund ihrer nicht endständigen Hydroxylgruppen sind sie zur Gewinnung waschaktiver Substanzen weniger geeignet. Nach entsprechender Oxäthylierung und Sulfatierung geben sie jedoch gute Waschmittelgrundstoffe.

Auf dem Umweg über die sekundären Fettalkohole aus der Paraffinoxydation mit Borsäure gewinnt man nach dem E. P. 968339 [171] durch Dehydratisierung Olefine, die zur Alkylierung von Aromaten eingesetzt werden können.

Dieser Weg zur Olefingewinnung scheint wenig rentabel zu sein und wird wahrscheinlich kaum eingeschlagen werden.

Zum Abschluß soll ein weiteres, weniger bekanntes Verfahren zur Synthese höhermolekularer Alkohole kurz Erwähnung finden: Durch Umsatz von niedermolekularen Alkoholen, wie Methanol, Äthanol, Isopropanol, sek.-Butanol oder Cyclohexanol mit einem Olefin oder Diolefin — Äthylen, Propylen, Butylen, Butadien, Isopren — im Verhältnis 1 bis 5:1 bei 125 bis 200 °C und 35 bis 105 kp · cm^{-2} erhält man einwertige Alkohole mit 10 bis 18 C-Atomen, die durch Fraktionierung getrennt werden können. Während der Reaktion setzt man kleine Anteile von Peroxiden oder Hydroperoxiden, wie Benzoyl-, Cumol-, Acetyl- oder Harnstoffperoxid, als Aktivatoren zu [172].

2.4.3. Organische Basen

Hierzu gehören das Mono-, Di- und Triäthanolamin, Morpholin und eine Reihe ähnlich gebauter Basen. Ebenfalls wie Ammoniak bilden diese Verbindungen mit Fettsäuren und anionischen Tensiden Salze, die gegenüber den Alkaliverbindungen manche Vorteile aufweisen. Eine Verseifung von Neutralfetten mit diesen Basen ist nicht möglich. Freie Fettsäuren können im wasserfreien Zustand umgesetzt werden; die so gewonnenen Seifen enthalten nur sehr wenig Wasser.

2.5. Anorganische Rohstoffe

Alkalien: Neben den Hydroxiden des Natriums und Kaliums werden auch Carbonate zur Neutralisierung der Aniontenside herangezogen. Man verwendet in jedem Fall die wäßrigen Lösungen dieser Chemikalien mit unterschiedlichen Konzentrationen und unterschiedlichen Reinheitsgraden.

Ätznatron (Natriumhydroxid, NaOH): Es kommt vorwiegend als ca. 98%iges festes Produkt in den Handel, das geringe Mengen verschiedener Verunreinigungen wie Soda, Kochsalz, Natriumsulfat und geringe Mengen Eisenoxid enthalten kann. Für die Herstellung von Toilettenseifen und hochwertigen Tensiden wird ein völlig eisenfreies Hydroxid verlangt, um Verfärbungen zu vermeiden und die Seife vor zu schnellem Ranzigwerden zu schützen.

Ätzkali (Kaliumhydroxid, KOH): Diese Verbindung wird in der Tensid-Chemie weniger eingesetzt. Vielfach wird das Ätzkali, z. B. für die Schmierseifenherstellung, als 40%ige Lauge geliefert. In einigen Fällen dient das Ätzkali zur Neutralisierung anionischer Tenside.

Calcinierte Soda (Natriumcarbonat, Na_2CO_3): Die Hauptmenge wird in der Waschmittelindustrie nicht zur Verseifung, sondern als Waschhilfsmittel verwendet. Die Solvay- oder Ammoniaksoda hat einen Natriumcarbonatgehalt von 98 bis 99%, der Rest ist vorwiegend Kochsalz. Bei der calcinierten Soda ist die Kenntnis des Bicarbonatgehaltes wichtig, denn je höher der Bicarbonatgehalt liegt, um so minderwertiger ist sie.

Pottasche (Kaliumcarbonat, K_2CO_3): Der Bedarf an Pottasche ist bei weitem nicht so groß wie der Bedarf an Soda. Bei der Schmierseifenfabrikation wird die Pottasche hauptsächlich zur Reduktion der kaustischen Laugen eingesetzt und für einige kosmetische Erzeugnisse verwendet man sie. Da ihr Preis verhältnismäßig hoch liegt, wird sie wenig zur Verseifung von freien Fettsäuren herangezogen.

Ammoniak (NH_4OH): Für spezielle Reinigungsmittel werden mit Ammoniak verseifte Fettsäuren oder synthetische Tenside eingesetzt. Die Ammoniakverbindungen sind teilweise sehr instabil und haben nur untergeordnete Bedeutung.

Weitere anorganische Verbindungen, die besonders für die Herstellung der Waschmittel als Aufbaustoffe von Bedeutung sind, werden auf Seite 312 beschrieben. Gesondert behandelt werden auch die Sulfonierungsmittel.

3. Aniontenside

Von der Weltgesamtproduktion an Tensiden entfallen 75% auf die Aniontenside. Obwohl die Herstellung der nichtionogenen Tenside auf Grund einer Reihe sehr positiver Eigenschaften stark im Ansteigen begriffen ist, können sie keineswegs die anionischen Verbindungen verdrängen. Nach wie vor gehören die Aniontenside zu den wertvollsten tensioaktiven Verbindungen. Außer der Seife haben die Alkylsulfate, die Alkylsulfonate und vor allem auch die Alkylarylsulfonate — insbesondere die Alkylbenzolsulfonate — eine hervorragende Stellung als waschaktive Substanzen erlangt. Es ist fraglich, ob die Seife einmal als waschaktive Substanz vollständig verschwindet und nur rein synthetische Verbindungen verbleiben. Trotz aller Bestrebungen in dieser Richtung, ist es bisher nicht gelungen, die Seife als Körperreinigungsmittel zu ersetzen. Ihrer Bedeutung entsprechend und der Vollständigkeit halber soll die Seife hier Berücksichtigung finden.

3.1. Seife

Aus verschiedenen Gründen hat sich die Seife seit Jahrhunderten als Körperreinigungsmittel bewährt und hat erst relativ kurze Zeit ihre Vormachtstellung als allgemeines Waschmittel an die synthetischen Tenside abgegeben. Sie paßt sich bei der Körperwäsche dem physiologischen Geschehen auf der Haut an, erhält weitgehend ihre Biosphäre und gestattet eine schnelle Rückbildung des Normalzustandes nach dem Waschvorgang. Allgemein vereinigen sich in der Seife verchiedene positive Wascheigenschaften, wie Waschkraft, Netzvermögen, Schaumvermögen, Schmutztragevermögen und einige andere Vorzüge. In wohl keinem synthetischen Tensid finden sich derartig viele wertvolle Eigenschaften vereint, die sogar ihre Mängel — geringe Säurebeständigkeit und Unbeständigkeit in hartem Wasser — als unbedeutend erscheinen lassen.

Bekanntlich sind Seifen grundsätzlich feste, halbfeste oder flüssige Gemische verschiedener Alkalisalze (Natrium, Kalium, Ammonium und organische Basen) höhermolekularer geradkettiger Carbonsäuren mit mindestens 12 Kohlenstoffatomen im Molekül.

Außer ihrem Hauptverwendungszweck als Waschmittel werden Seifen als Netzmittel oder Emulgatoren in verschiedenen Wirtschaftszweigen für unterschiedliche Zwecke eingesetzt. Die gewünschte Qualität der Seifen hängt von der Zusammensetzung der Rohstoffe und vom vorgesehenen Verwendungszweck ab. Die mögliche Zusammensetzung der Fettsäuren in Seifen gibt Tab. 27 wieder. Für Seifen die bei höheren Temperaturen (80 bis 100 °C) eingesetzt werden sollen, z. B. für Kochwäsche, können höhermolekulare Fettsäuren wie Palmitinsäure und Stearinsäure verarbeitet werden. Die Löslichkeit derartiger Seifen ist in kaltem Wasser geringer als in heißem. Mit kaltem Wasser geben sie unter Gelbildung trübe wäßrige Lösungen von geringer Waschwirkung. Bei Temperaturen oberhalb 50 °C sind sie besser löslich, die Trübung verschwindet und damit verbessert sich auch das Waschvermögen. Es ist nicht ratsam, Fettsäuren mit mehr als 18 Kohlenstoffatomen einzusetzen, weil die Löslichkeit ihrer Seifen auch bei höheren Temperaturen nicht befriedigend ist. Derartige Fettsäuren kommen in der Natur auch seltener vor.

Anders verhalten sich die Seifen der Laurin- und der Myristinsäure (C_{12} und C_{14}). Ihre Seifen sind in kaltem oder lauwarmem Wasser gut löslich und haben bereits bei niederen Temperaturen ein beachtliches Waschvermögen. Ein ähnliches Verhalten zeigen die Seifen der höhermolekularen, einfach ungesättigten Fettsäuren — insbesondere der Ölsäure. Die Waschwirkung der Seifen aus mehrfach ungesättigten Fettsäuren, wie Linol- und Linolensäure, ist ungünstiger. Diese Seifen neigen außerdem leicht zum Ranzigwerden und zur Gelbfärbung. Ein gewisser Gehalt an Ölsäure wirkt sich auf die Qualität der Seifen stets vorteilhaft aus.

Salze der Fettsäuren mit weniger als 10 Kohlenstoffatomen zeigen die charakteristischen Seifeneigenschaften nicht; sie bilden nur kleine Micellen und sind kaum tensioaktiv. Für die Seifenherstellung sind sie deshalb uninteressant.

Für Seifen, die bei niederen Temperaturen verwendet werden sollen, kommen deshalb nur Fette bzw. Fettsäuren in Betracht, die Laurinsäure, Myristinsäure und Ölsäure enthalten. Die Säuren kommen besonders im Palmkernfett und im Kokosfett in Mengen von 60 bis 70% vor. Ölsäure ist in den meisten vegetabilischen und tierischen Fetten in mehr oder weniger großen Anteilen vorhanden. Auch entsprechende Fraktionen synthetischer Fettsäuren aus der Paraffinoxydation kommen für solche Seifen in Frage. Sie enthalten neben den geradzahligen Fettsäuren noch beträchtliche Mengen ungeradzahliger Säuren, die jedoch auf die Qualität der Seife keinen Einfluß haben.

Das oben beschriebene Temperaturverhalten der Seifen läßt sich von der Oberflächenspannung der Seifenlösungen ableiten. Bei niederer Temperatur steigt die Oberflächenspannung der Seifenlösungen mit dem Molgewicht der Fettsäuren, also in der Reihenfolge: Laurate, Myristate, Palmitate, Oleate, Stearate. Bei etwa 80 °C ist die Reihenfolge umgekehrt: Hier zeigt die Stearatlösung die geringste Oberflächenspannung. Je niederer die Oberflächenspannung, um so größer ist die Tensioaktivität. (Siehe dazu auch Tab. 28.)

Tabelle 27. Zusammensetzung der Fettsäuren in Seifen [173a]

Name	C-Atome	minimale Menge [%]	maximale Menge [%]
gesättigte:			
Caprylsäure	8	0,64	1,56
Caprinsäure	10	0,67	1,32
Undecansäure	11	–	Spuren
Laurinsäure	12	6,1	8,64
Myristinsäure	14	4,98	6,82
Pentadecansäure	15	0,25	0,66
Palmitinsöure	16	12,13	23,1
Heptadecansäure	17	0,78	1,6
Stearinsäure	18	12,0	17,3
Arachinsäure	20	0,81	3,9
Behensäure	22	Spuren	4,4
einfach ungesättigte:			
Myristölsäure	14	0,37	0,72
Palmitölsäure	16	1,07	4,35
Ölsäure	18	32,6	42,5
mehrfach ungesättigte:			
Hexadecandiensäure	16	Spuren	1,09
Linolsäure	18	1,99	6,69

Synthetische Fettsäuren sind in der Aufstellung nicht berücksichtigt

Tabelle 28. Abhängigkeit der Oberflächenspannung von der Länge der Kohlenstoffkette fettsaurer Na-Salze bei 65 °C

Fettsaures Na-Salz	Formel	Ringmethode		Stalagmometermethode	
		[g/l] Optimum	[dyn/cm]	[g/l] Optimum	[dyn/cm]
Caprinat	$C_9H_{19}COONa$	106	31,9	12,0	24,9
Laurat	$C_{11}H_{23}COONa$	4	23,5	4,3	20,2
Myristat	$C_{13}H_{27}COONa$	1	22,9	2,6	19,5
Palmitat	$C_{15}H_{31}COONa$	0,5	22,0	1,0	19,2
Stearat	$C_{17}H_{35}COONa$	3	23,1	1,1	20,2
Arachinat	$C_{19}H_{39}COONa$	23	30,0	–	–

Grundsätzlich unterscheidet man zwei Wege zur Seifenherstellung. Sie können entweder durch Verseifung von Neutralfetten mit einer genügend starken Lauge, meist Natronlauge, erhalten werden (Laugenverseifung) oder durch Neutralisation der freien Fettsäuren mit Alkalicarbonaten oder auch Ätzalkali (Carbonatverseifung). Bei der Herstellung der Seifen aus Fetten sind zeitraubende Arbeitsvorgänge erforderlich, die auch einen größeren apparativen Aufwand erfordern. Durch Neutralisation mit Ammoniak oder organischen Basen, wie Triäthanolamin, Morpholin, Guanidin u. dgl. lassen sich aus Fettsäuren die entsprechenden Seifen gewinnen, die über spezielle Eigenschaften verfügen und für verschiedene Zwecke eingesetzt werden.

Sehr weiche Seifen, z. B. Schmierseifen, stellt man mit Kalilauge oder Pottaschenlösung her. Heute trifft man derartige Seifen relativ selten, sie sind weitgehend durch synthetische Produkte ersetzt.

Die Seifen unterteilt man grob in:

1. Feste Kernseifen aus tierischen Fetten (Schweineschmalz, Knochenfett, Rindertalg) und/oder pflanzliche Fette (Palmkernöl, Palmöl, Olivenöl, Kokosfett). Kernseifen sind entweder rein (Fettsäuregehalt: 62%), gefüllt (Fettsäuregehalt: 35 bis 63%) oder getrocknet (Fettsäuregehalt von 63% an aufwärts) herstellbar. Eine Seife mit 78 bis 80% Fettsäuregehalt läßt sich durch Vakuumtrocknung z. B. nach dem MAZZONI-Verfahren [173] herstellen.

2. Toiletten- oder Feinseifen werden aus gleichen Ausgangsstoffen von bester Qualität erhalten. Durch Variation des Mischungsverhältnisses der Ausgangsfette oder -fettsäuren; insbesondere durch Anreicherung der C_{12}- bis C_{14}-Fettsäuren, wird eine Seife mit gutem Reinigungsvermögen und hervorragender Schaumkraft erzielt. Weitere wichtige Qualitätsmerkmale für feste Seifen sind Homogenität, Formbeständigkeit und Kristallisation in der β-Phase. Einige weitere Kennzahlen für Feinseifen enthält Tab. 29.

Tabelle 29. Kenndaten einiger Feinseifen [173a]

	minimale Menge [%]	maximale Menge [%]
freies NaOH	0,00	0,03
Gesamtcarbonat	0,22	0,40
Natriumchlorid	0,1	0,6
Unverseifbares	0,6	1,54
Titer (°C)	35,5	41,2

3. Schmierseifen sind Kaliseifen aus qualitativ weniger guten Rohstoffen, z. B. Baumwollsamenöl, Sojabohnenöl, Rapsöl, Erdnußöl u. dgl. Sie sollen

gesetzt. Häufig bestehen die Ansätze aus einem Drittel Pflanzenfett (Ölsäure), einem Drittel Kokos- oder Palmkernöl (Laurinsäure und Myristinsäure) und einen Drittel tierisches Fett (Palmitinsäure, Stearinsäure). Natürlich können auch die entsprechenden synthetischen Fettsäuren eingesetzt werden. Die im Leimniederschlag gelöste Seife wird durch Kochsalzzusatz vollständig abgeschieden und beim nächsten Ansatz verarbeitet. Überschüssiges Alkali im Leimniederschlag wird durch Zusatz von Fettsäure neutralisiert.

Aus der Kernseife auf Unterlauge läßt sich nach folgender Methode eine Seife auf Leimniederschlag herstellen: Zu der ausgesalzenen Seife wird in genügender Menge (etwa ein Drittel) Leimfett gegeben und unter Zusatz einer entsprechenden – aus der Verseifungszahl errechneten Menge – 20%iger Natronlauge weiter verseift. Mit 24%iger Kochsalzlösung wird ausgesalzen, bis die Unterlauge klar ist. Durch Einführung von heißem Wasser oder 2 bis 3%iger Kochsalzlösung in den Seifenkern wird verschliffen, d. h. die Unterlauge wird verdünnt, um die Bildung des Seifenleimniederschlags zu ermöglichen. Durch die Verschleifung werden die einzelnen Seifenkörnchen zusammengeschmolzen, so daß die Seife ein glattes Aussehen erhält.

Ein neueres Verfahren zum kontinuierlichen Auswaschen des Seifenleims und zur Herstellung wasserarmer Seifenphasen arbeitet so, daß der rohe Seifenleim in eine senkrecht stehende Kolonne mit einer Temperatur von 100 °C von unten eingeführt wird. Die Elektrolytlauge mit einer Temperatur von 200 °C führt man von oben ein und behält das Temperaturgefälle bei. Am Kolonnenkopf wird die Seife abgezogen [176].

Von den beschriebenen Verfahren existieren weitere Varianten, die sich mehr oder weniger eingebürgert haben. So kann man z. B. den Fettansatz mit Natriumcarbonat oder Kaliumcarbonat in Gegenwart von Glyzerin und/oder wasserfreier Seife bei 180 bis 260 °C in verhältnismäßig kurzer Zeit in vollverseifte wasserfreie Produkte überführen, die in üblicher Weise, eventuell nach Einarbeitung von Wasser, weiter verarbeitet werden [177]. – Ein anderes Verfahren führt die Verseifung mittels Alkalilösung in zwei oder mehreren Vakuumgefäßen durch und zwar derart, daß im letzten Gefäß das höchste Vakuum herrscht [178]. Diese Methode ähnelt in ihrem Prinzip dem kontinuierlichen Mazzoni-Verfahren (siehe Seite 128).

3.1.1.3. Carbonatverseifung der freien Fettsäuren

Eigentlich handelt es sich hierbei nur um eine Neutralisierung der freien Fettsäuren mit Alkalicarbonat und nicht um eine Verseifung im eigentlichen Sinne. Die Carbonatverseifung kann für die Herstellung beider Kernseifenarten angewendet werden. Bekanntlich setzt man heute vielfach zur Seifengewinnung die freien Fettsäuren aus der Fettspaltung und aus der Paraffinoxydation, also synthetische Fettsäuren, ein. Neben der Umsetzung mit Alkalicarbonaten können freie Fettsäuren natürlich auch mit entsprechenden Laugen neutralisiert werden.

Zur Seifenbildung bringt man in einem geräumigen Kessel die Alkalicarbonatlösung zum Sieden und läßt die geschmolzenen Fettsäuren langsam einfließen. Infolge der heftigen Kohlendioxidentwicklung schäumt das Reaktionsgemisch stark. Es ist aus diesem Grunde ratsam, sehr große Gefäße zu benutzen. Nachdem alle Fettsäure zugegeben ist, kocht man, bis kein Kohlendioxid mehr entweicht. Da die Säuren aus der Fettspaltung fast immer geringe Mengen Neutralfett enthalten und dieses kaum durch Carbonat verseift wird, gibt man zur Vervollständigung der Verseifung eine der Verseifungszahl äquivalente Menge Lauge zu.

Der Seifenleim wird wie bei der Kernseife auf Unterlauge weiterbehandelt. Verwendet man Leimfettsäuren (Laurin- und Myristinsäure), können auch Kernseifen auf Leimniederschlag gewonnen werden. Die Unterlauge ist hierbei nahezu frei von Glyzerin.

3.1.1.4. Kontinuierliche Seifenherstellungsverfahren

Die Frage, warum Seifen kontinuierlich hergestellt werden, ist folgendermaßen zu beantworten:

1. Das kontinuierliche Arbeiten bringt eine Verminderung der Bedienungskosten, z. B. eine bedeutende Dampfeinsparung.

2. Es findet eine nahezu vollständige Reaktion statt, wobei die Reaktionsprodukte scharf voneinander getrennt werden. Daher ist die Ausbeute an Nebenprodukten, z. B. Glyzerin, außerordentlich hoch,

3. Die Produkte sind von gleichbleibender Qualität und

4. Die Investitionskosten liegen niedriger und bei großer Kapazität wird weniger Raum benötigt.

Die Vielzahl der kontinuierlichen Verfahren sind meist schrittweise aus den Kesselverfahren entwickelt worden. Sie erfassen die Verseifung selbst sowie die nachfolgenden Operationen wie Reinigung und Konditionierung der Seifenmasse. Dazu gehört das Auswaschen des Glyzerins und das Ausschleifen. Der große Zeitbedarf der Kesselverfahren, erschwert durch den großen Materialumsatz, hat die kontinuierliche Seifenherstellung notwendig gemacht.

Von den bekannteren kontinuierlichen Verfahren sind zu erwähnen:

a) Sharpless-Verfahren,
b) Monsavon-Verfahren,
c) DeLaval-Verfahren.

Diese drei Verfahren verseifen Neutralfette, während das Mazzoni-Verfahren Neutralfette verseift und auch Fettsäuren neutralisiert [182, 183, 184, 185, 186, 187, 188, 189].

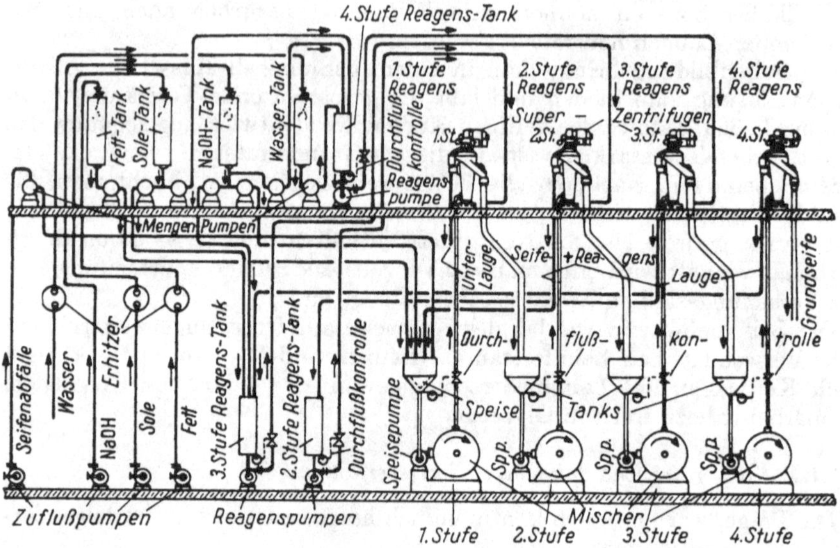

Abb. 21. Fließschema des Sharpless-Seifen-Verfahrens.

Das *Sharpless-Verfahren* arbeitet mit sehr wirksamen Hochleistungszentrifugen, die ein Zentrifugalfeld von 13200 g erzeugen. Mit Hilfe automatischer Regler wird eine genau dosierte Menge Lauge und Fett bzw. Fettsäure in einen Mischer gebracht (siehe Abb. 21) und fließen von dort in die erste Zentrifuge, in der eine ca. 90%ige Verseifung erfolgt. Das nicht vollständig verseifte Produkt fließt durch die weiteren drei Mischer und Zentrifugen. Der Seifenkern verläßt die vierte Zentrifuge mit einem Fettsäuregehalt von 60 bis 62%, einem Glyzeringehalt von 0,3% und einem Kochsalzgehalt von 0,2%. Die Alkalität wird automatisch in bestimmten Zeitabständen überprüft und reguliert. Die Anlage kann in der Stunde bis zu 9000 kg Seife ausstoßen. Bei einer Temperatur von 100 °C beträgt die Gesamtdurchgangszeit bei dem Verfahren etwa 2 Stunden. Der Druck soll 1,4 kp · cm^{-2} nicht überschreiten.

In jeder einzelnen Stufe des Verfahrens wird das Gemisch aus Seife und Lauge aus der vorhergehenden Stufe in seine Bestandteile zerlegt. Dabei wird der Schmutz in der Maschine zurückgehalten. Der abgetrennten Seife wird dann das für die folgende Stufe erforderliche Reagens zugefügt. Das ganze Verfahren ist im Prinzip außerordentlich einfach. Die gesamte Anlage kann von einer Person bedient werden, da sie weitgehend automatisiert ist. Im Vergleich zu den Kesselverfahren gestaltet sich die Verarbeitung der Unterlauge einfacher, weil ihr Glyzeringehalt zwischen 10 und 15% liegt. Bei den Kesselverfahren dagegen bei 4%.

Das DeLaval-„*Centripur*"-Verfahren läuft in einem hermetisch abgeschlossenem vollautomatisiertem System ab, das ebenfalls von einer Schaltwarte aus zu bedienen ist. Gegenüber dem Sharpless-Verfahren zeichnet es sich durch einen äußerst schnellen Verlauf der Arbeitsgänge und die vollautomatisch geregelte Zufuhr der in den Prozeß eingehenden Materialien aus. Innerhalb von 20 min geht die Verseifung vor sich und der Aufenthalt in den weiteren Stufen ist so bemessen, daß der Gesamtprozeß nur 45 bis 60 min dauert. Abb. 22 zeigt das Fließschema der Anlage. In Kolonne *K1* erfolgt die Verseifung der durch Pumpe *P1* und *P2* zugeführten Fette und Laugen. In den Kolonnen *K2*, *K3* und *K4* wird im Gegenstrom ausgewaschen. Das in *K2* eintretende Reaktionsgemisch trifft auf den aus *K4* und *K3* kommenden Elektrolyten. Nach Einstellung des Gleichgewichtes in *K2* trennt man in *S1* die Unterlauge von der Kernseife. Die Kernseife geht weiter nach *K3*, wo sie auf die Unterlauge von *K4* trifft. Wieder wird nach Gleichgewichtseinstellung in *S2* getrennt. Die Unterlauge gelangt nach *K2*, die Kernseife nach *K4*. In *K4* wird mit frischer Salzlösung wiederum das Gleichgewicht eingestellt und in *S3* getrennt. Die Kernseife wandert nach *K5a*, wo sie geschliffen wird. In *K5b* wird das Gleichgewicht zwischen Kernseife und Seifenleim vervollständigt und anschließend in *S4* getrennt. In *K6* erhält die Seife Zusätze, wie Farbstoffe, Parfümierungsmittel, Überfettungsmittel u. dgl. Normalerweise stößt die Anlage eine Seife mit 63% Fettsäuregehalt aus. Die wichtigste Neuerung dieses Verfahrens ist die auf Viskositätsmessung beruhende Kontrolle der Zusammensetzung.

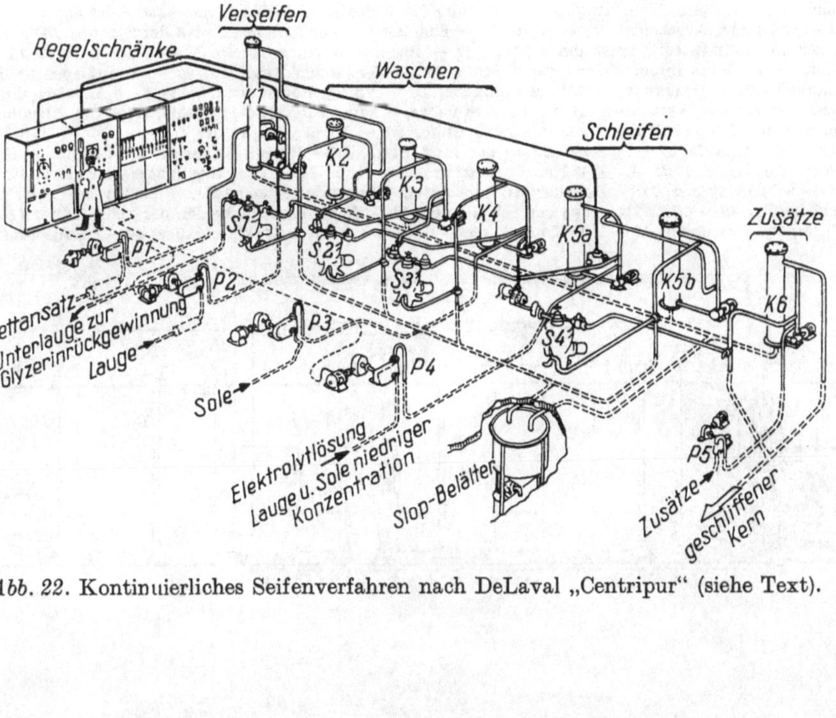

Abb. 22. Kontinuierliches Seifenverfahren nach DeLaval „Centripur" (siehe Text).

Nach einem sowjetischen Verfahren [190] werden zur Abscheidung eines bedeutenden Anteils von Seifen niedermolekularer Fettsäuren und sonstiger Beimengungen mit der Unterlauge oder dem Leimniederschlag Trennschleudern eingesetzt. Der gesamte Prozeß wird so geleitet, daß die aus den Fetten oder Fettsäuren gewonnenen Seifen in einem Reaktor mit über Meßeinrichtungen dosierte Alkali- oder Salzlösungen vermischt und in der Trennschleuder in Seifenkern und Unterlauge zerlegt wird. Nach Verleimung des Seifenkerns in einem weiteren Reaktor wird wieder Elektrolytlösung zur Bildung von Unterlauge oder Leimniederschlag zugesetzt und in der Zentrifuge wieder in Seifenkern und Seifenleim getrennt. Der gesamte Aussalz- und Ausschleifprozeß verläuft kontinuierlich. Es können jeweils weitere Aussalz- und Trennstufen zugeschaltet werden.

Weitere weniger bedeutende Verfahren sollen hier nicht weiter besprochen werden [191, 192].

Das *Mazzoni-Verfahren* verarbeitet freie Fettsäuren. Eine Variante des Prozesses ist auch für Neutralfette verwendbar. Die im Fließschema (Abb. 23) dargestellte Anlage arbeitet folgendermaßen: Die Fettsäuren und Lauge kommen aus dem Vorratsbehälter *1* und *2*, gelangen über die Filtergruppe *3* und *4* in die automatisch gesteuerten Vorwärmer *5* und *6* und

Abb. 23. Kontinuierliche Verseifungsanlage nach MAZZONI.

1 – Speisebehälter für Wasser, *2* – Speisebehälter für Salzlösung, *3* – Speisebehälter für Natronlauge, *4* – Speisebehälter für Fettstoffe, *5* – Behalter für Waschlauge, *6* – Wasser-Filter, *7* – Filter für Salzlösung, *8* – Laugen-Filter, *9* – Filter für Fettstoffe, *10* – Filter für Waschlauge, *11* – Statischer Abscheider der 1. Stufe, *12* – Statischer Abscheider der 2. Stufe, *13* – Statischer Abscheider der 3. Stufe, *14* – Statischer Abscheider der 4. Stufe, *15* – Behälter mit konstantem Niveau der 2. Stufe, *16* – Behälter mit konstantem Niveau der 3. Stufe, *17* – Behälter mit konstantem Niveau der 4. Stufe, *18* – Behälter mit konstantem Niveau der 5. Stufe, *19* – Verseifungs-Autoklav, *20* – Umwälzpumpe des Autoklavs, *21* – Dosierpumpe, *22* – Kühlmischer, *23* – Niveau-Regler der 2. Stufe, *24* – Umwälzpumpe der 2. Stufe, *25* – Wärmeaustauscher der 2. Stufe, *26* – Niveau-Regler der 3. Stufe, *27* – Umwälzpumpe der 3. Stufe, *28* – Wärmeaustauscher der 3. Stufe, *29* – Niveau-Regler der 4. Stufe, *30* – Umwälzpumpe der 4. Stufe, *31* – Wärmeaustauscher der 4. Stufe, *32* – Niveau-Regler der 5. Stufe, *33* – Umwälzpumpe der 5. Stufe, *34* – Wärmeaustauscher der 5. Stufe, *35* – Zentrifugalabscheider der 5. Stufe, *36* – Schleif-Mischer, *37* – Behälter mit konstantem Niveau der Schleifstufe, *38* – Niveau-Regler der Schleifstufe, *39* – Umwälzpumpe der Schleifstufe, *40* – Zentrifugalabscheider der Schleifstufe, *41* – Heizwasser-Erzeugung, *42* – Luft-Kompressor, *43* – Homogenisator der Waschlauge, *44* – Schaltschrank.

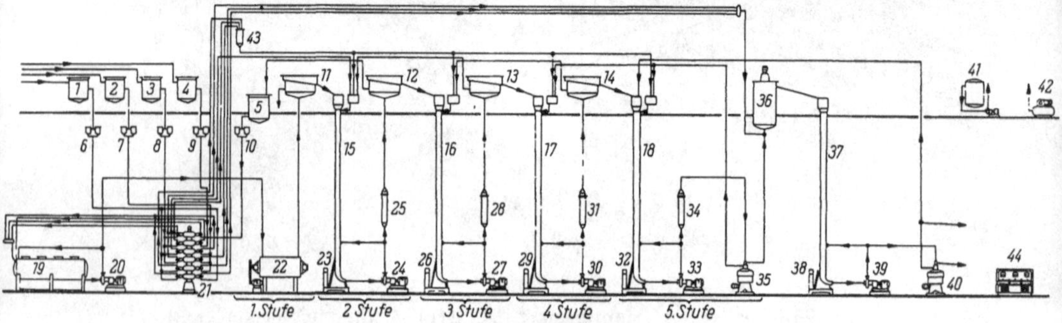

fließen weiter zu den Niveaureglern (*7* und *8*), die einen konstanten Zuflußdruck zur Dosiermaschine *9* gewährleisten. Die Dosiermaschine besteht aus zwei gleichzeitig arbeitenden Pumpen. Die dosierten Mengen vorgewärmter Fettsäuren und Lauge gelangen in die Turbo-Dispergiermaschine *10*, wo die Neutralisation vor sich geht. Zur Vervollständigung der Seifenbildung und zur weiteren Homogenisierung geht die Seife in die Mischer *13* und *14*. Ein wesentlicher Teil der Seife wird vom Mischer *13* von der Umlaufpumpe *11* in die Turbo-Dispergiermaschine zurückgeführt und dient dort als Lösungsmittel für die frisch eintretenden Rohstoffe und ist gleichzeitig Reaktionsbeschleuniger. In der Rücklaufleitung liegt die Durchflußkammer *12*, die eine Spannungsmeßkette enthält und zur automatischen Regulierung der Laugenmenge dient. Über diese automatische Apparatur kann der Gehalt an überschüssigem Alkali in der Seife mit einer Genauigkeit von ±0,01% NaOH eingestellt werden. Der Verseifungsgrad liegt dabei nicht unter 99,95%, auch wenn es sich um Fettsäuren mit einem Neutralfettgehalt von z. B. 10% handelt. Zur Regulierung der Seifenkonsistenz wird bereits der Verseifungslauge eine beliebige Menge einer gesättigten Kochsalzlösung zugesetzt. Die Zusammensetzung der fertigen Seife, die den zweiten Mischer *14* verläßt und im Behälter *15* gesammelt wird, entspricht einer im Kessel ausgeschliffenen Grundseife. Die gesamte Anlage wird vom Schaltschrank *17* aus bedient. Der Dampfverbrauch beträgt nur ca. 15 bis 20% des Verbrauches bei der Kesselverseifung. Die aus rostfreiem Stahlblech gebaute Apparatur ist vollständig geschlossen. Da die Verseifung bei einer mäßigen Temperatur vorgenommen wird, tritt keine Verfärbung der Seife ein. Setzt man hochwertige und frische Fettsäuredestillate ein, so erhält man helle und geruchfreie Seifen, ohne daß ein nachträgliches Aussalzen oder Ausschleifen erforderlich wäre. — In etwas abgeänderter Form ist die Anlage zur Carbonatverseifung geeignet. Dabei neutralisiert man etwa 90% der Fettsäuren mit Sodalösung und den Rest des eventuell vorhandenen Neutralfettes mit Natronlauge. Für die gemeinsame Carbonat- und Laugenverseifung enthält die Anlage eine zusätzliche Carbonat-Neutralisierungsanlage, in der die Fettsäuren zunächst mit Sodalösung umgesetzt werden und die dabei entstehende Kohlensäure in einem Dünnschicht-Zentrifugalabscheider unter Erwärmen und mechanischem Mischen abgetrennt wird. Die vom Kohlendioxid befreite Seife wird in der beschriebenen Apparatur mit Natronlauge unter automatischer Kontrolle zu Ende verseift.

Zur Weiterverarbeitung der Grundseife — ganz gleich ob sie aus der kontinuierlichen Verseifung oder aus dem Siedekessel kommt — wird sie im Vakuumtrockner auf den gewünschten Fettsäuregehalt, im allgemeinen 78%, getrocknet [193] (Abb. 24). Kennzeichnend für die automatische Feinseifenanlage von Mazzoni ist vor allem die Abwesenheit der Walzwerke, die als große Energie- und Parfümverschwender bekannt sind. Ein weiteres Kennzeichen dieser Anlage ist der Einsatz mehrerer Strangpressen, die nicht

nur zur Pressung, sondern vor allem zur strukturellen Verfeinerung, Umformung und Homogenisierung der Seife dienen. Aus dem Vakuumtrockner gelangt die getrocknete Grundseife über die erste Strangpressenanlage und gelangt in Form kurzer Zylinder oder Bänder auf das Transportband, das die Seife zum Silo oder zum automatischen Mischer bringt. Schon in den beiden ersten Strangpressen nach der Vakuumtrocknung wird die Grundseife in zwei Stufen einer zweimaligen Raffination unterworfen. Der automatische Mischer enthält eine Dosierzone für die Grundseife und eine für die Seifenzusätze. Die Leistungen beider Zonen sind regelbar und genau einstellbar, so daß jedes gewünschte Verhältnis aller Feinseifen Komponenten erreicht werden kann. Der eigentliche Mischer ist strangpressenartig ausgebildet. Es findet hier nicht nur eine innige Vermischung der Komponenten und eine Homogenisierung der Seife statt, sondern der Mischer dient auch gleichzeitig als dritte Raffinationsstufe. Dieses Mischaggregat übt gleichzeitig drei Funktionen aus:

1. automatisch kontrollierte Zudosierung von Riech- und Farbstoffen sowie von anderen Zusätzen zu den Grundseifenspänen.

2. Homogenisierung aller Feinseifenkomponenten zu einem einheitlichen Seifenkörper verbunden mit einer Verfeinerung der Seifenstruktur sowie einer trockenen Seifenreinigung, durch die alle eventuell aus dem Silo, den Transportbändern oder rückgeführten Seifenabfällen stammende übertrockneten Teile oder Fremdkörper ausgeschieden werden.

3. Die Feinseifenerzeugung wird vollkontinuierlich gestaltet. Die Seife durchläuft in diesem Mischvorgang die automatisch gesteuerte Maschine kontinuierlich, was bei den meisten Mischern und Knetern alter Art nicht der Fall ist.

Die den Mischautomaten verlassende Seife speist nun die letzte Strangpresse, wo sie zum letzten Male verfeinert bzw. homogenisiert wird. Der aus der letzten Presse austretende Seifenstrang ist vollkommen homogen, glatt und glänzend. Die Seife weist eine seidenartige Beschaffenheit auf und ist vollständig in der β-Phase auskristallisiert. Der Strang wird von der automatischen Schneidemaschine zerkleinert, wobei die Größe der Stücke reguliert werden kann, ohne daß die Maschine außer Betrieb gesetzt werden muß. Zur Erleichterung des Preßvorganges in der automatischen Presse wird die Oberfläche der Seife abgekühlt. Nach dem Pressen gelangen die geprägten Stücke kontinuierlich in die Einwickelmaschine.

Von der Grundseife bis zum fertigen Seifenstück werden bei diesem Arbeitsgang pro 100 kg Feinseife etwa 18 kg Dampf, 1 m^3 Wasser und 7kWh Strom verbraucht.

Abb. 24. Kontinuierliche Vakuumtrockenanlage für die Herstellung der verschiedensten Seifenprodukte mit Strangpresse.

(Mit freundlicher Genehmigung der Fa Mazzoni).

3.1.1.5. Zusätze zu Kernseifen

Erfahrungsgemäß liegt die beste Waschwirkung einer Seife bei einem pH-Wert von 10,5. Eine reine Natronseife erteilt der Waschlauge jedoch nur einen pH-Wert von 10,0. Durch Zusatz bestimmter Chemikalien kann der pH-Wert auf 10,5 eingestellt werden. Sehr gut geeignet ist dafür alkalisch gestelltes Wasserglas, das gleichzeitig die Stabilität des Schaumes erhöht und die von ihrer Unterlage abgelösten Schmutzteilchen durch seine Viskosität in der Schwebe erhält (Schmutztragevermögen). Außerdem bewirkt Wasserglas bei hartem Wasser eine Verminderung des Seifenverbrauches. In neuerer Zeit wird statt des Wasserglases Metasilicat verwendet. Die Waschwirkung des Metasilicates ist in mancher Hinsicht besser als die des Wasserglases.

Durch Abscheidung kolloidaler Kieselsäure, die sich vor allem beim Waschen von Textilien in geringer Menge auf den Fasern absetzt und dadurch deren Qualität (Farbe und Griff) verschlechtert, wirkt sich der Zusatz der Silicate zu Waschmitteln in manchen Fällen nachteilig aus.

Zur Erhöhung der Stabilität von Seifenlösungen gegen Wasserhärte und zur Verbesserung der Waschwirkung setzt man den Seifen verschiedene Phosphate (siehe Seite 314) zu. Insbesondere haben sich die polymeren Metaphosphate gut bewährt. Die günstige Beeinflussung der Wirksamkeit der Seife beruht vor allem auf der Fähigkeit der Alkaliphosphate, mit Erdalkalien Komplexe zu bilden. Den Seifen werden Mengen von 4 bis 10% dieser Verbindungen zugemischt, um die Härtebeständigkeit zu verbessern und sie tensioaktiver zu machen, weil weniger Seife verlorengeht. Ein ähnlicher Effekt läßt sich auch mit den organischen Komplexbildnern, den Komplexonen (siehe Seite 322), erzielen.

Soll die Löslichkeit der Seifen in Wasser verbessert werden, verwendet man sogenannte Lösungsvermittler, z. B. Glykoläther und ähnliche Verbindungen. Durch Zusatz von 2 bis 4% dieser Stoffe wird der Trübungspunkt der Seifenlösungen um einige Grade herabgesetzt. Ähnliche Effekte erzielt man auch mit den hydrotropen Substanzen, z. B. der Toluolsulfonsäure oder Cumolsulfonsäure bzw. deren Alkalisalze (siehe dazu Seite 322).

Weitere qualitätsverbessernde Zusätze werden bei den Feinseifen besprochen.

3.1.2. Leimseifen

Wegen der geringeren Bedeutung der Leimseifen sollen sie hier nur kurz erwähnt werden. Sie lassen sich durch kalte, halbwarme oder Verseifung in der Siedehitze leicht herstellen. Zur kalten und halbwarmen Verseifung wird die Lauge mit dem Fett emulgiert. Während der Verseifung steigt die Temperatur; das Reaktionsgemisch erwärmt sich auf etwa 70 bis 80 °C.

Leimseifen haben einen sehr hohen Wassergehalt und häufig einen Überschuß an Alkalien. Infolge des sehr hohen Wassergehaltes liegt die

Fettsäuremenge in den Leimseifen meist unter 45%. Sie eignen sich besonders gut zur Aufnahme von Füllmitteln wie Harze, Stärke, Gelatine, Zellulosederivate, Wasserglas, Soda Pottasche, Gips, Kaolin, Kreide und ähnlichen Stoffen. Durch derartige Zusätze lassen sich die Seifen stark strecken, so daß Ausbeuten von 200 bis 300% erhalten werden können. Derartig gefüllte Seifen wurden vor allem in Zeiten von Fettknappheiten in größerem Umfange hergestellt. Heute haben sie kaum noch Bedeutung.

3.1.3. Schmierseifen

Die Fabrikation der Schmierseifen erfolgt ähnlich, wie die der Leimseifen. Statt der Natronlauge wird vorwiegend Kalilauge verwendet, oder, wenn Fettsäuren zum Einsatz kommen, mit Pottaschelösung verseift. Um weniger weiche Produkte zu erhalten, werden kleinere Mengen Natronlauge mitverwendet. Wie bei den Leimseifen verbleibt auch hier die Unlauge, eventuell mit Glyzerin, in der fertigen Seife und trägt zu ihrer schmierigen Konsistenz bei. Der Fettsäuregehalt von Schmierseifen soll nicht unter 36% liegen.

Als Ausgangsmaterial kommen Olein, Leinöl, Sojabohnenöl, Olivenöl, Erdnußöl, Maisöl und zuweilen auch unterschiedliche Mengen von Kolophonium in Frage. Nach der Art der Fette richtet sich die Stärke der Lauge, die in manchen Fällen durch Zugabe von Pottasche reduziert werden kann, um die Viskosität des entstehenden Seifenleims zu verbessern. Durch mehr oder weniger langes Kochen des Seifenleims nach der Verseifung wird der Wassergehalt der Schmierseife eingestellt.

Ihrem Aussehen nach unterscheidet man glatte, gekörnte und durchwachsene Schmierseifen; der Farbe nach kennt man weiße, gelbe, grüne oder braune. Der Versand dieser Seife erfolgte früher in Fässern, daher der Name Faßseife.

Glatte Schmierseifen sind homogen und nahezu transparent. Die gekörnte Seife entsteht durch Zusatz von Fetten mit höhermolekularen, gesättigten Fettsäuren, wie Palmitin- und Stearinsäure. Das Kaliumpalmitat oder -stearat scheidet sich in der durchscheinenden Seife kristallin ab. Bei der durchwachsenen Seife bilden Natriumpalmitat und -stearat kleine zusammenhängende Kristalle innerhalb der Seife. Silberseifen oder Naturkornseifen sind ebenfalls Schmierseifen mit kristallinen Ausscheidungen von Kaliumstearat, wodurch den Seifen ein weißes oder perlmutterartiges Aussehen verliehen wird.

Für einige Spezialzwecke werden Ammoniakseifen oder Seifen mit organischen Basen als Kation hergestellt. Derartige Verbindungen sind für die Allgemeinheit von geringerem Interesse, weil sie auch verhältnismäßig instabil sind.

Auch der Schmierseife setzt man, wie der Kernseife, Füllmittel zu, um ihre Waschaktivität zu erhöhen oder um sie zu strecken. Oft wird allerdings jegliches Füllmaterial abgelehnt. Man mischt zur Verbesserung des Aussehens und der Konsistenz Pottasche oder wasserlösliche Cellulosederivate bei. Wasserglas wird als Füllmittel vielfach auch abgelehnt; jedoch enthalten Schmierseifen verschiedentlich Kaliumchlorid, Borax, Natriumsulfat oder Stärke. Zuweilen wurden Schmierseifen mit Kaliumhypochloridlösung gebleicht oder durch Zusatz kleiner Mengen Eisenvitriol, Blauholz- oder Galläpfelabkochungen gefärbt.

Heute enthalten die Schmierseifen häufig synthetische waschaktive Substanzen, wie Alkylsulfonate, Alkylsulfate oder Alkylbenzolsulfonate. In der Textilindustrie, in den Großwäschereien und für industrielle Reinigungszwecke werden solche Mischungen, die ca. 10 bis 15% synthetischer Tenside enthalten, in großem Umfange verbraucht. Die Reinigungswirkung der Kombinationen übertrifft die der reinen Schmierseife, Sparsamkeit im Verbrauch, Kalkbeständigkeit und eine schnelle Schaumentwicklung haben den Gemischen von Schmierseifen und synthetischen Tensiden einen guten Ruf erworben. Eine solche vollverseifte Kalihartschmierseife besteht vorteilhaft aus einer 55%igen abgesetzten Seife, der neben ionogenen oder nichtionogenen Tensiden auch hochwertige Alkohole, Testbenzin, Kali- oder Natriumsalze der Phosphorsäure oder kondensierte Phosphate und schließlich noch Kaliumcarbonat oder Wasserglas zugesetzt werden, wobei eine alkalische Abrichtung auf 0,2 bis 0,3% erfolgen soll [180].

3.1.4. Feinseifen oder Toilettenseifen

Eine beträchtliche Menge der Seifen wird als Körperreinigungsmittel benutzt. Für diese Seifen kommen als Ausgangsmaterialien nur die besten und einwandfreisten Fette in Frage, da an diese Seifen besonders hohe Ansprüche gestellt werden. Da die Körperreinigung bei Wassertemperaturen unterhalb 50 °C vorgenommen wird, müssen die zur Verseifung kommenden Fettsäuren zu den Leimfetten gehören. In neuerer Zeit wird der Polymorphismus der Seife ausgenutzt, um aus höhermolekularen Fettsäuren Seifen zu gewinnen, die auch bei niederen Temperaturen ein gutes Waschvermögen aufweisen. Darüber hat ausführlich Fock [181] berichtet.

Bei der Feinseifenfabrikation nach den älteren Verfahren geht man so vor, daß zuerst eine reine Kernseife auf Leimniederschlag hergestellt wird, die man durch Trocknen auf einen Wassergehalt von 10 bis 20% bringt. Aus dem Vorratsbehälter (siehe Fließschema Abb. 25) wird die heiße Seife über eine Verteilerrinne dem Seifen-Kühlwalzwerk zugeführt. Die Abkühlung erfolgt durch eine große Kühlwalze, von der die Seife durch Abstreichmesser in gleichmäßig starken Seifenspänen abgenommen wird. Die vom Kühlwalzwerk kommenden Seifenspäne gehen kontinuierlich durch die Grundseifen-Trockenanlage und werden durch einen erwärmten Luftstrom getrocknet. In einer derartigen Anlage lassen sich stündlich bis zu tausend Kilo Seifenspäne trocknen. Auf einer Temperierwalze werden die

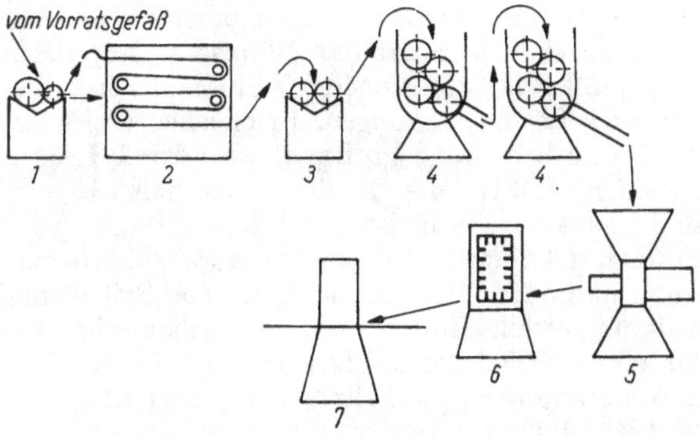

Abb. 25. Fließschema zur Seifenverarbeitung.
1 – Kuhlwalzwerk, 2 – Trockenanlage, 3 – Temperierwalze, 4 – Piliermaschinen, 5 – Strangpresse, 6 – Schneidemaschine, 7 – Feinseifenpresse.

von der Trockenanlage gelieferten Späne auf Raumtemperatur abgekühlt, verrieben, um Unterschiede im Fettsäuregehalt auszugleichen und wieder zu Spänen verdichtet. Die Späne wandern weiter zu den meist zwei Piliermaschinen, wo der Seife auch Farbstoff und Parfüm zugemischt werden. Die Zusätze arbeitet man durch Zerreiben mit Walzen und anschließendem Durchkneten gut in die Seife ein. Als vorkomprimiertes Granulat verläßt die Seife die Piliermaschine und gelangt über ein Transportband zur Strangpresse, die sie als dichter Seifenstrang verläßt. Auf der Schneidemaschine wird der Strang zerteilt und die einzelnen Stücke wandern zur automatischen Feinseifenpresse. In der Stunde lassen sich bis zu 9000 Stück Feinseife prägen.

Farb- und Riechstoffe für die Seifenfabrikation müssen eine bestimmte Alkalibeständigkeit aufweisen und in der Seife löslich sein. Je nach Qualität der Seife werden mehr oder weniger wertvolle Riechstoffe eingearbeitet. Für billige Toilettenseifen werden z. B. häufig künstliches Bittermandelöl, Benzylacetat, Thymian- oder Wintergrünöl, Terpineol, Fichtennadelextrakt, Zedernholzöle, Zitronella, Pfefferminzöl, Rosmarinöl, Lavendel und Nelken gebraucht. Zur Parfümierung besserer Seifen kommen nachstehende Substanzen in Frage: Sandelholz-, Lavendelöl, Bromstyrol, Heliotropin, künstlicher Moschus sowie Rosenduft aus Terpineol und Phenyläthyläther. Setzt man das Parfüm der Seife während des Pilierens zu, so verändert es sich weniger als bei der Zugabe zum warmen Seifenleim. Durch leicht alkalische Seifenlaugen können die Parfümierungsmittel zersetzt werden.

3.1.4.1. *Die Seifen—Phasen (Kristallphasen)*

Allgemein besteht jede feste Seife aus drei kristallinen Phasen, der β-, γ- und Ω-Phase. Von praktischer Bedeutung sind nur die β- und die Ω-Phase.

Im Hinblick auf Härte, Löslichkeit und Schaumvermögen haben die Phasen verschiedene Eigenschaften. Während die Härte der β-Phase — empirisch gemessen — um etwa 20% größer ist als die der Ω-Phase, besitzt die β-Phase ein etwa fünfmal größeres Lösungsvermögen. In gleicher Weise ist das Schaumvermögen der β-Phase bedeutend größer als das der Ω-Phase. Daraus kann geschlossen werden, daß für die Qualität einer Feinseife ein möglichst großer Anteil an β-Phase erwünscht ist.

Eine in Platten oder Formen gekühlte Seife besteht hauptsächlich aus Ω-Kristallen. Durch Pilierung und/oder Strangpressung werden Seifen mit einem hohen β-Phasengehalt hergestellt. Durch die rein mechanische Bearbeitung bei der Pilierung geht ein Teil der Ω-Phase in die β-Phase über und damit ergibt sich eine Änderung der physikalischen Eigenschaften wie Plastizität und Härte [194, 195, 196].

3.1.4.2. Bleichen der Seife

Um aus billigen, dunklen Fetten und fetten Ölen möglichst helle Seifen guter Qualität herzustellen, werden die Fette vor der Verseifung gebleicht bzw. raffiniert. Eine während des Verseifungsprozesses auftretende Verfärbung muß durch Bleichung der Seife beseitigt werden.

Man kann das Bleichen mit oxydierenden oder reduzierenden Chemikalien ausführen. Die Reduktionsbleichung wird vielfach bevorzugt. Man verwendet dazu freie schweflige Säure oder deren Salze. Verschiedentlich setzt man auch Zinkstaub und Schwefelsäure oder Natriumhyposulfit, $Na_2S_2O_4$, ein. Bei Verwendung von Natriumsulfit, Zinkstaub und Schwefelsäure werden zum Bleichen von 1000 kg Seife etwa 7 kg Natriumsulfit, 1,35 kg Zinkstaub, 7 kg verdünnte Schwefelsäure und ca. 60 *l* Wasser benötigt. Die damit gebleichte Seife muß noch neutralisiert werden. Das Natriumhyposulfit wird in alkalischer wäßriger Lösung dem warmen Seifenleim vor dem Aussalzen zugegeben. Dabei tritt folgende Umsetzung ein:

$$Na_2S_2O_4 + 2\,NaOH + H_2O \rightarrow Na_2SO_4 + Na_2SO_3 + 2\,H_2$$

Für 1000 kg Fettansatz können je nach Verfärbung etwa 1 bis 5 kg Bleichmittel gerechnet werden.

Für die Oxydationsbleiche eignet sich am besten eine Hypochloritlösung — vorwiegend Natriumhypochlorit, NaOCl. Zur Bleichung wird die Seife ausgesalzen, die Unterlauge abgezogen und durch Wasser wieder schwach verleimt. In die auf 70 bis 80 °C abgekühlte Seife wird die verdünnte Hypochloritlösung gegeben. Nach ungefähr einer Stunde ist die Bleichung bei guter Rührung so weit fortgeschritten, daß wieder ausgesalzen werden kann. Leider weisen die auf diese Weise gebleichten Seifen beim Waschen zuweilen einen unangenehmen Chlorgeruch auf. Vorteilhaft kann auch Natriumchlorit, $NaOCl_2$, als Bleichmittel benutzt werden. Man kann es im sauren, neutralen und alkalischen Gebiet einsetzen. Gegenüber der Wasserstoffperoxidbleiche hat es den Vorteil, daß die Sauerstoffentwicklung nicht so spontan einsetzt [197, 198].

Heute ist man vielfach zur Bleichung mit Perverbindungen übergegangen. Neben dem Wasserstoffperoxid hat sich das Natriumperoxid gut bewährt. Bei Verwendung von Natriumperoxid kann das entstehende Ätznatron gleich an der Verseifung der Fette teilnehmen. Vereinzelt werden auch Persulfate, Perpyrophosphate und andere Persalze zur Aufhellung der Seifen eingesetzt.

3.1.4.3. Überfettungsmittel

Eine allgemeine Verbesserung der Qualität von Feinseifen erreicht man durch Zusatz einiger nicht verseifbarer Stoffe, die sogenannten Überfettungsmittel. Sie werden den Seifenspänen in der Mischmaschine zugesetzt. Diese Stoffe sollen die hautreizende Wirkung, die schon durch Spuren von Alkali auf der Epidermis hervorgerufen werden, verhindern. Bei der Körperwaschung mit Feinseife im Bereich von pH-Wert 8,8 bis 10,9 werden diese pH-Werte bei normaler Haut ohne Hautreizung vertragen. Geeignete Überfettungsmittel, die die Wirkung des freien Alkalis der Seife kompensieren, können die Einwirkung auf die Haut vermindern. Sie werden der Haut bei der Waschung mit der Seife in feinverteilter Form zugeführt und vermindern die entfettende Wirkung der Seife. Die Grundlage der Überfettungsmittel sollen den Hautfetten verwandte Stoffe sein. Die Überfettungsmittel verleihen den Seifen einen feinblasigen Schaum und bewirken eine Verbesserung der Waschkraft. Oft verwendet man Lanolin (Wollfett), Vaseline, natürliche oder synthetische Fettalkohole mit mindestens 16 C-Atomen, bestimmte Fettsäureester, wie Diäthylenglykolstearat, Diäthylenglykolrizinoleat, Lezithin, Fettsäurealkylolamide u. a. [199, 200, 201, 202]. Diese Verbindungen werden den Feinseifen in Mengen von 3 bis 15% zugesetzt. Einige als Überfettungsmittel eingesetzte Kondensationsprodukte des Äthylenoxids führten nach längerer Lagerzeit zu Vergilbungen und zur Veränderung der Parfümierung infolge Ranzidität.

3.1.4.4. Mangelerscheinungen bei Feinseifen

Nach längerer Lagerzeit treten bei manchen Seifen Veränderungen in der Qualität auf, die sich als Geruchsstörungen bzw. Geruchsschwund, Ranzidität, Fleckenbildung, unangenehme Milde des Schaumes, Homogenitäts- bzw. Strukturfehler oder durch rissig- und schuppigwerden bemerkbar machen. Für das Auftreten der Ranzidität werden insbesondere die ungesättigten Fettsäuren verantwortlich gemacht, welche je nach Höhe der Jodzahl, mehr oder weniger leicht oxydiert werden. Einige weitere der oben erwähnten Mängel können auf die Ranzidität zurückgeführt werden, zum Beispiel die Geruchsstörungen und die unangenehme Milde des Schaumes [203].

Sowohl die bei der Herstellung der Seifen verwendeten Fettrohstoffe, Parfümöle u. dgl. als auch Fehler, die während der Verseifung oder Weiterverarbeitung gemacht werden, können bei den Seifen Ranziditätserscheinungen auslösen [204]. Oft wird durch grelles Sonnenlicht eine einwandfreie Seife schnell ranzig, nimmt einen unangenehmen Geruch und ein verändertes Aussehen an. Eine sorgfältig verarbeitete Seife soll normalerweise nicht oxydationsanfällig werden. Vielfach wirken Schwermetallverbindungen — Kupfer, Eisen — als Katalysatoren beim Ranzigwerden. Es ist deshalb notwendig, daß bei der Seifenherstellung die Rohprodukte möglichst wenig mit Kupfer- oder Eisenverbindungen in Berührung kommen. Die verwendeten Alkalien sollen weitgehend frei von Eisen sein. Apparaturen mit leicht rostenden Teilen sind nicht zu verwenden.

Zur Stabilisierung der Seife gegen Ranzigwerden und gegen Fleckenbildung können verschiedene Substanzen in die Seife eingearbeitet werden. An sogenannten Antioxydantien werden z. B. vorgeschlagen: 0,05% bis 1% Hydraziniumsalze von organischen Säuren, wie Glykolate, Naphthenate, Benzoate, Stearate oder Propionate [205]. Weiterhin werden Thiosulfate, Benzoesäure, Zinn(II)-chlorid u. a. als Oxydationsinhibitoren genannt. Von MERTENS und Mitarbeitern [206] werden carbonylgruppenfreie Polyalkohole mit mindestens 4 Hydroxylgruppen, z. B. Sorbit, und ein organischer Komplexbildner (Komplexon), z. B. das Trinatriumsalz der Nitrilotriessigsäure gegen Fleckenbildung und Ranzigwerden empfohlen.

3.1.5. Sonstige Seifenarten

Neben der normalen Toilettenseife sind im Handel transparente Feinseifen erhältlich, die durch Verseifung reinster Fette oder Fettsäuren gewonnen werden. Durch eine spezielle Verarbeitungstechnik [207, 208] oder durch Zusatz von Alkohol, Zucker, Glyzerin u. ä. Verbindungen wird diesen Seifen ein transparentes Aussehen verliehen [209, 210].

Unter Schwimmseifen versteht man Feinseifen, die durch Einpressen von Luft oder durch Schaumigschlagen der warmen, flüssigen Kernseife auf eine Dichte unter 1,0 g/cm^3 gebracht wird. Normalerweise liegt die Dichte der Seife über 1,0 g/cm^3 [211].

Stark schäumende Seife aus Fettsäuren der Paraffinoxydation werden erhalten, wenn man die festen Fettsäuren vor der Verseifung aus Lösungsmittel umkristallisiert [212].

Eine nicht feucht bleibende Seife läßt sich durch Zusammengeben von zwei verschiedenartigen Seifen erhalten, von denen die eine bei der Temperatur T einen KRAFFT-Punkt unterhalb T und die andere oberhalb T haben [213].

Rasierseifen stellen Mischungen aus Kali- und Natronseifen oder auch nur reine Kalikernseifen dar. Zur Verseifung werden Stearin(Stearin-,

Palmitinsäuregemisch), Kokosfett, Talg und ähnliche Fette oder Fettsäuren eingesetzt. Auf ähnliche Art wird Rasiercreme hergestellt, jedoch enthält sie mehr Wasser und zuweilen Zusätze an synthetischen Tensiden, wie Alkylsulfaten, Alkylsulfonaten u. dgl. Als Überfettungsmittel arbeitet man Glyzerin, Lanolin, Cetylalkohol oder ähnliche Substanzen ein, um neben einer hautschonenden Wirkung den Schaum geschmeidiger zu machen und um das Eintrocknen des Schaumes zu verzögern [214].

Celluloseartige Carbodextrine werden von Antykov [215] als Fettersatz in Seifen vorgeschlagen. Die Einsparung an Fett beträgt 10 bis 30%, die an Alkali 8 bis 20%. Carbodextrinhaltige Seifen sind reinen Seifen überlegen. Zur Herstellung der Carbodextrine wird vom Lignin befreite Cellulose in einem Autoklaven unter Rühren 4 Stunden auf 100° erhitzt, dann versetzt man das Reaktionsprodukt mit 3,5 Teilen 50 bis 60%iger Schwefelsäure und erhitzt erneut eine Stunde auf 100°C. Nach Filtration unter Druck wird der Rückstand mit 0,2%iger Natronlauge gewaschen, getrocknet und pulverisiert. Carbodextrine scheinen sich auch bei Hautschäden günstig auszuwirken.

Ein Zusatz von Carboxymethylcellulose zu gewöhnlichen Seifen erhöht die Formbeständigkeit des Seifenstückes gegen Austrocknen und gegen die auflösende Wirkung des Wassers, verbessert die Stabilität der Seifenlösung gegenüber hartem Wasser und ihre Schaumkraft. Die Carboxymethylcellulose wird dem geschliffenen Seifenkern als warme Lösung in Natriumsilikat beigemischt [216].

Ammoniakseifen, aus Fettsäuren mit wäßriger Ammoniaklösung hergestellt, sind weicher als Kaliseifen. Sie sind in Benzin oder Halogenkohlenwasserstoffen löslich und eignen sich speziell für die sogenannte Trockenwäsche und die chemische Reinigung. In verschiedenen Haushaltreinigungsmitteln kommen sie vor. Teilweise sind Ammoniakseifen durch stabilere Produkte ersetzt worden, da sie beim Erwärmen, Trocknen oder Stehen an der Luft zerfallen. Seifen mit organischen Basen als Kation werden für viele Zwecke eingesetzt, da sie relativ milde Reinigungsmittel darstellen. Guanidinseife oder Melaminseife finden für Spezialzwecke in der Metallverarbeitung oder als *Ö/W* — Emulgatoren Verwendung. Als Waschmitteladditive wirken sie synergistisch und erhöhen das Schmutztragevermögen vieler Alkaliseifen oder rein synthetischer Tenside.

$$\left[\begin{matrix} H_2N \\ H_2N \end{matrix} \!\!>\! C{=}NH_2 \right]^+ \ \overline{O}OC(CH_2)_n \cdot R$$

Guanidinseife

Lithiumseifen dienen u. a. zur Erhöhung des Schmelzpunktes von makrokristallinen Paraffinen. Vor allem aber als Grundstoff bzw. Zusatzmittel bei der Herstellung von Lithiumfetten, die sich durch eine bessere Walk- und Oxydationsbeständigkeit auszeichnen.

3.1.6. Spezialseifen

Lösungsmittelseifen, Fettlöserseifen, Benzinseifen sind vorwiegend in der Textilindustrie verwendete Reinigungsmittel sehr unterschiedlicher Zusammensetzung. Wegen ihres besonderen Reinigungsvermögens werden sie in größerem Umfange zur Entfernung von Fetten und Mineralölen von den Fasern benutzt. Die jeweiligen Lösungsmittel werden vor dem Erstarren des Seifenleims eingearbeitet. Je nach Lösungsmittelmenge sind sie fest, halbfest oder flüssig. Als Lösungsmittel kommen nachstehende fettlösende Verbindungen in Betracht: Benzin, Benzol, Toluol, Tetrachlorkohlenstoff, Trichloräthylen, Terpentinöl, Decalin, Tetralin, Hexahydrobenzylalkohol, Butanol und ähnliche [217].

Medizinische Seifen: Die allgemeine Beliebtheit, aber auch die besonderen Eigenschaften der Seife lassen es verständlich erscheinen, daß Seife immer wieder als Medikamententräger verwendet wird. Für medizinische Seifen kommen nur Rohstoffe bester Qualität in Betracht. Das freie Alkali soll unter 0,3%, Natriumchlorid unter 0,4%, Glyzerin unter 1% und das Unverseifte und Unverseifbare unter 0,3% liegen.

Nach Ansicht verschiedener Forscher [218, 219] ist mit der reinigenden Wirkung der Seife bereits eine gewisse bakterizide Wirkung verbunden. Bei Verwendung normaler Feinseife, überfetteter Seife und einer desodorierenden Seife wurde festgestellt, daß nach einer experimentellen Kontamination der Hände mit *Escheria coli*- bzw. *Serrativa marcensens*-Keimen nach dem Waschvorgang mit allen drei Seifen die Keimzahl um 99,9% zurückgegangen war. In hygienischer Hinsicht bestand zwischen den drei Seifen kein Unterschied.

Im Gegensatz zur obigen Feststellung schreibt Brauss [220], daß bei der Prüfung desodorierender Seifen auf ihre Brauchbarkeit zur Keimreduzierung der Haut zum Zwecke der hygienischen oder chirurgischen Händedesinfektion keine desinfizierende Wirkung konstatiert werden konnte. Die desodorierende Wirkung beruht demnach nicht auf einer Abtötung von Bakterien.

Nach Innes [221] muß ein als Zusatz für keimtötende Seifen geeignetes Mittel folgende Bedingungen erfüllen:

1. Abtöten von Mikroorganismen auf der Haut,
2. es muß eine bestimmte Zeit auf der Haut haften bleiben,
3. es darf die Haut nicht reizen,
4. es muß ungiftig sein.

Durch in-vitro-Versuche kann die Wirkung eines in Seife eingebauten Mittels nicht vorausgesagt werden. Entscheidend sind praktische Versuche. Nachstehende Bakteriostatika werden für Toilettenseifen vorgeschlagen [222]: Hexachlorophen, Trichlorcarbanilid, Trichlorsalicylanilid, Tribromsalicylanilid, Tetrachlorsalicylanilid [223]. Obwohl diese Verbindungen als Seifenzusätze (0,5%) noch merkliche Nachteile aufweisen (entfärbende

Wirkung, geringe Hitze- und Oxydationsbeständigkeit), wird ihr Zusatz aus hygienischen Gründen empfohlen. Nach STECKERS [224] sind die oben genannten Bakteriostatika substantiv gegenüber der Haut, und sie sind mit Seifen und synthetischen Waschmitteln ausgezeichnet verträglich. Die meisten von ihnen sind in wäßrigen und wäßrig-alkoholischen Lösungen begrenzt löslich.

Gegen *Staphylococus aureus* wird eine hexachlorophenhaltige Seife in einer Verdünnung von $1{,}8 \cdot 10^{-9}$ bakterizid, dagegen ist zur Abtötung von *Bacillus coli* eine Konzentration von 0,003 bis 0,01% Hexachlorophen in der Seife erforderlich. Zur Herstellung der modernen desodorierenden Seifen werden heute im wesentlichen die erwähnten Verbindungen einzeln oder in Gemischen mit unterschiedlichen Konzentrationen eingesetzt [225].

Auch im Dauergebrauch haben sich die Deo-Seifen als hautverträglich erwiesen; sie bewirken keine Störung der Keimflora der Haut und lösen keine Fotosensibilisierung aus, wenn als Bakteriostatikum 2,2'-Dihydroxy-3,3', 5,5', 6,6'-hexachlordiphenylmethan (Hexachlorophen), 3, 3,4' Trichlorcarbanilid oder 4,4'-Dichlor-3-(trifluormethyl)-carbanilid oder deren Gemische verwendet werden.

Als weitere keimtötende Substanzen sind bekannt: Phenole, Chlorphenol, Thymol, Mercurophen, Sublimat, Formaldehyd und ähnliche Stoffe. Die Konzentrationen der einzelnen Substanzen ist von der Art des Wirkstoffes und vom Verwendungszweck abhängig. Nach FRANCOIS [226] ist die therapeutische Wirkung der Seifen aus reinen Fettsäuren sowie der desodorierenden, vitaminierten und insektiziden Seifen von der Kettenlänge der Fettsäuren, der Anzahl der Doppelbindungen und dem Gehalt an Carboxylgruppen abhängig.

Für germizide und damit desodorierende Seifen werden als Wirkstoffe auch einige Silberverbindungen vorgeschlagen, wie z. B. die Silbersalze der Benzol- oder o-Toluolsulfinsäure sowie ein Reaktionsprodukt aus Silberhalogeniden und Äthylthioharnstoff [227, 228].

Zum Schluß sollen noch einige spezielle medizinische Seifen Erwähnung finden. Zur Behandlung verschiedener Hauterkankungen werden Schwefel- oder Teerseifen mit unterschiedlichem Gehalt an diesen Wirkstoffen empfohlen. Bei sich in Hautschäden äußerndem Mangel an Vitamin *F* wird von ZILSKE [229] die Verwendung einer Vitamin-F-haltigen Feinseife empfohlen. Vitamin F läßt sich in Form der handelsüblichen Konzentrate, Emulsionen oder in Form eines aus Weizenkeimöl stammenden Provitamin-F-Konzentrates direkt in Seifen einarbeiten.

Durch Zusätze von gesättigten, haltbaren Lezithinverbindungen, z. B. Lezithinformaldehyd — zweckmäßigerweise als Emulsion — zu einer verhältnismäßig trockenen, in einem Schnellverfahren gewonnenen Seifenmasse stellt man Lezithinseifen her [230]. Lezithin, als hautfreundliche fettende und homogenisierend wirkende Komponente, beeinflußt den „Griff" des Seifenstücks positiv.

Eine gegen Hauptpigmentierung und Sommersprossen wirksame Seife enthält vorzugsweise 5% Hydrochinonbenzyläther und kann weiterhin mit Natriumdithionit, Sulfide, Aldehyde, Überfettungsmitteln, Aminosäuren, Vitaminen oder Cholesterin versetzt sein [231].

Für spezielle Toiletten- und Rasierseifen schlägt KOLLONTAY [232] den Zusatz von 20 bis 100 mg/kg Seife an männlichem Sexualhormon oder von Stoffen mit der physiologischen Wirkung der männlichen Sexualhormone vor.

Weitere Spezialseifen sind z. B. die Lederseifen, die zur schonenden Reinigung der verschiedensten Lederartikel herangezogen werden. Es sind pastenartige, zumeist farblose, nicht fließende Emulsionen, welche neben der Seife noch enthalten:

1. Lösungsmittel (Benzin, Tetralin, Glyzerin u. a.),
2. Scheuermittel (Kaolin, Talkum, Kreide),
3. glanzgebende Mittel (Bienenwachs, synthetische Wachse, Montanwachs u. ä.).

Zur Entfernung grober Verunreinigungen von der Haut oder von sonstigen Unterlagen dienen sogenannte Sandseifen oder Scheuerseifen. Sie werden durch Zusatz unterschiedlicher Mengen von Bimssteinpulver zu einer normalen Kernseife oder auch zu einer Schmierseife erhalten. Der Gehalt an Bimssteinpulver und dessen Korngröße ist von ihrem Verwendungszweck abhängig.

Seifen treten außerdem in verschiedenen technischen Produkten auf und spielen dabei oft die Rolle von Emulgatoren oder Dispergatoren. In lösungsmittelfreier Schuhcreme und in Bohnermassen sollen Seifen den Zerfall der Emulsionen verhindern. Einen ähnlichen Zweck erfüllen sie in Hautcremes, Bohr- und Schneidölen und anderen gleichartigen Produkten. Vielfach wird heute die Seife bereits durch synthetische Tenside ersetzt oder kommt in Gemischen mit ihnen vor.

3.1.7. Kombinationsseifen

Unter Kombinationsseifen versteht man insbesondere Toilettenseifen. denen man zur Verbesserung der Wascheigenschaften mehr oder weniger große Mengen synthetischer Tenside zugemischt hat. Sie sollen gegen hartes Wasser beständiger sein, schäumen gut und weisen eine hohe Formbeständigkeit auf. Man will durch die synthetischen Tenside einige ihrer positiven Eigenschaften mit denen der Seife kombinieren. An einigen Beispielen sollen die Zusammensetzungen derartiger Feinseifen veranschaulicht werden.

Eine Kombinationsseife mit gutem Kalkseifendispergiervermögen kann 35 bis 50% Seife aus Fettsäuren mit 12 bis 18 C-Atomen enthalten, die teils gesättigt und teils ungesättigt sein sollen. Dazu gibt man 22 bis 40% des Natriumsalzes der Monofettsäureglyzerinschwefelsäure, 3 bis 13% eines C_{10}- bis C_{18}-Natriumalkylbenzolsulfonates, 2 bis 10% Alkalisulfat oder

-chlorid. Der Wassergehalt dieses Produktes liegt zwischen 6 bis 15% [233]. Einen weitaus höheren Seifengehalt hat eine Kombinationsseife, in der das Verhältnis Seife : Alkylsulfonat bei 9:1 liegen kann. Vorzugsweise werden 80% Talgseife und 20% Natriumalkylsulfonat — aus Spaltolefinen — eingesetzt [234].

Interessant ist, daß auch Kationen, wie Ca, Mg, Zn oder Al als Bestandteil der Tenside in Kombinationsseifen auftreten können. WARD [235] verwendet Salze der Fettsäureamidsulfonate der Formel $R \cdot CO \cdot N \cdot R' \cdot C_nH_{2n} \cdot SO_3Me$, wobei *Me* die erwähnten Kationen bilden, und Seife im Verhältnis 1:5 zur Herstellung stückförmiger Waschmittel eingesetzt wird. Eine ähnliche Seife wird von den gleichen Autoren mit C_{14}- bis C_{18}-Alkylbenzolsulfonat (1 bis 4 Teile) und 1 bis 4 Teile einer aus Kokosöl hergestellten Seife vorgeschlagen [235]. In entsprechender Weise enthält ein anderes Produkt neben 15 bis 60% einer Kokosfettseife 5 bis 25% Alkalifettsäuremethyltaurid und 2 bis 25% freie C_{12}- bis C_{20}-Fettsäuren als Überfettungsmittel [236].

Gut schäumende und nicht aufweichende Toilettenseife besteht aus dem Kaliumsalz eines C_{10}- bis C_{22}-Alkylsulfonates, Alkaliseife, wasserhaltige Magnesiumseife und einem Elektrolyt wie Natriumchlorid oder Natriumsulfat. Das Verhältnis von Alkylsulfonat zu den Seifen — Alkali- und Magnesiumseife — kann 6:3 bis 0,3:1 betragen. Der Gehalt an Magnesiumseife wird mit 15 bis 85% angegeben [237].

Durch Vermischen eines Fettsäurealkylolamidschwefelsäurehalbesters mit Alkaliseife wird der Halbester teilweise neutralisiert. Man verknetet z. B. 376 Teile des Kokosfettsäurehalbesters mit 192 Teilen 85%iger C_{16} bis C_{18}-Seife, setzt 17 Teile Lanolin als Überfettungsmittel und Polyglykoläther (Molgew. ca. 6000) bei 50 bis 60° zu. Die fertige Seife enthält 58% waschaktive Substanz mit ca. 5% saurer Ester und 29% freie Fettsäuren [238].

Eine Kombinationsseife aus 80%igen Feinseifenspänen, die bei 50° mit einer heißen Mischung aus polymerisiertem Äthylenoxid, einem Gemisch von Glyzeriden höherer Fettsäuren, äthoxylierten höheren aliphatischen Alkoholen, Alkylsulfonat, Natriumthiosulfat und Wasser vermischt wird, ist von SCHLADITZ [239] empfohlen worden. Weitere Zusätze für diese Seife sind Titanweiß, Natriumhexametaphosphat, Carboxymethylcellulose und Parfüm.

Durch Zusatz von 2 bis 5% Äthylenoxid-Kondensationsprodukten, wie ungesättigten Fettalkoholpolyglykoläthern oder ungesättigten Fettsäureamidpolyglykoläthern zu Seifen werden verschiedene Eigenschaften, wie Homogenität, Stabilität gegen Härtebildner, Kaltwasserschaumfähigkeit, Verbesserung des Aufnahmevermögens von Zusatzstoffen, verbessert [240]. Äthylenoxidaddukte sollen jedoch auch zu einem schnellen Vergilben der Seifen führen.

Zur Erniedrigung des Trübungspunktes von Seifenlösungen können ihnen

1,5 bis 4% Alkylaryl- und/oder Alkylsulfonate sowie Salze der Polyaminopolycarbonsäuren zugemengt werden [241]. Gute Eigenschaften zeigen auch Seifen, die abgebaute Eiweißverbindungen in unterschiedlichen Mengen enthalten.

Nach Szeplaky [242] zeigen Seifen, die mit Pyrophosphat, Soda und Fettalkoholsulfat auf Spermölbasis bzw. auf der Basis von synthetischen Fettsäuren, Dodecylbenzolsulfonat vom Keryl-Typ oder Alkylsulfonate vermischt, eingesetzt werden, nur dann annähernd die gleiche Waschwirkung, wenn die Seife die synthetischen Verbindungen in etwa doppelter Menge vertritt. Der Erschöpfungsgrad derartiger Waschmittel ist auch dann noch ungünstiger als bei reinen synthetischen Tensiden. Trotz des niedrigen Preises der Fettsäuren ist ein seifenhaltiges Waschmittel einem vollsynthetischen nicht gleichwertig. Für einige Zwecke ist vorteilhaft, daß ein geringer Seifenzusatz das Schaumvermögen synthetischer Tenside reduziert, ohne die Waschwirkung zu beeinträchtigen. Hierin wird eine Möglichkeit zur Herstellung wenig schäumender Waschmittel gesehen.

3.1.8. Flüssige Toilettenseifen und Shampoos

Früher waren die flüssigen Seifen wäßrige Lösungen nahezu neutraler Kaliseifen mit Zusätzen von Glyzerin, Äthanol und eventuell wasserlöslichen Celluloseäthern. In neuerer Zeit sind derartige Produkte fast vollständig durch wäßrige Lösungen entsprechender synthetischer waschaktiver Substanzen ersetzt worden.

Flüssige Seifen, die reichlich Glyzerin enthalten, haben einen besonders beruhigenden Einfluß auf die Haut und besitzen ein großes Reinigungsvermögen. Zu erwähnen ist jedoch, daß Glyzerin in großen Mengen auf den menschlichen Körper giftig wirkt. Es wird vom Blut aufgenommen und ruft dort eine starke Auflösung des Hämoglobins hervor. Bei der kosmetischen Anwendung kommen aber derartige Mengen und Konzentrationen nicht vor und man kann ohne Bedenken Glyzerin als ungefährliches Material für kosmetische Zwecke bezeichnen.

Auch die für die Haarwäsche benutzten Shampoos bestehen heute fast ausschließlich aus Lösungen synthetischer wachaktiver Substanzen mit Zusatzstoffen, die die Beschaffenheit des Haares und dessen Aussehen verbessern sollen und Haarschäden vermeiden helfen. (Siehe Seite 197).

3.1.9. Hautverträglichkeit der Seifen

Die Hautverträglichkeit von Seifen und Tensiden allgemein wird nach der physikalisch-chemischen Veränderung der Haut nach dem Waschvorgang beurteilt. Die Haut macht beim Waschen einen Quellungsvorgang durch, der als Hauptursache für die nachfolgenden Hautschäden angesehen wird. Weiterhin werden Hautschäden durch die Fettsäuren, Alkalien bzw. durch Störungen des sogenannten „*Säuremantels* der Haut bewirkt.

Seifenlösung wirkt auf Protein quellend. Schon reines Wasser (pH-Wert 7) kann Keratin zum Quellen bringen. Die Quellwirkung durch Seifenlösung ist bedeutend stärker. Während Seifenlösungen beim Waschen einen pH-Wert vom 9,5 bis 10,8 aufweisen, liegt der normale pH-Wert der Haut bei 5,0 Durch den Waschvorgang erfährt die Hautoberfläche eine Alkalisierung. Das freie Alkali der Seife ist maximal 0,05% und ist weniger schädlich als das durch hydrolytische Spaltung freiwerdende Alkali. So hat eine 0,001 n Lösung von Natriumlaurat bei 90°C einen pH-Wert von 8,56 und ist zu 2,5% hydrolysiert. Natriumstearat zeigt bei gleicher Konzentration und gleicher Temperatur einen pH-Wert von 9,27 und ist zu 13% hydrolysiert.

Eine Schädigung der Haut durch Alkalisierung ist bei gründlicher Spülung nach dem Waschen nicht zu befürchten, da bereits 30 min nach dem Waschvorgang der ursprüngliche pH-Wert wieder erreicht ist.

Beim Waschvorgang soll der im Hautfett eingebettete Schmutz entfernt werden, wobei auch ein Teil des Hautfettes verlorengeht. Angeblich sinkt bereits beim Waschen mit reinem Wasser der Fettgehalt der Epidermis auf durchschnittlich 75% des Ausgangswertes. Bei der Seifenwäsche sinkt der Fettgehalt im Durchschnitt auf etwa 65% des ursprünglichen Wertes ab.

Bei der Einwirkung von Seife auf die Haut interessiert weniger wie die Haut unmittelbar reagiert, sondern, wie sie sich im Laufe einer bestimmten Zeit mit der Seife auseinandersetzt. Deshalb ist das Regeneriervermögen für den pH-Wert und den Fettgehalt der Hautoberfläche in ihrer zeitlichen Abhängigkeit für die Beurteilung des Verhaltens der Seife zur Haut von Wichtigkeit.

Die bei der Seifenherstellung verwendeten Fettsäuren können einen gewissen Reiz auf die Haut ausüben. Ungesättigte Ölsäure, kurzkettige Fettsäuren und verzweigte Verbindungen wirken stärker reizend, haben teilweise aber einen hohen Reinigungswert. Längerkettige Fettsäuren werden von der Haut besser vertragen. Durch Überfettungsmittel in den Seifen kann man der Entfettung und damit auch Reizung der Haut entgegenwirken. Die Reizungskoeffizienten liegen bei guten Marken-Seifen am niedrigsten (4 bis 7), bei synthetischen Seifen bei 10 bis 18 und bei Waschpulvern bei 12 bis 16 [243, 244, 245, 246, 247].

3.2. *Aminocarbonsäure-Kondensationsprodukte*

Die Tenside dieser Gruppe gehören zu den sogenannten Fettsäurekondensationsprodukten. Da die Carboxylgruppe die ausschlaggebende hydrophile Gruppe darstellt, werden die Verbindungen im Anschluß an die Seifen besprochen. Man kann die Substanzen als modifizierte Fettsäuren betrachten. Die Stickstoffbrücke im Molekül des N-Acylsarcosins ist verhältnismäßig stabil beim Erhitzen, und in Gegenwart von Mineralsäuren tritt nur langsame Hydrolyse ein. Im Vergleich zur normalen Carbonsäureseife treten — trotz des sonst seifenähnlichen Charakters — in den tensidischen Eigenschaften dieser Verbindungen Abweichungen auf, welche durch die —CO·NH-Gruppe bewirkt werden. Die Hartwasserbeständigkeit ist gegenüber den normalen Seifen beachtlich verbessert.

3.2.1. Kondensate mit niederen Aminocarbonsäuren

Bei der Umsetzung von niederen Aminocarbonsäuren mit Fettsäurechloriden tritt in Gegenwart von Alkali nachstehende Kondensation ein:

$$\underset{\text{Sarcosin}}{CH_3\cdot NH\cdot CH_2\cdot COONa} + R\cdot CO\cdot Cl \xrightarrow{NaOH} CH_3\cdot \underset{\substack{\cdot \\ OC\cdot R}}{N}\cdot CH_2\cdot COONa + NaCl + H_2O$$

Man kann auch von Fettsäureamiden ausgehen und setzt sie mit halogenierten Carbonsäuren um:

$$R\cdot CO\cdot NH_2 + Cl\cdot CH_2\cdot COONa \xrightarrow{NaOH} R\cdot CO\cdot NH\cdot CH_2\cdot COONa + NaCl + H_2O$$

Mit Hilfe geeigneter Katalysatoren ist es auch möglich, die Aminocarbonsäuren direkt an die Fettsäuren anzulagern, da der klassische Weg über die Fettsäurechloride nicht wirtschaftlich ist:

$$R\cdot COOH + NH_2\cdot CH_2\cdot COOH \rightarrow R\cdot CO\cdot NH\cdot CH_2COOH + H_2O$$

Für diese Reaktionen eignen sich außer dem Sarcosin auch das Glykokoll oder Alanin als Aminocarbonsäuren.

Als erste Verbindung dieser Art wurden Kondensate von Fettsäurechloriden mit Asparaginsäure beschrieben:

$$R\cdot CO\cdot Cl + H_2N\cdot \underset{\substack{\cdot \\ CH_2\cdot COOMe}}{CH}\cdot COOMe \xrightarrow{NaOH} R\cdot CO\cdot NH\cdot \underset{\substack{\cdot \\ CH_2\cdot COOMe}}{CH}\cdot COOMe + NaCl$$

Weitere Verbindungen, z. B. ein Fettsäure-N-β-hydroxyäthylglycin:

$$R\cdot CO\cdot N\begin{cases} CH_2\cdot CH_2\cdot OH \\ CH_2COOH \end{cases}$$

oder Umsetzungsprodukte cyclischer Aminocarbonsäuren sind untersucht worden. Ihre Bedeutung für technische Zwecke ist nur gering:

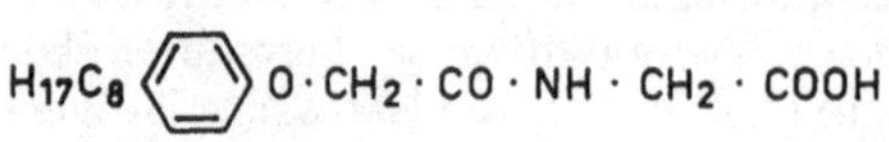

Die technische Herstellung des Ölsäuresarcosinkondensates wird von Hoyt [248] in folgender Weise beschrieben:

Das Sarcosin gewinnt man aus Natriummonochloracetat und Methylamin:

$$Cl \cdot CH_2COONa + CH_3 \cdot NH_2 \xrightarrow{NaOH} CH_3 \cdot NH \cdot CH_2 \cdot COONa + NaCl + H_2O$$

Bei 25 bis 30 °C läßt man unter Rühren Natronlauge in einem Kupferkessel auf Monochloressigsäure einwirken, um die Carboxylgruppe zu neutralisieren. Das in einen Eisenkessel überführte Neutralisat wird mit einer 2%igen Methylaminlösung bei 1,8 kp · cm^{-2} Druck und 75 bis 80 °C in etwa 10 Stunden umgesetzt. Das überschüssige Methylamin destilliert man ab, kühlt auf etwa 40 °C und filtriert das auskristallisierte Sarcosin ab.

Zur Kondensation mischt man das Sarcosinsalz mit Natronlauge und läßt bei 50 °C unter Rühren Ölsäurechlorid zufließen. Die alkalische Lösung wird neutralisiert und mit Natriumsulfat auf den gewünschten Tensidgehalt eingestellt.

Anstelle der Ölsäure können auch Laurin-, Myristin-, Palmitin-, Stearinsäure und auch synthetische Fettsäurefraktionen eingesetzt werden. Es ist auch möglich, in Gegenwart von kleinen katalytisch wirkenden Mengen Natriummethylat Äthylenoxid an die N-Acylsarcosine anzulagern. Über die Eigenschaften derartiger Verbindungen ist nichts Näheres bekannt.

Nach Monick [249] lassen sich durch Versprühen von Fettsäuresarcosinsalzen mit 10 bis 16 C-Atomen im Acylrest rieselfähiges Pulver gewinnen. Außer den Natriumverbindungen sind Salze des Kaliums, der Amine sowie der Mono-, Di- oder Träthanolamin herstellbar [250]. Bei 150 °C reagiert Diäthanolamin mit Lauroylsarcosin unter Bildung nachstehender Verbindungen:

$$R \cdot CO \cdot NH \cdot CH_2 \cdot CO \cdot N \langle {CH_2CH_2 \cdot OH \atop CH_2CH_2 \cdot OH} \qquad (75\%)$$

$$R \cdot CO \cdot N \cdot \langle {CH_2CH_2 \cdot OH \atop CH_2CH_2 \cdot OH} \qquad (25\%)$$

Die Oberflächenspannung der Sarcoside ist vom pH-Wert abhängig. Bei pH-Werten unter 5 findet man ein Minimum bei etwa 25 dyn/cm, bei pH 6 erreicht sie 40 dyn/cm und bleibt bis etwa pH 9,5 konstant.

Sarcosinate verursachen keine Hautreizung und lassen sich wegen ihrer guten Hautverträglichkeit als hautschonende Waschmittel und als Rohstoffe für kosmetische Präparate einsetzen. So kann die Bakterienflora des Speichels durch eine 0,5%ige Natriumlauroylsarcosinatlösung in fünf Minuten um etwa 90% vermindert werden. Diese Feststellung macht die Verbindungen als Zahnpasta-Komponente interessant. — In organischen Lösungsmitteln einschließlich der Mineralöle, Petroleum, Glyzerin, Silikone,

Phosphorsäureester und niederen aliphatischen Kohlenwasserstoffen können sie gelöst werden. Neutrale und alkalische Lösungen der Natrium- und Triäthanolaminsalze wirken in 10%iger Lösung nicht korrodierend. Mit gesättigten Fettsäuren hergestellt sind die die N-Acylsarcosine sowohl waschaktive Substanzen als auch Weichmacher.

In ähnlicher Weise wie die Sarcosinverbindungen sind die entsprechenden Alaninderivate herstellbar und zeigen annähernd die gleichen Eigenschaften. Zur Herstellung dieser oder verwandter Verbindungen können höhermolekulare Fettsäureanhydride mit den wasserlöslichen Salzen der niedermolekularen aliphatischen Aminosäuren, die ein reaktionsfähiges Wasserstoffatom am Stickstoff besitzen, kondensiert werden, z. B. [251]:

$$\begin{matrix} R\cdot CO \\ R\cdot CO \end{matrix}\!\!>\!O + 2CH_3\cdot\underset{\substack{\cdot \\ NH_2}}{CH}\cdot COONa \rightarrow 2R\cdot CO\cdot NH\cdot\underset{\substack{\cdot \\ CH_3}}{CH}\cdot COONa + H_2O$$

3.2.2. Fettsäure-Eiweiß-Kondensationsprodukte

Bekannter als die Sarcoside sind die ihnen im Prinzip ähnlich gebauten Fettsäure-Eiweiß-Kondensationsprodukte. Sie werden ebenfalls durch Einwirkung höhermolekularer Fettsäurechloride auf abgebaute Eiweißverbindungen synthetisiert:

$$R\cdot CO\cdot Cl + NH_2\cdot R_1\cdot(CO\cdot NH\cdot R_2)_x\cdot COONa + NaOH \rightarrow R\cdot CO\cdot NH \cdot R_1\cdot(CO\cdot NH\cdot R_2)_x + .H_2O + NaCl$$

Die Umsetzung kann auch mit den entsprechenden Fettsäureanhydriden vorgenommen werden. In der Formel sind R_1 und R_2 Alkylreste der Eiweißabbauprodukte. Infolge der mehrfach vorhandenen —CO,NH-Gruppe wird die hydrophile endständige —COONa-Gruppe in ihrer Aktivität beeinflußt. Die abgebauten Eiweißverbindungen bestehen vorwiegend aus der Lysalbinsäure ($NH_2\cdot R_1\cdot(CO\cdot NH\cdot R_2)_xCOOH$).

Die heute zum Einsatz kommenden Eiweiß-Kondensationsprodukte enthalten Polypeptidketten mit 3 bis 6 Aminogruppen, die durch alkalischen Abbau von Leder und anderen Eiweißabfallprodukten gewonnen werden. Bei der technischen Durchführung des Aufschlusses kann man folgendermaßen arbeiten:

Chromlederspäne werden mit Kalk und mit der ausreichenden Menge Wasser bei 2 kp · cm^{-2} und 100 bis 115 °C etwa 2 bis 3 Stunden hydrolysiert. Anschließend filtriert man den Kalk ab, fällt mit Soda die überschüssigen Calciumverbindungen und filtriert nochmals. Nach dem Eindampfen des Filtrats ist eine dritte Filtration erforderlich. Die eingeengte kalkfreie Lösung, die vorwiegend aus Lysalbinsäure besteht, wird zur Kondensation eingesetzt.

Man erwärmt dazu 2980 Teile der Eiweißlauge auf 40°C und setzt mit 660 Teilen Fettsäurechlorid und einer entsprechenden Menge Natronlauge um, so daß Reaktionsgemisch stets alkalisch bleibt. Der Prozeß kann 5 bis 6 Stunden dauern. Das Endprodukt wird so eingestellt, daß es etwa als 50%ige Lösung vorliegt. Durch die alkalische Lösung werden während der Reaktion etwa 20% des Fettsäurechlorids zu Seifen umgesetzt.

Für die speziellen Eigenschaften der Fettsäure-Eiweiß-Kondensate ist die Fettsäurekomponente maßgebend. Vielfach hergestellt wurde die Ölsäureverbindung:

$$CH_3 \cdot (CH_2)_7 \cdot CH{=}CH \cdot (CH_2)_7 \cdot CO \cdot NH \cdot R_1(CO \cdot NH \cdot R_2)_x \cdot COONa$$

Diese Tenside kommen besonders als Textilhilfsmittel zum Einsatz. Sie weisen eine gute Faserschutzwirkung auf. Leider sind sie gegen Säuren relativ unbeständig. Die Fettsäure-Eiweiß-Kondensate kommen meist in flüssiger Form in den Handel, weil sie sich schwer trocknen lassen.

Zwecks Verbesserung einiger Eigenschaften dieser Tenside — wie Säure- und Elektrolytbeständigkeit sowie der Waschwirkung — addiert man unterschiedliche Mengen Äthylenoxid an die aktiven Wasserstoffatome.

In jüngerer Zeit sind weitere Eiweißstoffe, wie Leim, Horn, Kaseinabfälle und dgl. durch Aufschluß mit Laugen abgebaut worden. Derartige Hydrolysate geben nach Umsetzung mit Fettsäurechloriden oder -anhydriden ebenfalls Eiweißkondensate. Der VEB Chemische Fabrik Grünau [252] stellt Albumin-Fettsäureverbindungen durch Kondensation von Polypeptiden mit höhermolekularen Halogenfettsäurehalogeniden ($Cl \cdot CH_2 \cdot R \cdot CO \cdot Cl$) her und behandelt diese Produkte anschließend bei höherer Temperatur mit tertiären Base. Die Verbindungen werden als Textilreinigungsmittel eingesetzt.

Ähnliche Substanzen erhält man durch Erhitzen eines Proteins mit einem Alkylolamin oder einem Alkylpolyamin unter Ausschluß von Wasser bis eine klare viskose Lösung resultiert, die mit einem Acylierungsmittel, insbesondere höheren Fettsäuren oder Fettsäureestern umgesetzt wird [253].

Proteinderivate von nicht genau definierter chemischer Zusammensetzung werden von Riso [254] als waschaktive Substanzen empfohlen. Sie sollen die bekannten Eigenschaften der Fettsäure-Eiweiß-Kondensate aufweisen, sich biologisch weitgehend abbauen lassen und sie sind auf Grund dieser Eigenschaften für viele kosmetische Zubereitungen geeignet.

In ähnlicher Weise, wie beschrieben, werden polyfunktionelle grenzflächenaktive Verbindungen erhalten, wenn pflanzliches oder tierisches Protein, wie Fibrin oder Gelatine, nach Behandlung mit z. B. Natronlauge, mit halogenierten Säurechloriden — Chloracetylchlorid, α-Chlorlauroylchlorid, Chloracetylamidobenzoylchlorid u. a. — kondensiert wird. Anschließend setzt man die Lösung mit einem tertiären Amin, z. B. Octyldimethylamin, Lauryldimethylamin u. a. um [255].

Die Magnesiumsalze der Fettsäure-Eiweiß-Kondensate haben sich als Stabilisatoren für Peroxid-Bleichbäder bewährt.

SANDERS und NASSAU [256] stellen auf Proteinbasis durch Kondensation mit Fettsäurechloriden ein Tensid her, das als industrielles Reinigungsmittel, Haushaltwaschmittel, als medizinisches Hautreinigungsmittel und für kosmetische Zwecke empfohlen wird.

Kondensate der Eiweißabbauprodukte mit ungesättigten höheren Fettsäuren können auf ein Mol maximal 3 Mol Äthylenoxid anlagern. Die reaktionsfähigen Gruppen im Eiweißanteil können gegebenenfalls durch Acetylierung mit Anhydriden organischer Säuren, insbesondere Acetanhydrid, blockiert werden. Die Natriumsalze des Äthylenoxidadduktes zeigen vorzügliche Wasch-, Dispergier-, Emulgier-, Netz- und Faserschutzwirkung [257].

Als Kondensationskomponente für die Eiweißabbauprodukte verwendet ULSPERGER die hydrophoben langkettigen Fettisocyanate, die unsymmetrische, disubstituierte Harnstoffe ergeben: [259]

$$R \cdot N{=}C{=}O + H_2N \cdot R_1 \cdot COONa \rightarrow R \cdot NH \cdot CO \cdot NH \cdot R_1 \cdot COONa$$

Alkylureido-polypeptid-carbonsaures Natrium

Die Verbindungen erhält man durch Umsetzung einer 50%igen Abbaulauge von pH 8,5 bis 9 bei 45 bis 50°C mit Alkylisocyanat. Es entstehen bernsteingelbe, wasserhaltige, viskose bis hochviskose Produkte, die gegenüber den herkömmlichen Fettsäure-Eiweiß-Kondensaten einen geringeren Neutralsalzgehalt aufweisen. Das n-Octyl- und n-Dodecylharnstoffderivat sind gegen hartes Wasser beständig. Das Waschvermögen kann als gut bezeichnet werden. Weitere n-Alkylureidocarbonsäuren stellte ULSPERGER in ähnlicher Weise her [258]. In Tab. 30 werden Schmelz- und Zersetzungs-

Tabelle 30. Schmelz- und Zersetzungspunkte einiger n-Alkylureidocarbonsäuren und die kritische Micell-Konzentration in wäßriger Lösung

AUC-Na	Schmelz- bzw. Zersetzungspunkt [°C]		KMK bei 20°C [g/l]
OI u. Glycin	185—187	Zers.	20,18
OI u. DL-Alanin	wasserfrei 108—110		21,31
	mit $4 H_2O$ 51— 53		
OI u. L-Glutaminsäure	ab 300	Zers.	27,71
OI u. DL-Asparaginsäure	ab 270	Zers.	26,59
OI u. L-Prolin	—		23,39
OI u. L-Oxyprolin	177—180	Zers.	24,67
DoI u. Glycin	195—197	Zers.	1,26/75°

OI = n-Octylisocyanat, *DoI* = n-Dodecylisocyanat.

temperaturen sowie die kritischen Micellkonzentrationen (KMK) einiger dieser Verbindungen zusammengestellt. Die Natriumsalze dieser Tenside sind weiße, allgemein gut kristallisierte, schwach hygroskopische Verbindungen. Ihre Löslichkeit in Wasser ist sehr gut. Die Kettenlänge der Acylreste soll möglichst nicht mehr als 12 C-Atome betragen.

Die mit der Schutzkolloidwirkung im Zusammenhang stehende Kalkseifenresistenz verdanken die Fettsäure-Eiweiß-Kondensate dem in geeigneter Molekülgröße ausgewählten Polypeptidanteil. Mit zunehmender Größe des Polypeptidmoleküls verbessert sich die Säure- und Kalkseifenbeständigkeit. Die tensidischen Eigenschaften werden aber schlechter.

In gleicher Weise können Eiweißabbauprodukte, statt mit einem höhermolekularen Fettsäurerest als hydrophobe Gruppe, auch mit langkettigen Alkylenoxiden synthetisiert werden. Derartige hydrophobe Komponenten sind nach verschiedenen Verfahren herstellbar, von denen sich für längerkettige Alkylenoxide speziell zwei Methoden eignen, die auch bereits bei den kurzkettigen Alkylenoxiden erwähnt wurden:

1. Die Oxydation end- oder mittelständiger olefinischer Doppelbindungen mit Luft, reinem Sauerstoff, Wasserstoffperoxid, Persäuren, Chromsäure,
2. die Abspaltung von Halogenwasserstoff mittels Alkali aus Halogenhydrinen:

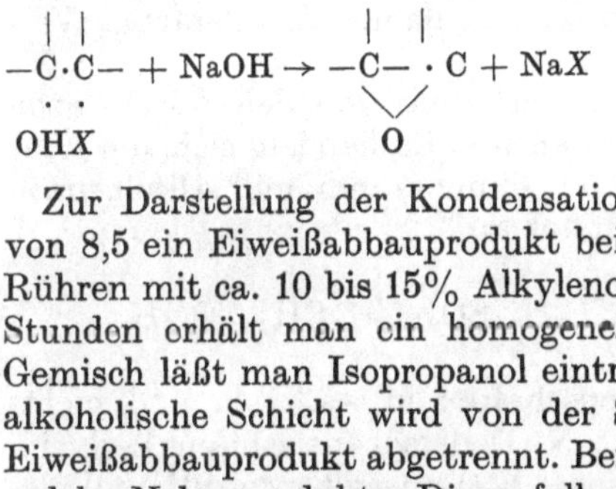

X = Halogen

Zur Darstellung der Kondensationsprodukte setzt man beim pH-Wert von 8,5 ein Eiweißabbauprodukt bei 100 °C unter Rückfluß und kräftigem Rühren mit ca. 10 bis 15% Alkylenoxid portionsweise um. Nach etwa zwei Stunden erhält man ein homogenes Reaktionsgemisch. In das erkaltete Gemisch läßt man Isopropanol eintropfen (200 m*l* auf 100 g Produkt). Die alkoholische Schicht wird von der Salzlauge und dem nicht umgesetzten Eiweißabbauprodukt abgetrennt. Bei der Reaktion bilden sich kaum irgendwelche Nebenprodukte. Die anfallenden Tenside sind viskose bis hochviskose, dunkelbernsteingelb gefärbte Substanzen, die mit Wasser gut mischbar sind und schäumen. Durch ihren ampholytischen Charakter sind die Verbindungen sowohl in alkalischen als auch in sauren Bereichen anwendbar [259]:

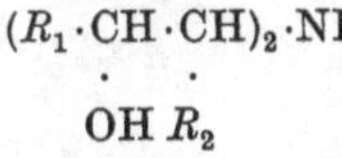

Es sind u. a. nachstehende Alkylenoxid-Eiweiß-Verbindungen hergestellt worden:

Octylenoxid	α-Pinenoxid
Dodecylenoxid	C_{10} bis C_{18}-Olefinoxide
Limonenoxid	

3.2.3. Kondensationsprodukte von Aminocarbonsäuren mit Alkylsulfochloriden

Statt der Acylchloride können entsprechende Alkylsulfochloride, $R \cdot SO_2Cl$, mit Aminocarbonsäuren oder Eiweißabbauprodukten in Anwesenheit von Alkali kondensiert werden. Sie ergeben besonders säure- und härtebeständige Tenside. Außerdem zeigen sie ein gutes Stabilisiervermögen für aktive Sauerstoffverbindungen [20].

a) $R \cdot SO_2Cl + H_2N \cdot R_1 \cdot (CO \cdot NH \cdot R_2)_x COONa \xrightarrow{NaOH} R \cdot SO_2 \cdot NH \cdot R_1 \cdot (CO \cdot NH \cdot R_2)_x COONa + NaCl$

b) $R \cdot SO_2Cl + CH_3 \cdot NH \cdot CH_2 \cdot COONa \xrightarrow{NaOH} R \cdot SO_2 \cdot \underset{\displaystyle CH_3}{NH} \cdot CH_2 \cdot COONa$

In ähnlicher Weise, wie oben formuliert, lassen sich weitere Aminocarbonsäuren mit Alkylsulfochloriden umsetzen. Es entstehen Tenside, die als Färbereihilfsmittel und Waschmittelgrundstoffe eingesetzt werden können. Sie übertreffen in ihrem Schmutztragevermögen die Alkylsulfonate beträchtlich. Die Verwendung der Carboxylgruppe anstelle der Sulfogruppe bietet gewisse technische Vorteile. Man rechnet damit, daß derartige Verbindungen mehr Interesse finden werden.

Einige interessante Tensidtypen leiten sich teils von den Alkylbenzolsulfonaten und teils von den Aminosäuren ab. Es handelt sich um Verbindungen, die durch Kondensation von Aminosäuren mit Alkylbenzolsulfonsäuren oder deren Sulfochlorid entstehen:

$$R \cdot C_6H_4 \cdot SO_2Cl + NH_2 \cdot CH_2COOH \rightarrow R \cdot C_6H_4 \cdot SO_2 \cdot NH \cdot CH_2 \cdot COOH$$

Als Produkte mit tensidischen Eigenschaften in wäßrigen und nichtwäßrigen Medien wurden synthetisiert: N-(Dodecylbenzolsulfonyl)-glycin, N-(Dodecylbenzolsulfonyl)-glutaminsäure, N-(Dodecylbenzolsulfonyl)-alanin, N-(Dinonylnaphthalinsulfonyl)-glycin, N-(Dinonylnaphthalinsulfonyl)sarcosin, N-(Octadecylanthracensulfonyl)-sarcosin und N-(Octylxylylsulfonyl)-sarcosin [260].

3.2.4. Verschiedene Carboxylverbindungen

Mononatriumalkylmalonate der Formel:

$$R \cdot CH \left\langle \begin{matrix} COONa \\ COOH \end{matrix} \right.$$

haben einen seifenartigen Charakter.

Insbesondere weist das Mononatriumsalz eine beachtliche tensidische Wirkung auf. Die Dinatriumsalze sind nahezu inaktiv.

Durch Umsetzung von Maleinsäureanhydrid oder Maleinsäure mit höheren Olefinen oder mit Chlorparaffinen gelangt man zu Alkylbernsteinsäuren, deren Alkalisalze, neutralisierte Monoester oder Monoamide grenzflächenaktiv sind:

$R\cdot CH\cdot COONa$ $CH\cdot COONa$	$R\cdot CH\cdot COOR$ $CH\cdot COONa$	$R\cdot CH\cdot CO\cdot NH_2$ $CH\cdot COONa$
Na-Alkylsuccinat	Na-Alkylsuccinatmonoester	Na-Alkylsuccinatmonoamid

siehe hierzu auch Seite 232.

Von der Oxalsäure leitet sich die Oleyloxamidsäure ab, deren Alkalisalze tensioaktiv sind:

$$\begin{array}{l} COOH \\ \cdot \\ CO\cdot NH\cdot C_{17}H_{33} \end{array}$$

Ein grenzflächenaktives Phthalsäurederivat ist die N-Dodecyl-N-hexylphthalamidsäure:

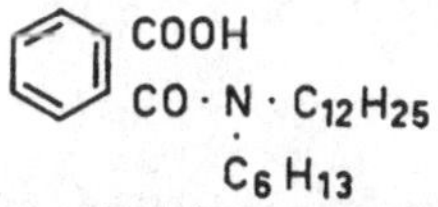

Aus dem Arylcarboxysäurechlorid der Formel $R\cdot Ar\cdot R_1\cdot CO\cdot Cl$ entsteht durch Kondensation mit einer niederen Aminocarbonsäure nachstehende tensioaktive Verbindung:

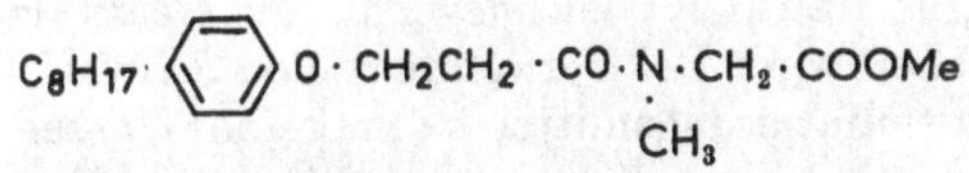

Die genannte Verbindung verfügt über gute Wasch- und Netzeigenschaften und über eine hohe Hartwasser- und Säurestabilität.

Albers beschreibt eine Lauryl(poly-1-oxypropen)-oxyäthancarbonsäure, $C_{12}H_{25}\cdot(OCH_2CH_2CH_3)_n\cdot O\cdot CH_2COOH$. Zur Herstellung wird propoxylierter Laurylalkohol zu 90% mit Natrium in das Alkoholat umgewandelt und mit Natriumchloracetat das Natriumsalz der Laurinäthercarbonsäure hergestellt. Die tensioaktiven Eigenschaften dieser Verbindung sind nicht bekannt.

Auf weitere weniger bedeutende Verbindungen dieser Gruppe soll hier nicht eingegangen werden. Siehe dazu [261, 262].

3.3. Alkylsulfate

Durch Reaktion sulfierender Reagentien, insbesonderer Schwefelsäure, Schwefeltrioxid, Chlorsulfonsäure u. dgl., entstehen aus höhermolekularen Alkoholen oder Monoolefinen saure Schwefelsäureester (Monoalkylsulfate). Sie unterscheiden sich von den Alkylsulfonaten durch die Bindung des Schwefels. Während in den Alkylsulfaten, $R \cdot O \cdot SO_3H$, der Schwefel über das Sauerstoffatom an den Kohlenstoff gebunden ist, ist der Schwefel in den Sulfonaten direkt an das Kohlenstoffatom gebunden. Unter bestimmten Bedingungen lassen sich die Sulfate in die entsprechenden Sulfonate umwandeln. In der Technik macht man von dieser Methode kaum Gebrauch.

Da sich sowohl Fettalkohole als auch Olefine sulfatieren lassen, spricht man von Fettalkoholsulfaten (primäre Alkylsulfate) und von Olefinsulfaten (sekundäre Alkylsulfate), um auf den Ursprung und die Qualität der Verbindungen hinzuweisen. Als waschaktive Substanzen sind die Fettalkoholsulfate wertvoller als die Olefinsulfate:

$$R \cdot O \cdot SO_3H(Me) \qquad R \cdot \underset{\displaystyle O \cdot SO_3H(Me)}{CH} \cdot R_1$$

primäres Alkylsulfat — sekundäres Alkylsulfat

Bei der Veresterung der Hydroxylgruppe wird gleichzeitig Wasser frei, das zur Verdünnung der Schwefelsäure führt und die Reaktion nach und nach zum Abklingen bringt:

$$R \cdot OH + H_2SO_4 \rightleftharpoons R \cdot O \cdot SO_3H + H_2O$$

Bei höheren Temperaturen kann eine rückläufige Umsetzung stattfinden, die zur Verseifung des Esters führt. Es ist daher ratsam, durch geeignete Mittel entweder das Wasser zu entfernen, d. h. zu binden oder es aus dem Reaktionsgemisch unter Vakuum abzudestillieren. Die chemische Bindung des Wassers kann durch Zusatz von Essigsäureanhydrid, Acetylchlorid, Phosphorpentoxid u. a. erfolgen, so daß das Gleichgewicht der Reaktion weitgehend zum Ester hin verschoben wird. Bei Verwendung von Schwefeltrioxid oder Chlorsulfonsäure als Sulfatierungsmittel kann keine Wasserbildung eintreten. Die Umsetzung mit Chlorsulfonsäure führt zur Bildung von Chlorwasserstoff, der gasförmig entweicht.

$$R \cdot OH + SO_3 \rightarrow R \cdot O \cdot SO_3H$$
$$R \cdot OH + Cl \cdot SO_3H \rightarrow R \cdot O \cdot SO_3H + HCl$$

Die Additionsreaktion der Schwefelsäure an Olefine geht langsamer vor sich und erfordert ebenfalls einen Schwefelsäureüberschuß, wobei bei tiefen Temperaturen gearbeitet werden muß:

$$R \cdot CH{=}CH \cdot R_1 + H_2SO_4 \rightarrow R \cdot CH_2 \cdot \underset{\displaystyle O \cdot SO_3H}{CH} \cdot R_1$$

Die Sulfatierung der Olefine mit Chlorsulfonsäure geht über einen Ester der Chlorsulfonsäure vor sich:

$$R\cdot CH = CH\cdot R_1 + Cl\cdot SO_3H \rightarrow \underset{\displaystyle Cl\cdot O\cdot SO_3H}{R\cdot CH\cdot CH\cdot R_1}$$

Der Ester liefert mit Wasser oder Alkalien das entsprechende Alkylsulfat:

$$\underset{\displaystyle Cl\cdot O\cdot SO_3H}{R\cdot CH\cdot CH\cdot R_1} + H_2O \rightarrow \underset{\displaystyle O\cdot SO_3H}{R\cdot CH\cdot CH\cdot R_1} + HCl$$

Komplizierter werden die Vorgänge bei den ungesättigten Alkoholen bzw. bei der Sulfatierung von Triglyzeriden, die auch ungesättigte Fettsäuren enthalten (siehe Seite 157). Außer den erwähnten Sulfatierungsmethoden werden in der Literatur noch eine Anzahl spezieller Sulfatierungsverfahren, z. B. mit Schwefeltrioxidkomplexen, beschrieben, die gegenüber den besprochenen Methoden Vorteile bieten sollen.

3.3.1. Primäre Alkylsulfate

Wie bereits erwähnt, wurden die Fettalkoholsulfate als erste waschaktive Substanzen zur Herstellung von Feinwaschmitteln herangezogen. Man bezeichnete sie damals noch als „Fettalkoholsulfonate". Durch rationelle Produktionsverfahren für die Fettalkohole konnten sie sehr bald technisch in größeren Mengen hergestellt werden und spielen heute in fast allen Staaten der Erde eine Rolle, obwohl sie in anderen Tensiden eine starke Konkurrenz gefunden haben.

In den Jahren 1925 bis 1928 kamen von Bertsch [12] und Lindner [83] brauchbare Anwendungs- und -verarbeitungsvorschläge. Man hatte festgestellt, daß sich die höhermolekularen Fettalkohole im technischen Maßstab einwandfrei sulfatieren lassen und die Alkalisalze der sauren Schwefelsäureester über ein beachtliches Reinigungsvermögen verfügen. Seit dieser Entdeckung nahm die Entwicklung der synthetischen waschaktiven Substanzen sowie der Netz-, Emulgier- und Dispergiermittel einen rapiden Aufschwung.

Ausschlaggebend für die Qualität der Alkylsulfate ist weniger die Art der Sulfatierungsmethode als die Zusammensetzung des Fettalkoholgemisches. Zuweilen sind Fettalkoholfraktionen mit geringen Siedepunktsunterschieden wertvoller als Schnitte über einen weiteren Temperaturbereich. Andererseits bieten auch weite Schnitte gewisse Vorteile. In bezug auf ihre kolloidchemischen Eigenschaften geben die primären Alkylsulfate ein den Fettsäureseifen ähnliches Bild. Auch hier sind die niederen Vertreter der homologen Reihe kaum tensioaktiv. Ihr molekulardispersen Lösungen ergeben keine Wasch- oder Netzeffekte. Der Übergang zu den seifenartigen Lösungen dieser Salze liegt beim C_6- bis C_8-Sulfat. Entsprechend den Fettsäureseifen weisen die Lösungen des Na-Dodecylsulfates in der Kälte ihre maximale Wirkung auf. In warmen Lösungen liegt die optimale Wirkung bei den höhermolekularen Gliedern, z. B. dem Na-Palmitylsulfat. Allgemein ist festgestellt worden, daß das Waschvermögen der Alkylsulfate direkt von der Kettenlänge abhängt. Das Optimum des Na-Palmitylsulfates liegt in weichem Wasser bei etwa 60 °C. Das Maximum der Waschwirkung verschiebt sich mit abnehmender Temperatur in Richtung zu den kurzkettigen Homologen. Bei Raumtemperatur verwendet man vorteilhaft Dodecyl- und Tetradecylsulfate.

Tabelle 31. Oberflächenspannungen einiger primärer Alkylsulfate

Verbindung	Konzentration [g/l]	Oberflächenspannung [dyn/cm] 40 °C	60 °C
Na-Dodecylsulfat	2,0	25,2	37,2
Na-Tetradecylsulfat	2,0	25,8	37,1
Na-Hexadecylsulfat	3,0	29,6	28,7
Na-Octadecylsulfat	4,0	34,3	13,4

Die Härte des Wassers beeinflußt die Waschwirkung ähnlich wie eine geringere Temperatur. Da die Alkalisalze der Alkylsulfate sich mit den Calcium- und Magnesiumsalzen des harten Wassers zu löslichen Salzen umsetzen, kommt es nicht zur Abscheidung derartiger Verbindungen. Trotzdem ist bei Verwendung von hartem Wasser ein nachteiliger Einfluß auf die Waschwirkung der Natriumalkylsulfate bemerkbar.

Durch Mischen von Alkylsulfaten verschiedener Kettenlänge werden Effekte erzielt, die zuweilen günstiger liegen als die Summe der Einzelwirkungen der reinen Sulfate. Die Waschwirkung wird bei höhermolekularen Alkylsulfaten geringer.

Eine gemeinsame Verwendung von Alkylsulfaten mit Seifen ist bei den meisten Sulfaten nicht ratsam, da sie über kein ausgeprägtes Kalkseifendispergiervermögen verfügen. Unter bestimmten Bedingungen sulfatierte Fettalkohole ergeben Tenside, die auch in der Lage sind, Kalkseifen gut zu dispergieren.

3.3.1.1. Sulfatierung der Fettalkohole (Alkanole und Alkenole)

Grundsätzlich muß zwischen der Veresterung bzw. Sulfatierung der gesättigten und ungesättigten Fettalkohole unterschieden werden. Während bei den gesättigten Alkoholen die Schwefelsäure nur mit der endständigen Hydroxylgruppe unter Wasseraustritt reagieren kann, sind bei den ungesättigten Alkoholen verschiedene Reaktionen möglich:

a) Sulfatierung der Hydroxylgruppe:

$$R\cdot CH{=}CH\cdot CH_2OH + H_2SO_4 \rightarrow R\cdot CH{=}CH\cdot CH_2\cdot O\cdot SO_3H + H_2O$$

b) Schwefelsäureaddition an die Doppelbindung:

$$R\cdot CH{=}CH\cdot CH_2OH + H_2SO_4 \rightarrow R\cdot \underset{\displaystyle O\cdot SO_3H}{\underset{\cdot}{CH}}\cdot CH_2\cdot CH_2\cdot OH$$

c) Sulfatierung der Hydroxylgruppe und Schwefelsäureaddition an die Doppelbindung:

$$R\cdot CH{=}CH\cdot CH_2OH + 2\,H_2SO_4 \rightarrow R\cdot \underset{\displaystyle O\cdot SO_3H}{\underset{\cdot}{CH}}\cdot CH_2\cdot CH_2\cdot O\cdot SO_3H + H_2O$$

Unter besonders scharfen Bedingungen können sogar drei hydrophile Gruppen in ein Molekül eines ungesättigten Fettalkohols eintreten. Von Bedeutung sind jedoch vorwiegend die beiden ersten Umsetzungen. Die Sulfatierung der Hydroxylgruppe am Ende des Moleküls verläuft bei tiefen Temperaturen sehr langsam. Bei +30 °C erreicht sie ihr Optimum. Sulfatiert man ungesättigte Alkohole bei 0 °C mit konzentrierter Schwefelsäure, so wird die Hydroxylgruppe nicht angegriffen und die Sulfatierung erfolgt an der Doppelbindung. Mit größeren Schwefelsäureüberschüssen und bei Temperaturen von +6 °C bis −6 °C kommt es bei längeren Reaktionszeiten zur Bildung der Dischwefelsäureester:

$$R\cdot CH{=}CH\cdot CH_2OH + 2\,H_2SO_4 \rightarrow R\cdot \underset{\displaystyle O\cdot SO_3H}{\underset{\cdot}{CH}}\cdot CH_2\cdot CH_2\cdot O\cdot SO_3H + H_2O$$

Die Veresterung von Decanol mit Schwefelsäure führt bei steigender Schwefelsäuremenge und zunehmender Temperatur zur Bildung von Decen als Nebenprodukt [263].

Da die an der Doppelbindung sulfatierten Alkohole mit ihrer mittelständigen hydrophilen Gruppe das charakteristische Waschvermögen nicht aufweisen, befaßt man sich mehr mit der Herstellung z. B. des ungesättigten Oleylsulfates, das auf Grund seiner endständigen hydrophilen Sulfatgruppe und der Doppelbindung über eine gute Waschaktivität verfügt. Mit Hilfe milder Sulfatierungsmittel erreicht man eine Veresterung der Hydroxylgruppe, wie z. B. mit den Additionsverbindungen von Schwefeltrioxid oder Chlorsulfonsäure an Dioxan, Äther, Harnstoff, Pyridin oder mit Amidosulfonsäure. Weiterhin sind verwendbar das Natrium- oder Kaliumsalz der

Chlorsulfonsäure oder die Additionsverbindung von Schwefeltrioxid an Natriumnitrit. Zur schonenden Sulfatierung ungesättigter Alkohole (fast ausschließlich Oleylalkohol) eignet sich auch ein Gemisch aus Chlorsulfonsäure mit Alkalisalzen der Metaphosphorsäure. Man verwendet z. B. 5 bis 30 Teile Kaliummetaphosphat oder 20 Teile Natriumhexametaphosphat in 100 Teilen Chlorsulfonsäure bei 40 bis 60 °C. Der Umsetzungsgrad liegt bei 96%. Das Gemisch läßt sich auch zur Sulfonierung von Alkylaromaten einsetzen [264].

Weiterhin gewinnt man Schwefelsäureester gesättigter oder ungesättigter Alkohole mit 8 bis 20 C-Atomen durch Erhitzen mit Diammoniumimidodisulfonat ($NH(SO_3NH_4)_2$) unter Stickstoff bei 140 bis 150 °C in Gegenwart von 0,5 bis 5% eines Katalysators, der aus einem N,N-Dialkylamid der allgemeinen Formel $R \cdot CO \cdot N(R_1) \cdot R_2$ besteht (R=H, R_1 und R_2 = Methyl oder Äthyl). Der Katalysator kann durch einen aromatischen, aliphatischen oder naphthenischen Kohlenwasserstoff als Lösungsmittel ersetzt werden. Die Umsetzung dauert 3 bis 5 Stunden, wobei eine Ausbeute von 80 bis 95% erreichbar ist [265]. Ungesättigte Alkohole können mit Amidosulfonsäure in Gegenwart von tertiären niedermolekularen Alkylaminen, insbesondere Triäthylamin, sulfatiert werden. Die anfallenden Ammoniumverbindungen lassen sich mit Alkalien umsalzen [266]. In ähnlicher Weise wird durch Zusatz eines Alkylolamins oder Morpholins der Angriff auf die Doppelbindung durch die Sulfatierungsmittel vermieden.

Man mischt z. B. ein Mol Oleylalkohol mit 2 Mol 2-Amino-2-methyl-1-propanol, tropft ein Mol konz. Schwefelsäure zu, so daß sich eine Reaktionstemperatur von 110 °C einstellt. Anschließend soll eine Temperatur von 100 °C 4 Stunden beibehalten werden. Man erhält ein hellfarbiges, viskoses Öl, das N-(1,1-Dimethyl-2-hydroxyäthyl)-ammoniumoleylsulfat. In analoger Weise lassen sich die Verbindungen der Morpholin- und Pyridinsalze gewinnen. Diese Produkte werden wie die Alkalialkylsulfate eingesetzt. Sie sind von heller Farbe und dunkeln im Tageslicht weniger nach als die Alkaliverbindungen [267]. Für den gleichen Zweck wird von Hell und Mitarbeitern [268] eine Anhydro-N-Pyridinschwefelsäure vorgeschlagen. Die technische Herstellung der Säure ist jedoch schwierig.

Durch Sulfatierung natürlicher und synthetischer Fettalkohole im Vakuum wird nach Slominski [269] der Schwefelsäureverbrauch verringert, es treten weniger Nebenprodukte auf und die Fettalkoholverluste liegen niedriger. Verdünnungs- oder Lösungsmittel haben den Zweck, die zuweilen sehr heftigen Reaktionen zu mildern und führen gleichzeitig zu einer besseren Verteilung der Reaktionspartner, d. h. die Reaktion kann zu einheitlicheren Produkten führen und kann eine Qualitätsverbesserung ergeben. Als Lösungsmittel geeignet sind inerte paraffinische Kohlenwasserstoffe, z. B. eine Fraktion von 230 bis 340 °C. Aber auch Benzinfraktionen, chlorierte Kohlenwasserstoffe (Tetrachlorkohlenstoff, Dichloräthan, Chloroform) sind verwendbar.

Loktev und Vulach [270] setzten zur Sulfatierung höherer Fettalkohole Sulfaminsäure in Gegenwart der Paraffinfraktion 230—340 °C ein und verwenden Harnstoff, Dimethylformamid, Pyridin oder oxäthylierte Alkohole als Katalysatoren. Das Verfahren hat den Vorteil, daß sofort die Ammoniumsalze der Alkylsulfate anfallen. Das Verfahren eignet sich auch zur Veresterung ungesättigter Alkohole, weil die Doppelbindungen nicht angegriffen werden. Je nach Art des Alkohols beträgt die Sulfatierung 85 bis 99%.

Als weitere Sulfatierungsmittel, die mit mehr oder weniger gutem Erfolg einsetzbar sind, sollen erwähnt werden: Sulfurylchlorid, Glyzerinschwefelsäure, Äthylschwefelsäure, Imidoschwefelsäure sowie organische Sulfaminsäuren und ihre Salze.

Die Sulfatierung längerkettiger Fettalkohole mit stöchiometrischen Mengen Schwefeltrioxid bei 35 bis 50 °C führt zu hellfarbigen Produkten mit geringem Gehalt an unsulfatierten Teilen. Kurze Sulfatierungszeiten bei etwas höheren Temperaturen sind besser geeignet als längere Zeiten bei niederen Temperaturen [271].

Die durch direkte Hydrierung von synthetischen Fettsäuren gewonnenen Fettalkohole sollen bei der Herstellung von Alkylsulfaten den Alkoholen aus der Hydrierung von Butylestern vorzuziehen sein. Am ungeeignetsten sind Alkohole, die durch Hydrierung von Fettsäuren aus der Paraffinoxydation mit Borsäure als Katalysator erhalten wurden. Sekundäre Alkohole lassen sich weniger gut sulfatieren als primäre [272].

Die für waschtechnische Zwecke verwendeten Alkylsulfate sollen einen hohen Sulfierungsgrad aufweisen, d. h. etwa 95% des eingesetzten Alkohols sollen umgesetzt sein. 100%ige Alkylsulfate sind in ihrer Waschwirkung und dem Schmutztragevermögen weniger gut als Produkte, die noch in geringen Mengen freie Alkohole enthalten. Will man aus den Alkylsulfaten die nicht sulfierten Alkohole entfernen, ist eine Extraktion der wäßrigen Lösungen mit chlorierten Kohlenwasserstoffen oder niedrigsiedenden aliphatischen Lösungsmitteln, wie Tetrachlorkohlenstoff, Trichloräthylen, Petroläther, Benzin, angebracht. Zusätze von niederen Alkoholen, Aceton, Dioxan u. dgl. tragen bei der Extraktion zur Verhinderung einer Emulsionsbildung bei.

Zur Abtrennung der zuweilen unerwünschten Mengen an anorganischen Salzen löst man nach der Sulfatierung das Reaktionsgemisch in Wasser und gibt Butanol oder Tetrachlorkohlenstoff zu. Die Alkylsulfate lösen sich in den organischen Lösungsmitteln und werden von der wäßrigen Säureschicht abgetrennt. Anschließend neutralisiert man und destilliert das Lösungsmittel ab. Man kann auch die trockenen Produkte mit geeigneten Lösungsmitteln behandeln, die den Alkylschwefelsäureester lösen und die anorganischen Salze zurücklassen. Dafür eignen sich besonders die niederen Alkohole, wie Äthanol, Propanole, Butanole oder auch Glykole, Glyzerin oder ähnliche Verbindungen.

3.3.1.2. *Technische Herstellung der primären Alkylsulfate*

In der Literatur findet sich eine Vielzahl von Angaben über Sulfatierungsmittel und -apparaturen, die in der Technik mit unterschiedlichen Erfolgen eingesetzt worden sind. Nur ein geringer Teil davon kommt für eine Großproduktion in Frage. Als rationelles Sulfatierungsmittel wird in zunehmendem Maße Schwefeltrioxid eingesetzt.

Grundsätzlich unterscheidet man zwischen der diskontinuierlichen Fahrweise, dem Chargenbetrieb, und den kontinuierlichen Verfahren. Je nach Größe der Betriebe wird die eine oder andere Verfahrensweise angewendet.

Sulfatierung in Chargen

In Behältern unterschiedlicher Größe — bis zu 5000 Litern Fassungsvermögen — die mit einem gut verteilenden Rührwerk, einer sehr intensiv wirkenden Kühlvorrichtung und einem Ablaßventil zur Entleerung des Reaktionsgemisches in das Neutralisationsgefäß versehen sind, wird die Sulfatierung bei niedrigen Temperaturen ausgeführt. Wegen der stark korrodierenden Wirkung der Schwefelsäure — und auch der übrigen Sulfatierungsmittel — müssen die Gefäße aus einem sehr korrosionsbeständigen Material bestehen oder zumindest damit ausgekleidet sein (z. B. homogene Verbleiung). Abb. 26 zeigt das Schema einer vollständigen Anlage zur dis-

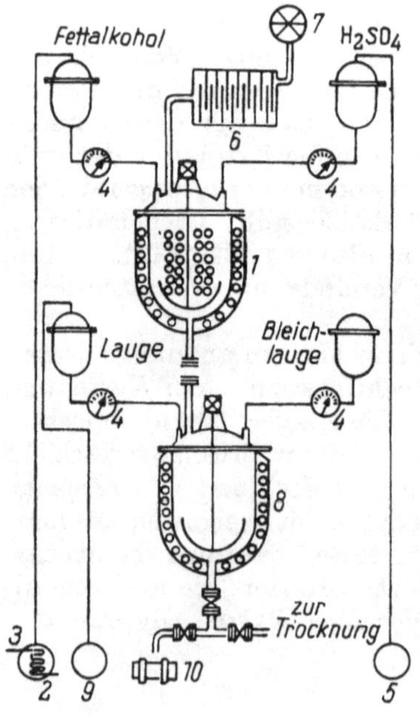

Abb. 26. Alkylsulfatgewinnung in Chargen.

1 — Reaktionsgefäß, *2* — Fettalkohollagertank, *3* — Heizung, *4* — Meßgeräte, *5* — H_2SO_4-Lagertank *6* — Absorber, *7* — Ventilator, *8* — Neutralisator, *9* — Lagertank für Lauge, *10* — Pastenabfüllung.

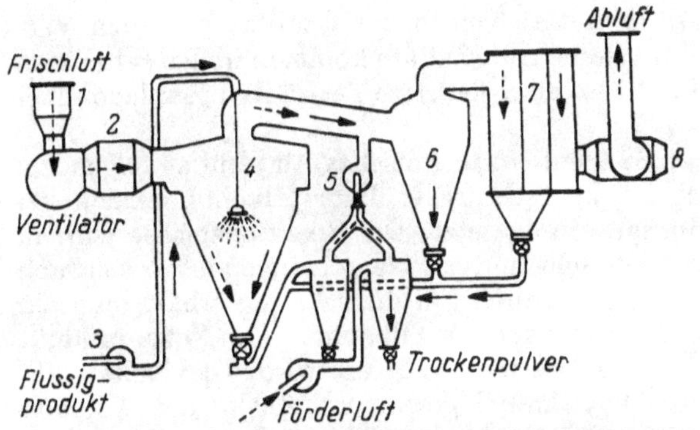

Abb. 27. Schema einer Zerstäubungsanlage (System Swenson) zur Herstellung von pulverisierten oder körnigen Waschmitteln.

1 – Luftfilter, 2 – Lufterhitzer, 3 Hochdruckpumpe, 4 – Trockenturm, 5 – Gebläse zum Luftansaugen, 6 – Zyklon-Staubabscheider, 7 – Schlauchfilter; ---- = Luftstrom, —— = Paste oder Pulver.

kontinuierlichen Sulfatierung. Dazu gehören neben dem eigentlichen Sulfatierungskessel ein gleich großer oder sogar noch größerer Neutralisator und die verschiedenen Vorratsgefäße für Fettalkohole, Säure und Lauge sowie vielfach noch für die Bleichlauge zur Aufhellung der Produkte. Dabei werden einige Meßgeräte für Mengen und Temperaturen, eine Abfüllvorrichtung und eventuell eine Verstäubungsanlage benötigt.

Die Sulfatierung erfolgt im allgemeinen so, daß der zu sulfatierende Grundstoff in das Sulfatiergefäß eingebracht wird und unter guter Kühlung die Säure zufließt. In manchen Fällen wird umgekehrt verfahren, man legt die Säure vor und läßt den Alkohol zufließen. Die Zugabe der Säure bzw. des Alkohols soll so schnell erfolgen, daß die Reaktionstemperatur konstant gehalten werden kann. Zur Abführung der großen Reaktionswärmemenge muß intensiv gekühlt werden. Von der Wirksamkeit der Kühlvorrichtung hängt die Reaktionszeit und damit die Leistungsfähigkeit der Anlage ab. Zur Vervollständigung der Reaktion schließt sich fast in jedem Falle nach beendeter Rohstoffzugabe eine Nachreaktion an.

Zur Neutralisation läßt man das Reaktionsgemisch in den dafür vorgesehenen Behälter ab. Meist legt man die Lauge vor und läßt das Sulfatierungsgemisch langsam unter Rühren zufließen. Auch hierbei muß die exotherme Reaktionswärme durch eine gute Kühlvorrichtung abgeführt werden. Um eine einwandfreie Durchmischung der sehr viskosen Masse zu erreichen, ist ein entsprechend stark gebautes Rührwerk erforderlich.

Häufig wird das neutralisierte Produkt nach Zusatz von bestimmten Aufbaustoffen (siehe Seite 312) zerstäubt. Die Masse kommt dazu in einen Misch- oder Einstellkessel, wo die Zusätze, wie calcinierte Soda, Alkaliphosphate, wasserlösliche Silikate, Persalze zur Bleichung des Waschgutes, wasserlösliche Cellulosederivate und optische Aufheller eingearbeitet werden. Die Zusammensetzung richtet sich nach der Qualität und dem Verwendungszweck der Produkte. Reine Alkylsulfate kommen in den seltensten Fällen zum Einsatz. In Abb. 27 ist eine derartige Zerstäubungsanlage schematisch dargestellt.

Nach dem Chargenverfahren kann ein technisches Alkylsulfat folgendermaßen hergestellt werden: 300 kg technischer Laurylalkohol werden bei 30 °C mit 170 kg Chlorsulfonsäure umgesetzt. Die Reaktionsmasse wird in 200 kg Eis und 100 *l* Wasser gebracht und mit Natronlauge bis zur schwach alkalischen Reaktion neutralisiert. Durch Sprühtrocknung erhält man ein festes Produkt mit ca. 60% waschaktiver Substanz. Als Nebenprodukt fällt Chlorwasserstoff an, der in Wasser absorbiert wird. Oleylsulfat läßt sich in folgender Weise aus Oleylalkohol gewinnen: 600 kg des Alkohols werden in 120 kg Chloroform gelöst und in einem emailierten Reaktionskessel bei 25 bis 30 °C mit 290 kg Chlorsulfonsäure umgesetzt. Das Reaktionsgemisch gibt man in eine Lösung, die eine 50%ige Natronlauge (270 kg), 50 kg Dinatriumphosphat und 600 *l* Wasser enthält. Das flüssige Produkt kann mit Hypochloritlösung gebleicht werden und wird nach Einstellung auf die erforderliche Konzentration versprüht. Nach anderen Verfahren kann mit Chlor gebleicht werden, um die dunklen Reaktionsprodukte aufzuhellen. Für 100 g Alkohol sind je nach dem Grad der Färbung bis zu 3 g Chlor erforderlich [275].

Kontinuierliche Sulfatierung

Bei der kontinuierlichen Sulfatierung kann die Größe der Reaktionsgefäße bedeutend kleiner gehalten werden, weil die reagierenden Substanzen nur eine verhältnismäßig kurze Zeit in den einzelnen Teilen der Anlage verweilen. Geeignete Vorrichtungen sorgen für eine intensive Sulfatierung. Zur schnellen und möglichst vollständigen Veresterung wurden viele Apparaturen verschiedener Konstruktion erprobt. Um eine kurze Reaktionszeit zu erreichen, ist man bestrebt, die Säure in sehr feiner Verteilung in den Alkohol eintreten zu lassen. Eine gute Verteilung der Säure kann durch einwandfrei durchmischende Rührvorrichtungen, durch Verdüsung der Säure in den Alkohol oder durch Aufprallen der Säure und des Alkohols auf eine schnell rotierende Scheibe erfolgen. Eine sehr intensive Sulfatierung wird mit Schwefeltrioxid erreicht (siehe Seite 217). Kennzeichnend für alle kontinuierlichen Verfahren ist, daß die beiden Reaktionspartner in sehr guter Verteilung miteinander in Berührung kommen, um eine schnelle, weitgehend vollständige Umsetzung zu erzielen. Damit wird auch die Verweilzeit im Reaktionsgefäß verkürzt. Da in fast allen Fällen nur etwa 80 bis 90% des eingesetzten Fettalkoholes verestert wird, ist eine Nachreaktion erforderlich. Im Nachreaktor, der in seinen Ausmaßen größer als der Hauptreaktor ist, bleibt das Reaktionsgemisch noch einige Zeit unter Rühren stehen. Das Schema einer solchen kontinuierlichen Apparatur zeigt Abb. 28. Die Hauptreaktion findet in dem mit einer Förderschnecke versehenen

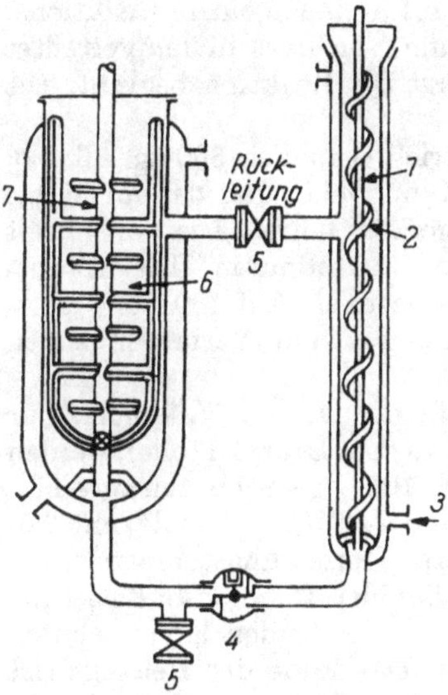

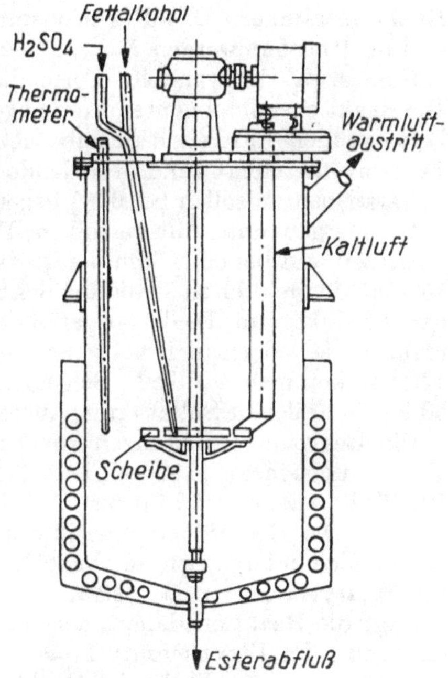

Abb. 28. Anlage zur kontinuierlichen Sulfatierung von Fettalkoholen.

1 – Reaktionsrohr, *2* – Förderschnecke, *3* – Kühler, *4* – Rückschlagklappe, *5* – Ventil, *6* – Zwischenbehälter, *7* – Rührsystem.

Abb. 29. Intensivsulfiergerät der Fa. Henkel [273].

Reaktionsrohr statt. Die Umsetzung wird im Nachreaktor vervollständigt. Durch Erhöhung der Temperatur im Nachreaktor wird der etwas langsam geworden Reaktionsablauf wieder beschleunigt. In ähnlich gebauten Gefäßen kann auch die Neutralisation kontinuierlich durchgeführt werden.

Besonders hohe Durchsätze erreicht man mit sogenannten Intensiv-Sulfierern. Abb. 29 zeigt als Beispiel eine Apparatur der Fa. Henkel & Cie [273], die nach folgendem Prinzip arbeitet: Der Alkohol und die Säure werden gemeinsan auf eine mit etwa 2000 bis 6000 Umdrehungen/min rotierende Scheibe gebracht, auf der sich zwei konzentrische Ringe befinden. Durch die Fliehkraft wird das Reaktionsgemisch von der Scheibe horizontal in den Reaktionsraum geschleudert. Zur Verzögerung des Abschleuderns sind die Ringe mit Rinnen versehen, wobei die Rinne des Außenringes gegen die Rinne des inneren Ringes versetzt ist. Die von der rotierenden Scheibe abgeschleuderte Reaktionsmasse fließt an der stark gekühlten Wandung der zylindrischen Kammer nach unten ab und sammelt sich am Boden des

Reaktionsraumes. Das Reaktionsprodukt kann kontinuierlich abgezogen und neutralisiert werden.

Eine etwa abgewandelte Form dieses Gerätes beschreibt WEISS [274]. Die Reaktionskomponenten werden getrennt auf je eine in einem Reaktionsgefäß schnell rotierende Scheibe gebracht und von dort in feinverteilter Form an die Gefäßwand geschleudert, wo erst die Reaktion beginnt. Die Sulfatausbeuten sollen bei 90% liegen.

Die erstgenannte Anlage soll im Dauerbetrieb stündlich 300 kg Alkohol umsetzen und bei einer Temperatur von 70 °C im Gefäß und bei nur 35 bis 45 °C an der gekühlten Wandung des Sammelgefäßes fahren. Die Verweilzeit der Produkte im Reaktionsgefäß beträgt ca. 30 Minuten. Die Hauptreaktion ist jedoch in Bruchteilen dieser Zeit beendet. Auf 100 Teile Fettalkohol kommen 90 Teile Schwefelsäure. Bei anderen Verfahren sollen 50 bis 70 Teile zur Sulfatierung ausreichen.

Die Reaktionsbedingungen ändern sich mit der Art der Alkohole. Zur Veresterung eines gesättigten Fettalkohols, etwa dem Laurylalkohol, werden 100 Teile Alkohol und 50 bis 75 Teile 98 bis 100%ige Schwefelsäure eingesetzt. Die Reaktionstemperatur beträgt dabei 30 °C. Alkohole mit höheren Molekulargewichten benötigen höhere Umsetzungstemperaturen, für Stearylalkohol z. B. beträgt sie 50 °C. Bei der Chargen-Sulfatierung beträgt die Reaktionsdauer nach der Verteilung der beiden Komponenten ineinander im Durchschnitt 1 bis 2 Stunden. Das Ende der Reaktion ist erreicht, wenn eine Probe des Reaktionsgemisches sich klar in destilliertem Wasser löst. Tritt noch Trübung ein, so ist nicht sulfatierter Fettalkohol vorhanden.

Die Sulfatierung der Fettalkohole mit Schwefeltrioxid, wie auch die Sulfonierung, werden auf Seite 218 näher betrachtet.

3.3.1.3. Sulfate der Oxoalkohole

Auf Grund ihrer unterschiedlichen Struktur im Vergleich zu den normalen Fettalkoholen weichen die Eigenschaften der Oxoalkoholsulfate von denen der normalen Alkylsulfate ab. Bei beiden handelt es sich um primäre Alkylsulfate. Oxoalkohole werden unter Verwendung der bei den Fettalkoholen üblichen Sulfatierungsmittel in entsprechende Alkylsulfate überführt:

$$\underset{\substack{\cdot \\ CH_3}}{R\cdot CH}\cdot CH_2\cdot OH + H_2SO_4 \rightarrow \underset{\substack{\cdot \\ CH_3}}{R\cdot CH}\cdot CH_2\cdot O\cdot SO_3H$$

Hauptsächliche Ausgangsprodukte können sein: Isooctylalkohol, Isodecylalkohol, Isononylalkohol 3.3.5-Trimethylhexanol-(1), Isotridecylalkohol u. dgl. Auch die aus Aldehyden durch Aldolkondensation, Dehydratisierung und Hydrierung hergestellten Alkohole, besonders der aus Butyraldehyd gewonnene 2-Äthylhexanol, sind hier zu nennen.

Wie bereits erwähnt weichen die Eigenschaften der Alkylsulfate aus Oxoalkoholen etwas von denen der normalen Alkylsulfate ab; sie sind in ihrer Waschaktivität schlechter zu bewerten. Es wird angenommen, daß die Oxosynthese zu einer Verschiebung der Doppelbindungen führt und, daß tatsächlich Verbindungen vorliegen, deren Verzweigungen über die gesamte Kohlenstoffkette verteilt sind. Sie verfügen deshalb über ungünstigere tensioaktive Eigenschaften, sind leichter aufspaltbar und können nur in Lösungen bis 40 °C verwendet werden. Außerdem ist ihr Geruch zuweilen unangenehm. Allgemein liefern verzweigte primäre Alkylsulfate schwächeren Schaum als die geradkettigen Verbindungen. Die Kettenlänge ist auch hier für das Schaumvermögen ausschlaggebend. Ketten mit 12 bis 14 C-Atomen weisen die beste Schaumwirkung auf. Bei Neutralisation der Sulfate mit Aminoalkoholen, wie Triäthanolamin, Monoisopropanolamin, erhält man Tenside mit relativ stabilem Schaum.

Nach Gadasskina und Mitarbeiter [276] geben Oxoalkoholsulfate mit 11 bis 16 C-Atomen gute waschaktive Substanzen.

Da die Netzwirkung der Oxosulfate schlechter ist als die der entsprechenden Olefinsulfate, wird angenommen, daß die Oxoalkohole keineswegs ausschließlich primär sind. Sehr wahrscheinlich sind die Hydroxylgruppen zum Teil intern gebunden. Aufgrund ihrer stärkeren Verzweigung müßten die Netzwerte günstiger liegen. Es ist deshalb vielleicht vorteilhafter aus den Olefinen direkt ohne den Umweg über die Oxosynthese sekundäre Sulfate zu erhalten, deren Eigenschaften besser sind, als die der Oxoalkoholsulfate.

3.3.2. Sekundäre Alkylsulfate

Nach der Erschließung einiger Quellen für höhermolekulare Olefine und nach Überwindung sehr beträchtlicher, insbesondere apparativer Schwierigkeiten, war es möglich, Olefinsulfate, d. h. sekundäre Alkylsulfate auf direktem Wege herzustellen. Auf die Herstellung der entsprechenden Olefine mit 12 bis 18 C-Atomen ist bereits eingegangen worden (Seite 49). Es zeigte sich, daß Olefine aus der Paraffinspaltung bessere Alkylsulfate geben, als die entsprechenden Produkte aus der Fischer-Tropsch-Synthese. Man nimmt an, daß die Primärolefine aus den Kogasinfraktionen in den aliphatischen Ketten noch Verzweigungen aufweisen, während die geradkettigen Spaltprodukte die Doppelbindungen vorwiegend in α-Stellung enthalten. Trotzdem kann bei der Sulfatierung eine Verschiebung der Doppelbindung zur Molekülmitte hin stattfinden. Am geeignetsten für die Sulfatierung sind Olefingemische, die zwischen 150 bis 300 °C sieden und ausschließlich aus Monoolefinen bestehen. Die technischen Olefine sind naturgemäß nicht rein und enthalten in unterschiedlichen Mengen unsulfierbare Bestandteile. Außerdem kommt es bei der Sulfatierung zur Bildung von Polymerisaten, Alkoholen und weiteren wasserunlöslichen Produkten.

Guhr [277] untersuchte die Isomerenbildung bei der Sulfatierung stellungs- und konfigurationsisomerer Olefine und weist auf Möglichkeiten zu ihrer Lenkung hin.

Es ist äußerst schwierig, die Olefine in Einzelindividuen mit definiertem Molgewicht und definierter Lage der Doppelbindung, zu trennen. Auch eine einwandfreie Abtrennung z. B. der α-Olefine ist kaum möglich. Deshalb kommen in den sulfatierten Produkten eine Vielzahl von sekundären Schwefelsäureestern vor, d. h., daß die Sulfatgruppe über das ganze Molekül verteilt, auftreten kann. Die α-Olefine geben ebenfalls sekundäre Alkylsulfate, da die Schwefelsäure sich an das C-Atom mit der geringsten Anzahl Wasserstoffatome anlagert:

$$R\cdot CH{=}CH_2 + H_2SO_4 \rightarrow R\cdot \underset{\substack{\vdots \\ O\cdot SO_3H}}{CH}\cdot CH_3$$

Die technischen Olefine bestehen zumeist aus 65 bis 70%igen Gemischen. Die Auswahl der Sulfatierungsmittel hängt von der Qualität der Olefine ab. Zur Entfernung leichter sulfatierbarer niedermolekularer Verbindungen und von Dienen wird empfohlen, die Spaltprodukte vor der eigentlichen Sulfatierung viermal mit 5% einer 50 bis 65%igen Schwefelsäure zu schütteln oder zu rühren. Anschließend sulfatiert man mit dem 1,5fachen Volumen 98%iger Schwefelsäure bei etwa 20 °C, verdünnt nach der Reaktion mit Wasser, neutralisiert und konzentriert die Alkylsulfatlösung [278].

Alkoholhaltige Olefine sulfatiert man am günstigsten mit Oleum, alkoholfreie dagegen mit 98%iger Schwefelsäure. Um die Bildung größerer Dialkylsulfatmengen zu vermeiden, wird ein Überschuß von 15% der berechneten Säuremenge empfohlen. Die unerwünschten Dialkylsulfate lassen sich durch alkalische Hydrolyse in die Monoalkylsulfate überführen:

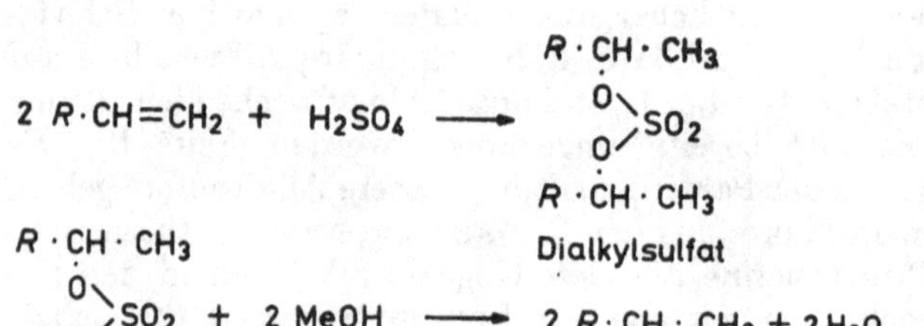

Die Reaktionstemperatur soll 10 °C nicht übersteigen. Die Neutralisation wird in üblicher Weise mit Alkalien oder mit organischen Basen vorgenommen. Die nicht sulfatierten Olefine, freie Alkohole sowie paraffinische, naphthenische und aromatische Verbindungen oder Polymerisate lassen sich durch Extraktion mit verschiedenen Lösungsmitteln entfernen. Das

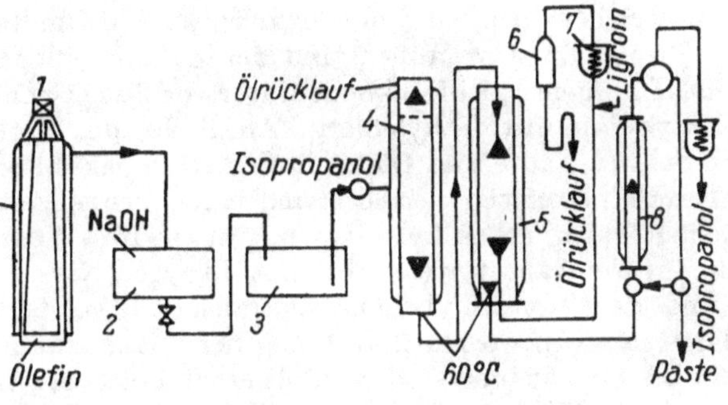

Abb. 30. Fließschema einer Anlage zur Herstellung sekundärer Alkylsulfate [279 a].

1 – Sulfiergerät, *2* – Neutralisator, *3* – Vorwärmer, *4* – Separator, *5* – Extraktionsturm, *6* – Destillierblase, *7* – Kondensator, *8* – Erhitzer.

in wäßriger Lösung vorliegende Alkylsulfat kann durch Eindampfung konzentriert werden. Es ist vorteilhaft hierbei unter Vakuum zu arbeiten. – Nach GETMANSKI und NEWOLIN [279] werden die rohen Alkylsulfate mit Petroläther/Äthanol (35:65) und 50%igem Äthanol extrahiert. Dadurch wird die Waschaktivität der gereinigten Produkte um 1,5 bis 2mal größer als die der Rohprodukte.

Nach modernen Methoden erfolgt die Sulfatierung nach einem kontinuierlichen Verfahren, wenn man nicht lieber die stabileren Alkensulfonate herstellt (siehe Seite 198). Zur Vermeidung von sekundären Reaktionen müssen die Reaktionszeiten sehr kurz gehalten werden. Abb. 30 zeigt das Fließschema der gesamten Anlage und Abb. 31 das eigentliche Reaktionsgefäß, die sogenannte „*Sulfiermaschine*". Das Reaktionsgefäß (*1*) besteht

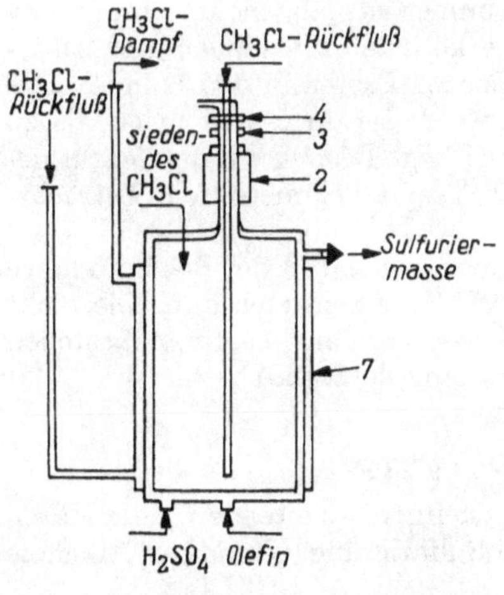

Abb. 31. Sulfiergerät der in Abb. 30 gezeigten Anlage.

1 – Mantel mit siedendem CH_2Cl, *2* – Halterung, *3* – Rührspindel (120 U/min), *4* – Packung.

aus einem Behälter, in welchem sich ein Zylinder mit etwa 120 Umdrehungen pro min dreht. Das Gefäß wird außen und der Zylinder innen mit Methylchlorid gekühlt. In einem Rückflußkondensator verflüssigt man das während der Reaktion verdampfte Methylchlorid. Am Boden des Sulfieraggregates drückt man Schwefelsäure und Olefin in den stark gekühlten Reaktionsraum. Das Reaktionsgemisch verläßt nach einer Verweilzeit von weniger als 30 s den Reaktor als Alkylsulfat mit etwa 15% Schwefelsäure im Überschuß. Im Neutralisator (*2*) wird mit 18%iger Natronlauge die Schwefelsäure und das Monoalkylsulfat neutralisiert. Das Gemisch gelangt weiter in das Gefäß (*3*), wo zur Zersetzung der Dialkylsulfate die alkalische Lösung 30 bis 60 min gekocht wird. Hierbei fallen etwa 10% freie Fettalkohole an. Im Gefäß (*4*) werden durch Behandlung der Lösung mit 20% Äthanol bei 60 °C die alkoholischen und paraffinischen Teile abgetrennt. Im Extraktionsturm (*5*) erfolgt mit Ligroin eine weitere Reinigung der Lösung, um alle nicht sulfatierten Verbindungen zu entfernen. (*6*) und (*7*) sind Destillations- und Kondensationsanlagen für das Extraktionsmittel. Nach dem Passieren des Turmes (*8*), in dem die letzten Lösungsmittelreste durch nochmaliges Erwärmen abgetrieben werden, kann die Sulfatpaste zur Endaufbereitung gehen.

Die nach diesem Verfahren gewonnenen sekundären Alkylsulfate zeigen ein beachtliches Waschvermögen, ein annehmbares Schmutztragevermögen und eine zufriedenstellende Schaumkraft. Allerdings erreichen sie die Eigenschaften der primären Alkylsulfate oder der Alkylbenzolsulfonate nicht.

Bei nicht vollständiger Verseifung der Alkyldisulfate sind die damit hergestellten Waschmittel nicht genügend lagerfähig und weisen nur geringes Schaum- und Waschvermögen auf. Der Grund ist in der allmählichen Zersetzung der Disulfate unter Bildung von Schwefelsäure zu suchen [280].

Ein weiterer Nachteil der Olefinsulfate ist ihre Hygroskopizität und außerdem ein spezifischer Geruch, der nicht immer als angenehm empfunden wird. Der starken Hygroskopizität wegen kommen die sekundären Alkylsulfate fast nur in wäßrigen Lösungen oder als Pasten in den Handel. Das „*Teepol*", eines der bekanntesten Produkte dieser Art, wird meist als 20 bis 22%ige wäßrige Lösung oder auch als 40%ige Lösung auf den Markt gebracht. In Verbindung mit Seife kam es als Teepol-Schmierseife in beträchtlichen Mengen in den Handel.

Nach dem D. A. S. 1066579 sulfatiert man einen Teil der Spaltprodukte eines Mineralöldestillates bei 150 °C mit 98%iger Schwefelsäure. Die nicht umgesetzten Kohlenwasserstoffe, die vorwiegend aus Olefinen bestehen sollen, werden zur Alkylierung von Benzol eingesetzt [281].

3.3.3. Alkoholsulfate mit innenständiger Sulfatgruppe

Im Gegensatz zu den sich von den Olefinen ableitenden sekundären Alkylsulfaten werden diese Tenside durch Sulfatierung sekundärer Alkohole verschiedener Herkunft gewonnen. Die Alkohole stammen zum Teil aus der Kondensation von Ketonen mit Aldehyden und nachfolgender Reduktion, aus der Ketonisierung niedermolekularer Fettsäuren z. B. aus der Paraffinoxydation oder auch direkt aus der Paraffinoxydation. Man stellt z. B. durch Kondensation von Methylisobutylketon und Äthylhexylaldehyd mit anschließender Hydrierung 7-Äthyl-2-methylundecan-4-ol her, das als Sulfat ein qualitativ gutes Netzmittel darstellt.

Die Synthese sekundärer Alkohole aus den niedermolekularen Fettsäuren der Paraffinoxydation ist auf Seite 113 beschrieben worden. Die daraus gewonnenen Alkylsulfate verfügen über wertvolle tensidische Eigenschaften. Es handelt sich vorwiegend um Netzmittel mit vorzüglicher Netzkraft und einer beachtlichen Stabilität.

Zur Sulfatierung arbeitet man mit 95%iger Schwefelsäure in Gegenwart von Essigsäureanhydrid zur Bindung des Reaktionswassers bei 0 bis 10°C. Die Umsetzung kann auch in β,β'-Dichloräthern als Verdünnungsmittel mit Chlorsulfonsäure vorgenommen werden.

Ähnliche Sulfate werden durch Sulfatierung der Alkohole aus dem Unverseifbaren *II* (siehe Seite 91) der Paraffinoxydation oder nach dem Verfahren von BASCHKIROFF [166] erhalten.

Durch den weiträumigen Bau der Moleküle dieser Alkylsulfate ist der Raumbedarf der einzelnen hydrophilen Gruppen relativ groß. Nach vorliegenden Erfahrungen nimmt mit zunehmender Verzweigung des Moleküls die Temperaturabhängigkeit der Netzwirkung ab.

Bei der Sulfatierung der sekundären Alkohole treten einige Nebenreaktionen auf, die zu Isomerie-Erscheinungen führen, wobei wahrscheinlich entweder eine Wanderung der Hydroxylgruppe erfolgt oder es bilden sich intermediär Olefine, deren Doppelbindung sich verlagert. Aus diesem Grunde handelt es sich bei den Endprodukten dieser Alkylsulfate um sehr komplexe Gemische. — Nach KARNAUCH und DEINECHOWSKAJA [282] werden durch die theoretische Schwefelsäuremenge bei 20 bis 40°C nur 25 bis 55% der sekundären Alkohole verestert. Eine Verdoppelung der Schwefelsäuremenge ergibt eine 65 bis 83%ige Veresterung. Gleichzeitig erfolgt mit zunehmender Temperatur eine Dehydratation der Alkohole, die mit zunehmender Entfernung der Hydroxylgruppe vom Anfang der C-Kette ansteigt. Alkylsulfate mit einer Sulfatgruppe nahe der Kohlenstoffkettenmitte sind unbeständig und hygroskopisch. Durch unterschiedliche Löslichkeit der Alkylsulfate in verschiedenen Lösungsmitteln, die von der Stellung der Sulfatgruppe in der C-Kette abhängig ist, konnten die Alkylsulfate in zwei Gruppe zerlegt werden:

1. Primäre und sekundäre Sulfate mit der Sulfatgruppe am Anfang der Kette werden als Waschmittel vorgeschlagen.

2. Sekundäre Alkylsulfate mit mittelständiger Sulfatgruppe sind Netzmittel.

3.3.4. *Sulfate von Polyoxyverbindungen*

Mehrwertige Alkohole, wie Glykol, Glyzerin, Polyglykole, Erythrit, Arabit, Sorbit und sonstige Mono- oder Oligosaccharide lassen sich in unterschiedlicher Weise mit höhermolekularen Alkylen verbinden.

Die freien Hydroxylgruppen können mit Schwefelsäure verestert werden:

$$\begin{array}{lll} R\cdot CH\cdot OH & + H_2SO_4 \rightarrow & R\cdot CH\cdot O\cdot SO_3H \\ \quad\cdot & & \quad\cdot \\ R\cdot CH\cdot OH & & R\cdot CH\cdot OH \end{array}$$

Es können auch beide Hydroxylgruppen sulfatiert werden. Die Sulfatierung der zweiten Hydroxylgruppe ist nicht ratsam, wenn die Gesamt-C-Zahl nicht höher als 20 ist. Bei geringeren C-Zahlen werden der hydrophile Charakter, die Oberflächenaktivität und das Waschvermögen beeinträchtigt. Optimale Netzeigenschaften können von Alkylresten mit je 5 bis 8 C-Atomen erwartet werden. Da die Beschaffung geeigneter Ausgangsstoffe noch Schwierigkeiten bereitet, ist die Bedeutung derartiger Tenside im Vergleich zu anderen Verbindungen noch relativ gering.

3.3.5. *Sulfate partiell veresterter mehrwertiger Alkohole*

Eine größere Rolle spielen die partiell mit Fettsäuren veresterten und sulfatierten Glykolmonofettsäureester und Glyzerinmonofettsäureester. Besonders die letzteren haben eine gewisse Bedeutung erlangt, weil sie relativ einfach aus den Neutralfetten durch Umesterung mit einem Glyzerinüberschuß erhalten werden. Die Sulfatierung erfolgt meist zugleich oder — seltener — nachträglich mit verschiedenen Sulfatierungsmitteln:

$$\begin{array}{lllll} CH_2\cdot OOC\cdot R & & CH_2\cdot OH & & CH_2\cdot OOC\cdot R \\ \quad\cdot & & \quad\cdot & & \quad\cdot \\ CH\cdot OOC\cdot R & + 2 & CH\cdot OH & + 3\,H_2SO_4 \rightarrow 3 & CH\cdot OH + 3\,H_2O \\ \quad\cdot & & \quad\cdot & & \quad\cdot \\ CH_2\cdot OOC\cdot R & & CH_3\cdot OH & & CH_2\cdot O\cdot SO_3H \end{array}$$

Zur Herstellung des Monofettsäureglyzerinsulfates werden 22 Teile wasserfreies Glyzerin zu 30 Teilen Schwefelsäuremonohydrat gegeben und unter Rühren wird bei Temperaturen unterhalb 30 °C der Glyzerinschwefelsäureester gebildet. Man trägt anschließend 200 Teile 20%iges Oleum ein und gibt anschließend bei 50 °C 76 Teile geschmolzenes Kokosöl zu. Nach beendeter Umesterung soll eine Probe in Wasser klar löslich sein. Die Neutralisation wird bei 20 bis 25 °C vorgenommen. Der pH-Wert der neutralisierten Lösung soll bei 6,5 liegen. Vorteilhaft lassen sich zur Neutralisierung Amine oder Oxyamine, z. B. Triäthanolamin, verwenden. Auch mit 50%-igen wäßrigen Lösungen von Natriumcarbonat, Natrium- oder Kaliumhydroxid, Magnesiumhydroxid, Ammoniak, Mono- oder Diäthanolamin, Monoisopropylamin, Äthylamin oder Calciumhydroxid läßt sich die Neu-

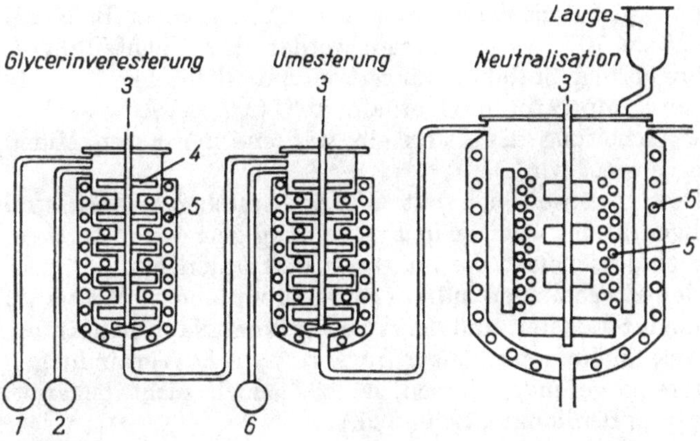

Abb. 32. Anlage zur kontinuierlichen Umesterung von Triglyzeriden zu Fettsäuremonoglyzeridsulfaten [283].

1 – H_2SO_4-Lagertank, *2* – Glyzerinlagertank, *3* – Rührer, *4* – Rührteller, *5* – Kühlung, *6* – Öllagertank.

tralisation vornehmen. Abb. 32 zeigt das Schema einer kontinuierlichen Anlage zur Herstellung von Monofettsäureglyzeridsulfaten [283]. Im ersten Reaktionsgefäß wird das Glyzerin mit der Schwefelsäure verestert und im zweiten Gefäß wird nach Zugabe des Oleums und des Kokosöls bzw. eines anderen Triglyzerids die Umesterung vorgenommen. Im dritten Gefäß neutralisiert man das Reaktionsgemisch. Die neutralisierte Lösung wird durch Zerstäubungstrocknung weiter aufgearbeitet [284]. — Außer dem Kokosöl lassen sich Baumwollsaatöl, Sojabohnenöl, Palmkernöl, Maisöl, Schweineschmalz und Talg verarbeiten [285].

Es besteht auch die Möglichkeit, das Glyzerin mit gasförmigem Schwefeltrioxid bei 45 bis 65 °C in den Mono- oder Dischwefelsäureglyzerinester zu überführen und dieser wird anstatt mit Oleum mit gasförmigem Schwefeltrioxid umgesetzt. Anschließend estert man mit dem Triglyzerid um [286]. Freie Fettsäuren im Monoglyzeridsulfat können durch Behandlung der wasserlöslichen Salze mit einem Anionenaustauscher entfernt werden. Mit einem Permutit läßt sich das Natriumsalz des Fettsäuremonoglyzeridsulfates beim pH-Wert von 6,5 reinigen, wobei der Fettsäuregehalt von 2,5 auf 1,0% erniedrigt wird [287].

Die sauren Schwefelsäureester sind empfindlich und neigen leicht zur Spaltung. Deshalb ist eine Abtrennung der überschüssigen Schwefelsäure schwer durchführbar. Die Säure muß mit neutralisiert werden.

Die Fettsäuremonoglyzeridsulfate sind zum Waschen von Wollkleidung und empfindlichen, gefärbten Textilien ausgezeichnet geeignet, da sie über eine gute Reinigungs- und Entfettungswirkung verfügen. Die Anwendung soll in einem möglichst neutralen oder leicht alkalischem Bade bei Temperaturen nicht über 70 °C vorgenommen werden. Ein Nachteil dieser Verbindungen ist ihre geringe Stabilität im sauren und alkalischen Bereich, besonders bei höheren Temperaturen. Oberhalb 75 °C tritt bei Anwesenheit von Alkalien leicht Verseifung des Esters ein, während im sauren Milieu die Sulfatgruppe abgespaltet wird.

Entsprechende Tenside lassen sich mit Glykol herstellen, jedoch sind derartige Verbindungen bisher weniger in Erscheinung getreten. Von theoretischem Interesse sind vielleicht die aus Kokosfettsäuren mit Äthylenglykol und Formaldehyd erhaltenen sulfatierten Verbindungen. Weiter zu nennen wären Monoglyzeridester und Glykolester von Naphthensäuren, wie sulfatiertes Äthylenglykolnaphthenat. Inwieweit solche Verbindungen ein technisches Interesse gefunden haben, ist z. Z. noch nicht bekannt. (Siehe hierzu Monoglyzeridsulfonate, Seite 235.)

3.3.6. Sulfate substituierter Polyglykoläther

Die nichtionogenen Additionsprodukte von Äthylenoxid oder Propylenoxid an Fettalkohole, Alkylphenole, Fettsäuren oder Fettamide u. dgl. (siehe Seite 261) werden durch Sulfatierung wesentlich in ihrer Waschwirkung, Schaumvermögen und Wasserlöslichkeit bei höheren Temperaturen verbessert. Die freien Hydroxylgruppen der Polyglykoläther können leicht mit Säuren verestert werden, so daß eine weitere stark hydrophile Gruppe in das Molekül eintritt:

$$CH_3(CH_2)_n \cdot CH_2 \cdot O \cdot (CH_2CH_2O)_xH + H_2SO_4 \rightarrow CH_3(CH_2)_n \cdot CH_2 \cdot O \cdot (CH_2CH_2O)_x \cdot SO_3H + H_2O$$

$$R \cdot C_6H_4 \cdot O \cdot (CH_2CH_2O)_xH + H_2SO_4 \rightarrow R \cdot C_6H_4 \cdot O(CH_2CH_2O)_x \cdot SO_3H + H_2O$$

Diese Verbindungen haben als Tenside eine beachtliche Bedeutung erlangt. Durch die Veresterungsreaktion ist es möglich, das Gleichgewicht zwischen hydrophober und hydrophiler Seite in Richtung auf die hydrophile Seite zu verschieben, so daß die Zahl der Alkoxylgruppen stark vermindert werden kann. Naturgemäß wird durch die Einführung einer stark hydrophilen Gruppe die Wasserlöslichkeit allgemein wesentlich verbessert. Die Vorteile dieser Tenside gegenüber den entsprechenden nichtionogenen Verbindungen lassen sich wie folgt zusammenfassen:

1. besseres Schäumen,
2. keine Trübung beim Erwärmen,
3. bessere Löslichkeit in Gegenwart von Elektrolyten,
4. leichte Einarbeitung in pulverförmige Produkte,
5. besserer Wascheffekt bei der Weißwäsche und außerdem gute Hautverträglichkeit. Eine Quellung der Haut soll nicht eintreten.

Zur Herstellung der Polyglykoläthersulfate geht man von natürlichen oder synthetischen Fettalkoholen aus, die in Gegenwart eines meist alkalischen Katalysators 1 bis 4 Mol Äthylenoxid oder Propylenoxid anlagern und dann sulfatiert werden. Als Sulfatierungsmittel verwendet man Chlorsulfonsäure, Oleum, Schwefeltrioxid, Schwefelsäure, Sulfaminsäure u. a. Für spezielle Produkte kann statt der Sulfatierung eine Phosphatierung vorgenommen werden und zwar mit Phosphorpentoxid, Pyro- oder Metaphosphorsäure oder Phosphoroxychlorid. — Zur Neutralisierung werden neben den üblichen Alkalien auch Magnesiumhydroxid, Calciumhydroxid, deren Carbonate, Ammoniak, Alkanolamine u. dgl. eingesetzt.

Die Alkylpolyglykoläthersulfate, insbesondere das des Laurylalkohols mit drei Äthylenoxidgruppen, sind in mancher Hinsicht den Alkylsulfaten überlegen. In der Oberflächenspannung ist jedoch das Laurylsulfat günstiger (siehe Tab. 32). Derartige Produkte werden bei höchsten Qualitätsanforderungen verwendet; sie kommen vorwiegend für kosmetische Präparate, für Shampoos und Schaumbäder, Lösungsvermittler für Badeessenzen und für Wasch-, Spül- und Reinigungsmittel zum Einsatz. Für die Hautverträglichkeit sind die Salze der Aminoalkohole am geeignetsten, z. B. das Triäthanolaminlauryläthersulfat oder das Monoisopropanolaminsalz. Die Lauryläthersulfate mit 2,2 Mol Äthylenoxid und mit Diäthylamin oder Isopropylamin neutralisiert, stellen bei pH 7 klare, viskose Flüssigkeiten dar, die in Wasser unter Zusatz von Alkoholen, Glykolen oder Salzen leicht löslich sind. Die Verbindungen können bis zu 25% Paraffinöl lösen [288]. Entsprechende Produkte des Hexadecyl- und Stearylalkohols mit 2 und 10 Äthylenoxidgruppen beschreiben Bistline, jr. und Mitarbeiter [289].

Tabelle 32. Oberflächenspannungen von Lauryläthersulfat und Laurylsulfat [287a]

Konzentration [%]	Lauryläthersulfat [dyn/cm] bei 25°C	Laurylsulat [dyn/cm] bei 25°C
1	43,24	34,02
0,5	43,23	33,57
0,25	43,92	30,81
0,10	43,69	30,35
0,05	41,62	31,73
0,002	52,20	51,51

Die Alkylphenolpolyglykoläther stellt man ebenfalls durch schwache Alkoxylierung von Alkylphenolen mit 3 bis 4 Mol Äthylen- oder Propylenoxid her. Dabei geht man sowohl vom Dodecylphenol (durch Alkylierung mit Propylentetramerem) als auch von Dialkylphenolen, wie Di-isohexyl- oder Di-iso-heptylphenol, aus. Des weiteren kommen Octyl- und Nonyldhenol sowie Dibutylkresole zum Einsatz. In die alkoxylierten Alkylphenole wird durch vorsichtige Sulfatierung mit Schwefelsäure oder andere milde Sulfatierungsmittel, wie Amidosulfonsäure, die Sulfatgruppe eingeführt. Bei der Sulfatierung von langkettigen äthoxylierten Alkylphenolen benötigt das billigere Schwefeltrioxid pro Gewichtseinheit nur 1/7 der Reaktionszeit der Amidosulfonsäure, liefert hellere Produkte und gestattet die Darstellung beliebiger Salze derselben. Andererseits wird durch Schwefeltrioxid im Gegensatz zur Amidosulfonsäure ein stärkeres Schäumen und eine erhebliche Ringsulfonierung verursacht [290]. Allgemein soll eine Sulfonierung des Benzolringes vermieden werden. Die milder wirkende Amidosulfonsäure reagiert wesentlich langsamer und wird vorteilhaft bei 125 bis 130 °C zur Sulfatierung eingesetzt:

$$R\cdot C_6H_4\cdot O\cdot (CH_2CH_2O)_nH + NH_2SO_3H \rightarrow R\cdot C_6H_4\cdot O\cdot (CH_2CH_2O)_n\cdot SO_3NH_4$$

In ähnlicher Weise sind auch die entsprechenden Alkylnaphthole synthetisiert worden. Ihre Bedeutung ist weitaus geringer.

Die sulfatierten Alkylphenolpolyglykoläther sind anionische Tenside. Sie zeigen die für Aniontenside typischen Merkmale, verhalten sich in analytischer Hinsicht jedoch teils wie Polyglykoläther und teils wie Sulfate. Sie geben Fällungsreaktionen, die auf die Oxoniumgruppe ansprechen, d. h., daß es auch zur Ausbildung der für Polyglykoläther charakteristischen Oxoniumgruppe (siehe Seite 257) kommt: $-H_2C\cdot \underset{H}{\overset{\cdot}{O}}\cdot CH_2^{+}-$. Zwischen der positiven Oxoniumgruppe und dem negativ geladenem Sulfatrest kommt es teilweise zum Ladungsausgleich. Von diesem Standpunkt betrachtet können die sulfatierten Polyglykoläther ampholytischen Charakter aufweisen.

Zu den am meisten verwendeten Alkylpolyglykoläthersulfaten gehört das Kokos- und Launyläthersulfat mit einer kurzen Äthylenoxidkette. Diese Tenside weisen gute Waschaktivität auf. Laurylāthersulfate mit 5 oder mehr Äthylenoxidgruppen schäumen weniger stark als solche mit 3 bis 4 Mol, ihre Einwirkung auf die Haut ist milder. Die Lösungen dieser Tenside verfügen selbst bei niederen Konzentrationen über eine hohe Viskosität, die von der Länge der Äthylenoxidkette abhängig ist. Zusätze von Natriumchlorid oder freiem Laurylpolyglykoläther erhöhen die Viskosität noch. Die Schaumwirkung wird ebenfalls von der Länge der C-Kette stark beeinflußt. Das Netzvermögen steigt mit zunehmender C-Kettenlänge des Alkyls. Aussehen der Lösungen und Löslichkeit der Äthersulfate ist von den Alkylketten und von der Anzahl der angelagerten Äthylenoxidmoleküle abhängig.

So zeigen Lösungen des Natriumhexadecylpolyglykoläthersulfates mit zwei Mol Äthylenoxid und Lösungen des Natriumoctadecylpolyglykoläthersulfates mit ebenfalls zwei Mol Äthylenoxid bei Zimmertemperatur Trübung und bei letzterem bei 25 g/*l* schon Fällung. Mit 10 Mol Äthylenoxid am Octadecyläthersulfat ergaben 100 g/*l* klare stabile Lösungen. Lösungen des Natriumlauryläthersulfates sind in hartem Wasser klar und gut hitzebeständig.

Bei Äthersulfaten mit 12 bis 16 C-Atomen im Alkyl und ein Mol Äthylenoxid ist die Waschwirkung optimal. Beim Oleyläthersulfat liegt die optimale Waschwirkung bei 2 Mol Äthylenoxid und beim gesättigten C_{18}-Äthersulfat bei 3 Mol Äthylenoxid.

3.3.7. Sulfate acylierter und alkylierter Alkylolamine

Die leicht zugänglichen Alkylolamine, wie Mono-, Di- und Triäthanolamin sowie die entsprechenden Verbindungen des Isopropanolamins reagieren mit Fettsäuren und geben zuerst die Salze und bei weiterer Reaktion die Amide der Fettsäuren:

I. $R \cdot COOH + NH_2 \cdot CH_2CH_2 \cdot OH \rightarrow R \cdot COONH_3 \cdot CH_2CH_2 \cdot OH$

II. $R \cdot COONH_3 \cdot CH_2CH_2 \cdot OH \rightarrow R \cdot CO \cdot NH \cdot CH_2CH_2 \cdot OH + H_2O$

III. $R \cdot CO \cdot NH \cdot CH_2CH_2 \cdot OH + H_2SO_4 \rightarrow R \cdot CO \cdot NH \cdot CH_2CH_2 \cdot O \cdot SO_3H + H_2O$

Während die Salzbildung relativ einfach verläuft, sind zur Herstellung der Amide höhere Temperaturen oder Katalysatoren erforderlich. Die Amide können durch Destillation im Vakuum gereinigt werden oder man verwendet sie direkt zur Sulfatierung.

Die acylierten Äthanolamine werden durch Umsetzung molarer Mengen der Fettsäuren und den Äthanolaminen, z. B. bei 160 °C unter vermindertem Druck (100 bis 200 mm) oder unter Normaldruck bei erhöhter Temperatur — 190 bis 200 °C — gewonnen. Die Kondensationszeit ist von der Temperatur abhängig. Für Kokosfettsäuren und Monoäthanolamin wird von Ranny [291] eine optimale Temperatur von 170 °C genannt, wobei unter Rühren in Stickstoffatmosphäre gearbeitet wird. Die Umsetzung soll etwa 200 min dauern, steigert sich aber bei 150 °C bereits auf 700 min. Auf die Farbe der Endprodukte hat die Temperatur keinen grundsätzlichen Einfluß und auch nicht auf deren Schmelzpunkte. Für die Kondensationsreaktion wird ein Mol-Verhältnis von Fettsäure:Äthanolamin von 1:1,02 vorgeschlagen. Katalysatoren kommen hierbei nicht zur Anwendung.

Es lassen sich auch Fette — d. h. Triglyzeride — direkt mit Alkylolaminen im Mol-Verhältnis von 1:1 bis 1:1,2 umsetzen. Man erhitzt dazu z. B. 720 Teile Kokosöl und 280 Teile Monoisopropanolamin 6 bis 7 Stunden. im Autoklaven auf 160 bis 165 °C, wäscht das entstandene flüssige Kondensat, dessen Verseifungszahl etwa 5 betragen soll, bei 80 bis 90 °C mit heißem Wasser und sulfatiert 100 Teile davon mit 150 Teilen Schwefelsäuremonohydrat bei 20 bis 25 °C langsam unter Kühlung. Die Sulfate werden mit einer auf 10 °C gekühlten 10%igen Natriumsulfatlösung gewaschen, wobei die Temperature 30 °C nicht übersteigen soll. Neutralisiert wird mit anorganischen oder organischen Basen [292]. Man kann die Sulfatierung auch in Verdünnungsmitteln vornehmen.

Natürlich besteht auch die Möglichkeit, Äthanolaminsulfat in alkalischer Lösung, entsprechend der SCHOTTEN-BAUMANN-Reaktion, mit Acylchloriden zu kondensieren:

$$R\cdot CO\cdot Cl + NH_2\cdot CH_2CH_2\cdot O\cdot SO_3Na \rightarrow R\cdot CO\cdot NH\cdot CH_2CH_2\cdot O\cdot SO_3Na + HCl$$

Die Verbindungen entsprechen im Prinzip den auf Seite 207 beschriebenen Acylamidtauriden, die jedoch eine Sulfogruppe tragen. Über die Fettsäurechloride werden reinere Endprodukte erhalten als durch die Erhitzung von Fettsäuren mit den Alkylolaminen. Bei der letzteren Reaktion kommt es durch Veresterung der Carboxylgruppe mit dem Hydroxyl des Alkylolamins zur Esterbildung:

$$R\cdot COOH + OH\cdot CH_2CH_2\cdot NH_2 \rightarrow R\cdot COO\cdot CH_2CH_2\cdot NH_2$$

Diese durch Nebenreaktionen sich bildenden Produkte wirken sich auf die tensidischen Eigenschaften der Acylalkylolamidsulfate negativ aus. Da die langen Reaktionszeiten von 2 bis 6 Stunden häufig zu den unerwünschten Nebenprodukten führen, ging man dazu über kontinuierlich zu arbeiten. Nach einem von MONICK [293] beschriebenen Verfahren erhält man bei 149 °C ein Produkt von 91 bis 94%iger Reinheit bei einer Reaktionszeit von nur etwa 10 s. Das Verfahren arbeitet mit Kaliumhydroxid oder Natriummethylat (Konzentration: 0,2%) als Katalysator und wird besonders für die Umsetzung von Laurinsäuremethylester mit Diäthanolamin empfohlen.

Die sulfatierten Monoäthanolamide mit C_{12}- bis C_{16}-Fettsäuren bilden in einigen Staaten die Grundlage für verschiedene Wasch- und Reinigungsmittel. In ihrer Qualität nähern sich diese Verbindungen am stärksten den Carbonsäureseifen. Nach Ansicht einiger Forscher kann pro Einheit Fettsäure der fünffache Effekt im Vergleich mit der Seife erzielt werden, d. h., daß die Waschaktivität hervorragend sein muß. Die leichte Beschaffbarkeit der Ausgangsmaterialien und die relativ einfachen Herstellungsmethoden trugen zur Verbreitung der acylierten Alkylolaminsulfate wesentlich bei.

Ein hervorragendes Tensid stellt auch das Kondensat der Ölsäure mit Alkylolaminen dar. Ein mit Ölsäure acyliertes 4-Aminobutanol-(2) der Struktur

$$R\cdot CO\cdot NH\cdot CH_2CH_2\underset{\displaystyle CH_3}{CH}\cdot O\cdot SO_3Na$$

wurde zeitweilig als Textilhilfsmittel zum Waschen und Entfetten von Wolle und zum Entbasten von Seide empfohlen. Weiter verbreitet war das Acylamidsulfat auf Basis des Monoäthanolamin oder Diäthanolamin, deren Herstellung nachstehend beschrieben wird: Ölsäure und Alkylolamin werden etwa 6 Stunden bei 160 °C unter normalem Druck und weitere 6 Stunden bei gleicher Temperatur unter reduziertem Druck zur Reaktion gebracht. Vom Monoäthanolamin kommen auf 38 Teile 150 Teile Ölsäure; beim Aminobutanol sind es 110,5 Teile auf 322 Teile Ölsäure.

Die Sulfatierung dieses Kondensates erfolgt mit einer Mischung aus 81,8 Teilen Harnstoff, 62 Teilen Formamid und 310 Teilen Chlorsulfonsäure. Hierbei wird bei relativ niederen Temperaturen gearbeitet; 30 °C sollen nicht überschritten werden. Bei der so durchgeführten Sulfierung tritt keine Sulfatierung der Ölsäure-Doppelbindung ein. Mit 50%iger Natronlauge oder entsprechenden anderen anorganischen oder organischen Basen wird unter ausreichender Kühlung neutralisiert.

Nach einer Vorschrift von Spada und Gavioli [294] werden ein- und zweibasische Säuren durch 4stündiges Erhitzen mit $H_2N \cdot CH_2CH_2 \cdot OH$ in Gegenwart von Zinkchlorid bei 160 °C in die substituierten Amide umgewandelt. Außer den N-Hydroxyläthylamiden der höheren Fettsäuren werden Verbindungen der Adipinsäure und Sebazinsäure hergestellt. Behandelt man die Amide mit Chlorsulfonsäure und führt das Reaktionsprodukt in das Natriumsalz über, so erhält man Tenside, die als Waschmittelgrundstoffe verwendet werden können.

Wie bei allen Schwefelsäureestern ist die Säurestabilität geringer, während die Stabilität gegen Alkalien als gut bezeichnet werden kann. Da die Fettsäurealkylolamine leicht zur Hydrolyse neigen, sollten pastöse Zubereitungen innerhalb kurzer Zeit verarbeitet werden. Die trockenen Tenside sind nahezu unbegrenzt haltbar.

Durch neuere stabilere Verbindungen ist die Bedeutung der Alkylolaminkondensate stark zurückgegangen.

3.4. Sulfierte Fettsäuren und Fettsäurederivate

Die von Runge (1834) und Mercer (1846) hergestellten Ölsäuresulfate waren die Vorläufer der ersten Textilhilfsmittel, die durch chemische Umsetzung gewonnen wurden. Bereits Anfang der zweiten Hälfte des 19. Jahrhunderts ist die Lösung der Stoffe vor dem Farbendruck mit Sulfooleaten oder Sulforizinoleaten verschiedentlich angewendet worden. Eine große Anzahl von Patenten und Veröffentlichungen erschienen darüber in der Zeit bis 1930. Seit diesem Zeitpunkt ist hier ein gewisser Stillstand eingetreten, dessen Ursache wahrscheinlich das Aufkommen der primären Alkylsulfate, der Fettsäurekondensationsprodukte sowie anderer synthetischer Tenside ist.

Durch Einwirkung von konzentrierter Schwefelsäure, Schwefeltrioxid oder Chlorsulfonsäure auf Fette oder Fettsäuren, die im Molekül Hydroxylgruppen, Doppelbindungen oder auch beides enthalten, wird die Sulfatgruppe, $-O\cdot SO_3H$, eingeführt:

$$R\cdot CH{=}CH\cdot R'\cdot COOH + H_2SO_4 \rightarrow R\cdot CH_2\cdot \underset{\displaystyle O\cdot SO_3H}{CH}\cdot R'\cdot COOH$$

$$R\cdot \underset{\displaystyle OH}{CH}\cdot R'\cdot COOH + H_2SO_4 \rightarrow R\cdot \underset{\displaystyle O\cdot SO_3H}{CH}\cdot R'\cdot COOH$$

Für die Sulfatierung eignen sich am besten Pflanzenfette, die eine oder mehrere ungesättigte oder Oxyfettsäuren im Molekül enthalten, z. B. Olivenöl, Rizinusöl u. a. Zum Unterschied von den nicht sulfierten Ölen sind die sulfatierten in Wasser löslich oder sie bilden damit leicht Emulsionen. Bei Fetten tritt neben der eigentlichen Sulfierungsreaktion noch eine Reihe anderer Umsetzungen auf, wie die Spaltung des Fettes in Glyzerin und Fettsäuren, die Bildung von Fettsäureanhydriden und von Polymerisationsprodukten. Um die Aufklärung der sehr komplizierten Vorgänge bei der Sulfierung – die zuweilen eine Sulfatierung und Sulfonierung ist – der Rizinolsäure haben sich verschiedene Forscher verdient gemacht. Ältere Arbeiten über die Sulfierung der Ölsäure und deren Glyzeride stammen von Saytzeff [295] und Benedikt, Ulzer [296].

Weitaus kompliziertere Gemische fallen bei der Sulfierung mehrfach ungesättigter Fettsäuren wie der Linol- und Linolensäure an. Die Zusammensetzung ist dabei stark vom Grad der Sulfierung abhängig.

In der Textiltechnik kommen die mit Natronlauge, Soda, Kalilauge, Ammoniak oder Triäthanolamin neutralisierten Sulfate zur Anwendung. Das älteste und bekannteste Produkt dieser Art ist das Türkischrotöl.

3.4.1. Türkischrotöl (Rotöle, Textilöle, Appreturöle)

Unter Türkischrotöl versteht man die Alkalisalze der nur schwach sulfierten Rizinusöle, die in wäßriger Lösung mit einem Ölgehalt von etwa 50%, das entspricht annähernd 35 bis 40% Fettsäure, in den Handel kommen. Ursprünglich wurde das Türkischrotöl durch Sulfierung des Olivenöls hergestellt.

Rotöle werden fast ausschließlich in der Textilindustrie verwendet, vorwiegend in der Färberei, zum Weichmachen, für Appreturen und für Schlichten. Außer Rizinusöl eigenen sich auch andere Fette bzw. fette Öle oder ungesättigte Fettsäuren zur Sulfatierung. Folgende Neutralfette sind verwendbar: Olivenöl, Baumwollsaatöl, Klauenöl, Leinöl, Fischöle, Spermöl und eine Reihe weiterer Fette. An freien Fettsäuren werden benutzt:

Ölsäure, die Leinölfettsäuren und die Fischölfettsäuren. Die Auswahl der Rohstoffe richtet sich nach dem Verwendungszweck der sulfierten Öle.

Zur technischen Herstellung der Türkischrotöle geht man wie bei der Sulfatierung der Fettalkohole vor. In einem mit Rührwerk und guter Kühlvorrichtung versehenem Sulfiergefäß wird das Öl vorgelegt, und man läßt die Schwefelsäure, die sehr häufig als Sulfiermittel verwendet wird, langsam zufließen. Will man ein normales Türkischrotöl herstellen, werden üblicherweise 20 bis 30% Schwefelsäure eingesetzt. Mit dieser Säuremenge läßt sich nur ein Viertel des vorhandenen Öls sulfieren. Während der Reaktion wird die Temperatur auf 25 bis 35°C gehalten. Zu hohe Temperaturen wirken sich auf die Qualität der Produkte nachteilig aus. Die Zugabegeschwindigkeit der Schwefelsäure richtet sich nach der Wirksamkeit der Kühlvorrichtung; von ihr hängt die Reaktionsdauer in starkem Maße ab. Je nach Größe des Ansatzes und der Wirksamkeit der Kühlung werden für die Zugabe der Schwefelsäure 4 bis 6 Stunden benötigt. Dazu kommen noch einige Stunden für die Nachreaktion.

Die technische Durchführung der Sulfatierungen wird mit dem Grad der Ungesättigtheit der Öle zunehmend schwieriger. Leicht zu sulfatieren sind die ölsäurehaltigen Neutralfette (Olivenöl, Klauenöl).

Bei der Herstellung von Rotölen durch Einwirkung von Schwefelsäure auf Rizinusöl können mehrere Reaktionen gleichzeitig erfolgen:

1. Veresterung der Hydroxylgruppe der Rizinolsäure zum sekundären Alkylsulfat,

2. Anlagerung der Schwefelsäure an die Doppelbindung der Rizinolsäure ebenfalls unter Bildung von sekundärem Alkylsulfat,

3. Esterspaltung des Glyzerids und Sulfatierung des Glyzerins,

4. Bei der Neutralisation tritt Esterspaltung und Bildung von Carbonsäureseifen ein. Durch schonende Sulfatierung wird die Esterspaltung vermieden und die Reaktion vorwiegend auf die Veresterung der Hydroxylgruppe gelenkt, d. h. es entsteht eine Verbindung der Formel:

$$\begin{array}{l} CH_2\cdot OOC\cdot(CH_2)_7\cdot CH{=}CH\cdot CH_2\cdot CH\cdot(O\cdot SO_3Na)\cdot(CH_2)_5\cdot CH_3 \\ \cdot \\ CH\cdot OOC\cdot(CH_2)_7\cdot CH{=}CH\cdot CH_2\cdot CH\cdot(O\cdot SO_3Na)\cdot(CH_2)_5\cdot CH_3 \\ \cdot \\ CH_2\cdot OOC\cdot(CH_2)_7\cdot CH{=}CH\cdot CH_2\cdot CH\cdot(O\cdot SO_3Na)\cdot(CH_2)_5\cdot CH_3 \end{array}$$

Ein wichtiger Arbeitsgang vor der Neutralisation ist die Entfernung der nicht umgesetzten Schwefelsäure mit Hilfe von Kochsalz- oder Natriumsulfatlösungen. Die 10 bis 12%igen Salzlösungen werden entweder in das Reaktionsgemisch gegeben, oder dieses wird in die Salzlösung geleitet und gut durchgemischt. Nach der Durchmischung trennt sich die entstandene Emulsion in eine saure Salzlösung und das sulfierte Öl. Bei einer gut durchgeführten Auswaschung ist eine Wiederholung nicht notwendig.

Nach dem Auswaschen wird das sulfierte Öl möglichst sofort neutralisiert, um die Abspaltung von Schwefelsäure zu verhindern. Zur Neutralisation kann konzentrierte Natron- oder Kalilauge oder auch Alkalicarbonat eingesetzt werden. Will man die sulfierten Öle möglichst schonend behandeln ist es ratsam, mit Bicarbonaten zu neutralisieren. Ammoniak hat als Neutralisationsmittel den Nachteil, daß die damit umgesetzten Produkte bei höherer Temperatur unbeständig sind und bei Zusatz eines stärkeren Alkalis Ammoniak frei wird.

Noch während des Neutralisationsvorganges wird das Öl auf seine erforderliche Konzentration gebracht, d. h., der Fettsäuregehalt wird auf die gewünschte Menge eingestellt.

Der geschilderte Herstellungsgang ändert sich bei den einzelnen Fetten geringfügig und wird in den verschiedenen Betrieben unterschiedlich ausgeführt. In allen Fällen enthalten derartige Produkte die Alkalisalze der sulfierten und der unsulfierten Fettsäuren, soweit sie als freie Fettsäuren vorlagen. Einwandfreie Rotöle sollen frei von Schwefelsäure sein und gegen Kongorot neutral reagieren. Als Netzmittel sind Rotöle besser als Seifen; in ihrer emulgierenden und reinigenden Wirkung erreichen sie die Seifen nicht. Da Rotöle mit den Härtebildnern des Wassers lösliche Verbindungen eingehen, werden sie im harten Wasser nicht ausgeflockt.

Durch saure oder alkalische Verseifung der Sulfate entstehen in unterschiedlichen Mengen Oxyfettsäuren und freie Schwefelsäure:

$$\underset{\substack{\bullet \\ O\cdot SO_3H}}{R\cdot CH\cdot R'}\cdot COOH + H_2O \rightarrow \underset{\substack{\bullet \\ OH}}{R\cdot CH\cdot R'}\cdot COOH + H_2SO_4$$

Echte Sulfonsäuren ($\cdot SO_3H$-Gruppe) sind beständiger und lassen sich nicht leicht verseifen.

Neutralisiert man sulfatiertes Rizinusöl in der Hitze, so tritt Verseifung und Polymerisation ein und man erhält Produkte, die im Vergleich zum normalen Türkischrotöl stabiler gegenüber Härte des Wassers, Säuren und Alkalien sind. Derartige Verbindungen wurden unter dem Namen Monopolseifen bekannt. Dazu wird Rizinusöl nach der beim Türkischrötöl beschriebenen Methode mit 30% Schwefelsäure behandelt und entweder das gewaschene und auch das ungewaschene saure Öl mit dreimal soviel Alkali wie bei der Türkischrotöl-Herstellung neutralisiert. Durch Verkochen mit der hohen Alkalimenge erhält man nach dem Erkalten ein seifenähnliches Produkt. Heute ist die Monopolseife weitgehend durch modernere Produkte ersetzt worden.

Qualitätsmäßig besser als die Rotöle sind neuere Produkte, die vielfach hochsulfierte Öle darstellen und weitaus bessere Eigenschaften aufweisen. Sie besitzen ein günstigeres Netz- und Emulgiervermögen und sind gegenüber Calcium- und Magnesiumsalzen sowie Säuren und Alkalien beständiger.

3.4.2. *Hochsulfierte Öle*

Die Stabilität gegen Härte des Wassers und Säuren und auch das Dispergiervermögen wird mit steigendem Sulfierungsgrad verbessert und die avivierenden Eigenschaften erniedrigt. Hochsulfatierte Produkte mit einem Sulfatierungsgrad zwischen 60 bis 90% erhält man durch schärfere Sulfatierungsbedingungen mit Oleum oder Chlorsulfonsäure, wobei auch intramolekulare Veresterungen zwischen den durch die schärferen Bedingungen freigesetzten Carboxylgruppen und den Hydroxylgruppen des Rizinusöls eintreten. Es können hierbei sulfatierte Lactone entstehen. Anstelle des Rizinusöls kann auch die freie Rizinolsäure eingesetzt werden. Da die $-O \cdot SO_3H$- bzw. $-SO_3H$-Gruppe stets den größten Einfluß auf die jeweils betrachteten Eigenschaften einer in den Handel kommenden Ware hat, spricht man heute vom Sulfierungsgrad in dem Sinne, daß man diesen gleich 100% setzt, wenn auf ein Mol der organischen Ausgangsstoffe ein Mol der oben genannten Gruppen kommt.

Die Monopolseife kann als Zwischenstufe von den schwachsulfierten zu den hochsulfierten Produkten angesehen werden. Während Türkischrotöl einen Sulfierungsgrad von etwa 22% hat, erreichen die hochsulfierten Produkte 93% und moderne tensioaktive Verbindungen — Alkylsulfate — sogar 100%.

Hochsulfierte Öle werden in der Wollveredlung, bei der Verarbeitung von Seide, Kunstseide, Cellwolle und Baumwolle sowie als Mittel- zum Weich- und Geschmeidigmachen von Geweben benutzt. Einige Produkte kommen unter Zusatz von Fettlösungsmitteln in den Handel und weisen dadurch eine verbesserte netzende, reinigende und emulgierende Wirkung auf.

Waschkraft und Netzwirkung sind bei sulfierten Estern und Carbonsäuren wegen der zwei verschiedenen im Molekül vorhandenen hydrophilen Gruppen grundsätzlich mäßig. Man erhält gute Netzmittel, wenn man die zweite hydrophile Gruppe mit einwertigen Alkoholen oder durch Amidierung blockiert, wodurch sekundäre Sulfate mit einer hydrophilen Gruppe entstehen, die mittelständig angeordnet ist, z. B. im sulfatierten Butylricinoleat:

$$CH_3(CH_2)_5 \cdot \underset{\displaystyle O \cdot SO_3Na}{CH} \cdot CH_2 \cdot CH{=}CH \cdot (CH_2)_7 \cdot COO \cdot C_4H_9$$

Die Blockierung kann mit Propyl-, Butyl- oder Amylalkohol erfolgen. Es sollen auch zwei- oder mehrwertige Alkohole verwendbar sein. Um eine Verseifung während der Sulfierung zu vermeiden, sulfiert man die Ester bei Raumtemperatur oder noch günstiger unterhalb 0 °C und führt die Neutralisation so durch, daß nur eine geringe Erwärmung auftritt.

Weitere sogenannte Fettsäureamidsulfate sind:

$CH_3(CH_2)_5 \cdot CH \cdot CH_2 \cdot CH{=}CH \cdot (CH_2)_7CON \cdot (C_2H_5)_2$
$\qquad\qquad \cdot$
$\qquad\qquad O \cdot SO_3Na$

sulfatiertes N-Diäthyl-ölsäureamid

$CH_3(CH_2)_7 \cdot CH \cdot CH_2 \cdot (CH_2)_7 \cdot CO \cdot N(C_4H_9)_2$
$\qquad\qquad \cdot$
$\qquad\qquad O \cdot SO_3Na$

Schwefelsäureester des Ölsäurediisobutylamids

$CH_3(CH_2)_7 \cdot CH \cdot CH_2(CH_2)_7 \cdot CO \cdot N \cdot C_2H_5$
$\qquad\qquad \cdot \qquad\qquad\qquad \cdot$
$\qquad\qquad O \cdot SO_3Na \qquad\quad C_6H_5$

Schwefelsäureester des Ölsäureäthylanilids

Zur Herstellung dieser Verbindungen wird die Ölsäure mit Phosphortrichlorid in das Ölsäurechlorid überführt und dieses mit Diäthylamin, Diisobutylamin oder Äthylanilin kondensiert. Wie erwähnt, erfolgt die Sulfatierung unter sehr schonenden Bedingungen.

Verbindungen mit amidartig blockierten Carboxylgruppen zeichnen sich durch ihre Stabilität gegenüber hartem Wasser, Alkalien und Säuren aus. Trotz dieser positiven Eigenschaften haben die sulfatierten Fettsäureamide keine Verbreitung gefunden.

Im Labormaßstab wird die Herstellung sulfonierter bzw. sulfatierter und sulfonierter Rizinolsäure in folgender Weise vorgenommen:

1. Sulfonierte Ölsäure: 50 g Ölsäure werden in 150 m*l* Tetrachlorkohlenstoff gelöst und die Mischung abgekühlt. Dazu gibt man langsam ca. 16 m*l* Chlorsulfonsäure, die in ca. 50 m*l* Tetrachlorkohlenstoff gelöst ist, unter intensivem Rühren. Die Temperatur wird zwischen 15 und 20 °C gehalten. Nach etwa einer Stunde gibt man das Reaktionsgemisch in eine wäßrige Lösung von Natriumsulfat. Beim Stehen über Nacht trennen sich die Schichten, Tetrachlorkohlenstoff wird abdestilliert. Den Rückstand neutralisiert man und extrahiert mit Butanol. Es wird ein viskoses, tiefbraunes Produkt erhalten.

2. Sulfatierte Rizinolsäure: Ca. 8 m*l* Chlorsulfonsäure werden langsam zu 17 g Harnstoff in 200 m*l* Chloroform gegeben. Zur klaren Lösung setzt man etwa 60 g der Rizinolsäure und kocht die Mischung eine Stunde unter Rückfluß. Anschließend wird neutralisiert. Nach dem Abdestillieren des Chloroforms wird mit Butanol extrahiert.

3. Sulfatierte und sulfonierte Rizinolsäure: Etwa 67 g Rizinolsäure werden in Tetrachlorkohlenstoff gelöst und die Mischung abgekühlt. Unter langsamem Rühren setzt man 40 m*l* Chlorsulfonsäure in Tetrachlorkohlen-

stoff zu. Die Temperatur soll zwischen 15 bis 20 °C bleiben. Nach einer Stunde wird das in Tetrachlorkohlenstoff fast unlösliche Reaktionsprodukt abgetrennt und mit n-Butanol extrahiert. Mit Natronlauge wird neutralisiert. Die trocknet man durch Azeotropdestillation, filtriert heiß ab, um anorganische Salze zu entfernen. Zuletzt wird Butanol abdestilliert.

Auf die sehr interessanten Arbeiten von Bertsch, Reinheckel und Czichocki [269a] zur Sulfatierung von 12-Hydroxyoctadecen-(9)-säure-(1)estern und 12-Hydroxyoctadecansäure-(1)estern sowie die Darstellung und Sulfatierung von mono- und disubstituierten Amiden der 12-Hydroxyoctadecansäure-(1) soll nur kurz verwiesen werden.

Rizinolalkohol, der durch schonende Hydrierung der Rizinolsäure oder ihrer Ester erhalten wird, kann theoretisch drei Sulfatgruppen anlagern:

$$CH_3(CH_2)_5 \cdot CH \cdot CH_2 \cdot CH \cdot CH \cdot (CH_2)_7 \cdot CH_2 \cdot O \cdot SO_3S$$

$$O \cdot SO_3H \quad OH \quad O \cdot SO_3H$$

Pantulu und Achaya [297] haben festgestellt, daß — wie auch bei anderen Tensiden — eine Abnahme der Ungesättigtheit zu einer Erniedrigung des Netz- und Waschvermögens führt. Am günstigsten ist ein Produkt, das nur eine endständige Sulfatgruppe trägt.

3.5. *Alkylsulfonate*

Im Gegensatz zu den Alkylsulfaten, $R \cdot O \cdot SO_3Me$, enthalten die Alkylsulfonate als hydrophile Komponente die $-SO_3Me$-Gruppe. Der Schwefel ist direkt an ein Kohlenstoffatom der Hauptvalenzkette gebunden. Diese Bindung ist wesentlich stabiler als die der Alkylsulfate. Während die Alkylsulfate mit Säuren hydrolysiert werden und wieder in die Fettalkohole übergehen, sind die Sulfonate sehr viel widerstandsfähiger.

$$R \cdot CH_2 \cdot SO_2 \cdot OMe \qquad\qquad R' \cdot \underset{SO_2 \cdot OMe}{CH} \cdot R''$$

primäres Alkylsulfonat — sekundäres Alkylsulfonat

Die direkte Bindung der Sulfogruppe an ein Kohlenstoffatom gibt die Erklärung für das abweichende Verhalten der „echten Sulfonsäuren" von den Schwefelsäureestern. Die Sulfogruppe ist auch stärker sauer als die Estergruppe. Die Löslichkeit der Sulfonsäuren und deren Alkalisalze ist besser als die der Sulfate. Die Kalk- bzw. Magnesiumsalze dieser Verbindungen sind wasserlöslich. In Anwesenheit von Schwefelsäureestern und/ oder Carboxylgruppen wirken echte Sulfogruppen gegenüber Säuren, Erdalkalien u. dgl. löslichkeitserhöhend und stabilisierend. Eine zu große

Anzahl von Sulfogruppen bewirken eine Annäherung des Charakters der Sulfonate an die niedermolekularen, nichtkolloiden Sulfonsäuren. Damit tritt auch eine Verminderung der Netz- und Reinigungswirkung ein.

Die Alkalisalze der Alkylsulfonsäuren mit geeigneten Kettenlängen (C_{12} bis C_{18}) stellen gute waschaktive Substanzen dar. Bei den meisten dieser Verbindungen steht die Sulfogruppe innenständig, d. h. sekundär. Die biologische Abbaubarkeit eines Natriumalkylsulfonatgemisches mit 15 bis 18 C-Atomen ist der von Laurylalkohol vergleichbar. Sie übertrifft deutlich die Abbaubarkeit von Alkylbenzolsulfonaten mit unverzweigter Alkylkette, die heute als Ersatz für das bisher verwendete Tetrapropenbenzolsulfonat eingesetzt werden. Die Waschaktivität der Alkylsulfonategemische soll die des Isododecylbenzolsulfonates erheblich übertreffen, wenn unter vergleichbaren Bedingungen gearbeitet wird.

3.5.1. Herstellung der Alkylsulfonate

Die niedermolekularen Glieder der Alkylsulfonate wurden bereits 1868 von STRECKER [298] und 1873 von HAEMILLIAN [299] durch Umsetzung von Alkylhalogeniden mit Natriumsulfit hergestellt:

$$C_2H_5Br + Na_2SO_3 \rightarrow C_2H_5SO_3Na + NaBr$$

Diese Methode läßt sich unter etwas variierten Bedingungen auch für höhermolekulare Verbindungen verwenden.

Nach DAVIDSON [300] lassen sich Alkylsulfate mit Natriumsulfit in Gegenwart von Aminen und Phosphorsäureverbindungen in die entsprechenden Alkylsulfonate überführen:

$$R{\cdot}O{\cdot}SO_3Na + Na_2SO_3 \rightarrow R{\cdot}SO_3Na + Na_2SO_4$$

Durch Addition von Natriumbisulfit, $NaHSO_3$, an α-Olefine werden Alkylsulfonate mit endständiger Sulfogruppe erhalten. Man verwendet dazu α-Olefine aus der Paraffinspaltung mit 12 bis 18 C-Atomen und arbeitet mit Hilfe von Radikalinitiatoren [301].

$$R{\cdot}CH{=}CH_2 + NaHSO_3 \xrightarrow{\text{Peroxid}} R{\cdot}CH_2CH_2{\cdot}SO_3Na$$

Für die Reaktion werden folgende Teilreaktionen angenommen:

$$R^{\cdot} + NaHSO_3 \rightarrow RH + NaSO_3^{\cdot}$$

$$R{\cdot}CH{=}CH_2 + NaSO_3^{\cdot} \rightarrow R{\cdot}\dot{C}H{\cdot}CH_2{\cdot}SO_3Na$$

$$R{\cdot}\dot{C}H{-}CH_2{\cdot}SO_3Na + NaHSO_3 \rightarrow R{\cdot}CH_2{\cdot}CH_2{\cdot}SO_3Na + NaSO_3^{\cdot}$$

Peroxide und Luft dienen als Radikalstarter. Zur Durchführung arbeitet man in Gegenwart von z. B. tert.-Butylperbenzoat bei 60 bis 75 °C in äthanolischer oder isopropanolischer Lösung und wegen seiner besseren Löslichkeit mit Ammoniumbisulfit. Unter intensivem Rühren bei pH 7 bis 8 erreicht man Umsätze von 90 bis 100%. Verwendet man Peroxid und Luft, so stellt man zweckmäßig einen pH-Wert von 4 bis 5 ein. Die beiden Radikalstarter ergeben gemeinsam einen synergistischen Effekt.

Von 100 Vol.-Teilen α-Olefin (C_{10} bis C_{18}) erhält man aus einer 4,5molaren wäßrigen Lösung von Natriumbisulfit, 212 Vol.-Teilen 75%igem Propanol in Wasser und 0,2 Vol.-Teilen tert.-Butylperbenzoat in einer Stunde bei 65 bis 75 °C in Gegenwart von Luft eine 96%ige Umsetzung. Der Reaktionsverlauf kann durch Bestimmung der Abnahme der Bisulfitkonzentration durch Titration mit Jod kontrolliert werden. Unter gleichen Bedingungen wurde ohne Luftzusatz nur eine 54%ige Umsetzung erreicht und mit Luft ohne Peroxid reagierten nur 26% des Olefingemisches. Anstelle der Peroxide sind auch α-Strahlen oder UV-Licht verwendbar.

Tensioaktive aliphatische Disulfonate lassen sich durch Reaktion von Olefinen mit 8 bis 36 C-Atomen und mindestens 2 Äquivalenten eines wasserlöslichen Alkali-, Erdalkali- oder Ammoniumbisulfites in Gegenwart von Wasser bei mäßig erhöhter Temperatur erhalten. Vorteilhaft verwendet man wasserlösliche organische Lösungsmittel, wie Methanol, Äthanol, Pyridin und aliphatische oder cyclische Nitroverbindungen. So werden z. B. 100 g eines Olefins bei 70 °C mit ein Gramm 100%ige Salpetersäure behandelt, anschließend setzt man 80 g Isopropanol und 95 g 30 bis 40%iger wäßriger Natriumbisulfitlösung zu und rührt 2 Stunden bei 80 bis 82 °C. Anschließend werden 5 Stunden je Stunde 15 *l* Luft eingeleitet und mit 10 g 35%iges Wasserstoffperoxid oxydiert. Nach Entfernung des Lösungsmittels erhält man ein pulveriges Disulfonat, das eine bessere Wasserlöslichkeit aufweist als die aus den gleichen Olefinen nach anderen Verfahren hergestellten Monosulfonate [302].

Allylsulfonate werden aus Olefinhalogeniden mit wäßrigem Alkalisulfit erhalten. Di-iso-butylensulfonsäure und Tripropylensulfonsäure werden in etwa. 74%iger Ausbeute erhalten. Sie dienen als Weichmacher, Netz-, Dispergier- und Schaummittel [303].

Anstelle der Peroxide sind auch α-Strahlen oder UV-Licht als Radikalstarter verwendbar.

Das Streckersche Verfahren ist vom wirtschaftlichen Standpunkt aus ungünstiger, da man erst die peroxidinitiierte Addition von Bromwasserstoff an Olefine zur Herstellung der Bromalkane durchführen muß. Anschließend wird dann die Sulfitanlagerung im Autoklaven vorgenommen.

Eine 100%ige Alkylsulfonat-Ausbeute wird durch Addition von Thioessigsäure an α-Olefine in Anwesenheit von Radikalinitatioren erhalten. Das Thiolacetat kann mit Wasserstoffperoxid in Essigsäure zur Sulfonsäure oxydiert werden:

$$R\cdot CH{=}CH_2 + CH_3\cdot COSH \xrightarrow{\text{Peroxid}} R\cdot CH_2\cdot CH_2\cdot S\cdot CO\cdot CH_3$$

$$R\cdot CH_2\cdot CH_2\cdot S\cdot CO\cdot CH_3 \xrightarrow[CH_3COOH]{H_2O} R\cdot CH_2\cdot CH_2\cdot SO_3H + CH_3COOH$$

3.5.1.1. Sulfochlorierung von Paraffinen

Die von Reed und Horn [304] 1933 in den USA entdeckte Sulfochlorierung von Paraffinen mit Chlor und Schwefeldioxid unter Einstrahlung von kurzwelligem Licht ist z. Z. noch immer eine der wichtigsten Reaktionen zur technischen Herstellung der Alkylsulfonate und ist allgemein zu einer der wichtigsten Substitutionsreaktionen in der aliphatischen Chemie geworden. Die Sulfochlorierung wie auch die Sulfoxydation haben erstmals die direkte Einführung einer Sulfogruppe in einen Paraffinkohlenwasserstoff möglich gemacht.

Die $-SO_2Cl$-Gruppe kann an jedes C-Atom der Hauptvalenzkette treten und deshalb ist die Zahl der möglichen Isomeren bei einem höheren Kohlenwasserstoffgemisch sehr groß:

$$\begin{matrix} R' \\ R'' \end{matrix}\!\!>\!CH_2 + SO_2 + Cl_2 \xrightarrow{h\nu} \begin{matrix} R' \\ R'' \end{matrix}\!\!>\!CH\cdot SO_2Cl + HCl$$

Der Reaktionsmechanismus der Sulfochlorierung kann wie folgt angenommen werden:

$$Cl_2 \xrightarrow{h\nu} 2Cl\cdot$$

$$RH + Cl\cdot \rightarrow R\cdot + HCl$$

$$R\cdot + SO_2 \rightarrow R\cdot SO_2\cdot$$

$$R\cdot SO_2\cdot + Cl_2 \rightarrow \rightarrow R\cdot SO_2Cl + Cl\cdot$$

Der Reaktionsmechanismus der Sulfochlorierung ist weitgehend durch die Arbeiten von Asinger [305] aufgeklärt worden. Die Reaktion verläuft nach einem Radikalkettenmechanismus und wird durch typische Radikalbildner, wie UV-Licht, Peroxide oder γ-Strahlen initiiert [306, 307].

Das Gemisch von Stellungsisomeren Sulfochloriden läßt sich für analytische Zwecke durch thermische Spaltung zerlegen. Auf diesem Wege ist eine Ermittlung der Lage der Sulfochloridgruppe in der Kohlenstoffkette möglich [308].

Da heute durch die Molekularsiebverfahren und durch die Harnstoffaddition geradkettige Paraffine aus Erdölfraktionen in einfacher Weise isoliert werden können und in praktisch unbegrenzten Mengen erhältlich sind, bietet sich deren Sulfochlorierung direkt an.

Für die technische Herstellung von Alkylsulfonaten, die als waschaktive Substanzen Verwendung finden sollen, kommen aliphatische geradkettige Kohlenwasserstoffe mit 14 bis 16 C-Atomen in Frage, deren Siedebereich zwischen 220 und 320 °C liegt. Derartige Fraktionen entsprechen dem früher aus der FISCHER-TROPSCH-Synthese stammenden Kogasin, das durch Hydrierung der olefinischen Bestandteile in das sogenannte Mepasin überführt worden ist.

Außer den bei allen Substitutionsreaktionen vorkommenden Bildung von Di- und polysubstituierten Produkten, erfolgt bei der Sulfochlorierung noch eine normale Chlorierung der Kohlenwasserstoffe. Daher treten in den Produkten der Sulfochlorierung auch Alkylchloride und chlorierte Sulfochloride auf. Mit steigendem Umsetzungsgrad des Kohlenwasserstoffes nimmt die Bildung von *Di*- und *Poly*sulfochloriden zu. Aus diesem Grunde wird die Reaktion nach einem bestimmten Teilumsatz abgebrochen.

Alkylchloride kommen allerdings auch durch Desulfierung der Sulfochloride — eventuell bei höheren Temperaturen — zustande:

$$R \cdot SO_2Cl \rightarrow R \cdot Cl + SO_2$$

Im diffusen Tageslicht läuft die Sulfochlorierung und die Chlorierung mit nahezu gleicher Geschwindigkeit ab. Unter UV-Licht wird die Sulfochlorierungsreaktion stark beschleunigt. Sie ist von der Stärke der Lichtquelle abhängig. Auch eine Erhöhung der Temperatur fördert die Chlorierung der Kohlenwasserstoffe. Vorteilhaft arbeitet man deshalb bei niederen Temperaturen, d. h. etwa 30 °C. Die Lichtkapazität der meisten technischen Anlagen ist genügend groß, um ein sehr großes Angebot von Chlor und Schwefeldioxid aufzunehmen. Jedoch ist eine gute Abführung der Reaktionswärme erforderlich. Im Labormaßstab kann mit Quantenausbeuten von 30000 bis 40000 gerechnet werden, während in der Technik nur 2000 bis 3000 erreicht werden.

Tabelle 33. Zusammensetzung der drei technisch hergestellten „Mersole“

Sulfochlorierungs-produkt	spez. Gewicht 20°C	Sulfochlorid im Prod. [Masse-%]	Neutralöl im Prod. [%]	Monosulfochlorid im neutralfreien Sulfochlor. [%]	Di- u. Polysulfochlor. im neutralölfreien-Sulfochlor. [%]
„Mersol“ 30	0,830	30	70	94	6
„Mersol“ H	0,880	45	55	84	16
„Mersol“ D	1,030	80—82	18—20	60	40

Zu den weiteren, die Sulfochlorierung initiierenden radikalbildenden Substanzen gehören z. B. Diazomethan, Bleitetraäthyl sowie Azo- und Hydrazobisnitrile oder organische Peroxide, insbesondere Acetonperoxid oder Acetylcyclohexylsulfonylperoxid ($C_6H_{11} \cdot SO_2 \cdot O \cdot O \cdot COCH_3$). Auch organische Stickstoffbasen bewirken eine Beschleunigung der Sulfochlorierung und eine Verbesserung der Ausbeute.

Bei der Umsetzung eines Paraffinkohlenwasserstoffes mit einer für den vollständigen Umsatz zu Monosulfochlorid erforderlichen Chlor- und Schwefeldioxidmenge werden erhalten: 26,8 Mol-% Mono-, 18,4 Mol-% Di-, 6,1 Mol-% Tri-, 1,5 Mol-% Tetra- und 0,5 Mol-% Pentasulfochlorid [305]. 36,8 % des Paraffins werden nicht umgesetzt. Eine Übersicht über typisch technisch hergestellte Sulfochloride zeigt Tab. 33.

Die Alkylsulfochloride lassen sich auf Grund ihrer Reaktionsfähigkeit leicht mit Alkalien in die entsprechenden Alkylsulfonate überführen:

$$\genfrac{}{}{0pt}{}{R'}{R''}\!\!>\!CH \cdot SO_2Cl + 2\,Me OH \rightarrow \genfrac{}{}{0pt}{}{R'}{R''}\!\!>\!CH \cdot SO_2 \cdot OMe + MeCl + H_2O$$

Weiterhin kann man sie mit Alkoholen, Phenolen, Ammoniak, Aminen und mit Verbindungen, die andere funktionelle Gruppen tragen, umsetzen. So geben Paraffinsulfochloride in Gegenwart von Wasser mit Hexamethylentetramin amidartige Verbindungen [309]. Bereits erwähnt wurden die Kondensationsprodukte der Aminosäuren mit Sulfochloriden. Kondensationsprodukte von Sulfochloriden mit polymerem Äthylendiamin oder Triphenyl-3,4-dichlorbenzylphosphoniumchlorid sind Bestandteil von Wasch- und Reinigungsmitteln [310]. Allgemein entstehen verschiedene Ausgangsprodukte für Netz- und Emulgiermittel, Textilhilfsmittel sowie Weichmacher für PVC und andere Plaste.

Durchführung der Sulfochlorierung

Obwohl man heute weitgehend von der diskontinuierlichen Sulfochlorierung auf kontinuierliche Verfahren übergegangen ist, soll die diskontinuierliche Arbeitsweise kurz beschrieben werden. (Siehe Abb. 33.)

Im großen etwa 1000 *l* fassenden Steinzeuggefäßen oder in homogen verbleiten Stahlzylindern, die mit guten Kühlvorrichtungen versehen sind, wird die Sulfochlorierung vorgenommen. Über die Qualität der eingesetzten geradkettigen, gesättigten Kohlenwasserstoffe ist schon berichtet worden. Das Chlor und Schwefeldioxid können von technischer Qualität sein, dürfen aber keine Feuchtigkeit enthalten. Vor ihrer Verwendung sind sie in geeigneten Trockenvorrichtungen von der Feuchtigkeit zu befreien. Die Lichtquellen (Quecksilberdampflampen) sind in den Reaktoren in sogenannten Belichtungsrohren untergebracht, die aus Quarzglas bestehen sollen. Die Quecksilberdampflampen liefern in hoher Ausbeute ein kurzwelliges Licht von 300 bis 360 nm Wellenlänge.

Am Boden der Gefäße wird durch Fritten das Gemisch aus Chlor und Schwefeldioxid im Verhältnis 1:1 eingeleitet. Während der Reaktion

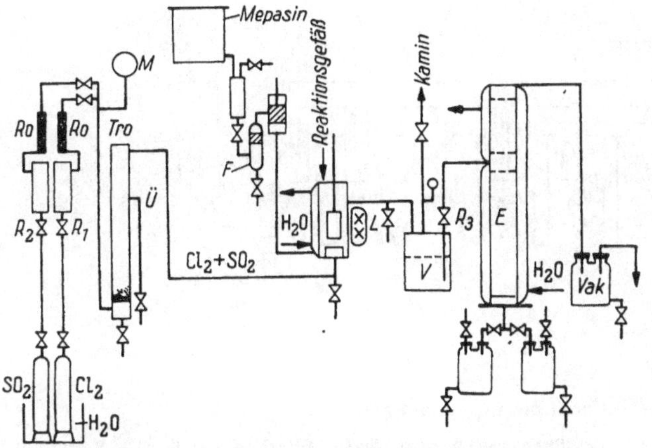

Abb. 33. Diskontinuierliche Sulfochlorierung von Mepasin.

R_1, R_2, R_3 – Regulatoren, *Ro* – Rheostat, *M* – Manometer, *Tro* – Trockenturm, *Ü* – Überlauf, *F* – Filter, *L* – Lichtquellen, *V* – Vorlage, *E* – Entgasungskolonne, *Vak.* – Vakuum.

wird die Temperatur durch entsprechende Kühlung auf 20 bis 40°C gehalten, um die Bildung polysulfochlorierter und chlorierter Verbindungen so gering als möglich zu halten. Die Reaktionszeit richtet sich nach der Qualität der gewünschten Sulfochloride (siehe Tab. 33). Sie kann zwischen 4 und 20 Stunden liegen. Nach beendeter Reaktion wird durch das Reaktionsprodukt Luft oder Stickstoff geblasen, um gelöstes Chlor und Schwefeldioxid weitgehend zu entfernen. Wie bereits erwähnt, wird die Sulfochlorierung vor der vollständigen Umsetzung der eingesetzten Paraffine abgebrochen.

Man kann die Sulfochloride aus ihren Gemischen mit Neutralöl leicht durch selektive Lösungsmittel abtrennen. Dafür eignet sich z. B. flüssiges Schwefeldioxid und Acetonitril.

Die Abtrennung der reinen Sulfochloride aus den paraffinhaltigen Reaktionsgemischen läßt sich auch mit β,β'-Dichlordiäthyläther als Extraktionsmittel vornehmen. Die Sulfochloride gehen in das Lösungsmittel, während Paraffine und Chlorparaffine zurückbleiben [316].

Neuere Verfahren zur Sulfochlorierung arbeiten kontinuierlich. Eine der wirtschaftlichsten Methoden ist das sogenannte Kaskadenverfahren, bei dem eine Anzahl von Reaktionsgefäßen hintereinander angeordnet sind. Abb. 34 zeigt das Fließschema einer derartigen Anlage. Der Kohlenwasserstoff wird aus dem Vorratstank (*D*) mit der Pumpe E_1 in das Reaktionsgefäß C_1 gedrückt und reagiert mit dem aus den Behältern *A* und *B* kommenden Chlor und Schwefeldioxid. Das nur teilweise umgesetzte Reaktionsgemisch wird nacheinander mit Hilfe der Pumpen E_2 bis E_8 durch alle

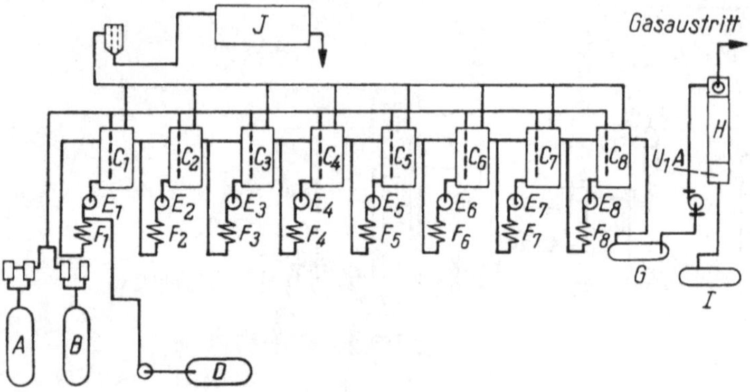

Abb. 34. Kontinuierliche Sulfochlorierung von Mepasin.

A — Behälter für Chlor, B — Behälter für Schwefeldioxid, C_1 bis C_8 — Reaktionsgefäße, D — Vorratstank für Mepasin, E_1 bis E_8 — Pumpen, F_1 bis F_8 — Kühler, G — Zwischentank, H — Entsagungskolonne, I — Lagertank für Rohprodukt, J — Chlorwasserstoff-Absorber, U_1A — Luft.

Reaktionsgefäße gedrückt, um aus C_8 als Rohprodukt mit dem gewünschten Sulfochlorierungsgrad in den Zwischentank G abzufließen. Zur Befreiung vom gelösten Gas passiert das Rohprodukt die Entgasungskolonne H und gelangt von dort in den Lagertank I. In neueren Anlagen sind die Reaktionsgefäße in unterschiedlicher Höhe stufenweise angeordnet. Der umzusetzende Kohlenwasserstoff tritt in das oberste Gefäß ein und fließt im Laufe der Reaktion durch die verschiedenen Gefäße ohne Zwischenschaltung von Pumpen und tritt aus dem untersten Gefäß aus. In jedem Gefäß wird gekühlt und beleuchtet. Eine Teilansicht einer derartigen Anlage zeigt Abb. 35.

Alkylsulfonate mit guten Wascheigenschaften sollen sich aus einem Gasöl mit einem Siedebereich von 280 bis 310°C herstellen lassen [311]. Von Below und Mitarbeitern [312] wird ein ähnliches Produkt für die Sulfochlorierung empfohlen. Zwecks Herstellung neuartiger Waschmittel werden nach einem sowjetischen Verfahren Naphthene aus Vaselin- und Solaröl sulfochloriert. Dabei wird unter ähnlichen Bedingungen wie bei der Sulfochlorierung von Paraffinen gearbeitet und man erzielt Ausbeuten von 27 bis 30% vom Einsatzprodukt. Die verseiften Verbindungen sollen eine annehmbare Waschaktivität aufweisen [313].

Verseifung der Alkylsulfochloride

Die Verseifung und Aufarbeitung der Sulfochloride kann nach verschiedenen Verfahren vorgenommen werden und hängt u. a. vom Grad der

Abb. 35. Teilansicht einer halbtechnischen Glasapparatur zur kontinuierlichen Sulfochlorierung nach dem Kaskaden-Verfahren.

Sulfochlorierung ab. Es ist vorteilhaft, die Sulfochloride vor ihrer Verseifung zu raffinieren, um möglichst hellfarbige Endprodukte zu erhalten. Durch Behandlung des Reaktionsgemisches mit Sauerstoffsäuren des sechswertigen Schwefels oder deren Anhydride, z. B. mit 90%iger Schwefelsäure, Oleum, HSO_3Cl, Abtrennung des Säureteeres und Auswaschen mit Wasser erhält man nach der Verseifung sehr helle Sulfonate [314]. Eine interessante Methode zur Verseifung und Entölung von Sulfochloriden beschreiben Berty und Mitarbeiter [315]. Die Verseifung wird in einem sogenannten Rotationsfilmreaktor vorgenommen. Rohsulfochlorid und 10%ige Natronlauge fließen mit gleicher Geschwindigkeit in den Reaktor, dessen Rührer mit 300 U/min rotiert. Die Flüssigkeiten werden mit Heißdampf auf ca. 100°C erhitzt und fließen gemeinsam innerhalb von 5 s durch den Reaktor, wobei ein 100%ige Verseifung erreicht wird. Bei 120 bis 150°C verläuft im Reaktor neben der Verseifung eine Wasserdampfdestillation, die zu einer teilweisen Entölung des Alkylsulfonates führt. Zur vollständigen Entölung ist ein zweiter Reaktor erforderlich.

Die Aufarbeitung des „*Mersol 30*“ (siehe Tab. 33) erfolgt in nachstehender Weise: Mit einer 10%igen Natronlauge wird das auf 90 bis 100°C erhitzte Sulfochlorid verseift und zur Abscheidung der nicht umgesetzten Kohlenwasserstoffe in ein horizontales weites Gefäß gepumpt. Das sich an der Oberfläche abscheidende Mepasin geht wieder in die Sulfochlorierung zurück. Es enthält auch chlorierte Kohlenwasserstoffe. Zur wäßrigen Alkylsulfonatlösung wird nochmals Natronlauge gegeben, um eine Abscheidung des Sulfonates zu erreichen. In einem zweiten waagerechten Gefäß wird die Alkylsulfonatphase von der Laugenschicht getrennt. Das Sulfonat geht zur Eindampfung, wo es von den letzten Kohlenwasserstoffresten befreit wird.

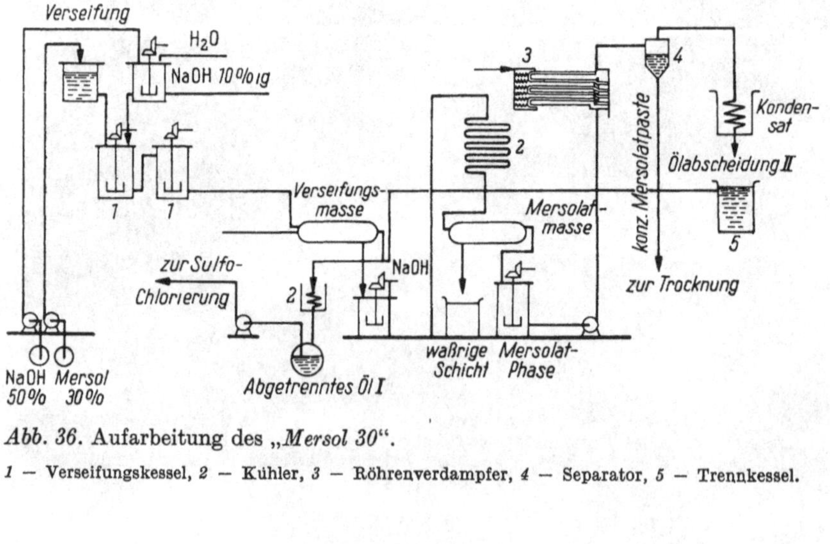

Abb. 36. Aufarbeitung des „*Mersol 30*“.

1 – Verseifungskessel, *2* – Kühler, *3* – Röhrenverdampfer, *4* – Separator, *5* – Trennkessel.

Die so gewonnene Sulfonatpaste eignet sich auf Grund ihres geringen Gehaltes an Polysulfonaten zur Trocknung. Fließschema siehe Abb. 36.

In etwas anderer Form wird die Verseifung des „*Mersol D*“ und des „*Mersol H*“ vorgenommen. Zur Verseifung des „*Mersol D*“ wird eine ca. 36%ige Natronlauge verwendet. Die anfallende leicht alkalische Paste mit einem Alkylsulfonatgehalt von 50 bis 60% scheidet beim Stehen nach der Abkühlung die Hauptmenge des entstandenen Kochsalzes aus. Um die nicht umgesetzten Kohlenwasserstoffe abzutrennen, muß die Paste auf etwa 35% Alkylsulfonatgehalt mit Wasser verdünnt werden, wobei sich das Öl an der Oberfläche abscheidet.

„*Mersol H*“ verseift man mit einer 16,5%igen Natronlauge bei 90 bis 100 °C. Die nicht umgesetzten Kohlenwasserstoffe scheiden sich nach längerem Stehen an der Oberfläche des Verseifungsgemisches ab. Gleichzeitig wird ein Teil des entstandenen Kochsalzes ausgeschieden. Aus der Alkylsulfonatlösung wird mit Wasser und Methanol bei 65 °C die Hauptmenge des Sulfonates extrahiert. Noch vorhandene Kohlenwasserstoffe setzen sich an der Oberfläche ab. Nach dem Abdestillieren des Lösungsmittels (Methanol, Wasser) fällt eine Paste an, die 70% Alkylsulfonat, 3 bis 4% Kohlenwasserstoffe und etwa 4% Kochsalz enthält.

Für die Verseifung des Sulfochlorids zum Alkylsulfonat ist die doppelte Alkalimenge erforderlich, wie zur Verseifung von Fettsäuren von ungefähr gleichem Molekulargewicht. Aus diesem Grunde liegen die Verseifungszahlen der Sulfochloride doppelt so hoch, wie die der Fettsäuren.

Verseifungstemperaturen von 90 bis 100 °C werden von einigen Autoren als zu hoch angesehen, da oberhalb 80 °C nach folgender Formel Zersetzung des Sulfochlorids eintreten soll:

$$R\cdot CH_2\cdot SO_2Cl \rightarrow R\cdot CH_2\cdot Cl + SO_2$$

Eine Umsetzung der Sulfochloride mit Oxy- oder Aminosulfonsäuren oder Oxy- bzw. Aminocarbonsäuren aliphatischen oder aromatischen Ursprungs ergibt Textilhilfsmittel und waschaktive Substanzen:

$$R\cdot SO_2Cl + H_2N\cdot C_6H_4\cdot SO_3Na + NaOH \rightarrow R\cdot SO_2\cdot NH\cdot C_6H_4\cdot SO_3Na + NaCl$$

Aus Sulfochloriden erhaltene Sulfamide lassen sich mit Formaldehyd und Natriumbisulfit durch Sulfomethylierung ebenfalls in Tenside mit guten Wasch- und Netzeigenschaften umsetzen:

$$R\cdot SO_2\cdot NH_2\cdot HCHO + NaHSO_3 \rightarrow R\cdot SO_2\cdot NH\cdot CH_2\cdot SO_3Na + H_2O$$

3.5.1.2. Sulfoxydation von Paraffinkohlenwasserstoffen

Außer der Sulfochlorierung hat sich besonders die Sulfoxydation aliphatischer Kohlenwasserstoffe als Methode zur Einführung der Sulfogruppe in geradkettige Aliphaten als geeignet erwiesen. Da die Alkylsulfonate wegen ihrer guten biologischen Abbaubarkeit an Interesse gewonnen haben, ist auch die Bedeutung der Sulfoxydation beträchtlich gestiegen. Der Vorzug gegenüber der Sulfochlorierung ist im Wegfall des Chlorbedarfes und des bei der Sulfochlorierung auftretenden Salzsäureanfalls zu suchen. Der Nachteil besteht offensichtlich in dem nur sehr schwierig zu beherrschenden Anfall von sauren Abwässern. Die Reaktion gewinnt, nach Ersatz der fotochemischen durch γ-Strahlen-Initiierung, weiterhin an Bedeutung.

Das von PLATZ und SCHIMMELSCHMIDT [317] gefundene Verfahren ist in drei Varianten bekannt:

1. Essigsäureanhydrid-Verfahren,
2. Licht-Wasser-Verfahren,
3. Chlor-Verfahren.

Der Mechanismus der Sulfoxydations-Reaktion wird wie folgt angenommen:

$$R^{\cdot} + SO_2 \rightarrow R \cdot SO_2^{\cdot}$$
$$R \cdot SO_2^{\cdot} + O_2 \rightarrow R \cdot SO_2 \cdot O \cdot O^{\cdot}$$
$$R \cdot SO_2 \cdot O \cdot O^{\cdot} + RH \rightarrow R \cdot SO_2O \cdot OH + R^{\cdot}$$
$$R \cdot SO_2 \cdot O \cdot OH \rightarrow R \cdot SO_2O^{\cdot} + OH^{\cdot}$$
$$R \cdot SO_2O^{\cdot} + RH \rightarrow R \cdot SO_3H + R^{\cdot}$$
$$OH^{\cdot} + RH \rightarrow R^{\cdot} + H_2O$$

Die über die Sulfochlorierung eines Alkans erhaltenen Alkylsulfonate unterscheiden sich von den bei der Sulfoxydation anfallenden Produkten nur dadurch, daß die ersteren einen etwas höheren Anteil an 1-Alkylsulfonaten im Isomerengemisch enthalten. Außerdem treten bei der Sulfoxydation keine Alkylhalogenide auf.

Durch die Sulfoxydation lassen sich auf einfacherem Wege als bei der Sulfochlorierung aus aliphatischen gesättigten Kohlenwasserstoffgemischen Monosulfonsäuren herstellen. Die Sulfogruppe ist auch hier statistisch über die gesamte aliphatische C-Kette verteilt. Di- und Polysulfonsäuren entstehen nach dem Verfahren kaum, da durch laufende Extraktion mit Wasser die anfallenden Monosulfonsäuren aus dem Reaktionsgemisch entfernt werden.

Das Schema einer Licht-Wasser-Sulfoxydations-Anlage zeigt Abb. 37. Die Apparatur arbeitet in folgender Weise: In den Turm *1*, der mit einer gut wirkenden Innenbeleuchtung ausgerüstet ist, wird aus dem Behälter *2* das n-Paraffin und aus dem Behälter *3* im Verhältnis 200 Teile Paraffin: 100 Teile Wasser gegeben. Zur Durchmischung und Kühlung pumpt man die beiden Komponenten im Kreislauf durch einen Kühler und führt das Gasgemisch aus Sauerstoff und Schwefeldioxid mit Hilfe der Pumpe *6* ebenfalls im Kreislauf durch den Reaktionsturm. Die Sulfoxydation sehr

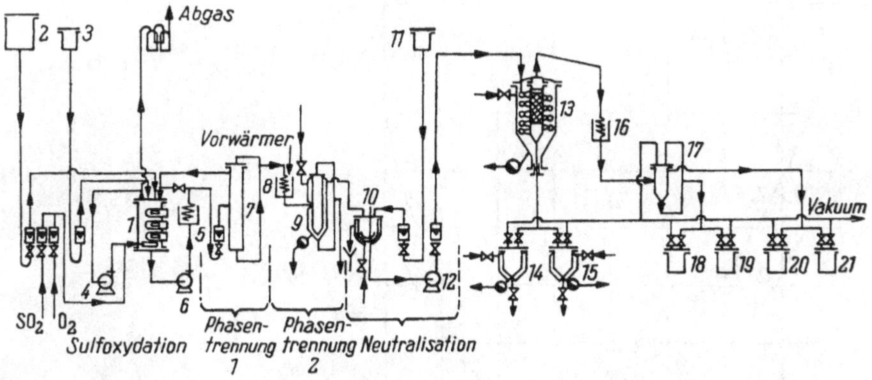

Abb. 37. Sulfoxydation nach dem Licht-Wasser-Prozeß nach ORTHNER [317 a].

1 – Reaktionsturm, *2* – Behälter für Mepasin, *3* – Behälter für Wasser, *4*, *6*, *12* – Pumpen, *5*, *8*, *16* – Kühler, *7*, *17* Scheider, *9* – Abscheider (heizbar), *10* – Neutralisationsgefäß, *11* – Behälter für Natronlauge, *12* – Pumpe, *13* – Verdampfer, *14*, *15* – Gefäße für das Sulfonat, *18*, *19* – Gefäße fur das Wasser, *20*, *21* – Gefäße für Mepasin.

reiner Kohlenwasserstoffe läuft, wenn sie erst in Gang gekommen ist, auch ohne Belichtung weiter. Im Abscheider *7* wird die im Wasser gelöste Alkylsulfonsäure von den nicht umgesetzten Kohlenwasserstoffen abgetrennt. Die wäßrige Lösung enthält neben den Sulfonsäuren noch Schwefelsäure, die im Abscheider *9* als untere Phase abgetrennt wird. Ein Teil der Schwefelsäure verbleibt noch in der oberen Phase und gelangt mit dieser in das Neutralisiergefäß *10*, wo mit Natronlauge die Umsetzung zum Natriumalkylsulfonat und Natriumsulfat vorgenommen wird. Das noch in der wäßrigen Phase enthaltene nicht umgesetzte Paraffin wird im Verdampfersystem *13* entfernt. Aus dem Verdampfer wird das geschmolzene Sulfonat in die Gefäße *14* und *15* abgezogen.

In Gegenwart geringer Mengen acylierend wirkender Substanzen, wie Essigsäureanhydrid, läuft die Reaktion mit technischen Paraffinen nach der Einleitung ohne Belichtung oder Peroxidzugabe ab. Die Wirkung der Acylverbindung beruht auf ihrer Reaktion mit der als Zwischenstufe bei der Sulfoxydation auftretenden Persulfonsäure unter Bildung eines Alkylsulfonylacetylperoxids. Die Bildung der Sulfonsäuren erfolgt beim Essigsäureanhydrid-Verfahren in zwei Stufen:

$$a)\ R\cdot CH_3 + SO_2 + O_2 + (CH_3CO)_2\cdot O \rightarrow R\cdot CH_2\cdot SO_2\cdot OO\cdot OC\cdot CH_3 + CH_3COOH$$

$$b)\ R\cdot CH_2\cdot SO_3\cdot OO\cdot OC\cdot CH_3 + SO_2 + H_2O \rightarrow R\cdot CH_2\cdot SO_2\cdot OH + CH_3COOH + H_2SO_4$$

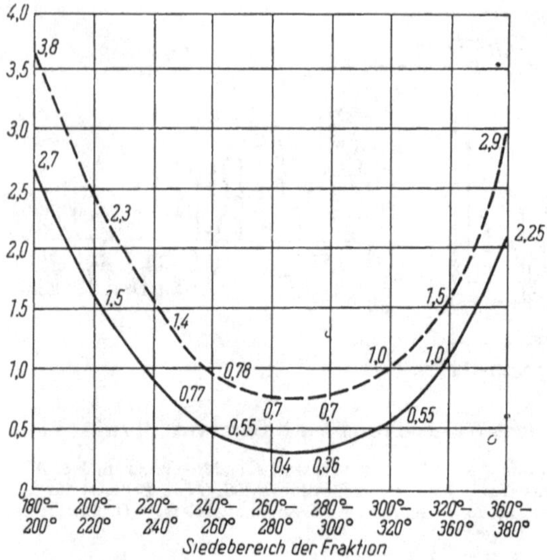

Abb. 38. Abhängigkeit der Netzwirkung von Paraffinsulfonaten von der Kettenlänge des Ausgangskohlenwasserstoffs.

——— monosulfochloriert, ... halbsulfochloriert [60].

Man unterscheidet die Bildungsreaktion (*a*) und die Nachreaktion (*b*). In mehreren hintereinander geschalteten Reaktionstürmen findet die Bildungsreaktion zwischen den Komponenten n-Alkan, Schwefeldioxid, Sauerstoff und Essigsäureanhydrid bei einer Temperatur von 40 °C ohne Belichtung statt. Das Reaktionsgemisch wird in einem weiteren Gefäß mit verdünnter Essigsäure vermischt und das Alkylpersulfonsäureacetanhydrid bei 55 bis 60 °C hydrolysiert. Die weitere Aufarbeitung wird wie beim Reaktionsgemisch des Licht-Wasser-Verfahrens vorgenommen. Für die Herstellung von 374 Teilen Alkylsulfonsäure werden 80 Teile Acetanhydrid benötigt.

Nach Balakirjew und Mitarbeitern [318] läßt sich die Sulfoxydation auch mit wenig Wasser ausführen. Danach läßt man die 97- bis 98%igen n-Alkane mit Siedepunkten von 200 bis 300 °C und einem mittleren Molgewicht von ca. 200 unter UV-Bestrahlung oder in Gegenwart chemischer Initiatoren kontinuierlich durch einen Quarzglasreaktor fließen und führt ein SO_2/O_2-Gemisch im Verhältnis 2:1 im Gegenstrom ein.

In Anlehnung an das Licht-Wasser-Verfahren wurde das sogenannte Chlor-Verfahren ausgearbeitet. Mit einem Gemisch aus Schwefeldioxid, Luft und Chlor im Verhältnis 1:2:0,3 und Paraffin wird die Sulfoxydation in zwei hintereinander geschalteten Reaktionstürmen mit gutem Erfolg ausgeführt.

3.5.2. *Verwendung der Alkylsulfonate*

Die Natriumsalze der aliphatischen Sulfonsäuren mit 12 bis 18 C-Atomen weisen relativ gute waschaktive Eigenschaften auf. Jedoch werden Waschmittel auf reiner Alkylsulfonatbasis heute nur noch selten und nur für spezielle Zwecke hergestellt, weil sie trotz ihrer Beständigkeit gegen hartes Wasser und ihrer guten Schaumeigenschaften wegen keine so guten Wascheigenschaften, wie z. B. die Alkylbenzolsulfonate, aufweisen. Eine der nachteiligsten Eigenschaften ist ihr geringes Schmutztragevermögen. In dieser Hinsicht sind ihnen die Alkylsulfate und die Alkylbenzolsulfonate überlegen.

Heute treten die Alkylsulfonate in verschiedenen Waschmitteln gemeinsam mit Alkylsulfaten oder Alkylpolyglykoläthern auf. Wegen der Hygroskopizität der Alkylsulfonate ist es nicht ratsam, den Waschmitteln mehr als 10 bis 15% zuzusetzen. Feinwaschmittel zum Reinigen von Wolle und anderen empfindlichen Fasern können ebenfalls Alkylsulfonate enthalten. Weit verbreitet sind die Alkylsulfonate als Einweichmittel und als Reinigungsmittel (Geschirrspülmittel). Geschirrspülmittel bestehen zuweilen nur aus einer 5- bis 10%igen wäßrigen Alkylsulfonatlösung mit einigen Zusätzen. Bei Geschirrspülmitteln erwies sich C_{15}- bis C_{18}-Alkylsulfonat als etwas weniger wirksam als Isododecylbenzolsulfonat. Die Alkylsulfonate sind jedoch weitaus leichter löslich als das Isododecylbenzolsulfonat. Durch Wahl des geeignetsten mittleren Molgewichtes kann die Schaumkraft dem gewünschten Zweck angepaßt werden. Bezüglich Hygroskopizität, Farbe, Geruch und Toxizität entsprechen die Alkylsulfonate den meisten Anforderungen, die an einen hochwertigen Waschrohstoff gestellt werden.

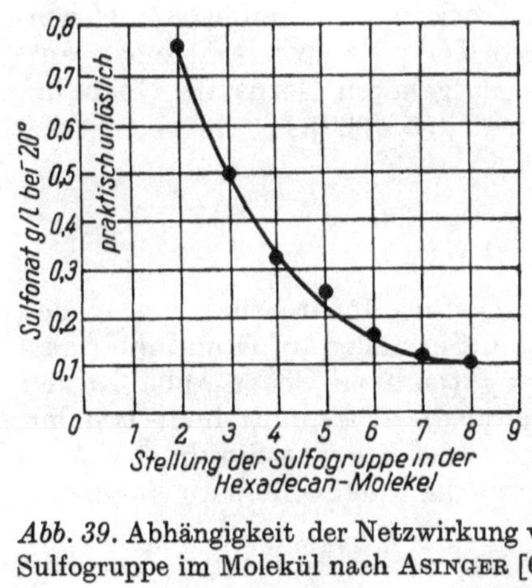

Abb. 39. Abhängigkeit der Netzwirkung von Hexadecansulfonaten von der Stellung der Sulfogruppe im Molekül nach ASINGER [60].

Die Abhängigkeit der Netzwirkung von Paraffinsulfonaten von der Kettenlänge des Ausgangskohlenwasserstoffs zeigt Abb. 38 und von der Stellung der Sulfogruppe im Molekül wird in Abb. 39 dargestellt.

Während des letzten Krieges wurden in Deutschland aus Mischungen von Natronseife und Alkylsulfonaten sowie verschiedenen Füllmaterialien feste Körperwaschseifen hergestellt. Neben anderen nachteiligen Eigenschaften zeigte diese Seife gegenüber der reinen Kernseife eine geringere Waschwirkung und ein vermindertes Schmutztragevermögen. Nach der damaligen Ansicht von VIERTEL [319] lassen sich die sogenannten *MS*-Seifen bei Anwesenheit normaler Zusätze, wie Celluloseäther und calcinierter Soda, für die Textilwäscherei verwenden. Es ist jedoch ratsam, möglichst in weichem Wasser zu arbeiten und die Waschlauge ausreichend alkalisch zu halten. Die Qualitäten der erwähnten Seifen waren sehr unterschiedlich. Neben einer *MS*-Seife mit 90% Mersolat H (63% Alkylsulfonsäuren), 5% Celluloseäther und 5% calcinierte Soda wird eine Seife mit 44% Mersolat H, 4% Hartfettsäure als Natronseife, 3,75% Celluloseäther und Wasser sowie Kochsalz beschrieben.

Schmierseifenhaltige Alkylsulfonate mit Sodazusätzen und alkalisch gestelltem Wasserglas sind auf ihre Eignung zur Textilveredlung untersucht worden. Alkylsulfonathaltige Seifen lassen sich für verschiedene Zwecke einsetzen. Nach Befunden aus der Wäschereipraxis sind die Qualitäten der Alkylsulfonattypen unterschiedlich. So sollen 8 Teile Mersolat H in der Wirkung 11 Teilen Mersolat *D* entsprechen. Während das Mersolat *H* in Schuppen oder als Paste in den Handel kommt, wird das Mersolat *D* nur als Flüssigprodukt auf den Markt gebracht.

Der Unterschied in der Konsistenz dieser Produkte beruht auf dem unterschiedlichen Gehalt an Polysulfonaten. Polysulfonate machen die Produkte hygroskopisch.

Alkylsulfonatpulver lassen sich durch Trocknen der Sulfonate in Gegenwart von Verbindungen, die bei höheren Temperaturen Ammoniak entwickeln, gewinnen. Zu diesen Verbindungen gehören Harnstoff, Guanidin, Ammoniumcarbonat, Ammoniumbicarbonat u. a. [320].

3.6. Alkensulfonate

Die bereits längere Zeit bekannten α-Olefinsulfonate sind erst in den letzten Jahren wieder interessant geworden. Sie stellen auf Grund ihrer ausgezeichneten Wascheigenschaften und der guten biologischen Abbaubarkeit wegen ökonomisch vertretbare Rohstoffe für die Waschmittelindustrie dar. α-Olefine aus der Paraffinspaltung oder aus der ZIEGLER-Synthese können mit verschiedenen Sulfonierungsmitteln in die Olefinsulfonate umgewandelt werden.

Während SUTTER und Mitarbeiter [321] sowie BORDWELL und Mitarbeiter [322] die Sulfonierung der Olefine mit komplexgebundenem Schwefeltrioxid (SO_3-Dioxan-Komplexe) durchführten, berichten eine Anzahl von Autoren [323, 323a] über die Umsetzung mit freiem Schwefeltrioxid. Formel I zeigt den Reaktionsablauf der α-Alken-Sulfonierung mit Schwefeltrioxid-Dioxan:

Formel I

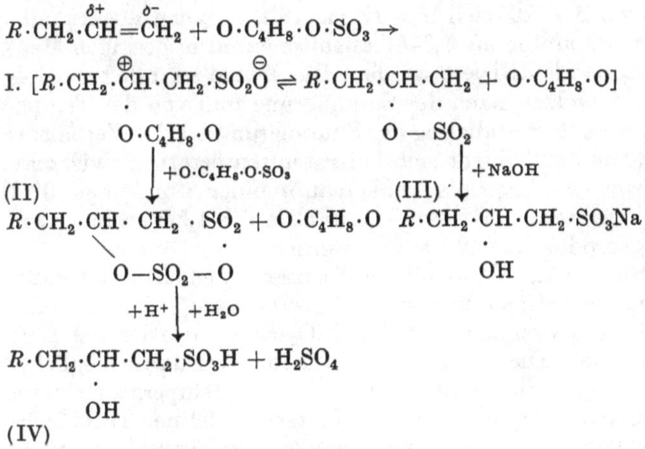

In Formel II der der Reaktionsmechanismus der Sulfonierung mit freiem Schwefeltrioxid dargesellt: [323b]

Formel II

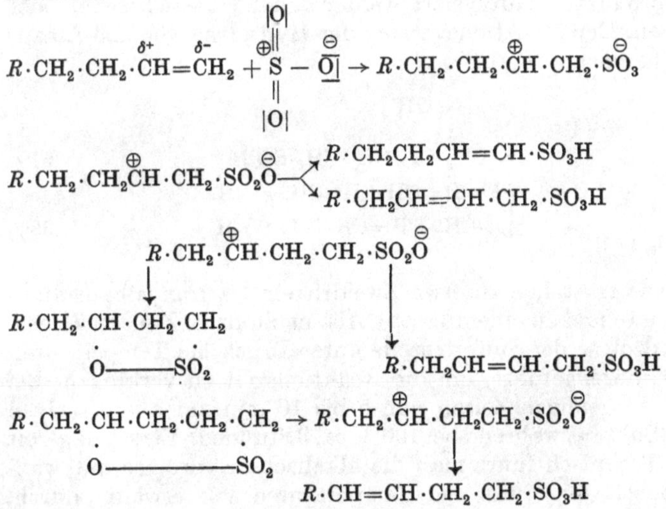

Nach den Untersuchungen von BAUMANN und Mitarbeitern [323] erfolgt die Umsetzung des Olefins bei +10 °C mit Schwefeltrioxid und führt nicht zu einem definierten einheitlichen Endprodukt. Die Monosulfonierung führt zu 1,3-Alkansultonen, 1,4-Alkansultonen und Alkensulfonsäuren, die sich mit SO_3 weiter umsetzen können. Dabei entstehen Sulfonsäure-sultone und Disulfonsäuren und weiterhin durch Oxydationsreaktionen hydroxylgruppenhaltige und dunkelgefärbte Verharzungsprodukte. Aus den Sulfonierungsprodukten von n-α-Alkenen mit 12 bis 18 C-Atomen auskristallisierende Verbindungen konnten als 1,3-Alkansultone und in geringen Mengen als 1,4-Alkansultone identifiziert werden. Die Menge an 1,3- bzw. 1,4-Sultonen ist von der Standzeit nach der Sulfonierung und von der Temperatur abhängig. 5 min nach Beendigung der Sulfonierung ist das Verhältnis 1,3-:1,4-Sulton 70:30 und verschiebt sich bei Raumtemperatur in vierzehn Tagen auf 5:95. Das gleiche Ergebnis erhält man in einer Stunde bei 70 °C. Da 1,4-Alkansultone schwerer zu verseifen sind als die 1,3-Verbindungen soll das Sulfonierungsprodukt sofort verseift werden.

Zur Erzielung optimaler 1,3-Alkansultonausbeuten ist es nach BAUMANN [323] erforderlich, bei der Sulfonierung weniger als 0,6 bis 0,7 Mol Schwefeltrioxid pro Mol Olefin anzuwenden, wobei die SO_3-Konzentration der Luft unter 3 Vol.-%. liegen soll. Die Reaktionstemperatur wird dabei möglichst niedrig gehalten, etwa −10 bis +40 °C. Die Reaktionstemperatur richtet sich auch nach dem Schmelzpunkt der eingesetzten Olefine. Technische α-Olefin-Sulfonierungsprodukte, die in einem Kurzzeit-Sulfierreaktor mit 15 bis 20 Mol-% SO_3-Überschuß bei einem Sulfonierungsgrad von ca. 95% erhalten wurden, setzen sich aus 60% Sultonen und 40% Alkensulfonsäuren zusammen. Um wasserlöslich Sulfonate herzustellen, muß der Sultonanteil der Sulfonierungsprodukte hydrolysiert werden. Dies läßt sich sauer oder alkalisch vornehmen. Den Reaktionsverlauf der Hydrolyse von 1,3-Alkansultonen zeigt nachstehende Formel:

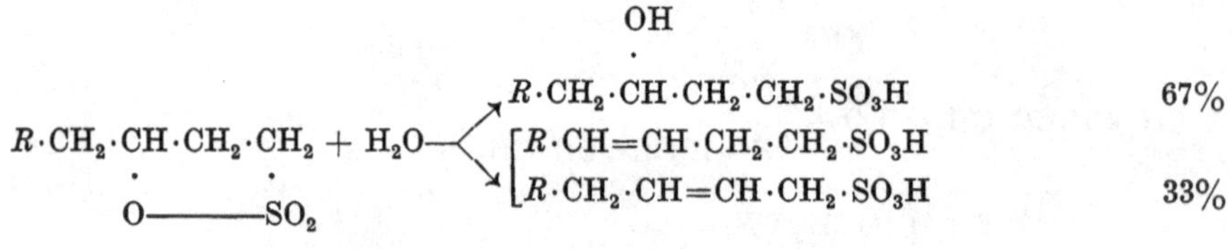

Bei der Hydrolyse entstehen zu etwa Zweidritteln Hydroxyalkansulfonsäuren bzw. -sulfonate und zu einem Drittel Alkensulfonate. Zweckmäßigerweise wird die Hydrolyse der Sultonanteile unter Druck bei Temperaturen von 160 bis 180 °C durchgeführt, um die Reaktionszeit zu verkürzen. Bei diesen Temperaturen genügen Zeiten von 5 bis 10 min zur quantitativen Hydrolyse der 1,3-Sultone, während bei 100 °C ca. 3 Stunden. Verseifungszeit erforderlich sind. Technisch führt man die alkalische Hydrolyse mit wäßriger Natronlauge bei Überdruck und Temperaturen wie erwähnt durch,

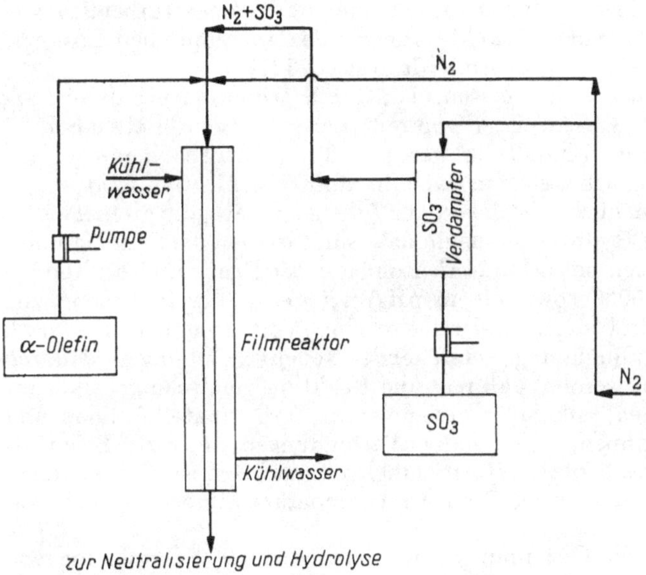

Abb. 40. Fließschema zur Olefin Sulfonierung mit Schwefeltrioxid.

am vorteilhaftesten in einem kontinuierlich beschickten Reaktor. Nach der Hydrolyse liegen 50 bis 60% Alkensulfonate und 40 bis 50% Hydroxyalkansulfonsäuren vor; außerdem enthält das Gemisch 15 bis 20% Disulfonate. Na-2-hydroxy-alkansulfonate mit tensioaktiver C-Kettenlänge sind sehr wenig wasserlöslich. Aus wäßrigen Lösungen kristallisieren sie beim Erkalten aus und sind aus diesem Grund in den Reaktionsprodukten unerwünscht.

Nach einem Patent der Continental Oil Comp. [324] soll die Sulfonierung der Olefine bei Temperaturen unterhalb 50° mit einem SO_3/Inertgas-Gemisch erfolgen, dessen SO_3-Gehalt 0,1 bis 10 Vol.-% betragen kann, wobei je Mol Olefin etwa 0,8 bis 1,1 Mol SO_3 eingeleitet werden. Das neutralisierte und hydrolysierte Reaktionsgemisch wird vorteilhaft mit einem Lösungsmittel extrahiert, um nicht sulfonierte Teile zu entfernen. Das Fließschema einer derartigen Anlage zeigt Abb. 40.

Eine relativ hohe Ausbeute an Alkensulfonat (80%) erhielt TURBAK [325] bei der Olefinsulfonierung mit einem SO_3-Trialkylphosphat-Komplex. Als Lösungsmittel für die Sulfonierung werden Schwefeldioxid [326] oder Methylenchlorid vorgeschlagen. Für die Sulfonierung mit Schwefeltrioxid sind mit Erfolg Phosphortrichlorid, Phosphoroxychlorid oder Thionylchlorid bzw. deren Gemische als Lösungsmittel verwendet worden. Mit diesen Lösungsmitteln soll ein relativ hoher Anteil an Alkensulfonsäuren erhalten werden. Die Umsetzung nimmt man im Temperaturbereich von −25 bis ca. +125 °C vor. Nach Abtrennung des anorganischen Lösungsmittels wird das Reaktionsgemisch hydrolysiert [327].

Hellfarbige Olefinsulfonate lassen sich durch stufenweise Sulfonierung mit bestimmten Mol-Verhältnissen von mit Inertgasen verdünntem Schwefeltrioxid und durch Einhaltung genauer Temperaturbedingungen gewinnen. Zweckmäßig arbeitet man dabei in dünnen Schichten [328].

Zur Gewinnung möglichst hochwertiger Alkensulfonate, die grenzflächenaktiv wirksamer als Hydroxyalkansulfonate sind, werden die Sulfonierungsprodukte von Olefinen mit 8 bis 24 C-Atomen unter Druck und bei Temperaturen oberhalb 150 °C sowie einem pH-Wert der wäßrigen Lösung von weniger als 3, hydrolysiert. Andererseits sind Verfahren bekannt, nach welchen bei der Sulfonierung entstehende Nebenverbindungen dadurch tensioaktiv wirksam werden, daß man die Reaktionsgemische neutralisiert und mit Halogeniden, Alkoholen, Phenolaten, Carboxylate, Aminen und Salzen von SH-Gruppen enthaltenden Verbindungen umsetzt. Beispielsweise erhält man nach dieser Herstellungsmethode Gemische aus Alken- und Hydroxyalkansulfonaten, Trimethylammoniumsulfobetain und Natriumsulfat.

Ausführlicher ist die Gewinnung von Tensiden durch Sulfonierung von Olefinen von Püschel [16] und Mitarbeitern [329] untersucht worden. Sie stellten u. a. verschiedene Hydroxyalkansulfonsäuren her und ermittelten ihre physikalisch-chemischen Eigenschaften. So tritt z. B. die 2-Hydroxyalkansulfonsäure nur dann in den Sulfonierungsprodukten auf, wenn das Olefin zum Sulfonierungsmittel gegeben wird, wenn ein größerer Schwefeltrioxid-Überschuß vorhanden ist oder wenn die Sulfonierung in Gegenwart von SO_3-Komplexbildnern stattfindet.

Tabelle 34. Isomerenverteilung bei Alkensulfonaten erhalten durch Sulfonierung von n-Hexadecen-(1) mit SO_3/Luft

Hexadecen-(x)-sulfonat-(1)	Mol%
Hecadecen (1) sulfonat-(1)	9
„ (2) „ „	21
„ (3) „ „	16
„ (4) „ „	5
„ (5) „ „	6
„ (6) „ „	6
„ (7) „ „	7
„ (8) „ „	8
„ (9) „ „	7
„ (10) „ „	8
„ (11) „ „	9

Eine Verteilung der bei der Sulfonierung von n-Hexadecen-(1) mit SO_3 in Luft anfallenden Isomeren zeigt Tab. 34. Nach diesen Werten zu urteilen findet eine starke Verschiebung der ursprünglich endständigen Doppelbindung statt [323].

Tabelle 35. Biologischer Abbau einiger Tenside

1. Olefinsulfonat, C_{14},
2. Olefinsulfonat, C_{16},
3. Olefinsulfonat, C_{18},
4. geradkettiges Alkylarylsulfonat;
5. Tetrapropenbenzolsulfonat.

Abbauzeit Tage	1 [%]	2 [%]	3 [%]	4 [%]	5 [%]
3	94,2	89,2	92,8	17,2	0
7	97,1	95,2	98,4	83,8	0
10	98,5	91,6	95,2	97,6	41,8
15	98,5	94,0	98,4	98,8	50,7
17	98,5	96,4	96,0	98,8	44,8
21	98,5	96,4	99,2	97,6	56,7
24	98,5	97,5	98,5	98,8	56,7

Obwohl die Prozentzahlen keinen gleichmäßigen Abfall aufweisen, sind die Werte als Anhaltspunkte verwendbar.

Tabelle 36. Zusammensetzung der Olefine und Oberflächenspannung einiger Olefinsulfonate

Olefine im Sulfonat	*A*	*B*	*C*	*D*
C_{14}	10	—	—	25
C_{16}	30	50	60	25
C_{18}	60	50	30	25
C_{20}	—	—	10	25

	Oberflächenspannung von *A* [dyn/cm]	*B* [dyn/cm]	*C* [dyn/cm]	*D* [dyn/cm]
1% Sulfonat	35	35	33	36
0,1% Sulfonat	37	36	38	38
0,01% Sulfonat	43	44	45	47

Die Olefinsulfonate stellen als Waschrohstoffe eine ernstzunehmende Konkurrenz für die Alkylbenzolsulfonate dar. Sie sind in waschtechnischer Hinsicht mit dem Oleylsulfat vergleichbar und sind dem Natriumdodecylsulfonat überlegen. Es ist z. B. ohne weiteres möglich, etwa 5% weniger Olefinsulfonat als die vorgesehene Menge Alkylbenzolsulfonat einzusetzen, ohne daß die Gebrauchseigenschaften der Waschmittel eine Minderung erfahren. Die Waschwirkung ist also gleich oder besser als die der typisch kettenverzweigten Tridecylbenzolsulfonate. Sie sind leicht wasserlöslich und geben einen guten Schaum. Mit Seife und anderen Tensiden sind sie mischbar. Auf der Haut rufen sie ein angenehmes Gefühl hervor, verursachen keine Reizung und sind nicht mischbar. Sie eignen sich zur Sprühtrocknung, sind gut lagerfähig und zeigen eine außergewöhnliche Stabilität, z. B. sogar gegen kochende konzentrierte Phosphorsäure [330, 331, 332].

Tabelle 37. Kritische Micellkonzentration (*KMK*), Oberflächenaktivität und Netzvermögen von Na-Alkan-, Na-2-Alken-, Na-3-Hydroxyalkan- und Na-3-Oxoalkansulfonaten [16]

Na-Sulfonat(1)	C-Zahl	*KMK*	Oberflächenaktivität			Netzvermögen	
		bei 40 °C	σ	Temp.	$\Delta\sigma$	25 °C	50 °C
		[m Mol/*l*]	[dyn/cm]	[°C]	[%]	[g/*l*]	[g/*l*]
-Alkan-	12	9,3	35,4	50	47,8	0,4	0,17
	14	2,4	33,5	50	50,6	−1	0,04
	16	0,74	32,8	50	51,6	−1	0,12
	18	—	29,8	50	56,0	−1	0,22
-2-Alken-	12	13,0	36,1	30	49,2	0,71	0,36
	14	2,7	31,8	30	55,0	0,20	0,08
	16	0,61	32,7	30	53,8	0,21	0,05
	18	0,18	31,4	50	53,7	−1	0,08
-3-Hydroxy-alkan	12	24,8	42,0	30	40,7	1,8	0,72
	14	6,33	41,0	30	42,2	0,34	0,15
	16	1,45	39,2	30	44,0	0,16	0,03
	18	0,38	36,8	50	45,7	0,61	0,07
-3-Oxoalkan-	12	28,8	38,3	30	46,0	1,6	0,31
	14	6,7	33,8	30	52,3	1,1	0,21
	16	1,84	32,7	30	54,0	0,21	0,12
	18	0,5 (60°)	30,6	50	54,9	−1	0,07

1 = ungenügend löslich

$\Delta\sigma$ rel. ist die prozentuale Erniedrigung, welche die Oberflächenspannung von Wasser durch der Tensidzusatz bei der *KMK* erfährt.

Aus den zur Verfügung stehenden Unterlagen über die biologische Abbaubarkeit der Olefinsulfonate ergaben sich die in Tab. 35 zusammengefaßten Werte, die für diese Tenside recht günstig liegen. In Tab. 36 sind die Oberflächenspannungen bei 25 °C in dyn/cm dargestellt und zwar von Olefingemischen, deren Zusammensetzung im oberen Teil der Tabelle wiedergegeben ist. Siehe auch Tab. 37.

Eine neuere Gruppe von Tensiden, die eigentlich insbesondere nach Alkoxylierung, zu den nicht ionogenen Verbindungen zählt, sind die Hydroxyalkylsulfoxide, die auf der Basis von β- oder γ-Hydroxyalkylsulfoxiden auf zwei Wegen zugänglich sind. Man kann vom Dimethylsulfoxid ausgehen, das in Gegenwart starker Basen mit Alkylbromiden oder 1,2-Alkylenoxiden umgesetzt wird oder man benutzt Thioätheralkohole als Ausgangsverbindungen. Thioätheralkohole sind durch Addition von β-Hydroxyäthylmercaptan an α-Olefine in glatter Reaktion zugänglich. Durch Oxydation mit Wasserstoffperoxid kommt man zu den Hydroxyalkylsulfoxiden, die je nach Länge der Alkylkette als Netz- oder Waschmittel, Emulgatoren, Textilhilfsmittel u. dgl. einsetzbar sind [333, 334].

3.7. Fettsäureester der Oxyalkansulfonsäuren (Acylestersulfonate)

Diese Tenside gehören zur Gruppe der Fettsäurekondensationsprodukte. Für ihre Herstellung findet folgende Grundreaktion allgemein Verwendung:

$$R \cdot COCl + OH \cdot C_2H_4 \cdot SO_3Na \rightarrow R \cdot COO \cdot C_2H_4 \cdot SO_3Na + HCl$$

Ein Fettsäurechlorid wird also mit dem Natriumsalz der Isathionsaure kondensiert. Man kann durch Einwirkung von Alkylenoxiden auf Natriumbisulfit allgemein Oxyalkansulfonsäuren erhalten, wie die genannte Isäthionsäure, $OH \cdot C_2H_4 \cdot SO_3Na$:

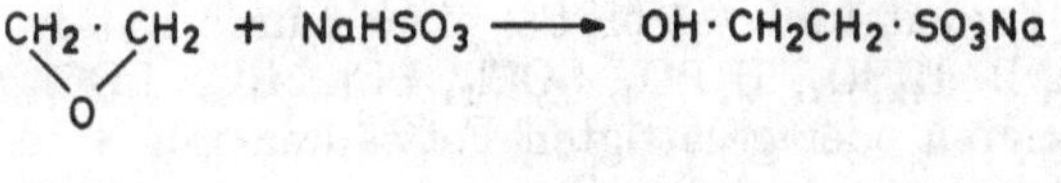

Auch die Umsetzung höherer Epoxide mit Natriumbisulfit hat eine gewisse technische Bedeutung erlangt:

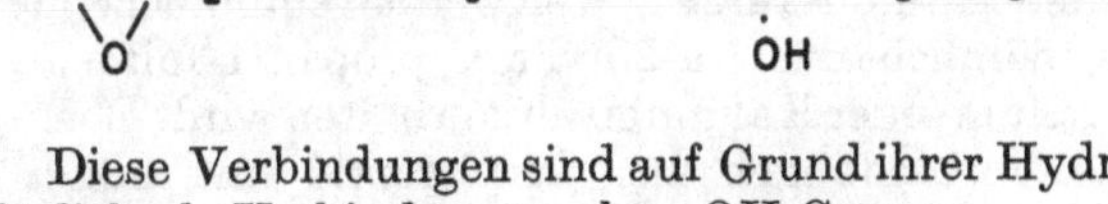

Diese Verbindungen sind auf Grund ihrer Hydroxylgruppe besser wasserlöslich als Verbindungen ohne OH-Gruppe.

Eine weitere Möglichkeit zur Darstellung der Acylestersulfonate ist die Umsetzung freier Fettsäuren mit Carbylsulfat:

$$R\cdot COOH + CH_2\cdot CH_2 \xrightarrow{+H_2O} R\cdot COO\cdot CH_2\cdot CH_2\cdot SO_3Na + H_2SO_4$$

$$\begin{array}{cc} \cdot & \cdot \\ O & SO_2 \\ \cdot & \cdot \\ O_2S & \!\!\!-\!\!-O \end{array}$$

Auch die Reaktion wasserfreier Seifen mit chloräthansulfonsauren Salzen führt zur Bildung von Acylestersulfonaten:

$$R\cdot COONa + Cl\cdot CH_2\cdot CH_2\cdot SO_3Na \rightarrow R\cdot COO\cdot CH_2CH_2\cdot SO_3Na + NaCl$$

Als Fettsäurereste setzt man vorwiegend Laurinsäure, Ölsäure, die Kokosnußölfettsäuren oder synthetische Fettsäuren mit entsprechenden C-Kettenlängen ein. Die daraus hergestellten Fettsäurechloride gewinnt man nach dem Hoechster-Verfahren mit Phosphortrichlorid: In großen verbleiten Gefäßen werden bei 50 bis 60 °C die Fettsäuren mit Phosphortrichlorid gemischt. Nach kurzer Reaktionszeit scheidet sich die phosphorige Säure als zähe Masse am Boden des Gefäßes ab, das Fettsäurechlorid bildet die obere Phase:

$$3R\cdot COOH + PCl_3 \rightarrow H_3PO_3 + 3R\cdot COCl$$

Die Kondensation bzw. Veresterung kann in verhältnismäßig einfacher Weise vorgenommen werden. In einem angewärmten Reaktionsgefäß vermischt man allmählich unter Rühren 185 kg isäthionsaures Natrium mit 316 kg Ölsäurechlorid. Nach 10 bis 15 min beginnt die auf 100 °C erwärmte Mischung lebhaft zu reagieren, wobei die Temperatur auf etwa 110 °C ansteigt und Chlorwasserstoffentwicklung einsetzt. Während der Umsetzung wird die anfangs sirupartige Masse fest und krümelig und bildet zum Schluß ein grobes Pulver. Zur Neutralisation des letzten Säurerestes setzt man etwa 10 kg Soda zu. Die Ausbeute liegt bei 460 kg.

Ein anderes Verfahren [335] arbeitet mit 0,1 bis 5% eines sauren Katalysators bei der Veresterung, z. B. H_2SO_4, H_3PO_4, $SOCl_2$, PCl_5, HCl, $POCl_3$, $ClSO_3H$ u. dgl., und ungesättigten oder gesättigten Fettsäuren mit 8 bis 20 C-Atomen mit Gemischen von 2-hydroxyalkansulfonsaurem Alkali- oder Ammoniumsalz bei 150 bis 160 °C. Das Reaktionswasser wird unter vermindertem Druck abdestilliert. Durch diese Methode soll eine Verfärbung des Reaktionsgemisches vermieden werden. Die Ausbeuten liegen zwischen 80 bis 90%. Außer den isäthionsauren Salzen werden entsprechende Verbindungen des Propans, nämlich das Na-2-hydroxypropan-1-sulfonat, das aus Propylenoxid mit Natrium- oder Kaliumbisulfit erhalten wird. Ebenfalls hergestellt wurden die Verbindungen aus Butylenoxid mit Alkalibisulfit. Derartige Tenside werden als stückförmige Waschmittel empfohlen.

Durch Erhitzen aliphatischer, aromatischer oder alicyclischer Monocarbonsäuren mit mindestens 8 C-Atomen und einer 2-Hydroxyalkansulfonsäure der allgemeinen Formel OH·CH·(*R*)·CH(*R*)·SO_3*Me* (*R* = H oder ein Alkylrest, *Me* = Alkali-, Erdalkalimetall oder ein organisches Amin) auf 185 bis 300° in Gegenwart eines Katalysators, wie Ortho-, Meta-, Hypophosphorsäure oder NaH_2PO_4, werden in guter Ausbeute (ca. 65%) Acylestersulfonate erhalten. Als Veresterungskomponenten werden empfohlen: 2-Hydroxypropan-, 2-Hydroxy-3-butan-, 2-Hydroxy-1-butan- oder 2-Hydroxy-2-butansulfonsäure [336]. Zur Veresterung wird stets ein großer Überschuß der Fettsäurekomponente benötigt.

Nach TIEDEMANN und SCHENK [337] werden Salze der 2-Hydroxyalkansulfosäure fein vermahlen und mit einem aliphatischen oder alicyclischen Carbonsäurechlorid innig vermischt und auf heißen Walzen auf 140°C erhitzt, wobei das entstehende Wasser gleichzeitig entfernt wird. Wie oben bereits erwähnt, lassen sich auch die freien aliphatischen oder alicyclischen Monocarbonsäuren in Gegenwart von Katalysatoren (0,3% bis 1,5% H_3PO_2 oder deren Salze) bei pH 25, bis 3,5 mit den 2-Hydroxyalkansulfonsäuren unter gleichen Bedingungen oder ähnlich umsetzen. Auf diese Weise ist es möglich, eine Vielzahl von Carbonsäuren bzw. deren Chloride in die entsprechenden Carbonsäure-β-sulfoalkylester zu verwandeln, z. B. Kokosnußfettsäuren, Palmitin-, Stearin-, Linol-, Tallölfettsäuren sowie Naphthen-, Abietin- und Octylbenzoesäure bzw. deren Chloride. Die Umsetzung erfolgt schneller und vollständiger, wenn in Gegenwart von 0,1 bis 10% eines Salzes einer schwachen Base mit einer starken Säure, z. B. Aluminiumsulfat, gearbeitet wird [339]. Nach einem weiteren Patent [340] läßt sich auch Borsäure vorteilhaft als Katalysator einsetzen, wobei unter vermindertem Druck bei ca. 280°C gearbeitet wird.

Zur Verbesserung des Geruches der Fettsäuresulfoalkylester setzt man nach Einstellung des pH-Wertes auf 7 eine kleine Menge 30%iges Wasserstoffperoxid zu [341].

Allgemein sind die Salze der Fettsäureester der Oxyalkansulfonsäuren hautfreundliche Produkte, die das Schaumvermögen, die Schaumstabilität, die Netzwirkung oder das Schmutztragevermögen anderer waschaktiver Substanzen verstärken. Sie werden in Textilhilfsmitteln, in der Kosmetik (Hautcremes, Salben, Gesichtswasser) und für industrielle Zwecke eingesetzt.

3.8. *Acylamidsulfonate*

Die Acylamidsulfonate gehören ebenfalls zur Gruppe der Fettsäurekondensationsprodukte. Allgemein lassen sie sich durch Umsetzung der Natriumsalze der Aminosulfonsäuren mit Fettsäurechloriden, Fettsäureanhydriden oder freien Fettsäuren erhalten. Diese Tenside sind infolge ihrer

—C·N·C-Bindung weitaus stabiler als die bereits besprochenen Acylestersulfonate mit ihrer —C·O·C-Bindung. Am bekanntesten ist die Kondensation von Methyltaurin, $CH_3 \cdot NH \cdot CH_2 \cdot CH_2 \cdot SO_3Na$, mit z. B. Ölsäurechlorid. Trotz des höheren Preises zieht man das Methyltariun dem Taurin vor, weil seine Kondensationsprodukte stabiler sind und außerdem bessere Wasch- und Netzeigenschaften aufweisen. Das Methyltaruin wird nach einem Verfahren der BASF [342] kontinuierlich aus dem Natriumsalz der Isäthionsäure, $OH \cdot CH_2CH_2 \cdot SO_3Na$, und Methylamin in guter Ausbeute erhalten:

$$OH \cdot CH_2 \cdot CH_2 \cdot SO_3Na + CH_3NH_2 \rightarrow CH_3 \cdot NH \cdot CH_2CH_2 \cdot SO_3Na + H_2O$$

In Gegenwart von Wasser und einem Überschuß an Methylamin werden die Komponenten bei etwa 80 $kp \cdot cm^{-2}$ und 200 bis 300 °C durch einen Druckreaktor geleitet. Zur Gewinnung von reinem N-Methyltaurin aus technischen Lösungen setzt man eine der Alkalität äquivalente Menge Schwefelsäure oder Schwefeldioxid bis zur Erreichung von pH-Wert 7,0 bis 7,5 zu. Das nach der Wasserverdampfung ausgeschiedene Natriumsulfat wird heiß abfiltriert. Das Methyltaurin kristallisiert aus der kalten Lösung aus [343].

Die Kondensation des Acylchlorids mit dem Methyltaurin läßt sich in rostfreien Stahlgefäßen durchführen. Es wird so viel Methyltaurinlösung, Kochsalz und Wasser vorgelegt, daß eine 10%ige Methyltaurinlösung entsteht, in die bei 24 bis 30 °C das Fettsäurechlorid und Ätznatron eingetragen werden. Das Ätznatron bindet den freiwerdenden Chlorwasserstoff. Zur Vervollständigung der Umsetzung wird nach beendeter Zugabe auf 50 °C erwärmt und die Lösung mit Salzsäure auf einen pH-Wert von 7,2 bis 7,5 eingestellt. Durch Zerstäubung oder Walzentrocknung wird ein festes Produkt gewonnen, dessen Gehalt an waschaktiver Substanz bei 33 bis 35% liegt.

Nach einem anderen Verfahren setzt man festes Methyltaurin oder eine 50- bis 85%ige wäßrige Lösung mit dem geschmolzenen Säureanhydrid um. Dazu werden z. B. 161 Teile Methyltaurinnatrium mit 421 Teilen Laurinsäureanhydrid 15 min auf ca. 150 °C erwärmt. Nach dem Abkühlen setzt man 2000 m*l* 50%igen Äthanol zu und entfernt die restliche Laurinsäure durch dreimalige Estraktion mit je 2000 m*l* Petroläther. Das anfallende N-Methyl-N-lauroyl-Na-taurid enthält noch etwa 8% Laurinsäure. In gleicher Weise lassen sich die Anhydride der Kokosnußfettsäuren, Tallölfettsäuren und der Ölsäure mit Methyltaurin umsetzen.

Ein sogenanntes „*Na-N-Methyl-Talg-taurid*" erhält man durch Überführung der Talgfettsäuren (Öl-, Palmitin- und Stearinsäure) in die Säurechloride und Umsetzung mit Methyltaurin und Alkali [344].

Bei der Reaktion freier Fettsäuren, z. B. Stearinsäure, mit einem Überschuß von Na-Methyltaurid in inerter Atmosphäre (Vakuum oder N_2), erhält man in 10 Stunden bei 220 °C in ca. 90%iger Ausbeute Na-N-Acyl-N-methyltaurin. Durch höhere Temperatur kann die Reaktion beschleunigt werden; es tritt jedoch auch eine Zersetzung des Methyltaurins ein [345]. Eine Änderung der Fettsäuren beeinflußt das Schaum- und Kalkseifendispergiervermögen der Tenside. In ähnlicher Weise arbeitet ein von LAMBERT [346] beschriebenes Verfahren. Dabei wird ein Taurinsalz der allgemeinen Formel $R'\cdot NH\cdot CH(R)\cdot CH(R)\cdot SO_3Me$($R'$ = Wasserstoff oder Alkylrest mit 1 bis 20 C-Atomen, R=H oder Alkylrest mit maximal 3-C-Atomen) mit einem Überschuß einer Fettsäure mit mindestens 8 C-Atomen in inerter Atmosphäre auf 180 bis 320°C erhitzt und das bei der Reaktion entstehende Wasser kontinuierlich entfernt. Die Reaktion wird durch 1 bis 5% wasserlöslicher Alkalisalze der H_3PO_3 oder H_3PO_2 katalysiert. Bei Zusatz dieser Verbindungen ist die Reaktion bei 220°C in einer Stunde vollendet [347].

Die Kondensation einer Reihe von aliphatischen oder alicyclischen Carbonsäuren von C_6 bis C_{18}, wie Kokosfettsäuren, Ölsäure, Tallölfettsäuren, Naphthensäuren, hydrierte Tallölfettsäuren, Abietinsäure, Alkylbenzoesäure u. dgl. mit alkansulfonsauren Salzen der allgemeinen Formel: $X\cdot CH\cdot(R)\cdot CH\cdot(R')\cdot SO_3Me$($X$=OH, R=H oder ein niedermolekulares Alkyl, R'=H oder ein Alkyl mit 1 bis 20 C-Atomen, Me = Alkali- oder Erdalkalimetall), wie Taurin, Ditaurin, N-Propyl-, N-Isopropyl-, N-tert.-Butyl-, N-Amyl-, N-Hexyl-, N-Cylcohexyl-, N-Phenyl-, N-Heptyl-, N-Octyl-, N-Oleoyl-, N-Linoleoyl-, N-Abietinoyltaurin. Als Katalysator für diese Kondensation haben sich Borsäure, Borax, Fluoborsäure und deren Salze bewährt. Sie werden in Mengen von 0,1 bis 3% dem bei 220 bis 260°C umzusetzenden Reaktionsgemisch zugefügt. Zur Entfernung des Reaktionswassers arbeitet man vorteilhaft bei 30 Torr. Die Ausbeuten liegen bei 80 bis 90%. Man kann die Produkte als Netz-, Reinigungs- und Dispergiermittel sowie zur Herstellung von Hautcremes und Salben verwenden [348].

Tabelle 38. Kennzahlen einiger ω-Arylalkansäuren

Carbonsäure	K_p	D_4^{20}		n_D^{20}
9-Phenylnonansäure	$177-79_{3\,mm}$	0,993		1,5030
9-Tolylnonansäure	$194-98_{4\,mm}$	0,989		1,5038
9-Naphthylnonansäure	$222-25_{3\,mm}$	—		—
9-Hydroxyphenylnonansäure	$195-97_{3\,mm}$	—	F: 67–68°	—
11-Phenylundecansäure	$191-93_{3\,mm}$	0,976		1,4985
11-Hydroxyphenylundecansäure	$217-22_{3\,mm}$	—	F: 72–73°	—
13-Phenyltridecansäure	$205-11_{3\,mm}$	—		—
13-Tolyltridecansäure	$204-08_{4\,mm}$	0,973		1,5012

Eine andere interessante Gruppe von Tauriden synthetisierten DMITRIJEW und Mitarbeiter [349]. Durch FRIEDEL-CRAFTS-Reaktion von ω-Chlorcarbonsäuren mit Benzol, Phenol, Toluol oder Naphthalin stellten sie ω-Arylalkansäuren her (siehe Tab. 38). Die Säuren werden in die Säurechloride überführt und diese kondensiert man mit dem Natriumsalz des N-Methyltaurins zu ω-Arylalkansäure-N-methyltaurid-Na-Salzen. Das tensidische Verhalten dieser Verbindungen soll recht zufriedenstellend sein.

Durch Umsetzung von Bortristearat mit wasserfreiem N-Methyltaurin erhält man Na-Stearoyl-N-methyltaurin. Die Reaktion läßt sich auch mit N-Äthyl- oder N-Cyclohexyltaurin, Sarcosin oder Alkylglycinen durchführen [350]. — Ein Erucoyl-N-Methyltaurid stellte FULDE [351] her und empfiehlt es als Netzmittel. In gleicher Weise wurden Sarcoside und ähnliche Verbindungen der Erucasäure synthetisiert. Ein kontinuierliches Herstellungsverfahren von Acyltauriden beschreibt das U. S. P. 3057989 [352].

Um reinere und weniger hygroskopische Produkte zu erhalten, empfiehlt ELBEL [353] die Neutralisation der Sulfogruppe des Taurins mit Salzen aus leichtflüchtigen Säuren oder Salzen der zur Acylierung dienenden Carbonsäuren und Alkalien oder Erdalkalien bzw. sterisch gehinderte oder tertiäre Amine. So versetzt man z. B. 200 Teile Laurinsäure bei 150 bis 170 °C unter Rühren allmählich mit 26,5 Teile wasserfreies Natriumcarbonat und rührt unter Stickstoffatmosphäre so lange, bis eine klare Schmelze vorliegt. In diese trägt man 70 Teile 100%iges Methyltaurin ein und erhitzt auf 200° bei einem Druck um 80 Torr. Die Wasserabspaltung ist nach 2 Stunden beendet. Nach Entfernung der überschüssigen Laurinsäure durch Destillation im Vakuum und Extraktion mit Aceton erhält man ein schwach gelbliches Pulver.

Die Fettsäuremethyltauride sind hervorragende waschaktive Substanzen, die den Waschmitteln eine gute Schaumbildung und Schaumstabilität verleihen. Sie sind gegen hartes Wasser beständig und zeigen gute Stabilität gegen Säuren und Alkalien. Man kann sie universell für die Herstellung von Wasch- und Reinigungsmitteln sowie als Komponente von Textil- und Lederhilfsmitteln verwenden. Die hautfreundlichen Tenside sind für kosmetische Präparate vorzüglich geeignet. Die Eigenschaften der Tauride lassen sich durch Änderung des Kations, insbesondere aber des Fettsäurerestes, variieren. Zur Verteilung von Pigmenten in nicht wäßrigen Systemen, wie Wachsen oder trocknenden Ölen, empfiehlt MAXCY [354] als Dispergiermittel wasserfreies Na-N-Cyclohexyl-N-Palmitoyltaurid. Verbindungen aus n-Octyltaurin und n-Octylchlorameisensäureester oder 2-Äthylhexyltaurin und Diisobutylchlorameisensäureester werden als Schnellnetzmittel empfohlen.

3.9. α-Sulfofettsäuren und deren Ester

1933 stellten GÜNTHER und HETZER (355] fest, daß gesättigte Fettsäuren mit Sulfonierungsmitteln reagieren, wobei die Sulfogruppe in die α-Stellung tritt:

$$R\cdot CH_2\cdot COOH + SO_3 \rightarrow R\cdot \underset{\displaystyle SO_3H}{CH}\cdot COOH \quad \alpha\text{-Sulfofettsäure}$$

Der genauere Reaktionsmechanismus kann folgendermaßen angenommen werden: [356]

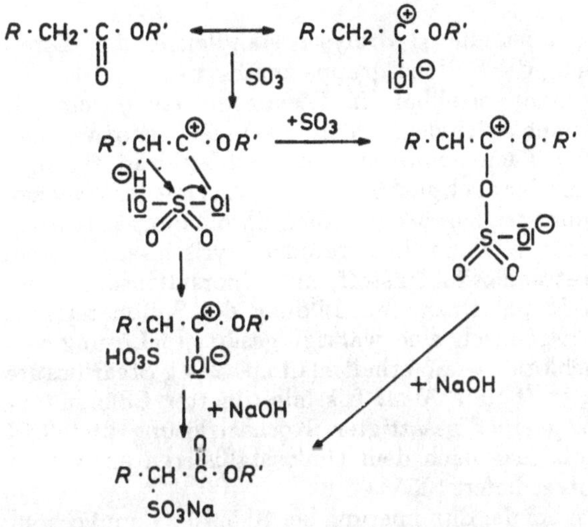

Von den beiden mesomeren Grenzformen reagiert die Verbindung mit der aufgerichteten Carbonylbindung. Das Schwefeltrioxid lagert sich aus einer mesomeren Grenzstruktur mit dem positiv geladenen Schwefel an ein freies Elektronenpaar des Carbonylsauerstoffs. Die Anlagerung erfolgt praktisch momentan. Wegen der durch die Adduktbildung gesteigerten Aktivierung der α-ständigen Wasserstoffatome tritt eine Umlagerung ein, wobei ein Proton abgelöst und eine C-S-Bindung entsteht. Die Hauptreaktion wird noch in geringem Umfange von anderen Reaktionsabläufen begleitet. In der Formulierung des Reaktionsmechanismus stellt der zweite Reaktionsablauf den Nebenweg dar.

Die freie α-Sulfofettsäure ist in der Lage, Mono- und Disalze zu bilden, die sich in ihrer Löslichkeit unterscheiden:

R·CH·COOH	*R*·CH·COONa
·	·
SO_3Na	SO_3Na
Mono-Salz	Di-Salz

Die Ester der α-Sulfofettsäuren bilden nur ein Mono-Salz:

R·CH·COO·R
·
SO_3Na

Besonders bemerkenswert ist die Hydrolysebeständigkeit der Estergruppe, die auf die α-Stellung der Sulfonatgruppe zurückzuführen ist.

Die Sulfonierung führt man vorteilhaft in Lösungsmitteln durch, wie Tetrachlorkohlenstoff, Tetrachloräthylen, Perchloräthylen, Dioxan oder Cyclohexan, und verwendet dazu entweder Schwefeltrioxid in flüssiger Form oder in Lösungsmitteln oder auch gasförmiges SO_3, das mit der 20fachen Volumenmenge Luft verdünnt ist (ca. 5%ig). Auch Chlorsulfonsäure kann verwendet werden. Stearinsäure, Palmitinsäure oder Myristinsäure lassen sich in Lösung, z. B. in Tetrachlorkohlenstoff, mit Chlorsulfonsäure oder anderen Sulfonierungsmitteln umsetzen. Zur Bildung des Sulfonates gibt man in das heiße Reaktionsgemisch eine wäßrige gesättigte Lösung von Alkalichlorid oder Ammonchlorid. — So erhält man aus 284 g Stearinsäure in 750 m*l* Tetrachlorkohlenstoff und 70 m*l* frischdestillierter Chlorsulfonsäure nach Zugabe von 62 g einer gesättigten Kochsalzlösung und 3,7 *l* Aceton ein braunweißes Salz, das nach dem Umkristallisieren ein weißes bei 292 °C schmelzendes Pulver liefert [355a].

Zweckmäßig arbeitet man bei der Sulfonierung bei 40 bis 60 °C und erhöht mit fortschreitender Umsetzung die Temperatur. Allgemein beginnt man bei niederen Temperaturen und steigert auf eine Endtemperatur von etwa 70 °C. In gleicher Weise kann die Sulfonierung auch ohne Lösungsmittel erfolgen. Im Falle der Kokosfettsäuremethylester beträgt das optimale Verhältnis von SO_3/Fettsäureester bei der diskontinuierlichen Arbeitsweise 1,3 Mol SO_3/Mol Ester. Die SO_3-Aufnahme erfolgt sehr schnell.

Selbst bei Einhaltung günstigster Bedingungen und mit modernsten Kurzzeitreaktoren sind die Reaktionsprodukte dunkel gefärbt. Zur Aufhellung, d. h. Bleichung, werden die sauren, noch nicht neutralisierten Sulfonierungsprodukte möglichst unmittelbar nach der Reaktion mit Wasserstoffperoxid intensiv gerührt. Die Temperatur soll dabei 60 bis 70 °C betragen. Innerhalb 30 min bis 2 Stunden tritt die Aufhellung ein. Die beste Bleichwirkung gibt 40%iges Wasserstoffperoxid. Eine optimale Aufhellung ist außer von der Peroxidmenge auch von der Temperatur abhängig.

Als Entfärbungsmittel sind weiterhin 20 bis 80%ige wäßrige Lösungen von unterchloriger Säure, Chlorsäure, Perchlorsäure, Perschwefelsäure, Chromsäure oder Permangansäure sowie deren Salze oder Anhydride bei Temperaturen von 20 bis 100 °C verwendbar.

Das aufgehellte Sulfonierungsprodukt neutralisiert man und erhält eine konzentrierte wäßrige Lösung oder Paste der α-Sulfofettsäuren oder deren Ester.

Stein und Mitarbeiter [356] haben ein kontinuierliches Verfahren zur Sulfonierung der Ester gesättigter Fettsäuren mit Schwefeltrioxid ausgearbeitet und haben ein spezielles kontinuierliches Bleichverfahren für diese Produkte entwickelt. Der Sulfonierungsgrad liegt bei dem Verfahren bei 95 bis 99%. Es sind keine Lösungsmittel und keine weiteren Verarbeitungsstufen erforderlich. Auch Nebenprodukte fallen nicht an. In Cyclohexan sulfoniert man Fettsäuren bei 35 °C durch Einleiten von SO_3. Nach erfolgter Umsetzung wird das Lösungsmittel abdestilliert, der Rückstand in Wasser gelöst und mit Alkalien neutralisiert [357].

Die anfallenden Sulfofettsäuren stellen Pulver mit unterschiedlichen Schmelzpunkten dar, die in Wasser und den meisten Lösungsmitteln löslich sind. Durch Neutralisation werden die Natrium-, Kalium-, Ammonium- oder Alkylammoniumsalze gewonnen. Als erster Schritt erfolgt Neutralisierung der Sulfogruppe, anschließend erst der Carboxylgruppe. Monosalze lösen sich in Wasser schwerer als die Disalze [358]. Beim Vergleich des Lösungs- und Waschvermögens sowie der tensidischen Eigenschaften der Mono- und Dinatriumsalze von α-sulfonierter Laurin-, Myristin-, Palmitin- und Stearinsäure zeigt sich, daß die weniger gut löslichen Monosalze die beste Waschaktivität besitzen. Die Disalze sind zwar gegen Hydrolyse in saurer Lösung stabil, ihre Waschaktivität ist jedoch geringer [359].

Aus den α-Sulfofettsäuren lassen sich die Na-Salze der entsprechenden Methyl-, Äthyl-, Propyl-, Isopropyl- und Sulfoäthylester herstellen. Es ist allerdings vorteilhafter, gleich die entsprechenden Ester zur Sulfonierung einzusetzen.

Allgemein besitzen die Salze der α-Sulfofettsäureester ausgezeichnete Tensideigenschaften, die sie für verschiedene Anwendungsgebiete geeignet machen. Die Verseifungsgeschwindigkeit des Estersulfonats ist im pH-Bereich zwischen 3 bis 10 sehr gering, d. h. sie sind schwer verseifbar. In ihrer biologischen Abbaubarkeit sind sie mit den Fettalkoholsulfaten vergleichbar; der Abbau verläuft schnell und vollständig.

Salze der Sulfofettsäureester lassen sich in flüssige oder pastenförmi Tensidkonzentrate, die vorwiegend Alkylarylsulfonate, Alkylsulfate oder nichtionische Tenside enthalten, einbauen. Bei solchen Mischungen werden in bezug auf Schaumvermögen und Waschkraft synergistische Effekte beobachtet. Durch Einsatz von Sulfofettsäuresalzen mit 12 bis 18 C-Atomen und mit im Molekülbau identischen Sulfofettsäureestersalzen können pulverförmige Waschmittel erhalten werden.

Die von Stirton und Mitarbeitern [360] untersuchte Na-Alkyl-α-sulfopelargonate erwiesen sich gegen eine alkalische oder saure Hydrolyse als besonders stabil. Die Anwesenheit der α-Sulfogruppe hemmt die Hydrolyse der Esterbindung wahrscheinlich aus sterischen Gründen. Ester mit der hydrophilen Gruppe in der Mitte des Moleküls erwiesen sich als ausgezeichnete Netzmittel mit guten Schaumeigenschaften. Durch Auswahl entsprechender Fettsäuren und deren Esterkomponente kann die Lage der hydrophilen Gruppen entsprechend variiert werden und damit werden die tensidischen Eigenschaften beeinflußt. Derart unterschiedliche Salze α-sulfonierter Fettsäureester, z. B. Na-Dodecyl-α-sulfobutyrat, Na-n-Hexyl-, Na-n-Heptyl-, 2-Äthylhexyl- und Dodecafluorheptyl-α-sulfopelargonat sowie Na-Äthyl-, Na-Propyl-, Na-Butyl, Na-Amyl- und Na-Hexyl-α-sulfopelargonat und K-Butyl-α-sulfomyristat sind nach dem U.S.P. 3128294 [361] hergestellt und näher untersucht worden. Ihre Eigenschaften entsprechen denen der bereits genannten Sulfofettsäureester.

α-Sulfofettsäurealkylester, deren hydrophile Gruppe sich etwa in der Mitte der Moleküle befindet, zeigen — wie auch bei anderen Tensiden mit mittelständiger hydrophiler Gruppe — gute Netzeigenschaften aber eine schlechte Waschwirkung [362]. Na-α-Sulfofettsäuremethylester dagegen, deren hydrophile Gruppe am Ende der Molekülkette angeordnet ist, weist relativ gute Wascheigenschaften auf. Ein derartiges, relativ häufig auftretendes Verhalten, ist auf eine höhere Adsorptionskinetik und eine geringere Gleichgewichtsadsorption der Verbindungen mit mittelständigen hydrophilen Gruppen zurückzuführen. Untersuchungen zu diesem Problem von Stirton und Mitarbeitern [363] an einer Reihe von Natriumsalzen der Methyl- bis Hexadecylester der C_3- bis C_{18}-Sulfofettsäuren bestätigen diese Theorie. Danach verringert sich die kritische Micellkonzentration und die Benetzungseigenschaften mit der Wanderung der hydrophilen Gruppe vom Molekülzentrum zum Molekülende.

Ault und Mitarbeiter [363a] beschreiben α,α-Dialkyl-α-sulfoacetate folgender Formel:

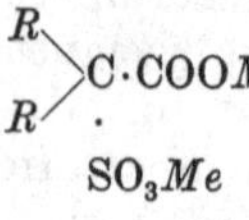

Sie stellten die α-Alkylcarbonsäuren durch Radikaladdition von Carbonsäuren an α-Olefine (nach Petrow) her und sulfonierten diese am α-Kohlenstoffatom. Die Dialkylessigsäuren wurden aus Carbonsäuren, Olefinen und tertiärem Butylperoxid im Molverhältnis 10:1:0,25 bei 140 bis 160°C gewonnen. Der Mechanismus besteht in einer Kettenstartreaktion mit dem thermischen Zerfall des di-tert.-Butylperoxids in tert. Butylradikale und deren weiterer Reaktion mit Säure- bzw. Estermolekülen zu tert.-Butanol und Säure- bzw. Esterradikalen sowie der Kettenverlängerungsreaktion.

Dabei bildet ein Säure- bzw. Esterradikal mit dem Olefin ein α-Alkylcarbonsäureradikal als Zwischenprodukt und mit einem weiteren Molekül Säure entsteht nach Kettenabbruch die Dialkylessigsäure oder deren Ester. Die Sulfonierung wird mit dem Dioxan-SO_3-Komplex in Tetrachlorkohlenstoff bei 25 bis 60 °C vorgenommen. Nach Neutralisation mit Natriumhydroxid und Umkristallisation aus wäßrigem Äthanol erhält man das α-Sulfodialkylacetat in Ausbeuten von 60 bis 80%. Um den Einfluß der Kettenverzweigung auf die Tensioaktivität zu untersuchen wurden hergestellt: Butyldodecylessigsäure, Heptylnonylessigsäure und Dioctylessigsäure sowie deren α-Sulfoderivate. Alle Verbindungen sind empfindlich gegenüber hartem Wasser. Krafft-Punkt, Oberflächenspannung, Grenzflächenspannung und kritische Micellkonzentration nehmen von der unsymmetrischsten Verbindung her zu und erreichen bei den symmetrischen Substanzen ein Maximum.

Die Sulfoderivate sind in destilliertem Wasser gute Netzer, im harten oder weichen Wasser jedoch schlechte Waschmittel. Die Verzweigung erhöht zwar die Löslichkeit und die kritische Micellkonzentration, vermindert die Waschkraft aber beträchtlich.

Die Lithium-, Calcium- und Magnesiumsalze der Propyl- und Butylester der α-Sulfopalmitinsäure und -stearinsäure besitzen ausgezeichnete emulgierende Eigenschaften. Einige dieser Salze sind in der Lage, in 1%iger Lösung klare Gele zu bilden. Als Antistatika für synthetische Hochpolymere — insbesondere Textilfasern — werden α-Sulfocaprylsäureisopropylester, α-Sulfolaurinsäurelaurylester und α-Sulfostearinsäureester vorgeschlagen.

Eine neue Gruppe grenzflächenaktiver Verbindungen, die α-Sulfoäthylsulfate, lassen sich nach Weil und Mitarbeitern [364] auf folgendem Wege herstellen: α-Sulfopalmitin- bzw. α-Sulfostearinsäureester werden mit Metallborhydriden zu 1-Hydroxy-2-sulfoalkanen reduziert:

$$\underset{\displaystyle SO_3H}{R\cdot CH}\cdot COO\cdot R' \xrightarrow[+H_2]{} \underset{\displaystyle SO_3H}{R\cdot CH}\cdot CH_2\cdot OH \text{ (1-Hydroxy-2-sulfoalkan)}$$

Eine Sulfatierung an der Hydroxylgruppe dieser Verbindung mit Chlorsulfonsäure führt zum entsprechenden Alkylsulfat:

$$\underset{\displaystyle SO_3H}{R\cdot CH}\cdot CH_2\cdot OH + ClSO_3H \rightarrow \underset{\displaystyle SO_3H}{R\cdot CH}\cdot CH_2\cdot O\cdot SO_3H + HCl$$

Durch Neutralisation entsteht z. B. Di-Na-2-sulfo-1-stearylsulfat.

Zum Schluß dieses Abschnittes sei noch auf die umfangreichen Untersuchungen von Beduneau [365] verwiesen, die sich eingehend mit den Eigenschaften der α-Sulfopalmitin- und der α-Sulfostearinsäure befassen.

3.10. Alkylarylsulfonate (Aralkylsulfonate)

Unter den synthetischen waschaktiven Tensiden nehmen die Alkylarylsulfonate, insbesondere die Alkylbenzolsulfonate, eine hervorragende Stellung ein. Es handelt sich dabei um grenzflächenaktive Verbindungen, deren hydrophile Gruppe, $-SO_3Me$ stets am aromatischen Ring steht. Die hydrophobe Gruppe wird durch einen ein- oder mehrfach alkylierten Aromaten gebildet.

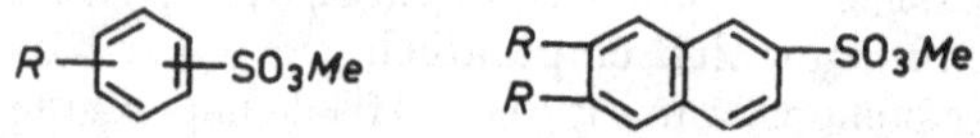

Durch die Phenyl- oder Naphthylreste wird die hydrophobe Wirkung der Alkylgruppen verstärkt. Außerdem werden den Molekülen spezifische physikalische Eigenschaften verliehen, die den Wasch- oder Netzprozeß günstig beeinflussen. Zur Erzielung einer optimalen Waschaktivität der Alkylbenzolsulfonate müssen die Alkylgruppen mindestens 8 C-Atome in der Kette enthalten. Sind mehrere Alkylgruppen am Kern vorhanden — vorwiegend bei binuklearen Verbindungen — so soll die Summe der Kohlenstoffatome aller Alkylgruppen mindestens 8 betragen. Ähnlich wie bei den Seifen, Alkylsulfaten, Alkylsulfonaten u. dgl. Verbindungen, verleihen Alkylgruppen mit 12 bis 14 C-Atomen den Alkylbenzolsulfonaten die günstigsten waschaktiven Eigenschaften. Größere Alkylgruppen werden seltener verwendet, da mit der Länge der C-Kette die Löslichkeit abnimmt und auch die Tensioaktivität geringer wird.

Mit mehr oder weniger gutem Erfolg sind auch andere aromatische Verbindungen zur Herstellung von Alkylarylsulfonaten eingesetzt worden. Zu erwähnen sind Toluol, Xylole, Äthylbenzol, Mesitylen, einwertige Phenole (Kresole, Xylenole u. a.), Methylnaphthalin, Naphthole und Verbindungen mit mehreren kondensierten Ringen, wie Anthracen und Phenanthren. Eine Zusammenstellung dieser Verbindungen zeigt Tab. 13. Gleichgroß ist die Zahl der verschiedenen geradkettigen und verzweigtkettigen Alkylgruppen, die nach unterschiedlichen Verfahren an aromatische Verbindungen angelagert wurden. In der heutigen großtechnischen Produktion haben Benzol für waschaktive Substanzen und Naphthalin vorwiegend für Netzmittel als Ausgangsstoffe eine besondere Bedeutung erlangt.

3.10.1. Alkylbenzolsulfonate

ADAM [82] stellte 1923 die Hexadecylbenzolsulfonsäure auf nachstehendem Wege her und machte auf die Seifenähnlichkeit ihrer Salze aufmerksam. Aus Palmitinsäurechlorid stellte er mit Benzol in Anwesenheit von wasserfreiem Aluminiumchlorid als FRIEDEL-CRAFTS-Katalysator das Palmito-

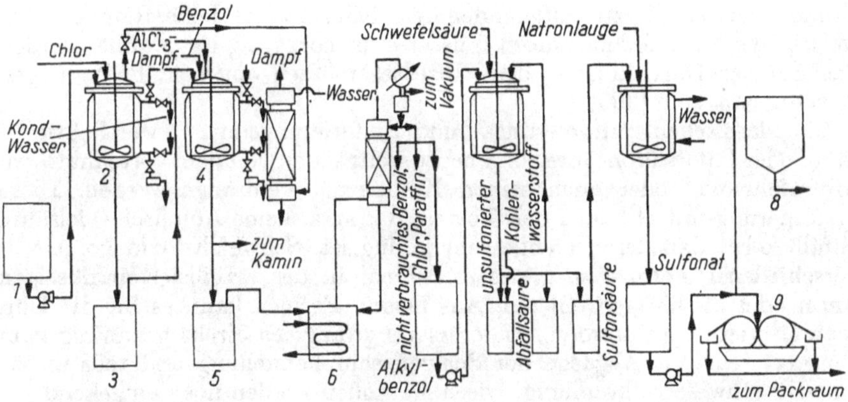

Abb. 41. Schema einer Anlage zur Herstellung von Alkylbenzolsulfonaten.

1 – Behälter für Kohlenwasserstoffe, 2 – Chlorierungsgefäß, 3,5 – Druckkessel, 4 – Alkylierungsgefäß, 6 – Destillieranlage, 7 – Sulfiergefäß, 8 – Sprühtrockner, 9 – Trommeltrockner.

phenon her, das durch Reduktion mit amalgamiertem Zink in Salzsäure (Clemmensen-Reaktion) in das Hexadecylbenzol umgewandelt wurde. Aus dem Hexadecylbenzol erhielt Adam mit rauchender Schwefelsäure die Sulfonsäure. Für ein technisches Verfahren ist die Methode zu kompliziert und arbeitet zu unrentabel. Bereits 1925 wurde von Lindner [2] auf die textilchemische Bedeutung derartiger Verbindungen hingewiesen. Ein Verfahren zur Darstellung höhermolekularer Alkylbenzole arbeiteten 1934 Günther und Mitarbeiter [84] aus. Als Ausgangsstoffe werden neben den aromatischen Komponenten, wie Benzol, Toluol oder Xylole, höhermolekulare Olefine oder monochlorierte paraffinische Kohlenwasserstoffe eingesetzt. Obwohl Toluol, die Xylole und auch Phenol sich leichter als Benzol alkylieren lassen, werden sie nur selten für technische Alkylierungen eingesetzt. Da die Qualität der Alkylbenzolsulfonate weitgehend von der Reinheit der Alkylbenzole abhängt, sollen möglichst konstant siedende Fraktionen zur Sulfonierung verwendet werden.

Die Herstellung der Alkylbenzole ist bereits im Kapitel „Ausgangsstoffe“ beschrieben worden (siehe dazu Seite 60).

3.10.1.1. Sulfonierung der Alkylaromaten

Die Sulfonierung der Alkylbenzole wird nach unterschiedlichen Methoden vorgenommen. Der technische Prozeß soll vorwiegend zu Monosulfonsäuren führen, wobei der Anteil an nichtsulfonierten Verbindungen gering sein soll. Außerdem muß das Sulfonat möglichst hellfarbig bleiben und in seinen Eigenschaften den gestellten Anforderungen entsprechen. Aus diesem

Grunde müssen die zu sulfierenden Alkylbenzole eine hohe Reinheit aufweisen, die Sulfonierungsmittel müssen sehr sorgfältig ausgewählt werden und bei der Durchführung des Prozesses müssen optimale Bedingungen gewährleistet sein [366].

Die klassischen Sulfonierungs- und Sulfatierungsmittel, wie Schwefelsäure oder Chlorsulfonsäure, sind heute weitgehend von dem vorteilhafteren Schwefeltrioxid oder auch seinen Komplexen verdrängt worden. Diese Sulfonierungsmittel haben den Vorteil, daß u. a. keine Abfallschwefelsäure anfällt oder, daß deren Menge sehr gering ist. Schwefeltrioxid kommt in verschiedener Form zum Einsatz. Einmal in der stabilisierten flüssigen Form oder als 65%iges Oleum. Aus beiden Formen kann es für die Umsetzung verdampft werden. Andererseits gelangt es direkt gasförmig zum Einsatz; teils aus Abgasen der Schwefelsäureherstellung und teils direkt aus der Schwefelverbrennung. Diese Methoden werden noch eingehend beschrieben.

Für verschiedene Zwecke verwendet man zur Sulfonierung die bereits erwähnten Schwefeltrioxid-Komplexe, die den Ablauf der Reaktion milder gestalten sollen. Man setzt sie insbesondere für die Sulfierung empfindlicher Substanzen, z. B. von ungesättigten Fettalkoholen, ein.

So sind als Sulfonierungsmittel Additionsverbindungen des Schwefeltrioxids mit Pyridin, Dimethylanilin, Trimethylamin, Tripropylamin, Dimethylbenzylamin oder N-Methylmorpholin beschrieben worden [367]. Man löst z. B. zur Herstellung des Pyridin-Komplexes 158,2 Teile Pyridin unter Rühren in 538 Teilen flüssigem Schwefeldioxid und rührt 20 min langsam unter Zusatz von 160 Teilen eines stabilisierten Schwefeltrioxids. Anschließend verdampft man das Schwefeldioxid und isoliert den Rückstand, der aus 308 Teilen Pyridin-Schwefeltrioxid, $C_5H_5 \cdot N \cdot SO_3$, besteht. Für Sulfierungen allgemein wird auch ein Komplex aus Schwefeltrioxid und Alkaliphosphiten vorgeschlagen [368].

Wie bei der Sulfatierung müssen auch bei der Sulfonierung diskontinuierliche und kontinuierliche Verfahren unterschieden werden, wobei ebenfalls die kontinuierlichen Arbeitsweisen auf Grund ihrer größeren Wirtschaftlichkeit stark in den Vordergrund getreten sind.

Nach der klassischen Methode arbeitete man in Rührkesseln folgendermaßen: 1500 kg Tetradecylbenzol wurden in einem mit Rührwerk und Kühlvorrichtung versehenen, homogen verbleiten Reaktionskessel gegeben und zur Entfernung von Olefinresten etwa eine Stunde lang mit 75 kg 96%iger Schwefelsäure gerührt. Nach dem Absitzen der Säurephase wird diese abgezogen. Die eigentliche Sulfonierung erfolgt bei 20° mit 1650 kg konzentrierter Schwefelsäure und 1200 kg 26%igem Oleum, wobei man die Säure langsam in das Reaktionsgefäß einfließen läßt. Nach vollständiger Zugabe der Säure wird noch eine Stunde nachgerührt und anschließend vorsichtig 900 *l* Wasser zugegeben. Die Temperatur soll dabei auf 80 °C gehalten werden. Nach achtstündigem Stehen zieht man die etwa 70%ige

Schwefelsäurephase ab. Im Behälter verbleiben 2100 bis 2200 kg rohe Sulfonsäure von annähernd folgender Zusammensetzung:

79—85% Alkylbenzolsulfonsäure,
5— 8% Schwefelsäure,
5— 7% Wasser,
4— 7% unsulfonierte Teile.

Die Weiterbehandlung kann nach zwei Methoden vorgenommen werden. Wenn das Endprodukt eine größere Menge Natriumsulfat enthalten darf, wird nur mit Natronlauge neutralisiert und die Lösung z. B. durch Versprühung getrocknet. Soll ein konzentriertes Sulfonat gewonnen werden, ist es notwendig, die überschüssige Schwefelsäure zu entfernen. Wie bereits vorstehend beschrieben, sind die Alkylsulfonsäuren in 70%iger Schwefelsäure wenig und bei 70 °C unlöslich. Bei 70 °C müssen die Schichten getrennt werden. Die Sulfonsäure wird anschließend neutralisiert und weiter aufgearbeitet.

Vor der Neutralisation wird die Sulfonsäure mit 1500 *l* Wasser verdünnt und man läßt dann langsam bei 60 bis 70 °C 975 kg einer ca. 35%-igen Natronlauge zufließen. Das annähernd neutrale Produkt bleicht man mit 25 kg Soda und 300 kg Natriumhypochlorit bei 70 °C eine Stunde. Die Lösung kann durch Zusatz von 2500 kg calciniertem Natriumsulfat auf ein Fertigprodukt eingestellt werden, das 40% Alkylbenzolsulfonat enthält. Nach der Trocknung fallen etwa 4500 kg Fertigprodukt an.

Ruschenburg, Meusel und Herrmann [369] beschreiben die Herstellung eines biologisch leicht abbaubaren Tetrapropylenbenzolsulfonates durch Sulfonierung von Tetrapropylenbenzol mit Schwefelsäure bzw. Oleum und anschließender Neutralisation. Man sulfoniert mit nicht mehr als 150% der theoretischen Menge Schwefelsaure, die mindestens 96%ig sein soll oder mit einem Oleum mit 22% freiem Schwefeltrioxid bei 60 bis 95 °C Die Masse wird mit einem Vibrator gut durchmischt. Die Vorteile dieses Verfahrens in bezug auf biologische Abbaubarkeit sind nicht ohne weiteres erkennbar. Ebenfalls leichter abbaufähige Alkylbenzolsulfonate sind mit Hilfe von Dimeren mit 10 bis 14-C-Atomen herstellbar, die aus einem Spaltbenzin mit 5 bis 7 C-Atom gewonnen werden. Die Waschkraft derartiger Alkylbenzolsulfonate soll besser als die der Tetrapropylenbenzolsulfonate sein [370]. Eine gute Abbaubarkeit zeigen Alkylbenzolsulfonate, deren Alkylkette bzw. deren Olefine nach der Ziegler-Zogel-Synthese gewonnen wurden. Diese Sulfonate sind geradkettig und daher leicht abbaubar [371].

Die älteren kontinuierlichen Verfahren mit klassischen Sulfonierungsmitteln werden in den gleichen Apparaturen wie die Sulfatierungen (Seite 160) durchgeführt. Interessanter ist die Sulfonierung mit Schwefeltrioxid, die teils für den Chargenbetrieb, jedoch vorwiegend für kontinuierliche Verfahren zur Anwendung kommt [372].

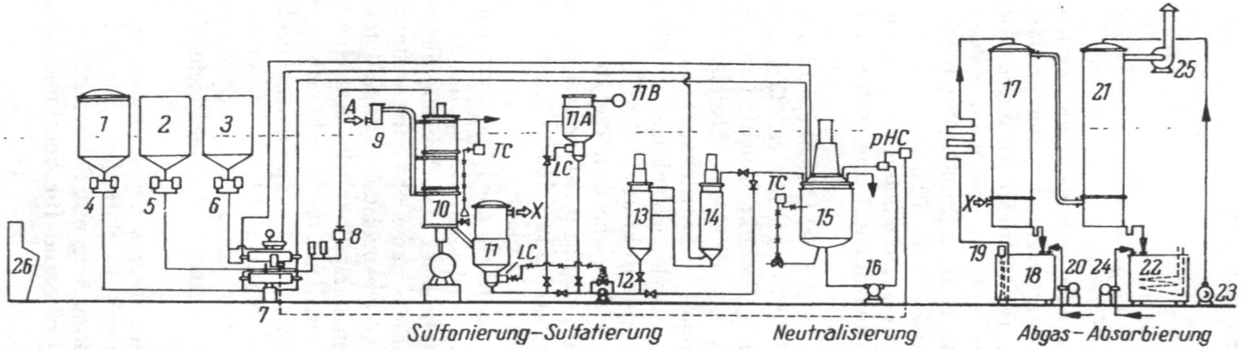

Abb. 42. Anlage zur Sulfierung mit Schwefeltrioxid.

1 — Rohstoff-Vorratsbehälter, *2* — Laugen Vorratsbehälter, *3* — Wasser-Vorratsbehälter, *4* — Leitungsfilter für Kohlenwasserstoff, *5* — Leitungsfilter für Lauge, *6* — Leitungsfilter für Wasser, *7* — Dosierpumpen, *8* — Leistungsanzeiger, *9* — SO_3-Nebelabscheider, *10* — Sulfier-Reaktor, *11* — Abgas-Abschneider, *12* — Pumpen fur Sulfonsäure, *11A* — Entgasungsturm unter Vakuum, *11B* — Vakuumpumpe, *13* — Apparat zur Nachsulfierung, *14* — Hydratisierapparat, *15* — Neutralisierapparat, *16* — Umwälzpumpe, *17* — Abgas-Wäscher 1. Stufe, *18* — Sammelbehälter für Waschflüssigkeit 1. Stufe, *19* — Umwälzpumpe für Waschflüssigkeit 1. Stufe, *20* — Dosierpumpe für Waschflüssigkeit 1. Stufe, *21* — Abgas-Wäscher 2. Stufe, *22* — Sammelbehälter für Waschflüssigkeit 2. Stufe, *23* — Umwälzpumpe fur Waschflüssigkeit 2. Stufe, *24* — Dosierpumpem für Waschflüssigkeit 2. Stufe, *25* — Abgas-Ventilator, *26* — Elektr. Schaltschrank, *TC* — Temperaturregler, *LC* — Niveauregler, pHC — pH-Regler, *A* — SO_3-Gas.

Aus der Vielzahl von Verfahren sollen nur einige näher betrachtet werden. Die Kurzzeit-Sulfierung nach den „*Chemithon*-Verfahren“ [373] benutzt ein Schwefeltrioxid-Luftgemisch mit etwa 4% SO_3 als Sulfonierungsmittel. Für die Reaktion soll es mit einem Druck von 1 bis 1,3 kp · cm^{-2}, einen Taupunkt von —50 °C, einer Temperatur zwischen 35 und 50 °C und von Säurenebeln befreit zur Verfügung stehen. Wie bereits erwähnt, kann das Schwefeltrioxid aus stabilisiertem SO_3, 65%igem Oleum oder aus der Schwefelverbrennung stammen.

Im Reaktor läuft die Sulfonierungsreaktion in einem Ringspalt in Bruchteilen von Sekunden ab. Die freiwerdende Reaktionswärme wird zum Teil im Reaktor und zum Teil unmittelbar nach Verlassen des Reaktors dem Reaktionsprodukt durch intensive Kühlung mit Wasser entzogen. Zur Abtrennung des Reaktionsproduktes aus dem Gasstrom dient ein Naßzyklon der so arbeitet, daß nur ein Verlust von 0,2 bis 0,3% entsteht. Bei der Neutralisation wird das Sulfonat zusammen mit Lauge und Wasser einem Kreislauf bereits neutralisierter Sulfonate zugesetzt.

In der Apparatur können geradkettige und verzweigte Dodecyl- und Tridecylbenzole, α-Olefine zur Sulfonierung sowie natürliche und synthetische Fettalkohole, Oxoalkohole (C_{12} bis C_{22}) und oxäthylierte Produkte sulfatiert werden. Die Leistung der kleinsten Anlage liegt bei 150 kg/h, die der größten bei 3000 kg/h für 100%ige waschaktive Substanzen.

Nach einem älteren Verfahren der Chemithon Corp. wird die Sulfonierung mit 75 bis 80%iger Schwefelsäure in Gegenwart eines Reaktionsgemisches aus einem früheren Ansatz durchgeführt. Vom Reaktionsgemisch trennt man einen Teil ab, der andere Teil wird nach vervollständigter Sulfonierung mit Wasser behandelt [374].

Nach einem etwas abgewandelten Verfahren arbeitet die Fa. MAZZONI [375]. Die Sulfierung erfolgt in einem Dünnschichtreaktor, wobei der zu sulfierende Stoff und das SO_3-Luft-Gemisch im Gleichstrom einen engen, ringförmigen Raum zwischen einer zylindrischen Kammer und einer rotierenden Trommel passieren. Die Oberfläche der Trommel ist mit einem Satz gezahnter Schaufeln versehen, die dicht an die zylindrische Wand reichen und während des Betriebes eine turbulente Mischung der Reaktionskomponenten bewirken. Der Kontakt der Reaktionspartner ist außerordentlich intensiv. Die Reaktionswärme wird sofort durch die gekühlte Trommeloberfläche abgeführt. Zur Vermeidung ungleichmäßiger Überhitzungen wird das Schwefeltrioxid-Luft-Gemisch an verschiedenen Punkten in den Reaktor eingeführt. Die Eingangskonzentration des SO_3-Gemisches liegt bei 6 Vol.-%. Die Verweilzeit im Reaktor beträgt nur Sekunden und ist für alle Materialteilchen gleich. In der Abb. 42 ist der Fließplan des Verfahrens dargestellt: das SO_3-Luft-Gemisch strömt durch den Nebelabscheider (*9*), in dem der mitgerissene Säurenebel niedergeschlagen wird, durch einen Verteiler in den Reaktor (*10*). Aus dem Vorratsbehälter (*1*) gelangen die Kohlenwasserstoffe über einen Mengenmesser (*8*) mit Hilfe

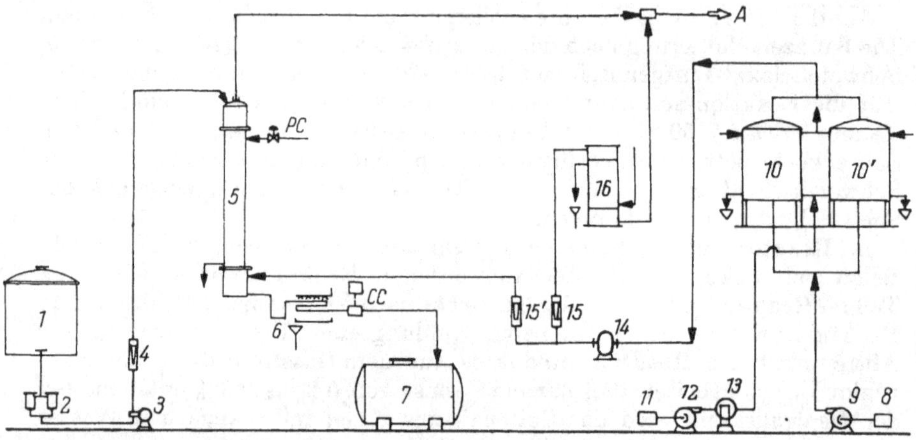

Abb. 43. Anlage zur Destillation von Oleum.

1 — Oleum-Speisebehälter, *2* — Leitungsfilter, *3* — Dosierpumpe für Oleum, *4* — Leistungsanzeiger *5* — Dünnschicht-Verdampfer, *6* — Kuhler für Restoleum, *7* — Sammelbehälter für Restoleum, *8* — Luftfilter, *9* — Ventilator für Verdünnungsluft, *10* u. *10'* — Trockner für Verdünnungsluft, *11* — Filter für Regenerierungsluft, *12* — Ventilator für Regenerierungsluft, *13* — Erhitzer für Regenerierungsluft, *14* — Ventilator, *15* u. *15'* — Leistungsanzeiger, *16* — Wärmeaustauscher für Verdünnungsluft, *PC* — Druckregler, *CC* — Leitfahigkeitsmeßzelle, *A* — SO_3-Gas zur Sulfieranlage.

der Dosierpumpe (*7*) in den Reaktor. Nach Verlassen des Reaktors wird das Reaktionsprodukt sofort im Abgasabscheider entgast und anschließend mit der Pumpe (*12*) in die Nachsulfierung überführt, wo es sich 20 min zur Vervollständigung der Umsetzung aufhält. Im Hydratisiergefäß wird aus dem Speisebehälter (*3*) Wasser zugepumpt, um eventuelle Anhydride zu hydratisieren.

Fettalkoholsulfate können nach der Gasabscheidung direkt neutralisiert werden.

Zur Neutralisation fließt das Reaktionsgemisch in den Neutralisator (*15*). Dorthin gelangt auch die Lösung der Basen, und unter intensivem Rühren findet in Gegenwart bereits neutralisierter Sulfonate die Salzbildung statt. Eine entsprechende Wärmeaustauschfläche ermöglicht eine exakte Einstellung der Reaktionstemperatur. Der pH-Wert wird automatisch reguliert.

In ähnlicher Weise arbeitet ein Verfahren von Luntz und Popovac [376]. Jedoch beträgt die Verweilzeit der Kohlenwasserstoffe im Reaktor maximal 5 min.

In den Abb. 43 und 44 sind Anlagen zur Gewinnung von Schwefeltrioxid aus Oleum und durch Schwefelverbrennung dargestellt. In der Oleumdestillieranlage tritt das 60 bis 65%ige Oleum aus dem Speisebehälter (*1*) mit Hilfe der Dosierpumpe (*3*) in den mit Dampf beheizten Dünnschichtverdampfer (*5*).

Die SO_3-Dämpfe werden mit einem Luftstrom verdünnt und gehen so zur Sulfierung. Die Luft ist vorher getrocknet worden. — Für die Schwefelverbrennung führt man den Schwefel in den Schmelzbehälter (*1*) ein, in dem er durch indirekte Dampfheizung geschmolzen wird. Weiter gelangt er mit der Dosierpumpe (*2*) in den Verbrennungsofen (*4*). Die Verbrennungsluft wird vorgetrocknet vom Ventilator in den Ofen gedrückt. Das Gasgemisch geht vom Ofen durch ein Kühlsystem und passiert Filter, um schließlich in den Konversionsturm zu gelangen, wo das Schwefeldioxid in drei Stufen mit Hilfe eines V_2O_5-Katalysators in Schwefeltrioxid umgewandelt wird. Nach der Abkühlung in verschiedenen Wärmeaustauschern ist das Gas für die Sulfierung einsatzbereit. Auf die Wirtschaftlichkeit der Verfahren zur Schwefeltrioxid-Erzeugung soll nicht näher eingegangen werden. Tab. 39 gibt den Materialverbrauch für 100 kg waschaktive Substanz (100%ig) wieder.

Dialkylbenzole werden von Schwefeltrioxid — im Gegensatz zur Sulfonierung mit Oleum oder Schwefelsäure — nicht sulfoniert [377].

Einen Labor-Dünnschichtreaktor zur Sulfonierung von Alkylbenzolen beschreiben Ujhihy und Mitarbeiter [378]. Das Gerät arbeitet mit einem Schwefeltrioxid-Luft-Gemisch und liefert unter optimalen Reaktionsbedin-

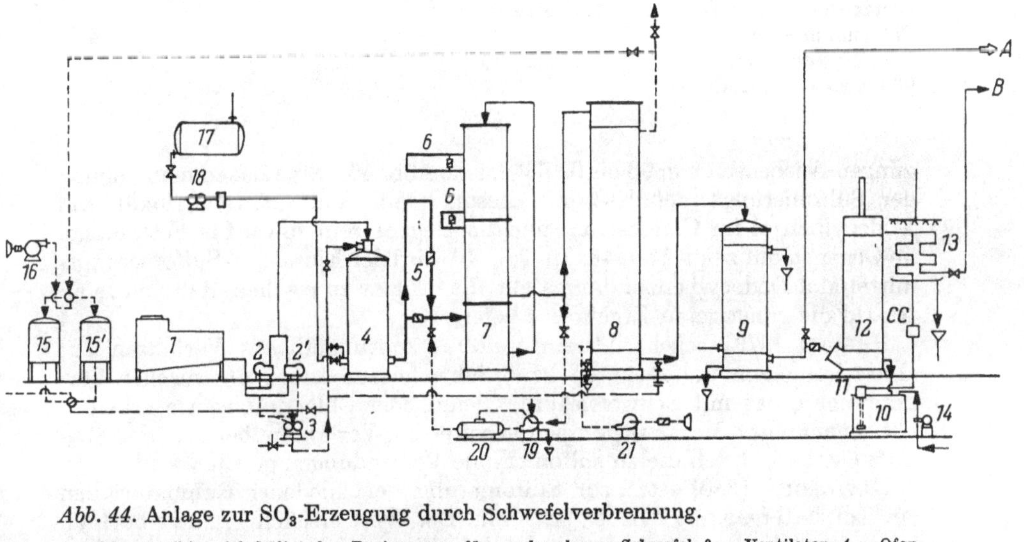

Abb. 44. Anlage zur SO_3-Erzeugung durch Schwefelverbrennung.

1 — Schwefel-Schmelzbehälter, *2* — Dosierpumpe für geschmolzenen Schwefel, *3* — Ventilator, *4* — Ofen zur Schwefelverbrennung, *5* — Röhren-Kühler, *6* u. *6'* — Röhren-Kühler, *7* — Konverter, *8* — Wärmeaustauscher, luftgekühlt, *9* — Konverter, *10* — Sammelbehälter für Schwefelsäure, *11* — Umwälzpumpe für Schwefelsäure, *12* — Absorptionsturm für SO_3, *13* — Schwefelsäure-Kühler, *14* — Dosierpumpe fur Verdünnungswasser, *15* u. *15'* Luft-Trockner, *16* — Ventilator, *17* — Heizöl-Vorratsbehälter, *18* — Heizöl-Speisepumpe, *19* — Ventilator für Vorwärmungsluft, *20* — Elektrovorwärmer, *21* — Ventilator, *CC* — Leitfähigkeitsmeßzelle, *A* — SO_3 zur Sulfieranlage, *B* — Schwefelsäure zum Vorratsbehälter.

Tabelle 39. Materialverbrauch für 100 kg Tenside (100%ig) bezogen auf verschiedene Rohstoffe

Rohstoff	Lauryl-alkohol	Alkylat	Talg-alkohol	Lauryl-äther (+)
Mol-Gewicht	197	245	263	285
Tensid im neutralen Produkt	40%	45%	40%	35%
Organ. Ausgangsstoff (kg)	69	72	76	77
Schwefeltrioxid (kg)	30	25	24	23
NaOH(50%ig) (kg)	29	26	25	22

(+) Laurylalkohol mit 2 Mol Äthylenoxid

Tabelle 40. Verhältnisse von Sulfonierungsmittel: Dodecylbenzol

Sulfonierungsmittel	Molverhältnis von Sulfonierungsmittel: Dodecylbenzol
Schwefelsäure	4 bis 4,5
Oleum (20 Masse%-SO_3)	3,2 bis 3,3
Oleum (65 Masse%-SO_3)	1,5 bis 2,0
Chlorsulfonsäure	1,05 bis 1,2
7 bis 10 Vol%-SO_3 93 bis 90 Vol.%-Luft	1,0 bis 1,15

gungen Ausbeuten von 96 bis 99,5% (siehe Abb. 45). Eine Zusammenstellung der Sulfonierungsergebnisse mit diesem Gerät mit Schwefeltrioxid und Dodecylbenzol im Gleichstrom und im Gegenstrom sowie für Fettalkohol im Gegenstrom zeigt Abb. 46. In Tab. 40 wird der Einsatz an Sulfonierungsmittel/Mol Dodecylbenzol dargestellt. Es ist klar zu ersehen, daß Schwefeltrioxid die günstigsten Ergebnisse liefert.

Herold [379] beschreibt ein weiteres kontinuierliches Verfahren zur Herstellung von Sulfonsäuren bzw. Schwefelsäureestern organischer Verbindungen, das mit Schwefelsäure, Oleum oder Chlorsulfonsäure arbeitet. Mit sogenannten Mammutpumpen arbeitet ein Verfahren, bei dem das SO_3-Luft-Gemisch durch die zu sulfonierende Verbindungen geleitet wird.

Davidsohn [380] setzt zur Sulfonierung verschiedener Rohmaterialien ein Konvertergas mit 7 bis 8% SO_3 ein. Der Wert erscheint relativ hoch zu liegen, und die Reaktion wird dadurch heftiger erfolgen.

Die Reinigung und Bleichung der rohen Sulfonsäuren oder ihrer Salze kann nach unterschiedlichen Methoden mit verschiedenen Mitteln vorgenommen werden. Relativ einfach lassen sich die Alkylbenzolsulfonsäuren durch Behandlung mit 0,1 bis 1,0% eines höchstens 11%igen Wasserstoff-

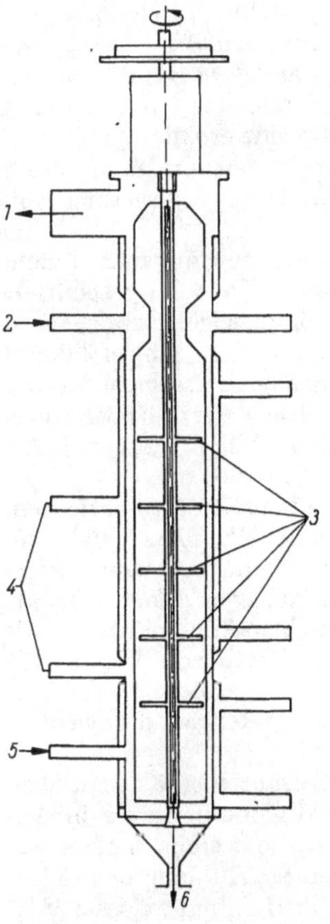

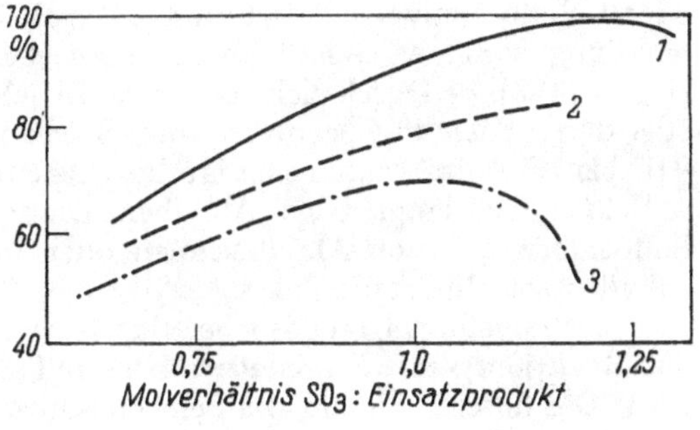

Abb. 45. Labor-Dünnschichtreaktor zur Sulfonierung.

1 – Abgas, *2* – Einspeisung des Einsatz-Kohlenwasserstoffs, *3* – rotierender Teil mit Verengungsplatten, *4* –, *5* – SO_3-Luft-Zuführung, *6* – Produkt-Ablauf.

Abb. 46. Sulfierung von Dodecylbenzol und Fettalkohol.

1 – Dodecylbenzol im Gegenstrom, *2* – Dodecylbenzol im Gleichstrom, *3* – Fettalkohol im Gegenstrom, *t*: 45°.

peroxids in Gegenwart von etwa 8% Wasser bleichen. Das Wasser kann eventuell durch Äthylenglykol oder Propanol ersetzt werden. Statt des Wasserstoffperoxids läßt sich Natriumsuperoxid, Na_2O_2 und Schwefelsäure einsetzen [381, 382]. Man kann die Sulfonate auch in einer Mischung aus Wasser, Alkoholen oder Estern bzw. Ketonen erhitzen, bis sie in Lösung gegangen sind, und anschließend wird unter Zusatz von Diatomeenerde oder Cellulosepulver filtriert und auf pH 7 eingestellt. Durch diese Behandlung wird der Gehalt an anorganischem Sulfat auf 0,4 bis 8% verringert [383]. — Durch elektrolytische Bleichung der Alkylarylsulfonsäuren oder deren Salze in Gegenwart eines Salzes und Wasser bei 1 bis 12 V und 0,05 bis 1,5 A/dm² lassen sich farblose, neutrale Tenside erhalten [384].

Hellfarbige, langkettige Alkylbenzolsulfochloride gewinnt man durch Sulfochlorierung von Alkylbenzolen oder unmittelbarer Chlorierung von Alkylbenzolsulfonsäure [385].

Spezielle hellfarbige öllösliche Alkylbenzolsulfonate gewinnt man, indem das Reaktionsgemisch mit etwa 4 bis 6 Teilen eines Weißöles geschüttelt wird. Die untere Schicht, die Schwefelsäure und ölunlösliche Sulfonsäuren enthält, wird von der oberen Ölschicht abgetrennt. Um Schwefeldioxid und -trioxid zu entfernen, bläst man die obere Schicht mit einem inerten Gas und behandelt anschließend mit Bleicherde. Nach der Filtration verdünnt man mit Methanol. In der unteren Methanolschicht löst sich die Sulfonsäure, nicht sulfonierte Teile verbleiben im Öl [386].

Um anorganische Sulfate und Sulfite aus den Sulfonsäuren zu entfernen, verdünnt man das Reaktionsgemisch mit niederen Alkoholen, Glykolen, aliphatischen oder aromatischen Kohlenwasserstoffen und neutralisiert mit Alkalihydroxid. Durch Zugabe einer 15 bis 25%igen Alkalicarbonatlösung werden zwei Schichten gebildet. Aus der nichtwäßrigen Phase erhält man durch Abdestillieren des Lösungsmittels und Reste von Wasser die reinen Sulfonate [387]. Man kann auch das Reaktionsgemisch in ein Verdünnungsmittel geben und fällt das überschüssige Schwefeltrioxid mit einem organischen Amid aus [388, 389].

Sulfonsäuren oder Sulfonate mit nur geringem Salzanteil erhält man nach Lindner [390], wenn man die Sulfonierung mit Chlorsulfonsäure in Anwesenheit eines Aromatenüberschusses vornimmt. So werden molare Mischungen aus Tetrapropylensulfonat und Toluol unter Kühlung mit Chlorsulfonsäure bei maximal 30 °C sulfoniert und mit Natriumhydroxid bei 28 °C neutralisiert. Die anorganischen Salze scheiden sich ab.

Zur Verminderung der Reaktionsgeschwindigkeit und zur besseren Abführung der Reaktionswärme setzt man verschiedentlich bei der Sulfonierung der Alkylbenzole Verdünnungsmittel ein, die bei der Reaktion verdampfen, z. B. Propan, Butan, Pentan, Hexan, 1,2-Dichlorpropan, 1,1,2,2-Tetrachloräthan oder Tetrachlorkohlenstoff [401]. In manchen Fällen wird nach der Sulfonierung mit Chlorkohlenwasserstoffen extrahiert, um schwefelsäure freie Endprodukte zu erhalten [402].

Asinger und Mitarbeiter [391, 392] haben ausführliche Untersuchungen über die Zusammenhänge zwischen der Konstitution und den tensidischen Eigenschaften von Alkylarylsulfonaten durchgeführt. Danach ändert sich mit der Stellung der Alkyl- und der Sulfonatgruppe zu einander (o, m-, p-Stellung) der tensidische Charakter wenig. Mit dem Phenylrest substituiertes n-Tetradecan, mit dem Benzylrest substituiertes n-Tridecan und

1,4-Di-n-Alkylbenzole mit insgesamt 14 C-Atomen in der Seitenkette lassen sich mit 98 bis 100%iger Schwefelsäure glatt sulfonieren. Der p-Anteil beträgt beim n-Tetradecylbenzolsulfonat 70 bis 80%, während das 1,4-Di-Alkylbenzolsulfonat nur 60% p-Isomere enthält. Mit Schwefeltrioxid in flüssigem Schwefeldioxid als Lösungsmittel erhöht sich bei der Sulfonierung des mit dem Benzylrest substituierten n-Tridecans der p-Anteil auf 80%. Durch Extraktion der Rohsulfonate mit Äther oder Aceton können die o-Isomeren von den p-Isomeren getrennt werden.

Die Oberflächenaktivität und die Waschwirkung von Dialkylbenzolsulfonaten nimmt in destilliertem Wasser bei einer Konzentration von 0,5% mit zunehmender Kettenlänge zu. Die entsprechenden Monoalkylderivate weisen eine geringere Oberflächenaktivität auf. Kurzkettige Dibutyl- und Diamylbenzolsulfonate zeigen in hartem Wasser schlechte Waschwirkung, da die Gesamtlänge der Alkylketten noch unter 10 liegt. Vom Dihexylbenzolsulfonat ab ist die Waschaktivität zufriedenstellend. Infolge Bildung von Calciumsalzen wird die Waschwirkung in hartem Wasser auch bei den höheren Verbindungen beeinträchtigt [393].

Alkylbenzolsulfonate der nebenstehenden allgemeinen Formel sollen über gute Wasch- und Reinigungswirkung verfügen. Die Gesamtkohlenstoffzahl in den Alkylen soll jedoch mindestens 13 betragen und darf 16 nicht übersteigen. So wurden u. a. folgende Verbindungen synthetisiert: 6-Methyl-6-phenyldodecan, 5-Äthyl-5-phenylundecan, 6-Äthyl-6-phenyltridecan [394].

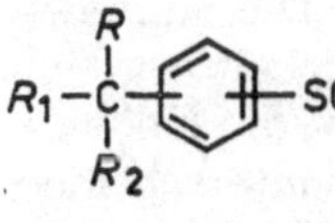

Für einige spezielle Zwecke stellt man Alkylbenzolsulfonate her, die in kleinen Mengen neutrale Öle, z. B. Fettalkohole, enthalten und dabei aber klar wasserlöslich bleiben. Man kann die Alkylbenzole mit einem Überschuß von Fettalkoholen zusammen sulfieren, wobei teilweise eine Sulfatierung erfolgt [395]. Die Fettalkohole können auch nach der Sulfonierung zugesetzt werden. Für ein Waschmittel zur Körperpflege und Haarwäsche setzt Lindner [396] 10% Cetyl-, Lauryl-, Oleylalkohol oder Rizinusöl zu und neutralisiert mit Natriumhydroxid oder Triäthanolamin. Für ähnliche Zwecke beläßt man nicht sulfonierte Kohlenwasserstoffe im Rohsulfonat, so daß ein nicht gelierendes, mildwirkendes Produkt entsteht [397].

Von rein wissenschaftlichem Interesse sind wahrscheinlich die wasserlöslichen Alkyldiphenyläthersulfonate, die durch Sulfonieren von ein Mol Alkyldiphenyläther mit Schwefeltrioxid oder Chlorsulfonsäure in Gegenwart aliphatischer Chlorkohlenwasserstoffe — Methylenchlorid, Tetrachlorkohlenstoff, Tetrachloräthan — und anschließender Neutralisation entstehen. So sind z. B. bekannt: Dodecyldiphenyläthersulfonat und Monopentadecyldiphenyläthersulfonat. Die Verbindung enwerden als Netz-, Reinigungs- und Emulgiermittel empfohlen [398].

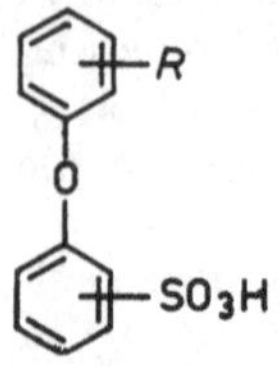

Streck [399] untersuchte die Möglichkeit zur Herstellung von Alkylbenzolen durch Telo-(Poly)merisation von Aromaten (Benzol, Toluol, Xylol) mit Äthylen in Gegenwart von Äthylaluminiumdichlorid und Titantetrachlorid – im Verhältnis 2,5:1 – oder mit Komplexen aus Lithiumalkylen mit ditertiären Diaminen. Es wurden Untersuchungen zum Reaktionsmechanismus und der Isomerenverteilung vorgenommen, dabei zeigte sich jedoch, daß das Verfahren ungeeignete Alkylbenzole liefert, an und für sich aber rentabel arbeiten würde.

3.10.1.2. Anwendung der Alkylbenzolsulfonate

Im Vergleich zu analogen Stoffen weisen die Alkylbenzolsulfonate allgemein sehr gute Wasch- und Netzeigenschaften auf, schäumen stark und stellen die preisgünstigsten waschaktiven Substanzen dar, wenn sie als Alkyl C_8 bis C_{13} – jedoch insbesondere C_{12}-Alkyle – tragen. Die Sulfonierungstechnik ist von den einzelnen Herstellern sehr hoch entwickelt worden. Es kommen sehr reine und hellfarbige Produkte auf den Markt, die Kohlenwasserstoffgehalte unter 3% aufweisen. Wie bereits erwähnt unterscheidet man zwischen dem biologisch schwerer abbaubaren Tetrapropylen-Typ und dem Dodecylbenzol- oder Keryl-Typ. Die Abbaubarkeit soll mindestens 80% betragen, Kerylalkylbenzolsulfonate werden zu über 90% abgebaut. Dagegen ist die Konsistenz der Tetrapropylbenzolsulfonate fester; sie weisen aber geringere Wasserlöslichkeit und geringere Hygroskopizität als der Keryl-Typ auf. Um den Tetrapropyl-Typ etwa 30%ig in Wasser flüssig zu halten ist ein größerer Harnstoffzusatz nötig als bei der gleichen Menge des Keryl-Typs. Wegen der höheren Hygroskopizität der Keryl-Alkylbenzolsulfonate bereitet die Einarbeitung in pulverförmige Waschmittel gewisse Schwierigkeiten, die man durch Zugabe eines hydrophobierenden Stoffes beheben kann. – Für kosmetische Zubereitungen werden die besser hautverträglichen und leichter wasserlöslichen Aminoalkoholsalze – Triäthanolamin – vorgezogen. Calciumsalze der Alkylbenzolsulfonate oder mehrfach substituierte Alkylbenzolsulfonate kommen als öllösliche Emulgatoren zur Anwendung.

Toluolsulfonat als hydrotrope Substanz dient u. a. zur Reduzierung hoher

Viskositäten, z. B. bei Gemischen aus sulfierten Waschmittelrohstoffen und Salzen oder für die Versprühung von Waschmittelansätzen.

3.10.2. *Alkylnaphthalinsulfonate*

Die Herstellung der Alkylnaphthalinsulfonate gestaltet sich in mancher Hinsicht einfacher als die der Alkylbenzolsulfonate. Jedoch ist ihre Bedeutung als waschaktive Substanzen außerordentlich gering, lediglich als Netzmittel kommen sie zum Einsatz.

Nach dem ersten Verfahren stellte man aus Naphthalin und Schwefelsäure die β-Naphthalinschwefelsäure bzw. -sulfonsäure her und setzte zur Alkylierung ein Gemisch aus Isopropylalkohol und Schwefelsäure zu. Es wurde bald erkannt, daß die Netzwirkung der Di-iso-propylnaphthalinsulfonate stärker ist als die der monopropylierten Verbindungen. Eine Verlängerung der Alkylketten durch Einführung von zwei Butylresten, wobei dem Isobutyl der Vorzug gegeben wurde, erwies sich als sehr vorteilhaft, weil die Verzweigung im Kohlenwasserstoffskelett eine Verbesserung der Netzkraft bewirkt. Auch C_5-Alkyle, insbesondere aus Amylalkoholen, sind verschiedentlich zur Naphthalinalkylierung eingesetzt worden.

Allgemein wurden butylierte, amylierte oder höhere Alkyle enthaltende Alkylnaphthalinsulfonate als Netz-, Emulgier- und Reinigungsmittel fabriziert. Häufig stellte man die dialkylierten und zuweilen auch mehrfach alkylierten Naphthalinsulfonate her, die sich teilweise als waschaktive Substanzen eignen.

Wie bereits erwähnt, kann die Alkylierung des Naphthalins mit Alkylhalogeniden, Olefinen oder Alkoholen vorgenommen werden. Die Alkylierung mit Alkoholen und die Sulfonierung in einem Arbeitsgang ist weit verbreitet. Sie erfolgt theoretisch in drei Stufen:

a) Esterbildung:

$$(CH_3)_2CH\cdot OH + H_2SO_4 \longrightarrow (CH_3)_2CH\cdot O\cdot SO_3H + H_2O$$

b) Alkylierung:

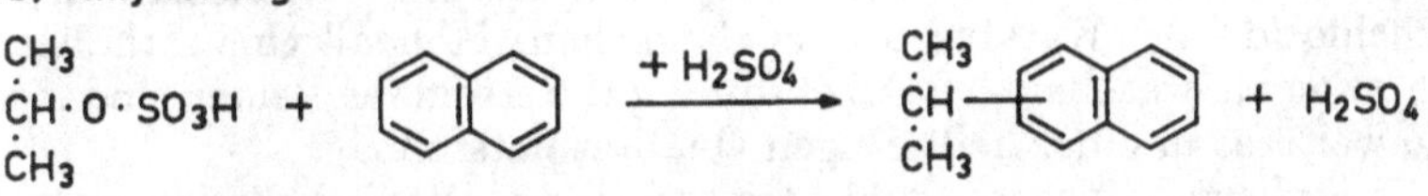

c) Sulfonierung:

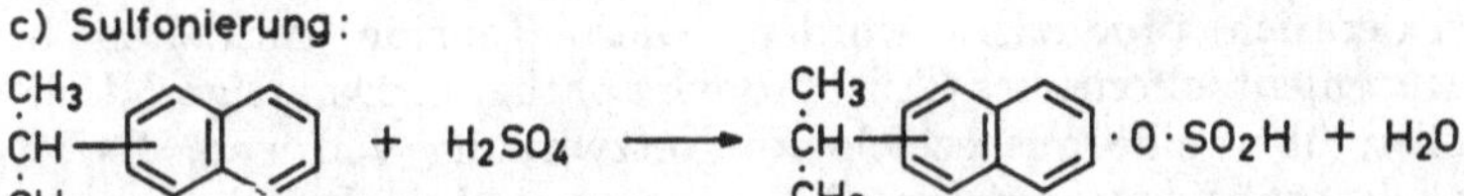

Nach dem Verfahren lassen sich folgende Sulfonate herstellen: Diisopropylnaphthalinsulfonat, 2,5fach butyliertes Naphthalinsulfonat, Gemische aus dem Sulfonat des Äthylbutylnaphthalins und des Di-isopropylnaphthalins. Alle diese Verbindungen stellen lediglich Netzmittel dar.

Das 2,5fach butylierte Naphthalinsulfonat wird in folgender Weise gewonnen: 1000 Teile reines wasserfreies Butanol und 850 Teile Naphthalin werden gut vermischt und bei 25 °C unter gleichzeitiger Kühlung mit 1810 Teilen 96%iger Schwefelsäure versetzt, ohne daß die Temperatur wesentlich ansteigt. Anschließend bringt man 2400 kg 24%iges Oleum ein und rührt bei 45 bis 50 °C eine halbe Stunde. Um die Reaktion zu vervollständigen, schließt man eine Nachreaktion von etwa 4 Stunden an. Nach einer weiteren Ruhezeit von 8 Stunden haben sich die Phasen getrennt, so daß die untere Schicht, die die überschüssige Schwefelsäure enthält, abgezogen werden kann. Die obere Schicht besteht aus der rohen Dibutylnaphthalinsulfonsäure. Die Sulfonsäure verdünnt man mit 2000 Teilen Wasser und gibt in einem Neutralisiergefäß etwa 1700 Teile einer 50%igen Natronlauge zu. Zur Bleichung rührt man in die Lösung 350 Teile Natriumhypochloritlösung zu und setzt 150 kg Natriumsulfat zu. Das nochmals verdünnte und filtrierte Produkt liefert nach der Trocknung 3350 kg des Butylnaphthalinsulfonats in Pulverform. Die Apparatur zur Durchführung der Kondensation und Sulfonierung zeigt Abb. 47.

Das Reaktionsgefäß *1* ist mit Abzug, gutem Rührwerk und einem doppelten Kühlwasseranschluß (Schlangen im Bad) ausgestattet und ist innen homogen verbleit. Darüber befinden sich die Vorratsgefäße für Butanol, Schwefelsäure und Oleum sowie der Wasseranschluß. Die Rohsulfonsäure wird in das Neutralisationsgefäß überführt, das ebenfalls verbleit und mit Rührwerk versehen ist. Über dem Gefäß sind die Behälter für die Natronlauge und die Natriumhypochloritlösung angeordnet. Die abschließende Einstellung mit Natriumsulfat und Wasser wird in Gefäß 6 vorgenommen. Über die Filterpresse (*7*), den Walzentrockner (*8*) und einer Mühle (*9*) sowie einer Mischmaschine (*10*) gelangt das Endprodukt zur Verpackung.

Die Löslichkeit der Alkylnaphthalinsulfonate mit zwei Alkylresten ist bis zu einer Kettenlänge von 6 C-Atomen befriedigend. Höhermolekulare Alkylreste sind eher als Monoalkylnaphthalinsulfonate geeignet und geben bei Kettenlängen von 10 bis 14 C-Atomen waschaktive Verbindungen. Die durch Kondensation von Monochlorparaffinen mit Naphthalin und Aluminiumchlorid als Katalysator zugänglichen Monoalkylnaphthaline lassen sich zwar als waschaktive Substanzen gut verwenden, leider sind sie nicht ohne weiteres in einer hellfarbigen Qualität herstellbar.

Auch trialkylierte, insbesondere tripropylierte Naphthalinsulfonate, sind verschiedentlich produziert worden. Diese Tenside enthielten in kleinen Mengen nichtsulfoniertes Triisopropylnaphthalin. Derartige Mischprodukte sollen über eine ausgezeichnete Netzwirkung verfügen. Es ist verschiedentlich beobachtet worden, daß die technischen Isopropylnaph-

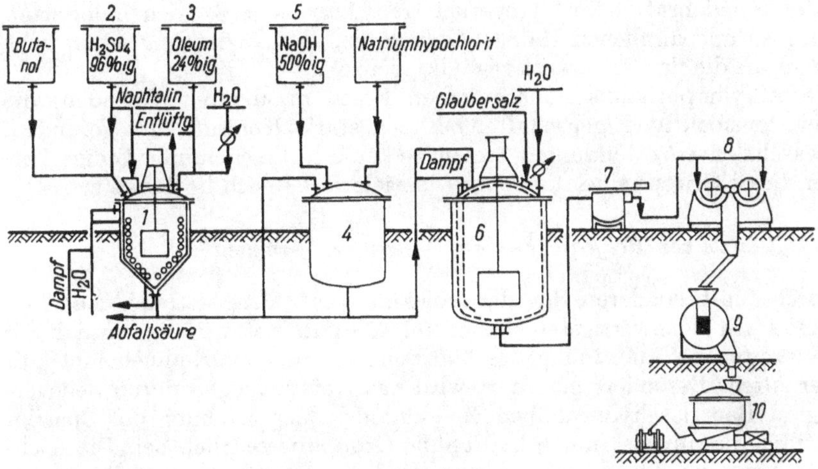

Abb. 47. Alkylnaphthalinsulfonat-Herstellung.

1 – Reaktionsgefäß, *2* – Behälter für Schwefelsäure, *3* – Behälter für Oleum, *4* – Neutralisator, *6* – Einstellkessel, *7* – Filterpresse, *8* – Doppelwalzentrockner, *9* Perplexmühle, *10* – Mischmaschine.

thalinsulfonate und auch das Di-iso-propylnaphthalinsulfonat sowie die Rohsulfonsäuren bessere Netzwirkungen aufwiesen als die daraus isolierten reinen kristallinen Verbindungen. Nach Bertsch ergeben wäßrige Lösungen reiner Di-iso-propylnaphthalinsulfonate, denen kleine Mengen wasserunlöslicher Verbindungen, wie Propylester der Valeriansäure, Caprinsäure oder Adipinsäure, zugesetzt wurden, klare Lösungen mit hervorragender Tensioaktivität. Sehr wahrscheinlich wirken allgemein geringe Anteile wasserunlöslicher Verbindungen fördernd auf die grenzflächenaktiven Eigenschaften. Deshalb wurde versucht, in alkylierte Naphthalinsulfonate 5 bis 40% neutrale Anteile einzuarbeiten, um die Tensioaktivität zu verbessern.

Triamylsulfonate und Naphthaline mit höheren Trialkylen sind als Sulfonate schlecht oder nicht wasserlöslich und haben kaum eine praktische Bedeutung.

Anstelle der Alkohole lassen sich zur Alkylnaphthalinherstellung die entsprechenden Olefine verwenden (siehe Seite 41). Die Olefine können einerseits vor der Sulfonierung des Naphthalins oder nach der Sulfonierung addiert werden. Die Unterschiede zwischen der Alkylierung mit Alkoholen und Olefinen sind nur gering und bestehen vorwiegend in den unterschiedlichen Katalysatoren. Die Handhabung der flüssigen Alkohole läßt sich eventuell einfacher durchführen als die der gasförmigen Olefine.

Mit Halogenalkylen sind die Alkylierungen unter ähnlichen Bedingungen wie bei den Alkoholen oder Olefinen durchführbar. Man setzt sie besonders bei der Kondensation mit längerkettigen Alkylen, z. B. den chlorierten Mepasinen und ähnlichen Halogenalkylen ein. Ihre Bedeutung ist weitaus geringer als die der längerkettigen Alkylbenzole.

Die Alkylnaphthalinsulfonate haben heute in anderen Tensiden, die bessere tensioaktive Eigenschaften besitzen, starke Konkurrenten gefunden. Als waschaktive Verbindungen treten sie kaum in Erscheinung. Einige Vertreter dieser Gruppe sind für wenige Spezialzwecke noch im Einsatz.

3.11. Sulfonate von Polycarbonsäuren, -estern und -amiden

Durch den besonderen Bau der Moleküle dieser Gruppe findet man hier Vertreter der hochwertigsten Netzmittel. Die gute Netzwirkung wird durch die ausgewogene Anordnung des hydrophoben zum hydrophilen Molekülteil erhalten. Besonders gefördert wird das Netzvermögen durch den verzweigten Bau des hydrophoben Molekülteils. Zur Erhöhung der Sperrigkeit trägt die mittelständige hydrophile Gruppe wesentlich bei. Die wichtigsten Vertreter dieser Verbindungen sind die Salze der Alkylsulfocarbonsäurediester bzw. die Sulfobernsteinsäureester.

3.11.1. Sulfobernsteinsäureester

Die Anlagerung von Natriumbisulfit an die neutralen Ester ungesättigter zweibasischer Carbonsäuren, z. B. der Maleinsäure, führt zu Salzen von Alkylsulfocarbonsäurediestern. Sie wurden bereits 1933 von Jaeger [400] entdeckt und sind durch laufende Weiterentwicklung bedeutend verbessert worden. Diese Tenside stellen eine interessante Gruppe nicht schäumender Netzmittel mit vielseitigen Verwendungsmöglichkeiten dar. Ihr Netzvermögen wird von anderen Tensiden kaum oder nur annähernd erreicht.

Als Ausgangsstoff verwendet man vorwiegend Maleinsäureanhydrid oder Maleinsäure. Durch Behandlung mit nieder- oder höhermolekularen Alkoholen erfolgt die Überführung in die Ester. Durch Addition von Bisulfit oder Metabisulfit läßt sich an die Doppelbindung der Maleinsäure eine Sulfogruppe einführen. Rein formelmäßig ist nachstehender Weg üblich:

1.

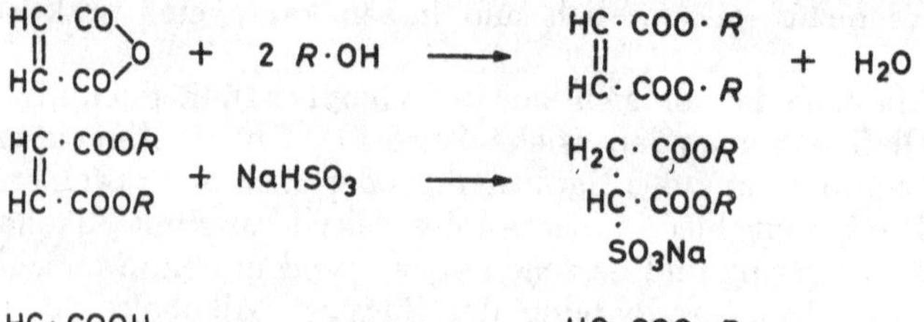

2.

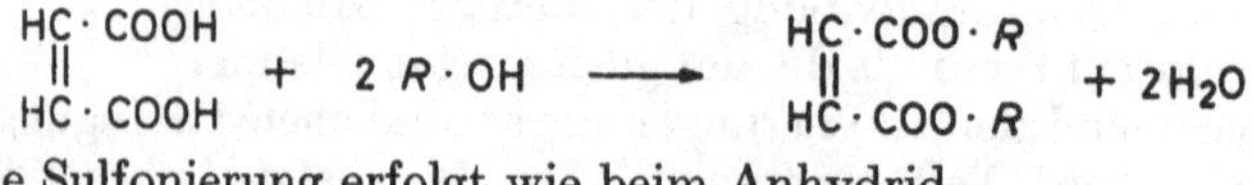

Die Sulfonierung erfolgt wie beim Anhydrid.

Man bezeichnet diese Verbindungen als Sulfobernsteinsäureester oder Alkalidialkylsulfosuccinate in Anlehnung an den angelsächsischen Sprachgebrauch.

Die Veresterung ist technisch leicht durchführbar, wobei beim Einsatz von Maleinsäure die zur Veresterung vorgesehenen Alkohole im Überschuß angewendet werden müssen. Für Maleinsäureanhydrid genügen zur vollständigen und schnellen Veresterung die molaren Alkoholmengen. Mit den üblichen Veresterungskatalysatoren — Schwefelsäure, Amidosulfonsäure u. dgl. — läßt sich die Esterbildung bei 80 bis 100 °C in 4 bis 5 Stunden durchführen. Es ist vorteilhaft inerte Verdünnungsmittel mit einzusetzen, die dazu dienen können, das Reaktionswasser durch azeotrope Destillation zu entfernen.

Die Addition von Natriumbisulfit unter Auflösung der Doppelbindung der Maleinsäure geht ebenfalls relativ einfach vor sich. Man kann zur Beschleunigung der Umsetzung mit Wasser/Alkohol (Methanol oder Äthanol) arbeiten und hat nach etwa 10 Stunden die Addition beendet. Bei Durchführung der Addition im Autoklaven kann die Reaktionszeit verkürzt werden. Die Reaktionstemperatur wird dabei entsprechend erhöht. Nach Entfernung des überschüssigen Bisulfits durch Filtration und Abdestillieren des Wasser/Alkohol-Gemisches, eventuell unter Vakuum, fällt der Natriumsulfobernsteinsäurediester in wasserfreier Form an.

Durch Reaktion eines Malein- oder Fumarsäuredialkylesters mit wäßriger Alkalibisulfitlösung unter Bestrahlung mit wenigstens 1000 W bei ca. 15 W/cm^2 UV-Licht von 200 bis 400 nm erfolgt die Anlagerung der Sulfogruppe relativ schnell [403]. — Aus Maleinsäureanhydrid und der doppelten äquivalenten Menge Isooctylalkohol in Gegenwart einer kleinen Menge Naphthalinsulfonsäure bei maximal 140° wird der Maleinsäuredi-iso-octylester in einer Reinheit von 99,92% erhalten. — Bistridecyl-Na-Sulfosuccinat erhält man in 99,5%iger Ausbeute aus 2 Mol Maleinsäureanhydrid mit 4,2 Mol einer Tridecylalkohol-Mischung (Kp.: 240 bis 265 °C), die durch Oxosynthese von tetramerem Propylen gewonnen wurde [403].

Zur Reinigung bzw. Aufhellung der Farbe der sulfonierten Bernsteinsäureester (Methyl-heptylester, Diamylester, Di-iso-butylester, Dioctylester) wird eine zweistündige Behandlung mit 0,1 bis 0,15 Teilen eines Alkaliphosphates, z. B. KH_2PO_4, K_2HPO_4, K_3PO_4, K- und $NaPO_3$, Na_2 und $K_2H_2P_2O_7$, empfohlen [404].

Die bekanntesten Netzmittel dieses Typs sind:

Natrium-Di-amyl-sulfosuccinat,
Natrium-Di-iso-butyl-sulfosuccinat,
Natrium-Di-hexyl-sulfosuccinat,
Natrium-Di-octyl-sulfosuccinat.

Die ersten beiden Substanzen werden in Verbindung mit Elektrolyten als Spezialnetzmittel eingesetzt. Als allgemein wertvolle Netzmittel haben sich die beiden letzten Verbindungen erwiesen. Die Netzkraft nimmt mit abnehmender Kohlenstoffzahl ab. Mit zunehmender Länge der Esterkomponente sinkt die Löslichkeit in Wasser. Eine zunehmende Verzweigung oder Verkürzung der Alkylkomponente führt zu einer Verbesserung der Hartwasserbeständigkeit.

Ester mit alicyclischen Alkoholen wie Cyclohexanol oder Methylcyclohexanol weisen nur ein sehr schwaches Netzvermögen auf. Allgemein soll die Summe der C-Atome in den Alkylestern 16 nicht übersteigen, da die Löslichkeit sich dann stark verringert. Für die Zwecke der Textilveredlung ist die Säure- und Alkalibeständigkeit ausreichend. Bei intensiver Einwirkung von Säuren oder Alkalien tritt jedoch eine Aufspaltung der Esterbindung ein.

Während die Sulfobernsteinsäurediester vorwiegend Netzmittel darstellen, weisen die Halb- oder Monoester eine gewisse Waschaktivität auf, die mit der Kettenlänge des Esters zunimmt. Die Synthese dieser Verbindungen hat sich als weitaus schwieriger erwiesen als ursprünglich angenommen wurde. Es tritt die Bildung einer Reihe unerwünschter Nebenprodukte auf [408]:

$$\begin{array}{llll}
HC\cdot CO\;O + R\cdot OH \rightarrow & HC\cdot COOR + SO_2 + 2\,NaOH \rightarrow & H_2C\cdot COO\cdot R & \\
\Vert & \Vert & \cdot & \\
HC\cdot CO & HC\cdot COOH & HC\cdot COONa + H_2O & \\
 & & \cdot & \\
 & & SO_3Na &
\end{array}$$

Die Lauryl- oder Oleylmonoester wirken ähnlich waschaktiv wie die entsprechenden Alkylsulfate. Eine verbesserte Stabilität der Monoester wird erzielt, wenn man die zweite Carboxylgruppe mit niederen Alkoholen wie Methanol, Äthanol oder Butanol verestert. Mit zunehmender C-Zahl verschlechtert sich auch hier die Löslichkeit der Monoester in Wasser. Nach Untersuchungen von HOFFMANN [405] zeigen Sulfobernsteinsäuremonoester im pH-Bereich von 6 bis 8 gute Stabilität. Ihre tensidischen Eigenschaften, besonders die der Verbindungen mit äthoxylierten Fettalkoholen — 1 bis 3 Mole Äthylenoxid — und die äthoxylierten Fettsäurealkylolamide, sind als gut zu bewerten. Äthoxylierte Verbindungen als Alkylierungs- oder Veresterungskomponenten verstärken den hydrophilen Charakter und die Wasserlöslichkeit. Die Waschaktivität steigt allgemein mit der Kettenlänge und dem Äthoxylierungsgrad. Verschiedene Tests ergaben eine ungewöhnlich gute Hautverträglichkeit. Die Toxizität ist nur minimal [406].

Die waschaktiven Eigenschaften verstärken sich synergistisch bei Mitverwendung von Seife oder anderen Tensiden. Die Monoester eignen sich hervorragend zur Verwendung in kosmetischen Präparaten und werden nicht nur von empfindlicher sondern auch von kranker Haut vertragen [406].

Eine weitere Gruppe von Tensiden auf Maleinsäurebasis sind die Alkylbernsteinsäuren, die durch Alkylierung von Maleinsäureanhydrid mit Olefingemischen (C_9 bis C_{16}) im Autoklaven bei 220 °C oder unter Rückfluß bei 175 °C erhalten werden. Die Gemische der Alkylbernsteinsäureanhydride werden mit Natronlauge bei 85 °C und pH-Wert 8 bis 10 in die Di-Natriumsalze überführt. Die Verbindungen enthalten keine Sulfogruppe, sie stellen gute Netzmittel für photographische Emulsionen dar [407, 409].

Durch Reaktion von Fluoren, Acenaphthen oder 1,2,3,4-Tetrahydronaphthalin mit Maleinsäureanhydrid in Gegenwart von katalytischen Mengen Benzoylperoxid oder Jod erhält man Fluorenyl-9-, Acenaphthyl-1- oder 1,2,3,4-Tetrahydronaphthyl-(1)-bernsteinsäure. Alle drei Verbindungen weisen tensidische Eigenschaften auf, sind gut in Wasser löslich, geben beim pH-Wert von 6 bis 8 vorzügliche Schaumbildung und sind oberhalb pH 3,5 gegen hartes Wasser beständig [410].

Als Schmieröladditive werden N-Dialkylaminoalkylalkenylbernsteinsäureimide nebenstehender Formel empfohlen. Die Herstellung dieser Substanzen erfolgt durch Erhitzen von Polybuten mit Maleinsäureanhydrid unter Einleiten von Ammoniak. Das entstandene Polybutylbernsteinsäureanhydrid wird mit Dimethylaminopropylamin umgesetzt [411].

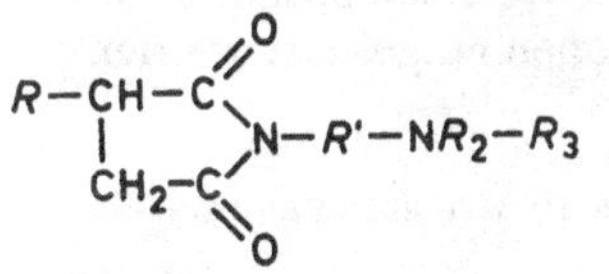

3.12. Fettsäuremonoglyzeridsulfonate

Eine ähnliche Struktur wie die Fettsäuremonoglyzeridsulfate haben die Fettsäuremonoglyzeridsulfonate, die sich nach verschiedenen Verfahren herstellen lassen. So schlägt TUCKERT [412] die Umsetzung von Alkali- oder Erdalkalisalzen höherer Fettsäuren mit dem Natriumsalz der 1-Chlor-2-oxypropansulfonsäure-(3) bei 135 bis 150 °C unter Verwendung von Säureamiden (Acetamid oder Benzamid) als Reaktionsmedien vor [413]:

$$R\cdot COONa + Cl\cdot CH_2\cdot \underset{\displaystyle OH}{CH}\cdot CH_2\cdot SO_3Na \rightarrow R\cdot COO\cdot CH_2\cdot \underset{\displaystyle OH}{CH}\cdot CH_2\cdot SO_3Na + H_2O$$

Da bei dieser Methode auch die zweite Hydroxylgruppe verestert werden kann, enthalten diese Monofettsäureglyzeridsulfonate in größeren Mengen Difettsäureglyzeridsulfonate. Anstelle der Fettsäuren sind Fettsäureanhydride oder Fettsäurechloride anwendbar [414].

Die Umsetzung der Seife mit dem Natriumsalz der 1-Chlor-2-Oxypropansulfonsäure-(3) läßt sich in Monoglykoläthern als Lösungsmittel folgendermaßen vornehmen: Zu einer warmen Lösung von Fettsäure (Überschuß 0,05 bis 0,1 Mol) in 96 bis 97%igem Methyl- oder Äthylglykol werden Chloroxypropansulfonsäure bzw. dessen Natriumsalz und wasserfreie Soda zugesetzt und das Reaktionsgemisch zum Sieden erhitzt. Die Soda löst sich im Laufe der Reaktion auf und wird vollkommen zur Neutralisation der Fettsäuren verbraucht. Auf diese Weise ist zu Beginn der Reaktion noch nicht die Gesamtmenge an Seife vorhanden, so daß das Reaktionsmedium am Anfang einen niederen pH-Wert aufweist. Das bei der Neutralisation entstandene Wasser und ein Teil des anfangs vorhandenen Wassers werden während der Kondensation abdestilliert, bis der Wassergehalt ca. 1 bis 2% beträgt. Nach etwa 2 Stunden haben 89 bis 92% des eingesetzten Chloroxypropansulfonats reagiert. An diesem Punkt wird die Reaktion abgebrochen, da bei längerer Dauer der Umsetzung die Ausbeute an Monofettsäureglyzeridsulfonat infolge von Nebenreaktionen nicht weiter ansteigt. Nach der Abtrennung des Kochsalzes wird dem Filtrat so viel Wasser zugesetzt, daß der Wassergehalt 4 bis 5% beträgt. Dadurch erreicht man, daß das nicht umgesetzte Chloroxypropansulfonat vorwiegend in der Mutterlauge gelöst bleibt und nur zum geringen Teil zusammen mit dem Reaktionsprodukt auskristallisiert. Die nach Abtrennung des Reaktionsproduktes erhaltene Mutterlauge kann für weitere Kondensationen eingesetzt werden.

Tabelle 41. Löslichkeit von Natrium-Kokosfettsäuremonoglyzeridsulfonat und -sulfat in Wasser

Temp. [°C]	Sulfonat [%]	Sulfat [%]
0°	–	1,8
20	0,1	15,6
40	1,3	30,5
50	13,4	–
60	38,6	–
80	39,2	–

Tabelle 42. Oberflächen (*A*) und Grenzflächenspannung-(*B*) der Natrium-Kokosfettsäuremonoglyzeridsulfonate und -sulfate

Konz.	Na-Sulfonat		Na-Sulfat	
%	*A* [dyn/cm]	*B* [dyn/cm]	*A* [dyn/cm]	*B* [dyn/cm]
0,05	43	3,9	55	4,3
0,1	43	3,2	42	3,9

Das Natrium-Kokosfettsäuremonoglyzeridsulfonat ist bei 20 °C in Wasser praktisch unlöslich [415]. Einen Vergleich der Löslichkeiten des Monofettsäureglyzeridsulfates und des entsprechenden -sulfonates zeigt Tab. 41. Die Oberflächen- und Grenzflächenspannungen sind in der Tab. 42 vergleichsweise dargestellt. Die Sulfonate weisen ein besseres Netzvermögen auf als die Sulfate.

Das 1-Chlor-2-oxypropansulfonat-(3) wird durch Umsetzung von z. B. 110 g Natriumhydrogensulfit (1,06 Mol) in 72 g (4 Mol) Wasssr mit 92,5 g Epichlorhydrin (1 Mol.) unter Rühren und Rückfluß bei 70 bis 75 °C in 30 min gewonnen. Zur Vervollständigung der Reaktion wird anschließend 15 min auf 95 °C erhitzt und dann abgekühlt. Die Ausbeute liegt bei 95% der Theorie.

Verschiedene weitere Untersuchungen an den Fettsäuremonoglyzeridsulfonaten führten Mukherjea und Gupta [416] durch.

Die Monofettsäureglyzeridsulfonate können mit Maleinsäureanhydrid durch Erhitzen unter Rückfluß in Tenside überführt werden, die bessere Netz- und Schaumeigenschaften als die ursprünglichen Verbindungen aufweisen: Dabei wird die Hydroxylgruppe der Verbindung mit dem Maleinsäureanhydrid verestert:

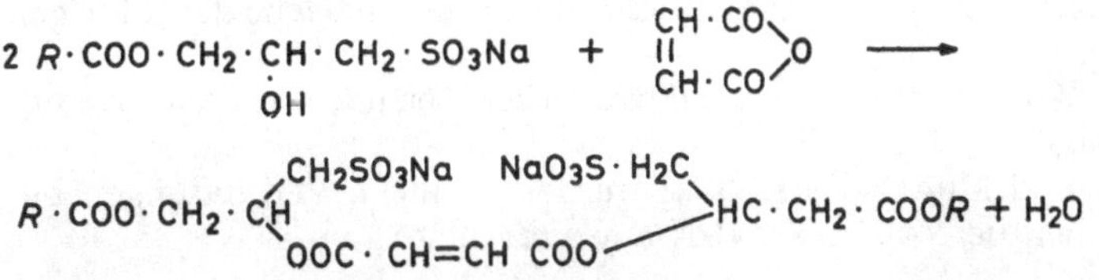

Setzt man anstelle der Laurinsäure das Laurinsäureamidnatrium bei der Reaktion mit 1-Chlor-2-oxypropansulfonat ein, so kommt man zur entsprechenden Amidoverbindung:

$$R\cdot CO\cdot NH\cdot Na + Cl\cdot CH_2\cdot \underset{OH}{CH}\cdot CH_2\cdot SO_3Na \rightarrow R\cdot CO\cdot NH\cdot CH_2\cdot \underset{OH}{CH}\cdot CH_2\cdot SO_3Na + NaCl$$

Die Reaktion läßt sich durch Kochen des Natriumsalzes des Laurinsäureamids mit dem Chloroxypropansulfonates unter Rückfluß in Gegenwart von Cellosolve und Xylol. Im sauren Milieu besitzen diese Amidderivate bessere Benetzungswirkung und bessere Schaumeigenschaften als die Ausgangsmaterialien [417].

3.13. Sonstige weniger bekannte Sulfonate

Eine Gruppe von Tensiden leitet sich teils von den Alkylsulfochloriden und teils von aromatischen Aminen ab. Diese Alkylsulfanilidsulfonate erhält man durch Kondensation aromatischer Amine mit hochmolekularen Alkylsulfochloriden, die einen Teil nicht sulfochlorierter Kohlenwasserstoffe enthalten:

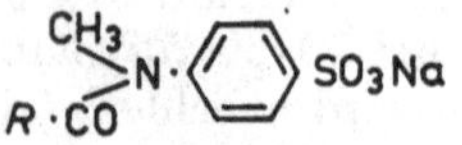

Man trennt die nicht sulfochlorierten Kohlenwasserstoffe mit β-Aminoäthylalkohol ab. Das Alkylsulfanilid wird nacheinander erst mit 100%iger Schwefelsäure und dann mit Chlorsulfonsäure stufenweise sulfoniert und die Sulfonsäure neutralisiert man mit Alkalien. Durch Zerstäubungstrocknung wird das Alkylsulfanilidsulfonat als Pulver gewonnen [418]. In der tensidischen Wirkung können die Alkylsulfanilidsulfonate zwischen den Alkylbenzolsulfonaten und den primären Alkylsulfaten eingeordnet werden. Sie zeigen ein ausgeprägtes Kalkseifendispergiervermögen, sehr gute Härtebeständigkeit, geringe Hygroskopizität und gutes Anfangswaschvermögen in weichem und hartem Wasser. Nachteilig ist die dunkle Farbe der wäßrigen Lösungen [419].

Ein weiteres Verfahren zur Herstellung dieser Tenside wird von Laqua [420] vorgeschlagen.

Von Kölbel und Mitarbeitern [421] werden ähnliche Verbindungen beschrieben. nämlich die Na-N-Methyl-N-acylsulfanilate:

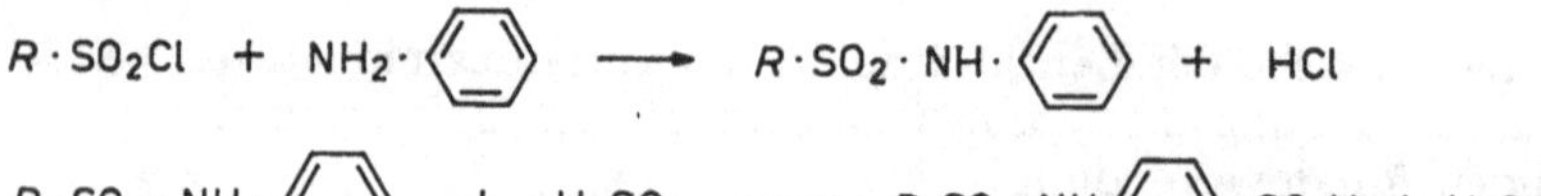

Die Acylreste können 4, 8, 10, 12, 14 und 16 C-Atome enthalten. Die Wasserlöslichkeit dieser Tenside soll um ein vielfaches größer sein als das der entsprechenden p-n-Alkylbenzolsulfonate. Siehe hierzu auch [421a].

Alkylphenolpolyglykoläthersulfonate, die sich nur durch die Sulfogruppe von den entsprechenden Sulfaten unterscheiden, stellt man durch Kondensation von Alkylphenolpolyglykoläthern unterschiedlicher Kettenlänge mit Oxyalkansulfonsäure her. Die Reaktion wird bei 155 bis 250 °C mit Kalilauge durchgeführt:

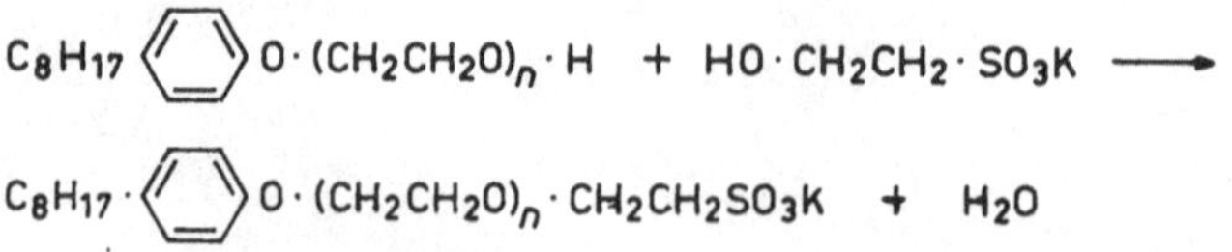

3.14. *Alkylglyzeryläthersulfonate*

Die Verbindungen der allgemeinen Formel $R \cdot O \cdot CH_2 \cdot CH(OH) \cdot CH_2SO_3Na$ lassen sich durch Verätherung der aus natürlichen Ölen oder Fetten dargestellten Fettalkohole oder auch synthetischer Fettalkohole mit Epichlorhydrin in Gegenwart eines sauren Katalysators wie Schwefelsäure gewinnen. Den Alkylchlorglyzeryläther setzt man mit Natriumsulfit um, wobei das Natriumsalz des Alkylmonoglyzeryläthersulfonates und Natriumchlorid gebildet wird [422]:

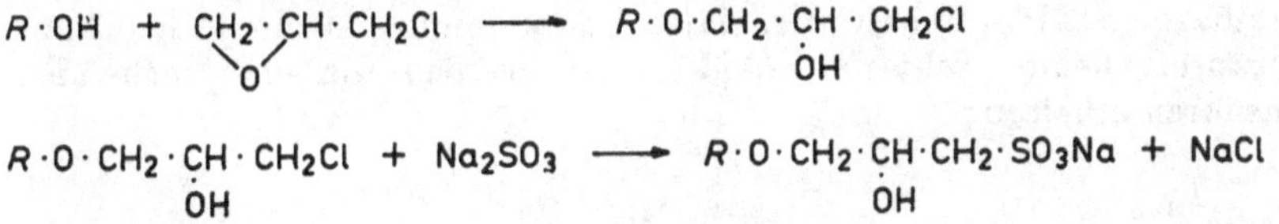

Zur Umsetzung verwendet man die Reaktionspartner in etwa äquivalenten Mengen. Nach Entfernung des Katalysators reinigt man den Alkylchlorglyzeryläther durch fraktionierte Destillation.

Nach einem anderen Verfahren wird Epichlorhydrin im Überschuß mit $SnCl_2$ als Katalysator eingesetzt. Hierbei bildet sich in geringer Menge Alkyldichlorglyzeryläther. Die Epichlorhydrinmenge wird so bemessen, daß ca. 10% aber nicht mehr als 30% des Dichlorglyzeryläthers entstehen. Statt des Natriumsulfits kann Kaliumsulfit Verwendung finden. Durch Ionenaustausch lassen sich z. B. die Ammoniumsalze der Glyzeryläther herstellen. Auch die Calcium- und Magnesiumsalze dieser Verbindungen werden empfohlen [423]. Anstelle der Fettalkohole lassen sich höhermolekulare Oxoalkohole verwenden.

Die höhermolekularen Alkylmonoglyzeryläthersulfonate, in denen die Länge der C-Ketten 16 bis 18 C-Atome beträgt, sind nahezu wasserunlöslich. Nach Ansicht von Kuwamura [424] beruht die schlechte Löslichkeit offenbar auf der Bildung einer Wasserstoffbrücke zwischen der Hydroxylgruppe und der Sulfogruppe. Die kritischen Micell-Konzentrationen der Lösungen liegen weitaus niedriger als die der Natriumsulfonatlösungen. Die Lösungen zeigen ein hervorragendes Benetzungsvermögen und große Stabilität in hartem Wasser, die mit steigender Temperatur und besonders bei 35 °C sprunghaft ansteigt [425].

In ähnlicher Weise sind die entsprechenden Alkylglyzerylätherphosphate synthetisiert worden. Man erhält sie dadurch, daß die Glyzeryläther mit längeren Alkylketten mit $POCl_3$, P_2O_5, Polyphosphorsäure oder Orthophosphorsäure umgesetzt werden. Anschließend wird mit Natriumhydroxid oder einem anderen Alkali neutralisiert.

Die Kaliumsalze der Alkylglyzeryläthersulfonate haben in flüssigen Waschmitteln die Aufgabe, das zur Korrosionsverhinderung eingesetzte Silikat löslich zu machen. Andererseits verhindern diese Tenside die Wiederablagerung des bereits gelösten Schmutzes. In flüssigen Waschmitteln können davon 6 bis 14% als waschaktive Substanz vorhanden sein.

3.15. Alkylbenzimidazolsulfonate

Zur Gruppe der Fettsäurekondensationsprodukte gehören die Alkylbenzimidazolsulfonate. Durch Kondensation von o-Phenylendiamin mit höhermolekularen Fettsäuren gelangt man durch Ringschluß zu den Alkylbenzimidazolen. Mit intensiv wirkenden Sulfonierungsmitteln, z. B. Chlorsulfonsäure, Oleum, Schwefeltrioxid u. dgl. werden die entsprechenden Sulfonsäuren erhalten:

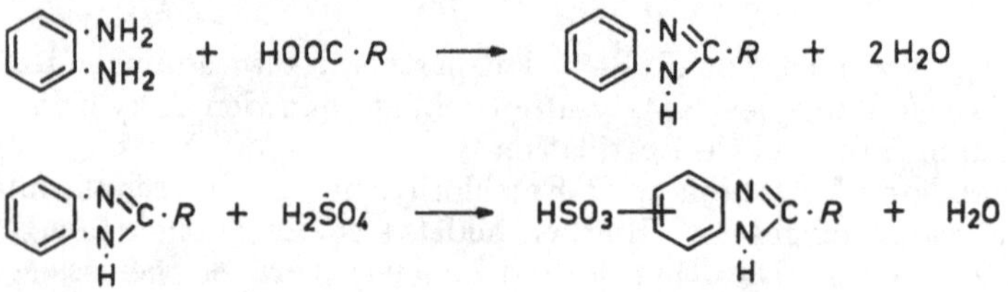

Gleiche Produkte gewinnt man, wenn zuerst die Arylendiamine sulfoniert und die Sulfonsäuren mit Fettsäurechloriden umgesetzt werden. Die neutralisierten Sulfonsäuren weisen eine ausgezeichnete Waschwirkung auf und sind gegen die Härtebildner des Wassers und gegen Säuren stabil.

Ähnliche Verbindungen leiten sich von den Indolen oder Hydroindolen ab, die nebenstehender Formel entsprechen:

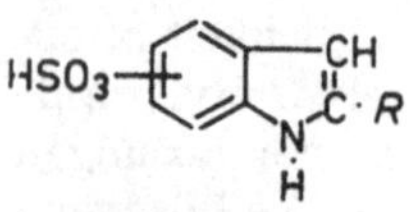

3.16. Petrolsulfonate

Unter Petrolsulfonaten versteht man die Salze echter Sulfonsäuren, die durch Behandlung von vorwiegend aromatischen Verbindungen mit hochprozentiger oder rauchender Schwefelsäure entstehen. Mit gutem Erfolg wird auch Schwefeltrioxid zur Sulfonierung eingesetzt.

Ursprünglich fielen die Petrolsulfonate bei der Raffination von Spindelöldestillaten mit 20%igem Oleum an. Der sogenannte Säureteer enthält neben freier Schwefelsläure die Hauptmenge an ölunlöslichen Sulfonsäuren

(*Grünsäuren*) und geringere Mengen öllöslicher Sulfonsäuren, die Mahoganysäuren (auch *Mahagony*säuren genannt).

Heute sind die ehemals als lästige Abfallprodukte angesehenen Substanzen gesuchte Ausgangsstoffe zur Herstellung von Netzmitteln, waschaktiven Substanzen, Schmieröladditiven, Emulgatoren u. dgl. [426, 427, 428, 429]. So bilden z. B. aromatische Kohlenwasserstoffe des Aserbeidschaner Erdöls die Grundlage für das in der Sowjetunion hergestellte „Asolat B" [430, 431, 432].

In einem rohen Petrolsulfonat aus Mineralöl liegen folgende Verbindungstypen vor:

1. Alkylarylsulfonsäuren,
2. Naphthensulfonsäuren,
3. Alkylsulfate.

Weitere bei der Sulfierung entstehende Polysulfonsäuren sind weitgehend ölunlöslich und häufig auch wasserunlöslich. Sie gehen mit dem Säureteer als Verlust weg. Die olefinischen Anteile der Öle neigen in Gegenwart von Schwefelsäure zur Harzbildung. Sie werden größtenteils gleichfalls entfernt.

Wasser- und alkoholunlösliche Sulfonsäuren lassen sich mit einer Mischung aus niederen Alkoholen und Dimethylformamid im Verhältnis 1:4 bis 4:1 extrahieren. Besonders bewährt hat sich Isopropanol-Dimethylformamid (1:1) [433].

Ein anderes Verfahren zur Reinigung und Konzentrierung von öllöslichen Alkali- oder Ammoniumpetrolsulfonaten beschreibt Bray [434]. Zu einer Mischung von ca. 70% Mahoganysulfonat, wasserlöslichen Alkalisulfonaten sowie anorganischen Sulfaten und Sulfiten werden 10% Wasser oder 5%ige Kochsalzlösung sowie 5% eines Emulsionsbrechers gegeben und das ganze auf 140 °C erhitzt. Dabei bilden sich drei Schichten, von denen die mittlere die Petrolsulfonate enthält.

Für die Herstellung der teer- und ölfreien Sulfonsäuren für das sowjetische „*Asolat B*" setzt man Gasöl, Kerosin oder Solaröl ein, die bei 65 bis 70 °C mit Schwefeltrioxid sulfoniert werden. Zur Entfernung der teerartigen Stoffe schickt man das Produkt durch drei Absetzbehälter und extrahiert anschließend bei 65 bis 70 °C die Sulfonsäuren. Die Entölung erfolgt am günstigsten beim Neutralisierungsprozeß mit alkalischen Lösungen, wobei ca. 75% des Öls abgeschieden werden. Zur Entfernung der harzartigen Stoffe kann auch eine Filtration herangezogen werden. Diese Sulfonate dienen zur Herstellung synthetischer Waschmittel. Je heller das Produkt ist, um so größer soll der Gehalt an waschaktiven Stoffen sein [435, 436]. In ähnlicher Weise arbeitet das von Brown [437] beschriebene Verfahren. Die Sulfonsäuren werden hierbei mit Bariumhydroxid neutralisiert.

Eine Trennung der Mahoganysulfonsäuren in Fraktionen mit verschiedenem Molgewicht beschreiben Titus und Wanka [438]. Die rohen Sulfonsäuren werden in Gegenwart eines Verdünnungsmittels mit einem festen

Adsorptionsmittel, besonders Aktivkohle, Aluminiumsilikat, Kieselgur, Bleicherde, Silikagel, behandelt. Aus dem Adsorptionsmittel extrahiert man mit einem Alkohol mit maximal 5 C-Atomen zuerst die höhermolekularen Sulfonsäuren mit einem Molgewicht von ca. 530 und danach die niedermolekularen Säuren.

Häufig führt man die Petrolsulfonate in die Erdalkali- oder Schwermetallsalze über, die eine wichtige Rolle als Emulgatoren, Korrosionsschutzmittel, Schmieröladditive sowie als Bohr- und Schneideöle spielen [439].

3.17. Ligninsulfonate

Ligninsulfonate werden aus Sulfitablaugen gewonnen und sind in ihrer Zusammensetzung von den verwendeten Holzarten und dem angewendeten Verfahren der Zellstoffgewinnung abhängig. Bei der Herstellung des Ligninsulfonates bildet man nach der Sulfonierung zuerst die wasserunlöslichen Calciumsalze und führt diese nach verschiedenen Reinigungsoperationen in die wasserlöslichen Natriumsalze über. Zur Herstellung von Ligninsulfonaten für Bohrspülungen soll die Sulfitablauge biologisch von Zuckern und biologischen Umsetzungsprodukten befreit werden. Nach Möglichkeit wird die Menge an kationischen Eisen im Sulfonat auf weniger als 2,7% Fe_2O_3 — bezogen auf Trockensubstanz — reduziert [440].

Die Ligninsulfonate haben Schutzkolloidwirkung und werden vor allem als Dispergiermittel für Ruß und andere Pigmente, für Schädlingsbekämpfungsmittel, als Betonverflüssiger und Porenbildner in der Zement- und Baustoffindustrie verwendet.

3.18. Seltenere anionaktive hydrophile Gruppen

Die bisher besprochenen tensioaktiven Substanzen enthielten die Carboxylgruppe (·COOH) sowie die direkt (·SO_3H) und die esterartig gebundene (·O·SO_3H) Sulfogruppe, welche den anionaktiven Charakter der Verbindungen bestimmen und ihre hydrophilen Eigenschaften bewirken. In einigen Fällen treten die hydrophilen Gruppen (·COOH, ·O·SO_3H oder SO_3H) in einem Molekül gemeinsam auf und ergeben eine besonders ausgeprägte hydrophile Wirkung.

Neben diesen Gruppen findet man vereinzelt andere Säurereste mit mehr oder weniger starker hydrophiler Wirkung. Die Eigenschaften — Waschwirkung, Dispergiervermögen, Schaumbildung — derartiger tensioaktiver Substanzen lassen sich in manchen Fällen mit den handelsüblichen Produkten durchaus vergleichen. Leider ist die Herstellung in den meisten Fällen komplizierter und deshalb auch teurer. Im Handel sind sie seltener zu finden, da es sich meistens um Spezialprodukte handelt.

Zu dieser Kategorie gehören folgende Gruppen hydrophiler Säurereste: Schwefelhaltige Säuren:

Sulfinsäuren,
weitere Schwefelsauerstoffsäuren,
Sulfaminsäuren.

Phosphorhaltige Säuren:

Phosphate,
Phosphite,
Phosphonate,
Phosphinate.

3.18.1. Sulfinsäuren und ihre Salze

In der Literatur werden höhermolekulare Sulfinate, $R \cdot SO_2Me$, mit aliphatischen oder cycloaliphatischen Alkylresten als Seifenersatzstoffe beschrieben [441]:

Zu ihrer Herstellung kann folgendermaßen vorgegangen werden: Bei 60 °C werden in 120 Teilen einer Kochsalzlösung 24 Teile Zinkstaub suspendiert und dazu 20 Teile Dodecansulfochlorid gegeben. Nach mehrstündigem Rühren bei etwa 60 °C hat sich ein Niederschlag aus dodecansulfinsaurem Zink gebildet, der abgesaugt, ausgewaschen und mit Sodalösung in das Natriumsalz umgewandelt wird. In ähnlicher Weise lassen sich die Alkylarylsulfonate zu den entsprechenden Sulfinaten reduzieren. Alkylsulfinate oder Alkylarylsulfinate können auf Grund ihrer tensidischen Eigenschaften als Seifenaustauschstoffe eingesetzt werden.

3.18.2. Thiosulfate

Setzt man halogenierte Verbindungen mit Natriumthiosulfat anstatt mit Natriumsulfit oder Natriumbisulfit um, so erhält man Alkylthiosulfate, $R \cdot S_2O_3Me$. So lassen sich u. a. Alkylchlormethyläther, Alkylchloressigsäuren oder höhermolekulare Chloracetamide in die entsprechenden Thiosulfate umwandeln.

Man kann z. B. durch Erhitzen eines verzweigtkettigen Alkylhalogenids mit 12 bis 16 C-Atomen mit Alkali- oder Ammoniumthiosulfat bei 50 bis 150 °C mit oder ohne Verdünnungsmittel (Wasser, Äthanol, Isopropanol, Benzol, Aceton, Äther) zu den Alkylthiosulfaten kommen [442]:

$$R \cdot X + Na_2S_2O_3 \rightarrow R \cdot S_2O_3Me + MeX$$

Nach einem aderen Beispiel stellt man aus 0,33 Mol verzweigtkettigem, primärem Hexadecylbromid, 0,66 Mol Natriumthiosulfat in 300 g Äthanol und 150 g Wasser in 9 Stunden unter Rückfluß das Natriumhexadecylthiosulfat her. In ähnlicher Weise sind eine Vielzahl dieser Verbindungen synthetisiert worden, die sich gut als Netzmittel eignen [442].

In etwas abgewandelter Weise gelangt man über die Mercaptane direkt zu den Alkylthiosulfaten:

$$R \cdot SH + ClSO_3H \rightarrow R \cdot S \cdot SO_3H \xrightarrow{MeOH} R \cdot S \cdot SO_3Me$$

R = Alkyl mit 8 bis 18C-Atomen

Aus 96 g tert.-Dodecylmercaptan in 500 ml Äther und 68 g Chlorsulfonsäure in 90 ml Äther erhält man unter Eiskühlung bei 3 bis 5° das tert.-Dodecylthiosulfat. Nach dem Abdestillieren des Äthers gießt man das Reaktionsgemisch in äthanolische Natronlauge [443].

Carbonsäureesterthiosulfate der allgemeinen Formel $R \cdot O \cdot (CH_2CH_2O)_n \cdot O \cdot C \cdot (CH_2)_m \cdot S \cdot SO_3Me$ werden durch Reaktion eines Esters aus Chloressig- oder Chlorpropionsäure in Tridecylalkohol oder dessen Äthylenoxidaddukt mit einem Alkalithiosulfat bei 50 bis 100°C unter Rückfluß in Gegenwart von Wasser und Isopropanol, Benzol, Aceton oder Äther erhalten. Vorteilhaft setzt man Natrium- oder Kaliumjodid als Katalysator zu. Die Endprodukte sollen als Netz- oder Reinigungsmittel verwendbar sein [444].

Setzt man Dodecylchloressigsäure mit getrocknetem Natriumthiosulfat bei höherer Temperatur um, kommt man zum Dodecylglykolsäurethiosulfat, das durch Extraktion mit Benzol isoliert wird:

$$C_{12}H_{25}O \cdot OC \cdot CH_2 \cdot Cl + Na_2S_2O_3 \rightarrow C_{12}H_{25} \cdot O \cdot OC \cdot CH_2 \cdot S_2O_3Na + NaCl$$

Das Tensid soll ein intensives Schaumvermögen aufweisen.

Behandelt man höhermolekulare Mercaptane mit dem Schwefeltrioxid-Pyridin-Komplex, so kommt man zu den Pyridinsalzen der Alkylthiosulfate:

$$R \cdot SH + C_5H_5N \cdot SO_3 \rightarrow R \cdot S_2O_3 \cdot C_5H_5N$$

Ähnlich wie die Thiosulfate lassen sich Alkylhalogenide mit Hydrosulfiten entsprechende Alkylhydrosulfite umsetzen.

3.18.3. Sulfaminsäuren und ihre Salze

Höhermolekulare Sulfaminsäuren lassen sich aus Alkylaminen oder Fettsäureamiden durch Umsetzung mit Chlorsulfonsäure in Pyridin darstellen [445]:

a) $R \cdot NH_2 + Cl \cdot SO_3H \rightarrow R \cdot NH \cdot SO_3H + HCl$

b) $R \cdot CO \cdot NH_2 + Cl \cdot SO_3H \rightarrow R \cdot CO \cdot NH \cdot SO_3H + HCl$

Zur Durchführung der Umsetzung löst man 50 Teile Palmitinsäureamid in 100 Teilen Pyridin und gibt bei 75 °C zu der Lösung eine Mischung aus 24 Teilen Chlorsulfonsäure in 75 Teilen Pyridin. Nach beendeter Reaktion wird das Gemisch in 500 Teile Wasser gegeben und mit verdünnter Natronlauge neutralisiert. Das sulfaminsaure Natrium fällt dabei aus.

Auch höhere sekundäre Amine lassen sich nach dieser Methode in Sulfaminsäuren überführen:

$$(R)_2 \cdot NH + Cl \cdot SO_3H \rightarrow (R)_2 \cdot N \cdot SO_3H + HCl$$

Auch durch Behandlung von Alkylhalogeniden mit Amidosulfonsäure kommt man zu Sulfaminsäuren:

$$R \cdot Cl + H_2N \cdot SO_3H \rightarrow R \cdot NH \cdot SO_3H + HCl$$

Umsetzungen von Säurechloriden mit Amidosulfonsäure führt ebenfalls zu Sulfaminsäuren:

$$R \cdot CO \cdot Cl + H_2N \cdot SO_3H \rightarrow R \cdot CO \cdot NH \cdot SO_3H$$

Des weiteren ist es möglich, acylierte Diamine, z. B. das durch einen Acylrest an einer Aminogruppe substituierte Äthylendiamin, mit Chlorsulfonsäure in Sulfaminsäure zu überführen:

$$R \cdot CO \cdot NH \cdot CH_2CH_2 \cdot NH_2 + Cl \cdot SO_3H \rightarrow R \cdot CO \cdot NH \cdot CH_2CH_2 \cdot NH \cdot SO_3H + HCl$$

Niedere Sulfaminsäuren wie Diäthylsulfaminsäure, u. dgl. haben hydrotrope Eigenschaften und sind daher in der Lage, die Löslichkeit höhermolekularer Tenside zu verbessern. Seifen und ähnliche Tenside geben mit den erwähnten sulfaminsauren Salzen klare Lösungen.

3.18.4. Verbindungen weiterer Schwefelsauerstoffsäuren

Interessante Verbindungen sind die Persulfate oder Persulfonate, die sich durch Behandlung höhermolekularer Fettalkohole oder Olefine mit Perschwefelsäure herstellen lassen. Die aus Chlorsulfonsäure und 100%igem Wasserstoffperoxid gewonnene Perschwefelsäure wird in ätherischer Lösung mit den Fettalkoholen oder Olefinen umgesetzt. Für die Alkylperschwefelsäure wird nachstehende Formel angegeben:

$$R \cdot O \cdot SO_2 \cdot O \cdot O \cdot SO_2 \cdot OH$$

Die entsprechenden Alkylpersulfate können auch durch Oxydation höherer Alkylsulfate oder -sulfonate mit geeigneten Peroxiden wie Wasserstoffperoxid oder Natriumperoxid erhalten werden.

Die Alkylpersulfate oder Alkylpersulfonate sind Tenside und Bleichmittel gleichzeitig.

3.18.5. Organophosphate

3.18.5.1. Phosphate und Phosphite

Entsprechend den Alkylsulfaten und -sulfonaten lassen sich ähnliche Verbindungen der Phosphorsauerstoffsäuren darstellen. Bei der dreibasischen Phosphorsäure sind die Verhältnisse nicht ganz so eindeutig wie bei der Schwefelsäure. Im Gegensatz zu den Alkylsulfaten schäumen die Alkylphosphate nicht. Sie dienen nur für Spezialzwecke, z. B. als besonders hautfreundliche Emulgatoren für kosmetische Präparate, als Netzmittel oder als Antistatika.

Aus Fettalkoholen mit 12 und mehr C-Atomen lassen sich mit Phosphorpentoxid oder Phosphoroxychlorid in den entsprechenden Molverhältnissen Mono-, di- und tri-o-Phosphate gewinnen:

$$3\,CH_3(CH_2)_7\cdot CH{=}CH\cdot(CH_2)_7\cdot CH_2OH + POCl_3 \xrightarrow[-HCl]{} [CH_3(CH_2)_7\cdot CH{=}CH\cdot(CH_2)_7\cdot CH_2O)_3\cdot P{=}O$$

Trioleylphosphat

$$2\,CH_3(CH_2)_n\cdot CH_2OH + POCl_3 \xrightarrow[-2HCl]{} (CH_3(CH_2)_nCH_2O)_2\cdot \underset{\displaystyle Cl}{P}{=}O$$

$$(CH_3(CH_2)_nCH_2O)_2\cdot \underset{\displaystyle Cl}{P}{=}O \xrightarrow[-HCl]{+H_2O} (CH_3(CH_2)_nCH_2O)_2\cdot \underset{\displaystyle OH}{P}{=}O$$

Dialkylester der Phosphorsäure

Die Veresterung von Fettalkoholen mit Phosphorpentoxid ist verschiedentlich vorgeschlagen worden, jedoch setzt man heute für die Synthese phosphatierter Tenside vorwiegend alkoxylierte Verbindungen ein. Hier ist die Möglichkeit gegeben, eine breite Palette von Tensiden mit sehr unterschiedlichen Qualitäten herzustellen. Phosphatierte Dodecyl- oder Cetylalkohole stellen wertvolle Textilhilfsmittel dar. Die Alkylester der Phosphorsäure stehen in gewisser Verwandschaft zu den natürlichen Phosphorlipoiden, wodurch sich ihre hervorragende Hautverträglichkeit erklärt.

Durch Veresterung mehrbasischer Phosphorsäuren mit expoxidgruppenhaltigen Triglyzeriden erhält man phosphorylierte Öle. Man löst z. B. 388 g 85%iger Phosphorsäure in 1000 m*l* absolutem Äther und gibt unter Rühren 1000 g epoxydiertes Sojabohnenöl zu. Das neutralisierte, viskose Produkt stellt eine für verschiedene Zwecke verwendbare tensioaktive Verbindung dar [446].

Ein weiterer Weg zur Gewinnung der Alkylphosphate besteht in der Umsetzung von z. B. Trimethylphosphat mit Hexadecyljodid zum Dimethylhexadecylphosphat. In gleicher Weise sind die analogen Alkylphosphonate herstellbar [447]. Kurzkettige organische Phosphate, wie Tributoxyäthylphosphat, Trikresylphosphat, Triarylphosphate und Tributylphosphat eignen sich als Antischaummittel für Waschmittel. Die optimalen Konzentrationen liegen zwischen 0,01 bis 0,2%. Die Wirksamkeit der Antischaummittel hängt von der Oberflächenspannung des Phosphates und der der schäumenden Lösung ab; des weiteren von der Löslichkeit, Dispergierbarkeit, Viskosität und Elastizität des die Gasblase umgebenden Films [448].

Durch Reaktion von ein Mol Fettsäure, zwei Mol Alkylolamin und ein Mol Phosphorsäure bei Temperaturen über 150 °C erhält man tensioaktive Substanzen, die teilweise fungizide und bakterizide Eigenschaften aufweisen [449]. Verschiedentlich werden Alkylpyrophosphate dargestellt, die man z. B. aus höhermolekularen Alkylsulfaten durch Umsetzung mit Natriumpyrophosphat erhält. Durch Behandlung von Fettalkoholen mit Pyrophosphorsäure bei 90 °C und anschließender Neutralisierung können ebenfalls Alkylpyrophosphate gewonnen werden. Oxydiert man die Alkylpyrophosphate unter geeigneten Bedingungen mit Wasserstoffperoxid, so entstehen die entsprechenden Perpyrophosphate, die in wäßriger Lösung ein stabilisiertes Wasserstoffperoxid liefern und gleichzeitig eine reinigende Wirkung aufweisen. Derartige Verbindungen haben ein gewisses wirtschaftliches Interesse gefunden und werden vereinzelt in kleinerem Umfang fabriziert.

Alkylpyrophosphate lassen sich durch Umsetzung von 400 Teilen Kokosfettalkoholen mit 180 Teilen reiner Pyrophosphorsäure bei 100 bis 110° gewinnen. Anschließend wird mit Natronlauge neutralisiert. Nach der Umkristallisation aus Äthanol und Äther wird das feste Produkt (664 Teile) mit 215 Volumenteilen Wasserstoffperoxid (40%ig) angeteigt und unter Zugabe von 50 Volumenteilen Äthanol bei 40 °C gelöst. Das anfallende Anlagerungsprodukt enthält auf ein Mol 2,5 Mol Wasserstoffperoxid.

Wie bereits anfangs erwähnt, ist in vielen Organophosphorverbindungen der organische Rest über verschiedenlange Äthylenoxidbrücken an die Phosphorsäure gebunden:

$$(CH_3(CH_2)_{10} \cdot CH_2 \cdot O(CH_2CH_2O)_4)_3 \cdot P{=}O$$

Bei Verwendung der Fettalkoholpolyglykoläther anstelle der Fettalkohole steigt die Wasserlöslichkeit und die Härtebeständigkeit. Die Alkylphosphate können im allgemeinen für ganz spezifische Zwecke und Bedürfnisse der Verbraucher hergestellt werden. In der Textilindustrie dienen diese Verbindungen als Avivage- und Präparationsmittel sowie zur Verhinderung elektrostatischer Aufladungen synthetischer Fasern. Ein ähnliches Verhalten wie die äthoxylierten und phosphatierten Fettalkohole zeigen auch die Polyäthylenglykolmonofettsäureester, die bei der Veresterung ihrer freien Hydroxylgruppe mit $POCl_3$ vorzüglich Antistatika liefern. Je nach der chemischen Konstitution lassen sich mit den Phosphorsäureestern Öl/Wasser- oder Wasser/Öl-Emulsionen herstellen.

Kurz sei noch auf die öllöslichen, tensioaktiven Ester der Thiophosphorsäure hingewiesen, die analog aus Phosphorpentasulfid und Fettalkoholen gewonnen werden können. Sie verfügen über eine hohe Korrosionsschutzwirkung und werden auch ihrer dispergierenden Eigenschaften wegen als Additive für Motorenöle eingesetzt.

Die Ester der phosphorigen Säure sind entsprechend aus den Fettalkoholen und Phosphortrichlorid, PCl_3, nach ähnlichen Verfahren wie die Ester der Phosphorsäure zu gewinnen. Das nicht umgesetzte Chlor wird durch schonende Verseifung abgespalten. Die Alkylphosphite zeigen nach der Neutralisation ein relativ gutes Wasch- und Schmutztragevermögen.

3.18.5.2. Phosphonate und Phosphinate

Die Bedeutung der Phosphonate hat in neuerer Zeit zugenommen, wie aus der steigenden Zahl von Publikationen zu diesem Gebiet zu entnehmen ist. Analog wie bei den Sulfosäuren erfolgt bei ihnen die Bindung des Phosphors direkt an das Kohlenstoffatom. Wie bei den Phosphaten unterscheidet man Mono- und Dialkylphosphonate:

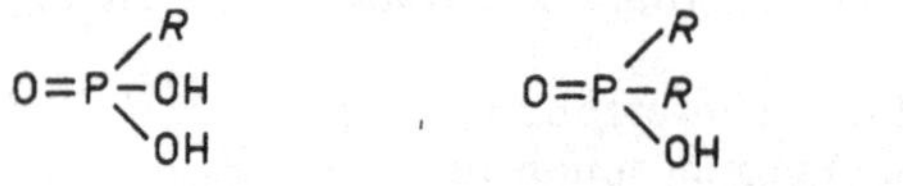

Monoalkylphosphonat Dialkylphosphonat

Nach einem älteren Verfahren wurden die Verbindungen durch Kondensation von höheren aliphatischen Kohlenwasserstoffen mit Phosphortrichlorid in Gegenwart von Aluminiumchlorid als Katalysator dargestellt. Es bildet sich in erster Stufe das Dichlormonoalkylphosphin, dessen Chloratome anschließend zur Alkylphosphinsäure verseift werden. Zum Schluß oxydiert man mit Salpetersäure zur Phosphonsäure:

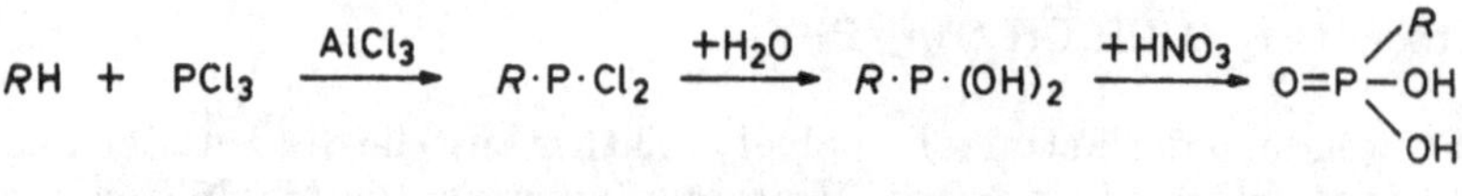

Setzt man Phosphorpentachlorid oder Phosphoroxychlorid ein, so gelangt man über die Chloralkylphosphone als Zwischenprodukte durch Hydrolyse direkt zu den Phosphonsäuren. Außer den aliphatischen Kohlenwasserstoffen lassen sich auch Alkylaromaten oder ihre Derivate mit Phosphortrichlorid, Phosphorpentachlorid oder Phosphoroxychlorid in die Alkylarylphosphinsäuren überführen. — Durch Umsetzung eines Trialkylphosphits, $(R \cdot O)_3 \cdot P$, mit einem Aryloxypolyalkylenätherhalogenids der allgemeinen Formel $R \cdot (O \cdot A)_n \cdot X$ kommt man zu den entsprechenden Phosphonaten und zwar durch Hydrolyse in wäßrigen Mineralsäuren oder in hochsiedenden Lösungsmitteln (Dioxan, Methylcellosolv). Man kann z. B. die p-Octylphenoxyäthoxyäthylphosphonsäure als klares gelbes Harz in 99,7%iger Ausbeute erhalten. Mit Natriummethylat bildet sich das entsprechende Salz, das als Netz-, Dispergier- und Emulgiermittel verwendet werden kann [450].

Tensioaktive Verbindungen mit großem Schaumvermögen sind Carbomethoxalkylphosphonsäuren, die man folgendermaßen herstellen kann: In ein Gemisch aus 2 bis 5 Mol Phosphortrichlorid und ein Mol höhermolekularer Fettsäure oder deren Ester leitet man Sauerstoff ein, wobei die Temperatur bis 75 °C ansteigt. Nach dem Abdestillieren des überflüssigen Phosphortrichlorids und des entstandenen Phosphoroxychlorids werden die Phosphonsäuren partiell oder vollständig zum Mono-, Di- oder Trisalz verseift bzw. die Aminsalze hergestellt [451]. Entsprechend der obigen Ausführungen wurde versucht, ein der Sulfoxydation ähnliches Verfahren, nämlich eine Umsetzung von aliphatischen Kohlenwasserstoffen mit Phosphortrichlorid und Sauerstoff zu Phosphonsäurederivaten durchzuführen. Es wurden nur Ausbeuten von 25% erhalten.

Acylierungsprodukte der phosphorigen Säure mit mindestens zwei Phosphoratomen im Molekül werden durch Umsetzung von ein Mol Phosphortrichlorid mit 2,5 bis 3 Molen Carbonsäure in Wasser erhalten. Die kristallinen Produkte entsprechen der Formel: $(OH)_2 \cdot P(O) \cdot C(OH) \cdot (R) \cdot P(O) \cdot (OH)_3$. Der Alkylrest enthält ein C-Atom weniger als die verwendeten Carbonsäuren [452]. Läßt man Anhydride der Halogenide von mehrbasischen Carbonsäuren, ungesättigten Carbonsäuren oder Carbonsäuren mit mehr als 7 C-Atome mit H_3PO_3 oder Phosphortrichlorid bei 50 bis 200 °C reagieren, so kommt man nach der Neutralisation mit Natronlauge zu Tensiden, die wertvolle waschaktive Substanzen und Korrosionsschutzmittel darstellen [453, 454].

Monoäthylalkylphosphonate mit 6 bis 18 C-Atomen werden durch alkalische Hydrolyse der entsprechenden Diäthylester in Anwesenheit eines Alkylhalogenids synthetisiert. Die Oberflächenspannungen der 0,1%igen Lösungen der monobasischen Säuren erreicht bei einer Alkylkettenlänge von 10 C-Atomen einen minimalen Wert von 27 dyn/cm [455].

Hydroxyalkan-1,1-diphosphonsäuren u. a. aus z. B. Hydroxyäthan-, Hydroxypropan-, Hydroxybutan-, Hydroxypentan-, Hydroxyhexan-1,1-phosphonsäure und Aminopolyphosphonsäuren, wie Aminotri-(1-äthylphosphonsäure), Äthylendiamintetra-(1-äthylphosphonsäure), Aminotri-(1-propylphosphonsäure), Aminotri-(1-isopropylphosphonsäure), Äthylendiamintetra-(1-methylphosphonsäure) u. dgl. werden als alkalische Reinigungsmittel empfohlen, die für alle Reinigungs- und Waschprozesse verwendet werden können, bei denen eine Belags- oder Steinbildung entfernt werden soll. Selbst bei Wasserhärten von über 30°DH wird eine Belagsbildung wirksam verhindert [456]. Tensioaktive Amidophosphinverbindungen erhält man durch Umesterung von Diäthylphosphat mit dem Kondensationsprodukt aus Äthylenoxid und Octylphenol oder Laurylalkohol. Den Ester setzt man in Tetrachlorkohlenstoff mit Ammoniak, Aminen oder Polyaminen (Diäthylamin, Äthylendiamin) um. Diese Verbindungen stellen Emulgatoren mit bakteriostatischer und fungiostatischer Wirkung dar [457].

Aminoalkylphosphonsäuren werden von Okamoto [458] als waschaktive Substanzen beschrieben. Organische Phosphonate finden auch als Korrosionsinhibitoren Verwendung.

Hydroxyalkylphosphinsäuren entstehen durch Reaktion von Phosphortrichlorid mit niederen Aldehyden oder Ketonen und anschließender Verseifung. Durch Oxydation kommt man zu Phosphonsäuren, $OH \cdot CH_2CH_2 \cdot PO \cdot (ONa)_2$. Hydroxyalkylphosphinsäuren und -phosphonsäuren können mit Fettsäurechloriden kondensiert werden. Die anfallenden Produkte stellen tensioaktive Substanzen mit ausgezeichneten seifenähnlichen Eigenschaften dar:

$$R \cdot CO \cdot Cl + OH \cdot R \cdot PO \cdot (ONa)_2 \rightarrow R \cdot CO \cdot O \cdot R \cdot PO \cdot (ONa)_2 + HCl$$

Höhermolekulare Ketone liefern Verbindungen, die nach der Hydrolyse tensioaktive verzweigte Alkylhydroxyphosphonate geben. Die Struktur einer solchen aus Pentadecanon gewonnenen Oxyphosphonsäure zeigt folgende Formel:

$$\begin{array}{c} OH \\ \cdot \\ CH_3(CH_2)_6 \cdot C \cdot (CH_2)_6 \cdot CH_3 \\ \cdot \\ O{=}P{=}(OH)_2 \end{array}$$

Auch ungesättigte Aldehyde und Ketone geben bei Reaktion mit Phosphortrichlorid unter Auflösung der Doppelbindung und Hydrolyse tensioaktive Derivate der Phosphonsäuren.

Kurz zu erwähnen sind noch Netzmittel, die man durch Umsetzung von Vinylphosphonsäure-bis-(n-decyl)-ester oder Vinylphosphonsäure-bis-(2-äthylhexyl)-ester mit äthansulfonsaurem Natrium gewinnt [459].

Interessante waschaktive Substanzen sind Alkanolharnstoffe, deren Hydroxylgruppen teilweise mit aliphatischen Mono- oder Dicarbonsäuren verestert sind und die mit sulfatierenden oder phosphatierenden Verbindungen umgesetzt wurden. Als Ausgangsstoff für diese Verbindungen werden Laurinsäureester oder Myristinsäureester des Tetrahydroxyäthylharnstoffs vorgeschlagen [460].

3.19. Fluortenside

Substitution aller Wasserstoffatome in tensioaktiven Alkanderivaten durch Fluor führt zu Verbindungen, deren Grenzflächenaktivität die aller bekannten Tenside weit übertrifft. Perfluorcarbonverbindungen weisen einige besondere Eigenschaften auf, da die Bindung zwischen Kohlenstoff und Fluor sehr stark ist und der Kohlenstoff durch das Fluor gut umhüllt wird. Für die physikalisch-chemischen Eigenschaften solcher Verbindungen ist die Länge der fluorierten C-Kette und die reaktive Gruppe ausschlaggebend. Einerseits wird durch eine Verlängerung der fluorierten Kette eine Abnahme der Wasserlöslichkeit erzielt, andererseits nimmt die Löslichkeit in organischen Medien zu.

Da die Fluorcarbongruppen eine sehr geringe freie Oberflächenenergie besitzen, ist ihre Grenzflächenaktivität bereits bei einer Kettenlänge von 5C-Atomen bemerkenswert groß. Die Perfluorcarbonsäuren sind in wäßriger Lösung wesentlich stärker dissoziiert als die entsprechenden Fettsäuren. Perfluorierte Seifen, Alkylsulfate oder Alkylsulfonate sowie deren Derivate weisen sehr interessante Eigenschaften auf.

1. Die chemische Stabilität ist außerordentlich groß. Sie sind in 90%igem Wasserstoffperoxid, heißen konzentrierten Säuren und Alkalien beständig.
2. Bis 400° sind sie thermisch stabil.
3. Einige dieser Tenside sind biologisch vollkommen unangreifbar.
4. In wäßriger Lösung wird die Oberflächenspannung in einigen Fällen bei geringsten Konzentrationen auf 10 bis 15 dyn/cm herabgesetzt.
5. Die Oberflächenaktivität ist auch in organischen Medien sehr gut.
6. Einige Produkte sind noch im ppm-Bereich voll wirksam.

Organische Fluorverbindungen werden nach dem SIMONS-Prozeß, d. h. durch elektrochemische Fluorierung hergestellt [461].

$$RH \cdot SO_3H + H_2F_2 \text{ (wasserfrei)} \rightarrow R \cdot F \cdot SO_2F + H_2O$$

Vom $C_8F_{17} \cdot SO_2F$ leiten sich nachstehende Verbindungen ab:

$C_8F_{17}SO_3H$ (1)

$C_8F_{17}SO_3Me$ (2)

$$C_8F_{17}SO_2 \cdot \overset{R}{\dot{N}}H \text{ (3)} \rightarrow \begin{cases} C_8F_{17}SO_2 \cdot C\overset{R}{\dot{N}} \cdot CH_2 \cdot OOH \text{(4)} \\ C_8H_{17}SO_2 \cdot \underset{R}{\dot{N}} \cdot C_2H_4OH \text{ (5)} \end{cases}$$

siehe unter a

$$C_8F_{17}SO_2 \cdot \underset{H}{\dot{N}} \cdot C_3H_6 \cdot N(CH_3)_2 \quad (3')$$

siehe unter b

$C_8F_{17}\cdot SO_2\cdot N\cdot(C_2H_4O)_nH$ (5′)
·
R

a) $C_8F_{17}\cdot SO_2\cdot N\cdot C_2H_4\cdot O\cdot P\cdot(OH)_2$ (9)
· ‖
R O

$C_8F_{17}\cdot SO_2\cdot N\cdot(C_2H_4O)_n\cdot SO_3H$ (10)
·
R

H
·
$[C_8F_{17}\cdot SO_2\cdot N\cdot C_2H_4\cdot N(C_2H_5)_2\cdot R]^+X^-$ (6)

b) $C_8F_{17}\cdot SO_2\cdot N\cdot C_2H_4\overset{+}{N}(C_2H_5)_2\cdot C_2H_4COO^-$ (7)
·
H

$C_8F_{17}\cdot SO_2\cdot N\cdot C_3H_6N\cdot(CH_3)_2\cdot HX$ (8)
·
H

Man stellt heute aliphatische Fluorcarbonsäurefluoride her indem man ein Perfluoralkyldifluormethan mit einem Mol NO_2 oder NO oder Br_2 durch ein auf ca. 500 bis 600° erhitztes Rohr leitet und das erhaltene Carbonsäurefluorid zur entsprechenden Carbonsäure hydrolysiert, z. B. Perfluorhexyldifluormethan, $F(CF_2)_6\cdot CF_2H \rightarrow$ Perfluorheptanoylfluorid, $F(CF_2)_6\cdot COF \xrightarrow{\text{Hydrolyse}}$ Perfluorheptansäure. In ähnlicher Weise wird eine Chlorfluorhexansäure, $Cl\cdot(CF_2)_5COOH$ erhalten (Kp.:$_{740\,mm}$ 180—83°, n_D^{25}: 1,3280) [462], -N-allylperfluoralkansulfonamide der Formel $C_n F_{2n+1}\cdot SO_2NH\cdot CH_2CH{=}CH_2$, ($n$ = 3 bis 12) erhält man durch Umsetzung von Perfluoralkansulfonylfluorid bei Raumtemperatur mit Allylamin in absolutem Äther, filtriert und wäscht das Filtrat mit verdünnter Salzsäure und Wasser. Das anfallende N-Allylperfluoroctansulfonamid hat einen FP. von 85 °C. In gleicher Weise lassen sich N·N-Diallylperfluoroctansulfonamid, N-Allylperfluordecansulfonamid und N-Allylperfluorpentansulfonamid herstellen. Die Verbindungen oder deren Polymere sind Tenside, die in Ölen und Kohlenwasserstoffen unlöslich sind [463]. Die Polymerisation eines für die Herstellung tensioaktiver Verbindungen verwendbaren Hexafluorpropylenoxids und einiger Derivate dieser Verbindung beschreiben Moore und Mitarbeiter [464].

Trotz der relativ teuren Herstellungskosten durch Fluorierung von Alkancarbonsäuren bzw. -sulfonsäuren durch Elektrolyse in wasserfreier Flußsäure gibt es heute anionische und kationische Tenside für Spezialzwecke. Es werden hergestellt: Fluoride aliphatischer Perfluoräthencarbonsäuren, Perfluormonochlorcarbonsäuren, Chlor- bzw. Fluorsulfonsäurepolyhalogenalkylester, fluorierte Aminosäurederivate, Umsetzungsprodukte von Fluoralkyljodiden mit aromatischen Verbindungen und Dihydrogenperfluoralkylaminoxide [465, 466, 467].

Die fluorierten Tenside lassen sich als Netzmittel und Emulgatoren vielfach einsetzen, z. B. für elektrolytische Prozesse (Verchromung, Verkupferung, Vernickelung), nichtelektrolytische Prozesse, als Korrosionsinhibitoren von Metallen (Kühlwasserzusatz), Reinigungsmittel für saure und alkalische Verwendung, Betonverflüssiger, Verlaufmittee, Bitumenemulgiermittel, Lösungsvermittler, Insektizide, Herbizide, Verdampfungsinhibitoren, Fließmittel für Pulver- und Schüttgüter, Textil-, Leder-, Papierhilfsmittel, Schaummittel (Plastverschäumung, Trockenschaum, Schaumbeton) Additiv für Schmiermittel und zur Enteisung [468].

Als Zwischenprodukt für die Herstellung von u. a. auch Tensiden lassen sich β-(Fluorsulfonyl)-äthylamine verwenden, die aus verschiedenen primären und sekundären Aminen mit Vinylsulfonsäurefluorid gewonnen werden:

$$R \cdot NH_2 + 2\,CH_2{=}CH \cdot SO_2F \rightarrow R \cdot N(CH_2CH_2 \cdot SO_2F)_2$$

$$R \cdot (R_1) \cdot NH + CH_2{=}CH \cdot SO_2F \rightarrow R(R_1) \cdot N \cdot CH_2CH_2 \cdot SO_2F$$

Die Produkte lassen sich mit Alkoholaten oder Phenolaten in die entsprechenden Sulfonsäureester umsetzen [469].

Zur Synthese tensioaktiver, substituierter Amidderivate langkettiger, perfluorierter oder monochlorperfluorierter Carbonsäuren und deren Salze der allgemeinen Formel

$$Rf \cdot \underset{\underset{O}{\|}}{C} \cdot \underset{R}{N} \cdot R' \cdot \overset{\overset{O}{\|}}{C} \cdot O \cdot Me$$

(R_f = gerade oder verzweigte Perfluoralkylgruppe mit 8 bis 13 C-Atomen. R = H oder ein Alkyl mit 1 bis 4 C-Atomen, R' = Alkylengruppe mit 1 bis 6 C-Atomen oder eine Monohydroxyalkylengruppe),

setzt man Aminocarbonsäuren der Formel

$$R \cdot NH \cdot R' \cdot COOH$$

mit einem Acylhalogenid der Formel $R_f \cdot COZ$ oder einem Halogensulfat der Formel $R_f \cdot CF_2 \cdot O \cdot SO_2Z$ in einem nichtwäßrigen organisch-flüssigem Medium bei 20 bis 100 °C um. Das Mol-Verhältnis von Aminosäure zu Acylhalogenid soll zwischen 1:1 bis 3:1 liegen [470].

Eine weitere Möglichkeit zur Herstellung von Fluortensiden besteht in der Telomerisierung von Trifluorjod methan mit Tetrafluoräthylen. Das dabei anfallende reaktionsfähige Perfluoralkyljodid wird für die Umsetzung zu Fluortensiden eingesetzt.

3.20. Si-haltige Tenside

Der Einbau von Silicium in verschiedenartig gebaute organische Stoffe führt auch zu Verbindungen mit tensioaktiven Eigenschaften. Ein Teil dieser Verbindungen zeichnet sich durch eine außergewöhnliche Aktivität aus, wobei nur äußerst geringe Anwendungskonzentrationen (ppm-Bereich) erforderlich sind. So besitzen Methylpolysilane nur geringe intermolekulare Wechselwirkung (niedrige Oberflächenspannung), und die besonders große Variabilität des Polymerensystems gestattet es, sich dem Anwendungsproblem durch Veränderung des Molekulargewichtes, der Molekulargewichtsverteilung sowie der Art und Anzahl der Endgruppen leicht anzupassen. Gleiche Eigenschaften ergaben eine Verwendung der modifizierten Methylsiloxane als Schaumstabilisatoren, z. B. bei der Polyurethanverschäumung. Auf Grund ihrer äußerst geringen Anwendungskonzentration werden Methylsiloxanderivate, die anionaktive Sulfatgruppen enthalten als Schaummittel in Feuerlöschsystemen verwendet [755]. Derartige sulfierte Organosiliciumverbindungen erhält man durch Reaktion von Alkalibisulfit oder Alkalipyrosulfit mit Organosiliciumverbindungen, die am Si-Atom ungesättigte organische Gruppen, insbesondere Vinylgruppen enthalten. Die Reaktion wird vorteilhaft in Gegenwart eines Oxydationsmittels und Lösungsmittels durchgeführt. Diese anionaktiven Tenside sind außer als Schaummittel für weitere Netz- und Emulgierzwecke einsetzbar [756].

Von Maki und Saeki [757] werden nichtionogene Tenside auf Polyäthylenoxid-Basis mit Dimethylpolysilan-, Dimethylpolysilmethylen- und Dimethylpolysiloxangruppen als hydrophoben Teil beschrieben. Diese Tenside mit Dimethylpolysilan- und Dimethylpolysilmethylengruppen erniedrigen oberhalb der *KMK* die Oberflächenspannung auf 25—26 dyn/cm. Entsprechende Tenside des Dimethylpolysiloxan geben Werte von 21 bis 22 dyn/cm. Ähnlich gebaute Organosilicium-Tenside werden aus Polyoxyäthylenlauryläther und Polyoxyäthylencetyläther mit verschiedenen Äthylenoxid-Gehalten durch Umsetzung von Orthokieselsäuretetraäthylester und Tetrabutyltitanat als Katalysator erhalten. Die Verbindungen mit < 6 Äthylenoxidgruppen sind in Ölen löslich und stellen gute Stabilisatoren für Titandioxid in Benzol, Chlorbenzol und Tetrachlorkohlenstoff dar [758].

Auch durch Umsetzung von Polyäthylenglykol der allgemeinen Formel $H \cdot (O \cdot CH_2CH_2)_nH$ mit β-Cyanäthyltrichlorsilan oder Methyl-β-cyanäthyldichlorsilan gelangt man zu Polyäthylenglykolestern von Silanen. Die entsprechenden Siloxane erhält man durch Hydrolyse und Kondensation der Silane. Solche Verbindungen werden als Aktivstoffe für Wasch- und Reinigungsmittel empfohlen [759]. Zu ähnlich gebauten Produkten kommt man, wenn man von einem Polyglykol mit einem mittleren Molgewicht von 400 ausgeht und dieses mit Phenylmethylpolysiloxanol in Gegenwart von Zinkpulver bei etwa 260 °C umsetzt. Das anfallende braune Öl löst sich in Wasser. Die klare Lösung schäumt stark [759a].

Glycidyläther mit Dimethylpolysiloxangruppen erhält man aus ω-Hydroxydimethylpolysiloxanen oder Bis-(trimethylsiloxan)-methyl-silanen, die zu den entsprechenden Glycidyläthern umgesetzt werden. Einige dieser Verbindungen erniedrigen besonders die Grenzflächenspannungen zwischen Wasser und Silikonölen. Ihrer geringen Oberflächenspannung wegen eignen sich einige dieser Substanzen als Netzmittel für niedrigenergetische Oberflächen und zeigen — im Gegensatz zu entsprechenden Kohlenstoffderivaten — auch in nichtwäßrigen Systemen eine Tensioaktivität [760].

Als Netzmittel empfohlen werden siliciumhaltige Polyenderivate, die man aus Acetylen oder seinen Derivaten mit Dreifachbindung durch Umsetzung mit Polymethylsiloxanen in Gegenwart von H_2PtCl_6 herstellt [761].

Es muß sich noch zeigen, ob die tensioaktiven Eigenschaften der siliciumhaltigen Tenside sich wesentlich von denen der herkömmlichen Verbindungen unterscheiden, um ihre Herstellung allgemein zu rechtfertigen. Wahrscheinlich ist ihr Einsatz — wie auch der der Fluortenside — nur für spezielle Zwecke sinnvoll.

4. Nichtionogene Tenside

Seit Jahren gewinnen die nichtionogenen oder ioninaktiven Tenside mehr und mehr an Bedeutung. Von den anionaktiven Kolloidelektrolyten unterscheiden sie sich durch das Fehlen einer der Substanz Elektrolytnatur verleihenden, salzbildenden Gruppe. Die hydrophilen Eigenschaften dieser Stoffe rühren meist von weniger aktiven Gruppen her, wie z. B. von der Hydroxylgruppe, —OH, der Ätherbindung, —C·O·C—, der Amidgruppe, $-CO \cdot NH_2$, usw. Derartige Gruppen treten in Zuckern, Zuckeralkoholen, Polyäthern und ähnlichen Verbindungen auf. Durch Kondensation von Fettsäuren, Fettalkoholen, Aminen oder Amiden mit den genannten Verbindungen lassen sich nichtionogene Tenside mit den unterschiedlichsten Eigenschaften gewinnen.

Sie sind im allgemeinen stärker grenzflächenaktiv als ionogene mit gleicher hydrophober Kohlenstoffkette. Mit der Verlängerung der hydrophoben Kette lassen sie eine zunehmende Grenzflächenaktivität erkennen. Die Einstellung der Gleichgewichts-Grenzflächenspannung erfolgt jedoch weitaus langsamer, als man es von den ionogenen Tensiden kennt. Die Micellenbildung setzt meist bei viel geringeren Konzentrationen ein.

Die ältesten nichtionogenen tensioaktiven Verbindungen stellen die Saponine dar. Im Saponin, einem Glykosid, ist ein hydrophober, mehrkerniger alicyclischer Rest mit einer mehrgliedrigen Kette von einfachen Glucosen verknüpft. Die Struktur der Verbindungen entspricht etwa folgender Formel:

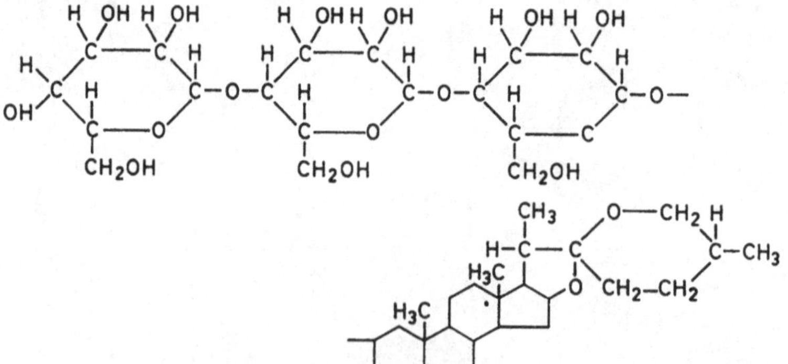

Eine Vielzahl von Hydroxylgruppen und Äthersauerstoff-Bindungen machen das Saponin wasserlöslich. Obwohl das Saponin eine gewisse Tensioaktivität aufweist und über eine geringe Waschwirkung verfügt, kann es mit den modernen Tensiden nicht verglichen werden. Der Grund dafür ergibt sich aus der Struktur des hydrophoben alicyclischen Ringsystems, das nicht so wertvoll ist wie ein geradkettiges oder verzweigtes C-System.

Saponine kommen in der Natur in verschiedenen Pflanzen vor, z. B. dem Seifenkraut, Roßkastanien und dem Quillaja-Baum. So besteht die mehrere Zentimeter starke Rinde des in Südamerika beheimateten Quillaja-Baumes bis zu 25% aus Saponin. Das daraus gewonnene Saponin soll auch heute noch für fotographische Emulsionen ein unübertroffenes Netzmittel darstellen [471].

4.1. *Substituierte Polyglykoläther* (Alkenoxidaddukte)

Die bedeutendste Gruppe dieser Verbindungen sind die Alkenoxidadditionsverbindungen, die sich vorwiegend vom Äthylenoxid und in neuerer Zeit auch vom Propylenoxid ableiten. Relativ selten sind Verbindungen mit Butylenoxid. Diese Substanzen weisen außer der hydrophoben Hauptvalenzkette eine ausreichende Anzahl Äthersauerstoffglieder auf, um durch eine oxoniumartige Wasseranlagerung hydrophilen Charakter zu erlangen. Formelmäßig kann die Bildung der Polyoxoniumverbindungen folgendermaßen dargestellt werden:

$$\cdot CH_2\cdot O\cdot CH_2\cdot CH_2\cdot O\cdot CH_2\cdot + 2\,H_2O \rightarrow \cdot CH_2\cdot \underset{H^{O}H}{\underset{\bullet}{O}}\cdot CH_2CH_2\cdot \underset{H^{O}H}{\underset{\bullet}{O}}\cdot CH_2\cdot$$

Die Polyoxoniumverbindungen sind sehr labil und zerfallen beim Erwärmen der wäßrigen Lösung, wobei eine Trübung durch die freie Verbindung eintritt. LANGE [472] nimmt an, daß die Trübung der wäßrigen Lösungen vieler nichtionogener Tenside, insbesondere der Äthylenoxidaddukte, oberhalb bestimmter Temperaturen als eine Entmischung in zwei flüssige Phasen anzusehen ist und nicht, wie vielfach angenommen wird, als eine Dehydratation der hydrophilen Gruppen. Das thermisch reversible Lösungsverhalten derartiger Verbindungen ist bereits sehr früh erkannt worden. Nach WURZSCHMITT [473] ist man verschiedentlich dazu übergegangen, die Polyalkenoxidaddukte zu den kationaktiven Tensiden zu zählen, wie aus nachstehender Formulierung hervorgeht:

$$(R\cdot CO\cdot CH_2(CH_2\cdot \underset{H}{\underset{\bullet}{O}}\cdot CH_2)_x(CH_2\cdot O\cdot CH_2)_y CH_2OH)(OH)_x$$

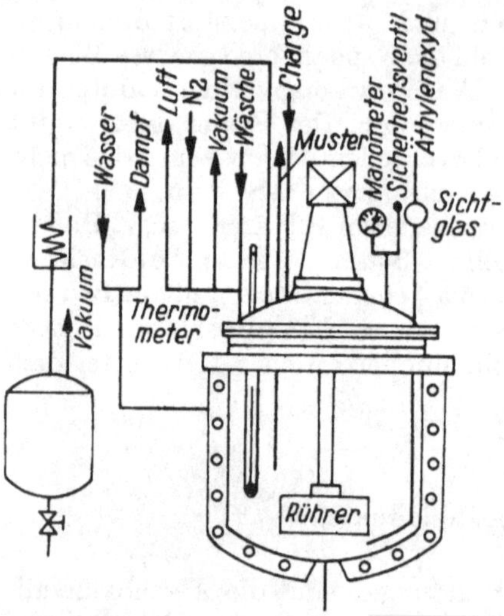

Abb. 48. Reaktionskessel zur Herstellung von Äthylenoxidaddukten.

Nach der Beziehung $\frac{100 \cdot x}{x + y}$ ist der Oxonierungsgrad errechenbar.

Allgemein reagieren aktive Wasserstoffatome der hydrophoben Hauptvalenzkette mit z. B. Äthylenoxid wie folgt:

$$R{\cdot}OH + \underset{\diagdown O \diagup}{CH_2{\cdot}CH_2} \rightarrow R{\cdot}O(CH_2CH_2O)H$$

Durch Anlagerung weiterer Äthylenoxidmoleküle läßt sich die Kette beliebig verlängern:

$$R \cdot O \cdot CH_2CH_2OH + n\underset{\diagdown O \diagup}{CH_2CH_2} \rightarrow R \cdot O \cdot (CH_2CH_2O)_{n+1}H$$

Da aktive Wasserstoffatome in vielen Molekülen auftreten, sind eine Vielzahl von Alkenoxidadditionsverbindungen möglich, z. B. von Fettalkoholen, Fettsäuren, Alkylphenolen, Aminen, Amiden u. a.

1. Fettalkohole:

$$R \cdot OH + n\underset{\diagdown O \diagup}{CH_2CH_2} \rightarrow \underset{\text{Alkylpolyglykoläther}}{R \cdot O(CH_2CH_2O)_n \cdot H}$$

2. Alkylphenole:

Alkylphenolpolyglykoläther

In entsprechender Weise setzen sich Alkylnaphthole zu Additionsverbindungen des Äthylenoxids um.

3. Fettsäuren:

$$R\cdot COOH + n\,\underset{O}{CH_2CH_2} \longrightarrow R\cdot COO\cdot(CH_2CH_2O)_n\cdot H$$

Acylpolyglykoläther

4. Amide:

a) Amide der Fettsäuren:

$$R\cdot CO\cdot NH_2 + n\,\underset{O}{CH_2CH_2} \longrightarrow R\cdot CO\cdot NH(CH_2CH_2O)_n\cdot H$$

b) Amide der Alkylsulfonsäuren:

$$R\cdot SO_2\cdot NH_2 + n\,\underset{O}{CH_2CH_2} \longrightarrow R\cdot SO_2\cdot NH(CH_2CH_2O)_n\cdot H$$

c) Amide der Alkylbenzolsulfonsäuren:

$$R\cdot C_6H_4\cdot SO_2NH_2 + n\,\underset{O}{CH_2CH_2} \longrightarrow R\cdot C_6H_4\cdot SO_2NH(CH_2CH_2O)_n\cdot H$$

Der zweite Wasserstoff am Stickstoff ist ebenfalls aktiv und es kann Alkenoxid angelagert werden:

$$R\cdot CO\cdot NH_2 + 2n\,\underset{O}{CH_2CH_2} \longrightarrow R\cdot CO\cdot N\begin{matrix}(CH_2CH_2O)_n\cdot H\\(CH_2CH_2O)_n\cdot H\end{matrix}$$

5. Alkylamine:

$$\text{a) } R\cdot NH_2 + n\,\underset{O}{CH_2CH_2} \longrightarrow R\,N\begin{matrix}H\\(CH_2CH_2O)_n\cdot H\end{matrix}$$

$$\text{b) } R\cdot NH_2 + 2n\,\underset{O}{CH_2CH_2} \longrightarrow R\cdot N\begin{matrix}(CH_2CH_2O)_n\cdot H\\(CH_2CH_2O)_n\cdot H\end{matrix}$$

$$\text{c) } R\,NH_3OH + 3n\,\underset{O}{CH_2CH_2} \longrightarrow R\,\overset{+}{N}\begin{matrix}(CH_2CH_2O)_n\cdot H\\(CH_2CH_2O)_n\cdot H\\(CH_2CH_2O)_n\cdot H\end{matrix}\quad OH^-$$

6. Zweiwertige Alkohole:

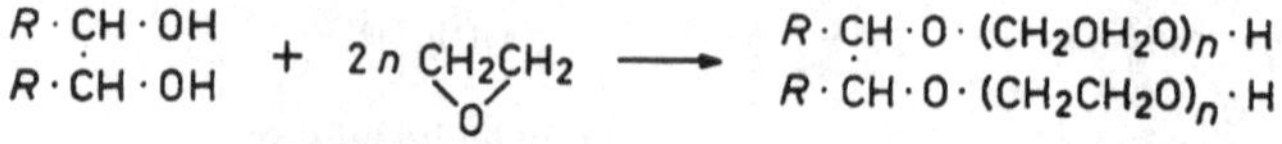

Der Alkohol kann nur an einer Hydroxylgruppe äthoxyliert sein. Auch die Zahl der Alkenoxidgruppen braucht nicht gleich zu sein. Entsprechende Verbindungen liefern Glykol, Glyzerin und andere Polyalkohole. Zucker lagern Alkenoxide in unterschiedlichen Mengen an.

Durch eine Kombination mit Äthylenoxid und Propylenoxid entstehen gemischte Polyäther, die über spezielle Eigenschaften verfügen, z. B.:

$$R\cdot O\cdot (CH_2CH_2O)_n\cdot (\underset{\displaystyle CH_3}{CH}\cdot CH_2O)_m\cdot (CH_2\cdot CH_2O)_n\cdot H$$

Entsprechend lassen sich die übrigen oben erwähnten Verbindungen mit Äthylenoxid und Propylenoxid kombinieren, wobei die Verhältnisse nach Bedarf variiert werden können.

Äthylendiamin, $NH_2\cdot C_2H_4\cdot NH_2$, kann anstelle der Wasserstoffatome Alkenoxidketten addieren, so daß nachstehende Verbindung erhalten werden kann:

$$\begin{matrix} H\cdot (OCH_2CH_2)_n \\ H\cdot (OCH_2CH_2)_n \end{matrix} \Big> N\cdot C_2H_4\cdot N \Big< \begin{matrix} (CH_2CH_2O)_n\cdot H \\ (CH_2CH_2O)_n\cdot H \end{matrix}$$

Auch hier kann Äthylenoxid und Propylenoxid abwechselnd oder im Gemisch addiert werden.

Mit diesem kurzen Überblick ist die Zahl der Alkenoxidaddukte bei weitem nicht vollständig erfaßt. Obwohl die sulfatierten oder phosphatierten Alkenoxidaddukte zu den ionogenen Tensiden gehören, sollen sie der Vollständigkeit halber hier kurz erwähnt werden. Durch Veresterung mit den Alkenoxidaddukten gelangt man zu nachstehenden Substanzen:

$$R\cdot O(CH_2CH_2O)_n\cdot O\cdot SO_3H(Na),\ R\cdot O\cdot (HC_2CH_2O)_n\cdot O\cdot P \begin{matrix} \diagup OH(Na) \\ \Leftarrow O \\ \diagdown OH(Na) \end{matrix}$$

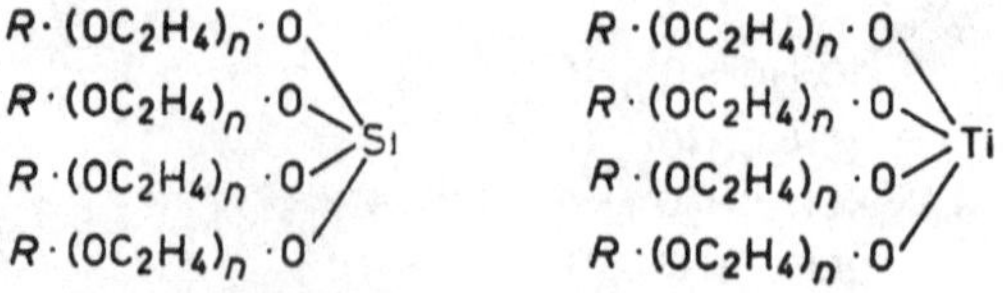

Auch an Silikone lassen sich einfache und gemischte Alkenoxide addieren:

$$\begin{array}{llllll}
 & CH_3 & CH_3 & CH_3 & CH_3 & CH_3 \\
 & \cdot & \cdot & \cdot & \cdot & \cdot \\
CH_3\cdot & Si\cdot O\cdot & Si\cdot O\cdot & Si\cdot O\cdot & Si\cdot O\cdot & Si\cdot CH_3 \\
 & \cdot & \cdot & \cdot & \cdot & \cdot \\
 & CH_3 & CH_3 & CH_3 & CH_3 & C_3H_6O\cdot(C_2H_4O)_n\cdot(C_3H_6O)_m\cdot H
\end{array}$$

4.1.1. Alkylpolyglykoläther

Die Umsetzung von Fettalkoholen mit Äthylenoxid oder Propylenoxid läßt sich analog wie bei fast allen Polyglykoläthern durchführen. Der Grad der Alkoxylierung richtet sich nach dem Verwendungszweck des Endproduktes. Der Wert n gibt in jedem Fall einen mittleren Alkoxylierungsgrad an.

Nach modernen Verfahren wird die Alkoxylierung heute kontinuierlich vorgenommen. Vorerst soll jedoch ein diskontinuierliches Verfahren kurz beschrieben werden. Man arbeitet dabei in einem geschlossenen Reaktionsgefäß, das emailliert oder mit Glas ausgekleidet ist. Weiterhin muß es mit einem gut wirksamen Rührwerk und einer Heiz- bzw. Kühlvorrichtung versehen sein. Abb. 48 zeigt einen derartigen Reaktionskessel. Die Arbeitsbedingungen richten sich nach den jeweiligen Einsatzstoffen und dem gewünschten Oxäthylierungsgrad des Endproduktes. Meistens wird bei einem Druck von 3 $kp\cdot cm^{-2}$ gearbeitet. Das umzusetzende Material, z. B. Fettalkohole oder Alkylphenole, werden mit Natriumhydroxid oder Natriummethylat (0,1 bis 0,5%) in das Reaktionsgefäß gebracht und auf 100 bis 180°C erhitzt. Etwa im Reaktionsgefäß vorhandene Luft muß durch Ausspülen mit Stickstoff entfernt werden. Das Äthylenoxid wird so in das Gefäß eingeführt, daß es am Boden mit dem übrigen Reaktionsgemisch zusammentrifft. Durch Regulierung des Äthylenoxidzuflusses läßt sich die Geschwindigkeit der Reaktion weitgehend variieren. Die Temperatur steigt dabei auf 160 bis 220°C. Um einen weiteren Temperaturanstieg zu vermeiden, ist Kühlung erforderlich. Je nach Zuflußgeschwindigkeit des Äthylenoxids dauert die Äthoxylierung 5 bis 15 Stunden. Das auf etwa 100°C abgekühlte Endprodukt ist eine mehr oder weniger viskose dunkle Flüssigkeit.

Für ein Spezialwaschmittel-Tensid kann folgender Ansatz verwendet werden: Auf ein Mol Oleylalkohol setzt man 15 Mol Äthylenoxid ein und führt die Äthoxylierung mit 0,01% Natriumhydroxid als Katalysator bei 160 bis 180°C durch. Nach 12 bis 14 Stunden ist die Reaktion beendet. Das Endprodukt ist eine Substanz von wachsartiger Beschaffenheit, dessen Schmelzpunkt zwischen 30 bis 40°C liegen kann. In kaltem Wasser ist es besser löslich als in heißem.

Allgemein richtet sich die Alkenoxidmenge nach dem Verwendungszweck der Additionsverbindung. Für die meisten Wasch- und Netzmittel werden ungefähr 4 bis 6 Mol Äthylenoxid auf ein Mol Einsatzstoff (Fettalkohol, Alkylphenol) eingesetzt. Weitaus höher alkoxyliert sind die Emulgiermittel, welche bis zu 20 Mol. Alkenoxid enthalten können. Die Alkenoxidmenge ist natürlich auch von der Kettenlänge z. B. der Fettalkohole bzw. Alkylphenole u. dgl. abhängig.

Kontinuierliche Verfahren zur Addition des Äthylenoxids arbeiten nach der Strömungs-, Sprüh- oder Säulentechnik. Bei den erstgenannten Verfahren werden im allgemeinen die zu alkoxylierenden Substanzen und das Alkenoxid in Rohrschlangen in Gegenwart eines alkalischen Katalysators zur Umsetzung gebracht [474, 475, 476]. Beim Verfahren zur Sprühtechnik handelt es sich nicht um ein echtes kontinuierliches Verfahren; denn hierbei wird das Ausgangsmaterial in einen Behälter, der das Alkenoxid enthält, eingedüst und das anfallende Produkt wird so lange im Kreislauf gefahren, bis die gewünschte Menge Alkenoxid angelagert ist [477, 478]. Das letztere Verfahren stellt ein sogenanntes Rieselverfahren dar.

Im allgemeinen ist das eigentliche Ziel eines kontinuierlichen Verfahrens in den meisten Fällen kaum erreicht. Die Raum-Zeit-Ausbeuten liegen relativ niedrig, und die Qualität der Endprodukte ist in bezug auf Farbe und Gehalt an Polyalkenglykol unbefriedigend. Auch der Umsatz ist in manchen Fällen unvollständig. Ein weiterer Grund, weshalb bisher nicht nach einem kontinuierlichen Verfahren gearbeitet wird, liegt in der großen Gefährlichkeit der niederen Alkenoxide. Bekanntlich ist die Polymerisationswärme des Äthylenoxids von 22 kcal·Mol^{-2} relativ hoch. Einerseits sind zur Initiierung der Reaktion höhere Temperaturen erforderlich und andererseits liefert die exotherme Reaktion beträchtliche Wärmemengen.

Nachstehend soll ein von UMBACH und STEIN [479] ausgearbeitetes Verfahren beschrieben werden, das einige beachtliche Fortschritte bringt.

Abb. 49 zeigt ein Schema der verwendeten Apparatur. Die Reaktoren weisen einen im Verhältnis zu ihrer Länge geringen Querschnitt auf. Die katalysatorhaltige, zu alkoxylierende Substanz gelangt über ein Filter und eine Meßvorrichtung in eine Kolbenpumpe, die sie unter einem Druck von 50 bis 100 kp · cm^{-2} nach Durchlaufen eines Rückschlagventils in eine Mischkammer befördert. Das gekühlte Alkenoxid gelangt aus einem Wiegebehälter nach Durchlaufen eines Solekühlers über eine Kolbenpumpe, Kontaktmanometer, Strömungswächter und Rückschlagventil ebenfalls in die Mischkammer. Von hier gelangt das Reaktionsgemisch in den eigentlichen Reaktor und geht weiter über ein Druckhalteventil in ein Abscheidegefäß, in welchem nicht umgesetztes Alkenoxid verdampft. Das Endprodukt gelangt anschließend nach Passieren eines Kühlers in ein Auffanggefäß.

Der Bau des Reaktors ist folgendermaßen: Das Druckrohr, das über ein dampfbeheiztes Rohr gewunden ist, befindet sich in einem mit Wasser gefüllten und unter Druck stehenden Wärmeaustauscher. Bevor das Ein-

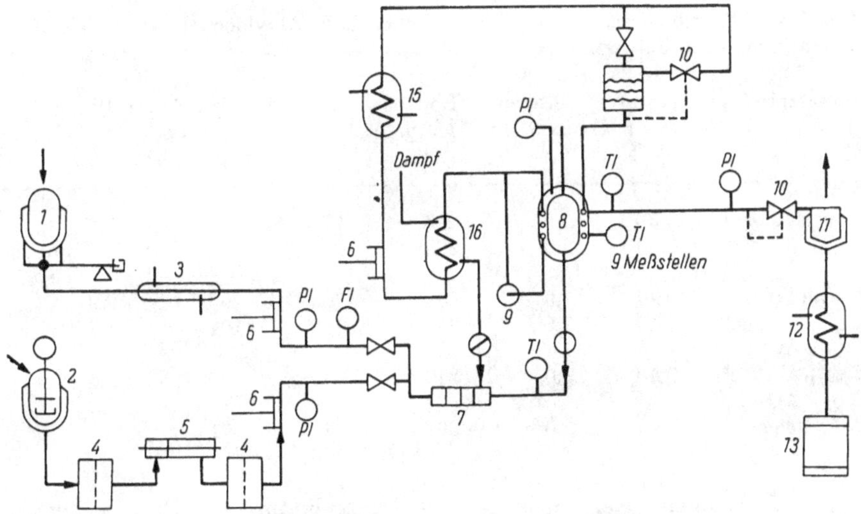

Abb. 49. Kontinuierliche Alkoxylierung nach UMBACH u. STEIN [479].

1 – Vorratsgefäß für Alkylenoxid, *2* – Vorratsgefäß für Ausgangsmaterial, *3* – Solekühler, *4* – Filter, *5* – Meßvorrichtung, *6* – Kolbenpumpe, *7* – Mischkammer, *8* – Reaktor, *9* – Umwälzpumpe, *10* – Druckhalteventil, *11* – Abscheidegefäß, *12* – Kühler, *13* – Auffanggefäß, *14* – Tropfenabscheider, *15* – Kondensator, *16* – Wärmeaustauscher, *Pl*-Kontaktmanometer, *Fi*-Strömungswächter. *Ti* – Temperatur-Anzeiger.

satzmaterial in die Mischkammer eintritt, wird es im allgemeinen auf 100 bis 120 °C vorgewärmt und unmittelbar nach Verlassen des Reaktors muß das Endprodukt abgekühlt werden.

Für die Addition von Propylenoxid wird eine etwas höhere Katalysatorkonzentration benötigt, während für Äthylenoxid 0,1% genügen. Kleinere Katalysatormengen erfordern höhere Reaktionstemperaturen. Für eine Reaktorstufe kann ein Mol-Verhältnis von Alkohol:Äthylenoxid von 1:4 eingesetzt werden; bei höheren Verhältnissen sind mehrere Reaktorstufen erforderlich. Zu den Reaktionsbedingungen kann allgemein gesagt werden:

1. Mol-Verhältnis H-aktive Verbindung/Alkenoxid = 1:1 bis 1:6 pro Reaktionsstufe,

2. Spitzentemperatur 230 bis 390°, Temperaturbereich im ersten Teil des Reaktors 170 bis 240°, im zweiten Teil des Reaktors 240 bis 390°,

3. Verweilzeit 8 bis 150 Sekunden, vorwiegend jedoch 10 bis 80 Sekunden,

4. Katalysatorkonzentration: 0,01 bis 1,5%,

5. Druck: 50 bis 100 kp · cm^{-2}.

Bei einem Nutzinhalt des Reaktors von 0,8 *l* können maximale Durchsätze von ca. 100 bis 1 250 *l* Endprodukt/h erzielt werden. Siehe dazu Tab. 43.

Tabelle 43. Propoxylierung von Fettalkoholen und Alkylphenol bei 60 bis 90 at in kontinuierlicher Fahrweise

Einsatzprodukt	Katalysator [% Na]	Propenoxid/Mol	Spitzentemp. [°C]	Verweilzeit [s]	Durchsatz [kg Endprod./h]	Propylenglykol [%]
Laurylalkohol	0,30	2,0	295	27	87	1,7
	0,30	2,0	299	27	87	— dunkelbraun
Oleylalkohol	0,40	2,0	282	25	93	2,9
C_{12-14}-Alkohol +2 ÄO	0,40	2,0	269	25	101	1,7
C_{12-14}-Alkohol +2 ÄO	0,40	3,0	272	33	87	2,4
Nonylphenol	0,40	2,0	301	37	71	0,8

Die Homologenverteilung ist bei der Äthoxylierung und Propoxylierung annähernd gleich. Laurylakohol gibt mit 2 Mol Äthylenoxid:

29%	Laurylalkohol,		
14%		mit	1 Mol Äthylenoxid,
18%			2
15%			3

In kleineren Mengen entsteht Polyglykol.

Die Alkoxylierungsgeschwindigkeit ist bei kürzerkettigen Alkoholen (C_9 bis C_{11}) größer als bei C_{12} bis C_{14} oder C_{15} bis C_{20}-Alkoholen [480]. Da die Alkoxylierung sekundärer Alkohole (C_8 bis C_{20}) sich etwas schwieriger gestaltet, werden sie zuerst in einem Vorreaktor in Gegenwart von Antimon- oder Zinnhalogeniden äthoxyliert, und wenn die Reaktion angesprungen ist, wird sie in einem Standardreaktor zu Ende geführt [481]. Neben den alkalisch katalysierten Verfahren spielen die sauer katalysierten Verfahren eine zunehmende Rolle. Die Äthoxylierung führt nach dem alkalischen Verfahren zu einer breiten, nach dem sauren Verfahren zu einer steilen Verteilungskurve; d. h. man hat bei niedrigem Alkoxylierungsgrad immer einen gewissen Anteil nicht umgesetzter H-aktiver Verbindungen. Bei $n = 2{,}0$ ist der $R \cdot$OH-Anteil ca. 25%, bei $n = 2{,}5$ ca. 18% (n = Äthoxylierungsgrad).

Die Palette der hergestellten Alkylpolyglykoläther ist außerordentlich reichhaltig. Häufig werden C_{12}- bis C_{14}-Alkohole aus Synthesefettsäuren eingesetzt. Auch die durch direkte Paraffinoxydation gewonnenen sekundären Alkohole können äthoxyliert werden (siehe oben) und geben annehmbare Tenside. Propylenoligomere (Tetrapropylen) und auch Äthylenoligomere werden über die Oxosynthese in die entsprechenden Aldehyde und durch Hydrierung in die Alkohole überführt, die mit 2 bis 12 Mol Äthylenoxid oder auch Propylenoxid addiert werden [482]. Selbstverständlich lassen sich auch die Alfol-Alkohole aus der ZIEGLER-Synthese alkoxylieren. Die biologische Abbaubarkeit der Additionsverbindungen mit sekundären Alkoholen und den primären Alkoholen aus der Oxosynthese soll weniger günstig sein als die der linearen Verbindungen.

Man hat festgestellt, daß bei der Umsetzung von Alkoholen mit Alkenoxiden durch Verwendung von tertiären Oxoniumsalzen, wie z. B. Triäthyloxoniumfluoborat, als Katalysator die Homologenverteilung der Polyalkenglykoläther eingeengt, und damit wird der Gehalt an nicht umgesetzten Ausgangsstoffen wesentlich verringert gegenüber den bisher verwendeten alkalischen und sauren Katalysatoren. Das Verfahren eignet sich besonders für die Alkoxylierung langkettiger sekundärer Alkohole. Somit besteht die Möglichkeit, sekundäre Alkohole besser zu alkoxylieren als primäre Alkohole mit den im technischen Maßstab verwendeten alkalischen Katalysatoren [483]. Nebenstehende Formel zeigt die Struktur der Katalysatoren.

$$\left[\begin{matrix} R_3 \\ \cdot \\ R_1{-}O{-}R_2 \end{matrix}\right]^{\oplus} X^{\ominus} \qquad R = \text{Alkyle},\ X = BF_4,\ SbCl_6\ \text{usw.}$$

An die Stelle des Äthylenoxids tritt verschiedentlich Propylenoxid oder man setzt beide gemeinsam ein. Tabelle 43 gibt einen Überblick über einige Propoxylate mit verschiedenen H-aktiven Verbindungen. Solche Substanzen — insbesondere die gemischten Additionsprodukte — sollen beachtliche tensidische Leistungen aufweisen. Man geht so vor, daß man die Addition an die H-aktive Substanz mit einem Gemisch von Propylen- und Äthylenoxid vornimmt. Dabei kann das Verhaltnis unterschiedlich gewählt werden. Der Äthylenoxidgehalt kann zwischen 5 bis 40% liegen. Man kondensiert bis zu einem Molgewicht von 1000 bis 25000. In den Endprodukten machen die Polyoxyäthylengruppen 30 bis 70% des Gesamtproduktes aus. Als H-aktive Verbindungen eignen sich ein- und mehrwertige Alkohole, Alkylamine, Alkenpolyamine, cyclische Amine, Amide, Di- und Polycarbonsäuren [484]. Man kann die Addition auch nacheinander in zwei Stufen vornehmen, so daß erst z. B. das Äthylenoxidaddukt entsteht. Anschließend wird propoxyliert. Es kann folgendermaßen gearbeitet werden: In einem Autoklaven rührt man 76 Teile Propylenglykol in Abwesenheit von Sauerstoff mit 4,2 Teilen wasserfreiem Natriumhydroxid bei 125 °C, setzt 860 Teile Propylenoxid zu und hält bei einem Druck von 4,2 kp · cm^{-2}. 923 Teile des entstandenen nicht neutralisierten Polyoxypropylenglykols (Mol-Gew. ca. 940) werden mit einer Mischung aus 601 Teilen einer Mischung aus 75% Äthylenoxid und 25% Propylenoxid bei gleichem Druck und gleicher Temperatur kondensiert [485, 486]. Es wird auch vorgeschlagen, zuerst Äthylenoxid anzulagern und danach das Propylenoxid, so daß Verbindungen erhalten werden, die Mol-Gewichte zwischen 900 bis 25000 aufweisen und zu 20 bis 90% aus Alkenoxidgruppen bestehen [487]. Solche Verbindungen haben etwa nachstehende Formel:

$$HO \cdot (C_2H_4O)_n \cdot (C_3H_6O)_m \cdot (C_2H_4O)_n \cdot H$$

Diese Substanzen verfügen über keinen ausgesprochen hydrophoben Alkylrest. Die hydrophoben und hydrophilen Kräfte sind durchaus gleichmäßig über das gesamte Molekül verteilt. Diese als Pluronics bekannt gewordenen Tenside sind in wäßrigen Lösungen ausgezeichnete waschaktive Substanzen, die jedoch wenig schäumen. Sie lösen sich auch in organischen Lösungsmitteln, wie Toluol, Benzol, Tetrachlorkohlenstoff, Äthanol, Aceton. In ihrem chemischen Aufbau entsprechen sie den Copolymerisaten aus Äthylenoxid und Propylenoxid.

Auch Glyzerin läßt sich durch Oxalkylierung mit einem Gemisch aus Äthylenoxid und Propylenoxid in eine Verbindung überführen, die pro Mol 8 bis 20 Mol Alkenoxidgruppen enthält. Anschließend werden bei 130 bis 180 °C an diese Produkte in Gegenwart saurer oder alkalischer Katalysatoren so viele Mole Butylenoxid, Epichlorhydrin, Styroloxid, Epoxystearylalkohol oder 1,2-Diisobutylenoxid angelagert, daß die resultierenden Verbindungen 25 bis 45% der letzteren Verbindungen enthält [488]. Schaumarme Tenside aus aliphatischen, höhermolekularen Verbindungen, die über Sauerstoff, Schwefel oder Stickstoff gebundene austauschbare Wasserstoffatome enthalten, werden durch Anlagerung unterschiedlicher Äthylenoxid- und Propylenoxidmengen gewonnen [489].

Derartige Verbindungen werden für Vollwaschmittel, Geschirrspülmittel, Emulsionsstabilisatoren sowie als Netz- und Dispergiermittel empfohlen. Des weiteren lassen sie sich als vollsynthetische Seifen und Antistatika für synthetische Textilien verwenden.

4.1.2. *Alkylphenolpolyglykoläther*

Es hat sich sehr zeitig erwiesen, daß alkylierte Phenole mit längeren Seitenketten geeignete Grundstoffe für Alkoxylierungen sind. Die als Hauptausgangsstoffe in Frage kommenden längerkettigen Alkylphenole sind bereits auf Seite 69 beschrieben worden. Des weiteren werden Homologe des Phenols, wie Kresole oder Xylenole und auch Naphthole in geringerem Umfange eingesetzt.

Die Alkoxylierung wird bei den Alkylphenolen ganz ähnlich wie bei den Fettalkoholen bzw. mehrwertigen Alkoholen vorgenommen. In das Rührgefäß wird das Alkylphenol mit kleineren Mengen eines schwach alkalischen Katalysators gebracht, mit Hilfe von Stickstoff verdrängt man die Luft und erwärmt auf 150 °C. Unter intensivem Rühren wird das flüssige Äthylenoxid in das Reaktionsgefäß gedrückt, wobei die stark exotherme Wärmemenge durch Kühlung abgeführt werden muß. Die Temperatur beträgt allgemein 185 bis 210 °C, der Druck liegt maximal bei 1,2 kp · cm^{-2}. Nach beendeter Reaktion wird auf 100 °C gekühlt und das überschüssige Äthylenoxid im Stickstoffstrom ausgeblasen, um eine Bildung explosiver Gasgemische zu vermeiden. Das Äthylenoxid kann unter Bildung von isäthionsaurem Natrium in Natriumsulfit absorbiert werden.

Für Netzmittel und waschaktive Substanzen werden allgemein Additionsverbindungen mit 4 bis 6 Mol Äthylenoxid pro Mol Alkylphenol hergestellt. Es ist kein Alkylphenolpolyglykoläther denkbar, der gleichzeitig optimale Wasch-, Netz- und Schaumeigenschaften aufweist. Emulgatoren enthalten bis zu 20 Mol Alkenoxid.

Als weiterer Faktor für die tensidischen Eigenschaften spielt die Struktur der Alkylphenole eine wichtige Rolle. Die anwendungstechnischen Eigenschaften der unverzweigten Alkylphenolpolyglykoläther werden — wie auch bei den Additionsverbindungen der Alkohole — nicht allein durch die Länge der Polyalkenkette bestimmt, sondern auch durch die Stellung der Alkylkette im Phenylkern. Die o-ständigen Alkylreste bewirken eine scheinbare Vergrößerung des hydrophoben Molekülteiles, was sich besonders bei der Bestimmung des Trübungspunktes der wäßrigen Lösungen bemerkbar macht. o-Isomere haben bei gleichem Äthoxylierungsgrad einen niedrigereren Trübungspunkt als die p-Isomeren.

Der Unterschied zwischen o- und p-Stellung des Alkylrestes im Phenylkern kann auch bei der Wasch-, Netz- und Schaumwirkung dieser Tenside beobachtet werden [490].

Produkte mit wenigen Alkenoxidmolekülen sind ölige Flüssigkeiten, mit steigendem Alkoxylierungsgrad nimmt die Konsistenz zu, die Produkte werden pastenförmig oder wachsartig. Die Löslichkeit in Wasser steigt mit dem Alkoxylierungsgrad.

Mit zunehmendem Äthoxylierungsgrad tritt nachstehende Änderung der tensidischen Eigenschaften von Nonylphenolpolyglykoläthern ein: Lösungen der Additionsprodukte mit 10, 13 und 30 Mol Äthylenoxid zeigen, daß sich die Oberflächenspannung mit steigender Länge der Polyglykolätherkette erhöht, während sich die Benetzbarkeit mit steigendem Äthoxylierungsgrad verringert. Mit steigender Temperatur verbessern sich die schaumbildenden Eigenschaften und die Waschaktivität wird schlechter. Ein Zusatz von Elektrolyten hat praktisch keinen Einfluß [491, 492].

Die Dichten der tensioaktiven äthoxylierten nichtionogenen Produkte liegen allgemein zwischen 1,100 und 1,70. Sie wächst mit dem Alkoxylierungsgrad und ist nahezu unabhängig vom hydrophoben Teil des Moleküls. Für diesen Zweck untersucht wurden Isooctylphenol, Isooctylkresol, Dodecylphenol u. a. m. Die Schaumkraft dieser Verbindungen wächst zuerst mit dem Äthoxylierungsgrad und sinkt nach Erreichen eines Maximums ab. Für Schaumbildner liegt der optimale Äthoxylierungsgrad zwischen 14 bis 20 Mol Äthylenoxid [493]. Durch Einführung einer zweiten hydrophoben Gruppe in das Molekül kann das Schaumvermögen äthoxylierter Octylphenole erheblich vermindert werden, ohne daß sich die sonstigen tensioaktiven Eigenschaften nachteilig ändern [494].

In gleicher Weise, wie bei den Polyoxyalkenäthern gemischte Verbindungen mit Äthylen- und Propylenoxid möglich sind, sind auch bei den Alkylphenolen derartige Produkte herstellbar. Man arbeitet teils mit Gemischen der beiden Alkenoxide und teilweise führt man die Addition nacheinander durch. BROWN und LANE [495] beschreiben ein Produkt der Formel:

$C_8H_{17} \cdot C_6H_4 \cdot O(C_3H_6O)_3 \cdot (C_2H_4O]_{9,7} \cdot H$

und einen gleichen Äther mit Nonylphenol als H-aktive Verbindung. Desgleichen sind Polyäther mit Propylenoxid und Butylenoxid dargestellt worden, die jedoch bis heute nur untergeordnete Bedeutung besitzen. Nach

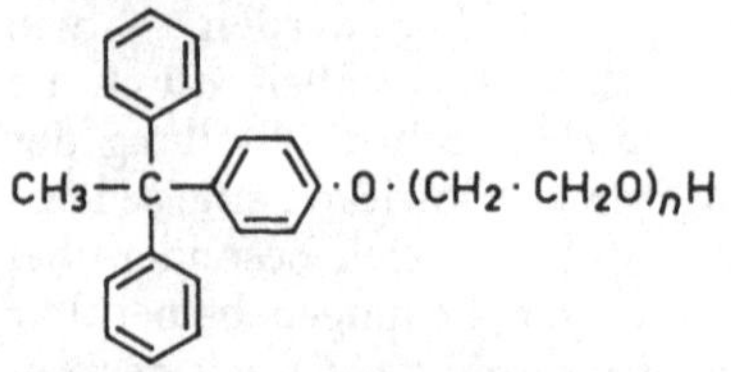

einer anderen Angabe setzt man zur Gewinnung von Emulgiermitteln 440 Teile Äthylenoxid mit 302 Teilen Di-α-phenyläthylphenol (siehe nebenstehende Formel) bei 120 bis 130 °C in Gegenwart von 3 Teilen Kaliumhydroxid um [496]. Zahlreiche Additionsverbindungen von Alkylphenolen und Alkylkresolen mit unterschiedlichen Molzahlen Äthylenoxid (3 bis 55) haben VOICU und POPESCU [497] hergestellt und ihre Eigenschaften untersucht.

Während lineare Polyäthoxyalkohole — wobei sich das linear auf die hydrophobe Gruppe bezieht — biologisch leicht abbaubar sind, lassen sich die Polyäthoxynonyl- und -octylphenole schwerer abbauen. Die Alkylreste sind in dem Falle nicht linear; sie werden durch Oligomerisierung von Propen bzw. Isobutylen gewonnen. Deshalb sollte auf Grund der physikalischen Eigenschaften in vieler Hinsicht den Alkylpolyglykoläthern der Vorzug gegeben werden [498]. Verschiedentlich werden die Alkoxylate weiter verarbeitet, um Qualitätsverbesserungen zu erzielen. Man setzt z. B. Alkylpolyglykoläther oder Alkylphenolpolyglykoläther mit niederen Aldehyden zu den entsprechenden Acetalen um. Diese Verbindungen stellen gute Netzmittel dar [499].

Eine stufenweise Alkoxylierung von Octyl- oder Nonylphenol zuerst mit Äthylenoxid bei 130 bis 210 °C in Gegenwart eines stark basischen Katalysators unter Druck und anschließender Umsetzung mit Propylenoxid unter gleichen Bedingungen gibt wenig schäumende Netzmittel der allgemeinen Formel [500]:

$R \cdot C_6H_4 \cdot (C_2H_4O)_n \cdot (C_3H_6O)_m \cdot OH \qquad (n, m = 1{,}2 \text{ bis } 2{,}1)$

4.1.3. Acylpolyglykoläther

Durch Behandlung von Fettsäuren mit Äthylenoxid oder Propylenoxid oder Gemischen von beiden, können mit annähernd gleichen Methoden wie bereits beschrieben acylierte Polyglykoläther erhalten werden. Desgleichen sind Fettsäureester und auch die Triglyzeride der Alkoxylierung zugänglich. Die Reaktionen sind zuweilen etwas kompliziert.

Solange freie Carbonsäure vorhanden ist, verläuft die Umsetzung von Säure mit Alkenoxid in Gegenwart basischer Katalysatoren nach folgender Gleichung, und es entsteht nur der Monoglykolester [501]:

$$R\cdot\underset{\underset{O}{\|}}{C}\cdot OH + \underset{\underset{O}{\vee}}{CH_2CH_2} \rightarrow R\cdot\underset{\underset{O}{\|}}{C}\cdot O\cdot CH_2CH_2OH$$

Eine Zusammenstellung einiger Katalysatoren enthält Tab. 44.

Höhere Homologe bilden sich erst dann, wenn die Carboxylgruppe vollständig abreagiert hat.

$$R\cdot\underset{\underset{O}{\|}}{C}\cdot O\cdot CH_2CH_2OH + n\underset{\underset{O}{\vee}}{CH_2CH_2} \rightarrow R\cdot\underset{\underset{O}{\|}}{C}\cdot O(CH_2CH_2O)_{n+1}H$$

Die Umsetzung von z. B. Laurinsäure mit einem Mol Äthylenoxid läuft nicht streng nach der Formel ab. Bei 180 bis 190 °C entsteht in Gegenwart von 0,5% Kaliumhydroxid ein Gemisch aus 36% Monoester, 50% Diester und 14% Glykol. Formelmäßig tritt folgende Reaktion ein:

$$R\cdot\underset{\underset{O}{\|}}{C}\cdot O\cdot CH_2CH_2\cdot OH + R\cdot\underset{\underset{O}{\|}}{C}\cdot OH \rightleftharpoons R\cdot\underset{\underset{O}{\|}}{C}\cdot O\cdot CH_2CH_2O\cdot\underset{\underset{O}{\|}}{C}\cdot R + H_2O$$

Glykol

$$2R\cdot\underset{\underset{O}{\|}}{C}\cdot O\cdot CH_2CH_2\cdot OH \rightleftharpoons \underbrace{R\cdot\underset{\underset{O}{\|}}{C}\cdot O\cdot CH_2CH_2\cdot O\cdot\underset{\underset{O}{\|}}{C}\cdot R}_{\text{Diester}} + HO\cdot CH_2CH_2\cdot OH$$

2 Mol Monoester geben je ein Mol Diester und Glykol. Die Polyglykolgehalte betragen bei der Umsetzung von primären Alkoholen mit 2 Mol Äthylenoxid 1 bis 2%.

Tabelle 44. Katalysatoren für die Alkoxylierung von Carbonsäuren [479]

Amine	Amine
N,N-Dimethyl-dodecylamin	Di-n-butylamin
N,N-Dimethyl-octadecylamin	Hexamethylendiamin
Tri-n-butylamin	Tetraäthylenpentamin
n-Hexylamin	Aminoxide

Bei den Fettsäuren benutzt man häufig den Weg, definierte Polyglykoläther herzustellen und diese dann mit Fettsäuren zu verestern. Als Nachteil dieser Methode ist das Entstehen diacylierter Polyglykoläther anzusehen. Eine negative Eigenschaft der Acylpolyglykoläther ist die verhältnismäßig leichte Verseifbarkeit dieser Verbindungen besonders durch stärker alkalische Lösungen bei höheren Temperaturen. Alkenglykolcarbonsäuremonoester stellen im Gegensatz zu den Diestern interessante und wertvolle Ausgangsverbindungen für die Tensidchemie dar.

In einigen Ländern hat man Tallöl — das aus Harzsäuren und Fettsäuren besteht — für die Äthoxylierung herangezogen. Man stellt daraus Produkte her, die gut neben solchen Tensiden wie Alkylbenzolsulfonaten bestehen können. Produkte, in denen das Äthylenoxid (75 Mol) an die Tallölharzsäuren addiert wird, werden durch entsprechende Alkoxylierung mit Kaliumhydroxid als Katalysator erhalten. Bis 17 Mol Äthylenoxid pro Mol Harzsäure sind die Substanzen viskos-flüssige Polymere und darüber stellen sie feste Massen dar [502]. Die Äthoxylate mit 4 bis 6 Mol Äthylenoxid eignen sich als Emulgier- oder Dispergiermittel, z. B. für Wollfett. Produkte mit 16 bis 25 Mol zeigen ein hohes Schaumvermögen und hohe Schaumstabilität. Sie stellen ausgezeichnete Waschmittel für Baumwolle dar. In der Mineralölindustrie verwendet man derartige Verbindungen mit einem Molgewicht von 1000 bis 7500 zum Trennen von Wasser-in-Öl-Emulsionen [503]. Sitosterin, ein dem Tallölharzsäuren ähnlich gebautes Sterin, hat man ebenfalls äthoxyliert. Die Endprodukte zeigen ein optimales Waschvermögen, wenn die Zahl der Äthylenoxideinheiten im Molekül gleich 2/3 der Anzahl der C-Atome im hydrophoben Sterin-Anteil ausmachen. Allgemein ist jedoch das Waschvermögen der Polyäthylenoxid-Sitosterine besser als das der Tallöl- oder Fettsäureverbindungen [504].

Auch das hydrierte Derivat der Tallölsäuren, das Abietinol, kann mit Alkenoxiden oder deren Gemischen addiert werden. Die Endprodukte veräthert man mit Alkyl- oder Alkylarylhalogeniden. Solche Substanzen sollen brauchbare waschaktive Tenside darstellen [505].

In gleicher Weise lassen sich die Fettsäureester, insbesondere die Triglyzeride, alkoxylieren und geben gemischte Produkte. An sich hat ein Fettsäureester kein aktives H-Atom, das mit einem Alkenoxid reagieren kann. Es tritt aber eine Umesterung ein, bei der das Alkenoxid sowohl an den Alkohol als auch an die Fettsäure addiert werden kann. Formelmäßig sieht diese Reaktion theoretisch wie folgt aus:

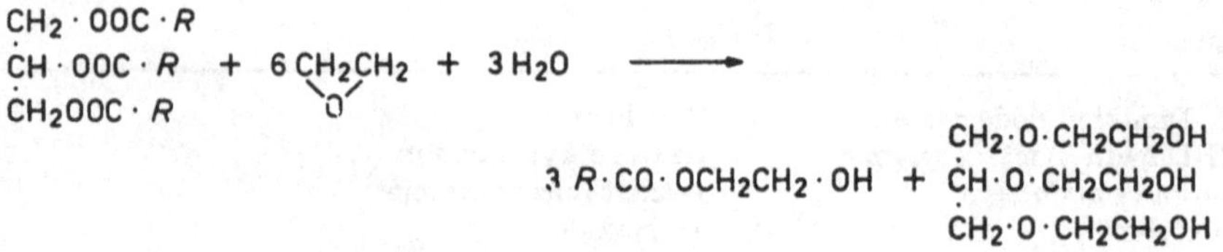

Bei Äthylenoxidüberschuß wird weiter äthoxyliert, so daß mehrere Alkoxylgruppen am Glyzerin oder an den Fettsäuren auftreten. Die Möglichkeiten bei der Alkoxylierung der Triglyzeride sind sehr vielseitig und kompliziert. In der Literatur wird die Alkoxylierung von Olivenöl, Leinöl, Rizinusöl, Palmöl, Spermöl und Rindertalg beschrieben. Um derartige Verbindungen wasserlöslich zu machen, ist ein hoher Alkoxylierungsgrad erforderlich.

4.1.4. Acylamid- und Acylalkylolamidpolyglykoläther

Die Alkoxylierung vollzieht sich bei den Säureamiden in ähnlicher Weise wie bei den sonstigen Polyglykoläthern u. dgl. Die Wasserstoffatome der $CO \cdot NH_2$- oder $SO_2 \cdot NH_2$-Gruppe sind reaktionsfähig und ermöglichen die Addition der Alkenoxide. Siehe dazu Seite 73.

Die Bedeutung der alkoxylierten Säureamide ist weniger groß als die der Alkyl- oder Alkylphenolpolyglykoläther. Bekannt sind Addukte mit ca. 7 Mol Äthylenoxid an Kokosfettsäureamiden und ein Ölsäureamid mit etwa 30 Mol Äthylenoxid. Dem ersteren werden gute Netzeigenschaften zugesagt und das letztere verfügt über ein ausgezeichnetes Schutzkolloidvermögen. Produkte aus Sulfonsäureamiden sind hergestellt und für verschiedene Zwecke vorgeschlagen worden. Jedoch erfüllen andere Tenside, die einfacher herstellbar sind, die gleichen Anforderungen. So können z. B. aus Alkylsulfochloriden hergestellte Sulfamide mit Äthylenoxid in der Wärme in Gegenwart von Natriumäthylat äthoxyliert werden:

$$R \cdot SO_2 \cdot NH_2 + n\,\underset{\diagdown O \diagup}{CH_2CH_2} \longrightarrow R \cdot SO_2 \cdot NH \cdot (CH_2CH_2O)_nH$$

Diese Verbindungen sind härtebeständige waschaktive Substanzen mit Eigenschaften, die denen der Alkylphenolpolyglykoläther ähnlich sind.

In neuerer Zeit wird verschiedentlich auf die oxalkylierten Fettsäurealkylolamide als Tenside hingewiesen [506, 507]. Beim Alkoxylieren von chemisch reinem Laurinsäureäthanolamid in Gegenwart von Natriummethylat stellt sich ein Gleichgewicht ein, so daß kein einheitliches Fettsäureäthanolamidäthoxylat anfällt, sondern immer ein Gemisch aus Fettsäureamidäthoxylat, Fettsäureesteraminoäthoxylat und Aminoäthoxylat:

$$R \cdot CO \cdot NH \cdot CH_2CH_2 \cdot OH + n\,\underset{\diagdown O \diagup}{CH_2CH_2} \longrightarrow R \cdot CO \cdot NH \cdot CH_2CH_2O \cdot (CH_2CH_2O)_nH$$

$$R \cdot CO \cdot NH \cdot CH_2CH_2 \cdot OH + n\,\underset{\diagdown O \diagup}{CH_2CH_2} \longrightarrow R \cdot CO \cdot \underset{(CH_2CH_2O)_nH}{N} \cdot CH_2CH_2O \cdot (CH_2CH_2O)_nH$$

Siehe hierzu auch die Herstellung der Acylalkylolamide.

Ein Acyldiäthanolamid kann u. a. nachstehende Verbindung bilden:

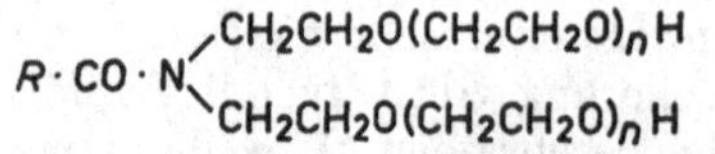

Über einen speziellen Verwendungszweck dieser Verbindungen ist nichts bekannt. Ähnlich aufgebaute Substanzen dienen als Avivage- und Weichmachungsmittel. Das Diäthanolamid der Stearinsäure enthält für manche Zwecke 2 bis 3 Mol Äthylenoxid, und andere Produkte sind mit 16 Mol Äthylenoxid äthoxyliert. Laurinsäuremono- und -diäthanolamidpolyglykoläther sollen sich durch gute tensidische Eigenschaften auszeichnen.

4.1.5. Fettaminpolyglykoläther

Eine weitere Gruppe stickstoffhaltiger Produkte sind die Additionsverbindungen der Alkenoxide mit Fettaminen. Die Alkoxylierung der Fettamine geht bei relativ niedrigen Temperaturen (110°) vor sich und führt über die Anlagerung von 2 Mol Äthylenoxid hinaus zu einer weiteren Anlagerung von bis zu 10 Mol Äthylenoxid ohne Zugabe eines Katalysators. Die Reaktion soll durch eine quaternäre Ammoniumbase, die sich zu Beginn der Reaktion bildet, katalysiert werden. Mit fortschreitender Äthoxylierung zersetzt sich die Ammoniumbase und die Reaktion kommt zum Stillstand. Es wird angenommen, daß der Katalysator in Form eines Alkoholates vorliegt [508]:

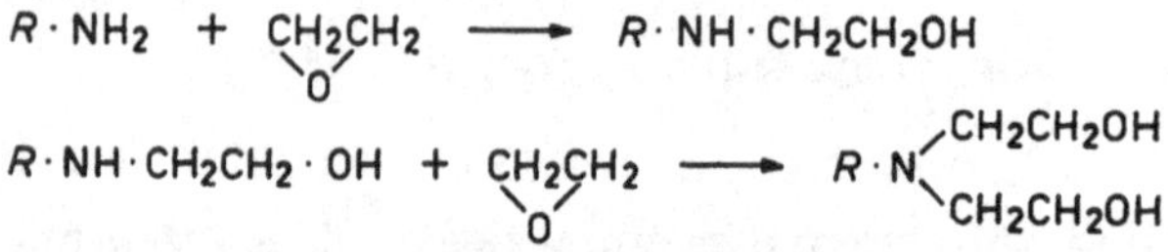

Hochpolymere Verbindungen mit Mol-Gewichten von 4750 bis 6750, die aus Polyoxypropylenglykoladdukten des Äthylendiamins bestehen, wurden durch Äthoxylierung in Polymere mit Mol-Gewichten von 5600 bis 30000 umgewandelt, wobei 20 bis 500 Mol Äthylenoxid pro Mol Äthylenoxid addiert werden. Das Mol-Gewicht der Polyoxypropylen-Hydrophoben und die relative Größe des Polyoxyäthylen-Hydrophilen beeinflussen die toxikologischen Eigenschaften der Verbindungen [509]. Ein ähnliches Tensid wird aus Propylenglykol und einer Verbindung hergestellt, die wenigstens ein Stickstoffatom und mehrere aktive Wasserstoffatome aufweist. Als N-haltige Verbindungen kommen Anilin, zweibasische Amine wie Äthylendiamin und heterocyclische Amine wie Pyrazolone in Frage. Die Einsatzprodukte werden so äthoxyliert, daß deren Gehalt an Äthylenoxid 25 bis 90% beträgt. Solche Tenside sind als Reinigungs-, Netz- und Kalkseifendispergiermittel sowie als Seifenzusatz einsetzbar [510].

Allgemein gehören die höhermolekularen Amine zu den kationaktiven Verbindungen. Man zählt jedoch die Addukte mit Alkenoxiden, besonders mit zunehmendem Äthoxylierungsgrad, zu den nichtionogdnen Tensiden. Trotzdem ist den Aminpolyglykoläthern ein leicht kationaktiver Charakter nicht abzusprechen. Höhermolekulare tertiäre Amine, z. B. Dimethyldodecylamin, addieren in Gegenwart von Wasser Äthylenoxid, und die dabei entstehenden quaternären Ammoniumbasen, in diesem Falle Dimethyldodecyloxyäthylammoniumhydroxid, sind typische Kationtenside:

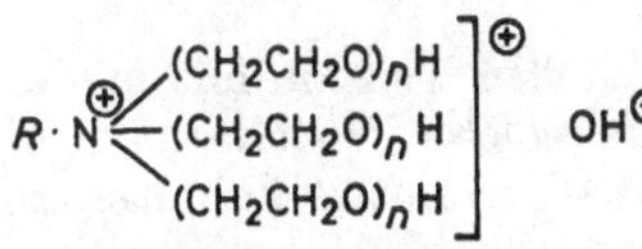

Ein weiterer stickstoffhaltiger Typ der Polyglykoläther sind die sich vom Harnstoff ableitenden Verbindungen. Der leicht alkoxylierbare Harnstoff ist in der Lage, an beiden Aminogruppen Äthylen- oder Propylenoxid zu addieren:

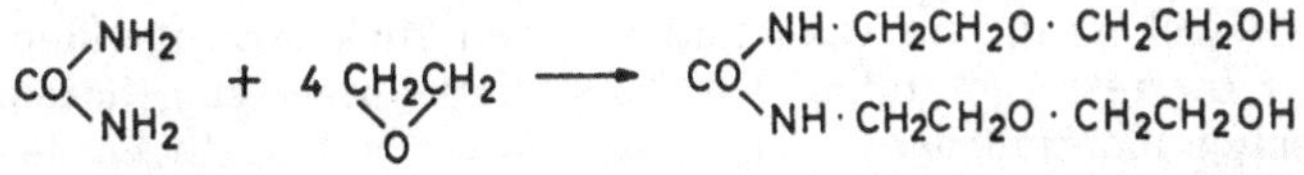

Theoretisch könnte auch der zweite Wasserstoff der Aminogruppe von Äthylenoxid ersetzt werden. Die Hydroxylgruppe dieser Verbindungen kann mit ein oder zwei Molekülen Fettsäure verestert werden. Die Endprodukte sind je nach Äthoxylierungsgrad und nach der Länge der Fettsäurekette als waschaktive Substanzen oder als Weichmachungsmittel geeignet. Es können 20 bis 25 Moleküle Äthylenoxid addiert werden. Andererseits kann der Harnstoff erst alkyliert werden und wird dann alkoxyliert. Die Zahl der möglichen Varianten ist außerordentlich groß. Einen ausführlichen Überblick über diese Gruppe von Verbindungen gibt Reck [511].

4.1.6. *Acetylenische nichtionogene Tenside*

Von nur untergeordneter Bedeutung sind einige Tenside mit Acetylenbindung, d. h. dreifach Bindung im Molekül. Diese Verbindungen sollen als Netzmittel im Vergleich zu den sonstigen nichtionogenen Tensiden hervorragende Eigenschaften aufweisen.

Alkinol-Äthylenoxidaddukte untenstehender Formel stellt man her, indem man die tertiären Äthinglykole und/oder tertiäre Äthincarbinole mit einem mehrfachen molaren Überschuß von Äthylenoxid in Gegenwart basischer Katalysatoren, z. B. N,N-Dimethylamin, Tripropylamin u. dgl., umsetzt. Es werden etwa 3 bis 20 Mol Äthylenoxid addiert. Durch geringen

Überdruck und bei 55 bis 60 °C kann die Reaktion beschleunigt werden. Man erhält u. a. Addukte des 2,4,7,9-Tetramethyldecin -(5)-diol(4,7) [512, 513]

R_3 R_2	R_2
$R_4\cdot C\cdot C{\equiv}C\cdot C\cdot R_1$	$HC{\equiv}C\cdot C\cdot R_1$
OH OH	OH
tert. Äthinylglykol	tert. Äthinylcarbinol

Auch die nicht äthoxylierten Verbindungen stellen Tenside mit milder Schaumkraft dar, die sich als Komponenten für solche Produkte eignen, bei denen starkes Schäumen unerwünscht ist, wie Waschmittel, Zahnpasten, Tinten, Pigmentdispersionen, Bitumenemulsionen usw. [514].

4.2. Nichtionogene Tenside auf Kohlehydrat-Basis

Als billigste nichtionogene Tenside haben die Fettsäureester verschiedener Polyalkohole (Zucker) in den USA und anderen zuckererzeugenden Ländern ein starkes Interesse gefunden. Die Zuckerfettsäureester gehören zu den wenigen festen nichtionogenen Tensiden. Außerdem verfügen sie über einige vorteilhafte Eigenschaften, wie Geschmacklosigkeit, Geruchlosigkeit, Ungiftigkeit, und sie reizen weder die menschliche Haut noch die Augen. Sie scheinen sogar für den menschlichen Genuß geeignet zu sein [515, 516].

Die ersten in großen Mengen hergestellten Zuckerester waren die acylierten Anhydrosorbite (siehe nachstehende Formel), die durch Dehydratisierung von Sorbit und anschließende Veresterung mit Palmitin-, Stearin- oder Ölsäure gewonnen wurden. Derartige Sorbitan-Fettsäureester und ihre Alkoxylierungsprodukte sind vielfach in den USA als Emulgatoren zum Einsatz gekommen und spielen auch heute noch eine beachtliche Rolle.

Die Zuckerester stellte man ursprünglich so her, daß man 3 Mol Saccharose und 1 Mol Fettsäuremethylester in Dimethylformamid oder Dimethylsulfoxid als Lösungsmittel in Anwesenheit von 0,1 Mol Kaliumcarbonat als Katalysator bei etwa 90 °C und einem Vakuum von 80 bis 100 mm umesterte. Bei dieser Umesterung wird der Methylalkohol des Fettsäuremethylesters durch Zucker ersetzt. Allgemein ist die Umsetzung nach ca. 2 Stunden beendet, wobei trotz des Zuckerüberschusses neben dem Monoester auch Diester gebildet werden, d. h. an ein Saccharose treten zwei Mol Fettsäure. Durch erneute Zugabe von Zucker und nochmaliger zweistündiger Reaktion wird der Diester weitgehend zum Monoester umgesetzt. Nach Entfernung des Lösungsmittels und des überschüssigen Zuckers verbleibt eine Ausbeute von etwa 50% an Saccharose-Monofettsäureester. Durch einige Verbesserungen in der Reaktionsführung ist es gelungen, die Ausbeute auf 90% zu steigern [517, 518].

Acylierte Anhydrosorbite:

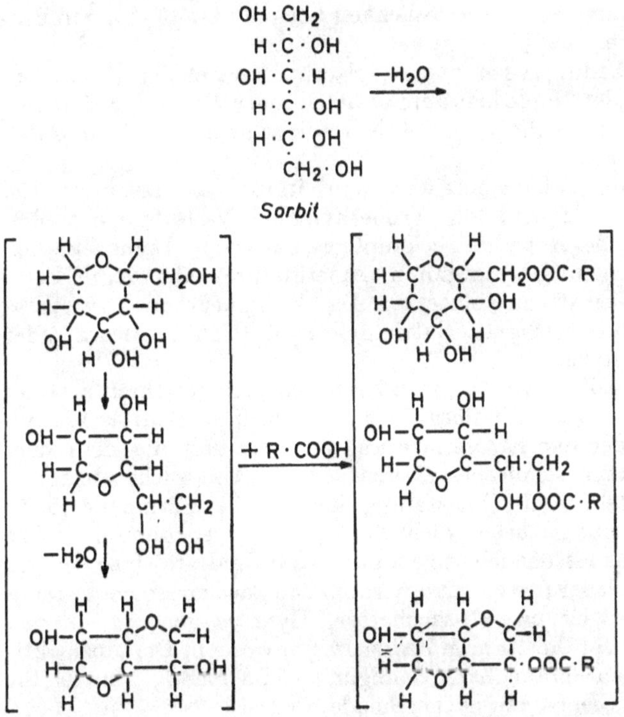

Anhydrosorbite *acylierte Anhydrosorbite*

Die Fettsäurediester der Saccharose sind in Wasser wenig löslich; sie werden als öllösliche Emulgatoren eingesetzt.

Nach neueren Untersuchungen sollen bei der Umesterung der Fettsäuremethylester kleine Mengen Wasser zur Erhöhung der Ausbeute beitragen. So werden Saccharose, Methylstearat, Kaliumcarbonat und Dimethylformamid sowie 0,1% Wasser über 2 Stunden auf 90 °C erwärmt. Das Reaktionsgemisch passiert anschließend einen unter Vakuum stehenden Dünnschichtverdampfer, um das abgespaltene Methanol kontinuierlich zu entfernen. Auf diese Weise erhält man bis 100% Monoester und 8% Methylester. Unter gleichen Bedingungen ohne Wasserzugabe liegt die Ausbeute wesentlich niedriger (85% Monoester und 6% Methylester).

Niedere Zucker bzw. mehrwertige Alkohole wie Xylit werden in ähnlicher Weise mit Fettsäureglyzeriden in Dimethylformamid als Lösungsmittel und Alkalicarbonat, -alkoholat oder -phosphat bei Temperaturen um 100 °C in 6 bis 12 Stunden umgeestert. Die anfallenden Xylitfettsäureester können zur Verbesserung der Wasserlöslichkeit noch mit bis 15 Mol Äthylenoxid alkoxyliert werden [525].

Unter ähnlichen Bedingungen wie die Saccharoseester der Fettsäuren lassen sich die Ester der Naphthensäuren mit Di- oder Trisacchariden darstellen. Als Ausgangsstoffe dienen Naphthensäureester mit niederen Alkoholen [526].

Für die Veresterung allgemein werden weiterhin als Lösungsmittel vorgeschlagen: Pyridin, Pyrrolidon, Trimethylamin, N-Methylmorpholin, Chinolin und Formamide. Außer den bekannteren nativen und synthetischen Fettsäuren lassen sich auch Harzsäuren (Abietinsäure) oder deren Ester sowie Tallöl für die Veresterung einsetzen. Das Kaliumcarbonat als Katalysator ist durch Kaliummethylat, Natriummethylat, Natriumstearat oder Ionenaustauscher ersetzbar.

Nach einer weiteren Variante der oben beschriebenen Verfahren arbeitet man mit einer sogenannten Hilfsflüssigkeit (z. B. Aceton, Benzol, Methyläthylketon), in der der Saccharoseester unlöslich ist und die man dem Konzentrat des Reaktionsgemisches zusetzt, um das Unlösliche abzutrennen. Als Lösungsmittel für die Umesterung dient hierbei Formamid [527].

Die Veresterung bleibt natürlich nicht auf die bisher erwähnten Zucker beschränkt, sondern es lassen sich viele andere Kohlehydrate einsetzen. So ist z. B. eine durch Anlagerung von Propylenoxid an Saccharose hergestellte Verbindung, Octacis-(2-oxypropyl)-saccharose, Hyprose genannt, in den USA zur Veresterung von Fettsäuren herangezogen worden. Die tensioaktiven Produkte sind sehr brauchbare Reinigungs- und Emulgiermittel für verschiedene Zwecke. Siehe dazu nachstehende Formel:

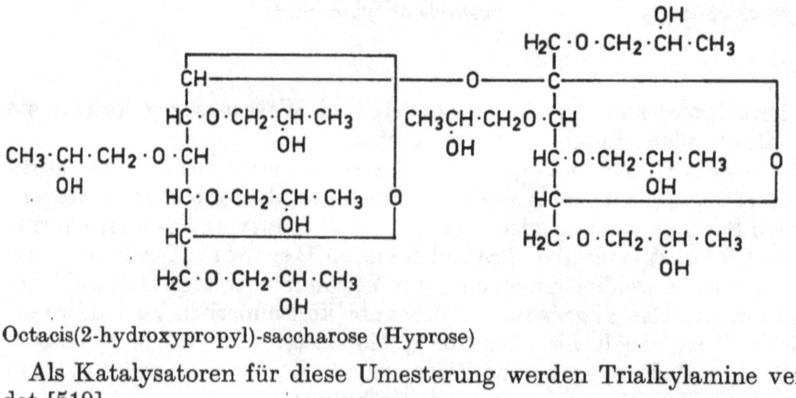

Octacis(2-hydroxypropyl)-saccharose (Hyprose)

Als Katalysatoren für diese Umesterung werden Trialkylamine verwendet [519].

Tabelle 45. Oberflächenspannungen von Fettsäure-Zuckerderivaten nach ROVESTI [727]

Zuckerderivat	Oberflächenspannung [dyn/cm] bei 0,12% Konz.
Saccharose-monolaurat	33,7
Saccharose-monomyristat	34,8
Saccharose-monopalmitat	33,7
Saccharose-monostearat	34,0
Saccharose-monooleat	31,5
Polyoxyäthylen-sorbitanmonolaurat	37,0
Polyoxyäthylen-sorbitan-monopalmitat	41,0
Polyoxyäthylen-sorbitan-monostearat	44,0
Polyoxyäthylen-sorbitanmonooleat	42,0

Tabelle 46. Oberflächenspannung von Zucker-Fettsäureestern [dyn/cm]

	1%	0,2%	0,1%	0,05%
Sucroselaurat	33,4	33,4	33,7	35,6
Sucrosemyristat	33,1	33,1	34,8	34,8
Sucrosepalmitat	33,7	33,7	33,7	35,0
Sucroseoleat	31,8	30,8	31,5	32,7
Sucrosestearat	33,5	33,1	34,0	33,7
Nonionics auf Tallöl-Basis	40,4	41,0	41,0	42,0
Na-Dodecylbenzolsulfonat	31,0	30,9	29,4	29,3

Ein kontinuierliches Verfahren zur Herstellung der Saccharose-Fettsäureester arbeitet mit einem wasserfreien Gemisch der Fettsäurealkylester, Saccharose und Lösungsmittel in Gegenwart alkalischer Katalysatoren [520, 521]. Zur Isolierung der Fettsäureester von der nicht umgesetzten Saccharose wird das Reaktionsgemisch auf 40°C erwärmt und anschließend mit einem Lösungsmittelgemisch aus Äthylacetat: Hexan(2:1) extrahiert. Den Fettsäurezuckerester kristallisiert man bei 15 bis 20° aus [522].

Zusammenstellungen der Oberflächenspannungen einiger Zuckerfettsäureester zeigen die Tab. 45 und 46.

Partielle Fettsäureester von Zuckern mit wenigstens 6 Hydroxylgruppen können erhalten werden, wenn man die Umsetzung bei ca. 50°C in konzentrierter wäßriger, alkalischer Lösung mit Acylchloriden vornimmt. Besonders geeignet erscheinen Acylchloride mit 8 bis 22 C-Atomen. Das aus einer

Mischung von Zuckerestern und Seifen bestehende Reaktionsgemisch kann als Wasch- und Emulgiermittel Verwendung finden [523].

Die meisten Saccharose- und Sorbit-Fettsäureester sind in Wasser relativ schlecht löslich. Nur das Saccharosemonolaurat löst sich. Zur Verbesserung der Löslichkeit kann die Veresterung mit Fettsäurederivaten erfolgen, z. B. Hydroxy-, Dihydroxy-, Trihydroxy-, Amino- oder Oximinofettsäuren. Tab. 47 zeigt eine Gegenüberstellung der Oberflächenspannungen und des Netzvermögens. Weitere hydrophile Substituenten der Fettsäuren können sein: Dimethylamino-, Acetamido-, Keto-, Ketoxiimino-, Methoxy- und Epoxigruppen.

Durch Einführung einer verschieden großen Zahl von Äthylenoxid- oder Propylenoxid-Molen pro Mol Zuckerfettsäureester läßt sich ebenfalls eine Verbesserung der Wasserlöslichkeit dieser nichtionogenen Tenside erreichen.

Tabelle 47. Oberflächenspannung hydrophilierter Fettsäure-Zuckerester (Konzentration: 0,15%, 20°C)

Verbindung	Oberflächenspannung [dyn/cm]	Netzvermögen [s]
Dodecylbenzolsulfonat	30	19
Stearinsäure-Zuckerester	61	—
10-Hydroxy-Stearinsäure-Zuckerester	33	35
12-Hydroxy-Stearinsäure-Zuckerester	33,3	40
9,10-Dihydroxy-Stearinsäure-Zuckerester	31,4	40
9,10,12-Trihydroxy-Stearinsäure-Zuckerester	35,5	100
12-Amino-Stearinsäure-Zuckerester	32,0	41
12-Oximino-Stearinsäure-Zuckerester	33,0	35

Allgemein stellen Saccharosefettsäureester oder Saccharoglyzeride gute nichtionogene Emulgatoren, Netzmittel und auch Lösungsvermittler dar und eignen sich hervorragend für die Herstellung kosmetischer Präparate.

Nach Ulsperger [524] lassen sich durch Umsetzung von Isocyanaten oder Epoxiden als hydrophobe Komponente anstelle der Fettsäuren mit geeigneten hydrophilen Komponenten, insbesondere von Kohlehydraten und deren Derivate, Tenside „nach Maß“ herstellen. Damit ist gemeint, daß man Tenside für jeden gewünschten Verwendungszweck erhalten kann. Diese sehr interessanten nichtionogenen tensioaktiven Verbindungen lassen sich durch Reaktion der Isocyanate mit den Hydroxylgruppen verschiedener Zucker gewinnen, wobei Urethane entstehen:

$R_1 \cdot OH + R \cdot NCO \rightarrow R \cdot NH \cdot CO \cdot OR_1$ (Urethan)

Ähnlich ist die Reaktion mit Aminen und Säureamiden:

$R_1NH_2 + R \cdot NCO \rightarrow R \cdot NH \cdot CO \cdot NH \cdot R_1$ (Dialkylharnstoff)

An einem einfachen Zucker erfolgt nachstehende Umsetzung:

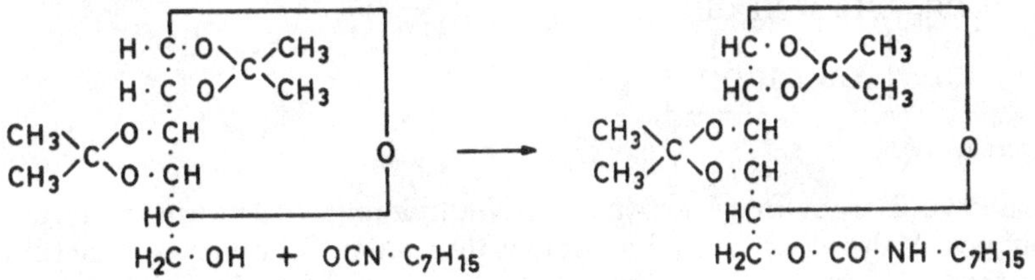

Aus Di-aceton-D-galaktose entsteht N-n-Heptyl-di-aceton-α-D-galaktopyranose-urethan-(6). Tetra-acetyl-D-glucose gibt mit Heptylisocyanat 1,2,3,4-Tetra-acetyl-β-D-glucopyranose-N-n-heptylurethan-(6) [528].

In entsprechender Weise werden höherwertige Alkohole, wie Pentaerythrit und andere mit n-Octyl-, n-Decyl- und n-Dodecylisocyanat zu elektroneutralen Verbindungen umgesetzt. In der Praxis kann die Reaktion durch Umsetzung der Komponenten in Dimethylformamid oder durch Zusammenschmelzen im Verhältnis 2:1 oder 1:1 (Pentaerythrit: Isocyanat) vorgenommen werden. Außer dem Pentaerythrit-mono-N-n-alkylcarbamat entstehen als Nebenprodukte das Pentaerythrittetracarbamat und der N,N'-Dialkylharnstoff. Die Ausbeute an Monoalkylcarbamat liegt zwischen 50 bis 75% [529].

Derivate der Zucker kommen in verschiedener Form als Tenside vor. So werden z. B. Fettsäuremonoester von Monoglucoseureiden und Diglucoseureiden (siehe Formel) durch Umsetzung der Ureide mit einem Ester in einem Lösungsmittel in Gegenwart eines alkalischen Katalysators gewonnen. Derartige Substanzen können zur Netzmittelherstellung eingesetzt werden [530].

Einen Stearylcarbamidsäuremonoester des Saccharosemonostearats beschreiben Matthaeus und Quaedvlieg [531, 532].

Saccharose-N-Alkylsulfonylurethane stellt man aus Saccharose (mindestens 2 Mol im Überschuß) und Alkylsulfochloriden in Gegenwart von Kaliumisocyanat in Dimethylformamid als Lösungsmittel bei Temperaturen zwischen 60 bis 90 °C her. Wegen ihrer guten waschtechnischen Eigenschaften in Verbindung mit geeigneter Alkalibeständigkeit sind diese Tenside besonders für den Einsatz in Waschmaschinen verwendbar [533].

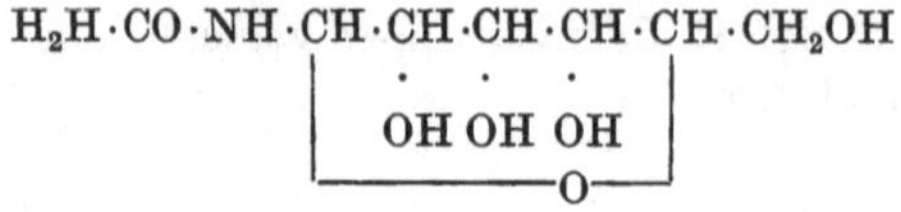

Monoglucoseureid

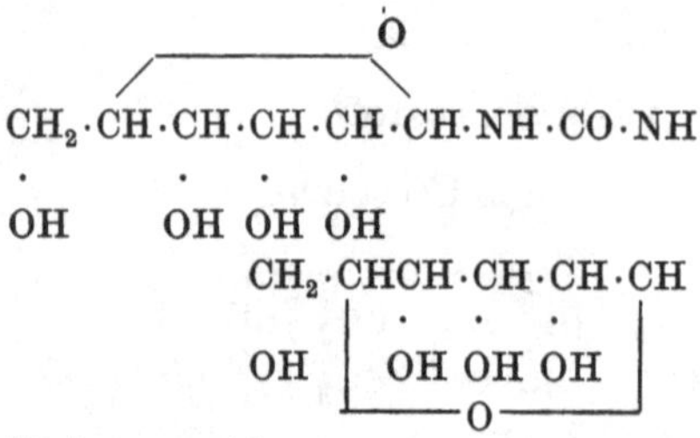

Diglucoseureid

Tensioaktive Polyhydroxycarbonsäure-N-alkylamide erhält man durch Reaktion von Maltobionsäure-, Lactobionsäure- oder Cellobionsäurelacton mit primären C_6- bis C_{12}-Alkylaminen in Dimethylformamid bei höheren Temperaturen. Die sirupösen Endprodukte sollen sich gut als Wasch-, Netz- und Dispergiermittel verwenden lassen [534]. Setzt man D-Gluconsäure-δ-lacton mit Diäthylentriamin in siedendem Methanol um, so gelangt man zum N,N'-Digluconyldiäthylentriamin (siehe Formel), das bei höherer Temperatur mit Dodecylisocyanat oder α-Naphthylisocyanat reagieren kann. Man erhält dabei N-n-Dodecyl-N'bis[β-(N''-gluconyl)-aminoäthyl]-harnstoff in quantitativer Ausbeute.

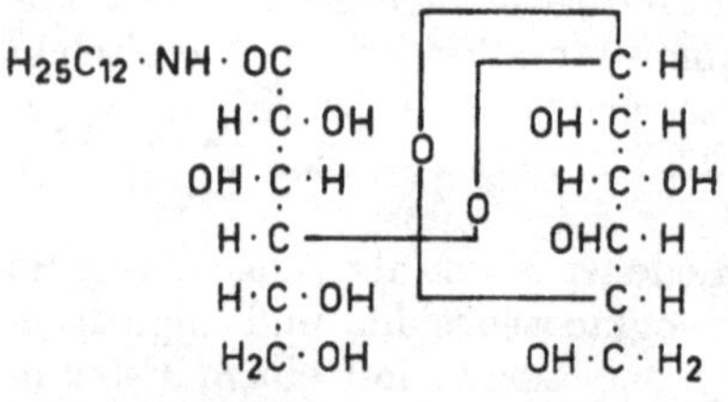

Maltobionsäure-N-*n*-Dodecylamid

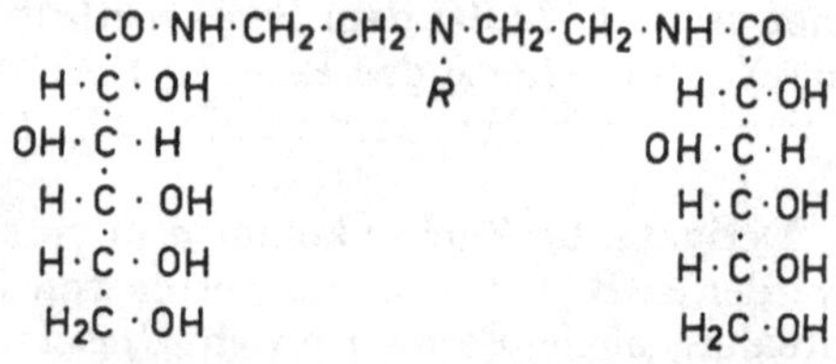

N,N'-Digluconyldiäthylentriamin

Analog entsteht der N-α-Naphthyl-N'-bis [β-(N''-gluconyl)-aminoäthyl]-harnstoff. Die Verbindungen sind als Waschmittel, Emulgatoren u. dgl. verwendbar [535]. Die Addition des hydrophoben Isocyanates erfolgt am mittelständigen Stickstoffatom des N,N''-Digluconyldiäthylentriamins.

Hexosen, insbesondere Glucose, reagieren in Eisessig mit Harnstoff und ergeben Diglucosylharnstoff. Die Umsetzung des Diglucosylharnstoffs mit Fettsäuremethylester in Dimethylsulfoxid im Vakuum bei 90 bis 95 °C führt mit wasserfreiem Kaliumcarbonat als Katalysator zum tensioaktiven Monofettsäurediglucosylharnstoff [536].

Durch Reaktion von Zuckern mit bifunktionellen aliphatischen N-Verbindungen, wie Aminosäuren oder Diaminen, und langkettigen lipophilen Substanzen sind einige sehr interessante Verbindungen gewonnen worden: 1-N-Alkylamino-D-ketosen, Aldosefettsäurehydrazone, 1-D-Glucosyl-amino-2-acylamidoäthane, 1-D-Gluconamido-2-acylaminoäthane, 1-Desoxy-1-N-(1'-amino-2'-acylamidoäthane)-D-fructoseoxalat. Alle diese Produkte erniedrigen in 0,01 m wäßrigen Lösungen die Oberflächenspannung des Wassers auf Werte, die erheblich unter 30 bis 35 dyn/cm liegen. Das Wirkungsoptimum dieser Verbindungen liegt bei Kettenlängen mit 10 bis 14 CH_2-Gruppen [537].

Zuckeräther werden in verschiedener Form und Qualität als Tenside hergestellt. So läßt man auf Cellulose oder Stärke — also auf Polysaccharide — Alkalihydroxid einwirken, so daß mindestens in eine Hydroxylgruppe ein Alkalimetallatom eintritt. Die Alkalisaccharidverbindung setzt man mit einem Alkyl- oder Aralkylhalogenid mit 6 bis 20 C-Atomen unter Bildung von Äthern des Polysaccharids um. Pro trimere Hexose sollen Alkylgruppen mit nicht mehr als 20 C-Atomen vorhanden sein. Mit einer Mineralsäure wird der Polysaccharidäther zu ein bis vier Hexoseeinheiten depolymerisiert. Die wasserlöslichen Glucoseäther werden von den nicht wasserlöslichen getrennt und weiter verarbeitet [538]. Gaertner [539] setzt Natriumsaccharat mit Alkylhalogeniden, Alkylbenzol- oder langkettigen Allylchloriden, Glyzerylderivaten von Alkoholen, Phenolen und Mercaptanen in Dimethylsulfoxid als Lösungsmittel um und kommt zu 4 Gruppen tensioaktiver Verbindungen: O-Alkylsaccharosen, Alkylbenzol- oder Allylsaccharosen, Alkoxyhydroxypropylsaccharosen und Saccharosemonoalkylbernsteinsäureester. Die Verbindungen können als waschaktive Substanzen eingesetzt werden.

Polyhydroxäther nichtreduzierender Zucker und Zuckeralkohole der allgemeinen Formel $R \cdot Y \cdot X(\mathrm{OH}) \cdot \mathrm{OZ}$ (R = Alkylrest mit 8 bis 24 C-Atome, Y = S oder O, X = paraffinischer Kohlenwasserstoffrest mit 3 bis 6 C-Atomen und einer Hydroxylgruppe in 2-Stellung, OZ = nichtreduzierender Zucker) sind Reinigungsmittel mit erhöhter Wasch- und Schaumkraft sowie besseren Trockengeschwindigkeiten als die der handelsüblichen Sulfonate. — Zur Herstellung dieser Verbindungen rührt man z. B. Chlortridecyloxypropanol aus der Oxosynthese, 40%ige Natronlauge und Dimethylsulfoxid bei Zimmertemperatur mit Saccharose, erhitzt drei Stunden bei 90 bis 95 °C. Nicht umgesetzter Glycidyläther wird mit Hexan extrahiert und das Dimethylsulfoxid bei 1 Torr und 100 °C abdestilliert. Man erhält nach dem Auswaschen eine farblose, gummiartige Masse [O-(2-Hydroxy-3-tridecyloxypropyl)-saccharose. In ähnlicher Weise lassen sich weitere Derivate dieser Verbindungen erhalten [540].

Es besteht natürlich auch die Möglichkeit, an die Hydroxylgruppen der Zucker Alkenoxide zu addieren. An Rohrzuckerdiester läßt sich Äthylenoxid mit oder ohne organische Lösungsmittel in einem Autoklaven addieren, wenn als Katalysator Alkalihydroxid, Natriumalkoholat oder tertiäre Amine vorhanden sind. Bei 100 bis 130 °C genügt eine Reaktionszeit von einer Stunde. Die Reaktionsprodukte sind hellgelbe bis orangefarbene, ölige oder wachsartige Substanzen, die bei einem Äthoxylierungsgrad von 20 bis 30 Molen Äthylenoxid wasserlöslich sind. Die Produkte stellen gute tensioaktive Verbindungen mit niederer Toxizität dar [541].

In wäßrigen Lösungen können an Saccharose 2 bis 8 Mole Butylen- oder Propylenoxid bei 75 bis 80 °C addiert werden. Außerdem wird das Reaktionsprodukt mit einem Mol Dodecenoxid bei 100 bis 110 °C in Gegenwart eines stark sauren Katalysators wie Schwefelsäure alkoxyliert. Das Endprodukt soll als waschaktive Verbindung verwendbar sein [542]. Alkoxylierte Monosaccharidacetale und -ketale mit tensioaktiven Eigenschaften lassen sich durch Äthoxylierung oder Propoxylierung der freien Hydroxylgruppen gewinnen. Die Umsetzung erfolgt bei 80 bis 150 °C in Gegenwart der üblichen Katalysatoren in der Schmelze, so daß pro Hydroxylgruppe mindestens 2 Mol Äthylenoxid oder Propylenoxid vorhanden sind [543].

Weitere wasserlösliche Tenside fallen an, wenn man die Kondensationsprodukte aus Rohrzucker und Acrylnitril, Acrylamid oder Itaconsäure mit Fettsäuren umsetzt und anschließend alkoxyliert. Dazu löst man 820 g Rohrzucker in etwa ein Liter Wasser und gibt unter Rühren 114 g Acrylnitril und 18 m*l* 40%ige Kalilauge zu und erhitzt 1,5 Stunden auf 60 bis 70 °C. Das Ätzkali wird mit Salzsäure neutralisiert und im Vakuum das Wasser verdampft. Den Rückstand nimmt man mit Methanol auf und isoliert aus der Lösung die Salze. 198 g des Rohrzuckeräthers werden in ein Liter Dimethylformamid auf 90 °C erwärmt und zur Lösung 860 g Fettsäure sowie 10 g Kaliumcarbonat gegeben. Die Mischung wird 3 Stunden bei 120 °C gehalten und anschließend das Lösungsmittel abdestilliert. 500 g des Reaktionsproduktes äthoxyliert man mit 1000 g Äthylenoxid bei 120 bis 140 °C. Das Produkt läßt sich als waschaktive Substanz, Dispergier- und Emulgiermittel, Weichmacher oder Appreturmittel verwenden [544].

4.3. *Fettsäurealkylolamide*

Die ersten Alkylol- oder Alkanolamide von Fettsäuren wurden 1937 von Kritchevsky [545] hergestellt, der von Fettsäuren und von Neutralfetten ausging und diese mit äquimolaren und mit überschüssigen Mengen Alkanolamin umgesetzt hat:

$$1.\ R\cdot COOH + H_2N\cdot CH_2CH_2OH \rightarrow R\cdot CO\cdot NH\cdot CH_2CH_2\cdot OH + H_2O$$

$$2.\ R\cdot COOH + NH(CH_2CH_2OH)_2 \rightarrow R\cdot CO\cdot N(CH_2CH_2OH)_2 + H_2O$$

1. Monoalkylolamid 2. Dialkylolamid

Sowohl die alkoxylierten als auch die nichtalkoxylierten Verbindungen dieser Gruppe werden teils zu den nichtionogenen, teils zu den kationaktiven Tensiden gerechnet. Der kationaktive Charakter hängt sehr von der Struktur bzw. der Zusammensetzung der Alkylolamide ab [546, 547, 548].

Zu ihrer Herstellung gibt es verschiedene Methoden. So kann man z. B. gesättigte oder ungesättigte Fettsäuren mit der äquivalenten Menge Monoäthanolamin oder Diäthanolamin bei 150 bis 170 °C während 2 bis 4 Stunden unter Wasserabspaltung kondensieren. Die Produkte sind ölige oder pastenförmige Substanzen, die in Wasser emulgierbar sind und als Schaumstabilisatoren, Emulgiermittel und die Waschkraft steigernde Zusätze für Waschmittelkombinationen zunehmendes Interesse finden. Vielfach führt auch die Umsetzung von Fettsäureestern mit Alkylolaminen in Gegenwart von Natriumbicarbonat als Katalysator (1 bis 3% bezogen auf Fettsäureester) bei 120 bis 150 °C in 30 bis 160 min zu den Fettsäurealkylolamiden [549]. Nach einem ähnlichen Verfahren stellt man aus Fraktionen synthetischer Fettsäuremethylester (C_7—C_9, C_{10}—C_{13}, C_{10}—C_{16}, C_{17}—C_{20}) mit Monoalkylolaminen die entsprechenden Amide her. Die Substanzen können für Waschzwecke eingesetzt werden. Sie begünstigen die Schaumbildung [550].

Reine Fettsäurehydroxyamide mit geringem Esteramid-Gehalt entstehen durch Umsetzung eines flüssigen Fettsäureesters mit einem Alkylolamin bei 70 bis 175 °C und 0,5 bis 1% Alkalimetall, -alkoholat oder -amid als Katalysator. Das Reaktionsgemisch wird auf etwa 55 °C abgeschreckt, wobei sich nachstehendes Gleichgewicht einstellen soll:

$$R\cdot CO\cdot NH(CH_2)_nOH \rightleftharpoons R\cdot CO{,}NH(CH_2)_n\cdot OOC\cdot R + NH_2(CH_2)_nOH$$

Der Gehalt an Esteramid verringert sich im Laufe der Zeit. Eine Vielzahl von Fettsäurealkylolamiden ist nach diesem Verfahren aus verschiedenen Rohstoffen gewonnen worden [551].

Außer den Fettsäureestern lassen sich auch die Fettsäuretriglyzeride mit Dialkylolaminen umsetzen. Zur Entfernung von Amin und Glyzerin aus dem Reaktionsgemisch behandelt man es mit 85%iger Phosphorsäure (6 bis 9 Teile auf 100 Teile rohes Amid) [552].

Ein weiteres Verfahren arbeitet in zwei Stufen. In der ersten Stufe kondensiert man die Fettsäure mit dem Alkylolamin bei 20 bis 80 °C. Anschließend werden bei 100 °C in Gegenwart von Alkalialkoholat oder -amid die Amidoester und Aminoester in die Amide überführt [553].

Nach Kroll und Nadeau [554] entstehen bei der Reaktion von Laurinsäure mit Diäthanolamin in Anwesenheit von überschüssigem Alkylolamin zunächst N,N'-bis(2-Hydroxyäthyl)laurinsäureamid. Dieser Verbindung sollen vor allem die tensioaktiven Eigenschaften der Alkylolamide zuzuschreiben sein. Unter den gegebenen Reaktionsbedingungen wird das Amid dann thermisch in den Lauroylester des Diäthanolamins umgelagert, aus dem durch erneute Umlagerung der Dilauroylamidoester des Diäthanolamins entsteht. Mit dem überschüssigen Diäthanolamin bildet sich aus dem

Amino- und dem Amidoester erneut N,N'-bis(2-Hydroxyäthyl)laurinsäureamid (siehe auch vorhergehende Seite).

Ähnliche Verhältnisse liegen wahrscheinlich vor, wenn man ein Mol Kokosfettsäure mit 2 Mol Diäthanolamin auf 150 bis 170 °C erhitzt und langsam das Reaktionswasser abdestilliert. Nach Entfernung der theoretischen Wassermenge ist die Säurezahl auf einen Wert von unter 5 gesunken. Das Produkt ist eine viskose, gelbbraune, klare Flüssigkeit, die sich in Wasser löst. Obwohl man aus diesem Produkt das überschüssige Wasser abdestillieren kann, gelingt es nicht, durch einfache Mischung von Diäthanolamin mit dem erwähnten Reaktionsprodukt eine Substanz mit den gleichen Qualitäten herzustellen. Wahrscheinlich hat doch die Säureamidverbindung mit dem zweiten Diäthanolamin reagiert. Solche Alkylolamide verfügen über ein hervorragendes Reinigungs- und Netzvermögen. Die Produkte sollen weiterhin kleine Mengen nicht umgesetzter Fettsäuren enthalten, welche mit zu den guten tensioaktiven Eigenschaften beitragen. Sehr wahrscheinlich liegt ein nicht genau definiertes Gemisch verschiedener Verbindungen vor. KRITCHEVSKY nimmt folgenden Reaktionsmechanismus an:

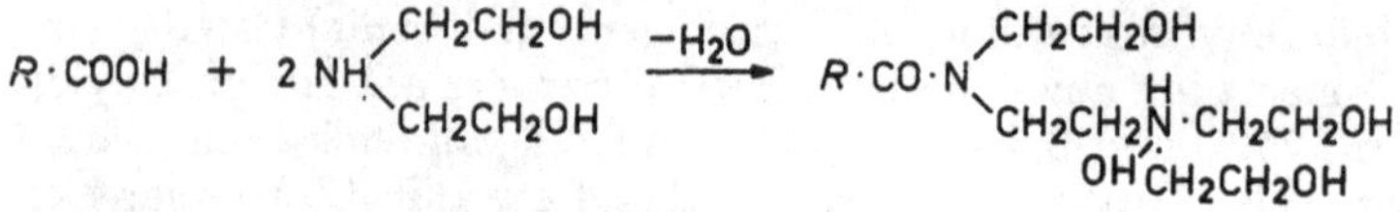

Im gleichen Molekül ist gleichzeitig ein dreiwertiges und ein fünfwertiges Stickstoffatom vorhanden. Die Abspaltung von ein oder zwei Molen Wasser führt zur Bildung folgender Verbindungen:

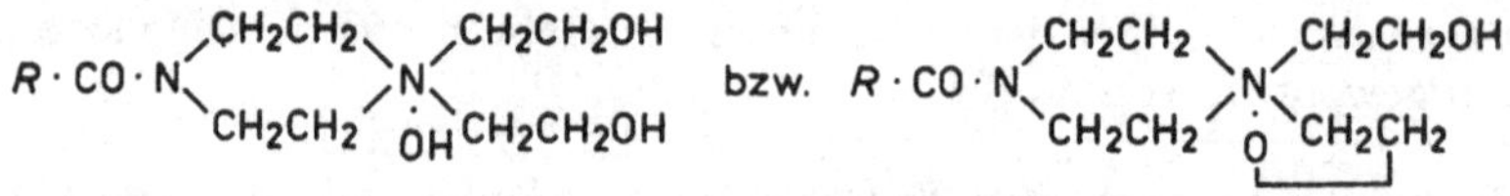

Völlig wasserlösliche Produkte lassen sich durch Kondensation der Fettsäuren mit Triäthanolamin darstellen. Eine derartige Substanz von einem Mol Fettsäure und 2 Mol Triäthanolamin läßt sich durch mehrstündiges Erhitzen der Komponenten bei 150 bis 170 °C gewinnen. Für die Verbindung gibt KRITCHEVSKY nachstehende Formel an:

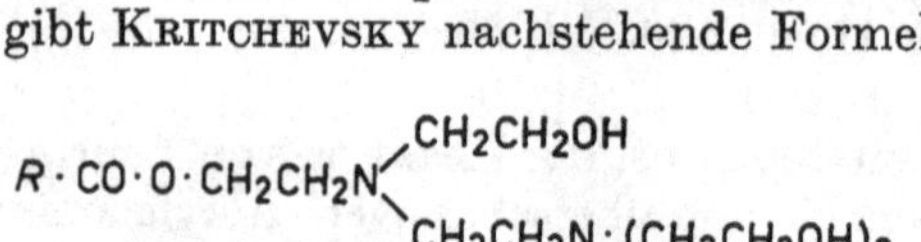

Die Wasserlöslichkeit wird durch die Hydroxylgruppen bewirkt. Es handelt sich hierbei um Übergangsverbindungen zu den Kationtensiden.

Auch bei der Synthese dieser Verbindungen ist die Zahl der möglichen Varianten durch Einsatz verschiedener Fettsäuren und Alkylolamine relativ groß. Statt eines Alkylolüberschusses lassen sich auch Mischungen der Alkylamine, wie Butylamin, Dimethylanilin u. dgl. verwenden. Eine Alkylierung mit z. B. Dimethylsulfat führt zu Alkylolaminkondensaten mit ausgesprochen seifenartigem Charakter.

Eine besondere Variante der Fettsäurealkylolamide sind ihre alkoxylierten Verbindungen:

$$R\cdot CO\cdot NH\cdot CH_2CH_2OH + n\,\underset{\diagdown O \diagup}{CH_2CH_2} \longrightarrow R\cdot CO\cdot NH\cdot CH_2CH_2O\cdot(CH_2CH_2O)_nH$$

Entsprechend ist die Struktur der Dialkylolamide:

$$R\cdot CO\cdot N\begin{cases} CH_2CH_2O\cdot(CH_2CH_2O)_nH \\ CH_2CH_2O\cdot(CH_2CH_2O)_nH \end{cases}$$

Die Anzahl der Äthylenoxidmoleküle pro Mol Alkylolamid ist beliebig variierbar. Zur Verbesserung der Löslichkeit des Stearinsäurediäthanolamids addiert man 2 Mole Äthylenoxid. Es sind jedoch auch Verbindungen dieser Art mit 15 Molen Äthylenoxid hergestellt worden. Die Addition an Laurinsäuremono- und -diäthanolamid läßt sich am günstigsten bei 130 bis 140°C in Gegenwart von metallischem Natrium vornehmen. Die anfallenden Endprodukte zeichnen sich durch eine beachtliche Tensioaktivität aus.

Weitere Tenside dieser Gruppe sind aus Neutralfetten gewonnen worden. Man setzt z. B. Kokosnußöl oder Sojabohnenöl mit Triäthanolamin um und addiert anschließend Äthylenoxid. Die Produkte lösen sich nur in Wasser, wenn der Äthoxylierungsgrad genügend groß ist.

Wie bereits erwähnt, sind die Fettsäurealkylolamide entweder allein oder in Gemischen sehr waschaktiv. Setzt man zu einem Alkylbenzolsulfonat 10% eines Alkylolamids, so erhöht sich die Waschaktivität um das 1,4 bis 3,7fache [555]. Für Schaumbäder, Haarshampoos und kosmetische Präparate allgemein werden verschiedene Alkylolamide empfohlen [556, 557]. Als fungicides Mittel wird Undecylensäuremonoäthanolamid vorgeschlagen. Es erweist sich bei guter Hautverträglichkeit als fungicid und bakterioastatisch und hat sich besonders zur Therapie und Prophylaxe von Fußpilzerkrankungen bewährt [558, 559].

Auf die Sulfate der Alkylolamide ist bereits auf Seite 175 eingegangen worden.

4.4. Glyzerinmonofettsäureester

Im täglichen Leben spielen Glyzerinmonofettsäureester und auch die Glyzerindifettsäureester eine größere Rolle, als häufig bekannt ist. Bei diesen handelsüblichen Glyzerinmonofettsäureestern handelt es sich vielfach um Gemische von Mono-, Di- und Triglyzeriden. Diese Produkte finden in verschiedenen Industriezweigen Verwendung, insbesondere als Emulgatoren in der Nahrungsmittelindustrie, in der Kosmetik, in der Pharmazie u. dgl. Für die Herstellung von Alkydharzen für die Lackindustrie werden sie verwendet und in der Plastindustrie werden sie als Weichmacher eingesetzt [560].

Über das Vorkommen von Glyzerinmonofettsäureestern in der Natur ist wenig bekannt. Sie entstehen aber beim natürlichen Zerfall der Triglyzeride bei der Lagerung und liegen dann im Gemisch mit freien Fettsäuren vor.

Rein strukturmäßig sind bei den Monoglyzeriden zwei isomere Verbindungen zu unterscheiden:

$CH_2OOC \cdot R$	$CH_2 \cdot OH$
·	·
$CH \cdot OH$	$CH \cdot OOC \cdot R$
·	·
CH_2OH	CH_2OH
α-Glyzerinmono-fettsäureester	β-Glyzerinmono-fettsäureester

Eine Unterscheidung der zwei Formen ist auf physikalischem Wege nicht einfach möglich. Durch ihre Röntgen- und Infrarotspektren lassen sich die isomeren Formen unterscheiden. Teilweise tritt eine Wanderung der Fettsäure von der β-Stellung in die α-Stellung ein. Deshalb ist eine genaue Ermittlung der Isomerenzusammensetzung der Monoester schwierig. Die Schmelzpunktbestimmungen führen nicht zu eindeutigen Resultaten.

Monoglyzeride weisen auf Grund ihrer größeren Anzahl von Hydroxylgruppen eine größere Tensioaktivität auf als die Diglyzeride. Eine Konzentration von 0,1% Monoglyzerid in der Ölphase setzt die Grenzflächenspannung an einer Öl-Wasser-Grenzfläche um etwa 50% des Wertes herab, den man ohne Monoglyzerid findet. Bei den technischen Monoglyzeriden, die Gemische von Mono- und Di- sowie Triglyzeriden darstellen, ist die Herabsetzung der Grenzflächenspannung nur vom Monoglyzeridgehalt abhängig. Als Additiv in Mineralöl ist Glyzerinmonostearat wirksamer als das kürzerkettige Glyzerinmonocarprylat. In Baumwollsaatöl erwiesen sich Monoglyzeride mit gesättigten und ungesättigten Fettsäuren als gleichwertig.

α-Monoglyzeride zeigen in Baumwollsaatöl eine Grenzflächenspannung, die linear mit der Konzentration der Glyzeride verläuft. Während diese Feststellung für das Caprylat, Laurat und Myristat zutrifft, wirken Palmitat, Stearat und Oleat bei niederen Konzentrationen schwächer als bei höheren. Glyzerinmonopalmitat beeinflußt die Grenzflächenspannung von Cetan, Dodecylbenzol, Tetralin, Decalin und Nonylphenol um so stärker, je größer die Grenzflächenspannung dieser Verbindungen gegen Wasser ist.

Zur Darstellung der Monoglyzeride aus natürlichen Fetten führt man eine katalytische Glyzerinolyse durch. Man setzt dazu Fett, Glyzerin und Pyridin als Lösungsmittel im Verhältnis 1:2:5 ein, fügt 0,025 bis 0,05 Teile Natriumbicarbonat als Katalysator zu und erhitzt 3 Stdn. auf 115 bis 120 °C. Die Reaktion ist von der Zeit, Temperatur, Katalysatormenge und Lösungsmittel abhängig. Beim oben genannten Ansatz werden Ausbeuten bis zu 90% erhalten [561]. Um möglichst hohe Ausbeuten zu erhalten, arbeitet man im allgemeinen bei 160 bis 250 °C. Bei diesen relativ hohen Temperaturen neigen die entstandenen Monoglyzeride leicht zu Oxydations- und Polymerisationsreaktionen. Zur Vermeidung dieser Nebenreaktionen nimmt man die Glyzerinolyse unter Schutzgas in Lösungsmitteln vor.

Die Glyzerinmonofettsäureester werden in Nahrungsmitteln als ungefährlich angesehen und ihr Einsatz ist in den meisten Ländern gestattet. So hält sich z. B. Brot, dem ca. 4% Monoglyzeride zugesetzt sind, länger frisch und weist daneben weitere positive Eigenschaften auf, wie verminderte Rindenfestigkeit. Außerdem verbessern Monofettsäureglyzeride die Qualität von Gebäck und Kuchen. Als Emulgatoren haben sich die Monoglyzeride der Palmitin- und Stearinsäure besser bewährt als andere Produkte. In der Margarine werden durch Monoglyzeridzusätze u. a. die Gefriereigenschaften verbessert. Auf den Einsatz bei der Milch-, Speiseeis- und Zuckerverarbeitung sei nur kurz hingewiesen. Ihre Verwendung für pharmazentische und kosmetische Zwecke ist ebenfalls bereits erwähnt worden [562].

Tensioaktive Hydroxyfettsäuremonoglyzeride, z. B. 12-Hydroxystearinsäure-, 9, 10-Dihydroxystearinsäure- und 9,10,12-Trihydroxystearinsäuremonoglyzeride haben Kaufmann und Baltes [563] hergestellt und empfehlen diese Substanzen als Emulgier- und Netzmittel für Salben, Cremes und für die Textilverarbeitung. Einige von den Monoglyzeriden abgeleitete Verbindungen werden besonders als Emulgatoren in der Nahrungsmittelindustrie eingesetzt. Es handelt sich um Milchsäureester von Monoglyzeriden, Diacetylweinsäure- und Zitronensäureester von Monoglyzeriden, Sorbitanfettsäureester, Polyglycerolfettsäureester und Propylenglykolmonofettsäureester.

5. Kationtenside

Bei den kationaktiven Verbindungen handelt es sich fast ausschließlich um basisch reagierende organische Substanzen bzw. um deren Salze, denen vorwiegend Stickstoffverbindungen, wie Amine, Ammoniumsalze und heterocyclische Basen (Pyridin, Picoline u. dgl.) zugrunde liegen. Dabei trägt der hochmolekulare kationische Rest die positive Ladung, während die negative Ladung vom freien Säurerest oder von den Hydroxylionen der freien Basen aufgenommen wird. Wie bei den anionaktiven Tensiden bilden sich in wäßriger Lösung Kolloidmicellen, bei denen das Kation den hydrophoben Teil darstellt.

Der hydrophobe Molekülrest ist auch hier der qualitätsbestimmende Faktor. Von ihm hängt der Wert der Verbindung als Tensid ab. Zur Bildung des hydrophoben Alkylrestes können höhermolekulare Stoffe, wie sie von den anionaktiven Substanzen her bekannt sind, mit den basischen Grundkörpern verbunden werden. Dafür kommen in Frage: Fettsäuren, Fettsäurehalogenide, Fettsäureamide, Alkylsulfonsäuren oder Alkylsulfamide, die durch Veresterung, Verätherung oder anderweitig mit den Basen vereinigt werde.

Chwala [573] teilt die Kationtenside wie folgt ein:

1. $R \cdot \overset{\mathrm{III}}{\mathrm{N}} \cdot (R_1, R_2) \cdot \mathrm{H}Ac$ = Aminverbindungen,
2. $[R \cdot \overset{\mathrm{V}}{\mathrm{N}} \cdot (R_1, R_2, R_3)]^+ \cdot Ac^-$ = Ammoniumverbindungen,
3. $[R \cdot \overset{\mathrm{IV}}{S} \cdot (R_1 R_2)]^+ \cdot Ac^-$ = Sulfoniumverbindungen,
4. $[R \cdot \overset{\mathrm{V}}{\mathrm{P}} \cdot (R_1, R_2, R_3)]^+ \cdot Ac^-$ = Phosphoniumverbindungen.

(R = längere, meist aliphatische Alkyle mit 10 bis 18 C-Atomen. R_1, R_2, R_3 = niedere Alkyle, z. B. CH_3-, C_2H_5- o. ä, Aralkyle ($CH_2 \cdot C_6H_5$) oder Aryle (C_6H_5). Beim Amintyp kann R_1 und R_2 auch Wasserstoff sein. Ac = Anion, wie Chloride, Bromide, Sulfate, Phosphate, Acetate, oder Hydroxylionen in alkalischer Lösung.)

Die Gruppen 3 und 4 sind zur Zeit für die Praxis nur von untergeordneter Bedeutung. Lediglich zwei Haupttypen der Stickstoffverbindungen stellen wertvolle Tenside dar, nämlich die Aminverbindungen, der $R \cdot$N-Typ, und der $R \cdot X \cdot$N-Typ. Beim $R \cdot$N-Typ ist der hydrophobe Alkylrest direkt an den Stickstoff gebunden, während beim $R \cdot X \cdot$N-Typ die Bindung über Zwischenglieder erfolgt.

Um einen Überblick zu geben, sollen einige der bedeutendsten Kationtenside formelmäßig aufgezeigt werden:

1. **Ammoniumsalze aus Alkylaminen:**

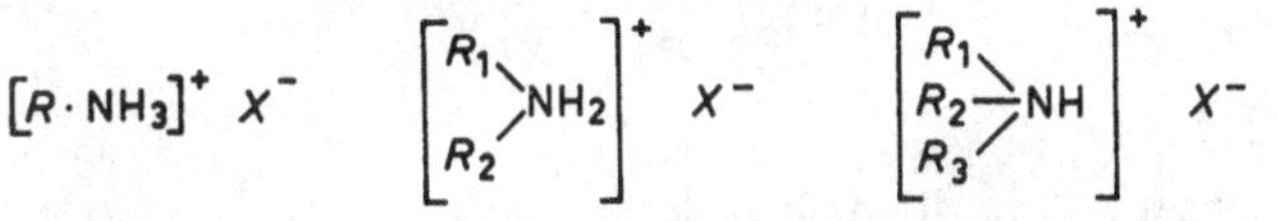

primäres Amin — sekundäres Amin — tertiäres Amin

2. **Quaternäre Ammoniumsalze:**

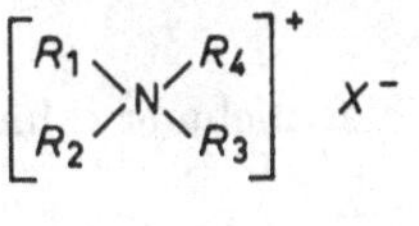

3. **Salze von heterocyclischen Basen:**

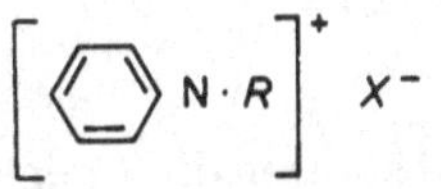

Alkylpyridiniumsalze

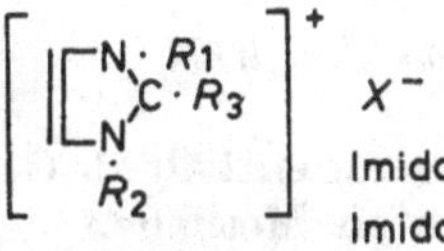

Imidazol- und Imidazoliniumsalze

4. **Salze von Alkyldiaminen und Polyaminen:**

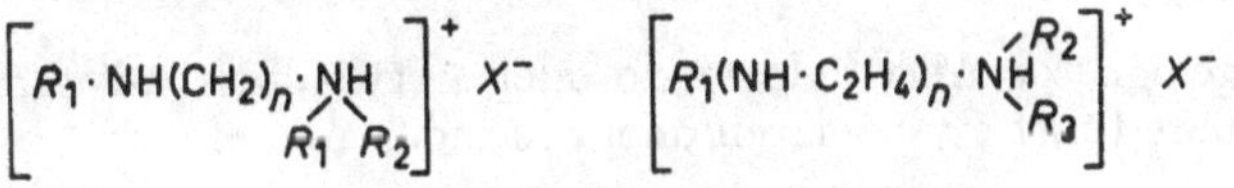

5. **Salze von acylierten Diaminen und Polyaminen:**

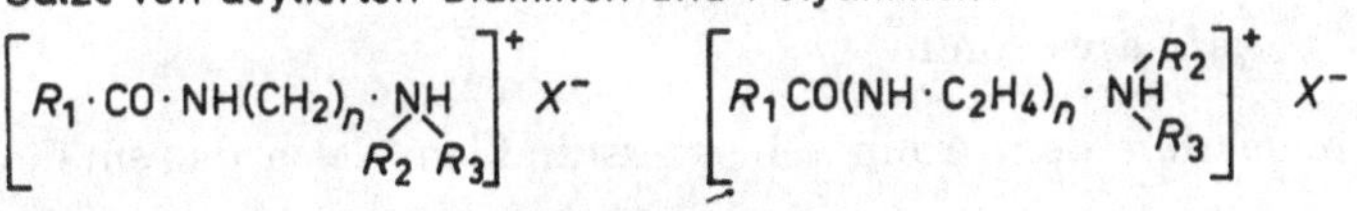

6. **Salze von acylierten Alkanolaminen:**

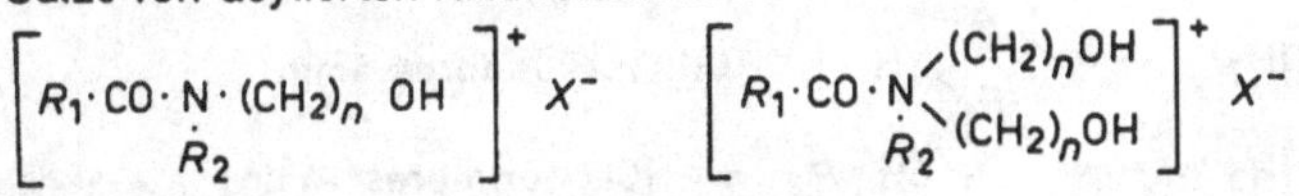

7. **Salze von Estern und Äthern von Alkanolaminen:**

a) Alkanolaminestersalze:

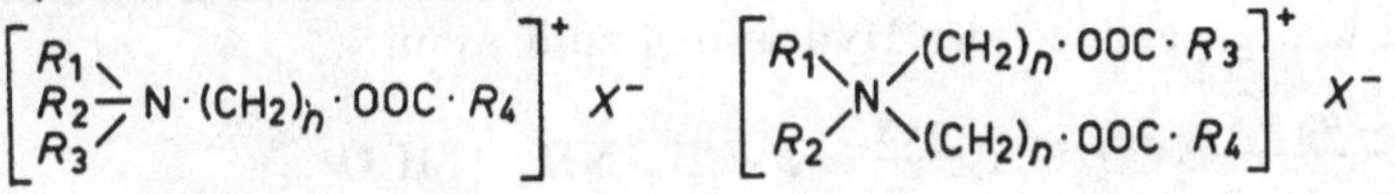

b) Alkanolaminäthersalze:

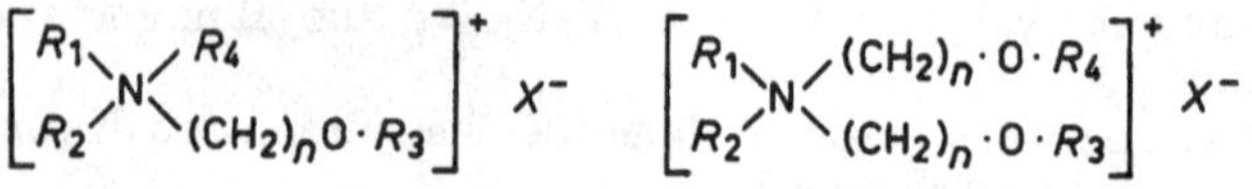

8. Alkyläthylenharnstoffsalze:

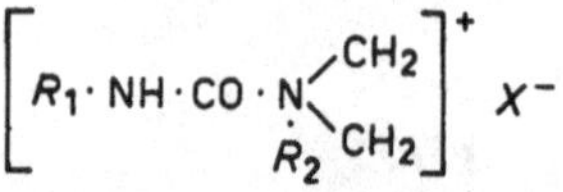

9. Sulfoniumverbindungen:

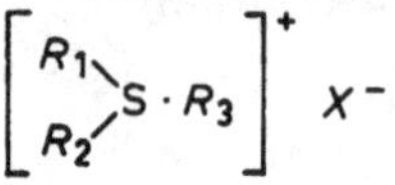

10. Phosphoniumverbindungen:

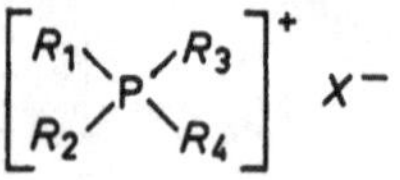

11. Aminoxide:

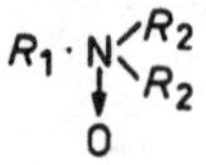

Weitere seltener vorkommende Verbindungen sollen hier nicht erwähnt werden.

5.1. Herstellung der Tenside vom Typ R·N

Ein großer Teil der Kationtenside enthält als Grundsubstanzen die Amine, welche sich nach den bekannten Methoden der organischen Chemie in unterschiedlichen Ausbeuten aus Fettsäuren, Fettalkoholen oder Alkylhalogeniden darstellen lassen:

1. Die Umsetzung geeigneter Alkylhalogenide oder Alkylsulfate mit Ammoniak oder Aminen führt zu primären oder sekundären Aminen:

a) $R \cdot Cl + NH_3 \rightarrow R \cdot NH_2 + HCl \quad R \cdot O \cdot SO_3H + NH_3 \rightarrow R \cdot NH_2 + H_2SO_4$

primäres Amin

Die Säure bildet mit dem Amin selbstverständlich gleich das entsprechende Salz.

b) 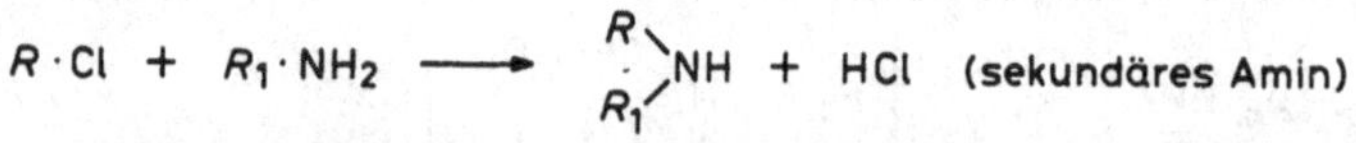

c) 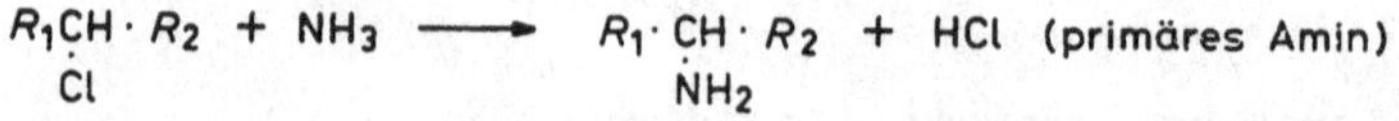

2. Durch Dehydratisierung von fettsauren Ammoniaksalzen zum Fettsäureamid und anschließender Hydrierung zum Amin:

$$R \cdot COONH_4 \xrightarrow{-H_2O} R \cdot CO \cdot NH_2 \xrightarrow{+2H_2} R \cdot CH_2 \cdot NH_2 + H_2O$$

3. Durch katalytische Hydrierung höherer Nitrile:

$R \cdot CN + 2H_2 \rightarrow R \cdot CH_2 \cdot NH_2$

4. Aus Fettalkoholen durch Ammonolyse bei höherer Temperatur und Druck:

$R \cdot OH + NH_3 \rightarrow R \cdot NH_2 + H_2O$

5. Aus höheren Aldehyden oder Ketonen durch Umsetzung mit Ammoniak zu den entsprechenden Aldiminen und Ketiminen, die nach der Hydrierung Amine liefern:

$R \cdot CHO + NH_3 \rightarrow R \cdot CH{=}NH + H_2O$

$R \cdot CH{=}NH + H_2 \rightarrow R \cdot CH_2 \cdot NH_2$

6. Setzt man sekundäre Amine mit einem Alkylhalogenid um, so entstehen tertiäre Amine:

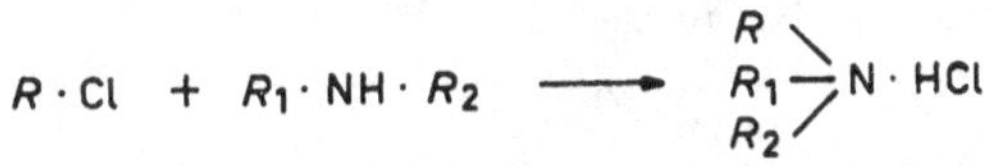

Durch Anlagerung eines weiteren Alkylhalogenids entstehen quaternäre Ammoniumsalze:

Eine Übersicht über einige physikalische Konstanten der Amine bringt Tab. 48.

Alle tertiären Amine können quaternisiert werden, unabhängig davon, ob sie aliphatisch, aromatisch oder gemischt aliphatisch-aromatisch aufgebaut sind. Die Quaternisierung gehört zu den wichtigsten Reaktionen in der Chemie der Kationtenside.

Die quaternären Ammoniumsalze können nicht nur mit niederen oder höheren Alkylhalogeniden hergestellt werden, auch Arylhalogenide oder Alkylarylverbindungen sind einsetzbar. Vor allem wird man auf derartige technisch leicht zugängliche Verbindungen zurückgreifen.

Ebenfalls zu den quaternären Ammoniumverbindungen gehören die Alkylpyridiniumsalze, unabhängig davon, in welcher Salzform sie vorliegen. Höhermolekulare Alkylpyridiniumsulfate z. B. lassen sich durch direkte Sulfatierung von Fettalkoholen mit Chlorsulfonsäure gewinnen. Das saure Sulfat wird bei 150 °C mit Pyridin umgesetzt. In entsprechender Weise lassen

Tabelle 48. Kenndaten einiger Alkylamine nach MARKLEY [727]

Alkylamin	primär		sekundär		tertiär	
	F	Kp	F	Kp	F	Kp
Methyl	−92,5	−6,5	−96	7,4	−124	3,5
Äthyl	−80,6	19	−50	56	−115	89,5
Propyl	−83	49	−40	111	− 93,5	156
Butyl	−50,5	78	—	160	—	214
Amyl	−55	104	—	202	—	—
Hexyl	−19	133	—	—	—	—
Heptyl	−23	157	—	—	—	—
Octyl	—	180	15	297	− 34,5	—
Decyl	17	221	—	—	27	265
Dodecyl	28,3	259	47	—	15,7	—
Tetradecyl	38,2	291	61	—	—	—
Hexadedyl	46,8	322	—	—	—	—
Octadecyl	53	349	72	—	54	—

Für die Amine ab C_{12} sind die Erstarrungspunkte angegeben.

sich weitere höhermolekulare Alkylchloride oder Alkylbromide bei 150 °C bis 170 °C — eventuell unter Druck — in die Alkylpyridiniumverbindungen überführen.

In der Textilveredlungsindustrie werden derartige Substanzen als Netz-, Dispergier- und Emulgiermittel angewendet. Bei der Herstellung synthetischer Fasern werden kationaktive Substanzen dieses Typs den sauren Spinnbädern zugesetzt, um eine einwandfreie Benetzung der Fasern zu gewährleisten.

Kurz zu erwähnen sind Bis- oder polyquaternäre Stickstoffverbindungen nachstehender Formel:

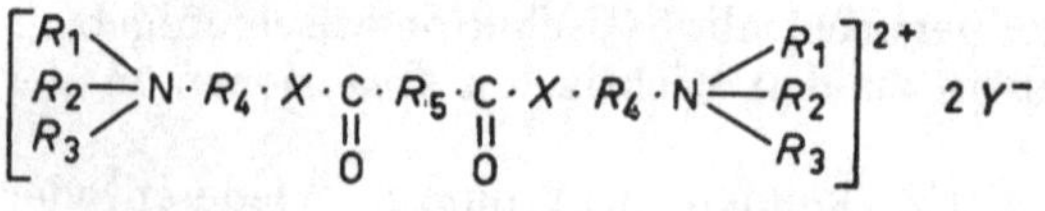

(R_1 und R_2 sind verschiedene Alkyl- oder Aralkylgruppen oder auch Heterocyclen, R_3 sind substituierte Alkyle, R_4 = Alkylengruppen, R_5 = Heptadecylen-(1,8), X = O, NH, Y = Halogen).

Die Verbindung ist z. B. aus isomerer Heptadecandicarbonsäure durch Chlorierung mit $SOCl_2$, Umsetzung mit $(CH_3)_2 \cdot N \cdot CH_2OH$, Zusatz von Natronlauge und Einleiten von Methylchlorid herstellbar. Ähnliche Verbindungen wurden in gleicher Weise gewonnen [564].

Unmittelbar zu den freien Ammoniumbasen gelangt man, wenn man Äthylenoxid oder Propylenoxid bzw. ähnliche Verbindungen in Gegenwart von Wasser auf tertiäre Amine einwirken läßt:

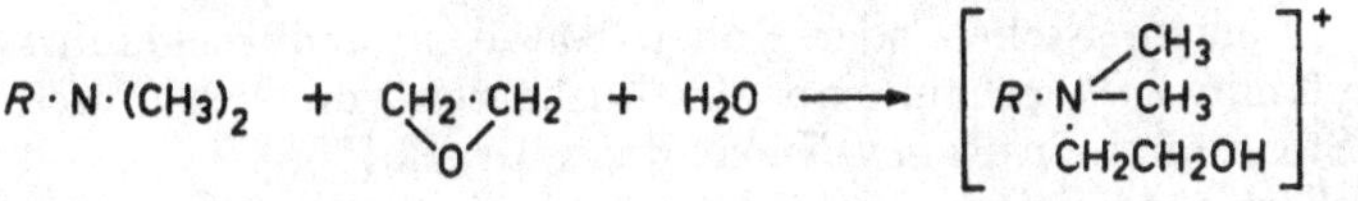

Von primären Aminen ausgehend erhält man mit einem Überschuß von Äthylenoxid Verbindungen mit 3 Hydroxylgruppen:

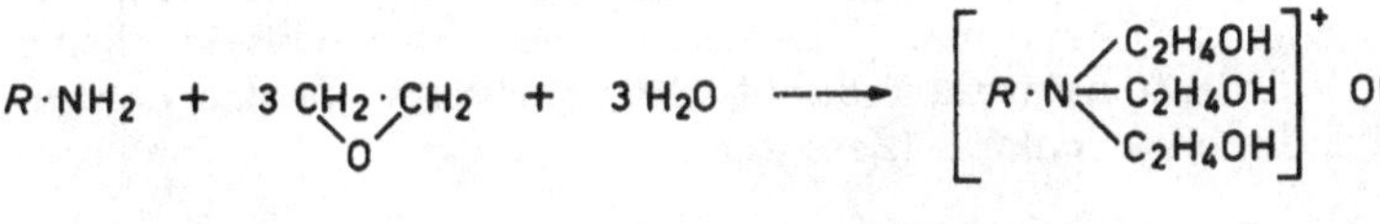

Primäre und sekundäre Amine mit ein und zwei Mol Äthylenoxid stellen stark hydrophile Tenside dar. (Siehe Seite 259).

$$R\cdot NH\cdot C_2H_4OH \quad \text{oder} \quad R\cdot N\begin{matrix} C_2H_4OH \\ C_2H_4OH \end{matrix}$$

Die Addition von Äthylenoxid pro Mol Amin kann nach Belieben erweitert werden. Mit zunehmendem Äthoxylierungsgrad wird die Wasserlöslichkeit verbessert. Ein Oleylamin mit 6 bis 7 Molen Äthylenoxid, das mit Dimethylsulfat quaternisiert ist, wird als Egalisierungsmittel für einige Farbstoffe verwendet. Für den gleichen Zweck sind auch Octadecylamin, Oleylamin, Dodecylamin, Oleyläthylendiamin, Tetraisobutylanilin, Isodecylnaphthylamin u. dgl. alkoxyliert worden. Obwohl die höhermolekularen Amine kationaktive Verbindungen darstellen, nehmen diese Substanzen mit zunehmendem Äthoxylierungsgrad mehr und mehr nichtionogenen Charakter an.

Die zuletzt beschriebenen Verbindungen stellen den Übergang zu den Alkylolaminen dar. Sie spielen in der Chemie der Kationtenside und auch als Kationen der anionaktiven Tenside eine hervorragende Rolle.

5.1.1. Technische Gewinnung höherer Alkylamine

Die katalytische Hydrierung von höhermolekularen Fettsäureamiden erfolgt bei einem Druck von 100 bis 300 kp · cm^{-2} und 175 bis 250 °C über Kupfer-Chromoxid-Katalysatoren, also ähnlich wie bei der Reduktion der Fettsäureester zu Fettalkoholen. Um Nebenreaktionen zu vermeiden, wird die Hydrierung in Dioxan vorgenommen.

Hohe Ausbeuten an primären Aminen erhält man auch bei der Hydrierung von Fettsäurenitrilen, *R*·CN. Die Nitrile lassen sich aus den Fettsäuren durch Überleiten der Dämpfe mit Ammoniak bei 400° C über Aluminiumoxid oder ähnlichen Katalysatoren herstellen. Von den nicht umgesetzten Fettsäuren werden die Nitrile durch Auswaschen mit Pottaschelösung befreit und dann im Vakuum destilliert. Die Hydrierung kann bei 200 bis 210 °C über einem Nickel- oder Kobalt-Katalysator durchgeführt werden. Octadecylamin z. B. erhält man mit Ausbeuten von 95% durch Hydrierung von Stearonitril an Raney-Nickel unter Druck [565].

Die Amine aus Fettsäurenitrilen überführt man häufig durch Anlagerung höher- oder niedermolekularer Alkylhalogenide in die sekundären, tertiären oder quaternären Verbindungen. Das Alkylhalogenid kann — wie bereits erwähnt — ein aliphatischer Kohlenwasserstoffrest mit gerader oder verzweigter Kette oder auch Aryl- bzw. Alkylarylrest sein. Solche Kationaktiva sind als gute Desinfektionsmittel bekannt. Sehr verbreitet ist das Lauryldimethylbenzylammoniumchlorid (Zephirol):

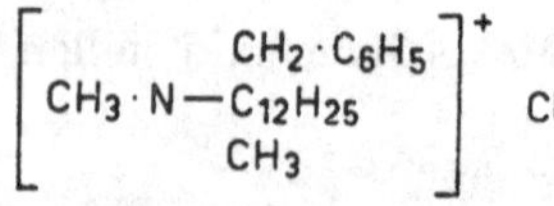

Durch Umsetzung von Dimethylamin mit Laurylalkohol bildet sich das tertiäre Amin, das mit Benzylchlorid in die quaternäre Verbindung umgewandelt wird.

In ähnlicher Weise lassen sich verschiedene tertiäre Amine mit aliphatischen, aromatischen oder aliphatisch-aromatischen Halogeniden kondensieren. Sehr oft begegnet man unter diesen Verbindungen dem leicht herstellbaren Benzylchlorid, das durch Chlorierung von Toluol gewonnen wird und das ein sehr reaktionsfähiges Chloratom besitzt.

Bitertiäre Amine nebenstehender Formel lassen sich z. B. aus Alkylaminopropylamin, $R \cdot NH \cdot CH_2CH_2CH_2 \cdot NH_2$, durch Kondensation mit Äthylenglykolmonochlorhydrin und weiterer Reaktion mit monochloressigsaurem Natrium erhalten [566].

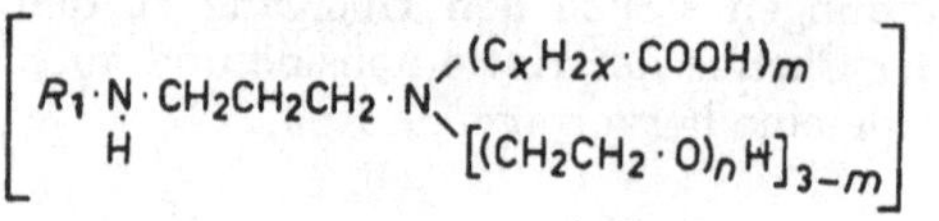

R_1 = 12 bis 22 C-Atome, x = 1–3, n = 2–8, m = 1 oder 2

Durch Reaktion von Octadecylamin mit Formaldehyd oder Ameisensäure läßt sich mit 88 bis 90%iger Ausbeute das Dimethyloctadecylamin gewinnen. Durch Umsetzung dieser Verbindung kommt man zum Äthyldimethyloctadecylammoniumjodid [565]:

Einige Produkte des Typs $R \cdot N \cdot (CH_3)_3Cl$ werden in verschiedenen Ländern als Netz-, Emulgier- und Desinfektionsmittel für unterschiedliche Verwendungszwecke in den Handel gebracht, z. B. auch ein Octadecyldimethylbenzylammoniumchlorid. Wie sich zeigt, weisen die meisten dieser Verbindungen einen ähnlichen Aufbau auf.

Korrosionsverhindernde Netzmittel dieses Typs erhält man aus Aminen der Formel $R_1 \cdot NH \cdot R_2$, wobei R_1 mindestens 6 C-Atome enthält und mindestens teilweise aus einem geraden oder verzweigten Alkylrest besteht, der auch aromatische oder hydroaromatische Ringe enthalten kann. R_2 sind verzweigte oder gerade Alkylreste mit maximal 4 C-Atomen. Die Amine werden in Aminsalze umgewandelt und diese durch Behandlung mit Alkalinitrit in das entsprechende Ammoniumnitrit überführt. Die Ammoniumnitrite dienen als Hilfsmittel bei der Papierimprägnierung, der Herstellung von Bohr- und Schleifölen, Schädlingsbekämpfungsmitteln und Holzkonservierungsmitteln. Gleichzeitig sind sie starke Insektizide, Acarizide und Fungizide [567].

Von zunehmendem Interesse sind auch die sich von Di- oder Polyaminen ableitenden Kationtenside. Verbindungen wie Äthylendiamin, Diäthylentriamin oder Triäthylentetramin sind Ausgangsstoffe für verschiedene dieser Substanzen:

$H_2N \cdot CH_2CH_2 \cdot NH_2$
Äthylendiamin

$H_2N \cdot CH_2CH_2 \cdot NH \cdot CH_2CH_2 \cdot NH_2$
Diäthylentriamin

$H_2N \cdot CH_2CH_2 \cdot NH \cdot CH_2CH_2 \cdot NH \cdot CH_2CH_2 \cdot NH_2$
Triäthylentetramin

Die Verbindungen entstehen aus dem Äthylenimin, CH_2CH_2 (über NH), in Gegenwart von Ammoniak. Das Äthylenimin läßt sich u. a. zu den der Äthoxylierung ähnlichen Reaktionen einsetzen. Es reagiert z. B mit Fettsäureamiden nach folgender Formulierung:

$$R \cdot CO \cdot NH_2 + n\,\underset{NH}{CH_2CH_2} \longrightarrow R \cdot CO \cdot NH \cdot (CH_2CH_2NH)_nH$$

In analoger Weise lassen sich andere Verbindungen mit aktivem Wasserstoffatom umsetzen. Nebenstehende Formel (I) zeigt eine derartige Alkenpolyaminverbindung, die durch Umsetzung von Hydroxyäthylaminoäthylaminoäthylamid und einer Fettsäure mit Chloressigsäureäthanolamid erhalten wird. In Form des Lactats, Citrats, Acetats, Phosphats oder Borats dienen die Salze als kosmetische Schaum- und Waschmittel.

Eine andere Substanz mit ähnlichen Eigenschaften entspricht der Formel II [568].

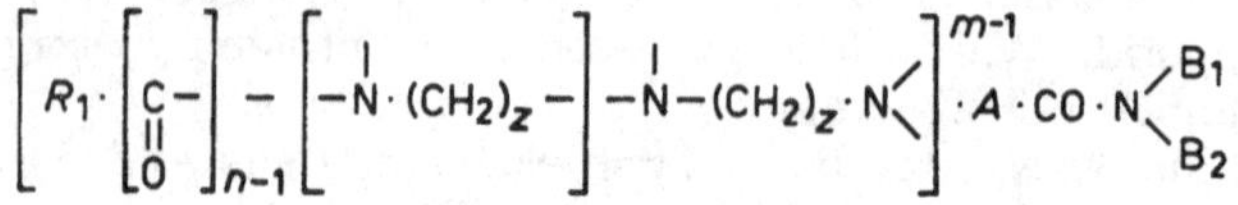

I

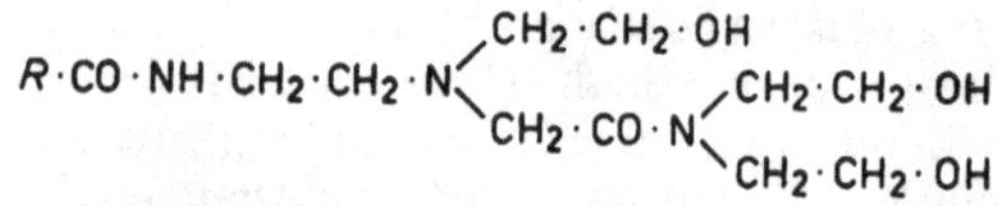

A = Alkylrest, B_1, B_2 = H, Hydroxyalkyl oder Hydroxyalkoxylalkylrest

Der größte Teil der Kationtenside wird vom $R \cdot X \cdot$N-Typ gestellt, und zwar deshalb, weil die Alkylamine bzw. Alkylhalogenide im allgemeinen schwieriger und teurer herzustellen sind als die entsprechenden Alkylolamine. Bekanntlich lassen sich Alkylolamine aus Äthylenoxid und Ammoniak auf verhältnismäßig einfache Weise großtechnisch gewinnen.

5.2. *Herstellung der Tenside vom R·X·N-Typ*

Da die Alkylolamine im Molekül zwei funktionelle Gruppen besitzen, können sie mit Fettsäuren oder deren Derivate an den Hydroxylgruppen verestert werden. Sie lassen sich aber auch an der Aminogruppe acylieren. Man unterscheidet aus diesem Grunde einen Alkylolamin-Ester-Typ und einen Alkylolamin-N-Acyl-Typ.

Am bekanntesten sind nachstehende Alkylolamine:

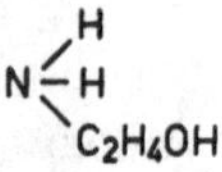 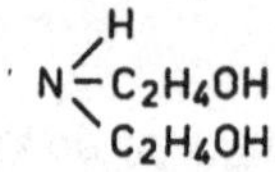 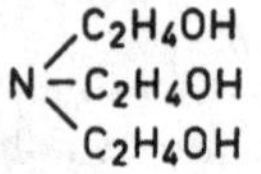

Die NH- oder NH_2-Gruppe kann acyliert werden, so daß nachstehende Verbindungen entstehen können:

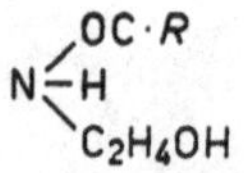 oder 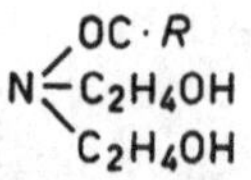

Anstelle von $R \cdot CO-$ kann $R \cdot SO_2-$ treten. Die Hydroxylgruppen lassen sich verschiedenartig verestern:

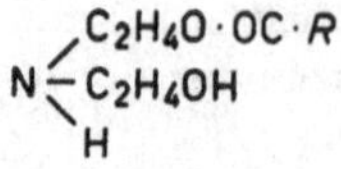 oder 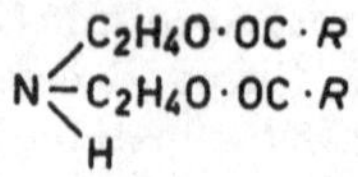

Diese Verbindungen haben eine gewisse technische Bedeutung erlangt. Durch Veresterung des Triäthanolamins mit einem Mol Stearinsäure und anschließender Anlagerung von Ameisensäure entsteht ein Kationtensid, das in der Textilveredlung als Weichmacher für Zellwolle dient.

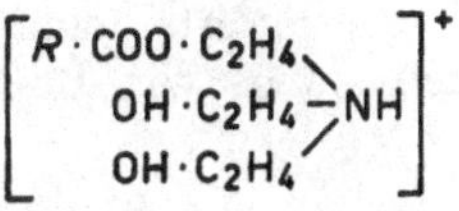

An die freie Base der angeführten Verbindung lassen sich an die Hydroxylgruppen je ein Mol Äthylenoxid addieren, so daß Produkte folgender Form erhalten werden:

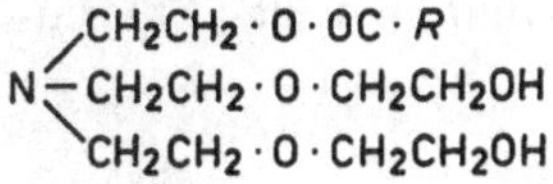

Diese Substanz hat als Weichmacher und Avivagemittel für Zellwolle Verwendung gefunden. Statt der Stearinsäure kann Ölsäure mit Triäthanolamin verestert werden. Die Alkoxylierung der Alkylolamin-N-Acylierungsprodukte führt u. a. zu einer Verbesserung der Wasserlöslichkeit, wodurch allerdings auch die Kationaktivität vermindert wird.

Zu den am längsten bekannten kationaktiven Tensiden gehören die bereits 1928 von Hartmann und Kägi [569] beschriebenen Diäthylaminoäthyloleoylamide:

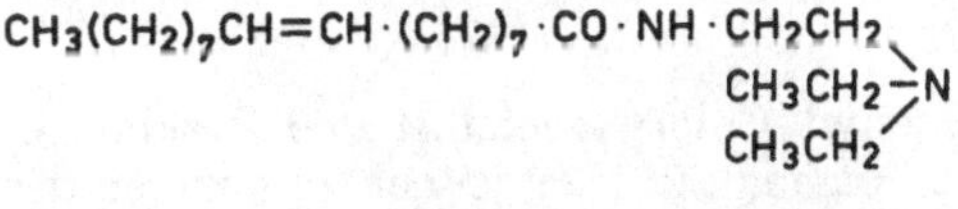

Die Produkte kommen als Hydrochlorid oder Acetat in den Handel. Durch Quaternisierung mit Dimethylsulfat erhält man z. B. Monostearoylamidoäthylendimethylamin von nachstehender Formel:

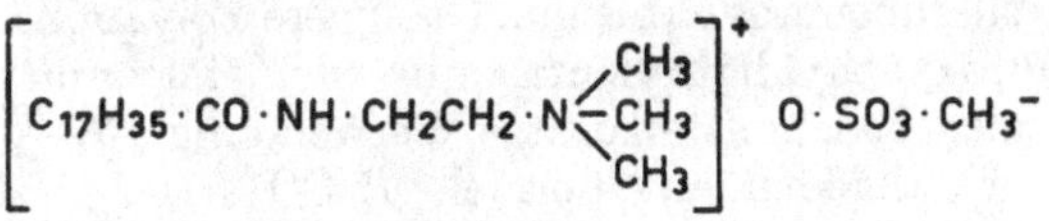

Diese Verbindungen dienen vorwiegend als Emulgier- und Färbereihilfsmittel. Sie werden aber auch als Avivage- und Weichmachungsmittel für Reyon-, Baumwoll- und Halbwollwaren verwendet.

5.2.1. *Pyridiniumsalze des R·X·N-Typs*

Während der hydrophobe Rest der Alkylpyridiniumverbindungen direkt am Stickstoff sitzt, tritt beim *R·X*·N-Typ ein Zwischenglied ein, wie es bereits bei den oben beschriebenen Stoffen gezeigt wurde. Derartige Substanzen spielen in der Textilindustrie als Hydrophobierungsmittel eine gewisse Rolle, sind aber als Wasch- und Netzmittel keineswegs von Bedeutung. Sie haben nachstehende Formel:

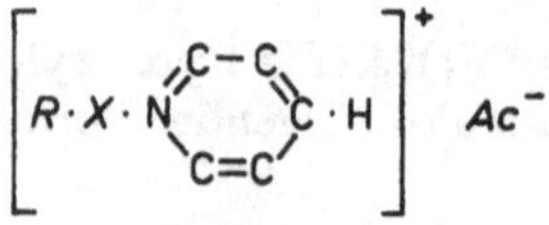

Aus Octadecylchlormethyläther und Pyridin gewinnt man das Stearinsäureamidomethylpyridiniumchlorid:

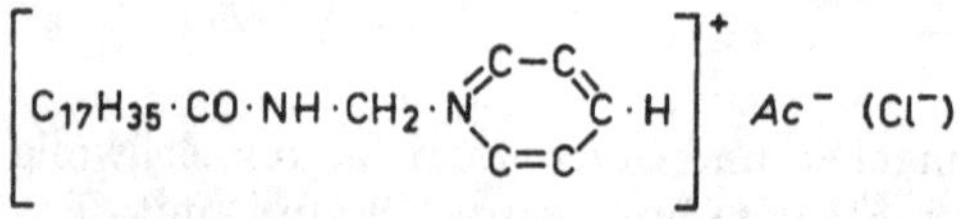

Durch Umsetzung von Stearinsäureamid mit Formaldehyd, Chlorwasserstoff und Pyridin kommt man zu der gleichen Verbindung. Stearinsäurechlorid, Formaldehyd und Pyridin geben eine ähnliche Verbindung:

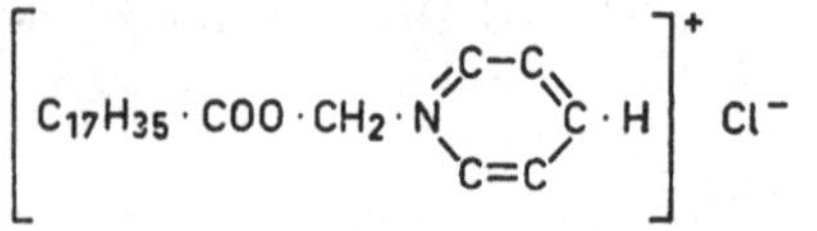

Mit Sulfonsäureamiden, Formaldehyd, Chlorwasserstoff und Pyridin gewinnt man entsprechende Verbindungen, die sich jedoch gegenüber der oben angeführten Verbindung in ihren Eigenschaften deutlich unterscheiden.

Weiterhin sollen noch kationaktive, amidgruppenhaltige Harnstoffverbindungen erwähnt werden, die man aus einem Mol eines Polyamins mit einer aliphatischen Carbonsäure (C_{12} bis C_{16}) erhält. Ein Mol Harnstoff setzt man mit einem Mol des Acylierungsproduktes um. Geeignete Polyamine sind Diäthylentriamin, N-Hydroxyäthyldiäthylentriamin oder -tetramin. Derartige Substanzen finden als Waschmittelzusätze Verwendung [570]. Entsprechende Polyamine der allgemeinen Formel $R \cdot CO \cdot NH \cdot [AN \cdot (CH_3)_{nH}$ (A = Alken mit 2 bis 3 C-Atomen, $n = 3$ bis 10) erhält man durch Reaktion von ein Mol einer Monocarbonsäure der allgemeinen Formel $R \cdot COOH$, deren Anhydrid, Ester oder Halogenid mit einem Polyalkenpolyamin $[NH_2(A \cdot NH)]_n \cdot H$ bei 125 bis 175° C in Gegenwart eines Schleppmittels (Xylol). Die Verbindungen werden als Netz-, Dispergier-, Reinigungsmittel und als Antistatika empfohlen [571].

5.3. *Stickstofffreie kationaktive Verbindungen*

Einige Kationtenside leiten sich vom vierwertigen Schwefel und vom fünfwertigen Phosphor ab:

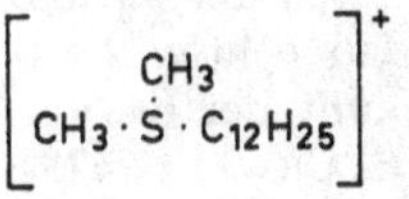

Sulfoniumverbindung

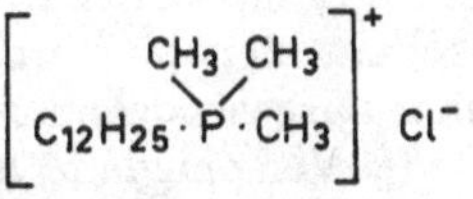

Phosphoniumverbindung

Diese Substanzen weisen ähnliche Eigenschaften wie die entsprechenden N-haltigen Verbindungen auf. Zur Herstellung der Sulfoniumverbindungen setzt man Alkylhalogenide mit Thioäthern um, z. B. Laurylmethylsulfid mit Äthylbromid:

$$C_{12}H_{25}\cdot S\cdot CH_3 + C_2H_5Br \rightarrow \left[\begin{matrix} CH_3 \\ \dot{} \\ C_{12}H_{25}\cdot S\cdot C_2H_5 \end{matrix}\right]^+ Br^-$$

Aus den Thioäthern bekommt man mit Schwefelsäure und niederen Alkoholen wie Methanol oder Äthanol die gleichen Sulfoniumbasen

$$C_{12}H_{25}\cdot S\cdot CH_3 + CH_3OH + H_2SO_4 \rightarrow \left[\begin{matrix} CH_3 \\ \dot{} \\ C_{12}H_{25}\cdot S\cdot CH_3 \end{matrix}\right]^+ O\cdot SO_3H^-$$

Wie die Ammoniumbasen, so reagieren auch die Sulfoniumbasen stark alkalisch. Als Spülmittel eingesetzt erteilen die Sulfoniumverbindungen dem Waschgut einen sehr weichen Griff, ohne daß sie eine erhebliche Hydrophobierung verursachen. Sie sind in der Hinsicht den quaternären Ammoniumbasen überlegen.

Dreiwertiger Phosphor gibt z. B. Dialkylphosphine, die unter Änderung der Wertigkeit des Phosphors durch Quaternisierung in die sich vom fünfwertigen Phosphor herleitenden Phosphoniumbasen übergehen. Dabei sind die Di- und Triphosphine stabiler als das Monophosphin. Tertiäre Phosphine und quaternäre Phosphoniumverbindungen bilden sich auch beim Erhitzen von Phosphor mit Alkylhalogeniden. Die Verbindungen sind relativ empfindlich gegen Oxydation [572].

5.4. *Einsatzmöglichkeiten für Kationtenside*

Im allgemeinen werden kationaktive Tenside weder in der Industrie noch im Haushalt als Waschmittel eingesetzt, da sie durch ihre positive Aufladung auf die vorwiegend negativ geladenen Protein- oder Cellulosefasern niedergeschlagen werden. Der Schmutz würde also von der kationischen Substanz auf der Faser inkrustiert werden.

Wie die anionaktiven und nichtionogenen Tenside bilden die Kationtenside in wäßrigen Lösungen Kolloidmicellen mit positiver Ladung. Viele dieser Stoffe zeigen in sauren Lösungen mehr oder weniger großes Schaumvermögen, das ursprünglich zu der Bezeichnung „saure Seife" geführt hat. Es hat sich jedoch erwiesen, daß das seifenähnliche Verhalten der kationaktiven Verbindungen durchaus keinen Vergleich mit den echten Fettsäureseifen erlaubt. Von einer ausgesprochenen Waschwirkung der Kationtenside ist nur selten die Rede. Verschiedene Autoren, z. B. Chwala [573], berichten von einer befriedigenden Waschwirkung bei Rohwolle und anderen Proteinfasern bei pH-Werten unter 3. Die Fasern werden in saurer Lösung positiv aufgeladen, wobei der ebenfalls positiv aufgeladene Schmutz abgestoßen werden kann. Zur Erzielung eines annehmbaren Wascheffektes wird eine beträchtliche Menge der kationaktiven Verbindungen benötigt, so daß diese Methode aus wirtschaftlichen Gründen nicht zweckmäßig ist.

Erwähnt wurde bereits, daß die Oberflächenaktivität der kationaktiven Tenside — je nach Struktur des hydrophoben Alkylrestes — mehr oder weniger groß sein kann und daß bei vielen Substanzen eine gute Netzwirkung zu beobachten ist. Wahrscheinlich wird die bakterizide Wirkung vieler Kationtenside durch ihre Netzwirkung wesentlich verbessert. Allgemein bekannt ist die bakterizide Wirkung dieser Verbindungen. Darin unterscheiden sie sich stark von den anionaktiven und nichtionogenen Tensiden. Man ist an der bakteriziden Wirkung der Kationaktiva mehr interessiert als an ihrer Netzwirkung. Ein großer Teil der kationaktiven Verbindungen wird nur ihrer fungiziden, germiziden oder bakteriziden Eigenschaften wegen erzeugt. Besondere Wirksamkeit zeigen hier die quaternären Ammoniumverbindungen, die auf fast alle Bakterienarten bei verschiedenen Konzentrationen und Einwirkungszeiten tödlich wirken. Für den Menschen haben sie kaum eine nachteilige Wirkung und verursachen nur selten Hautschäden.

Die quaternären Ammoniumverbindungen, auch kurz „Quats" genannt, werden wegen ihrer keimtötenden Eigenschaften in der Lebensmittel- und Getränkeindustrie, Milchwirtschaft, Medizin und allgemeinen Hygiene eingesetzt [574]. So sind z. B. quaternäre Verbindungen von monomeren, dimeren oder oligomeren Acrylsäureestern mit mindestens 8 C-Atomen, sekundärenAminen und Dimethylsulfat, Benzylchlorid, Methyljodid u. dgl. bakterizide Netzmittel mit Enzymverträglichkeit, die zur Reinigung ärztlicher Instrumente, Krankenhauswäsche, Hotelgeschirr, Molkereigefäße u. dgl. Verwendung finden [575]. Durch Zusatz verschiedener nichtionogener Substanzen konnte eine Steigerung der antiseptischen Wirkung von Alkyldimethylbenzylammoniumchloriden beobachtet werden. Man hat auch desinfizierende Wasch- und Reinigungsmittel durch gemeinsame Verarbeitung von Sulfobernsteinsäurehalbestern von Fettalkoholpolyglykoläthern in Form ihrer Natrium- oder Ammoniumsalze mit kationaktiven Tensiden hergestellt [576].

Quaternäre Substanzen haben sich auch in der Kosmetik in verschiedener

Form bewährt, so als desinfizierende Reinigungsmittel, Haarpflegepräparate, Mund- und Zahnpflegemittel, zur Fußpflege u. a. m. Hierfür haben sich als besonders geeignet erwiesen: Cetyltrimethylammoniumbromid, Stearyldimethylammoniumchlorid, Cetylpyridiniumfluorid sowie Kondensationsprodukte aus Fettaminen und Äthylenoxid [577, 578].

Für technische Zwecke setzt man Kationtenside im Straßenbau, Bautenschutz und Korrosionsschutz, Flotation, Desinfektion, Lack-, Farben- und Lederindustrie, in Putzmitteln (Fußboden- und Schuhpflegemitteln) ein [572, 579]. Quaternäre Verbindungen verhindern in Kühlsystemen die Ablagerung von Schleim und Algen. Dafür geeignet ist u. a. N-Dodecylbenzol-N,N,N-trimethylammoniumchlorid [580]. Bei der Sekundärförderung von Erdöl durch Wasserflutung werden dem Wasser häufig 10 bis 20 g/m³ Kationtenside zugesetzt. Sie dienen teils als Korrosionsschutz für Leitungen, Pumpen und Sonden, darüber hinaus wird ihr starkes Aufziehvermögen und ihre gute Haftfestigkeit dazu benutzt, das ölhaltige Gestein zu umnetzen und Ölreste aus den Gesteinsschichten zu verdrängen.

Auf die Verwendung von Kationaktiva bei der Herstellung synthetischer Fasern als Zusatz zu den Fällungsbädern wurde bereits hingewiesen. Durch geringe Mengen von Laurylpyridiniumsulfat oder ähnlichen Substanzen können z. B. trübe und verunreinigte Fällbäder geklärt werden.

5.5. *Aminoxide*

Aminoxide stellen in schwachsaurem Medium Kationtenside dar, während sie sich in neutralen und alkalischen Lösungen wie nichtionogene Tenside verhalten. Sie können durch Einwirkung von Wasserstoffperoxid (35%ig) auf die entsprechenden Basen hergestellt werden:

$$R\cdot N(CH_3)_2 + H_2O_2 \rightleftharpoons R\cdot \underset{\downarrow \atop O}{N}{:}\genfrac{}{}{0pt}{}{CH_3}{CH_3} + H_2O$$

Die Verbindungen sind in wasserfreier Form stabil; meist werden 30 bis 40%ige Konzentrate eingesetzt. Von Interesse sind besonders die Alkyldimethylaminoxide mit gesättigten C_{12}- bis C_{16}-Alkylresten sowie die ungesättigten C_{10} bis C_{18}-Alkenyle. Höhermolekulare Aminoxide sind weniger gut löslich. Von besonderer Bedeutung ist die Stabilität der Aminoxide gegen verdünnte Säuren, Alkalien und elektrolytreiche Lösungen. In Kombination mit anderen handelsüblichen Tensiden verbessern sie deren Wasserlslichkeit und Wirksamkeit. Mit den meisten Tensiden können sie gemeinsam verwendet werden. Durch den unverzweigten Alkylrest sind sie biologisch leicht abbaubar. Im sauren Bereich sind die Aminoxide den Alkylsulfaten in der Netzwirkung überlegen. Sie übertreffen an Waschkraft das Natrium-Laurylsulfat auf Cellulose angewendet nur im alkalischen

Bereich, an Wolle aber in allen pH-Bereichen. Die nach dem D.A.S. 1163850 hergestellten hautfreundlichen Aminoxide lassen sich in Grob- und Feinwaschmitteln, Waschpasten, Haarwaschmitteln und kosmetischen Präparaten verwenden [581]. Des weiteren wird ihr Einsatz als Polymerisationskatalysatoren für einige Zwecke, Stabilisatoren für Latex, Inhibitoren, Schneidöle u. a. m. empfohlen.

Die Addition von Äthylenoxid oder Propylenoxid an primäre Amine und deren anschließende Oxydation führt zu besser löslichen Aminoxiden [582] [583].

Zum Schluß sollen zwei neuere Aminoxide formelmäßig dargestellt werden:

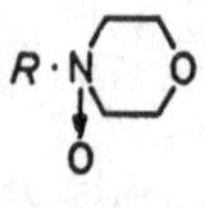

N–Alkylmorpholin–N–Oxid

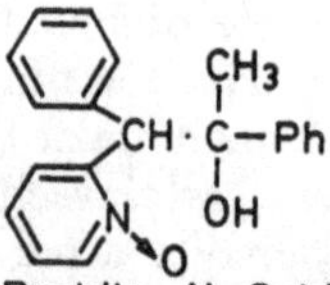

Pyridin–N–Oxide

Eine Zusammenstellung gebräuchlicher Aminoxide enthält Tab. 49.

Tabelle 49. Zusammenstellung einiger Aminoxide

Chemische Struktur	Einsatzgebiet
Fettsäureamidoalkyldimethylaminoxid ($C_{11}-C_{17}$)	Verbesserung der Hautverträglichkeit in Geschirrspülmitteln, Schaumstabilisator.
Lauryldimethylaminoxid	Schaumstabilisator,
Myristyldimethylaminoxid	Elektrolyttolerant,
Cetyldimethylaminoxid	Konditionierungsmittel,
Stearyldimethylaminoxid	pH-unabhängig.
Oleyldimethylaminoxid	
Alkyldimethylaminoxide	Weichmacher, farbloses Tensid, Verbesserung der dermatologischen Verträglichkeit anionaktiver Stoffe, Verdicker und Gelbildner
N-Kokosfettsäuremorpholinoxid	Schaummittel

6. Amphotenside

Amphotenside oder Ampholyte enthalten im Molekül eine anionaktive und eine kationaktive Komponente. Als Kriterium eines Ampholyten wird neben dem Vorhandensein von zwei entgegengesetzt funktionellen Gruppen auch verlangt, daß diese Substanzen sowohl in stärker saurem als auch stärker basischem Bereich entsprechende Salze bilden. Rein formelmäßig sieht ein Amphotensid folgendermaßen aus:

$$R\langle^{S^-}_{B^+} \qquad R = \text{Alkyl}, \quad S^- = \text{Säuregruppe}, \quad B^+ = \text{Basengruppe}$$

Die pauschale Benutzung des Begriffs „Ampholyt" für die gesamte Stoffklasse ist ungenau, da man sehr wohl zwischen verschiedenen, besonders in ihrem elektrochemischen Aufbau differierenden Grundtypen unterscheiden muß, die auch in ihrem physikalischen Verhalten etwas voneinander abweichen. Allgemein versteht man unter einem Amphotensid eine Substanz (im engeren Sinne eine merklich tensioaktive Substanz), die in ihrem freien Molekül kationaktive und anionaktive Gruppen vereinigt, so daß sie sich je nach dem Medium, in dem sie sich befindet, entweder wie eine Säure oder wie eine Base verhält [584].

In der organischen Chemie treten vor allem unter den Eiweißverbindungen verschiedentlich amphotere Stoffe, z. B. Aminosäuren, auf. Als sogenannte Waschkolloide wurden Eiweißstoffe — Leim, Casein, Blutalbumin oder Weizenkleber — als Zusätze zu Seifen und anderen Waschmitteln empfohlen. Diese Eiweißstoffe zeigen ein beachtliches Schaumvermögen und eine gewisse Faserschutzwirkung. Von mehreren Autoren sind die seifenartigen Eigenschaften der Eiweißverbindungen eingehend untersucht worden. Neben unterschiedlicher Kapillaraktivität weisen sie eine gute Waschkraft und ein ausgezeichnetes Emulgiervermögen auf [585, 586].

Einige Fettsäurekondensationsverbindungen können als Abarten der Eiweißstoffe betrachtet werden (siehe Seite 148).

In neuerer Zeit spielen vor allem die Alkylbetaine und die Sulfobetaine eine gewisse Rolle, da sie über einige hervorragende tensioaktive Eigenschaften verfügen.

Weitere Verbindungen dieser Gruppe sind z. B. die N-Alkyl-diäthylentriamin-carbonsäuren, N-Alkyl-asparaginsäure und N-Alkyl-β-alanine. Einige dieser Typen stellt man technisch her.

6.1. Betain-Typ

Das eigentliche Betain kann bekanntlich aus der Melasse isoliert werden und stellt den Grundtyp der zu besprechenden Art der Amphotenside dar. Auf synthetischem Wege läßt sich das Betain durch Anlagerung von Trimethylamin an Monochloressigsäure darstellen:

$$CH_3)_3\cdot N + Cl\cdot CH_2COOH \rightarrow (CH_3)_3\cdot \underset{\cdot \atop Cl}{N}\cdot CH_2\cdot COOH \rightarrow (CH_3)_3\cdot \overset{\oplus}{N}\cdot COO^{\ominus}$$

Das Betain ist als inneres Ammoniumsalz zu betrachten. Ähnlich gebaute Verbindungen mit längeren Alkylketten haben betainartigen Charakter und zeigen ein ausgesprochen tensioaktives Verhalten. Sie sind waschaktiv und waschen unabhängig vom pH-Wert der Waschflotte. Diese Verbindungen können auch in Gegenwart von Fettsäureseifen, Alkylsulfaten oder Kationtensiden verwendet werden. Diese Eigenschaft trifft nicht für alle Tenside zu. Nebenstehende Formel zeigt einen Vertreter dieser Gruppe:

$$C_{14}H_{29}\cdot \underset{\cdot \atop N^{\oplus}\cdot (CH_3)_3}{CH}\cdot COO^{\ominus}$$

Wie schon bei vorstehender Verbindung gezeigt, können statt der niedermolekularen Monochloressigsäure halogenierte Fettsäuren, $X\cdot CH_2\cdot (CH_2)_n \cdot COOH$, z. B. Bromlaurinsäure oder entsprechende ähnliche Säuren, mit Trimethylamin kondensiert werden. Vielfach steht jedoch das Halogen in der Fettsäure an α-Stelle.

Auf umgekehrtem Wege sind auch höhere primäre und sekundäre Amine mit Monochloressigsäure in entsprechende tertiäre Amine überführt worden, die wiederum mit einem Mol Monochloressigsäure zu betainartigen Verbindungen umgesetzt werden:

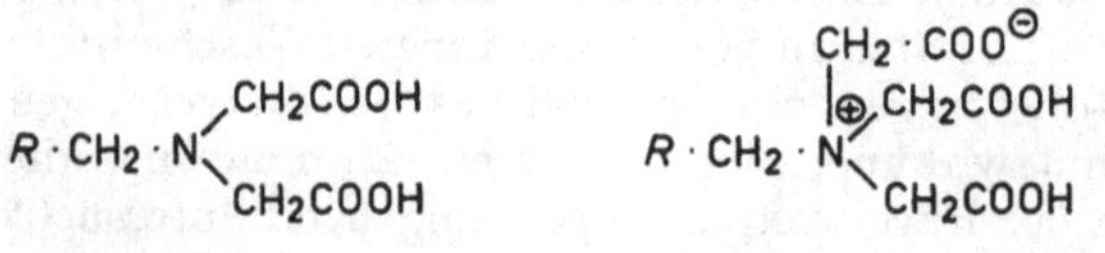

tertiäres Amin   Alkylbetain

Ähnliche Substanzen dieser Art lassen sich gewinnen, wenn man Chloressigsäure in alkalischer Lösung mit dem Kondensationsprodukt von Fettsäuren mit 2-Hydroxyäthyläthylendiamin umsetzt:

$$R\cdot CO\cdot NH\cdot CH_2CH_2\cdot NH\cdot CH_2CH_2\cdot OH + ClCH_2COONa$$

$$\rightarrow R\cdot CO\cdot NH\cdot CH_2CH_2\cdot N \begin{matrix} \diagup CH_2CH_2OH \\ \cdot \\ CH_2COONa \end{matrix}$$

In gleicher Weise lassen sich die N-Stearoyl-, N-Oleoyl-, N-Myristoyl- und N-Capronylverbindungen darstellen [587] [588].

Zur Herstellung dieser Produkte mischt man z. B. 15 *l* Wasser und 7 kg Eis mit 3081 Teilen Chloressigsäure (32 Mole) unter Rühren und kühlt auf 0 bis 5 °C, gibt 3670 Teile 50%iger Natronlauge (45,9 Mole) zu, setzt weiter 5360 Teile (20 Mole) eines geschmolzenen Kondensationsproduktes aus Fettsäure und 2-Hydroxyäthyläthylendiamin bei 15 °C zu. Nach der Steigerung der Temperatur auf 70 °C und schließlich auf 90 °C fügt man nochmals 1025 Teile 50%iger Natronlauge zu. Das Endprodukt ist besonders als Schaumverstärker anwendbar.

Bei der Herstellung neuerer Amphotenside geht man von Fettaminen aus, die nach bekannten Verfahren herstellbar sind. Die Fettamine werden beispielsweise mit Chloracetylchlorid zu den entsprechenden Chloracetylamiden umgesetzt:

$$R\cdot NH_2 + Cl\cdot CH_2\cdot CO\cdot Cl \rightarrow R\cdot NH\cdot CO\cdot CH_2Cl + HCl$$

$$R\cdot NH\cdot CO\cdot CH_2Cl + (R)_2\cdot NH \rightarrow R\cdot NH\cdot CO\cdot CH_2\cdot NH\cdot (R)_2 + HCl$$

Das Chloratom wird durch das Stickstoffatom eines geeigneten sekundären Monoamins, eines Diamins oder Polyamins mit wenigstens einem tertiären und einem primären oder sekundären Stickstoffatom ausgetauscht. Die Verbindungen mit wenigstens einer tertiären Aminogruppe quaternisiert man mit Salzen, insbesondere Alkalisalzen von Halogenalkylcarbonsäuren oder Halogenalkylsulfonsäuren mit 1 bis 3 C-Atomen im Alkyl, wie z. B. chloressigsaures Natrium, 2-chlorpropionsaures Natrium, 2-bromäthansulfonsaures Natrium. Anstelle der salzartigen Verbindungen sind auch die entsprechenden Lactone oder Sultone, wie β-Propiolacton, Propansulton, Butansulton, einsetzbar [589].

Eiweißverbindungen mit amphoterer grenzflächenaktiver Wirkung erhält man dadurch, daß besonders tierische Proteine durch hydrolytischen Abbau in Eiweißabbauprodukte mit peptidartigen Bindungen überführt werden und diese in konzentrierter wäßriger Lösung mit den Halogeniden höhermolekularer gesättigter oder ungesättigter Carbonsäuren oder Alkyl- bzw. Alkylarylsulfonsäuren in Gegenwart von Alkalien umgesetzt werden. Die entstandenen Kondensationsprodukte werden nach der Entfernung von Nebenprodukten oder nicht umgesetzten Ausgangsstoffen in üblicher Weise zuerst mit primären oder sekundären aliphatischen oder aromatischen Aminen bzw. Hydroxyaminen oder deren Salzen behandelt und anschließend mit Formaldehyd umgesetzt. Die Endprodukte stellen wertvolle Netz-, Dispergier-, Emulgier- und Reinigungsmittel dar [590]. Ähnliche grenzflächenaktive Aminosäure Zwitterionen beschreibt ANDERSEN [591].

Eine neuere Gruppe der Amphotenside stellen die ampholytischen Imidazolinderivate dar, die sich von den beschriebenen Verbindungen ableiten [592, 593, 594, 595]. Diese Tenside zeichnen sich durch vollständige biologische Abbaubarkeit, völlige Reizlosigkeit auf Haut und Augen, ausgezeichnete Schaumeigenschaften und ihre Verträglichkeit mit kationaktiven und anionaktiven sowie nichtionogenen Verbindungen aus. Die in der Literatur beschriebenen ampholytischen Imidazoline werden wie folgt formuliert:

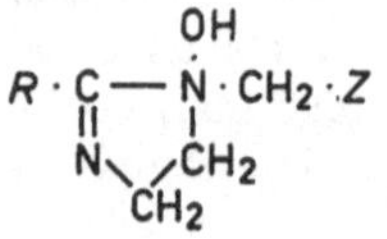

R = H, Na, CH_2COOM

Z = $\cdot COOM$, CH_2COOM, $\underset{OH}{CH}\cdot CH_2\cdot SO_3M$

Die Verbindungen werden in drei Stufen hergestellt:

1. Bildung des Amids: Ausgehend von einer langkettigen Säure, einem Säurechlorid oder einem Methylester einer Carbonsäure führt man eine Kondensation mit einem monosubstituierten Äthylendiamin durch:

$$R\cdot COOH + NH_2CH_2CH_2\cdot NH\cdot CH_2CH_2\cdot OH \rightarrow$$

$$R\cdot CO\cdot NH\cdot CH_2CH_2\cdot NH\cdot CH_2CH_2OH + H_2O$$

2. Cyclisierung: Die Umsetzung der vorliegenden Verbindung zum Imidazolin führt man säurekatalysiert bei ca. 200 °C unter Vakuum durch. Man erhält Ausbeuten von etwa 97%. Die Lagerstabilität der in 2-Stellung substituierten Imidazoline ist unter Feuchtigkeitsausschluß recht gut. In Gegenwart von Feuchtigkeit findet eine teilweise Ringspaltung statt.

3. Bildung der amphoteren Imidazoline: Allgemein wird Chloressigsäure bzw. Natriumchloracetat eingesetzt, um die Imidazoline zu quaternisieren. MANNHEIMER beschreibt drei verschiedene Grundtypen der Imidazoline [594]:

Typ CM:

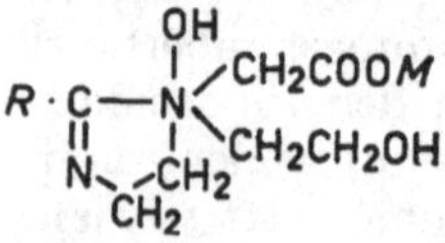

Dazu wird ein Mol Chloressigsäure mit 2 Mol Natriumhydroxid in Wasser gelöst, und zur alkalischen Lösung gibt man ein Mol 1-Hydroxyäthylimidazolin. Nach zweistündiger Erhitzung auf 95° C geht der pH-Wert von 13 auf 8 bis 8,5 zurück.

Typ C2M:

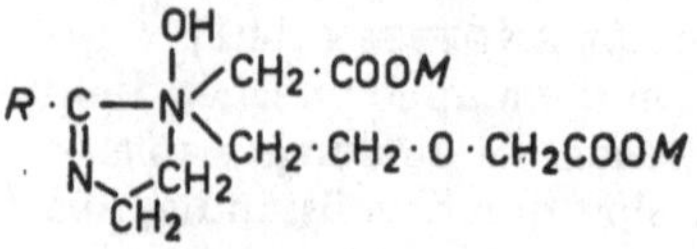

Man löst zwei Mole Chloressigsäure und 4 Mole Natriumhydroxid in Wasser und gibt zu der Lösung ein Mol eines 1-Hydroxyäthylimidazolins. Das Reaktionsgemisch wird zwei Stunden unter Rühren auf 100° erhitzt. Der pH-Wert geht von 13 auf 8,8 bis 9,3 zurück. Nach MANNHEIMER tritt bei dieser Reaktion neben der Quaternisierung des tertiären Amins eine Verätherung der äthanolischen Gruppe ein.

Typ 3:

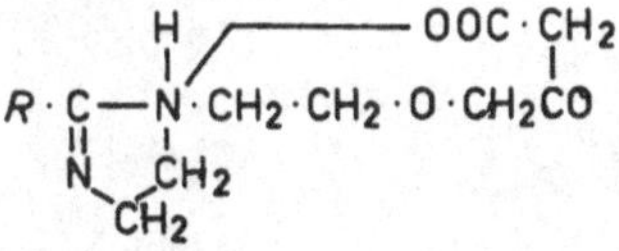

Ein Mol Amphotensid des Typs C2M wird in Alkohol gelöst und mit 2 Molen Salzsäure angesäuert. Das unlösliche Natriumchlorid filtriert man ab und erhitzt die Lösung auf 90 bis 100° Nach 12 bis 72 Stunden. soll der Typ 3 entstanden sein (siehe auch [596]).

6.2. Sulfobetain-Typ

Von den Betainen unterscheiden sich die Sulfobetaine durch die $-SO_3$-Gruppe, die an Stelle der Carboxylgruppe vorhanden ist. Ihre Herstellung erfolgt wie bei den Betainen; statt der Monochloressigsäure werden halogenierte aliphatische Sulfonsäuren, z. B. Chloräthansulfonsäure oder Chloroxypropansulfonsäure zur Umsetzung genötigt.

Wie bei den Betainen finden niedere und höhermolekulare tertiäre Amine, wie Trimethylamin, Oleyldimethylamin u. dgl. Verwendung. Als tertiäre Basen können auch heterocyclische Ringbasen eingesetzt werden. Pyridin wird mit Chloroxypropansulfonsäure in nachstehender Weise zum Pyridin-β-oxypropansulfobetain umgesetzt:

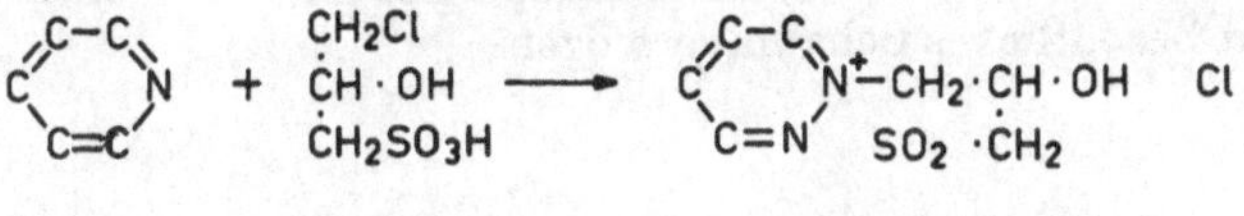

Bei der Herstellung der Sulfobetaine kann man folgendermaßen vorgehen: Dimethyloctadecyl-(γ-sulfopropyl)-ammoniumbetain entsteht beim Zusammengeben einer Lösung des Dimethyloctadecylamins und des Propansultons in Äthylenchlorid bei 50 °C. Nach viertelstündigem Kochen wird das Reaktionsgemisch in Aceton gegossen und abfiltriert. Die Ausbeute liegt bei 86%. Ähnlich gebaute Verbindungen, wie Methyldioctadecyl-(γ-sulfopropyl)-ammoniumbetain, 2-Heptadecyl-3-methyl-3-(γ-sulfooxyäthyl)-imidazoloniumbetain oder 2-Heptadecyl-3-(β-hydroxy)-3-(γ-sulfopropyl)-imidazoloniumbetain, sind in entsprechender Weise herstellbar [596]. Von Rose und Mitarbeitern [597] werden Sulfobetaine mit linearer und Imidazolinstruktur beschrieben, die als gut wasserlösliche Waschmittelrohstoffe und als Netzmittel für jeden pH-Bereich eingesetzt werden können:

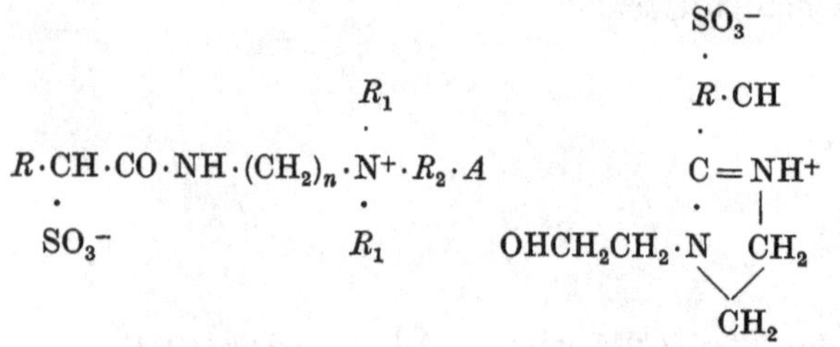

Zu ihrer Herstellung setzt man Diamine mit einer α-Sulfosäure oder deren Ester bei Siedetemperatur z. B. von 2-Äthyl-1-hexanol um und entfernt den dabei entstehenden Alkohol bzw. das Wasser. Führt man die Reaktion mit einem Polyamin aus, das in β-Stellung zu einer primären Aminogruppe eine weitere primäre oder sekundäre Aminogruppe besitzt, so entstehen Imidazolinderivate obiger Formel.

Trivalente Tenside — auch „*Tego-Betaine*" genannt — enthalten drei funktionelle Gruppen:

$$\begin{array}{c}\phantom{C_{11-17}H_{23-35}\cdot CO\cdot NH\cdot CH_2CH_2CH_2\cdot}CH_3\\ C_{11-17}H_{23-35}\cdot CO\cdot NH\cdot CH_2CH_2CH_2\cdot N^+\cdot CH_2COO^-\\ \phantom{C_{11-17}H_{23-35}\cdot CO\cdot NH\cdot CH_2CH_2CH_2\cdot}CH_3\end{array}$$

Die Säureamidgruppe bewirkt eine gute Hautverträglichkeit, die quaternäre Ammoniumgruppe ist Träger der mikrobiziden Wirkung und die Carboxylgruppe gibt einen seifenähnlichen Charakter. Diese Verbindungen besitzen gutes Waschvermögen, gute Kalkseifendispergierung, eine antistatische Wirkung und beachtliches Schaumvermögen.

7. Anwendungsgebiete für Tenside

Heute sind Tenside auf vielen Gebieten anzutreffen; sie stellen für eine Reihe von Arbeitsprozessen wertvolle Hilfsmittel dar. Bereits kleine Mengen verbessern und erleichtern verschiedene Arbeitsgänge und führen zu einer Vereinfachung, Beschleunigung und Verbilligung mancher Prozesse. Die Wirkung und Qualität einer Anzahl von Produkten kann mit Hilfe von Tensiden optimaler gestaltet werden, z. B. durch ihre Anwendung in Pflanzenschutzmitteln, Lacken, Farben, Klebstoffen u. dgl. Gegenüber ihrem ursprünglichen Haupteinsatzgebiet als Reinigungs- und Waschmittel hat sich heute ihre Anwendung auf viele andere Gebiete ausgedehnt. Tab. 3a (Seite 17) gibt eine annähernde Übersicht über die Verwendungsgebiete von Tensiden. Nach wie vor wird die Hauptmenge zur Textilreinigung und -verarbeitung sowie zur Herstellung verschiedenartiger Reinigungsmittel eingesetzt. Eine weitere Aufstellung der Tensidverbraucher (Tab. 3b, siehe Seite 18) enthält einige von Tab. 3a abweichende Werte.

7.1. Reinigungsmittel und Waschmittel

Zur Definition der Begriffe ist zu sagen, daß „Reinigen" als Oberbegriff den Begriff „Waschen" einbezieht. Unter „Reinigen" versteht man vielfach die Entfernung von Schmutz insbesondere von glatten Flächen, jedoch auch von Textilien. Die Zusammensetzung von Reinigungsmitteln ist meist anders als die von Waschmitteln. In den seltensten Fällen kommen die waschaktiven Substanzen in der Form in den Handel, wie sie die Fabrikation verlassen. Ein beträchtlicher Teil der Arbeit auf dem Gebiet der Anwendung der Tenside bestand darin, durch Kombination der Tenside untereinander und mit anorganischen sowie organischen Zusatzstoffen die für jeden speziellen Zweck optimale Zusammensetzung zur Erzielung einer optimalen Wirkung zu finden. Außerdem muß auch die äußere Beschaffenheit der Produkte möglichst ansehnlich gestaltet werden.

Der Wert eines Waschmittels setzt sich zusammen aus:

1. Qualität der waschaktiven Substanzen bzw. ihrer Mischungen,
2. Qualität der Aufbaustoffe,
3. Mengenverhältnisse von 1. und 2. zueinander,
4. Wirtschaftlichkeit des Fabrikates.

Die Waschmittel-Kombinationsarbeiten haben das Ziel, unter Wahrung der Rentabilität, die für einen bestimmten Reinigungszweck geeignetsten Rohstoffe zu finden.

Beim Aufbau eines synthetischen Waschmittels ist es häufig von Vorteil, mehrere waschaktive Substanzen zu einer wertvollen waschaktiven Gruppe zusammenzufassen. Sie werden mengenmäßig so gemischt, daß ein über der Norm liegender Wascheffekt erzielt wird. Weiterhin wird durch die Auswahl verschiedener waschaktiver Substanzen das Schaumbild der Waschflotte beeinflußt. Des weiteren wird durch verschiedene Hilfsstoffe die Reinigungs- oder Waschwirkung zum Teil erheblich verbessert.

Die Waschmittelaufbaustoffe unterteilt man in:

1. Waschhilfsmittel:

1.1. Soda, Natriumbicarbonat,
1.2. Pottasche,
1.3. Alkalisilikate,
1.4. Alkaliphosphate,
1.5. Cellulosederivate,
1.6. Komplexbildner zum Enthärten des Wassers,
1.7. Lösungsvermittler (hydrotrope Verbindungen).

2. Streckmittel:

2.1. Natriumsulfat,
2.2. Natriumchlorid,
2.3. Wasserunlösliche Streckmittel.

3. Sonderbeigaben:

3.1. Bleichmittel (Perborate, Percarbonate, Alkalichlorite),
3.2. optische Aufheller, Blautöner
3.3. Parfüme.

Die Waschhilfsmittel, häufig auch „*builders*" genannt, stellen einen bedeutenden Teil der Wasch- und Reinigungsmittel dar. Sie verursachen eine Verschiebung des pH-Wertes der Lösung durch Hydrolyse, beeinflussen die Grenzflächenspannung sowie das Emulgier- und Schaumvermögen, verbessern die Dispergierwirkung und die Stabilität von Dispersionen. Außerdem bewirken sie eine gewisse Verbesserung der Waschkraft und haben einen Einfluß auf die zu reinigenden Stoffe.

Durch alkalisch gestellte Lösungen werden fast alle Wasch- und Reinigungsprozesse günstig beeinflußt. Bei der Soda z. B. steigt die hydrolytische Spaltung und damit die Alkalität mit zunehmender Verdünnung und steigender Temperatur. Die sogenannte modifizierte Soda, ein Gemisch aus Natriumcarbonat und Natriumbicarbonat, ist weniger stark alkalisch, weil das Ion des Bicarbonats (CHO_3^-) in Gegenwart von Soda sich wie eine Säure verhält und puffert. Ähnlich wie die Alkalicarbonate verhalten sich die Phosphate. Der pH-Wert der Orthophosphate nimmt vom Mono- zum

Trinatriumphosphat zu. — Auch die Lösungen der Natrium- und Kaliumsilikate sind alkalisch, und zwar hängt der Alkalitätsgrad vom SiO_2-Gehalt der Lösungen ab. Mit steigendem SiO_2-Gehalt geht der pH-Wert zurück.

Der Einfluß der anorganischen Salze auf die Tensioaktivität der Lösungen ist von geringerer Bedeutung. Einige Silikate und Phosphate sowie Borax zeigen eine mäßige Schaumbildung beim Schütteln ihrer wäßrigen Lösungen bei bestimmten Konzentrationen.

Sehr günstig beeinflussen die anorgnischen Aufbaustoffe das Suspendiervermögen; gleichzeitig verbessern sie die Stabilität der Dispersionen. Durch die Elektrolyte werden die Schmutzteilchen, die infolge der tensioaktiven Wirkung der waschaktiven Substanzen auf der Faser gelockert wurden, in der Waschflotte feinverteilt, ohne sich wieder auf der Faser abzusetzen. Die Eigenschaft, Suspensionen zu stabilisieren, wird beim Waschvorgang Schmutztragevermögen genannt. Das Schmutztragevermögen wird allerdings noch durch andere Faktoren, wie z. B. durch Konstitution und Konzentration der waschaktiven Stoffe, pH-Wert der Waschlauge, Art der Aufbaustoffe des Waschmittels, beeinflußt.

Einigen anorganischen Elektrolyten kommt eine ausgesprochene Waschkraft zu, die vor allem durch eine gewisse Quellung der Faser, durch die Suspendierwirkung und das Dispersionsstabilisiervermögen hervorgerufen wird. Zu diesen Stoffen gehören Trinatriumphosphat, Tetranatriumpyrophosphat, Soda und Natriummetasilikat. Vielfach werden Textilien allerdings durch in Wasser gelöste anorganische Verbindungen mehr oder weniger stark angegriffen. In gleicher Weise erfolgt auch ein Angriff auf die Haut oder auf zu reinigende Gegenstände. Ein zu hoher Alkaligehalt der Waschflotte kann z. B. bei Cellulosefasern nach mehrfacher Anwendung zu starker Schädigung bis zur vollständigen Zerstörung der Fasern führen. Allerdings treten so weitgehende Zerstörungen nur dann auf, wenn man verdünnte Natronlauge als Waschflüssigkeit verwendet; bei hydrolysierbaren Substanzen, wie Soda, Wasserglas oder Alkaliphosphaten, sind Faserschäden geringer.

Eine negative Eigenschaft einiger anorganischer Elektrolyte ist die Bildung von Krusten auf Fasern und anderen Unterlagen. Wasserglas z. B. enthält kolloides Silikat ($Na_2O \cdot SiO_2$), welches je nach Konzentration, Temperatur und Anwesenheit anderer Elektrolyte mehr oder weniger stark auf den Fasern des Waschgutes niedergeschlagen wird. Derartige Inkrustierungen führen zu Verfärbungen des Gewebes und zu Faserschäden. Inkrustierungen können auch durch ungenügend enthärtetes Wasser, durch Kalk- und Magnesiumseifenbildung oder durch Calciumphosphatablagerungen hervorgerufen werden.

Außer den anorganischen Elektrolyten kommen in vielen Waschmitteln als organische Aufbaustoffe wasserlösliche Celluloseäther oder andere höhermolekulare Kolloide vor. Das Schmutztragevermögen der Waschflotten wird durch diese Aufbaustoffe wesentlich verbessert. Da es sich bei den

Celluloseverbindungen meist nicht um einheitliche chemische Substanzen handelt, sondern um technische Produkte mit einem unterschiedlichen Grad der Polymerisation und Verätherung sowie an Verunreinigungen, sind die Wirksamkeiten der einzelnen Produkte zuweilen sehr unterschiedlich.

7.1.1. Waschhilfsmittel

Der Verwendungszweck der Waschhilfsmittel ist bereits eingehend erwähnt worden. Nachstehend folgen nähere Ausführungen zu diesen Produkten.

1. Soda, Natriumcarbonat, Na_2CO_3, wird als wasserfreies Produkt eingesetzt. In der Waschmittelindustrie wird die Hauptmenge der Soda für die verschiedenen Arten von Wasch- und Reinigungsmitteln verwendet. Die Solvay- oder Ammoniaksoda hat einen Natriumcarbonatgehalt von 98 bis 99%, der Rest ist vorwiegend Kochsalz. Zuweilen ist in der Soda eine mehr oder weniger große Bicarbonatmenge enthalten.

Natriumbicarbonat wird teilweise als reines Bicarbonat oder als sogenannte modizierte Soda zur Herstellung von Waschmitteln eingesetzt.

2. Pottasche, Kaliumcarbonat, K_2CO_3: Der Bedarf an Pottasche liegt weitaus unter dem der Soda. Da ihr Preis verhältnismäßig hoch liegt, kommt die Pottasche nur relativ wenig in Waschmitteln zum Einsatz. Für einige kosmetische Erzeugnisse verwendet man sie in geringerem Umfang.

3. Alkalisilikate: Für die Herstellung von Wasch- und Reinigungsmitteln kommen vorwiegend nachstehend Alkalisilikatarten in Frage:

a) neutrales oder alkalisches flüssiges Wasserglas, das eine wäßrige Lösung von Tri-, Tetra- und höhermolekularen Polysilikaten darstellt und etwa 45 bis 65% Wasser sowie 35 bis 55% Natriumsilikat enthält. Für die Seifenherstellung wird dieses Produkt erst durch Zusatz einer gleich starken Natronlauge von 10% seines Gewichtes nach mehrtägigem Stehen verwendet (Abrichtung). Ohne Alkalizusatz bildet das Wasserglas in der Seife Klumpen. Mit Wasserglas versehene Seifen haben eine bessere Waschwirkung, die u. a. von dem höheren pH-Wert herrührt, den der Wasserglaszusatz bewirkt.

Nach neueren Erfahrungen ist das Abrichten des neutralen Wasserglases mit Metasilikat vorteilhafter als die Abrichtung mit Natronlauge [598].

Natriumsilikat wird als Inhibitor des Oxydationsprozesses nicht in die Seifenspäne, sondern in die Seifengrundlage vor dem Trocknen eingeführt. Toilettenseifen mit 0,5% Natriumsilikat sind hell und bleichen bei der Lagerung weiter aus. Der Zusatz befreit die Seife von Eisensalzen und verhindert das Ranzigwerden der Seifen [599].

b) Hydratisiertes, pulverisiertes, neutrales oder alkalisches Wasserglas mit ca. 80% Silikatgehalt und

c) Natriummetasilikat, kristallisiert mit 42 bis 58% Silikatgehalt, kommen in vielen Waschmittelkombinationen vor. Natriummetasilikat wird durch Verschmelzen molarer Mengen Kieselsäure mit Soda gewonnen und fällt als weißes, kristallines Pulver von großer Reinheit an, das sich in heißem und kaltem Wasser vollständig löst. Nach einem anderen Verfahren wird festes Natriumsilikat mit einem $Na_2O:SiO_2$-Verhältnis >1 bei einer Temperatur unterhalb 60 °C mit einer wäßrigen Wasserglaslösung, deren Mol-Verhältnis $Na_2O:SiO_2 < 1$ liegt und deren Wassergehalt so groß ist, daß das Gemisch bei 100 °C flüssig ist, gemischt. Das Gemisch wird eingedampft, bis sich eine plastische Masse bildet, wobei die Temperatur unter dem Schmelzpunkt der Masse gehalten werden muß [600]. Durch Mischen von flüssigem oder geschmolzenem Alkalisilikat mit festem Alkalisilikat kommt man zu staubfreien Alkalisilikathydraten, die gut wasserlöslich sind [601].

Wegen seines hohen pH-Wertes in Lösungen zählt man das Natriummetasilikat zu den aktiven Reinigern. Besonders zu erwähnen sind seine dispergierende Wirkung und sein gutes Emulgiervermögen für Mineralöle und Fette. Aus hartem Wasser fällt es die Calcium- und Magnesiumsalze als Silikate aus. Natriummetasilikat enthärtet Wasser nur bis 2—3° d. H. Die durch Metasilikat ausgeschiedenen Erdalkalisalze setzen sich im Gegensatz zu den aus Trinatriumphosphat entstandenen Niederschlägen mit Seife nicht mehr um.

Durch Kombination mit anderen Reinigungsmitteln erhält man Produkte mit stark ausgeprägtem Reinigungsvermögen für die unterschiedlichsten Anwendungsgebiete. Des weiteren üben sie eine stabilisierende Wirkung auf peroxidischen Sauerstoff in Bleichmitteln aus. Größere Mengen Wasserglas oder Metasilikat sind z. B. in Einweichmitteln neben Soda und geringen Mengen waschaktiver Substanzen enthalten. Natriummetasilikat findet auch als Vorwaschmittel in vielen gewerblichen Wäschereien Verwendung. Die Alkalisilikate müssen nach dem Waschen sorgfältig durch gutes Spülen aus dem Waschgut entfernt werden, da sie teilweise von den Fasern adsorbiert werden und Inkrustierungen der Fasern verursachen.

Kaliwasserglas wird in der Waschmittelindustrie seines höheren Preises wegen nur selten eingesetzt. Für einige spezielle Produkte setzt man Kalisilikate in geringen Mengen ein. Wesentliche Vorteile gegenüber dem Natronwasserglas bietet es kaum.

Der Kieselsäuregehalt von Waschmitteln läßt sich rasch und mit genügender Genauigkeit dadurch bestimmen, daß man die Produkte mit konzentrierter, nitrathaltiger Schwefelsäure auf über 100 °C erhitzt, die Lösung verdünnt und die Kieselsäure abfiltriert [602].

4. Alkaliphosphate: verbessern in der Seife oder in synthetischen Waschmitteln deren reinigende Wirkung wesentlich. Die Art der einzusetzenden Phosphate ist von ihrem Verwendungszweck abhängig, da diese sich in ihren pH-Werten stark unterscheiden.

Am längsten bekannt ist das Trinatriumphosphat, das für die unterschiedlichsten Zwecke eingesetzt worden ist. Seine Lösungen reagieren mit pH-Wert 11,3 verhältnismäßig stark alkalisch. Durch Verseifung von Fetten und fetten Ölen fördert es den Waschprozeß. Unverseifbare Mineralöle werden infolge seiner emulgierenden Wirkung dispergiert und von der Faser abgelöst. Viele Reinigungsmittel enthalten Trinatriumphosphat in Mengen bis zu 30%. Seiner hohen Alkalität wegen wurde es aus den Feinwaschmitteln durch die weniger alkalischen Poly- oder Pyrophosphate weitgehend verdrängt.

Als nächstes Alkaliphosphat ist das Dinatriumphosphat, $Na_2HPO_4 \cdot 12\,H_2O$, zu erwähnen, welches man durch Neutralisation von Phosphorsäure mit Soda gewinnt. Seine Lösungen reagieren nur schwach alkalisch. Es kommt als calciniertes Produkt in den Handel. In Waschmitteln können davon 5 bis 20% enthalten sein.

Neutrales Natriumpyrophosphat, $Na_4P_2O_7$, wird durch Erhitzen des Dinatriumphosphates gewonnen und stellt ein staubfeines hygroskopisches Pulver dar. Wie das Trinatriumphosphat ist es als Wasserenthärtungsmittel eingesetzt worden. Außerdem setzt man es Seifen zu, um Ablagerungen von Calcium- und Magnesiumseifen auf den Textilfasern zu vermeiden. Bei Anwesenheit von Peroxiden in Waschmitteln wirkt das Natriumpyrophosphat als Stabilisator und verlangsamt deren Zerfall. Je nach Erfordernis können in Seifen und Waschmitteln 5 bis 30% dieses Phosphates eingearbeitet werden.

Weit verbreitet sind heute in den Waschmitteln die komplexen, kondensierten oder polymerisierten Phosphate, die auch unter der Bezeichnung Edelphosphate bekannt sind. Da ihnen eine gewisse Waschkraft zukommt, werden sie als anorganische waschaktive Substanzen bezeichnet.

Drei Grundtypen haben eine besondere Bedeutung erlangt:

1. Natriumhexametaphosphat, $Na_6P_6O_{18}$,
2. Natriumtripolyphosphat, $Na_5P_3O_{10}$,
3. Tetranatriumpyrophosphat, $Na_4P_2O_7$.

Einige Eigenschaften der Poly- und Orthophosphate sind in Tab. 50 zusammengefaßt. Diese Substanzen werden meist nicht einzeln, sondern stets im Gemisch mit anderen Phosphaten eingesetzt:

Der Phosphataufbau von Haushaltwaschmitteln kann folgendermaßen aussehen:

Gesamtphosphat als P_2O_5	21 bis 25%
Tripolyphosphat, $Na_5P_3O_{10}$	25 bis 33%
Pyrophosphat, $Na_4P_2O_7$	7 bis 15%
Orthophosphat, Na_3PO_4	ca. 2%

Bei allen untersuchten Waschmitteln ist der Phosphatgesamtanteil annähernd konstant, jedoch ist das Verhältnis von Tripolyphosphat : Pyrophosphat unterschiedlich. Der Aschegehalt der Wäsche (Inkrustierung der Faser) ist wesentlich von diesem Verhältnis abhängig. Während die höherkondensierten Phosphate Inkrustierungen verhindern, können sie bereits

Tabelle 50. Kennzahlen einiger Poly- und Orthophosphate

Phosphat-Typ			Mol-Gew.	pH-Wert der 1%-Lsg.	Kondensationsgrad
Trinatriumphosphat, Trikaliumphosphat	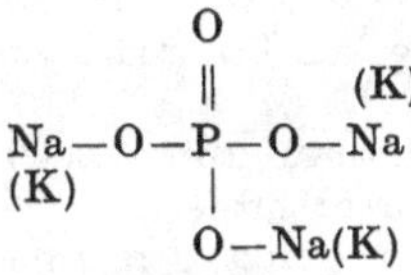	Na_3PO_4 K_3PO_4	164 212	12 11	1 1
Tetranatriumpyrophosphat, Tetrakaliumpyrophosphat	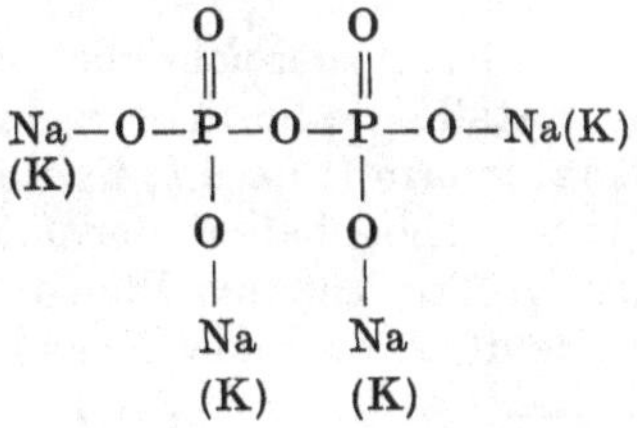	$Na_4P_2O_7$ $K_4P_2O_7$	266 330	10,4 10,2	2 2
Natriumtripolyphosphat, Kaliumtripolyphosphat, Natriumpolymetaphosphat, Kaliumpolymetaphosphat	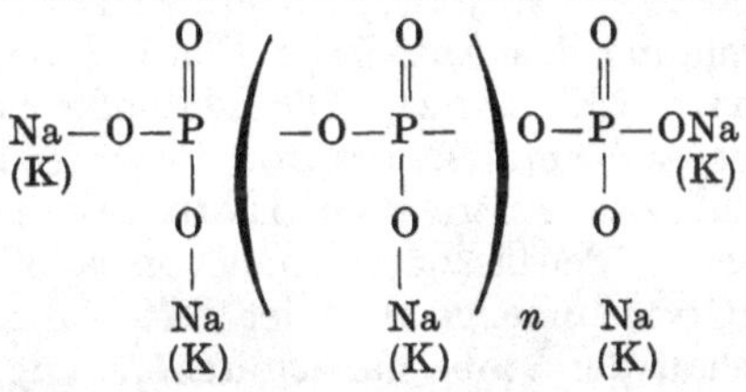	$Na_5P_3O_{10}$ $K_5P_3O_{10}$	368 448	10,1 9,8 6,2 schwer-wasserlöslich	3 ($n = 1$) 3 ($n = 1$) n bis 450

entstandene Phosphatinkrustierungen kaum lösen. Je nach Art und Menge der übrigen Bestandteile des Waschmittels soll bei einer mittleren Wasserhärte der Tripolyphosphatanteil das Zweieinhalbfache des Pyrophosphatanteils betragen, um Inkrustierungen vorzubeugen.

Die Waschkraft einer Waschmittelkombination wird bei Verwendung von Pyrophosphat und Tripolyphosphat in Anteilen von 35 bzw. 50% (bezogen auf die Phosphatmengen) bei einer Anwendungsmenge von 5 g/*l* durch steigende Wasserhärte gemindert. Beim Spülen in hartem Wasser können Kalkablagerungen im Gewebe erfolgen. Das Kalkbindevermögen von Phosphaten wird beim Pyrophosphat und Tripolyphosphat durch erhöhte Temperaturen noch gesteigert. Zwei unterschiedliche Polyphosphate haben unabhängig von der Temperatur ein sehr gutes Kalkbindevermögen [603].

Natriumtripolyphosphat gehört zur Gruppe der kondensierten geradkettigen Phosphate. Als kondensierte Phosphate bezeichnet man Verbindungen, die durch Reaktion von mindestens zwei Molekülen Monoalkali-

oder Dialkaliorthophosphat oder deren Gemische durch Abspaltung von Wasser entstanden sind. Ihre Herstellung erfolgt, indem eine wäßrige Lösung, die Di- und Mononatriumphosphat im Molverhältnis von 2:1 enthält, bei bestimmten Temperaturen entwässert und kondensiert wird.

Die großtechnische Produktion ist nach folgenden drei Verfahren möglich:

1. Die Entwässerung und Kondensation erfolgt im Drehrohrofen in einem Arbeitsgang oder in Teilschritten.
2. Die Ausgangslösung wird in einem Sprühturm vorgetrocknet, der Kondensationsvorgang erfolgt im nachgeschalteten Drehrohrofen.
3. Das Natriumtripolyphosphat entsteht direkt durch Versprühen der Ausgangslösung in einem Sprühturm.

Die Einhaltung bestimmter Temperaturbereiche bei der Verfahrensführung ermöglicht die beiden kristallographisch verschiedenen Modifikationen, nämlich die Hochtemperaturform (Phase *I*) und die Tieftemperaturform (Phase *II*) des Natriumtripolyphosphats, zu erhalten. Bei Temperaturen unterhalb 400 °C fällt der größte Teil als Phase *II* an, während oberhalb 400 °C Phase *I* entsteht. Beim Lösen bildet Phase *II* einen harten kuchenförmigen Bodenkörper. Deshalb wird vorwiegend Phase-*I*-Natriumtripolyphosphat zur Herstellung von Waschmitteln verwendet [604].

Die analytische Bestimmung des Anteils an Phase *I* erfolgt nach dem Temperaturanstiegtest nach McGilvery. Die Methode beruht auf den unterschiedlichen Lösungsgeschwindigkeiten von Phase *I* und *II* in einer Glyzerin-Wasser-Mischung. Die auftretende Hydratationswärme ist ein Maß für den Anteil an Phase *I*, der bis zum Gehalt von ca. 30% bestimmbar ist. Durch Erhöhung der Glyzerinmenge wird der Test von der Siebfraktion und dem Feuchtigkeitsgehalt der Probe nahezu unabhängig, und es lassen sich bis 75% Phase *I* bestimmen [605].

Ein chloriertes Trinatriumphosphat der Formel $Na_3PO_4 \cdot$ ca. 1/4 Na OCl 11 bis 12 H_2O hat eine reinigende, desinfizierende, desodorierende und bleichende Wirkung. Es handelt sich bei der Verbindung um ein Doppelsalz [606].

Ein ebenfalls bleichend wirkendes Produkt, ein Alkalipyrophosphatperhydrat, wird durch unmittelbare Reaktion von Alkalipyrophosphat mit konzentriertem Wasserstoffperoxid gewonnen. In Gegenwart eines Stabilisators wird das calcinierte Alkaliphosphat in Pulverform unter Rühren mit dem Wasserstoffperoxid behandelt. Man kann den kondensierten Alkaliphosphaten bis zu 10% Alkalicarbonate oder -bicarbonate zumischen. Gleichzeitig versetzt man das Wasserstoffperoxid mit einer entsprechenden Menge Phosphor- oder Pyrophosphorsäure. Zur Verbesserung der Stabilität besprüht man die fertigen Granulate mit fettartigen Substanzen, wie Paraffinöl, Fettsäureamide, Alkylpolyglykoläther [607].

Die entsprechenden Kaliumphosphate kommen nur in geringen Mengen zum Einsatz. Verfahren zu ihrer Herstellung sind relativ wenig beschrieben worden [608, 609].

Weitere Einzelheiten über das Verhalten von Phosphaten im Waschprozeß sind von verschiedenen Autoren ausführlich untersucht worden [610, 611, 612, 613, 614, 615, 616].

Es soll noch kurz darauf hingewiesen werden, daß etwa 50% der Weltproduktion an Phosphor für die Herstellung von Wasch-, Reinigungs- und Körperpflegemitteln verbraucht werden [617].

5. Carboxymethylcellulose: Die Qualität eines Waschmittels ist weitgehend von seinem Schmutztragevermögen abhängig. Während des Waschvorgangs durchfließt die Waschflotte ständig das Gewebe. Mit zunehmender Verschmutzung der Waschlauge besteht die Gefahr, daß sich ein Teil des Schmutzes wieder auf der Faser absetzt und die Wäsche vergraut wird [618]. In der Carboxymethylcellulose (siehe Formel) steht ein Produkt zur Verfügung, das das Schmutztragevermögen der Waschflotte deutlich verbessert und auch dem Vergrauen der Wäsche intensiv entgegenwirkt. Die Dosierungen bewegen sich je nach Schmutzkonzentration, waschaktiver

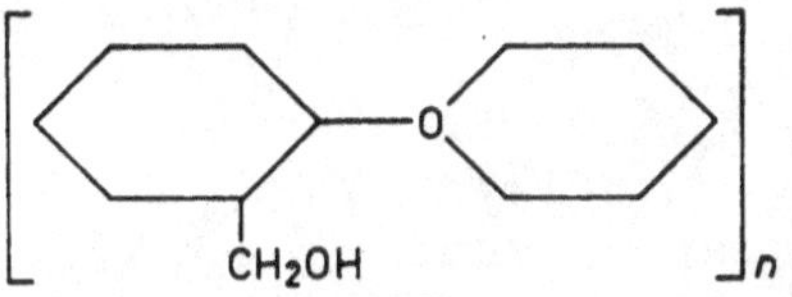

Cellulose

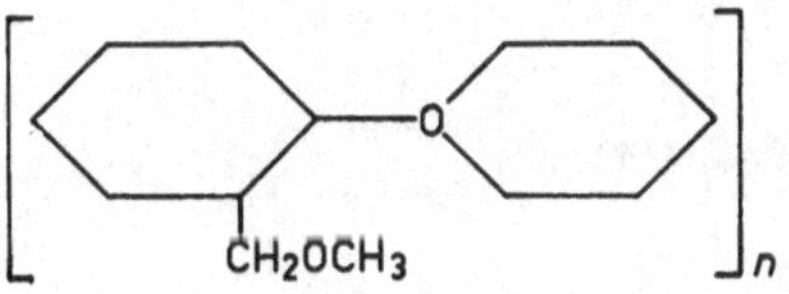

Methylcellulose

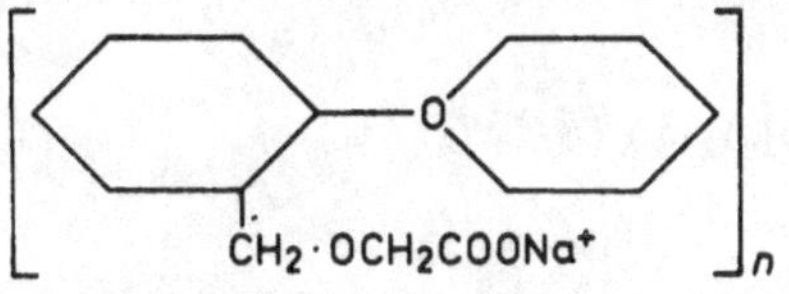

Carboxymethylcellulose

Substanz und Alkalitätsgrad der Waschflotte zwischen 0,05 bis 0,3 g Carboxymethylcellulose/*l* Waschflotte. Höhere Mengen bieten wirkungs- und kalkulationsmäßig keinen entsprechenden Vorteil. Die Wirkung der CMC gegen die Wiederablagerung von Schmutz auf dem Gewebe beim Waschvorgang ist bisher kaum von einer anderen Substanz erreicht worden [618a, 619, 620, 621, 622].

Neuerdings werden als Schmutzträger auch gewisse Polywachse eingesetzt, welche zusätzliche Vorteile, z. B. bei der Konfektion, bieten. Polyvinylpyrrolidon mit Mol-Gewichten von 15000 bis 40000 hat sich als schmutzdispergierendes Mittel in Mengen von 0,001 bis 0,1% in der Waschflotte gut bewährt [623].

6. Komplexone zur Wasserenthärtung: Weitaus die wichtigsten organischen Komplexbildner zur Enthärtung von Wasser gehören in die Gruppe der Aminopolycarbonsäuren. Diese Verbindungen — nach einem Vorschlag der JUPAC als Komplexone bezeichnet — wurden 1936 erstmals in die Technik eingeführt. Auf Grund ihrer Fähigkeit, mehrwertige Metallionen unter Bildung eines stabilen, komplexen Moleküls oder Ions zu binden, wirken sie unter anderem wasserenthärtend und stabilisieren den aktiven Sauerstoff. Die Stabilisierung des aktiven Sauerstoffs beruht auf der Ausschaltung von Schwermetallspuren, welche die Peroxidzersetzung katalysieren [624]. Die älteren wichtigsten Vertreter dieser Stoffklasse sind Derivate des Äthylendiamins, z. B.

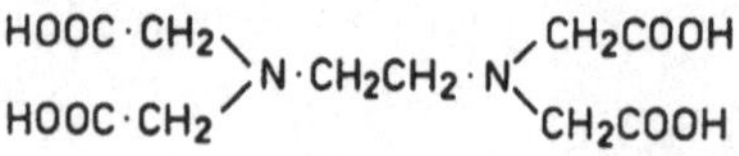

a) Äthylendiamintetraessigsäure (EDTA)

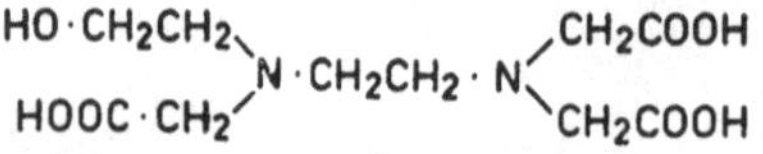

b) Hydroxyäthylendiamintriessigsäure (*HEDTA*)

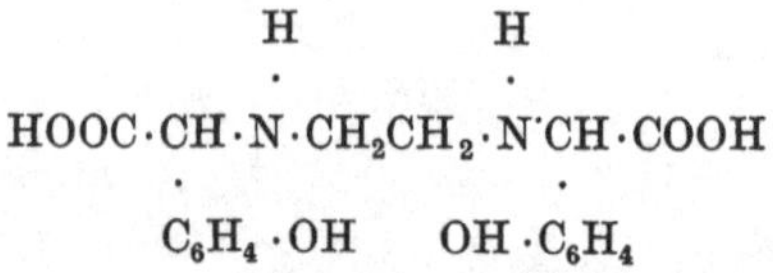

c) N,N′-Äthylen-bis-[2-(o-hydroxyphenyl)]glycin (*EHPG*)

d) $N \cdot (CH_2COOH)_3$ Nitrilotriessigsäure (*NTA*)

Die Komplexone werden zuweilen auch als Phosphatersatz bezeichnet, da sie wasserenthärtend wirken. Setzt man den Waschmittelkombinationen organische Komplexbildner zu, so wird die Waschkraft zwar gesteigert, jedoch wird nicht die Waschwirkung erreicht, welche bei Zugabe von komplexen Phosphaten erzielt wird.

7. Hydrotrope Substanzen (Lösungsvermittler): Unter Hydrotropie versteht man die Erhöhung der Wasserlöslichkeit von schwerlöslichen Stoffen durch Zusatz hydrophiler, also wasserlöslicher Substanzen. Durch

die hydrotropen Verbindungen bilden sich auf Grund zwischenmolekularer Kräfte Addukte, die eine gute Wasserlöslichkeit aufweisen. Es ist eine Vielzahl von Verbindungen bekannt, die hydrotrope Eigenschaften aufweisen. Der hydrotrope Molekülteil besteht meist aus aliphatischen, aromatischen, hydroaromatischen oder heterocyclischen Alkylen, während der hydrophile Teil von Oxy-, Sulfo- oder Carboxylgruppen gebildet wird. In der Literatur ist der Einfluß von lösungsvermittelnden Produkten auf Farbstoffe und Waschmittel sowie ihre Anwendung in der Medizin, Gerberei, Textilveredlung verschiedentlich beschrieben [625].

Bekannte und vielverwendete hydrotrope Substanzen sind die kurzkettigen Alkylbenzolsulfonate wie Toluolsulfonat, Cumolsulfonat. Ihre Anwendung wird seit vielen Jahren in größerem Maßstab bei der Waschmittelherstellung praktiziert. Man setzt dem Sprühansatz häufig hydrotrope Verbindungen, z. B. Natriumtoluolsulfonat oder Natriumcumosulfonat zu. Durch den Zusatz läßt sich der Feststoffgehalt der Suspension an anorganischen Salzen und organischen Verbindungen deutlich erhöhen und die Viskosität des Waschmittels wird vermindert.

Beide Faktoren sind für die Waschpulveraufarbeitung wesentlich. Die Bedeutung der hydrotropen Substanzen ist durch die ständige Erweiterung des Angebotes an flüssigen Wasch- und Reinigungsmitteln immer mehr auf diese Gebiete verlagert worden. Zu den für die Waschmittelherstellung wichtigsten Lösungvermittlern gehören außer den bereits erwähnten Toluol- und Cumolsulfonaten auch die Xylolsulfonate, die in Mengen von 5 bis 10% den Waschmitteln zugesetzt werden.

In den letzten Jahren sind weitere Additive für Waschmittel vorgeschlagen worden, die deren Leistungsfähigkeit für bestimmte Anwendungsbereiche wesentlich steigern (Schaum- und Waschvermögen). Unter diesen Zusätzen findet sich der Harnstoff als billiges und unschädliches Füll- und Solubilisierungsmittel (Lösungsvermittler). Auch substituierte langkettige Harnstoffe sind als Waschmittelzusätze empfohlen worden, wie z. B.:

Dodecylharnstoff ($CH_3(CH_2)_{11} \cdot NH \cdot CO \cdot NH_2$)
N-Dodecyl-N'-methylharnstoff ($CH_3(CH_2)_{11} \cdot NH \cdot CO \cdot NH \cdot CH_3$)
N-Dodecyl-N'-methylolharnstoff ($CH_3(CH_2)_{11} \cdot NH \cdot CO \cdot NH \cdot CH_2O$)

Des weiteren stellt man wasserlösliche, tensioaktive Stoffe aus Harnstoff und/oder Harnstoffderivaten her, die durch Reaktion mit aliphatischen Monocarbonsäuren mit mehr als 7 C-Atomen in Abwesenheit von Lösungsmitteln bei 100 bis 200 °C entstehen [626]. Zur Überführung der viskosen, flüssigen nichtionogenen Tenside in eine feste Form ist man dazu übergegangen, Harnstoffadditionsverbindungen daraus herzustellen. Die Addukte zerfallen in wäßriger Lösung, wobei der Harnstoff gleichzeitig eine haut- und faserschonende Wirkung ausübt [627, 628].

7.1.2. *Streckmittel*

Grundsätzlich unterscheidet man Streckmittel für wasserlösliche Fertigerzeugnisse und für solche, bei denen nur eine begrenzte Wasserlöslichkeit verlangt wird.

Im ersten Falle ist Natriumsulfat (Glaubersalz, Na_2SO_4) am gebräuchlichsten. Der Umwandlungspunkt des calcinierten Natriumsulfates in die kristallisierte, wasserhaltige Form liegt bei 32,7 °C, so daß bei der Weiterverarbeitung darauf besonders Rücksicht genommen werden muß, um ein Zusammenbacken oder Zusammenballen des fertigen Pulvers zu verhindern. Natriumsulfat gelangt entweder mit den Tensiden in die Waschmittel oder es wird extra in mehr oder weniger großen Mengen zugesetzt (siehe: Zusammensetzung der Waschmittel).

Kochsalz (Natriumchlorid, NaCl) oder Magnesiumsulfat (Bittersalz, $MgSO_4$) werden nur in besonderen Fällen eingesetzt. Gegenüber dem Natriumsulfat kommen sie selten vor.

Als wasserunlösliche Streckmittel kommen feinstgemahlener Sand, Kreide, Kalk, Bimsstein, Plastepulver, Sägemehl u. dgl. für pastenförmige und geformte Reinigungsmittel in Betracht. Sie können vielfach als Scheuermittel angesehen werden.

7.1.3. *Sonderbeigaben*

Bleichmittel wirken — im Unterschied zu den optischen Aufhellern — chemisch, d. h. der aktive Sauerstoff dieser Verbindungen bewirkt eine Veränderung der färbenden Substanzen. Derartige Verbindungen sind heute zu einem üblichen Bestandteil vieler moderner Waschmittel geworden. Das wenig stabile Natriumpercarbonat (Na_2CO_4 oder $Na_2C_2O_6$) wurde weitgehend vom Natriumperborat ($NaBO_2 \cdot H_2O_2 \cdot 3H_2O$) verdrängt. Natriumperborat ist in vielen Waschmitteln in Mengen von 5 bis 10% enthalten, so daß auf 1 *l* Waschlauge ungefähr 0,5 g Bleichmittel kommen. Durch Zusatz von etwa der gleichen Menge Natriummetasilikat oder Alkaliphosphat wird das Perborat stabilisiert, um einen vorzeitigen Zerfall zu vermeiden [629, 630, 631, 632].

Seltener findet man heute in den Waschmitteln chlorhaltige Bleichmittel, wie z. B. Natriumhypochlorit, NaOCl, oder Kaliumhypochlorit, KOCl. Eine gute Bleichwirkung weist das Natriumchlorit auf. In neuerer Zeit tritt auch die Trichlorcyanursäure bzw. ihre Salze als bleichend wirkende Verbindung in Reinigungsmitteln auf [633, 634, 635, 636, 637].

Die Bleichmittel kommen sowohl in den festen, selbsttätigen Warm-, Kalt-, Schnell- und Spezialwaschmitteln als auch in flüssigen und pastenförmigen Waschmitteln vor. In der gewerblichen Wäscherei wird verschiedentlich noch das mit einem Stabilisator versehene Wasserstoffperoxid eingesetzt.

Die optischen Aufheller wirken nur physikalisch; sie bewirken durch Reflexion des blauen Lichtes eine subjektive Beeinflussung des Weißgrades bei Tageslicht. Eine Übersicht über die wichtigsten Grundkörper von optischen Aufhellern enthält Tab. 51. Früher war, und ist in manchen Ländern heute noch, das sogenannte Waschblau (*Ultramarin* oder organische blaue Farbstoffe) weit verbreitet. Die Eigenschaften der Aufheller oder Weißtöner können je nach Verwendungszweck — für Eiweiß- oder Cellulosefasern — durch Einführung z. B. von Harnstoffgruppen, von Triazin- oder Cyanurringen beeinflußt werden. Die heute zur Verfügung stehende Palette von optischen Aufhellern ist relativ groß.

Waschmittel enthalten nur geringe Mengen der Aufheller, etwa 0,1 bis 1%. Zu große Mengen können Vergilbung oder Vergrauung des Waschgutes hervorrufen. Es ist notwendig, daß die optischen Aufheller auf die Gewebefasern aufziehen, um dort für das Auge unsichtbare Lichtstrahlen einzufangen und diese unsichtbaren Strahlen dem Auge als sichtbares Licht zu präsentieren. Es gibt Aufheller mit unterschiedlichem Aufziehvermögen für die einzelnen Faserarten. Sie müssen mit allen Waschmittelbestandteilen verträglich sein. Bei jeder Wäsche muß gleichviel Aufheller von der Faser entfernt werden als neuer aufziehen soll. Außerdem müssen die Aufheller eine genügend große Lichtbeständigkeit aufweisen; Sonnenlicht greift sie sehr an. Es ist deshalb möglich, daß am Gewebe Mißfarben entstehen. Allgemein ist ihre Handhabung äußerst schwierig, so muß das Weiß ansprechend erscheinen und darf nicht grün-, rot- oder blaustichig wirken [638, 639, 640, 641, 642, 643, 644].

Zur Ableitung der statischen Elektrizität sind synthetische Textilien verschiedentlich mit einem geeigneten Antistatikum imprägniert. Zuweilen enthalten Waschmittel antistatische Zusätze. Derartige Antistatika sollen eine Aufladung der Textilien verhindern. Vielfach werden Alkali-, Ammonium- oder Monoaminsalze von z. B. Orthophosphorsäurediestern der C_2- bis C_5-Alkanole oder Phosphoniumsalze eingesetzt [645, 646]. Die Zahl der angebotenen Antistatika ist relativ groß, und sie werden nach den unterschiedlichsten Verfahren hergestellt [647, 648, 649, 650].

In Waschmitteln dienen Glykole und Polyäthylenglykole als Hygroskopika und zur Veränderung der Viskosität der Waschflotte. Zur Erhöhung des Schmutztragevermögens und der Schaumstabilität setzt man zuweilen Polyäthylenoxidwachse mit Molgewichten von ca. 3000 und höher ein. Sie weisen u. a. wertvolle hautphysiologische Eigenschaften auf.

Moderne Waschmittel sind heute vielfach mehr oder weniger stark parfümiert. Die Art der Parfümierung ist weitgehend von den einzelnen Produkten bzw. Herstellungsbetrieben abhängig.

Bevor auf die Zusammensetzung der wichtigsten Waschmittel eingegangen wird, soll der Ablauf des Waschvorgangs und die Zusammensetzung des Schmutzes besprochen werden.

Tabelle 51. Chemische Grundkörper von optischen Aufhellern [732a]

Name		Formel	Verwendung
1. Stilben	x = H oder Erdalkalimetall	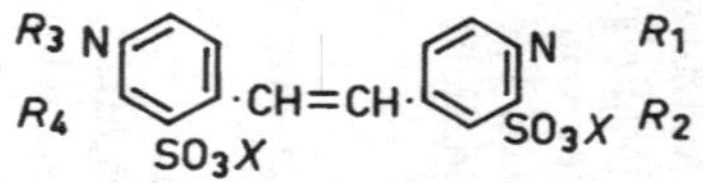	Cellulosefasern, synthetische Fasern animalische Faser
2. Cumarine: Carbostyrile:	$X = O$ $X = N \cdot R_4$	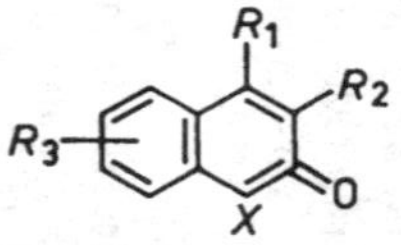	animalische Fasern synthetische Fasern Waschmittel
3. Äthylendibenzimidazole, Äthylendibenzoxazole, Äthylendibenzthiazole:	$X = N \cdot R_3$ $X = O$ $X = S$	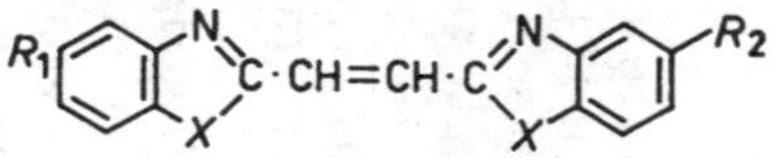	Cellulosefasern synthetische Fasern animalische Fasern
4. Oxacyanine:	X = Anion	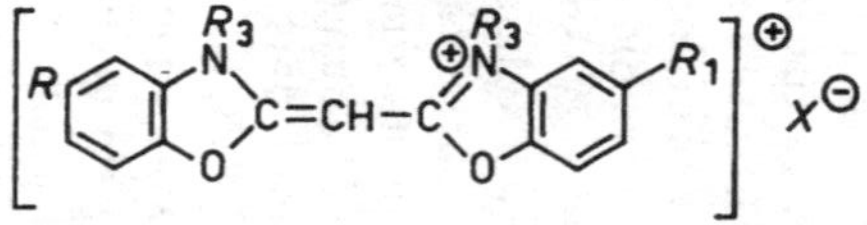	synthetische Fasern
5. Cyanine:	x = aromatischer oder heterocyclischer Ring	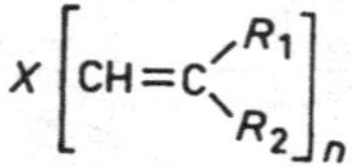	Cellulosefasern synthetische Fasern animalische Fasern
6. Benzidine:	x = H oder Erdalkalimetall	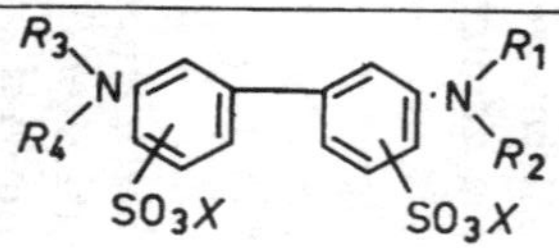	Cellulosefasern

Name	Formel	Verwendung
6a. Benzidinsulfone:	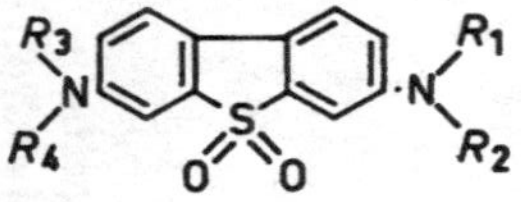	
7. Azole: R_1, R_2, R_3 = substituierte aromat. oder heterocycl. Reste	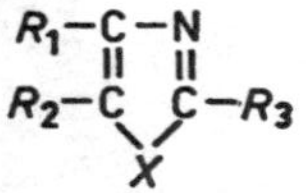	Cellulosefasern synthetische Fasern animalische Fasern Waschmittel
a) Imidazole: $x = N \cdot R_4$ Oxazole $x = O$ Thiazole $x = S$ *b*) Oxadiazole $x = O$ Thiodiazole $x = S$ *c*) Pyrazoline	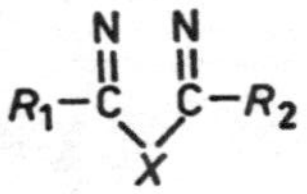	Cellulosefasern animalische Fasern synthetische Fasern Cellulosefasern animalische Fasern
d) Imidazoline (Imidazolone)		
8. Pyrrocolline, Pyrimidazole, $x_1 = x_2 = C \cdot R_5$ Imidazo-Pyrimidine $x_2 = N$	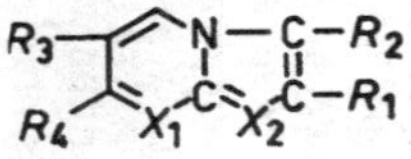	Waschmittel synthetische Fasern

7.1.4. Der Waschprozeß

Das Waschen ist ein vorwiegend physikalischer Vorgang, der sich aus einer Anzahl von Teilprozessen zusammensetzt. Am Waschprozeß nehmen grundsätzlich drei Komponenten teil:

1. das zu reinigende Material,
2. die Waschflotte mit dem Waschmittel und
3. der sehr verschiedenartige Schmutz.

Je nach Art der Verschmutzung und der Beschaffenheit der Schmutzgrundlage gestaltet sich die Reinigung mehr oder weniger schwierig.

Für die eigentliche Waschwirkung sind nachstehende Faktoren von Einfluß:

1. Benetzung,
2. Adsorption,
3. Grenzflächenspannung,
4. elektrische Aufladung,
5. ionaktive Waschmittel,
6. Schmutzart,
7. Fasermaterial,
8. Einfluß des pH-Wertes auf die Waschflotte,
9. Schaumfähigkeit,
10. Emulgier- und Dispergiervermögen,
11. Wirkung der Schutzkolloide,
12. Waschtemperatur und -dauer,
13. Alter der Waschflotte.

Ursprünglich, als nur die Seife als Waschmittel zur Verfügung stand, war man der Ansicht, daß die Waschwirkung auf der Alkalihydrolyse der Seife beruht. Bekanntlich hydrolysiert in Wasser gelöste Seife in geringem Umfang:

$$\underset{\text{normales Palmitat}}{2C_{15}H_{31}COONa} + HOH \rightarrow \underset{\text{saures Palmitat}}{C_{15}H_{31}COOH \cdot C_{15}H_{31}COONa} + NaOH$$

Das Waschen sollte auf der verseifenden oder emulgierenden Wirkung des Waschalkalis bzw. des aus der Hydrolyse stammenden Alkalis beruhen. Diese Theorie mußte man aufgeben, als die synthetischen waschaktiven Substanzen auf den Markt kamen, die nicht hydrolysierbar sind. Außerdem ist es möglich, mit vielen grenzflächenaktiven Stoffen im neutralen oder auch schwach saurem Bade zu waschen. Bestimmte Textilarten sollen jedoch in einer alkalischen Waschflotte gereinigt werden.

In den letzten Jahren sind verschiedene Theorien über den Ablauf des Waschvorganges aufgestellt worden, von denen keine eine vollständig zufriedenstellende Lösung bringt. Sowohl die Adsorptionstheorie als auch die verschiedenen Interpretationen von Einzelvorgängen beschreiben den Waschvorgang meist nur unvollkommen.

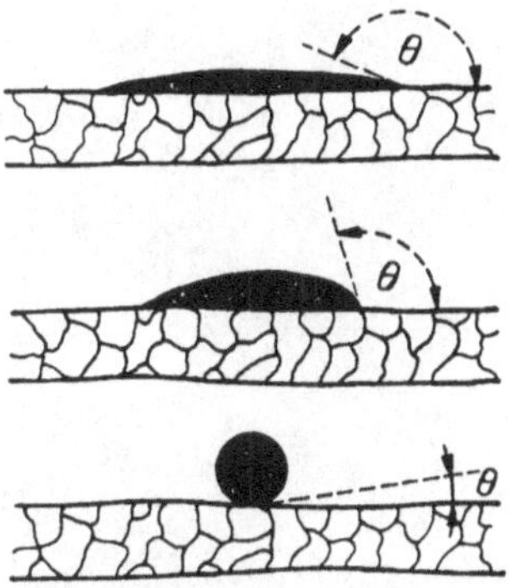

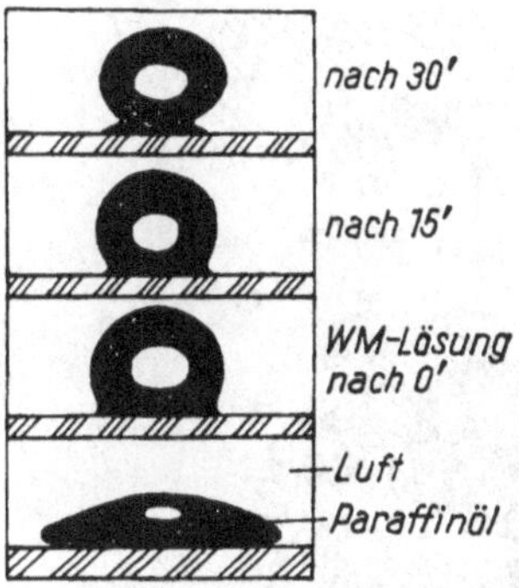

Abb. 50. Änderung des Randwinkels öliger Verunreinigungen auf Textilfasern bei Berührung mit Waschmittellösung.

Abb. 51. Ablösung von Paraffinöl von einer Glasunterlage durch eine Waschmittellösung.

Die derzeit beste Darstellung stammt von Kling [651] und Mitarbeitern. Anhand von Mikroaufnahmen verschiedener mit Mineralöl angeschmutzter Textilfasern wird gezeigt, daß sich die zuerst größere Flächen bedeckenden Ölfilme unter dem Einfluß der Waschmittellösungen bei gleichzeitiger Verringerung des Randwinkels (siehe Abb. 50) mehr und mehr zusammenballen, um schließlich als Tröpfchen von der Faser abgelöst zu werden. Den gleichen Vorgang zeigt Abb. 51. Hier wird Parafinöl durch eine Waschmittellösung in gleicher Weise umnetzt und von der Unterlage — einer Glasoberfläche — fast abgehoben. Den auf der Abbildung dargestellten Vorgang bezeichnet Kling mit „*Umnetzung*". Bei der Umnetzung handelt es sich um eine Verdrängung des das Material besetzenden oder benetzenden Schmutzes durch die Tenside.

Auf die Verschmutzung durch Festkörper — wasserunlöslicher anorganischer Verbindungen — kann diese Vorstellung nur bedingt übertragen werden. Außer der eigentlichen Umnetzung erfolgt hierbei noch eine mehr oder weniger große Dispergierung der Schmutzteilchen und deren Abhebung von der Unterlage, d. h. große Partikel werden vielfach durch den Einfluß des Tensids zerteilt und bei einem genügend großen Tragevermögen der Waschflotte von der Faser entfernt. Nicht alle Tenside oder die Waschmittelkombinationen haben ein gutes Dispergiervermögen; einigen Stoffen fehlt es vollständig. Trotzdem können derartige Tenside gute Netzmittel sein. Durch bestimmte Zusätze zur Waschflotte, wie z. B. durch die wasserlösliche Carboxymethylcellulose, kann man das Dispergiervermögen und das Schmutztragevermögen wesentlich verbessern. Die Dispergierung der Festkörper ist nicht in jedem Falle möglich. Das Pigment wird dann ohne Zerteilung ausgeschwemmt [652].

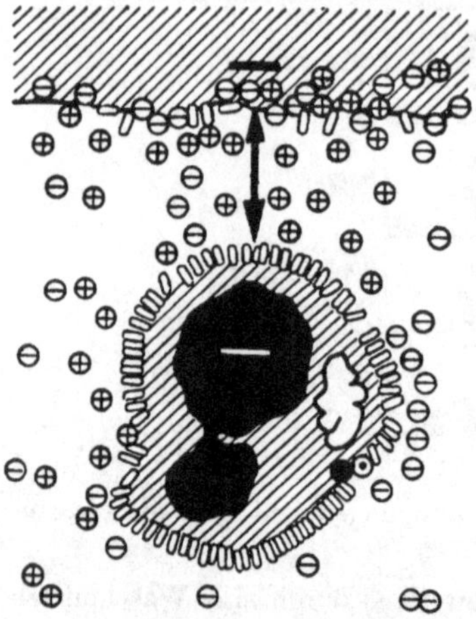

Abb. 52. Elektrostatische Abstoßung zwischen Faser und Schmutz; schematische Darstellung nach KLING.

Ein weiterer wichtiger Faktor des Waschvorganges ist die elektrostatische Abstoßung zwischen Schmutz und Faser, die infolge gleicher Ladung beider Teile zustande kommt. Eine Darstellunng von KLING (Abb. 52) veranschaulicht diesen Vorgang schematisch. In Wasser eingeweichte Textilfasern werden mehr oder weniger stark negativ aufgeladen. Für einige Faserarten sind die elektrokinetischen Potentiale in Tab. 52 zusammengefaßt.

Wären die elektrostatischen Kräfte bei gleicher Aufladung groß genug, müßte theoretisch eine Abstoßung der Schmutzpartikel eintreten. Da die Ladungen jedoch zu klein sind, können die Schmutzteilchen nicht ohne fremde Hilfe von der Faser loskommen. Durch Zufuhr weiterer negativer Ladungen in Form von Hydroxylionen aus Alkalien, Alkalisilikaten, Alkalicarbonaten und auch Alkaliphosphaten zur Waschflotte wird eine ausgedehnte Schmutzlockerung erreicht.

Tabelle 52. Potentiale verschiedener Fasern in Wasser nach KARRER und SCHUBERT

Faserart	ξ–Potential [mV]
Wolle	−48
Baumwolle	−38
Acetatseide	−36
Kupferseide	− 5
Viscoseseide	− 4
Seide, entbastet	− 1
Amingarn	+19

Dieser Vorgang entspricht dem Einweichprozeß von Wäsche, bei dem durch Zugabe von Einweichmitteln wie Bleichsoda oder ähnlichen Produkten die Hydroxylionenkonzentration durch das eingebrachte Alkalicarbonat und -silikat erhöht wird und die Zahl der negativen Ladungen sich vergrößert. Schon die Anwesenheit negativer Ladungen übt eine gewisse Waschwirkung aus.

Setzt man den Waschlaugen nur kleine Mengen Seife zu, so tritt eine sehr deutlich feststellbare elektrische Aufladung ein. Die Seife wird infolge des Dipolcharakters der Wassermoleküle aus dem Wasser verdrängt und wird an der Oberfläche von Schmutz und Gewebe adsorbiert, was mit dem Verlust von VAN DER WAALschen Kräften zwischen beiden verbunden ist. — Neuere Untersuchungen über die Assoziation des Wassers (*Cluster*-Bildung) lassen vermuten, daß die grenzflächenaktiven Verbindungen auch die Struktur des Wassers beeinflussen [653]. — Durch die Adsorption des Waschmittels wird die negative Ladung von Schmutz am Gewebe vergrößert und dieser dadurch abgestoßen. Öltröpfchen werden durch mechanische Energie in der Waschflotte fein verteilt (emulgiert) [654]. Alle anionaktiven Waschmittel verhalten sich in ihrer Wirkung gegenüber den Fasern und den Schmutzpartikeln wie die Seife, d. h., sie führen auf Grund ihrer Tensioaktivität den Fasern und den Schmutzteilchen negative elektrische Ladungen zu und erhöhen dadurch die elektrostatische Abstoßung.

Der Einfluß des Grenzflächenpotentials und der Elektrolytkonzentration auf die Wechselwirkungsenergie zwischen einer Textilfaser und einem Schmutzteilchen, die beide in eine Waschmittellösung eingetaucht sind, wird von LANGE und SCHWARZ [655, 656] als Funktion des Abstandes modellmäßig berechnet. Untersuchungen über den Transport der Tensidmoleküle aus der Waschflotte zur Faseroberfläche sowie über die Aufnahme des Schmutzes aus der Waschflotte in Abhängigkeit von der Textil- und der Waschlaugenmenge sowie der Flottenzirkulation zeigten, daß das Heranführen der Waschmittel zur Faser und das Ablösen des Schmutzes direkt proportional mit der Waschlaugenzirkulation verläuft, dagegen aber dem Wasseraufnahmevermögen des Waschgutes umgekehrt proportional ist. Danach soll die Menge der Waschflotte für den Wascheffekt von geringer Bedeutung sein [657].

Die kationischen Substanzen verhalten sich anders. Durch kationaktive Verbindungen werden die Schmutzteilchen positiv aufgeladen, während die eingeweichte Faser negativ geladen ist. Die Faser stößt also die Schmutzpartikel nicht ab, sondern zieht sie an. Es kommt daher nicht zur eigentlichen Waschwirkung. Um eine Waschwirkung mit kationaktiven Verbindungen zu erreichen, muß mit Säurezusätzen gearbeitet werden. Unter diesen Bedingungen ist auch die Textilfaser positiv geladen, und der Schmutz wird abgestoßen, wie es im alkalischen Milieu bei anionaktiven Substanzen der Fall ist.

Daher können anionaktive und kationaktive Verbindungen nicht als

Gemisch zum Waschen verwendet werden, da sich ihre Wirkungen gegenseitig aufheben. Nichtionogene Tenside dagegen waschen jede Art von Fasern, unabhängig vom pH-Wert der Waschflotte. Als Wirkfaktor tritt hierbei die elektrostatische Abstoßung nicht so stark in Erscheinung, sondern vorwiegend der Umnetzungseffekt, die Dispergierwirkung, die Waschtemperatur und die Waschdauer. Die Mehrzahl der nichtionogenen Substanzen ist zwar waschaktiv wertvoll, sie zeigen jedoch nur geringes Schaumvermögen. Für den Einsatz in Waschmaschinen sind solche wenig schäumenden Produkte gut geeignet.

Es wurden Polyäthylenoxidverbindungen verschiedener Kettenlänge hergestellt und das Waschvermögen dieser Produkte geprüft. Zur Erreichung einer optimalen Waschwirkung ist erforderlich, daß auf jedes C-Atom im hydrophoben Teil des Moleküls etwa 2/3 Äthylenoxidgruppen anwesend sind. Die mit Laurin- und Myristinsäure hergestellten Ester sind wirksamer als die der niedermolekularen Pelargon- oder der höhermolekularen Stearinsäure.

Auf die Wascheigenschaften eines Waschmittels ist das Schaumvermögen von geringem Einfluß. Im allgemeinen ist der Schaum nur als Indikator anzusehen, da man an seinem Auftreten erkennen kann, ob in der Waschflotte noch genügend freie waschaktive Substanz vorliegt.

Zum Schluß soll auf einige weitere Arbeiten hingewiesen werden, die sich mit dem physikalisch-chemischen Mechanismus des Waschvorgangs befassen [658, 659, 660].

7.1.4.1. Der Schmutz und seine Zusammensetzung

Für den Ablauf des Waschvorgangs ist häufig von Bedeutung, die Zusammensetzung und die Art des Schmutzes zu kennen. Zuweilen kann davon die Durchführung des Waschprozesses abhängen. Bekanntlich versteht man unter Schmutz Verunreinigungen u. a. auch an Textilien, Gebrauchsgegenständen und am Körper, die sich in ihrer Zusammensetzung meist stark unterscheiden:

1. wasserlösliche organische und anorganische Verbindungen (Zucker, Sirup, Stärke, Harnstoff, organische Säuren, Fruchtsäuren, Eiweißstoffe, anorganische Salze),
2. wasserunlösliche, anorganische Verbindungen (Zementstaub, Pflasterstaub, Ruß, erdige Pigmente, wie Ton, Silikate, Kalk),
3. wasserunlösliche organische Verbindungen (Petroleum, Mineralöle, Schmierfette, Asphalt, Teer, Farben, Lacke, pflanzliche und tierische Fette, Hauttalg, Fettsäuren, Schweiß).

Bei Textilien variiert die Art des Schmutzes mit dem Verwendungszweck: Leibwäsche enthält Hauttalg, Schweißfettsäuren, Kochsalz, wenig Ruß, Staub und Eiweiß. Tischwäsche dagegen Speise- und Getränkereste, während Küchenwäsche intensiver mit Fett- und Speiseresten verunreinigt ist [661]. Aus 100 kg normalbeschmutzter Haushaltwäsche lassen sich 1,8 bis 4 kg Schmutz isolieren, der folgende Zusammensetzung aufweist:

900 g eiweißfreie organische Substanz,
300 g Fett als Triglyzeride,
300 g Eiweiß,
150 g Fettsäuren, ferner Sand, Staub u. dgl.

Die Schmutzbestandteile haften verschieden stark auf ihren Unterlagen, deshalb richtet sich nach der Art der Beschmutzung der Reinigungsvorgang. Wasserlösliche Verbindungen können durch Spülen in Wasser entfernt werden, während für die meisten anderen Schmutzarten Waschmittel verwendet werden müssen. Bei sehr starker Verschmutzung mit wasserunlöslichen organischen Verbindungen, wie die unter 3. genannten, ist zumeist eine chemische Reinigung mit geeigneten Lösungsmitteln am vorteilhaftesten.

7.1.5. Waschmittelarten

Je nach Verwendungszweck unterscheidet man verschiedene Arten von Waschmitteln, wie Feinwaschmittel, Grobwaschmittel, Kochwaschmittel, Schnell- oder selbsttätige Waschmittel sowie spezielle Wasch- und Reinigungsmittel für unterschiedliche Verwendungszwecke.

Nach ihrer Konsistenz unterscheidet man zwischen flüssigen, pastösen und festen Waschmitteln. Die Hauptmenge kommt in fester Form in den Handel, d. h. als Pulver, Kristalle oder in Form kleiner Kugeln bzw. Hohlkugeln. Letztere haben den Vorteil, daß sie nicht oder nur wenig stäuben. Seltener findet man Waschmittel als Schuppen oder in Stückform.

In zunehmenden Mengen kommen heute flüssige Produkte aller Art in den Handel. Auch die Waschmitteltablette wird verschiedentlich angeboten. Sie soll sich gut lösen und gibt die Möglichkeit, eine bestimmte Waschmittelmenge einzusetzen.

7.1.5.1. Feinwaschmittel

Empfindliche Textilien synthetischer oder animalischer Herkunft (Wolle, Seide) werden mit Feinwaschmitteln gereinigt, um Fasern und Farbe nicht zu beschädigen. Das erste und älteste synthetische Produkt dieser Art ist das *Fewa* (Kurzwort aus Feinwaschmittel). Ursprünglich enthielt Fewa als waschaktive Substanz Laurylsulfat, heute außer Alkylsulfaten auch Alkylsulfonate.

In modernen Feinwaschmitteln sind häufig mehrere waschaktive Substanzen enthalten, wobei die Waschwirkung der einzelnen Komponenten von der Kombination in vielen Fällen übertroffen wird. So wird z. B. die Waschkraft der Alkylsulfonate durch Alkylsulfate, Fettsäurekondensationsprodukten, Alkylbenzolsulfonaten oder nichtionogenen Verbindungen verbessert. Auch Kombinationen von Alkylbenzolsulfonaten, Alkylsulfaten und nichtionogenen Stoffen finden in Verbindung mit komplexen Phosphaten, Cellulosederivaten, Natriumsulfat u. dgl. weitgehende Verwendung als Feinwaschmittel. Bleichmittel und optische Aufheller sind meist nur in geringen Mengen vorhanden.

Feinwaschmittel zeigen die beste Waschwirkung bei Temperaturen bis 50°. Wie die Geschirrspülmittel ergeben auch die Feinwaschmittel in Lösung einen pH-Wert von 7,0 bis 7,8 und werden deshalb als Neutralwaschmittel bezeichnet. Moderne Produkte sind bei jeder Temperatur in Wasser gut löslich und gegen Säuren, Alkalien und hartes Wasser beständig. Außerdem müssen sie ungiftig sein und eine gute Hautverträglichkeit aufweisen. Selbstverständlich dürfen durch die Waschmittel die Waschgefäße nicht korrodiert werden.

Für die Zusammensetzung eines Feinwaschmittels, das auch als Geschirrspülmittel verwendet werden kann, kann folgendes Rezept als charakteristisch angesehen werden:

10 bis 35% waschaktive Substanz,
10 bis 80% Natriumsulfat,
0 bis 35% Alkaliphosphate,
0 bis 3% Carboxymethylcellulose.

Neben Wassermengen von 5 bis 10% enthalten die Feinwaschmittel oft noch Natriumperborat (0 bis 10%), optische Aufheller (0 bis 0,1%), etwas Natriumchlorid als Verunreinigungen und eventuell Hautschutzstoffe (Überfettungsmittel).

Zur besseren Dosierung der Waschmittel werden für Waschmaschinen Tabletten angeboten. Sie müssen in heißem Wasser schnell zerfallen und lösen sich z. B. bei 55°C in 80 Sekunden. Die Zusammensetzung eines Waschmittels für Tabletten sieht wie folgt aus: [662]

28,0 Teile Na-Tripolyphosphat,
20,0 Teile Na-Dodecylsulfonat,
27,0 Teile Natriumsulfat,
14,0 Teile Natriumsilikat,
0,7 Teile Carboxymethylcellulose,
0,14 Teile optische Aufheller,
2,8 Teile „Pluronics" (nichtionogene Tenside),
2,8 Teile hydrierte Fischölfettsäuren,
4,0 Teile Wasser.

7.1.5.2. Grobwaschmittel

Grob- oder Kochwaschmittel sind speziell für Waschtemperaturen oberhalb 50°C gedacht und zeigen im Temperaturbereich von 60 bis 100°C die beste Waschwirkung. In fast allen Fällen sind derartige Produkte alkalischer eingestellt als die Feinwaschmittel. Die Waschflotten erreichen durch Zusatz von Soda, Alkalisilikaten und größeren Mengen Alkaliphosphaten pH-Werte von 9 bis 10 und damit eine erhöhte Waschkraft.

Grobwaschmittel können ungefähr folgende Zusammensetzung haben:

5 bis 35% waschaktive Substanz,
15 bis 40% Natriumsulfat,
20 bis 50% komplexe Phosphate,
0 bis 15% Alkalisilikate,
0 bis 20% Soda,
0 bis 3% Carboxymethylcellulose.

In kleineren Mengen enthalten sie auch Natriumperborat (0 bis 10%), Natriumchlorid (bis 5%), optische Aufheller (0 bis 0,1%) sowie Kristallwasser (bis 15%). Die waschaktive Substanz kann zum Teil aus Seife bestehen.

Der hohe Phosphatgehalt trägt wesentlich zur Verbesserung der Wascheigenschaften der Grobwaschmittel bei.

7.1.5.3. Universalwaschmittel

Bei den Universalwaschmitteln handelt es sich um Produkte, die sowohl bei niederen als auch bei hohen Temperaturen eine gute Waschwirkung aufweisen. Die Waschlauge hat bei 40°C einen pH-Wert von 7,0 bis 7,5; bei höheren Temperaturen steigt der pH-Wert auf 9 und darüber. Die Steigerung des pH-Wertes wird durch Natriumbicarbonat herbeigeführt, welches bei niederen Temperaturen unzersetzt in Lösung geht, beim Erwärmen aber in Natriumcarbonat(Soda) und Kohlendioxid zerfällt. Durch Hydrolyse der Soda erhöht sich der pH-Wert. In ihrer sonstigen Zusammensetzung ähneln die Universalwaschmittel den Grobwaschmitteln in vieler Hinsicht.

Seifen mit $NaHCO_3$-Zugabe werden infolge ihrer verringerten Reizwirkung auf die Haut zur Herstellung kosmetischer Seifenerzeugnisse verwendet [663].

7.1.5.4. Schnell- oder selbsttätige Waschmittel

In den letzten Jahren sind Schnell- oder selbsttätige Waschmittel verschiedenartiger Zusammensetzung mehr und mehr in den Handel gekommen und erfreuen sich heute größter Beliebtheit. Ihre Wirkung beruht auf einem verhältnismäßig hohen Gehalt an Sauerstoffüberträgern. Von dem Sauerstoffträger, vorwiegend Natriumperborat, wird während des Waschvorganges Sauerstoff abgegeben. Die Regulierung der Sauerstoffabgabe erfolgt durch einen geeigneten Stabilisator. Für einen optimalen Bleicheffekt bei größter Schonung der Wäsche ist nämlich

1. eine angemessene Sauerstoffdosierung und
2. eine kontinuierliche Sauerstoffentwicklung während der Wäsche erforderlich,

Die kontinuierliche Sauerstoffentwicklung wird erreicht durch einen richtigen Temperaturverlauf während des Waschvorganges und durch die Ausschaltung aller katalytisch wirkenden Substanzen, welche die O_2-Abspaltung beschleunigen könnten. Dazu ist der Einsatz geeigneter Sauerstoffstabilisatoren, Magnesiumsilikat u. a., erforderlich. Die Waschtemperatur der Flotte soll sich in 20 bis 30 min von 40 auf ca. 95 °C erhöhen und ca. 10 min bei dieser Temperatur verbleiben [664]. Die Zusammensetzung dieser Waschmittel kann folgendermaßen aussehen:

18—25% Kombinationen verschiedener wachaktiver Stoffe,
25—30% Gemische aus Pyro- und Polyphosphat,
2— 3% Magnesiumsilikat,
6—12% Natriumperborat,
3— 6% Carboxymethylcellulose,
0,02—0,03% optische Aufheller,
bis 100% Natriumsulfat.

Selbsttätige Waschmittel in Kugelform (beads) stäuben nicht, reizen nicht zum Niesen, bilden beim Auflösen keine Klumpen und sind wenig hygroskopisch.

Man empfiehlt auch bleichende Waschmittel, bei denen das Bleichmittel — H_2O_2-bildende Verbindungen — in von den übrigen Bestandteilen getrennter Form vorliegt. Dazu überzieht man die bleichenden Verbindungen mit einem Schutzüberzug, z. B. aus einem Fettalkohol, der beim Waschprozeß verteilt wird [665].

Anstelle des Natriumperborates werden als Bleichmittel z. B. Einschlußverbindungen von Perdicarbonsäuren und/oder davon abgeleitete Acylperoxide mit Harnstoff vorgeschlagen [666, 667]. Auch Alkalipermonosulfate lassen sich als bleichende Komponente in Waschmitteln verwenden [668]. Weitere chlorhaltige Bleichmittel sind auf Seite 320 erwähnt, treten aber meist weniger in Erscheinung.

7.1.5.5. Enzymhaltige Waschmittel (biologische Waschmittel)

Insbesondere in den letzten Jahren sind enzymatische Waschmittel in verstärktem Umfang in den Handel gebracht worden. Bereits 1913 hat die Fa. Burnus (Darmstadt) Enzyme in Waschmitteln eingesetzt, und 1918 wurde an Röhm ein Patent für ein enzymhaltiges Waschmittel erteilt.

Während früher die Enzyme — auch Fermente genannt — vornehmlich aus dem Saft der Bauchspeicheldrüse von Rindern und Schweinen gewonnen wurden, erzeugt man sie heute mit Hilfe lebender Mikroorganismen, Bakterien und/oder Pilzen. Diese Gewinnungsart von Enzymen für Waschmittel ermöglicht die Herstellung bedeutender Enzymmengen, die eine größere Produktion moderner bioaktiver Waschmittel gewährleisten [669, 670]. Durch Hochzüchtung spezieller Bakterienstämme (Bacillus subtilis) und/oder Schimmelpilzen nach dem Submers- oder Tiefkulturverfahren ist es gelungen, Enzyme in relativ hoher Konzentration industriell herzustellen. Diese sind gegen Temperaturen bis 60 °C bei pH-Werten von 7 bis 9,5 resistent. Sie sind mit geeigneten Tensiden und Aufbaustoffen verträglich, sind lagerfähig und verlieren auch bei trockener Lagerung und längerer Lagerzeit ihre Aktivität nicht [670a]. Es ist ratsam, in größeren Mengen als üblich nichtionogene Tenside einzusetzen.

Enzyme sind selbst keine Mikroorganismen; sie werden aber in lebenden Zellen von Mikroorganismen als Stoffwechselprodukte produziert. Als „Bio-Katalysatoren“ katalysieren sie verschiedene Umsetzungen; sie vermögen den Abbau von Eiweißverbindungen, Stärke und Fetten, also wichtigen Komponenten des Schmutzes, schon bei normaler Temperatur in mehreren Stunden beim Einwei chen bzw. bei 60 °C zu bewirken. Der Waschvorgang wird hierdurch um einen sehr wertvollen Effekt bereichert, wodurch das Reinigungsverfahren wesentlich erleichtert wird. Das gilt für alle Wäsche.

Die für die Waschmittelindustrie bestimmten Enzyme sind Gemische spezifisch reagierender Typen. In überwiegender Menge liegen Proteasen vor, die das Eiweiß abbauen, ferner beachtlich weniger Amylasen, welche die Stärke in kleinere Moleküle zerlegen und ebenfalls geringe Mengen fettspaltender Lipasen. Allgemein bezeichnet man diese Enzymtypen als Hydrolasen. Die drei Typen bilden sich bei der technischen Großerzeugung in einem Arbeitsgang [671, 672, 673, 674].

Man unterscheidet zwischen enzymhaltigen Einweich- oder Vorwaschmitteln ohne Natriumperborat und enzymhaltigen Vollwaschmitteln ohne Natriumperborat. Bleich- und Oxydationsmittel vertragen sich bei höheren Temperaturen nicht mit Enzymen. Die enzymatische Wirkung leidet bei der Anwesenheit von Perborat bei Temperaturen oberhalb 50 °C. Beim Vorwaschen bei Temperaturen bis 50 °C wird jedoch der Reinigungseffekt in Gegenwart von Perborat nicht beeinträchtigt.

Enzyme allein ergeben nur eine mangelhafte Entfernung des Schmutzes. Im Gemisch mit Tensiden dagegen tritt eine deutlich feststellbare synergistische Reinigungswirkung ein [675, 676, 677].

Der Wirksamkeitsfaktor der Enzyme wird in mehr oder weniger willkürlich gewählten Aktivitätseinheiten angegeben, z. B. in Delft- oder Anson-Einheiten. Die proteolytische Aktivität der üblichen biologischen Waschmittel schwankt zwischen 1000 bis 2000 *Delft*-Einheiten/g. Von VAECK und MAES [678] werden Methoden zur Bestimmung der Enzymaktivität in Waschmitteln vorgeschlagen.

Die Zusammensetzungen einiger enzymatischer Waschmittel zeigen nachstehende Rezepturen:

a) Einweichmittel

20 Teile Na-Dodecylbenzolsulfonat,
20 Teile Na-Tripolyphosphat,
2 Teile Carboxymethylcellulose,
8,5 Teile Wasserglas
0,15 Teile optische Aufheller
40,0 Teile Natriumsulfat,
8,85 Teile Natriumbicarbonat,
1,0 Teile Alkalase (Enzym).

b) Waschmittel

10,0 Teile Na-Alkylarylsulfonat, 40%ig,
40,0 Teile Na-Tripolyphosphat,
12,0 Teile Borax,
5,0 Teile Na-Metasilikat,
32,5 Teile Natriumsulfat,
0,5 Teile Protease (Enzym).

c) nichtionogenes Waschmittel

10 Teile polyäthoxylierter Fettalkohol,
25 Teile Na-Alkylbenzolsulfonat,
43,5 Teile Na-Tripolyphosphat,
12,4 Teile Na-Tetrapyrophosphat,
5,0 Teile Na-Metasilikat,
1,0 Teile Carboxymethylcellulose,
3,0 Teile Alkalase (Enzym).

Auf die Vielzahl an Waschmittelkombinationen dieser Art soll hier nicht näher eingegangen werden. Kurz zu erwähnen sind noch die enzymhaltigen Vorwaschmittel, die in der Zusammensetzung den Einweichmitteln entsprechen.

7.1.5.6. Tensid-Reinigungsmittel in Stücken

Da durch die synthetischen Tenside insbesondere die Seife verdrängt wurde, war es notwendig, einen stückförmigen Seifenersatz zu schaffen, der die Seife als Körperreinigungsmittel ersetzen sollte. Ein derartiges Stück muß weitgehend die gleichen Eigenschaften wie das Seifenstück aufweisen. Die Vorteile der bisher bekannten stückförmigen Waschmittel – man darf sie nicht mit den Waschmitteltabletten verwechseln, die leicht im Wasser zerfallen und gut löslich sind – liegen in ihrer Hartwasserbeständigkeit, der beliebig einstellbaren Reaktion, der größeren Ergiebigkeit, besserer Reinigungswirkung, guter dermatologischer Verträglichkeit und universellem Einsatz [679]. Der Aufbau unterscheidet sich von dem der pulverförmigen Waschmittel durch die sogenannten Gerüstsubstanzen und Plastifizierungsmittel [680]:

Waschaktive Substanzen,
Gerüstsubstanzen,
Plastifizierungsmittel,
Hautschutzmittel bzw. Überfettungsmittel,
Füllstoffe und Scheuermittel.

An waschaktiven Substanzen werden die verschiedenartigsten Kombinationen anionischer, kationischer und nichtionogener Tenside in der sehr umfangreichen Literatur vorgeschlagen. Ein Teil der Tensid-Stücke enthält noch Seife, vorwiegend werden sie aber aus rein synthetischen Tensiden hergestellt. Außer den bekannteren Alkylbenzolsulfonaten, Alkylsulfaten, Alkylsulfonaten spielen auch Fettsäurekondensationsprodukte sowie Alkyl- und Acylpolyglykoläther u. dgl. eine größere Rolle. Verschiedentlich setzt man anstelle von Alkalisalzen Ammonium-, Erdalkali-, Magnesium-, Zink- oder Aluminiumsalze z. B. von ätherverknüpften Schwefelsäureestern ein, wodurch seifenähnliche Eigenschaftenerzielt werden [681]. Auch Triäthanolaminneutralisate sollen sich gut bewährt haben.

Wie bereits erwähnt, ist man bestrebt, einen möglichst seifenähnlichen Charakter zu erzielen, der auch durch die Aufbaustoffe, wie Alkalisalze der Phosphor- und Kieselsäuren, erreicht wird. Eingearbeitet werden weiterhin abrasive Substanzen (Kalkpulver, Tonerde, Quarzmehl, Holzmehl u. dgl.), Carboxymethylcellulose als Homogenisierungs- und Plastifizierungsmittel und zur Förderung der Formbarkeit organische Kondensationsprodukte bzw. Plaste. Besonders empfohlen werden Harnstoff-Formaldehydkondensate verschiedenen Kondensationsgrades und Polymerisate der Acrylsäure.

Wachsartige Verbindungen erhöhen die Formbarkeit der Tensid-Stücke und beeinflussen zum Teil die entfettende Wirkung der Tenside.

So schlägt z. B. Weiss [682] ein stückförmiges Reinigungsmittel mit einem hohen Gehalt an schwerlöslichen organischen Stoffen vor, welche die mechanische Reinigungswirkung und die Hautverträglichkeit wesentlich fördern. Die Tenside werden in der Wärme mit den Paraffinen, Hartfettsäuren und Wachsen sowie etwa der gleichen Menge an pflanzlichen Kohlehydraten (Stärke oder Kleie) vermischt und in üblicher Weise piliert und verformt.

Vielfach ist man bestrebt, den Tensid-Stücken einen möglichst hohen Gehalt an waschaktiven Substanzen zu verleihen [683, 684, 685, 686, 687] oder man verarbeitet auch Seife. So schlägt Bohrer [688] eine Kombination vor, die 75% seifenfreie anionische Waschrohstoffe enthält, deren Hauptbestandteil bis zu 90% aus n-Alkylsulfonat besteht. Der Gesamtaufbau dieser Tensid-Stücke sieht folgendermaßen aus:

58,6% n-Alkylsulfonat,
15,7% Alkylbenzolsulfonat,
4,0% Acylmonoglyzeridsulfat,
7,1% Stearinsäure,
0,2% Tetrachlorsalicylanilid,
0,6% TiO_2
4,8% Na_2SO_4
0,8% Farb- und Riechstoffe.
8,19% Wasser.

Wie bereits bei den Kombinationsseifen erwähnt, enthalten die Tensid-Stücke desinfizierend wirkende Bestandteile. Ein derartiges Produkt, das u. a. aus Aminophosphorsäureestern besteht, wird von SCHMITZ [689] beschrieben. Ansonsten lassen sich auch die meisten desodorierend oder desinfizierend wirkenden Stoffe einarbeiten, die bereits bei der Seife beschrieben wurden.

Auf die Kombinationsseifen ist bereits auf Seite 142 eingegangen worden. In hartem Wasser vermögen diese stückförmigen Waschmittel Kalkseifen zu dispergieren, so daß keine Abscheidung der unlöslichen Verbindungen eintritt. Da aber eine Kalkseifenbildung eintritt, geht der entsprechende Seifenanteil für den Waschprozeß verloren. Als sehr vorteilhaft haben sich hier Alkylsulfate und Monoglyzeridschwefelsäureester erwiesen [690].

Zuweilen versieht man die Tensid-Stücke mit einem dünnen Überzug aus wasserlöslichen Amiden polymerer Carbonsäuren, um Austrocknungen der Stücke zu vermeiden [691].

Blattförmige Waschmittel können einen ähnlichen Aufbau wie die Tensid-Stücke aufweisen. Sie lösen sich in Wasser leichter als die Stücke. Außer den üblichen Tensiden werden als Gerüstsubstanzen z. B. Hydroxyäthylcellulose bzw. die Alkali- oder Ammoniumsalze der Carboxymethylcellulose eingesetzt [692].

Trotz vieler hervorragender Eigenschaften haben sich die Tensid-Stücke gegenüber der Seife für die Körperreinigung noch nicht vollständig durchsetzen können.

7.1.5.7. Flüssige Waschmittel

In zunehmendem Umfang werden flüssige Waschmittel mit unterschiedlichen Tensidkonzentrationen und -kombinationen auf den Markt gebracht. Durch diese Produkte werden verschiedene Probleme gelöst, die beim Einsatz fester, pulverförmiger Tenside auftreten. Die Lagerbeständigkeit fester Waschmittel wird häufig durch hygroskopische Bestandteile beeinträchtigt, so daß die Packungen entweder feucht werden oder die Pulver sich verfestigen. Andererseits entfallen zuweilen auftretende Lösungsschwierigkeiten.

Die flüssigen Waschmittel können im Prinzip die gleichen Tensidkombinationen und Aufbaustoffe wie die Waschpulver enthalten. Auch Bleichmittel, wie organische aktivsauerstoffhaltige Perverbindungen, lassen sich einarbeiten. So z. B. ein peroxidhaltiges Glykol, das durch Kondensation einer Verbindung der allgemeinen Formel $R \cdot O \cdot OH$ mit einem Alkenoxid erhalten wird [693].

Da sich Kaliumverbindungen leichter lösen als die entsprechenden Natriumsalze, werden sie häufig in flüssigen Waschmitteln eingesetzt [694]. Auch Gemische von Natrium- und Kaliumsalzen sind verschiedentlich zu finden [695, 696, 697].

Es ist schwer zu entscheiden, inwieweit flüssige Waschmittel vom Standpunkt des Verbrauchers her ökonomisch vorteilhafter sind als die festen Produkte.

7.1.6. Reinigungsmittel

Unter Reinigungsmittel versteht man eine Vielzahl an Produkten unterschiedlichen Aufbaus und verschiedener Qualität, wie Geschirrspülmittel, Fußboden- und Fensterreinigungsmittel, Autoshampoos u. dgl. Sie kommen als Pulver oder Flüssigkeiten in den Handel. Hier sollen nur die Geschirrspülmittel in kurzer Form beschrieben werden.

7.1.6.1. Geschirrspülmittel

Flüssige Geschirrspülmittel enthalten oft nur eine waschaktive Substanz, z. B. Alkylsulfonat, in einer Menge von 4 bis 10%, der Rest ist meist Wasser und eventuell etwa Äthanol. Zur Verbesserung der Reinigungswirkung kommen flüssige Geschirrspülmittel auch mit Alkalipolyphosphaten und Lösungsvermittlern (Glykoläther) in den Handel. Feste Geschirrspülmittel enthalten ähnliche Komponenten wie die flüssigen Produkte. Neben 25 bis 35% waschaktiver Substanz findet man darin 10 bis 15% Alkaliphosphate, 0 bis 3% Carboxymethylcellulose sowie 30 bis 50% Natriumsulfat.
Derartige Geschirrspülmittel ergeben neutrale Waschflotten mit pH-Werten von ca. 7,8. Sie sind zumeist säure- und alkalibeständig und frei von gesundheitsschädlichen Zusätzen und frei von Zusätzen, die das zu reinigende Geschirr angreifen. Durch hartes Wasser wird ihre Wirksamkeit kaum beeinträchtigt. In Mengen von etwa 2 bis 10 g/*l* Wasser werden sie im Haushalt als Reinigungs- und Geschirrspülmittel in großem Umfange verwendet. Für moderne Geschirrspülmaschinen muß ein Produkt mit gedämpftem Schaum eingesetzt werden.
Bedeutende Quantitäten dieser Reinigungsmittel gehen auch in die Betriebe der Lebensmittelindustrie, wie Molkereien, Brauereien u. ä.

7.1.6.2. Spezielle Wasch- und Reinigungsmittel

Gewerbliche Wäschereien verwenden zumeist speziell auf die Maschinenwäsche eingerichtete Waschmittel mit vorwiegend geringem Schaumvermögen, wie z. B. nichtionogene Stoffe, in Verbindung mit den üblichen Aufbaustoffen und kleineren Mengen anionaktiver Verbindungen.

Für spezielle Anwendungsgebiete werden Spezialgemische angefertigt. Hierzu gehören die Einweich- und Enthärtungsmittel für die Haushaltwäsche, die vorwiegend aus Soda und Alkalisilikaten bestehen, den Schmutz auf den Textilfasern lockern und gröbere Teile entfernen sollen. Durch das Aufkommen der modernen Waschmittel erübrigt sich vielfach ein Einweichen der Wäsche und auch die Wasserenthärtung, so daß die Einweich- und Enthärtungsmittel an Bedeutung im ursprünglichen Sinn verloren haben. Vorwaschmittel, z. B. auch enzymatische, werden jedoch noch verschiedentlich verwendet.

Spülmittel für die Haushaltwäsche sollen nach dem Waschen Schmutzreste und Waschmittelrückstände entfernen. Sie bestehen vorwiegend aus schwach alkalischen Phosphaten und Natriumperborat zum Bleichen und zur Beseitigung unangenehmer Gerüche sowie einer geringen Menge einer waschaktiven Substanz zur Verbesserung der Netzfähigkeit. Alkalisilikate in Spülmitteln sollen u. a. das Bleichmittel stabilisieren. Sie dürfen aber keine Inkrustierungen der Fasern ergeben. Weitere Komponenten sind optische Aufheller, etwas Parfüm und Natriumsulfat als Füllmaterial. Als sogenannte Weichspülmittel werden in neuerer Zeit kationaktive Verbindungen mit eingesetzt, um der Wäsche einen weichen und gefälligen Griff zu verleihen. Verschiedentlich setzt man auch optische Aufheller mit ein. Die kationaktive Substanz wird durch die ungleiche elektrostatische Aufladung auf der Faser niedergeschlagen und bindet dabei den optischen Aufheller.

7.1.6.3. Industriereiniger

Zur Grobreinigung in den verschiedensten Industriezweigen, wie Getränkeindustrie, Molkereien, Landwirtschaft, Reparaturbetriebe und metallverarbeitende Betriebe, werden sogenannte Industriereiniger in beträchtlichen Mengen angewendet. Sie stellen vorwiegend alkalische Salzgemische dar und enthalten Alkaliphosphate (Trinatriumphosphat), Alkalisilikate, Soda, Natriumsulfat sowie Netz- und Emulgiermittel. Die Zusammensetzung der einzelnen Sorten richtet sich weitgehend nach ihren Verwendungszwecken. Oft enthalten sie in kleineren Mengen desinfizierend wirkende Verbindungen.

Hierher gehört auch die Gruppe der Scheuermittel, die außer den üblichen waschaktiven Substanzen und den Aufbaustoffen in unterschiedlichen Mengen Bimssteinpulver, Quarzmehl oder feinen Sand verschiedener Korngröße enthalten.

7.1.6.4. Allgemeine Herstellungsverfahren für feste Waschmittel

Die hier kurz aufgeführten Verfahren beziehen sich in der Hauptsache auf die verschiedenen Waschmitteltypen. Die Flocken, Schuppen und stückförmigen Waschmittel sind nicht berücksichtigt, da sie nur in relativ kleinen Mengen im Handel vorkommen.

Der Hauptanteil der Waschmittel wird mit Hilfe von Sprühverfahren gewonnen. Auf Seite 161 ist bereits bei den Alkylsulfaten darauf eingegangen worden (Abb. 27). Diese Trocknungsart ist heute allgemein verbreitet und hat das früher übliche Tennenverfahren nahezu vollständig abgelöst. Grundsätzlich unterscheidet man zwischen Kalt- und Heißsprühen. Bei der Kaltsprühung tritt eine Kristallisation der gelösten Verbindungen ein, d. h. es muß in dem Sprühansatz eine leicht kristallisierende Komponente, z. B. Soda, vorhanden sein. Die weniger verbreitete Kaltversprühung wurde vorwiegend zur Erzeugung seifenhaltiger Waschpulver und kristallisierender Reinigungsmittel mit geringen Gehalten an Tensiden und Phosphaten eingesetzt.

Größere Bedeutung kommt den Heißsprühverfahren, der Zerstäubungstrocknung, zu. Hierbei wird eine entsprechend zusammengesetzte und möglichst konzentrierte Lösung oder Suspension in warme Luft oder überhitzten Wasserdampf versprüht. Das Lösungsmittel verdampft unter Abkühlung des Luftstromes in kurzer Zeit. Durch die schlagartige Verdampfung tritt auch eine Abkühlung des Trockengutes ein. Es wird so geschont und zersetzt sich kaum. Je nach Art des Verfahrens gewinnt man pulverartige oder hohlkugelförmige Waschmittel. Letztere haben den Vorteil der besseren Wasserlöslichkeit und der Staubfreiheit.

Das in der Sprühanlage anfallende Pulver wird durch geeignete Vorrichtungen entfernt und gelangt zur Abfüllung. Einige Bestandteile der Waschmittel lassen sich erst nach der Versprühung zumischen, um Zusammenballungen zu vermeiden. Derartige Stoffe sind Natriumsulfat, einige Bleichmittel und Phosphate.

Einen Überblick über eine Anlage zur Herstellung von Waschmitteln zeigt die schematische Übersicht der Abb. 53.

Die technischen Einzelheiten und die Theorie der Zerstäubung und Trocknung sollen hier nicht erortert werden. Ausführlich wird dieses Problem u. a. von Stüpel [261] behandelt.

7.2. Weitere Verwendungsgebiete für Tenside

Die weitaus größte Menge der Tenside wird in den Haushalten und in der Textilindustrie verbraucht. Daneben gibt es eine Reihe bedeutender Verbraucher, von denen Tenside für unterschiedliche Zwecke eingesetzt werden.

7.2.1. Erdölindustrie

Beachtlich ist die von der Erdölindustrie benötigte Menge an Tensiden, die hauptsächlich für die Bohrlochspülungen Verwendung finden. Hierfür kommen vorwiegend sekundäre Alkylsulfate in Frage, die durch Sulfatierung höhermolekularer Spaltolefine gewonnen werden. — Des weiteren werden

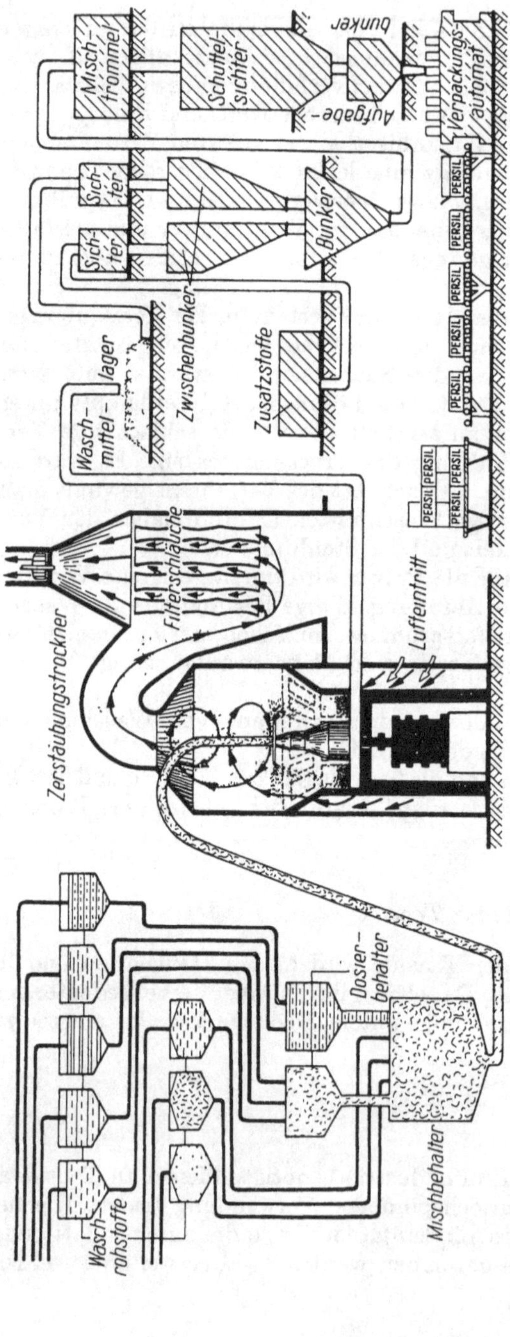

Abb. 53. **Fließschema zur Waschmittelherstellung.**

Tenside als Netzmittel und Emulsionsspalter bei der Aufarbeitung des Rohöls und zur Gewinnung von Sekundärölen aus bereits ausgebeuteten Lagerstätten verwendet [689, 699, 700, 701].

Die bei der Erdölförderung entstehenden W-Ö-Emulsionen stören bei der Weiterverarbeitung. Deshalb ist es notwendig, das Wasser zu entfernen. Für die Demulgierung sind Tenside geeignet, die auch eine gute emulgierende Wirkung aufweisen. Als Emulsionsbrecher für W-Ö-Emulsionen haben sich u. a. die Alkalisalze der Sulfobernsteinsäureester (Dioctylsulfosuccinat) in isopropanolischer Lösung bewährt. Wichtig ist, vor dem Einsatz die optimale Menge zu ermitteln, die zur Demulgierung erforderlich ist. Bei zu hoher Konzentration tritt eine Emulgierung ein. Die erforderliche Menge ist sehr gering und liegt bei 0,1 bis 1%, bezogen auf die Gesamtemulsion. Weiterhin werden als Demulgatoren das Tetranatrium-N-(1,2-dicarboxyäthyl)-N-octadecylsulfosuccinat oder Cetyltrimethylammoniumbromid empfohlen.

Weiterhin werden Netzmittel eingesetzt, um eine schnellere Bewegung des Öls zu erzielen und um eine bessere Durchdringung der Erdölhorizonte zu erreichen. Dafür geeignet sind nichtionogene Tenside, wie äthoxylierte Nonylphenole, äthoxylierte Partialester mehrwertiger Alkohole u. dgl. sowie Natrium-di(2-äthylhexyl)-sulfat. Nach Peremysslowa [702] werden die Netzmittel in Mengen von 0,25 bis 5,0 g/*l* eingesetzt und bewirken eine Steigerung der Erdöl auswaschenden Eigenschaften des Wassers [703, 704].

7.2.2. Flotation

Beträchtliche Tensidmengen werden für die Flotation verbraucht. Bekanntlich versteht man darunter die Schwimmaufbereitung, d. h. die Abtrennung suspendierter Stoffe aus einem Gemisch durch selektive Oleophilierung der abzutrennenden Substanz. Die Art der einzusetzenden Tenside hängt von den zu trennenden Verbindungen ab.

Für einige Mineralien werden Kationtenside wie Fettamine oder deren Salze angewendet. Nach Gerberich [705] sind Aminemulsionen wirksamere Flotationsmittel für Kaliumchlorid (siehe auch Tab. 53) oder technische

Tabelle 53. Einige Flotationsmittel zur Salzflotation

Sammler	chemische Formel	im Konzentrat
primäre Alkylaminhalogenide	$CH_3(CH_2)_{8-20} \cdot NH_2Cl$	KCl
primäre Alkylamine	$CH_3(CH_2)_{8-20} \cdot NH_2 \cdot CH_3COO$	KCl
Fettsäuren, Seifen	$CH_3(CH_2)_{8-20} \cdot COOH$	NaCl, $MgSO_4 \cdot H_2O$
Alkylsulfate	$CH_3(CH_2)_{5-13} \cdot O \cdot SO_3Na$	KCl, $MgSO_4 \cdot H_2O$
Alkylsulfonat	$C_nH_{2n+1} \cdot SO_3Na$	$MgSO_4 \cdot H_2O$

Galmeierze als die Aminoacetate oder Aminochlorhydrate. Für die Schaumflotation, z. B. von Nioberzen, setzt man erfolgreich Mono- oder Diaminacetate oder heterocyclische Amine ein [706]. Als Flotationssammler für Bleisulfidschlämme werden alkyldithiocarbaminsaure Aminosalze vorgeschlagen [707]. Für die Trennung von Baryt, Calcit und Dolomit haben sich C_{16}-Alkylsulfat oder Gemische von $C_{15}-C_{17}$ bzw. $C_{16}-C_{18}$-Alkylsulfate besser bewährt als Ölsäure [708] [709]. Auch Gemische aus sulfatierten und sulfonierten gesättigten Verbindungen bringen für Barytmineralien gute Resultate [710].

Reagentien für die Flotation von Kohle sind sulfoniertes Kerosin, wäßrige Lösungen von neutralisiertem saurem Teer u. dgl. Die besten Ergebnisse wurden mit sulfoniertem Kerosin erzielt [711]. Für die Uranerzaufbereitung haben sich saure Alkylphosphate, z. B. Mono/Di-laurylphosphat bewährt.

7.2.3. Tenside im Baustoffsektor

Bei der Herstellung von Beton oder Mörtel bewirkt ein Zusatz von tensioaktiven Substanzen eine Herabsetzung der Oberflächenspannung des Wassers und bewirkt eine bessere Benetzung der festen Bestandteile. Damit verbunden wird eine homogenere Mischung erreicht, die zur Einsparung von Wasser (5 bis 20%), Verbesserung der Festigkeitseigenschaften um etwa 5 bis 20%, Pump- und Transportierbarkeit, erhöhte Frostbeständigkeit, Einsparung von Zement und bei Leichtbeton zu einer geringeren Wärmeleitfähigkeit und niederen Dichte führt.

Es lassen sich je nach Art der Verwendung drei verschiedene Zusatzmittel unterscheiden [712]:

1. Betonverflüssiger,
2. luftporenbildende Zusatzmittel,
3. Betondichtungsmittel.

Des weiteren dienen Tenside zur Herstellung von Schaumbeton und Gasbeton. Zur Bildung von Luftporen kann z. B. Natriumabietinat in Form einer in wäßriger Leimlösung emulgierten Harzseife angewendet werden. Ein sehr aktives Schaummittel zur Erzeugung von Schaumbeton erhält man durch Vermischen einer Harzseifenlösung mit einem Harnstoff-Formalin-Harzsirup. Kleinere Mengen Glyzerin, Glykol, Eiweißhydrolysat oder Saponin wirken sich dabei günstig aus. Zuweilen setzt man zur Luftporenbildung ein mit 5% Natronlauge verseiftes Kolophonium ein. Die Harzseife löst man in Glyzerin und gibt Wasser zu. Mit einer Mischung aus Kolophoniumseife und Sulfitablauge läßt sich die Frostbeständigkeit und die Elastizität von Beton erhöhen, und man kommt zu einem stabileren Material. Die Frostbeständigkeit wird auch wesentlich durch die isolierende Wirkung der Poren beeinflußt, d. h. von deren Größe und Verteilung in der Betonmasse. Außer den Schaummitteln, wie Ligninsulfonat, werden Alkali- oder

Erdalkaliverbindungen höhermolekularer Alkylsulfate in Mengen von 0,5 bis 0,25 Teilen auf 1000 Teile Sand und Zement dem Wasser zugesetzt. Für poröse Formteile kommen weiterhin Alkylarylsulfonate, Silikone und Umsetzungsprodukte anion- oder kationaktiver Tenside mit gasabgebenden Mitteln zum Einsatz. Man verwendet häufig Ammonium-alkylarylsulfonate allein oder mit Zusätzen wie Alginaten, Polyvinylacetat, Calcium- und/ oder Aluminiumchlorid.

Die Herstellung von Schaumbeton erfolgt mit den gebräuchlichen Bestandteilen, denen als Schäumungs-, Stabilisierungs-, Härtungs- und Dichtungsmittel die wäßrige Dispersion eines Natriumalginats in Verbindung mit einem Natriumsilikonat, einem Natriumsilikat, Natriumsulfat neben löslichen Harzen und Derivaten von sulfiertem Laurylalkohol zugesetzt werden [713].

Als Sperrzusätze zur Betondichtung kommen Erdalkali- oder andere unlösliche feinverteilte Metallseifen zur Anwendung. Es lassen sich auch Gemische von Natronseifen mit Silikaten und Aluminiumsalzen benutzen. Zur Ausflockung der Seife setzt man bestimmte Mengen konzentrierter Calciumchloridlösung zu. Zum gleichen Zweck besprüht man frisch verlegten Beton zur Verhinderung einer zu schnellen Austrocknung mit Aluminiumpulver sowie Calcium- oder Zinkstearat in einem organischen Lösungsmittel (Tetrachlorkohlenstoff). Zum Schutz der Oberfläche von feuchten, nicht abgebundenen Mörtel-, Zement- oder Betonschichten dient eine Emulsion aus Paraffin, Alkyldimethylcyclohexylammoniumchlorid oder Alkylphosphonium- oder -pyridiniumchlorid sowie Salze höhermolekularer Mono-, Di- oder Trialkylamine mit anorganischen oder organischen Säuren. Sie bewirken eine rißfreie Abbindung der Baustoffe.

Zur Verbesserung der Verarbeitung und Stabilität von Beton können neutrale Triäthanolaminsalze sulfonierter Kohlenwasserstoffe beigemischt werden. Faserverstärkten zementhaltigen Baustoffen setzt man Emulsionen aus schaumerzeugenden Substanzen (Kolophoniumseifen, Fettalkoholsulfate, Salze langkettiger Alkylsulfonsäuren) und schaumstabilisierende Mittel wie Alginate zu. So werden z. B. dem Portlandzementpulver zur Erhöhung der Druckfestigkeit 0,02 bis 0,11% vom Gewicht des Zementes eine Mischung von 70 bis 30 Teilen einer gesättigten oder ungesättigten Fettsäure und 30 bis 70 Teile einer oleophilen Petrolsulfonatlösung zugesetzt. Nach 7 Tagen soll die Druckfestigkeit der Formstücke um 50% höher liegen als bei den Stücken, die ohne diese Mischung hergestellt wurden [714].

Riethmayer [715] untersuchte den Einfluß von Netz- und Hydrophobierungsmitteln auf die Eigenschaften von Zementmörtel und stellte fest, daß die Festigkeit und das Saugvermögen nicht allein von der Dichte und dem Porenvolumen des Mörtels abhängen, sondern auch von chemischen Strukturen der Additive. Trotz verringerter Dichte und vergrößertem Porenvolumen ist eine Verfestigung des Gefüges und eine verringerte Wasseraufnahme bei einem bestimmten Verhältnis zwischen hydrophilen und lyophilen Liganden im Molekül der Additive möglich.

Auch niedermolekulare Alkylarylsulfonate, Natriumalkylnaphthalinsulfonate oder Natrium- bzw. Erdalkalisalze von p-Toluolsulfonsäure mit Aluminium-, Magnesium- oder Zinkstearat verbessern in geringen Mengen zugesetzt die Eigenschaften von Beton und Mörtel.

Weitverbreitet sind auch nichtionogene Tenside als Betonzusatzmittel oder zur Herstellung von Zementmörteln, wobei verschiedentlich Kali- oder Triäthanolaminseifen mitverwendet werden.

Auch zur schnelleren und gleichmäßigeren Verteilung von Farbstoffen in Mörteln haben sich Netz- und Schaummittel hervorragend bewährt [716].

Sneck und Aschan [717] stellten bei der Lagerung von Probekörpern in einer Lösung von Natriumsulfat und sekundärem Alkylsulfat fest, daß keine wesentlichen Rißbildungen und nur oberflächliche Korrosionsschäden eintraten. Eisenarmierungen wurden jedoch noch in größerer Tiefe im Probekörper oxydiert, was bei Versuchen ohne Alkylsulfat nicht eintrat.

7.2.4. Metallindustrie

In der Metallindustrie werden nur relativ geringe Tensidmengen verbraucht. Die Verwendungszwecke sind sehr unterschiedlich. Wichtig sind die Bohr- und Schneidöle für die mechanische Bearbeitung, in denen tensioaktive Verbindungen vorwiegend als Emulgatoren wirken. Sie wurden früher aus sulfierten Fetten und Ölen hergestellt, die jedoch heute weitgehend durch vorwiegend synthetische Produkte ersetzt sind. Oberflächen der verschiedensten Werkstücke müssen vor ihrer Bearbeitung (Korrosionsschutz) häufig einwandfrei gesäubert sein, um ein gutes Haften der Korrosionsschutzschicht zu gewährleisten. Außer der Behandlung mit organischen Lösungsmitteln wird die Reinigung mit geeigneten grenzflächenaktiven Stoffen oder mit Dampf durchgeführt. Die Qualität derartiger Substanzen richtet sich nach dem jeweiligen Verwendungszweck. Zumeist sind sie stark alkalisch.

Galvanischen Bädern werden Tenside aus verschiedenen Gründen zugesetzt. Einmal reinigen sie die Oberfläche des Werkstückes, zum anderen bewirken sie eine Verkleinerung der abgeschiedenen Metallkristalle, wodurch die Metallauflage gleichmäßig verteilt und sich der Glanz beim fertigen Stück verbessert. Eingehend beschrieben wird das Zusammenwirken von Einebnungs-, Glanz- und Netzmitteln in modernen galvanischen Bädern von Strauss [718]. Zum Einsatz kommen Alkylsulfonate, sekundäre Alkylsulfate, primäre Alkylsulfate, Alkylnaphthalinsulfonate und Sulfobernsteinsäureester. Auch z. B. n-Dodecylphosphonsäure-1, die auf Glanzchrombädern eine Schaumschicht bildet [719, 720].

7.2.5. Photographie

Tenside werden einmal beim Auftragen photographischer Emulsionen verwendet und dienen als Zusätze in Entwicklungsbädern. Beim Vergießen der Halogensilber-Emulsionen will man damit eine gleichmäßige Verteilung auf der Unterlage erreichen und eine Schaum- und Fleckenbildung verhindern. Knot und Mitarbeiter [721] schlagen eine Reihe von Urethanderivaten vor, z. B. N-(Carbo-p-tert.-octylphenoxypentaäthoxy)-glutamat oder -aspargat(Di-Na-Salze) oder 3.11-Diaza-4.10-dioxo-5.9-dioxa-7-methyl-7-lauroylamino-1,13-tridecandionsäure. Diese Verbindungen setzt man in Mengen von 0,0001 bis 0,05 Teile auf ein Teil trockener Gelatine zu. Von den gleichen Autoren werden auch N-Carbo-abietyl-oxypolyäthoxyglutamat, -glykolat sowie Na-Resinylaspargat empfohlen [722]. Amide, die bei der Kondensation von aliphatischen Äthanolaminen und Fettsäuren mit 12 bis 22 C-Atomen entstehen (N,N'-Di-(β-hydroxyäthyl)-lauroylamid, N-Monohydroxyäthyl-di-palmitoylamid) sind für die gleichen Zwecke einsetzbar [723].

In den Entwicklungsbädern setzen Netzmittel die Oberflächenspannung herab und verhindern die Bildung von Luftblasen am Papier. Dafür eignen sich Aniontenside, wie Natriumheptadecylsulfat oder schaumfreie Sulfobernsteinsäureester.

Aktivierungsmittel für Farbentwickler sind ionogene oder nichtionogene Polyäthylenglykole mit Molgewichten von > 6000. In Mengen von ca. 1 g auf ein Liter Entwickler verkürzen sie die Entwicklungszeit und erhöhen — besonders im blaugrün Teilbild — die Farbdichte [723a].

Nach Untersuchungen von Moore und Bell [724] haben nichtionogene und katiogene Tenside in üblichen Konzentrationen keine wesentlichen Nebenwirkungen auf die Oberflächenüberzüge von Farbfilmen.

Vorteilhaft wirken sich auch anionaktive Netzmittel im Spülwasser für die entwickelten, fixierten und gewaschenen Filme aus. Derartige Netzmittel werden durch den stark alkalischen Entwickler bei der Lagerung zersetzt. Die stabileren nichtionogenen Netzmittel, wie Polyglykoläther, sind auch im Entwickler wirksam.

Nach Untersuchungen von Lewi und Smirnow [725] über den Mechanismus der Antikometwirkung von Netzmitteln beim Gießen photographischer Emulsionen sind die Monokaliumsalze der Dialkenylbernsteinsäuren und die Polyglykoläther wirksame Mittel zur Unterdrückung der sogenannten Kometwirkung.

7.2.6. Nahrungs- und Genußmittel

In der Lebensmittelindustrie werden Tenside nicht nur als Reinigungs- und Desinfektionsmittel eingesetzt, sondern sie werden für unterschiedliche

Zwecke den einzelnen Produkten zugemischt, um Verbesserungen ihres Gebrauchswertes zu erzielen.

Der Zusatz geringer Mengen waschaktiver Substanzen zum Waschwasser von Früchten, Kartoffeln, Zuckerrüben u. dgl. erleichtert und beschleunigt den Reinigungsvorgang. Dafür verwendbar sind Alkylarylsulfonate, Sulfosuccinate und nichtionogene Verbindungen wie Alkylphenolpolyglykoläther.

Auf Grund ihrer fungiziden und bakteriziden Eigenschaften eignen sich einige Kationtenside als Konservierungsmittel für verschiedene Lebensmittel. So lassen sich z. B. Eier mit Cetylpyridiniumchlorid für einige Zeit konservieren, indem man das Tensid gelöst in Chlorkautschuk oder Polyvinylacetat als Überzug zur Anwendung bringt. In ähnlicher Weise können Früchte in Lösungen mit Cetyltrimethylammoniumbromid haltbar gemacht werden.

Auf die Verwendung von Monofettsäureglyzeriden und anderen nichtionogenen Verbindungen als Emulgatoren bei der Margarineherstellung und für verschiedene andere Zwecke ist bereits hingewiesen worden (Seite 287).

7.2.7. Landwirtschaft

Die Verwendung von Tensiden in der Landwirtschaft erstreckt sich auf verschiedene Gebiete. In einigen Fällen ist die Anwendungsmöglichkeit noch nicht einwandfrei geklärt.

In Schädlingsbekämpfungsmitteln für den Pflanzenschutz beruht der Einsatz von Tensiden — insbesondere von Netzmitteln — auf der Herbeiführung eines erhöhten Kontaktvermögens durch flüssige Produkte. Die Substanzen breiten sich auf den Unterlagen — Blätter oder Insektenkörper — besser aus und die Benetzung wird so gefördert [767]. Hirota und Mitarbeiter untersuchten [768, 769] den Einfluß anionaktiver Netzmittel auf Nematocide und Fungicide. Teilweise zeigen Tenside an und für sich schon eine insektizide Wirkung, z. B. höhermolekulare Alkylarylsulfonate, polyalkylierte Naphthalinsulfonate und nichtionogene Verbindungen. Schreiber [770] beschreibt ein wasserfreies, insektizides Mittel, das neben Pyrethrumextrakt die 2- bis 10fache Menge eines Alkylaminsalzes (bis zu 8 C-Atomen) und Alkylbenzolmonosulfonate mit 8 bis 28 C-Atomen enthält und in Kerosin gelöst zur Anwendung kommt. Andere wasserhaltige Produkte enthalten als Emulgatoren nichtionogene Verbindungen [771]. Für arsenhaltige Insektizide lassen sich primäre Alkylsulfate, Alkylarylsulfonate und Seifen als Netzmittel einsetzen. Nach Untersuchungen von Hartzell und Wilcoxon [772] hängt die Wirkung von Insektiziden u. a. auch von der Konzentration der Netzmittel ab.

Spurenzusätze von Tensiden zu Futtermitteln sollen in der Tier-, insbesondere in der Geflügelzucht eine bessere Ausnutzung des Futters bewirken [773]. Zusätze von nichtionogenen Tensiden verbessern die Verdaulichkeit von Fett, nicht aber die von Eiweiß und Kohlehydraten. Anionaktive Substanzen vermindern die Verdaulichkeit des Fettes und Kationtenside beeinträchtigen sie erheblich. Letztere beeinflussen auch die Verdaulichkeit der Kohlehydrate ungünstig [774]. Bei Ratten zeigte sich beim Zusatz von nichtionogenen Emulgatoren zum Futter (20%) eine leichte Verringerung der Futterverwertung [775].

Man hat beobachtet, daß in einem Teich, in den tensidhaltige Abwässer geleitet wurden, die Karpfen weitaus schwerer wurden als in anderen Teichen. Inwieweit diese Beobachtung zutrifft, müßte noch einwandfrei geklärt werden. Nach Bock [776] sind Alkylbenzolsulfonate (C_{10}—C_{13}, mit gerader Alkylkette), Fettalkoholsulfate (C_{10}—C_{11}) und Seifen bei einer für jedes Produkt charakteristischen Konzentration für Fische schädlich. Die Schädigung erfolgt vorwiegend an den Kiemen. Die tödliche Wirkung setzt bei allen Substanzen bei Konzentrationen ein, die zu einer Erniedrigung der Grenzflächenspannung von $\sim$ 50 dyn/cm führen. Die Konzentrationen liegen weit über den in Gewässern gemessenen Werten, so daß Schädigungen der Fische unter normalen Verhältnissen nicht auftreten. Die an den Kiemen auftretenden Schäden führen zu einer Verminderung der Sauerstoffaufnahme und enden mit dem Erstickungstod der Fische [777, 778].

Nach Stephen und Mitarbeitern [779] üben Alkylbenzolsulfonate auf Pflanzen (Sonnenblumen, Gerste, Lupinen) keine nachteilige Wirkung aus. Die Aufnahme des Tensids durch die Pflanzen ist nur geringfügig. Paluch und Nogat [780] stellten bei Versuchen zur Keimung und zum Wurzel- und Keimwachstum in Lösungen von verschiedenen Tensiden an Erbsen, Kohl, Mohn u. dgl. eine gewisse Hemmwirkung fest.

Durch Anwendung verschiedener Tenside konnte die Stabilität größerer Bodenaggregate erhöht und damit die Böden für agronomische Zwecke verbessert werden [781]. In kleinen Konzentrationen sollen Kationtenside das Keimvermögen von Pflanzen erhöhen.

7.2.8. Kosmetik

In der kosmetischen Industrie spielen Tenside in verschiedener Form für die verschiedensten Reinigungszwecke und auch als Emulgatoren eine wichtige Rolle. Netzmittel, waschaktive Substanzen und Emulgatoren werden u. a. für nachstehende Zwecke mit verwendet:

1. Haarkosmetik,
2. Badepräparate,
3. Körperrreinigungsmittel,
4. Hauptflegemittel,
5. Zahnpflegemittel,
6. Lippenstifte,
7. Rasierpräparate.

Einen Überblick über Verwendungsmöglichkeiten von modernen Tensiden, wie Alkylsulfonaten und -sulfaten, Tauriden, oxyäthylierten primären aliphatischen Alkoholen und Alkylphenolen, Sulfobernsteinsäureestern, Fettsäureeiweißkondensationsprodukten, Fettsäurealkylolamide, Aminoxide und Zuckerestern in kosmetischen Erzeugnissen geben Andreas und Franke [782]. Die Verwendungsmöglichkeiten sind so vielseitig, daß hier nicht ausführlich darauf eingegangen werden kann. Siehe dazu [783, 784, 785].

7.2.9. Textilhilfsmittel

Auf die Vielzahl von Textilhilfsmitteln und ihre unterschiedlichen Verwendungszwecke soll nur kurz verwiesen werden. Dazu wird das Studium spezieller Werke empfohlen (siehe „Bibliographie"). Man unterteilt diese Produkte allgemein in [23]:

1. Hilfsmittel für die Herstellung synthetischer Fasern,
1.1. Aufschluß und Verspinnung von Viskose,
1.2. Verschiedene Präparationen.
2. Gleitmittel für die Vorbereitung von Spinn- und Webprozessen u. dgl.
2.1. Unterschiedliche Schmälzen,
2.2. Spulöle,
2.3. Schlichten,
2.4. Antistatische Ausrüstungen von Schmälzen, Spulölen und Schlichten.
3. Einsatz für die Textilausrüstung,
3.1. Netz-, Wasch- und Reinigungsmittel,
3.2. Walkmittel,
3.3. Färberei- und Druckhilfsmittel,
3.4. Appreturhilfsmittel.

7.2.10. Verfahrenstechnik

Bei der Herstellung von verschiedenen Produkten haben Tenside unterschiedliche Funktionen zu erfüllen. Sie kommen bei der Synthese von Kautschuk und Plasten als Emulgatoren bei der Polymerisation zum Einsatz. Für die Butadien-Styrol- oder Butadien-Acrylnitril-Polymerisation benötigt man größere Mengen z. B. Diisobutylnaphthalinsulfonat. Verschiedene Plastsynthesen werden je nach Art der Lösung entweder mit anionaktiven Emulsionen in alkalischen Bädern oder mit nichtionogenen Verbindungen in saurem Milieu verwendet. Dazu geeignet sind eine große Anzahl von Tensiden.

Die Tenside beeinflussen während der Polymerisation

1. den Polymerisationsgrad und die -geschwindigkeit,
2. die Größenverteilung und die Einheitlichkeit des Polymerisates,
3. die Stabilität der Dispersion während und nach der Reaktion,
4. die Viskosität der Dispersion.

Bei der Herstellung z. B. von Schaumgummi dienen stark schäumende Tenside als Schaumbildner. Geeignet sind primäre Alkylsulfate, Dodecylbenzolsulfonat und Alkylnaphthalinsulfonate.

Bei der Weiterverarbeitung z. B. von Gummiwaren und Plastgegenständen spielen kationaktive Verbindungen als Hilfsmittel eine gewisse Rolle. Sie erleichtern u. a. das Lösen aus den Formen und begünstigen die Füllstoffverteilung. Kationtenside setzt man auch als Vulkanisationsbeschleuniger ein.

Verschiedene Tenside beeinflussen die Sulfidierung (Xanthogenatbildung) der Cellulose und die Filtration der Viskoselösungen. Dadurch lassen sich Qualitätsverbesserungen und Einsparungen an Rohstoffen und Energie erzielen [786]. Durch Netzmittel läßt sich auch die Entharzung von Ca-Bisulfitcellstoffen vorteilhafter gestalten. Der Wirkungsgrad der Entharzung hängt von den Reaktionsbedingungen und der Struktur der Netzmittel ab. Polyoxyäthylenaddukte mit 68 bis 76% Äthylenoxid sind am wirksamsten [787].

Nach Kukolew werden durch Netzmittelzugabe — insbesondere C_7—C_9-Fettsäuresalze — feuerfeste Massen beim Pressen stärker verdichtet wobei ihre Porigkeit geringer wird [788].

Allgemein lassen sich die Fließeigenschaften vieler Stoffe mit kleinen Tensidmengen verbessern.

7.2.11. Schmiermittel

In Schmierölen bewirken öllösliche Tenside eine Verringerung des Verschleißes und verbessern die Dispergierwirkung von schlamm- und lackbildenden Bestandteilen. Außerdem verhindern sie eine Lackbildung [789]. Nach Zaslavski und Šor [790] bilden die tensioaktiven Zusätze auf den Metalloberflächen monomolekulare Filme. Häufig setzt man die tensioaktiven Substanzen in Form ihrer Alkalisalze sowie als Calcium-, Barium-, Magnesium- oder Zinkverbindungen ein.

Emulsionen von Mineralölen, die mehr oder weniger große Emulgatormengen enthalten, werden bei der spanabhebenden Bearbeitung (Drehen, Bohren, Schneiden) und bei der spanlosen Verformung (Ziehen, Walzen) vorwiegend als Kühlschmiermittel eingesetzt. Dabei wirkt die wäßrige Phase als wärmeabführendes Kühlmittel und die Ölphase gibt eine schmierende, die Metalloberfläche schonende Wirkung. Derartige Produkte kommen in Form selbstemulgierender Konzentrate in den Handel. Sie sollen beim Eingießen in Wasser fein verteilt werden und verringern dessen Oberflächenspannung weitgehend. Durch Einsatz geeigneter Öle wird eine Korrosionsschutzwirkung erreicht. Außer Triäthanolaminseifen — Triäthanolaminoleat — u. dgl. kommen nichtionogene Verbindungen wie äthoxylierte Glyzerinrizinoleatester, Sorbitanoleatester u. a. Tenside zum Einsatz.

7.2.12. Sonstige Verwendungen

Grenzflächenaktive Stoffe (Netzmittel) werden im Bergbau unter Tage zum Benetzen und Niederschlagen von Staub, bei der Zerkleinerung des Gesteins und zur Erleichterung des Bohrens verwendet [791]. Man setzt hier zumeist starke Netzmittel, wie äthoxylierte Nonylphenole mit 7 bis 11 Mol Äthylenoxid/Mol oder Natriumdioctylsulfosuccinat, ein.

Gut schäumende Netzmittel werden bei der Brandbekämpfung dem Löschwasser zugefügt, so daß sich an der Brandstelle eine Schaumschicht ausbildet, die den weiteren Luftzutritt verhindert. Des weiteren wird eine bessere Benetzung der vom Feuer bedrohten Gegenstände erreicht.

In Ölfarben, Lacken und sonstigen Anstrichmitteln bewirken Netzmittel oder Emulgatoren eine bessere Dispergierung der Pigmente und eine günstigere Haftung auf dem Untergrund [792]. Um die Stabilität von Emulsionen (Latexfarben) zu erhöhen, lassen sich vorteilhaft nichtionogene oder kationaktive Substanzen einarbeiten [793].

Der Tensidzusatz zu Klebstoffen ergibt ebenfalls eine verbesserte Verteilung auf den Oberflächen und eine verbesserte Haftfestigkeit.

Bei der Lederherstellung beeinflussen Tenside die Teilprozesse und tragen zur Intensivierung der Gesamtproduktion bei [794].

Die Haltbarkeit von Bitumenemulsionen für den Straßenbau wird durch Zusatz kationaktiver Emulgatoren erhöht. Sie verbessern das Haftvermögen des Bitumens auf den verschiedensten Gesteinsarten. Am geeignetsten für diesen Zweck sind Fettamine und deren Salze.

7.3. Tenside in den Abwässern

Seit dem starken Anstieg der Tensidproduktion nimmt auch ihr Gehalt in vielen Abwässern ständig zu. Das zeigt sich nicht nur an der Schaumbildung auf manchen Gewässern, sondern auch im chemischen und biologischen Verhalten vieler Oberflächenwässer. Die Einwirkung von Tensiden auf Lebewesen wechselt mit der chemischen Konstitution der Wirkgruppen dieser Stoffe und ist deshalb sehr unterschiedlich. Während ein großer Teil der nichtionogenen Tenside und auch ein Teil der anionaktiven Verbindungen teils völlig ungefährlich, teils nur mäßig giftig sind, sind die stark desinfizierend wirkenden kationaktiven Verbindungen für das pflanzliche Plankton und für die eiweißabbauenden Bakterien noch in Konzentrationen von ca. 0,05 mg/*l* giftig. Andererseits beeinträchtigen schon 3 mg/*l* der anionaktiven Tetrapropylenbenzolsulfonate das Wachstum des Phytoplanktons. Für resistentere eiweißabbauende Bakterien liegt die Gefahrengrenze etwa bei 7 mg/*l*. Celluloseabbauende Bakterien sind dagegen weniger widerstandsfähig.

Tiere sind gegen Tenside verschieden empfindlich. Daphnien werden bei einer Konzentration von 5 mg/*l* in 10 bis 100 Stunden getötet. In Gewässern mit 10 bis 15 mg/l Tetrapropylenbenzolsulfonat verlieren Fische ihre Schleimschicht und zeigen Kiemenblutungen, die zum Tode führen. Andererseits will man beobachtet haben, daß Karpfen in einem Teich, in den tensidhaltige Abwässer geleitet wurden, bedeutend schwerer wurden als in einem anderen gleichartigen Gewässer. Warmblütler resorbieren die Tenside durch den Darm und sie gelangen dann zur Leber. Hunde, die über einen Zeitraum von zwei Jahren maximal 130 g Alkylbenzolsulfonate aufnahmen, zeigten keine Gesundheitsschäden [728]. Ein Tensid auf Dodecylbenzolsulfonatbasis ließ in einem 100 wöchigen Rattenversuch, in Mengen von 100 ppm (= 0,01%) dem Trinkwasser zugesetzt, keine nachteiligen gesundheitlichen Wirkungen erkennen. Nach anderen Untersuchungen mit relativ hohen *ABS*-Konzentrationen in Trinkwasser und Nahrung kam es ebenfalls zu keiner gesundheitsschädigenden Wirkung. Sogar extrem hohe *ABS*-Zugaben über längere Zeiträume ergaben keine nachteilige Auswirkungen [729].

Allgemein ist man jedoch der Ansicht, daß jede Beeinträchtigung der Abwasserklärung eine echte gesundheitliche Gefährdung darstellt. In manchen Gegenden wurden im Trinkwasser bis zu 1,7 mg/l Tenside festgestellt. Eine geschmackliche Beeinträchtigung der Trinkwasserqualität konnte in den wenigsten Fällen beobachtet werden [730, 731, 732, 733]. Oft waren Geschmacksabweichungen auf andere Ursachen zurückzuführen.

Zur Entfernung der Tenside aus den Abwässern gibt es eine Reihe von Möglichkeiten. So können sie durch Aktivkohle adsorbiert werden. Nach SIGWORTH [734] sind hierzu 1 bis 2 mg/l Kohle/1 mg Tensid/l Abwasser erforderlich. Für Spitzenbelastungen sind bis zu 50 mg Tensid/l Kohle vorzusehen. ECKENFELDER [735] gibt 7 Teile Kohle für ein Teil Tensid an und schlägt eine zusätzliche Behandlung des Abwassers mit Alaun vor. Alkylbenzolsulfonate können unter bestimmten Bedingungen durch Anionaustauscher mit Chloridkreislauf entfernt werden. Ob dieses Verfahren sich rentabel gestalten läßt ist fraglich [736]. Nach einem weiteren Verfahren arbeitet man mit Aluminiumchloridlauge unter Zufuhr einer berechneten Luftmenge und bei einem genau eingestellten pH-Wert in einem großen Reaktionsbehälter. Das chemisch behandelte Wasser wird über Kies und einem Kunstharzfilter geleitet, wo restliche Tenside und Farbstoffe entfernt werden. Da das Kunstharz keine funktionellen Gruppen besitzt, tritt nur eine einfache Adsorption und kein Ionenaustausch ein.

Da sich die Tenside auf Grund ihrer chemischen Konstitution an der Wasseroberfläche anreichern, ist die Möglichkeit gegeben, sie durch Oberflächenabstreifung, d. h. durch kontinuierliche Entfernung des Schaumes zu entfernen. Durch Einblasen von Luft wird ein Schaum erzeugt, indem die Tenside in größerer Konzentration vorhanden sind. Der Ausschäumungseffekt ist von der Tensidkonzentration, der Tensistruktur, der Luftmenge, Blasengröße, Viskosität der interlaminaren Flüssigkeit, Schaumstabilität, pH-Wert, Temperatur und Anwesenheit fremder Substanzen abhängig. Es ist möglich, durch Ausschäumen mehr als 80% der Tensid-

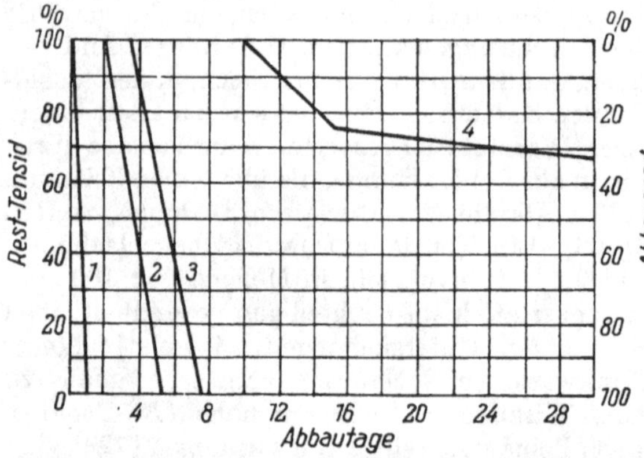

Abb. 54. Abbauverlaufskurven einiger Tenside.

1 – C_{16}-Alkylsulfat (primär) aus Alfol-C_{16}; *2* – $C_{14,16}$-Alkylsulfonat aus n-Paraffin, *3* – C_{12}-Alkylbenzolsulfonat aus Dodecen-(1), *4* – C_{12}-Alkylbenzolsulfonat aus Tetrapropen [748].

anfangsmenge zu entfernen und die restliche Tensidkonzentration auf 1,0 bis 2,0 mg/*l* zu vermindern [737]. Durch 2-Octanol kann man zwar die Gesamtmenge des durch Schaum entfernbaren Tensids (*ABS*) erhöhen, es ist aber schwierig, das große Schaumvolumen zu beseitigen. Der abgeschöpfte Schaum kann kontinuierlich verbrannt werden [738, 739].

Anionaktive Tenside können mit äquimolaren Mengen kationaktiver Verbindungen, z. B. n-Alkyldimethyl- oder n-Dialkylmethylbenzylammoniumchlorid gefällt werden. Die entstehenden kolloidalen Niederschläge lassen sich durch Alaunausflockung oder Filtration entfernen [740].

Durch biologischen Abbau der Tenside, in dessen Verlauf organische Verbindungen durch die im Abwasser gezüchteten Mikrolebewesen in körpereigene Substanzen umgewandelt und entfert werden, läßt sich eine weitgehende Reinigung erzielen. Die Methode hat in der Fortentwicklung von hochbelasteten Tropfkörpern und des Belebungsverfahrens für die Reinigung bzw. Nachreinigung verschiedener Abwässer sehr an Bedeutung gewonnen [741].

Leider zeigte sich, daß die verschiedenen Tensidtypen nicht in gleicher Weise abbaubar sind. Auf Grund der Unterschiede in der Struktur der Tenside müssen sich die Mikroorganismen erst an die Tenside und die gegebene Konzentrationen in den Abwässern gewöhnen. Es besteht eine Abhängigkeit der Abbaugeschwindigkeit von der Struktur der hydrophoben Molekülteile, von der Länge der C-Ketten und von deren Gehalt an Doppelbindungen. Alkylsulfate und Alkylsulfonate werden durch die gleichen Enzyme abgebaut. Bei Alkylarylsulfonaten beeinflußt die Art des aromatischen Grundkörpers den biochemischen Abbau erheblich. Naphthalinderivate werden schlechter abgebaut als Tenside auf Benzolbasis [742, 743, 744].

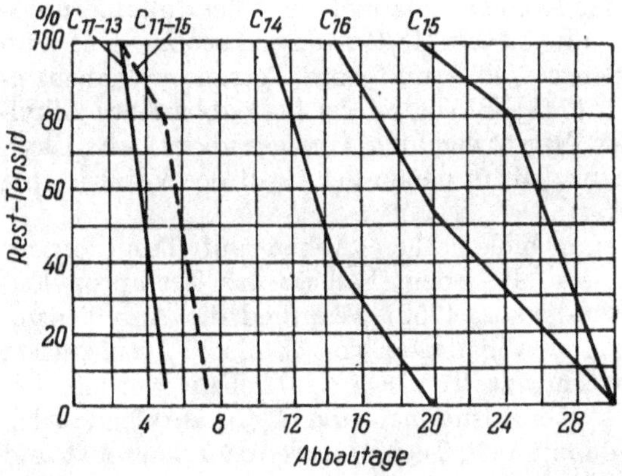

Abb. 55. Einfluß der Kettenlänge in Alkylbenzolsulfonaten auf den biologischen Abbau [748].

Ein wesentliches Hindernis für den biologischen Abbau ist ein quaternäres C-Atom am äußersten Ende der Seitenkette. Die Abbaufähigkeit ist an Tropfkörpermodellen weitaus besser und erfolgt schneller als in Belebtschlammbecken. Ein guter Abbau ist nur bei optimalen Bedingungen für das Wachstum und die Stoffwechseltätigkeit der Mikroorganismen möglich [745, 746].

Allgemein sind Alkylkettenverzweigungen und biologische Abbaubarkeit korreliert. Je mehr Verzweigungsstellen vorhanden sind, desto geringer wird die Abbaubarkeit. Die Abhängigkeit ist geradzu linear, wenn der Verzweigungsgrad als $(H_{CH_3}\text{-}6)/(\varepsilon_H\text{-}5)$ definiert wird, wobei H_{CH_3} den in Methylgruppen enthaltenen, ε_H den gesamten Wasserstoff bedeuten [747]. In Abb. 54 werden die Abbauverlaufskurven von

1. primärem C_{16}-Alkylsulfat,
2. C_{14}-C_{16}-Alkylsulfonat,
3. C_{12}-Alkylbenzolsulfonat aus Dodecen- (1) und
4. C^{12}-Alkylbenzolsulfonat aus Tetrapropen

dargestellt. Während bei den ersten drei Tensiden der Abbau in maximal 7 Tagen (beim Alkylbenzolsulfonat aus geradkettigem Dodecen-(1)) beendet ist, sind beim Alkylbenzolsulfonat aus Tetrapropen nach 30 Tagen erst 30% abgebaut. Die Abhängigkeit der Abbaugeschwindigkeit von der Kettenlänge der Alkylbenzolsulfonate zeigt Abb. 55. Die zeitliche Reihenfolge stimmt merkwürdigerweise nicht mit der Kettenlänge überein, insbesondere bei C_{15} [748]. Unter aeroben Bedingungen finden ÖBA und Mitarbeiter [749] ähnliche Verhältnisse. Eine mehr als 99%ige Abbaubarkeit wurde beim Pentadecen-2-sulfonat, 3-Hydroxytetradecansulfonat, dem Sulfat der C_{12}-Fraktion der Kokosfettalkohole und bei Sulfonierungsprodukten von n-α-Olefinen mit 12 bis 18 C-Atomen beobachtet. Von n-Alkylbenzolsulfonaten wurden ca. 93% und vom Tetrapropylenbenzolsulfonat nur ca. 16% abgebaut [749]. Biologisch leichter abbaubare Alkylarylsulfonate basieren auf der Mitverwendung von geradkettigen Alkylbenzolen und Tetrapropylenbenzolen, in denen der Grad der Verzweigung etwa 20 bis 50% betragen.

Großtechnische Versuche zum biologischen Abbau auf Tropfkörpern führten zu ähnlichen Ergebnissen. In jedem Fall ist das Tetrapropylenbenzolsulfonat am widerstandsfähigsten [750]. Während die Alkylbenzolsulfonate mit geradkettigem Alkyl Abbauraten von 73 bis 90% aufweisen, ist Tetrapropylenbenzolsulfonat nur zu 24 bis 30% abgebaut worden. Bei Waschmitteln mit 14% n-Alkylbenzolsulfonat und 4% Laurylsulfat lag die Abbaurate bei 95%, dagegen mit 14% Tetrapropylenbenzolsulfonat und 4% Laurylsulfat nur bei 34% [751].

Es soll kurz darauf hingewiesen werden, daß die Abbauergebnisse vom jeweiligen Prüfverfahren abhängig sind. Das was üblicherweise unter Abbaubarkeit von anionaktiven Tensiden verstanden wird ist häufig lediglich die Abnahme der Tensioaktivität als erster Schritt der Tätigkeit der Mikroorganismen. Die Moleküle werden soweit gespalten, daß sie bei dem Meßverfahren nach Longwell und Maniece [752] nicht mehr mit Methylenblau reagieren. Betrachtet man jedoch den biologischen Abbau im Zusammenhang mit dem Sauerstoffverbrauch, so handelt es sich hierbei erst um die eigentliche Oxydation der Moleküle innerhalb des Stoffwechsels der Bakterien. Für die Messung der biologischen Abbaubarkeit anhand des Sauerstoffverbrauches bietet sich die Warburg-Apparatur an. Das Verfahren beruht auf der manometrischen Messung des O_2-Verbrauchers durch Mikroorganismen in Gegenwart oxydierbarer Stoffe bei konstantem Volumen und konstanter Temperatur.

Die Bestimmung des Gehaltes an anionischen Tensiden im Wasser und Abwasser ist bei kleinen Konzentrationen durch Messung der Oberflächenspannung schwierig. In Leitungs- und Trinkwasser ist die Bestimmung durch unterschiedliche Elektrolytgehalte problematisch. Bei Flußwasser sind die Schwierigkeiten noch größer. Auf der Basis des Dunouy-Tensiometers (siehe Seite 369) konstruierten Hettche und Schulz ein selbstanzeigendes und registrierendes Gerät für die Durchflußmessung.

Die erwähnte Methode von Longwell und Maniece beruht auf der Bildung von Methylenblaue-Farbstoffkomplexen in alkalischem Milieu bei pH-Werten um 10 unter Phosphatpufferung. Der Komplex wird mit Chloroform extrahiert und kolorimetrisch mit einer Standardlösung verglichen.

Der biologische Abbau der nichtionogenen Tenside beginnt, wie aus dünnschichtchromatographischen Untersuchungen hervorgeht, im Falle der äthoxylierten Fettalkohole mit der Spaltung der Moleküle in einen hydrophilen und einen hydrophoben Teil. Der hydrophobe Teil wird durch eine schnelle Oxydation abgebaut. Bei äthoxylierten Alkylphenolen erfolgt keine Spaltung, sondern eine langsame Oxydation, verbunden mit einer Hydrolyse der Alkylgruppen, des Aromatenringes und der Äthylenoxidkette. Gelegentlich erfolgt bei höherem pH-Wert die Hydrolyse der Äthylenoxidkette mit bedeutend größerer Geschwindigkeit [753].

Man geht auch bei den nichtionischen Tensiden auf die biologisch leichter abbaubaren Typen über. Die bisher gebräuchlichen Äthoxylierungsprodukte von Diisobutyl- bzw. Isononylphenol werden allmählich von geradkettigen Produkten abgelöst. Äthoxylierungsprodukte linearer primärer und sekundärer Alkohole, die durch Oxosynthese aus C_{11}—C_{14}-Olefinen aus der Paraffinspaltung gewonnen werden oder von sekundären Alkoholen aus der Paraffinoxydation stellt man heute in zunehmenden Mengen her. Derartige Produkte auf Alkoholbasis lassen sich einfacher abbauen als die Alkylphenolverbindungen [754].

8. Analytik der Tenside

Hier sollen nur in kurzen Zügen einige — insbesondere chemische — Untersuchungsmethoden kurz erwähnt werden. Zur eingehenden Orientierung wird auf die spezielle Literatur zur Analytik der Tenside verwiesen [795, 796]. Das Gebiet kann in nachstehende drei Gruppen unterteilt werden:

1. Untersuchung der Rohstoffe,
2. Untersuchung der Fertigprodukte,
3. Gebrauchswertbestimmung.

In einigen Fällen werden in den Gruppen 1 und 2 die gleichen Methoden angewendet.

8.1. Untersuchung der Rohstoffe

Neben den petrolchemischen Ausgangsstoffe — Paraffine und Olefine — haben als Ausgangsstoffe für die Tensidherstellung nach wie vor die Fette, Fettsäuren und Fettalkohole Bedeutung. Bevor diese Materialien zur Verarbeitung eingesetzt werden, ist eine eingehende Untersuchung notwendig, wenn man nicht Gefahr laufen will, minderwertige Produkte zu erhalten. An dieser Stelle soll nur auf die üblichsten Untersuchungsmethoden hingewiesen werden.

a) Physikalische Kenndaten:

1. Äußere Beschaffenheit,
2. Siedepunkt und Schmelzpunkt (Erstarrungspunkt),
3. Dichte,
4. Lichtbrechungsvermögen.

Mit Hilfe spektrometrischer Methoden lassen sich viele Produkte auf ihre Reinheit überprüfen. Die Verfahren arbeiten schnell und exakt.

b) Chemische Untersuchungsmethoden

1. Wassergehalt,
2. Bestimmung der festen Fremdstoffe,
3. Bestimmung der Neutralisations-(Säurezahl) und der Verseifungszahl,
4. Bestimmung der Hydroxylzahl,
5. Bestimmung der ungesättigten Verbindungen (Brom- bzw. Jodzahl, Rhodanzahl,
6. Bestimmung des Chlor- oder Schwefelgehaltes.

Vorstehende Untersuchungen werden nach den allgemein üblichen Methoden durchgeführt. Häufig können auch gaschromatographische Methoden wertvolle Aussagen über die Zusammensetzung von Einsatzprodukten liefern.

8.2. Untersuchung der tensioaktiven Substanzen und der Fertigprodukte

Im allgemeinen stellen die tensioaktiven Verbindungen und die daraus hergestellten Fertigprodukte Gemenge verschiedener Bestandteile dar. Wie bereits erwähnt, sind außer den organischen Verbindungen anorganische Aufbaustoffe und weitere organische Substanzen wie Celluloseäther, Neutralöle, Hautschutzmittel und ähnliche vorhanden. Mit der Trennung derartiger Gemische hat sich vor allem Wurzschmitt [473] beschäftigt. In Anlehnung an die sehr eingehenden Arbeiten sollen zuerst einige chemische Reaktionen zur Unterscheidung der tensioaktiven Substanzen angeführt werden, die heute zum Teil durch exaktere und schnellere physikalische Methoden (Infrarotspektroskopie u. dgl.) ersetzt sind.

Häufig läßt sich die Anwesenheit von Tensiden in wäßrigen Lösungen durch die Schaumbildung beim Schütteln erkennen. Einige Netzmittel schäumen jedoch in wäßriger Lösung kaum.

Zur näheren Untersuchung der anion- und kationaktiven sowie der nichtionogenen Substanzen werden sie erst aus den Gemengen auf extraktivem Wege isoliert. Dies geschieht mit Hilfe semipolarer Lösungsmittel, wie z. B. Äthyl-, Methyl-, Isopropylalkohol oder auch chlorierter Kohlenwasserstoffe. Die Tenside lösen sich darin, während die anorganischen Verbindungen ungelöst zurückbleiben. Die Aktivstoffe können z. B. im Extraktionsapparat nach Soxhlet isoliert werden. Für quantitative Bestimmungen wird der Extrakt nach dem Abdampfen des Lösungsmittels bei 100 bis 105° getrocknet, ausgewogen und aus der gefundenen Menge der Tensidgehalt berechnet. Bei stark wasserhaltigen Produkten werden zuweilen anorganische Stoffe gelöst, und diese verursachen einen zu hohen Aktivstoffgehalt. Die Extrakte werden zur weiteren Untersuchung eingesetzt.

8.2.1. Prüfung auf anionaktive Stoffe

Zu einer etwa 1%igen Lösung des mit Alkohol extrahierten Tensids wird tropfenweise eine verdünnte Aluminiumacetatlösung (25 *ml* essigsaure Tonerde in 250 *ml* Wasser) gegeben. Bei Anwesenheit anionaktiver Verbindungen entsteht an der Eintropfstelle sofort ein weißer bis gelblichweißer Niederschlag, der durch weitere Zugabe von Aluminiumacetatlösung verstärkt wird. Bei zu schnellem Zutropfen löst sich der Niederschlag wieder im Fällungsmittel.

In gleicher Weise lassen sich einige kationaktive Substanzen zum Nachweis anionaktiver Stoffe verwenden. Sie bilden aus den Lösungen ausfallende Neutralverbindungen. So gibt eine 1%ige Lösung von Lauryldimethylbenzylammoniumchlorid einen Niederschlag.

8.2.2. Prüfung auf kationaktive Stoffe

Zum Fällungsnachweis eignen sich vielfach anionaktive Verbindungen mit einem möglichst großen Anion sowie verschiedene anorganische Säuren (Ferro- und Ferricyankalium, Nitroprussidnatrium, Natriummetaphosphat, Jod-Jodkalium u. a.).

Besonders für ternäre und quaternäre Substanzen ist folgender Nachweis geeignet: Zur wäßrigen Lösung der Substanz wird eine klare Lösung eines Alkylsulfonats oder Alkylsulfats zugetropft. Bei Anwesenheit kationaktiver Verbindungen bildet sich ein dichter weißer Niederschlag.

In ähnlicher Weise läßt sich der Nachweis mit einer 5%igen Lösung von Nitroprussidnatrium vornehmen. Ein orangefarbener Niederschlag zeigt die Anwesenheit kationaktiver Verbindungen an.

8.2.3. Nachweis einiger anionaktiver Substanzen

Obwohl man heute mit Hilfe der Infrarotspektroskopie und entsprechender Vergleichsspektren viele Tenside relativ einfach identifizieren kann, sollen einige klassische Nachweismethoden kurz beschrieben werden. Oft ist keine aufwendige Apparatur erforderlich, um gewisse Aussagen über die Zusammensetzung von Tensidgemischen zu erhalten.

Aus Seifenlösungen werden durch 5%ige Essigsäure die Fettsäuren abgeschieden, so daß man an der auftretenden Trübung auf die Anwesenheit von Seife schließen kann. Außerdem tritt beim Schütteln kein Schaum auf. Entsteht weiterhin Schaum beim Schütteln, so sind Alkylsulfate oder Alkylsulfonate in der Lösung, deren Salze durch die schwache Essigsäure nicht zersetzt werden. Durch verdünnte Mineralsäuren (z. B. Salzsäure) tritt eine Hydrolyse der Salze der Schwefelsäureester ein, und es entstehen Alkohole und Schwefelsäure. Bleibt auch dann noch das Schaumvermögen erhalten, können Salze der echten Sulfonsäuren vorliegen, die von wäßrigen Mineralsäuren nicht gespalten werden.

Weitere Hinweise auf die Zusammensetzung erhält man aus der qualitativen Elementaranalyse. Wird kein Stickstoff und kein Schwefel gefunden, so kann es sich fast nur um gewöhnliche Seifen handeln. Allerdings enthalten auch die nichtionogenen Alkyl- und Alkylphenolpolyglykoläther diese Elemente nicht. Bei Anwesenheit von Stickstoff kann es sich um Säureamidcarbonsäuren oder Fettsäure-Eiweiß-Kondensationsprodukte handeln. Mit Hilfe der Biuretreaktion lassen sich die Eiweiß-Kondensationsprodukte erkennen. Dazu gibt man zur Lösung der Substanz erst einen Überschuß an Natronlauge und anschließend eine sehr verdünnte Kupfersulfatlösung. Eine violette bis blauviolette Färbung weist auf Eiweißkondensate hin.

Enthält die Substanz Schwefel, so können entweder die Schwefelsäureester oder Sulfonate vorliegen, deren Unterscheidung durch Kochen mit verdünnter Salzsäure gelingt. Bei den Schwefelsäureestern kann es sich um primäre Alkylsulfate, sekundäre Alkylsulfate oder um sulfierte Fettsäuren (*Rotöle*) handeln. Auch Monoglyzeridsulfate werden gespalten und geben Glyzerin, Fettsäure und Schwefelsäure. Ergeben die Spaltprodukte, die sich ölartig abscheiden, keine Verseifungszahl, so handelt es sich um Fettalkohole. Durch Bestimmung der Hydroxyl- oder Verseifungszahl der gespaltenen Ester kann ihre mittlere Molmasse ermittelt werden.

Läßt sich bei der Spaltung mit Salzsäure in der Lösung keine Schwefelsäure nachweisen (Fällung mit Bariumchlorid), liegen wahrscheinlich Alkyl- oder Alkylarylsulfonate vor, deren $-SO_3H$-Rest nicht vom Alkyl getrennt wird.

Aromatische Sulfonsäuren können durch Alkalischmelze in die Alkalisalze der entsprechenden Phenole überführt werden. Aus den Phenolen entstehen mit Diazoverbindungen orangefarbene bis violette Farbstoffe. Zur Durchführung des Nachweises werden etwa 0,5 g des Alkoholextraktes in einem Nickeltiegel mit etwa 3 g Ätznatron erwärmt und ungefähr 10 min auf 280 °C gehalten. Die erkaltete Schmelze wird in Wasser gelöst, mit konzentrierter Salzsäure angesäuert und die in Wasser unlösliche Substanz mit Äther extrahiert. Nach zweimaligem Waschen des Äthers mit Wasser wird mit etwa 3 m*l* 2 n Natronlauge ausgeschüttelt. Vorhandene Phenole bilden wieder Natriumphenolate. Mit konzentrierter Essigsäure wird die überschüssige Lauge neutralisiert und die Lösung schwach sauer eingestellt. Gibt man zu dieser Lösung 1 m*l* einer 1%igen filtrierten Lösung von Nitrazol (p-Nitrobenzoldiazonium-p-chlorbenzolsulfonat), so entsteht bei Anwesenheit aromatischer Verbindungen ein hellroter bis roter flockiger Niederschlag. Der gefällte Farbstoff gibt nach Zusatz von einigen Tropfen 10%iger Natronlauge eine violette bis blutrote Lösung, wenn Naphthalinderivate vorliegen, während bei Benzolderivaten eine orange bis braunrote Färbung auftritt. Harzsäuren aus Kolophonium oder Naphthensäuren ergeben himbeerrote bzw. rotbraune Lösungen. Die Färbung muß gut erkennbar sein.

8.2.4. Nachweis einiger kationaktiver Substanzen

Kationaktive Verbindungen sind bedeutend weniger als anionaktive verbreitet. Nach Wurzschmitt ist die Permanganat- und auch die Tanninprobe zwar verwendbar, jedoch nicht eindeutig.

Bei der Permanganatprobe werden ungefähr 20 m*l* der wäßrigen Lösung langsam mit einer 0,05 n $KMnO_4$-Lösung versetzt, bis die Fällung beendet ist. Schüttelt man das Gemisch kurz mit etwa 5 bis 10 ml Chloroform, so färbt sich die Chloroformschicht rot bis violett, wenn ternäre oder quaternäre kationaktive Verbindungen vorliegen. Die Färbung geht nach einigen Minuten in Hellbraun über. Salze der primären, sekundären und tertiären Amine reagieren in manchen Fällen auch positiv, so daß dieser Nachweis nicht ganz einwandfrei ist.

Der Nachweis nichtquaternärer Substanzen mit der Tanninprobe 2 ist nicht immer eindeutig, da auch Polyglykoläther eine positive Reaktion geben können. Zur Ausführung des Nachweises werden einige Milliliter der in Wasser gelösten Substanz (Alkoholextrakt) mit einer 5%igen Tanninlösung versetzt. Die Probe ist positiv, wenn eine milchige Trübung auftritt. Quaternäre Verbindungen geben keine Trübung.

8.2.5. Nachweis der Polyalkylenoxydaddukte

Wie bereits erwähnt, verhalten sich die Polyalkylenoxydaddukte ähnlich wie die kationaktiven Verbindungen und geben bei den Nachweisen positive Reaktionen. Die nachstehend beschriebene Probe ist spezifisch für Polyalkylenimine, für kationaktive Verbindungen und alle Polyalkylenoxydaddukte, unabhängig vom Grad der Alkoxylierung, der Größe des oxäthylierten Restes und von eventueller Sulfierung.

Ammoniumkobaltrhodanidprobe: (17,4 g Ammoniumrhodanid und 2,8 g Kobaltnitrat werden in 100 *ml* Wasser gelöst). Die wäßrige Lösung der Substanz wird tropfenweise mit dem Reagens versetzt. Sind die genannten Verbindungen anwesend, tritt nach dem Durchschütteln eine starke himmelblaue Fällung auf. Wenn keine kationaktiven Stoffe vorhanden sind, zeigt ein positiver Nachweis Polalkylenoxydaddukte an.

Für Polyalkylenoxydaddukte mit etwa 10 Mol Äthylenoxid/Mol hydrophobe Komponente ist die Erwärmungsprobe 1 eine spezifische Reaktion, allerdings nur für unsulfierte Produkte. Dazu werden einige Milliliter einer wäßrigen Lösung der Substanz in einem Reagensglas über kleiner Flamme langsam erwärmt. Wenn sich die Lösung vom erwärmten Boden des Reagensglases her trübt und beim Sieden völlig trüb ist, ist die Reaktion positiv. Die auftretende Trübung ist desto stärker, je länger der alkoxylierte Rest ist. Auch Polyalkyleniminaddukte geben meist eine positive Reaktion. Die Ursache der Trübung wurde auf Seite 257 beschrieben.

Die Erwärmungsprobe 2 eignet sich auch zum Nachweis höher alkoxylierter mehr als 10 Mol Alkylenoxid/Mol-Verbindungen. Als Reagens dient eine 10%ige Lösung von Salzen wie Bariumchlorid, Ammoniumbromid, Ammoniumjodid, Calciumchlorid, Natriumchlorid, Ammoniumchlorid usw. Einige Milliliter der wäßrigen Lösung des Alkoholextraktes werden mit etwa ein Drittel bis zur Hälfte ihres Volumens mit einer der Salzlösungen versetzt. Bleiben sie bei Raumtemperatur klar, so wird das Gemisch wie bei der Erwärmungsprobe *1* behandelt und beurteilt. Entsteht nach Zugabe der Salzlösung ein Niederschlag, so kann dieser von der Anwesenheit kation- oder anionaktiver Substanzen herrühren. Man versetzt dann so lange mit der Salzlösung, als man noch eine Zunahme der Fällung feststellen kann, filtriert und prüft das klare Filtrat nach der Erwärmungsprobe *1* oder verwendet eine andere Salzlösung als Reagens, das in der Kälte keinen Niederschlag ergibt, und führt damit die Erwärmungsprobe *2* durch.

8.2.6. Bestimmung der tensioaktiven Substanzen

Die Bestimmungsmethoden der Tenside sind von deren Zusammensetzung abhängig. In einem Wasch- oder Reinigungsmittel interessiert zuerst der Gehalt an waschaktiver Substanz. Wir gingen bereits bei der qualitativen Analyse kurz darauf ein. Ihre Abtrennung kann einmal nach der Auskochmethode oder durch Extraktion erfolgen. Manche Substanzen, wie die Sulfate der Fettsäuren und der Fettalkohole, lassen sich durch Kochen mit Mineralsäuren spalten, so daß die wasserunlöslichen Fettsäuren und Fettalkohole abgetrennt und bestimmt werden können. Anionaktive Verbindungen lassen sich nach der p-Toluidinmethode titrimetrisch bestimmen. Die Reaktion beruht bekanntlich darauf, daß kationaktive und anionaktive Verbindungen Salze bilden können.

8.2.6.1. Auskochmethode

Etwa 10 g der Probe werden in einem Erlenmeyerkolben mit vergälltem Alkohol oder Methanol ausgekocht. Man verwendet 100 m*l* und kocht etwa 1 Stunde. Die heiße Lösung gießt man durch ein Faltenfilter und wiederholt mit dem Ruckstand die Auskochung mit je 50 m*l* Alkohol noch zweimal. Nach dem Ausspülen des Kolbens und des Filters mit Alkohol wird mit einem Tropfen Phenolphthaleinlösung geprüft, ob das Filtrat alkalisch ist. Vorhandenes Alkali wird mit verdünnter Schwefelsäure neutralisiert. Der Alkohol wird abdestilliert und der Rohextrakt mit absolutem Alkohol in Lösung gebracht. Eine auftretende Trübung muß durch Filtration entfernt werden. Das Lösungsmittel wird wieder verdampft und es bleiben die Aktivstoffe zurück, die noch getrocknet werden. Die Trockentemperatur richtet sich nach dem vorliegendem Produkt. Seife, Alkylsulfonate und andere Sulfonate können im Trockenschrank auf 120 °C erwärmt werden. Alkylsulfate sind besser im Vakuum bei etwa 60 °C zu trocknen.

Statt der Auskochung kann auch die Extraktion im Soxhlet-Extraktor vorgenommen werden. Im Prinzip sind die Methoden gleich. Als Extraktionsmittel wird ebenfalls Äthanol oder Methanol eingesetzt und 4 bis 6 Stunden extrahiert. Das Umlösen ist auch bei diesem Verfahren erforderlich. In manchen Fällen kann als Extraktionsmittel Isopropanol oder n-Butanol eingesetzt werden.

8.2.6.2. Säurespaltung

4 bis 8 g des organischen Sulfates werden mit 25 m*l* destillierten Wasser und 50 m*l* Salzsäure in einem Erlenmeyerkolben bis zum klaren Abscheiden des Fettes oder Fettalkohols gekocht. Mit Äther wird die ölige Substanz extrahiert; die vereinigten ätherischen Auszüge wäscht man mit sulfatfreier 10%iger Kochsalzlösung säurefrei. Nach dem Trocknen mit wasserfreiem Natriumsulfat wird der Äther abdestilliert und der Rückstand bis zur Gewichtskonstanz getrocknet. Der wäßrige Teil des Spaltproduktes dient zur Bestimmung des Schwefelsäuregehaltes (organisch und anorganisch gebundenes Sulfat).

8.2.6.3. Titration

Als kationaktives Reagens dient eine Lösung von 68 g p-Toluidinhydrochlorid in 500 m*l* Wasser, und als Indikator wird eine Lösung von 0,1 g Kresolsulfophthalein mit 13,1 m*l* 0,02 n Natronlauge und 200 m*l* Wasser verwendet.

Die Probe, mit annähernd 2 bis 3,5 g waschaktiver Substanz, wird in einem Scheidetrichter mit 75 m*l* destilliertem Wasser gelöst und mit 25 m*l* Reagens versetzt. Liegen Sulfonate vor, so wird mit 50 m*l* Tetrachlorkohlenstoff, bei primären Alkylsulfaten und Fettsäurekondensationsprodukten mit 50 m*l* Äther 10 min lang kräftig geschüttelt. Die organische Phase läßt man in 100 m*l* 96%igem Alkohol einlaufen und titriert mit 0,1 n Natronlauge und mit Kresolsulfophthalein als Indikator auf schwaches Rosa. Man schließt eine zweite Ausschüttelung mit 25 m*l* Lösungsmittel an und titriert wieder die organische Phase.

Berechnung:

$$\text{Prozent Aktivstoff} = \frac{A \cdot F}{E \cdot 100}$$

A = m*l* verbrauchte Natronlauge,
F = Faktor,
E = Einwaage in g.

Der Faktor ändert sich mit der vorliegenden Substanz und ist natürlich vom jeweiligen Molgewicht abhängig.

Nach einer modifizierten p-Toluidin-Methode läßt sich in Fettalkoholsulfaten der Gehalt an Fettalkohol, Unsulfatiertem, anionaktiver Substanz und der Sulfatierungsgrad in einem Gang bestimmen. Das Molgewicht des Fettalkohols wird mit Hilfe der Hydroxylzahl ermittelt. Die unsulfierten und unsulfierbaren Anteile entfernt man, eventuell nach Oxydation mit Schwefeldioxid in 0,1 n J_2-Lösung, aus der wäßrig-alkoholischen Lösung mit Petroläther. Das Fettalkoholsulfat wird mit p-Toluidinhydrochlorid gefällt und der entstandene Komplex wird mit Äther ausgeschüttelt. Die ätherische Lösung wird zu 100 *ml* mit o-Kresolrot auf violett gestelltem Äthanol gegeben und mit 0,1 n NaOH auf violett titriert [762, 763, 764].

8.2.6.4. Gesamtschwefelsäure

Der wäßrige Teil aus der Säurespaltung wird durch Erwärmen vom Äther befreit und im Kolben auf 1 Liter aufgefüllt. In einem aliquoten Teil fällt man in üblicher Weise mit Bariumchlorid das Bariumsulfat und bestimmt dieses durch Auswiegen.

8.2.6.5. Untersuchung der Sulfochloride und der Alkylsulfonate

Sulfochloride enthalten immer nicht umgesetzte paraffinische Bestandteile. Die Bestimmung des Unverseifbaren erfolgt nach den allgemein bekannten Methoden.

Der verseifbare Anteil läßt sich aus der Verseifungszahl ermitteln. Da für ein Mol Sulfochlorid zwei Mol Natronlauge benötigt werden, liegen die Verseifungszahlen viel höher als bei den entsprechenden Fettsäuren:

$$R \cdot SO_2 \cdot Cl + 2\,KOH \rightarrow R \cdot SO_3K + KCl + H_2O$$

Da die Sulfochloride meist einen Alkylrest von 13 bis 18 C-Atomen haben, läßt sich mit Hilfe des mittleren Molgewichtes und der Verseifungszahl der verseifbare Anteil errechnen.

Die Menge an Alkylsulfonsäure oder Alkylsulfonat kann auch aus der Menge des Unverseifbaren errechnet werden:

$$\%\text{Alkylsulfonsäure} = 100 - \%UV - \frac{VZ}{60{,}6}$$

$$\%\text{Na-Alkylsulfonat} = 100 - \%UV + \frac{VZ}{320}$$

Die Bestimmung des Alkylsulfonatgehaltes in Lösungen, Pasten oder Pulvern wird nach Hintermaier und Kelber [765] nach folgendem vereinfachten Verfahren durchgeführt: 10 g der Alkylsulfonatprobe werden in einem Maßkolben mit etwa 100 *ml* Wasser verdünnt und mit 0,5 n Salzsäure gegen Bromkresolpurpur neutralisiert. Der Kolben wird dann auf 250 *ml* aufgefüllt, und 10 *ml* der Lösung werden in einer tarierten Porzellanschale zur Trockne eingedampft. Bei 130 °C wird 4 Stunden konstant getrocknet. Eine weitere Probe verwendet man zur Bestimmung des Natriumchloridgehaltes. Aus der Differenz zwischen dem Eindampfrückstand und der Natriumchloridmenge ergibt sich der Gehalt an Alkylsulfonat.

8.2.6.6. Bestimmung der Alkylbenzolsulfonate

Grundsätzlich läßt sich die Bestimmung nach der beim Alkylsulfonat beschriebenen Methode vornehmen, wenn keine weiteren Komponenten anwesend sind. Nach HOYT und WALTER [766] kann in Tensidgemischen des Alkylbenzolsulfonat-Typs oder des Alkylester-Typs der Gehalt an anionaktiven Bestandteilen auf einfache Weise durch Titration mit einer eingestellten Lösung eines kationaktiven Tensids ermittelt werden. Man titriert in sehr verdünnter Lösung mit Bromphenolblau als Indikator in einem Zweiphasensystem aus Wasser und Chloroform. Nach WICKBOLD [797] kann die Bestimmung von Alkylarylsulfonaten durch fotometrische Trübungstitration erfolgen. Dazu setzt man eine Cetylpyridiniumlösung ein und arbeitet in einem Titrierkolorimeter.

ARPINO und DE ROSA [798] führen die Bestimmung von Natriumalkylarylsulfonaten spektrophotometrisch durch. Sie bestimmen die UV-Absorption und haben zu dem Zweck die Extinktionskoeffizienten verschiedener im Handel befindlicher Sulfonate errechnet, um Unterschiede in den Spektren zu ermitteln und um die Sulfonate von den nicht sulfonierten Anteilen sowie von den anorganischen Salzen und den organischen Zusätzen zu unterscheiden.

Zur Trennung von unverzweigten Fettalkoholen von Alkylbenzolen im nichtsulfonierten Anteil ist der Weg über die Harnstoffadditionsverbindungen vorgeschlagen worden.

8.2.6.7. Bestimmung der Säureamidsulfonate

Da eine Spaltung der Säureamidsulfonate durch Mineralsäuren nicht einfach vor sich geht, arbeitet man so, daß man den Alkoholextrakt untersucht und darin Stickstoff (nach KJELDAHL), Schwefel (oxydierende Alkalischmelze) und Alkali bestimmt. In ähnlicher Weise läßt sich der Gehalt einiger weiterer Aktivstoffe ermitteln.

8.2.6.8. Bestimmung nichtionogener Verbindungen

Es kommen hier vorwiegend die Polyglykoläther in Frage, die als Alkylpolyglykoläther, Alkylphenolpolyglykoläther oder weniger als Acylpolyglykoläther vorliegen. Die Abtrennung von den Aufbaustoffen wird wieder durch Extraktion mit Methanol oder 96%igem Alkohol vorgenommen. Die Acylpolyglykoläther können durch die Verseifungszahl bestimmt werden. Aus den Kennzahlen der Fettsäuren lassen sich Schlüsse auf ihre Art ziehen. Der Alkoxylierungsgrad kann am besten durch Elementaranalyse festgestellt werden. Sehr geeignet sind auch chromatographische Methoden. Bei den Alkylenoxydaddukten der Fettalkohole und der Alkylphenole kann eine Hydroxylzahlbestimmung eventuell Auskunft über das mittlere Molgewicht der Verbindung geben.

Die chromatographischen Methoden (Säulenchromatographie, Gaschromatographie) ermöglichen es, die homologen Alkylenoxydaddukte aufzutrennen und quantitativ zu bestimmen [799]. Die Gaschromatographie kann nur in einem begrenzten Umfang eingesetzt werden. Für sehr hoch siedende Bestandteile ist sie weniger geeignet [800]. Nach PUSCHMANN [801] werden z. B. die Addukte sekundärer Alkohole mit Bortrifluorid und Acetanhydrid in die Alkoholacetate und Polyäthylenglykoldiacetate gespalten, die sich gaschromatographisch bestimmen lassen.

Ebenfalls mit Hilfe der *UV*-Spektroskopie können Alkylphenolpolyglykoläther quantitativ mit einer Genauigkeit von 1% bei Konzentrationen von 0,005% festgestellt werden [802].

8.2.6.9. Bestimmung kationaktiver Verbindungen

In Waschmitteln sind kationaktive Stoffe nur selten anzutreffen. Für ihre Bestimmung gibt es nur wenige allgemeingültige Methoden, die außerdem nicht immer anwendbar sind. Am besten lassen sich die Substanzen durch Ermittlung des Stickstoffgehaltes der trockenen Verbindungen charakterisieren. Daneben tritt die Titration mit anionaktiven Verbindungen und die chromatographischen Trennmethoden.

Der sehr kurze Überblick über die Analyse der Tenside soll nur einige Anregungen geben. Zur weiteren Information über infrarotspektroskopische und chemische Methoden sei die Monographie „*Analyse der Tenside*“ von D. HUMMEL, Carl Hauser Verlag, München 1962, empfohlen.

8.3. Gebrauchswertbestimmung der Fertigprodukte

Auch hier kann nur eine kurze Einführung gegeben werden. Wasch- und Netzmittel werden nach den unterschiedlichsten Gesichtspunkten bewertet. Aus der Vielzahl der Untersuchungsmethoden sollen nur folgende erwähnt werden:

1. Messungen der Oberflächenspannung,
2. Netzkraft,
3. Waschkraft,
4. Hartwasserbeständigkeit,
5. Schaumkraft,
6. Emulgiervermögen.

8.3.1. Messung der Oberflächenspannung

Die Oberflächenspannung einer Flüssigkeit ist die Kraft in dyn, die aufgewendet werden muß, um die Oberfläche der Flüssigkeit um einen Zenti-

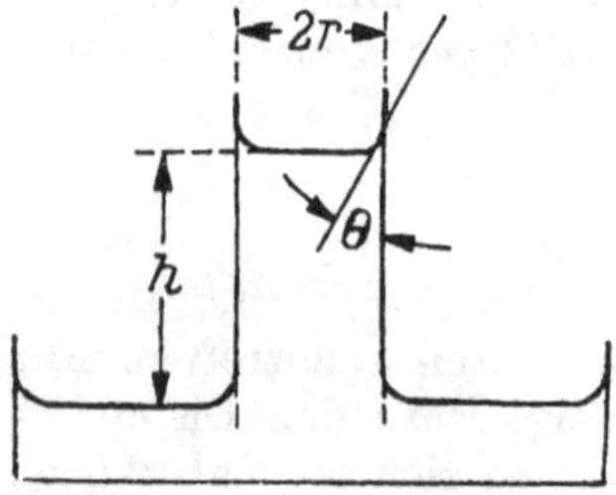

Abb.56

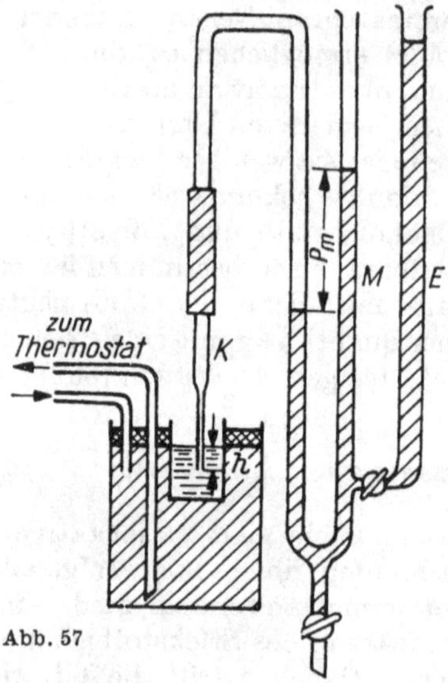

Abb. 57

Abb. 56. Schema zur Messung der Kapillarsteighöhe.

Abb. 57. Gesamtapparatur zur Messung der Oberflächenspannung nach der Blasenmethode.
E – Vorratsgefäß, *M* – Manometer, *K* – Kapillare, *h* – Eintauchtiefe, *Pm* – Druckdifferenz.

meter auszudehnen. Im physikalischen Maßstab als dyn/cm ausgedrückt. Stoffe mit großen Oberflächenspannungen sind z. B. das Quecksilber (471 dyn/cm bei 20 °C) und das Wasser (72,6 dyn/cm bei 20 °C. Wie bereits erwähnt, verringern in Wasser gelöste tensioaktive Verbindungen dessen Oberflächenspannung bedeutend. Für die Messung lassen sich u. a. nachstehende Methoden einsetzen.

8.3.1.1. Kapillarsteigmethode

Infolge der Kapillarwirkung steigt eine Flüssigkeit je nach Größe ihrer Oberflächenspannung in einer Kapillare verschieden hoch. Ist die Dichte und der Kapillardurchmesser bekannt, kann aus der Steighöhe die Oberflächenspannung errechnet werden (siehe Abb. 56):

$$\sigma = \frac{r \cdot h \cdot \varrho \cdot g}{2}$$

r = Kapillarradius in cm,
h = Steighöhe in cm,
ϱ = Dichte der Flüssigkeit in g/ml,
g = Gravitationskonstante.

8.3.1.2. Stalagmometer

Das von TRAUBE eingeführte Stalagmometer besteht aus einer Glaskapillare, die am unteren Ende in eine horizontale, plangeschliffene Verbreiterung ausläuft. Da die Tropfengröße einer Flüssigkeit von deren Oberflächenspannung abhängt, läßt sich aus der Tropfenzahl einer Flüssigkeit in einer bestimmten Zeiteinheit oder bestimmten Menge deren Oberflächenspannung ermitteln:

a) Oberflächenspannung aus der Tropfenzahl der zu messenden Flüssigkeit und der Tropfenzahl des Wassers:

$$\sigma = \frac{z \cdot \varrho}{z_w \cdot \varrho} \cdot 72{,}6$$

z = Tropfenzahl der Meßflüssigkeit;
z_w = Tropfenzahl des Wassers;
ϱ = Dichte der Flüssigkeit;
72,6 = Oberflächenspannung des Wassers.

b) Oberflächenspannung aus dem Tropfengewicht:

$$\sigma = \frac{m \cdot g}{2r\pi}$$

m = Masse in g,
g = Gravitationskonstante,
r = Radius der Abtropfstelle.

In der Praxis verfährt man so, daß von einer bestimmten Flüssigkeitsmenge durch langsames Austropfen bei konstanter Temperatur die Tropfenzahl ermittelt wird. Die gleiche Bestimmung führt man mit Wasser durch. Bei der Methode *b*) wägt man eine Anzahl von Tropfen einer Flüssigkeit aus. Aus dem Gewicht eines Tropfens wird die Oberflächenspannung errechnet.

Leider hat sich bei Vergleichsmessungen nach anderen Methoden gezeigt, daß mit dem Stalagmometer zu niedrige Werte erhalten werden.

8.3.1.3. Blasendruckmethode

Die von HAZLEHURST [803] beschriebene Methode läßt sich verhältnismäßig einfach mit geringem apparativem Aufwand ausführen. In Abb. 57 wird die Gesamtapparatur zur Messung der Oberflächenspannung gezeigt. Die zu messende Flüssigkeit — etwa 5 m*l* — befindet sich in einem ca. 15 m*l* großen Glasgefäß, das in einem zweiten größeren Gefäß mit Hilfe eines Thermostaten auf die gewünschte Temperatur gebracht wird. In das Gefäß mit der Meßflüssigkeit taucht die am Meßgerät (Wassermanometer) mit einem Schlauchstück befestigte Kapillare 5 mm tief ein. Die Beschaffenheit der Kapillare ist für die Messung von außerordentlicher Bedeutung. Sie muß unten vollkommen glatt abgesprengt sein, damit eine gleichmäßige Ausbildung der austretenden Gasblasen gewährleistet ist. Ferner muß die Kapillare einen möglichst gleichmäßigen Durchmesser aufweisen. Die Bestimmung des Kapillardurchmessers der möglichst unter 0,25 mm bleiben soll, erfolgt durch Eichung mit einer Flüssigkeit, deren Oberflächenspannung genau bekannt ist, z. B. Wasser, Benzol und dgl.

Zur Messung läßt man durch den Hahn H_1 das Wasser von Vorratsgefäß E in das Manometer fließen, so daß die zwischen dem linken Meniskus und der Kapillare befindliche Luft leicht komprimiert wird. Laufend beobachtet man dabei die Druckdifferenz und die Kapillare. Unmittelbar bevor die erste Blase aufsteigt, liest man den Druck (P_m) ab, danach fällt der Druck leicht. Die Messungen können ohne Unterbrechungen mehrmals wiederholt werden. Aus jeweils 15 Messungen wird ein Mittelwert errechnet. Bei einwandfreier Apparatur differieren die einzelnen Messungen nur um etwa $\pm 0{,}5$ mm.

Berechnung: Aus den erhaltenen P_m-Werten wird nach folgender Formel die Oberflächenspannung errechnet:

$$\sigma = (P_m - \varrho \cdot h \cdot g) \frac{r}{2}$$

Es sind

σ = Oberflächenspannung in dyn/cm,
P_m = Druckunterschied, cm Wassersäule,
ϱ = Dichte der Flüssigkeit g/ml,
h = Eintauchtiefe der Kapillare cm,
g = Gravitationskonstante (981 cm/sec^2),
r = Kapillarradius.

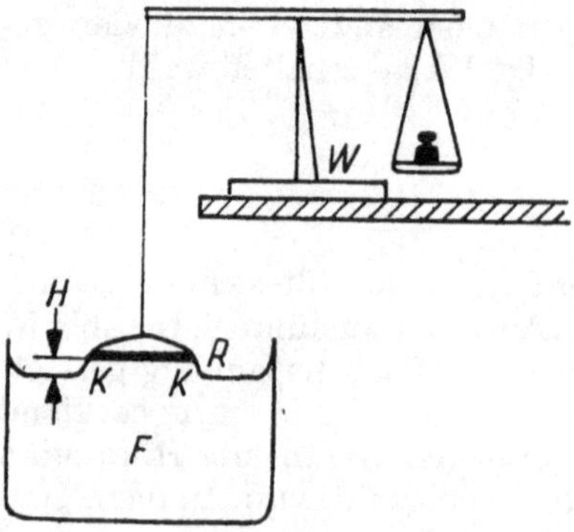

Abb. 58. Schema der Tensionswaage.

W – Waage, R – Ring aus Platindraht, F – Flüssigkeit, H – Abreißhohe, K – Druck an den Konvexseiten.

Abb. 59. Du Noüy — Tensiometer.

Zur Kontrolle der Bestimmung ist es ratsam, mit zwei Kapillaren verschiedener Radien zu arbeiten. Bei einwandfreier Apparatur lassen sich Werte mit einer Genauigkeit von $\pm 0{,}2$ dyn/cm erreichen.

8.3.1.4. Ringabreißmethode

Die Ringabreißmethode ist die zur Zeit genaueste Methode zur Bestimmung der Oberflächenspannung. Einen 0,6 g schweren Ring aus Platindraht mit 4,0 cm Umfang, der an einem Haltedraht befestigt ist, bringt man auf die Oberfläche der Meßlösung und mißt mit der Tensionswaage oder dem Du Noüy-Tensiometer (Abb. 58 und 59) die Kraft, die aufgewendet werden muß, um den Ring von der Flüssigkeitsoberfläche zu lösen. Bei der Tensionswaage erfolgt das Abreißen des Ringes durch Auflegen von

Gewichten auf die Waagschale. Das zum Abreißen notwendige Gewicht wird für m in die nachstehende Gleichung eingesetzt.

Das Du Noüy-Tensiometer ist statt mit der Tensionswaage mit einem Torsionsdraht versehen, der mit einem Platinring verbunden ist. An dem Torsionsdraht ist ein Zeiger befestigt, der es ermöglicht, den Drehwinkel abzulesen, wenn der Ring von der Oberfläche abgerissen wird. Der Torsionsdraht wird mittels eines Synchronmotors sehr langsam und vorsichtig gedreht. Moderne Geräte erlauben eine direkte Ablesung der dyn/cm mit einer Genauigkeit von 0,1 dyn/cm.

Für Grenzflächenspannungsmessungen wird der Platinring an die Grenzfläche der Flüssigkeiten gebracht und die Messungen wie beschrieben durchgeführt.

Berechnung:

$$\sigma = \frac{m \cdot g}{2L}$$

m = Tara des Ringes bzw. aufgelegtes Gewicht (bei der Tensionswaage),
L = Umfang des Ringes (4 cm).

Es ist auch hier unbedingt erforderlich, das Gerät vorher zu eichen und für eine einwandfreie Beschaffenheit der Ringoberfläche zu sorgen. Geringste Verunreinigungen des Ringes — z. B. durch Berühren mit den Fingern — führen zu falschen Meßergebnissen.

Noch kurz zu erwähnen ist ein kontinuierlich arbeitendes Gerät zur Messung der Oberflächenspannung von G. Schwen. Auf ein nähere Beschreibung der Anlage soll hier verzichtet werden.

Mit der Methode des hängenden Tropfens bestimmt Jennings, jr. [804] sehr niedrige Grenzflächenspannungen bis zu 0,001 dyn/cm. Die sehr aufwendige Apparatur ist nur für spezielle Verwendungen gedacht. — Ein ebenfalls neuartiges Gerät für Oberflächenspannungs- und Filmwaagemessungen beschreibt Heusch [805]. Das registrierende Gerät erlaubt es, die Diffusion der Tensidmoleküle aus dem Innern ihrer Lösungen in die Oberfläche und die Filmbildungseigenschaften in dieser Oberfläche zu untersuchen.

8.3.2. Netzkraft

Unter Netzkraft versteht man die Fähigkeit einer wäßrigen Lösung, Luft aus den Fasern eines Textilstücks zu verdrängen und damit ihren Auftrieb in der Lösung zu vermindern. Da Textilfasern zumeist schwerer sind als Wasser und beim Benetzen darin untersinken, wird die Zeit, bis das Textilstück in einer Lösung absinkt, als Netzkraft bezeichnet.

Es wurde eine Reihe von Bestimmungsmethoden entwickelt, die alle mehr oder weniger genaue Werte liefern. Am bekanntesten ist die von SCHWEN [806] ausgearbeitete Eintauchmethode.

8.3.2.1. Eintauchmethode

Prinzip: Ein rundes Läppchen aus einem besonders geprüften Stoff von etwa 10 cm² Fläche (3,5 cm Durchmesser) wird in bestimmter Weise in die Prüfflüssigkeit gebracht und festgestellt, nach welcher Zeit es zu sinken beginnt. Die Zeit vom Augenblick des Eintauchens bis zum Beginn des Sinkens wird gemessen.

Durchführung der Prüfung: Die Prüfflüssigkeit (500 m*l*) wird in ein hohes 800 m*l* Becherglas (ohne Ausguß) gegeben, so daß sie mindestens 100 mm hoch steht. Die an einem 35 mm langen Dederonfaden befestigte Textilscheibe wird mit Hilfe eines Drahtbügels in die Flüssigkeit gebracht. Der Abstand der Scheibe von der Wand des Gefäßes soll etwa 30 mm, vom Boden 35 mm und von der Flüssigkeitsoberfläche 40 mm betragen. Die Prüfflüssigkeit besteht einmal aus destilliertem Wasser und dem Netzmittel und zum anderen aus Wasser von 10 ° *dH* (8,5 ° *dH* Calciumhärte und 1,5 ° *dH* Magnesiumhärte.

Dieses Wasser wird durch Vermischen von 8,5 m*l* einer Lösung von 20 g Calciumchlorid in 1 *l* destilliertem Wasser und 1,5 m*l* einer Lösung von 44 g Magnesiumsulfat in 1 *l* destilliertem Wasser mit 990 m*l* destilliertem Wasser hergestellt) und dem Netzmittel. Die Prüfung wird bei 25 ± 2 °C vorgenommen. Nach Einbringen der Probe in die Prüfflüssigkeit wird die Zeit gestoppt, bis die Textilscheibe zu sinken beginnt. Die Messungen werden mehrmals wiederholt und mit verschiedenen Netzmittelkonzentrationen ausgeführt. Die Netzmittelkonzentrationen sollen so gewählt werden, daß die Netzzeiten mehr als 3 s und weniger als 300 s betragen. Das Netzvermögen einer Substanz wird durch graphische Extrapolierung des Wertes für die Konzentration in g/*l* Netzmittel definiert, die eine Netzzeit von 100 s ergibt.

Verschiedene andere Methoden arbeiten nach dem gleichen oder einem ähnlichen Prinzip. Zu erwähnen wäre der DRAVES-CLARKSON-Test, bei dem mit einem Baumwollfaserstrang von 5,0 g Gewicht die Netzkraft in ähnlicher Weise wie bei der Eintauchmethode ermittelt wird.

Auch die Bestimmung der Netzkraft mit der sogenannten Schwimmfähigkeitswaage entspricht dem gleichen Prinzip. Das Textilstück (Streifen oder Fasern) wird an eine Dezimalwaage gehängt und taucht dabei in die Lösung. Durch die Luftverdrängung wird es scheinbar schwerer und diese Gewichtszunahme wird von der Waage registriert. Man bestimmt zumeist die Zeit, nach welcher das Gewicht konstant bleibt.

8.3.3. Waschkraft

Als Maß für die Waschkraft wurden früher einzelne beim Waschen wirksame Faktoren benutzt. Von Stiepel [807] z. B. wurde die Schaumkraft gemessen, während andere Autoren die Waschkraft nach der Oberflächen- bzw. Grenzflächenspannung, dem Dispersions- und Adsorptionsvermögen für Kohlenstoff und nach dem elektrokinetischen Potential bewerteten.

Durch die neueren Laborwaschmethoden wird im wesentlichen der Waschvorgang unter definierten Bedingungen reproduziert. Die Reproduzierbarkeit hängt von folgenden Faktoren ab: Textilart, Art der Verschmutzung, Konzentration des Waschmittels, Waschtemperatur, Waschdauer, Art der Waschmaschine und Beurteilung des Wascheffektes. Das Prinzip der Waschmaschine ist nicht von so entscheidender Bedeutung wie die übrigen Faktoren. Der Wascheffekt wird heute allgemein durch den erreichten Aufhellungsgrad künstlich beschmutzter Textilien gemessen. Die künstliche Beschmutzung kann sehr unterschiedlicher Art sein. Meist wird ein fettes Öl, ein Mineralöl, ein Kohlenstoffpigment (Ruß) und Straßenstaub verwendet. Da eine visuelle Beurteilung der Aufhellung zu ungenau ist, arbeitet man mit optischen Methoden (*Leukometer*). Aus der Differenz des Weißgrades vor und nach dem Waschen wird der Wascheffekt angegeben.

Radder und de Vlieger [808] führten eine kritische Prüfung der im Schrifttum aufgeführten Verfahren und Geräte durch und kommen zu dem Schluß, daß keine allgemein brauchbare Arbeitsweise vorhanden ist. Nach ihrer Meinung lassen sich günstigstenfalls gute und schlechte Waschmittel voneinander unterscheiden. Nach Ansicht von Blinow und Rumjanzew [809] ist die Bestimmung des Waschvermögens eines Waschmittels mit optischen Geräten nicht zuverlässig. Sie empfehlen eine gravimetrische Methode zur Bestimmung der aufgetragenen und durch das Waschen entfernten Schmutzes.

Von Bertsch und Mitarbeitern wird [810] ein Gerät beschrieben, das eine direkte kontinuierliche Messung des Weißgehaltes eines angeschmutzten Stoffes während des Waschvorgangs gestattet. Der Meßvorgang kann automatisch aufgezeichnet werden und somit erhält man ein zeitlich genaues Bild des Weißgehaltes des Testgewebes während des Waschprozesses. Die Werte sind gut reproduzierbar.

8.3.4. Schaumkraft

Man unterscheidet bei der Bestimmung der Schaumkraft die Anschäumfreudigkeit, die Schaummenge und die Stabilität des Schaumes. Auf die Schaumkraft sind außer der Waschmittelkonzentration die Wasserhärte, die Temperatur sowie die Anwesenheit von Schmutz und Textil von Einfluß. Je nach Art der Schaumherstellung unterscheidet man Schüttelmethoden, Schlagmethoden, Blasenmethoden und wissenschaftliche Methoden.

Bei den Schüttelmethoden wird der Schaum durch Schütteln der Waschflotte mit Luft in einem geschlossenen Gefäß (Meßzylinder) erzeugt. Nach einer bestimmten Schüttelzeit wird das Gefäß abgestellt und in gewissen Zeitabständen jeweils die Schaumhöhe und der Flüssigkeitsstand abgelesen. Aus dem bei der ersten Messung festgestellten Verhältnis von Schaumvolumen zur nicht aufgeschäumten Flotte lassen sich Schlüsse auf die Anschäumfreudigkeit ziehen. Die Beständigkeit kann aus dem Schaumvolumen nach verschiedenen Zeitabständen ermittelt werden.

Bei der Schlagmethode bewegt man eine mehrfach durchlochte Platte vertikal in der Flotte, oder man verwendet einen rotierenden Rührer oder Schlagbesen zur Erzeugung des Schaumes. Nach der Blasenmethode wird Luft in feiner Verteilung in die Flüssigkeit gedrückt und diese dadurch zerschäumt. Auf die sehr viel verwendete Einlauf-Methode von Ross und Miles [810a] sei nur kurz hingewiesen.

Verschiedene rein wissenschaftliche Methoden bestimmen die Stabilität des Schaumes durch Messung der Festigkeit von Oberflächenhäutchen durch die modifizierte Ringabreißmethode nach Matalon [811] oder nach der Zweiblasenmethode von Foulk und Miller [812]. Für die Praxis sind diese Methoden kaum von Bedeutung.

8.3.5. Hartwasserbeständigkeit

Die meisten synthetischen Tenside geben in hartem Wasser keine Fällungen mit Calcium- oder Magnesiumionen, wie es von der Seife her bekannt ist. Trotzdem treten bei Verwendung von hartem Wasser häufig unerwünschte Effekte auf, die am besten durch Vergleichswaschungen mit destilliertem und hartem Wasser festgestellt werden. Erhält man dabei unter gleichen Bedingungen keine unterschiedlichen Resultate, so ist die Hartwasserbeständigkeit gut. Auch die Faserinkrustierung, die durch Bestimmung des Aschegehaltes der Testtextilien ermittelt wird, ist ein Maß für die Hartwasserbeständigkeit einiger Waschmittel.

8.3.6. Emulgiervermögen

Die Emulsionsbildung ist weitgehend von der Grenzflächenspannung zwischen den beiden flüssigen Phasen abhängig. Bekanntlich setzen die Tenside die Grenzflächenspannung bedeutend herab und umhüllen die Tröpfchen einer unlöslichen flüssigen Phase, so daß sie sich nicht wieder zu größeren Tropfen vereinigen können. Für die Beurteilung des Emulgiervermögens eines Tensids sind folgende Bestimmungen erforderlich:

1. Messung der Stabilität der Emulsion,
2. Messung der Viskosität,
3. Ermittlung der Tropfengröße.

Mit Hilfe der Dampfemulgiermethode läßt sich das Fettemulgiervermögen von Wasch- und Reinigungsmitteln feststellen. Durch einen Dampfstrom wird Öl emulgiert, das dann in einem Wasserbad bei höheren Temperaturen demulgiert wird. Volumetrisch wird die Abscheidung des Öls bzw. der Wasserphase nach bestimmten Zeitabständen verfolgt und aus den Mengen die Stabilität der Emulsion und der Emulsionsgrad ermittelt.

Da mit dem Zerteilungsgrad der emulgierten Phase die Viskosität der Emulsion ansteigt, kann man die Viskosität als ein Maß für das Emulgiervermögen benutzen.

Der Dispersitätsgrad einer Emulsion kann auf mikrophotographischem Wege durch Ermittlung der Größe und Zahl der emulgierten Tröpfchen gemessen werden.

Bibliographie

1. LINDNER, K., „*Textilhilfsmittel und Waschrohstoffe*", Wissenschaftliche Verlagsgesellschaft m. b. H., Stuttgart 1954.
2. LINDNER, K., „*Tenside-Textilhilfsmittel-Waschrohstoffe*", 2 Bde., 2. Aufl., Stuttgart 1964.
3. FROTSCHER, W., „*Chemie und physikalische Chemie der Textilhilfsmittel*", 2 Bde., VEB Verlag Technik, Berlin 1955.
4. SCHÖNFELDT, N., „*Oberflächenaktive Anlagerungsverbindungen des Äthylenoxids*", Wissenschaftliche Verlagsgesellschaft m. b. H., Stuttgart 1959.
5. WITTKA, „*Die modernen Methoden zur Umformung der Fette*", Leipzig 1958.
6. GAWALEK, G., „*Wasch- und Netzmittel*", WTB, Akademie Verlag, Berlin 1962.
7. HEMPEL, MANNECK, SCHUCK, STEIN, „*Die Seife und ihre Herstellung*", Verlag für chemische Industrie H. Ziolkowsky K. G., 1952.
8. ZILSKE, H., „*Herstellung von Schmierseifen und flüssigen Seifen*", Verlag für chemische Industrie H. Ziolkowsky K. G. 1952.
9. STÜPEL, H., „*Synthetische Wasch- und Reinigungsmittel*", Konradin-Verlag Robert Kohlhammer, Stuttgart 1954.
10. STÜPEL, H., u. SZAKALL, „*Die Wirkungen von Waschmitteln auf die Haut*", Dr. Alfred Hüthig Verlag, Heidelberg 1957.
11. WITTKA, „*Das Verderben der Seifen*" 2. Aufl., Chemie und Technik Verlagsgesellschaft, Heidelberg—Berlin 1960.
12. OSTEROTH, P., „*Natürliche Fettsäuren als Rohstoffe in der chemischen Industrie*", Ferdinand Enke-Verlag, Stuttgart 1966.
13. ASINGER, F., „*Die Petrolchemische Industrie*", Akademie Verlag, Berlin 1971.
14. SCHWARTZ, A. M., u. J. W. PERRY, „*Surface Active Agents and Detergents*", Interscience Publishers Inc., New York, London 1958.
15. „*Deutsche Einheitsmethoden zur Untersuchung von Fetten, Fettprodukten und verwandten Stoffen*", 9. Lieferung, Abt. H: „*Organische grenzflächenaktive Stoffe*", Wissenschaftliche Verlagsgesellschaft m. b. H., Stuttgart.
16. MOILLIET, J. L., B. COLLE u. W. BLACK, „*Surface Activity*", E. u. F. N. Spon-Verlag Ltd., 1961.
17. DAVIDSOHN, J., E. J. BETTER u. A. DAVIDSOHN, „*Soap Manufacture*" Interscience Publishers Inc., New York 1953, 1. Aufl.
18. BERTRICH, F., „*Kulturgeschichte des Waschens*", Econ-Verlag, Düsseldorf—Wien, 1966.
19. SCOTT, P. E., „*Fatty Acids and their Industrial Applications*", Verlag Arnold London 1968.
20. HUMMEL, D., „*Analyse der Tenside*", Carl Hauser Verlag, München 1962.

Literaturverzeichnis

[1] KLING, W., Parfümerie u. Kosmetik **45**, 1–5 (1964).
[2] LINDNER, K., Vortrag DGF-Tagung 1966.
[3] KAWAKAMI, Y., J. Japan Oil Chemists' Soc. [Yukagaku) **18**, 57 (1969).
[4] KÖLBEL, H., u. P. KURZENDÖRFER, Fortschritte der chem. Forsch. **12**, 252 (1969).
[5] BROICH, F., Fette, Seifen Anstrichmittel **72**, (1) 17 (1970).
[6] HORNBOGEN, G., Deutsche Textiltechnik **16**, 183 (1966).
[7] HAGGE, W., Olii minerali, Grassi, saponi, colori, vernici **37**, 528–33 (1960).
[8] LEVEY, M., Soap and Chemical specialties **1957**, 53.
[9] SCHAEFER, G., CIBA-Rundschau **60**, 2186 (1943).
[10] GELLENDIEN, W., Fette, Seifen, Anstrichmittel **56**, 170 (1954).
[11] CHEVREUL, J., „Recherches chimiques sur les corps grad d'origine animale", Paris 1823.
[12] BERTSCH, H. D. P. 595173, D. P. 633082 (1928).
[13] GÜNTHER, F., u. J. HETZER, D. P. 336558.
[14] SCHÖLLER, C., u. M. WITTWER, D. P. 605973, D. P. 667744 (1930).
[15] PÜSCHEL, F., Z. f. Chemie **3**, 338–46 (1963).
[16] PÜSCHEL, F., Tenside **4**, 1, 286, 320 (1967).
[17] METZGER, A., Fette, Seifen, Anstrichmittel **69**, (9) 782 (1963).
[18] HUETER, R., Fette, Seifen, Anstrichmittel **39**, 25 (1932).
[19] SCHRAUTH, W., u. P. FRIESENHAHN, Chemiker Ztg. **1921**, 125.
[20] LINDNER, K., „*Textilhilfsmittel und Waschrohstoffe*", Wiss. Verlagsges., Stuttgart 1954 (1. Aufl.).
[21] STÜPEL, H., „*Synthetische Wasch- und Reinigungsmittel*", Konradin Verlag, Stuttgart 1954.
[22] HETZER, J., „*Textilhilfsmittel-Tabellen*", Julius Springer-Verlag, Berlin 1938.
[23] RIETHMAYER, S. A., Seifen, Öle, Fette, Wachse **95** (1) 1, (3) 55 (1969).
[24] HESS, K., Ber. dtsch. chem. Ges. **70**, 1800 (1937); Chem. Ber. **81**, 327 (1948); Kolloid-Z. **88**, 40 (1939).
[25] ORTHNER, L., Melliand Textilber. **31**, 265 (1950).
[26] TOKIWA, F., u. K. OHKI, Kolloid-Z. **223**, 38 (1968).
[27] DEMTSCHENKO, P. A., Kolloid-J. (UdSSR) **23**, 528–30 (1961).
[28] KLING, W., Melliand Textilber. **30**, 412 (1949).
[29] PRESTON, K., J. Phys. Coll. Chem. **52**, 84 (1948).
[30] GÖTTE, E., Fette, Seifen, Anstrichmittel **71**, (3) 219 (1969).
[31] GANTZ, G. M., Amer. Perfumer Aromatics **72**, (4) 43–52 (1958).
[31a] KÖLBEL, H., u. P. KURZENDÖRFER, Fortschritte der chemischen Forschung, **12**, (2) 252–348.
[32] Henkel & Cie., G. m. b. H., Seifen, Öle, Fette, Wachse **99**, (3) 57 (1973).
[33] KASHIWAGI, M., u. H. EZAKI, Bull. chem. Soc. Japan **32**, 624–26 (1959).

[34] GRUBNER, O., P. JIRU, u. M. RALEK, „*Molekularsiebe*", VEB Deutscher Verlag der Wissenschaften, Berlin 1968.
[34a] HERSH, Ch. K., „*Molecular Sieves*", Reinhold Publ. Corp., New York 1961.
[35] MIRSKI, Ja. W., u. M. G. MITROFANOFF, Internat. Chem. Engng. **2**, (2) 207–08 (1962).
[36] HESS, H. v., u. E. R. CHRISTENSEN, Texas Inc. U. S. P. 3081255 v. 12. 3. 1963.
[37] KIMBERLIN, jr., Ch. N., u. W. J. MATTOX, Esso Research and Engng. Co., U. S. P. 2866835 v. 30. 12. 1958, 2971993 v. 14. 2. 1961.
[38] DEBATY, M., Bull. Assoc. Franc. Techn. Pétrole **1959**, 591–621.
[39] NORRIS, M. S., Gulf Research and Development Co., U. S. P. 3053913 v. 11. 9. 1962.
[40] PETERSON, D. L., u. O. REDLICH, J. Chem. and Engng Data **7**, (4) 570–74 (1962).
[41] SHERWOOD, P. W., Erdöl u. Kohle-Erdgas, Petrochemie **16**, (8) 843–46 (1963).
[42] ANONYM, Chem. Ind. (Düsseldorf) **20**, (9) 665 (1968).
[43] YEO, A. A., u. R. T. MOWLL, Britisch Petroleum Co., Ltd., Belg. P. 633699 v. 16. 12. 1963.
[44] SCHIRMER, W., Chem. Techn. **17**, 267 (1965).
[45] HAGGE, W., Fette, Seifen, Anstrichmittel **67**, 205 (1965).
[46] WEHNER, K., H. KAUFMANN u. G. SEIDEL, Chem. Techn. **19**, 385 (1967).
[47] D. DRP 110014, F. P. 1457793.
[48] ANONYM, British Chem. Engng. **15**, (2) 165 (1970).
[49] BENGEN, F., Z. angew. Chem. **33**, 137 (1960).
[50] SCHLENK, jr., W., Liebigs Ann. Chem. **565**, 204 (1949).
[51] GAWALEK, G., „*Additionsverbindungen, Einschlußverbindungen, Clatrate*", VEB Deutscher Verlag der Wissenschaften, Berlin 1969.
[52] FETTERLY, L. C., Petroleum Refiner **34** (4) 134 (1955).
[53] LEIBNITZ, E., u. Mitarb., J. prakt. Chem. **12** (4) (284), 35–43 (1960).
[54] FREUND, M., J. BATHORY u. E. ORSZAG, J. prakt. Chem. **11**, 272–83 (1960).
[55] ANONYM, Oil Gas J. **66**, (19) 158; (38) 42 (1968).
[56] OGAWA, M., Sekiyu to Sekiyu Kagaku **12**, (6) 38–41 (1968).
[57] SPENGLER, G., u. R. BAUMANN, Erdöl u. Kohle, Erdgas-Petrochemie **18**, (7) 539 (1965).
[58] MIDDLEBROOKS, C. H., u. E. C. MAKIN, U. S. P. 3287345 v. 22. 11. 1966.
[59] SWERN, D., u. W. E. PARKER, J. Amer. Oil Chemists' Soc. **30**, 5 (1953) **29**, 614 (1952).
[60] ASINGER, F., „*Die Petrolchemische Industrie*", Akademie-Verlag, Berlin 1971.
[61] EMBDEN, I. C. M. VAN, Fette, Seifen Anstrichmittel **63** (5) 456 (1961).
[62] Esso Research and Engineering Co., U. S. P. 2816944 v. 14. 5. 1954, ausg. 17. 12. 1957.
[63] Continental Oil Comp., D. A. S. 1223828 v. 18. 11. 1961, ausg. 1. 9. 1966.
[64] ZOSEL, K., Brennstoff-Chem. **41**, 321, 324 (1960).
[65] ZIEGLER, K., Brennstoff-Chem. **40**, 209 (1959).
[66] ZIEGLER, K., u. Mitarb. D. A. S. 1118188 v. 30. 11. 1961.
[67] WULF, H. D., u. W. SCHMIDT, Chemische Werke Hüls A. G., Belg. P. 632808 v. 25. 11. 1963.
[68] ADDY, C. D. British Hydrocarbon Chem. Ltd., D. A. S. 1189066 v. 18. 3. 1965.
[69] GOBLE, A. G., u. I. F. Ch. NICHOLS, British Petroleum Co. Ltd., D. A. S. 1251306 v. 5. 10. 1967.

[70] Könnecke, H.-G., u. G. Gawalek, Chem. Techn. 8, 603 (1956).
[71] Leibnitz, E., u. Mitarb., Sitzungsbericht der deutschen Akad. d. Wiss. zu Berlin, Klasse f. Chem., Geol., Biolog. **1960**, (2), Akademie Verlag, Berlin 1960.
[72] Senn, Ch. A., u. L. C. Parker, Texaco Inc., U. S. P. 3458592 v. 29. 7. 1969.
[73] Lawrowski, K. P., u. Mitarb., Erdölchemie (UdSSR) **2**, (4) 487–94 (1962).
[74] Petroff, A. A., Erdölchemie (UdSSR) **3**, 430–35 (1963).
[75] Franz, R. A., Chem. Engng. Progr. Sympos., Ser. **57**, (34) 68–72 (1961).
[76] Gerasicheva, Z. V., u. Ya. A. Botnikow, Tr. yses. Nauchn. Issled. Inst. p. Pererabotke Nefti **9**, 15–20 (1963).
[77] Banks, R. L., u. G. C. Bailey, Ind. Engng. Chem. Prod. Res. Development **3**, (3) 170–73 (1964).
[78] Anonym, Chem. Werk **99**, (4) 70–72 (1966).
[79] Waack, R., Dow Chemical Co., U. S. P. 3267167 v. 16. 8. 1966.
[80] Dyen, M. E., u. Mitarb., J. Amer. Oil Chemists' Soc. **43**, (7) 431–32 (1966).
[81] McConnell, R. L., u. H. W. Coover, jr., Eastman Kodak Co., U. S. P. 3096385 v. 2. 7. 1963.
[82] Adam, N. K., Proc. Roy. Soc. (London) Ser. A **103**, 676 (1923).
[83] Lindner, K., D. P. 553811, 561603 (1925).
[84] Günther, F., H. Haussmann u. C. Franke, F. P. 766903, U. S. P. 2220099, E. P. 416379 (1934).
[85] Asinger, F., u. Mitarb., Erdöl u. Kohle, Erdgas-Petrochemie **20**, 786–90, 852 bis 55 (1967).
[86] Petroff, A. D., Erdöl u. Kohle, Erdgas-Petrochemie **11**, (12) 855 (1958).
[87] Asinger, F., u. Mitarb., J. prakt. Chem. **22**, (3–4) 153 (1963).
[88] Glatz, A. M., u. A. C. Razus, Rev. Roumaine Chim. **11**, (5) 551–54 (1966).
[89] Tomson, R., Eesti NSV Tead. Akad. Toim. Fuusik-Mat.-ja Tehnikatead, Seer. **1966**, (3) 447–53.
[90] Wulf, H. D., T. Böhm-Gössl u. L. Rohrschneider, Fette, Seifen Anstrichmittel **69**, (1) 32 (1967).
[91] Zverina, V., Abh. dtsch. Akad. Wiss., Kl. Chem., Geol., Biol. **1963** (2) 1.
[92] Sharrah, M. L., u. G. C. Feighner, Ind. Engng. Chem. **46**, 428 (1954).
[93] Alul, H. R., Ind. Engng. Chem., Prod. Research Development **7**, 7 (1968).
[94] Potolowski, L. A., L. F. Blagowidow u. L. I. Kostikin, Chem. Technol. Brennstoffe u. Öle **3**, (6) 33 (1958).
[95] Umbach, W., u. W. Stein, Fette, Seifen, Anstrichmittel **71**, (11) 938 (1969).
[96] Schwartz, A. M., u. J. W. Perry, „*Surface Active Agents and Detergents*", Interscience Publ. Inc., New York–London 1958.
[97] Kölbel, H., Erdöl u. Kohle **1**, 308 (1948).
[98] Trigo, G. G., Chim. et Ind. **86**, 549–56 (1961).
[99] Sonwane, H. R., u. B. C. Subba Rao, Indian J. Technol **1**, 36–39 (1963).
[100] Abadir, B. Y., Monsanto Chemical Co., U. S. P. 2865966 v. 16. 7. 1956, ausg. 23. 12. 1958.
[101] Tsvetkov, O. N., S. A. Dmitriev, N. M. Karavaev u. K. D. Korenew, Koks i Khim **1963**, (10) 40–41.
[102] Tollefson, E. L., National Research Council, U. S. P. 2686762 v. 10. 3. 1953, ausg. 17. 8. 1958.
[103] Schach, A., u. W. Krings, Dynamit Nobel A. G., D. A. S. 1093344 v. 6. 6. 1958, ausg. 24. 11. 1960.
[104] Bathory, J., Acta Chim. Acad. Sci. Hung. **31**, (1–3) 31–39 (1962).

[105] Union Chimique Belge, S. A., F. P. 1270552 v. 4. 1. 1962.
[106] Wolf, F., u. H. H. Götze, Chem. Techn. **14**, (10) 600–06 (1962).
[107] Janda, J., Acta Chim. Acad. Sci. Hung. **36**, (1–4) 125–30 (1963).
[108] Endler, H. H. A., Montecatini Soc. General per l'Industria Min. e Chimica, Belg. P. 610181 v. 1. 3. 1962.
[109] Belaya, A. A., u. M. Ja. Rubanik, Ber. Akad. Wiss. (UdSSR) **146**, 89–92 (1962).
[110] D. A. S. 1245136, 1260451, 1279007, 1279669.
[111] Scientific Design Co.
[112] Twitchell, E., J. Amer. chem. Soc. **22**, 22 (1900).
[113] Drimus, I., Gh. Ivan, A. Rusu u. M. Manescu, Ind. Alimentare-Produse veget. **11**, 4 (1960).
[114] Osteroth, D., Seifen, Öle, Fette, Wachse **92**, (9) 251 (1966).
[115] Scott, P. E. „Fatty Acids and their Industrial Application", Arnold-Verlag London 1968.
[116] Spieckermann, J., Seifen, Öle, Fette, Wachse **91**, 940 (1965).
[117] Osteroth, D., *„Natürliche Fettsäuren als Rohstoffe in der chemischen Industrie"*, Ferdinand Enke-Verlag, Stuttgart 1966.
[118] Lübbe, E., Freiberger Forsch.-H., Reihe A, Heft **221**, 7–21 (1962).
[119] Kudrjaschow, A. I., u. N. K. Mankowskaja, Chem. Wiss. Ind. **4**, 612–17 (1959).
[120] Solomon, B., Rev. franc. Corps gras, **9**, 626–35 (1962).
[121] Grimberg, M., Seifen, Öle, Fette, Wachse **90**, 478–80 (1964).
[122] Heinze, G., Erdöl u. Kohle, Erdgas, Petrochemie **18**, 531–34 (1965).
[123] Igonin, P. G., Chem. Techn. **17**, (10) 588–90 (1965).
[124] Pertschenko, A. A., Chem. Technol. Brennstoffe, Öle **1957**, (6) 28.
[125] Pertschenko, A. A., G. A. Gorjatschewa u. M. A. Martschenko, Öl u. Fett-Ind. **28**, (2) 34–37 (1962).
[126] Oretschkin, D. B., N. W. Popowa, A. D. Fedorow, O. F. Scheptko u. M. M. Schmilowitsch, Chem. Ind. Brennstoffe, Öle (UdSSR) **5**, (7) 16–18 (1960).
[127] Wagner, G., J. prakt. Chem. **15**, (3–6) 327–33 (1962).
[128] Wagner, G. Abhd. dtsch. Akad. Wiss. Berlin, Kl. Chem., Geol., Biol., **1963**, (2) 273–83.
[129] Lewin, A. I., Chem. Technol. Brennstoffe, Öle (UdSSR) **3**, (6) 29–33 (1958).
[130] Ssedatschew, W. M., W. W. Nesmelow, A. Ss. Moissejewa, N. M. Lebedewa, I. M. Kusnetzowa, R. Sch. Latypow, N. N. Terpilowski u. O. W. Maminow, Chem. Technol. Brennstoffe, Öle (UdSSR) **8**, (5) 18–22 (1963).
[131] Igonin, P. G., u. W. W. Switkin, Erdölverarbeitung u. Erdölchemie **1961**, (11) 25–27.
[132] Moschkin, P. A., N. I. Welisarjewa, I. B. Rapoport, S. B. Klapischewskaja, G. Ch. Machnenko u. M. A. Ssosskin, Chem. Technol. Brennstoffe, Öle (UdSSR) **2**, (6) 41–47 (1957).
[133] Sawidow, W. J., u. P. G. Igonin, Öl- u. Fett-Ind. **26**, (8) 16–18 (1960).
[134] Mankowskaja, N. K., u. S. I. Getmanskaja, Öl- u. Fett-Ind. **28**, (1) 16–21 (1962).
[135] Mankowskaja, N. K., J. Amer. Oil Chemists' Soc. **33**, 331 (1956).
[136] Mannes, L., u. J. Dresen, Henkel & Cie. G. m. b. H., D. P. 855444 u. 857121.
[137] Metzger, A., u. G. Gawalek, J. prakt. Chem. **2**, (4) 168, 293 (1955).
[138] Metzger, A., Fette, Seifen, Anstrichmittel **60**, (3) 78 (1958).

[139] Langenbeck, W., u. W. Pritzkow, Chem. Techn. **4**, 391 (1952), **2**, 116 (1950).
[140] Langenbeck, W., u. W. Pritzkow, Fette, Seifen, Anstrichmittel **55**, 435, 506 (1953).
[141] Rieche, A., Chem. Techn. **4**, 167 (1952).
[142] Pritzkow, W., Chem. Ber. **87**, 1668—75 (1954).
[143] Djakonowa, N. K., L. G. Gindin, L. K. Obuchowa u. N. M. Emanuel, Öl- u. Fett-Ind. **31**, (9) 13—14 (1965).
[144] Normann, W., D. R. P. 658751.
[145] Coenen, J. W. E., T. Wieske, R. S. Cross u. H. Rinke, J. Amer. Oil Chemists' Soc. **44**, 344 (1967).
[146] Osteroth, D., Seifen, Öle, Fette, Wachse **93**, 430, 759 (1967).
[147] Stage, H., Fette, Seifen, Anstrichmittel **73**, (2) 82; (11) 682 (1971).
[148] Adkins, H., u. K. Folker, J. Amer. Chem. Soc. **53**, 1095 (1931); **54**, 1145 (1932).
[149] Schrauth, W., K. Schenk u. K. Stickdorn Ber. dtsch. chem. Ges. **64**, 1314 (1931).
[150] Schrauth, W., J. angew. Chem. **46**, 459 (1933).
[151] U. S. P. 2374379.
[152] Moreno, J. M. M., R. Torregrosa u. A. V. Roncero, Grasas y Aceites **9**, 60 (1958).
[153] Bertsch, H., H. Reinheckel u. K. Haage, Fette, Seifen, Anstrichmittel **66**, 763 (1964), **69**, 387, 731 (1971), **71**, 357, 851 (1969).
[154] König, E., K. Stickdorn, u. H. Braun, Abh. dtsch. Akad. Wiss. Berlin, Kl. Geol. Chem. Biol. **1963**, (2) 263.
[154a] Hueter, R., „*Chemie u. Technologie der Fette u. Fettprodukte*", herausgegeben von H. Schönfeld, J. Springer-Verlag, Wien 1937.
[155] Maiorow, D. M., u. D. W. Muschenko, Chem. Technol. Brennstoffe, Öle (UdSSR) **3**, (6) 24 (1958).
[156] Bouveault, L., Bull. soc. chim. France **31**, 666, 1206 (1904); C. R. hebd. Séances Acad. Sci. **136**, 1676 (1903).
[157] Blanc, G., Amer. Perfumer, essent. Oil Rev. **17**, 57 (1922).
[158] Roelen, O., Angew. Chem. **A 60**, 62, 213 (1948).
[158a] Holm, M. M., F. I. A. T.-Final Report Nr. 1000.
[159] Ziegler, K., Brennstoff-Chem. **35**, 321 (1954).
[160] Ziegler, K., H. G. Gellert, K. Zosel, H. Lehmkuhl u. W. Pfohl, Angew. Chem. **67**, 424 (1955); Liebigs Ann. Chem. **629**, (1) 25 (1960).
[161] Guerbet, M., Bull soc. chim. France **21**, (3) 48 (1899).
[162] Colgate-Palmolive-Peet Co. U. S. P. 2187144.
[163] Machemer, H., Angew. Chem. **64**, 213 (1952).
[164] Bolle, J., u. L. Bourgeois, C. R. hebd. Séances Acad. Sci. **233**, 1466 (1951).
[165] Hellthaler, T., u. E. Peter, Riebecksche Montanwerke A. G., U. S. P. 1947982 (1934).
[166] Baschkiroff, A. N., Chem. Wiss. u. Industrie (UdSSR) **1**, (3) 273—81 (1956).
[167] Baschkiroff, A. N., u. Mitarb., Öl- u. Fett-Ind. (UdSSR) **23**, (7) 24—26 (1957).
[168] Warlamoff, W. S., u. Mitarb., Öl- u. Fett-Ind. (UdSSR) **23**, (7) 27—30 (1957).
[169] Klang, M., u. F. Esanu-Scheuerman, Rev. chim. (Bucuresti) **7**, 462 (1956).
[170] Mankowskaja, N. K., G. B. Melusowa u. S. A. Prochorowa, Chem. Technol. Brennstoffe, Öle **6** (11) 42 (1961).
[171] British Hydrocarbon Chemical Ltd., E. P. 968539 v. 13. 10. 1961, ausg. 2. 9. 1964.

[172] Standard Oil Development Co., F. P. 1065347 v. 7. 7. 1952, ausg. 24. 4. 1954.
[173] MAZZONI, C., Fette, Seifen Anstrichmittel **60**, (1) 61 (1958).
[174] CHASE, P. R., u. J. C. BOWERS, Union Bag-Camp Corp., U. S. P. 2866781 (1958).
[175] SMITH, P. I., Amer. Perfumer Aromatics **72**, (5) 62 (1958).
[176] LÜRING, W., D. A. S. 1148686 v. 18. 6. 1960, ausg. 16. 5. 1963.
[177] NARAYANA, N., u. Y. KASHINATH LELEY, Ind. P. 50 765 (1953).
[178] BRÜCKE, O., D. P. 852728.
[179] DAVIDSOHN, J., u. E. J. BETTER, Fette, Seifen, Anstrichmittel **40**, 26, 52 (1933).
[180] SCHLADITZ, E., DP/DDR 34040 v. 14. 6. 1963, ausg. 5. 12. 1864.
[181] FOCK, M., Fette, Seifen, Anstrichmittel **63**, (8) 695 (1961).
[182] SCHLENK, R., Fette, Seifen, Anstrichmittel **60**, 508 (1958).
[183] FRAMPTON, G., Seifen, Öle, Fette, Wachse **81**, 666 (1955).
[184] E. P. 697244, 699072.
[185] MAZZONI, C., u. G. MAZZONI, D. A. S. 1082690 v. 29. 10. 1956, ausg. 2. 6. 1960.
[186] FOCK, M., Seifen, Öle, Fette, Wachse **81**, 79 (1955); **86**, 648 (1960).
[187] WEBER, K. L., Seifen, Öle, Fette, Wachse **81**, 201, 241 (1955).
[188] WERNER, L., Fette, Seifen, Anstrichmittel **69**, 530 (1967).
[189] PALMQUIST, F. T. E., Fette, Seifen, Anstrichmittel **60**, 424, 859 (1958).
[190] TOVBIN, J. A., u. I. L. FAJUBERG, Öl- u. Fett-Ind. **1965**, 28–30.
[191] NÖSKE, K., Seifen, Öle, Fette, Wachse **81**, 194 (1955).
[192] Aktiebolager Separator, Ital. P. 516582 v. 15. 4. 1954.
[193] Fa. G. Mazzoni, Firmenschrift 1972.
[194] STOESSER, K. v., Seifen, Öle, Fette, Wachse **85**, 624, 658 (1959).
[195] FOCK, M., Seifen, Öle, Fette, Wachse **81**, 348, 382 (1955); **85**, 201 (1959).
[196] ROSHDESTWENSKI, D. A., M. N. SALIOPO u. G. A. BORODINA, Öl- u. Fett-Ind. **25**, (9) 24–28 (1959).
[197] WEBER, K. L., Seifen, Öle, Fette, Wachse **81**, 1 (1955).
[198] RASCH, J., Seifen, Öle, Fette, Wachse **81**, 51 (1955).
[199] KOLLONTAY, E. A., D. P. 825117.
[200] Koninklijke Dobbelman, N. V., Niederl. P. 102067 v. 1. 6. 1955, ausg. 15. 8. 1962; Niederl. P. 102070 v. 4. 6. 1955, ausg. 15. 8. 1962.
[201] Colgate-Palmolive Co., E. P. 941807 v. 8. 5. 1951, ausg. 13. 11. 1963.
[202] FARRAR, R. E., u. A. L. SCHULERUD, Colgate-Palmolive Co. D. A. S. 1165191 v. 15. 5. 1961, ausg. 12. 3. 1966.
[203] FOCK, M. Seifen, Öle, Fette, Wachse **81**, 324, 380 (1955).
[204] KLUG, T., Riechstoffe u. Aromen **10**, 207–14 (1960).
[205] FUSCO, V. G., U. S. P. 2971917 v. 2. 6. 1955, ausg. 14. 2. 1961.
[206] MERTENS, H., O. SCHMIDT, u. K. ADAM, D. A. S. 1083011 (1960).
[207] KELLY, W. A., u. H. D. HAMILTON, F. P. 1165840 v. 14. 9. 1950, ausg. 29. 10. 1958.
[208] Unilever Ltd., E. P. 840147 v. 16. 7. 1958, ausg. 6. 7. 1960.
[209] WELLS, F. V., Soap, Perfum. Cosmet. **31**, 663, 761 (1958).
[210] WEBB, E. T., Soap, Perfum., Cosmet. **31**, 652 (1958).
[211] FOCK, M., Seifen, Öle, Fette, Wachse **87**, 577 (1961).
[212] LUTHER, M., B. A. S. F., D. P. 850497.
[213] BIERRE, M. A., F. P. 1119316 v. 12. 1. 1955.
[214] SCHEFFER, V., A. LINDNER u. S. KADAR, Ung. P. 144491 v. 5. 5. 1956, ausg. 15. 11. 1958.
[215] ANTYKOV, A. P., J. priklad. Chim. (UdSSR) **26**, 848 (1963).

[216] HERRERA, C. G., u. F. R. AYERBE, Grasas y Aceites 13, 161–64 (1962).
[217] GÖTTE, E., D. P. 856186.
[218] NAVARRO, R., Rev. franc. Corps Gras 17, (11) 673 (1960).
[219] ANONYM, Archiv f. Hygiene 153, 427 (1969).
[220] BRAUSS, F. W., Fette und Seifen 56, 618 (1954).
[221] INNES, W., Soap, Sanit. Chemicals 29, (9) 42 (1953).
[222] LINFIELD, W. M., u. R. E. CASELY, J. Soc. Cosmet. Chemists' 13, 81–88 (1962).
[223] LENNON, W. J., T. E. FURIA u. H. W. ZUSSMAN, Soap. chem. Speicalties 36, (3) 51, 93 (1960).
[224] STECKER, H. C., Soap. chem. Specialties 39, (5) 75–77 (1963).
[225] FISCHER, H. P., Fette, Seifen, Anstrichmittel 71, (10) 857 (1969).
[226] FRANCOIS, M. T., Oleagineux 8, 735 (1952).
[227] U. S. P. 2864769 v. 20. 2. 1956, ausg. 16. 12. 1958.
[228] ANONYM, Soap. Perfum. Cosmet. 34, 578–82 (1961).
[229] ZILSKE, H., Riechstoffe u. Aromen 8, 277–81 (1958).
[230] BUER, H. C., D. P. 855445.
[231] STARKE, H., DP/DDR 31460 v. 31. 3. 1960, ausg. 25. 8. 1964.
[232] KOLLONTAY, A., D. P. 850054.
[233] Colgate Palmolive-Peet Co., E. P. 885332 v. 5. 8. 1959, ausg. 28. 12. 1961; U. S. P. 2944977 v. 9. 8. 1955, ausg. 12. 7. 1960.
[234] LEVIN, I. E., D. F. SEARLE u. E. CLIPPINGER, California Research Corp., Aust. P. 232429 v. 25. 5. 1959, ausg. 23. 2. 1961.
[235] WARD, N. E., u. W. BAY, Procter & Gamble Ltd. D. A. S. 1144428 v. 17. 8. 1961, ausg. 28. 2. 1963; D. A. S. 1142983 v. 17. 8. 1961, ausg. 31. 1. 1963.
[236] Uuilever Ltd., E. P. 844918 v. 11. 12. 1959, ausg. 17. 8. 1960.
[237] CHAFFEE, R. H., Procter & Gamble Ltd., U. S. P. 3070547 v. 12. 12. 1961, ausg. 25. 12. 1962.
[238] HENNIG, K., Henkel & Cie, G. m. b. H., D. A. S. 1108368 v. 25. 6. 1960, ausg. 8. 6. 1961.
[239] SCHLADITZ, E., DP/DDR 33874 v. 27. 12. 1963, ausg. 5. 11. 1964.
[240] TSCHAKERT, H. T., Manufact. Chemist 29, 233 (1958).
[241] PROSCH, W., Chemische Werke Witten, G. m. b. H., D. A. S. 1141040 v. 20. 2. 1960, ausg. 13. 12. 1962.
[242] SZEPLAKY, M., Abh. dtsch. Akad. Wiss., Berlin, Kl. Chem., Geol., Biol. 1963, (2) 48–57.
[243] KRÜGER, H., Fette, Seifen, Anstrichmittel 60, 369 (1958).
[244] GÖTTE, E., Tenside 4, 209 (1967).
[245] HOFFMANN, H., Fette, Seifen, Anstrichmittel 60, 367 (1958).
[246] BERGWEIN, K., Seifen, Öle, Fette, Wachse 95, (111) 389 (1969).
[247] TREUHOFF, I., Abh. dtsch. Akad. Wiss., Berlin, Kl. Chem., Geol. Biol. 1966, (6a) 367 (1967).
[248] HOYT, L. F., „*Synthetic Detergents and Washing Agents*", B. I. O. S. Report Nr. 11.
[249] MONICK, J. A., Colgate-Palmolive-Peet Co., U. S. P. 2830064 v. 9. 2. 1955, ausg. 8. 4. 1958.
[250] WALKER, G. T., Seifen, Öle, Fette, Wachse 85, 259–60 (1959).
[251] Procter & Gamble Co., U. S. P. 3074980 v. 18. 12. 1958.
[252] VEB Chemische Fabrik Grünau, F. P. 1173150 v. 28. 3. 1956, ausg. 20. 2. 1959.
[253] Swift & Co., Canad. P. 645777 v. 20. 4. 1960, ausg. 25. 12. 1962.

[254] Riso, R. R., Soap. chem. Specialties **39**, (15) 82—84, 151—58 (1963).
[255] Bolle, J., u. P. Ragon, E. P. 816888 (1959).
[256] Sanders, H. L., u. Monassau, Soap. chem. Specialties **36**, 57—59 (1960).
[257] Selle, D. D., VEB Chemische Fabrik Grünau, D. B. P. 970958 v. 16. 7. 1953, ausg. 20. 11. 1958, DP/DDR 9168.
[258] Ulsperger, E., Seifen, Öle, Fette, Wachse **88**, 666—71 (1962).
[259] Ulsperger, E., Seifen, Öle, Fette, Wachse **87**, 257—58, 654—56 (1961).
[260] Geigy Chemical Corp., U. S. P. 3027405 v. 29. 7. 1959, ausg. 27. 3. 1962.
[261] Stüpel, H., „*Synthetische Wasch- und Reinigungsmittel*", Konradin-Verlag, Stuttgart 1954.
[262] Lindner, K., „*Tenside-Textilhilfsmittel-Waschrohstoffe*", 2 Bde., Wissenschaftliche Verlagsgesellschaft m. b. H., Stuttgart 1964.
[263] Schaurich, K., J. prakt. Chem. **15**, (4) 322 (1962).
[264] Schwarz, R., W. Weiss u. H. Darmochwal, D. B. P. 973959.
[265] Miyamoto, K., Y. Aritomi, H. Ichida, S. Irie, Nitto-Chem. Ind. Co. Ltd., D. A. S. 1159429 v. 7. 6. 1961, ausg. 19. 12. 1963.
[266] Goldmann, K., Böhme Fettchemie G. m. b. H., D. A. S. 1095270 v. 14. 5. 1959, ausg. 22. 12. 1960.
[267] Harrington, R. C., Eastman Kodak Co., U. S. P. 2849450 v. 18. 4. 1956. ausg. 26. 8. 1958.
[268] Hell, J., u. J. Vyskočil, Abh. dtsch. Akad. Wiss., Berlin Kl. Chem., Geol., Biol. **1963**, (2) 13—25.
[269] Slominski, L. I., u. M. K. Jakubow, Öl- u. Fett-Ind. **26**, (11) 22—25 (1960).
[270] Loktev, S. M., u. E. L. Vulach, Mazložirov. Prom. (Moskwa) **33**, (5) 15 (1967).
[271] Holzmann, S., u. U. Zoller, Soap. chem. Specialties **45**, (9) 43, 98, 99 (1969).
[272] Gerhardt, W., Tenside **5**, 10 (1968).
[273] Henkel & Cie. G. m. b. H., B. I. O. S.-Final-Report Nr. 1151.
[274] Weiss, F., VEB Fettchemie, D. A. S. 1078116 v. 15. 5. 1956, ausg. 24. 3. 1960.
[275] Vahala, J., J. Sponar u. J. Weigner, Chem.-Průmysl **13**, (38) 236 (1963).
[276] Gadasskina, M. D., D. M. Rudkowski u. T. D. Tarassowa, Chem. Technol. Brennstoffe, Öle **4**, 29 (1959).
[277] Guhr, U., Dlssertation, Technische Hochschule Aachen 1966.
[278] Ssaweljew, A. P., A. M. Borissow, R. S. Kamentschik u. A. A. Kalyshski, UdSSR-P. 125557 v. 10. 4. 1959.
[279] Getmanski, J. K., u. F. W. Newoll, Öl- u. Fett-Ind. **26**, 18—20 (1960).
[280] Warlamow, W. S., Öl- u. Fett-Ind. **27**, (9) 15—17 (1961).
[281] Koijman, P. L., NV de Bataafsche Petr. Mij., D. A. S. 1066579 v. 28. 6. 1956, ausg. 8. 10. 1959.
[282] Karnauch, A. M., u. S. P. Deinechowskaja, Öl- u. Fett-Ind. **27**, (5) 28—31 (1961).
[283] Colgate-Palmolive Peet Co., U. S. P. 2187144.
[284] Gray, F. W., Colgate Palmolive Peet Co., U. S. P. 2868812 v. 9. 2. 1955, ausg. 31. 1. 1959.
[285] Biswas, A. K., u. B. K. Mukherji, J. Amer. Oil Chemists' Soc. **37**, 171 (1960).
[286] Gray, F. W., Colgate Palmolive Peet Co., U. S. P. 2979521 v. 9. 2. 1955, ausg. 11. 4. 1961.
[287] Schmolka, I. R., Colgate Palmolive Peet Co., U. S. P. 2894009 v. 27. 3. 1957, ausg. 7. 7. 1959.
[287a] Manneck, H., Seifen, Öle, Fette, Wachse **88**, (14) 420 (1962).

[288] Jong, H. M. de, J. G. Aalbers u. J. A. Brenkman, Chem. Fabr. Andrelon D. A. S. 1074570 v. 18. 7. 1958, ausg. 4. 2. 1960.
[289] Bistline, R. G., jr., A. J. Stirton, J. K. Weil u. E. W. Maurer, J. Amer. Oil Chemists' Soc. **34**, 516 (1957).
[290] Gilbert, E. E., u. B. Veldhuis, J. Amer. Oil Chemists' Soc. **37**, 298 (1960).
[291] Ranny, M., u. J. Prachar, Průmysl Potravin **12**, 520 (1961).
[292] Weiss, W., Zschimmer u. Schwarz, Schwz. P. 347825 v. 20. 8. 1956, ausg. 15. 9. 1970.
[293] Monick, J. A., J. Amer. Oil Chemists' Soc. **39**, 213 (1962).
[294] Spada, A., u. E. Gavioli, Farmaco (Pavia) **7**, 441 (1952).
[295] Saytzeff, M., Ber. dtsch. chem. Ges. **19**, III, 541 (1886); J. prakt. Chem. **35**, 36 (1887).
[296] Benedikt, C., u. F. Ulzer, Monatshefte Chem. **8**, 208 (1887).
[296a] Bertsch, H., H. Reinheckel u. G. Czichocki, Fette, Seifen, Anstrichmittel **67**, 677, 680 (1965); **68**, 817, 1002 (1966); Tenside **4**, 277 (1967).
[297] Pantulu, A. J., u. K. T. Achaya, Fette, Seifen, Anstrichmittel **73**, (9) 568 (1971).
[298] Strecker, A., Liebigs Ann. Chem. **148**, 90 (1868).
[299] Haemillian, V., Liebigs Ann. Chem. **168**, 45 (1873).
[300] Davidsohn, C. M. R., E. P. 433312.
[301] California Research Corp., F. P. 1314081 v. 27. 12. 1961, ausg. 10. 4. 1963.
[302] Thomas, W., u. R. Ströbele, Chemische Werke Hüls, D. A. S. 1154093 v. 19. 2. 1962, ausg. 12. 9. 1963.
[303] Foster, R. L., Sinclair Refining Co., U. S. P. 2721210 v. 3. 6. 1954, ausg. 1. 11. 1955.
[304] Reed, G. F., u. C. L. Horn, U. S. P. 2046090, 2174110 u. 2263312.
[305] Asinger, F., u. B. Fell, Erdöl u. Kohle, Erdgas-Petrochemie **18**, (4) 273 (1965).
[306] Asinger, F., u. G. Richter, J. prakt. Chem. **2**, (4) 228 (1955).
[307] Asinger, F., „*Chemie und Technologie der Paraffinkohlenwasserstoffe*", S. 395, 534, Akademie Verlag, Berlin 1956.
[308] Terentjew, A. P., u. A. J. Gerschenowitsch, Chem. Techn. **5**, 391 (1953).
[309] Selle, H. D., DP/DDR 32510 v. 29. 6. 1962, ausg. 25. 11. 1964.
[310] Farbenfabrik Bayer, A. G., DBP 975206 v. 21. 12. 1943, ausg. 1. 2. 1962.
[311] Bathory, J., u. A. Loring, Magyarkémikusok Lapjà **16**, 17–23 (1961).
[312] Below, K. A., O. B. Wolowa u. M. I. Maximowa, Chem. Technol. Brennstoffe, Öle **5**, (8) 34–37 (1960).
[313] Tjtjunnikow, B. N., u. Ju. M. Wolkow, Chem. Technol. Brennstoffe, Öle **3**, (12) 49–52 (1958).
[314] Richter, G., u. J. Rätzsch, D. P. [DDR] 22733 v. 26. 2. 1960, ausg. 15. 2. 1962.
[315] Berty, J., A. Ujhidy, B. Babos, u. A. Vigh, Z. Ver. ungar. Chemiker **12**, 237 bis 40 (1957).
[316] Brodersen, K., DP/DDR 9647 v. 24. 5. 1952, ausg. 18. 4. 1955.
[317] Platz, K., u. K. Schimmeelschmidt, D. R. P. 735096.
[318] Balakirjew, E. Ss., N. Ss. Lutkowa u. L. N. Ssergejewa, UdSSR-P. 117364 v. 3. 6. 1958.
[319] Viertel, O., Erfahrungsaustausch der Seifen-, Wasch- und Reinigungsmittelindustrie, Folge **2**, 113 (1944).
[320] Zschimmer u. Schwarz, Chem. Fabrik, F. P. 1208740 v. 19. 11. 1958, ausg. 25. 2. 1960.
[321] Sutter, C. M., P. B. Evans u. J. M. Kiefer, J. Amer. Chem. Soc. **60**, 538 (1938).

[322] Bordwell, F. G., u. M. L. Peterson, J. Amer. Chem. Soc. **76**, 3952 (1954).
[323] Baumann, H., W. Stein u. M. Voss, Fette, Seifen, Anstrichmittel **72**, (4) 247 (1970). **71**, (11) 926 (1969).
[323a] Marquis, D. M., S. H. Sharman, R. House u. W. A. Sweeney, J. Amer. Oil Chem. Soc. **43**, 607 (1966);
Mori, A., M. Nagayama, R. Susuki, M. Takao u. S. Tomikama, Vortrag V. CID-Kongreß. Barcelona 168.
Püschel, F. u. C. Kaiser, Chem. Ber. **98**, 735 (1965);
Kaiser, C., Dissertation Hum-boldt-Univ. Berlin 1963;
Püschel, F., Tenside **4**, 286 (1967).
[323b] Kaiser, C., Dissertation, Humboldt-Univ. Berlin 1963.
[324] Continental Oil Comp., D. A. S. 1240071 v. 20. 7. 1963, ausg. 11. 5. 1967.
[325] Turbak, A. F., Ind. Engng. Chem. Prod. Res. Development **1**, 275 (1962).
[326] Pusitzky, K. W., u. Mitarb., J. angew. Chem. (UdSSR) **32**, 18 (1959).
[327] Farbwerke Hoechst, D. A. S. 1215138.
[328] Stein, W., u. H. Baumann, Henkel & Cie, G. m. b. H., D. B. P. 1185178 v. 14. 1. 1965.
[329] Püschel, F., u. C. Kaiser, Chem. Ber. **97**, 2903, 2917, 2926 (1964); **98**, 735 (1965).
[330] Webb, B. P., Soap and Chem. Specialties **42**, (11) 61 (1966).
[331] Tomiyama, S., M. Takao, A. Mori, u. H. Sekiguchi, J. Amer. Oil Chemists' Soc. **46**, 208 (1969).
[332] Manneck, H., Seifen, Öle, Fette, Wachse **92**, (20) 642 (1966).
[333] Distler, H., Fette, Seifen, Anstrichmittel **70**, (1) 21 (1968).
[334] Distler, H., u. F. Fuchs, Tenside **5**, 198 (1968).
[335] Alphen, J. v., u. J. Terwan, Unilever NV, D. A. S. 1144719 v. 27. 4. 1959, ausg. 7. 3. 1963; Aust. P 238323 v. 24. 4. 1959, ausg. 10. 5. 1962.
[336] Anderson, R. J., u. L. M. Schenk, General Aniline & Film Corp., Aust. P. 223389 v. 2. 7. 1957, ausg. 10. 9. 1959; D. A. S. 1058500 v. 7. 8. 1957, ausg. 4. 6. 1959.
[337] Tiedemann, H., u. L. M. Schenk, General Aniline & Film Corp. U. S. P. 2861090 v. 5. 10. 1954, ausg. 18. 11. 1958; U. S. P. 3004049 v. 1. 12. 1959, ausg. 10. 10. 1961.
[338] Bolle, J., P. Ragon u. L. Bourgeois, J. Amer. Oil Chemists' Soc. **31**, 39 (1954).
[339] Univever NV, Holl. P. 97493 v. 9. 5. 1958, ausg. 15. 3. 1961.
[340] General Aniline & Film Corp., F. P. 1153751 v. 6. 6. 1956, ausg. 21. 3. 1958.
[341] Schenk, L. M., General Aniline & Film Corp., U. S. P. 2999871 v. 1. 12. 1959, ausg. 12. 9. 1961.
[342] Basf, D. P. A. B. 15355.
[343] Elbel, E., Farbwerke Hoechst A. G., D. A. S. 1157234 v. 16. 9. 1961, ausg. 14. 11. 1963.
[344] Anonym, J. Amer. Oil Chemists' Soc. **31**, 119 (1954).
[345] Burnette, L. W., u. M. E. Chiddix, J. Amer. Oil Chemists' Soc. **39**, 477–78 (1962).
[346] Lamberti, V., Unilever, NV, Holl. P. 100599 v. 4. 8. 1960, ausg. 15. 3. 1962.
[347] F. P. 1264357 v 3. 8. 1960, ausg. 16. 1. 1961.
[348] Sundberg, R. L., General Aniline & Film Corp., D. A. S. 1124484 v. 5. 6. 1956, ausg. 1. 3. 1962.

[349] Dmitrijew, Ss. A., N. M. Karawajew u. A. W. Smirnowa, Nachr. Akad. Wiss. UdSSR, Abt. chem. Wiss. **1961**, 1800–03.
[350] General Aniline & Film Corp., E. P. 824455 v. 22. 4. 1958, ausg. 2. 12. 1959.
[351] Fulde, S., Abh. dtsch. Akad. Wiss., Berlin, Kl. Chem., Geol., Biol. **1963**, (2) 37.
[352] General Aniline & Film Corp., U. S. P. 3057989 v. 11. 4. 1960, ausg. 9. 10. 1962.
[353] Elbel, E., Farbwerke Hoechst A. G., D. A. S. 1158354 v. 18. 12. 1961.
[354] Maxcy, W. J., General Aniline & Film Corp., U. S. P. 2919993 v. 31. 12. 1956, ausg. 5. 1. 1960.
[355] Günther, F., u. J. Hetzer, U. S. P. 1926442 v. 1933.
[355a] Schulze, H., u. S. Popeck, General Arilire u. Film Corp. U. S. P. 2974152 v. 26. 4. 1956, ausg. 7. 3. 1961.
[356] Stein, W., H. Weiss, O. Kock, P. Neuhausen u. H. Baumann, Fette, Seifen, Anstrichmittel **72**, (11) 956 (1970).
[357] Richardson Co., U. S. P. 3104247 v. 1. 2. 1962, ausg. 17. 9. 1963.
[358] Manneck, H., Seifen, Öle, Fette, Wachse **92**, (23) 829 (1966).
[359] Stirton, A. J., J. K. Weil u. R. G. Bisline jr., J. Amer. Oil Chemists Soc. **31**, 13 (1954).
[360] Stirton, A. J., R. G. Bistline, jr., J. K. Weil u. W. C. Ault, J. Amer. Oil Chemists' Soc. **39**, 55 (1962).
[361] U. S. Secretary of Agriculture, U. S. P. 3128294 v. 9. 6. 1961, ausg. 7. 4. 1964.
[362] Schwuger, M. J., Fette, Seifen, Anstrichmittel **72**, (7) 565 (1970).
[363] Stirton, A. J., R. G. Bistline, jr., J. K. Weil, W. C. Ault u. E. W. Maurer, J. Amer. Oil Chemists' Soc. 128–31 (1962).
[363a] Ault, W. C., T. J. Micich, A. J. Stirton u. R. G. Bistline, jr. Fette, Seifen, Anstrichmittel **91**, 90 (1965).
[364] Weil, J. K., A. J. Stirton u. E. W. Smith, Soap chem. Specialties **40**, 293 (1964).
[365] Beduneau, H., Rev. Produits chim. **63**, 3–7 (1962).
[366] Knaggs, E. A., u. M. Nussbaum, Soap chem. Specialties **38**, (5) 237–41; (6) 165, 167, 169, 179; (7) 145, 149 (1962).
[367] Allied Chemical Corp., U. S. P. 2928836 v. 29. 10. 1958, ausg. 15. 3. 1960.
[368] Esso Research and Engineering Co., F. P. 1255174 v. 31. 3. 1960.
[369] Ruschenburg, E., A. Meusel u. R. Herrmann, Rheinpreussen A. G. f. Bergbau u. Chemie, D. A, S. 1166185 v. 18. 8. 1960, ausg. 26. 3. 1964, D. A. S. 1166186 v. 7. 8. 1961, ausg. 26. 3. 1964.
[370] Rohlefs, G., u. B. Herold, Schering A. G., D. A. S. 1142166 v. 30. 5. 1959, ausg. 12. 11. 1963.
[371] Kubias, J., Abh. dtsch. Akad. Wiss., Berlin, Kl. Chem., Geol., Biol. **1963**, (2) 311–16.
[372] Liddicoet, T. H., u. S. A. Olund, J. Amer. Oil Chemists' Soc. **40**, 5–10 (1963).
[373] Fricke, W., Tenside **4**, 317 (1967).
[374] Brooks, R. J., u. B. Brooks, Chemithon Corp., E. P. 876519 v. 29. 8. 1958, ausg. 6. 9. 1961.
[375] Fa. G. Mazzoni, Firmenschrift 1972.
[376] Luntz, H. E., u. D. O. Popovac, Continental. Oil Co., D. A. S. 1129474 v. 27. 4. 1955, ausg. 17. 5. 1962.
[377] Hiroshi, S., u. K. Majima, J. Amer. Oil Chemists' Soc. **40**, 179–83 (1963).
[378] Ujhidy, A., B. Babos u. L. Faraday, Chem. Techn. **18**, 652 (1966).
[379] Herold, B., D. A. S. 1150673 v. 4. 7. 1958, ausg. 27. 6. 1963.

[380] Davidsohn, A., Manufact. Chemist **32**, 500—02 (1961).
[381] U. S. P. 2827484 v. 17. 2. 1956, ausg. 18. 3. 1958.
[382] Feighner, G. C., Continental Oil Co., U. S. P. 2806055 v. 14. 3. 1955, ausg. 10. 9. 1957; D. A. S. 1081007 v. 28. 5. 1957, ausg. 5. 5. 1960.
[383] Sullivan, V. A. jr., u. Z. J. Ptanski, Stepan Chemical Co., U. S. P. 2952639, v. 30. 6. 1954, ausg. 13. 9. 1960.
[384] Conwell, J. W., W. C. Ziegenhain u. D. O. Popovac, Continental Oil Co., U. S. P. 2808372 v. 14. 3. 1955, ausg. 1. 10. 1957; 2824831 v. 10. 10. 1956, ausg. 25. 2. 1958.
[385] Richter, G., u. J. Ratzsch, Dp/DDR 22733 v. 26. 2. 1960, ausg. 15. 2. 1962.
[386] Anderson, R. L., u. H. McDonald, Continental Oil Co. U. S. P. 2924618, v. 5. 3. 1958, ausg. 9. 2. 1960.
[387] Kirk, J. C., u. W. W. Woods, Continental Oil Co., U. S. P. 2836619 v. 15. 11. 1954, ausg. 27. 5. 1958.
[388] Bloch, H. S., u. H. E. Mammen, Universal Oil Products Co., U. S. P. 2807642 v. 31. 12. 1954, ausg. 24. 9. 1957.
[389] Sias, R. C., u. W. W. Woods, Continental Oil Co., E. P. 864289 v. 13. 7. 1959, ausg, 29. 3. 1961.
[390] Lindner, K., D. A. S. 1070623 v. 25. 11. 1954, ausg. 10. 12. 1959.
[391] Asinger, F., W. Berger, E. Fanghänel u. K. R. Müller, J. prakt. Chem. **22**, (4) 290—303 (1963).
[392] Asinger, F., W. Berger, E. Fanghänel, K. R. Müller u. G. Richter, J. prakt. Chem. **23**, (4) 89—97 (1964).
[393] Newolin, F. W., u. G. A. Kral-Ossikina, Öl- u. Fett-Ind. **25**, 32—36 (1959).
[394] Kreps, R. F. W., J. J. Tjepkema u. P. L. Kooijman, Shell Development Co., U. S. P. 2796429 v. 17. 5. 1954, ausg. 18. 6. 1957.
[395] Hydrior A. G., Schwe.-P. 342213 v. 28. 4. 1956, ausg. 31. 12. 1959.
[396] Lindner, K., D. B. P. 973482 v. 16. 11. 1951, ausg. 3. 3. 1960.
[397] Terry, B. W., Continental Oil Co., U. S. P. 3005777 v. 2. 11. 1959, ausg. 24. 10. 1961.
[398] Steinhauer, A. F., Dow Chemical Co., U. S. P. 2854477 v. 20. 11. 1956, ausg. 30. 9. 1958.
[399] Streck, R., Erdöl-Kohle, Erdgas, Petrochemie **21**, 392 (1968).
[400] Jaeger, M., U. S. P. 2028091 (1933).
[401] Bloch, H. S., Unuversal Oil Products Co., U. S. P. 2844624 v. 21. 5. 1956, ausg. 22. 7. 1958.
[402] Spengler, G., u. J. Gänseheimer, D. A. S. 1056329 v. 27. 12. 1954, ausg. 12. 2. 1959.
[403] American Cyanamid Co., U. S. P. 2879214, v. 27. 10. 1955, ausg. 24. 3. 1959; 2887504 v. 19. 9. 1956, ausg. 19. 5. 1959.
[404] Anderson, R. J., General Aniline & Film Corp., U. S. P. 3033896 v. 9. 3. 1960. ausg. 8. 5. 1962.
[405] Hoffmann, H., Fette, Seifen Anstrichmittel **65**, 748—52 (1963).
[406] Valeé, J., F. P. 1089797; Parfumerie, Cosmet., Savons **4**, 205—07 (1961).
[407] Stepanow, F. N., u. O. K. Smirnowa, UdSSR-P. 94321 v. 2. 7. 1951.
[408] Hoffmann, H., Fette, Seifen, Anstrichmittel **60**, 367 (1958).
[409] Obloshenko, R. W., Ss. M. Lewi u. B. K. Smirnow, UdSSR-P. 130040 v. 28. 11. 1959, Zusatz zu UdSSR-P. 94321.
[410] Hahn, W. E., Soc. Sci. Lidziensis, Acta Chim. **3**, 9—20 (1958).

[411] Anderson, R. G., F. A. Stuart u. A. Y. Drummond, California Research Corp., U. S. P. 3018291 v. 24. 8. 1959, ausg. 23. 1. 1962.
[412] Tucker, M. B., U. S. P. 2289391, 2342562, 2342563.
[413] Mukherjea, R. N., u. A. Gupta, Fette, Seifen, Anstrichmittel **71**, (10) 849 (1969).
[414] Clark, Ch. C., U. S. P. 2006309.
[415] Kluge, A., u. E. Koczorowski, Fette, Seifen, Anstrichmittel **63**, (9) 835 (1961).
[416] Mukherjea, R. N., u. A. Gupta, Fette, Seifen, Anstrichmittel **71**, (1) 53 (1965).
[417] Mukherjea, R. N., u. A. Gupta, Fette, Seifen, Anstrichmittel **72**, (9) 800 (1970).
[418] Schwalenberg, A., VEB Farbenfabrik Wolfen, D. A. S. 1088947 (1960).
[419] Chmell, G., Abh. dtsch, Akad. Wiss., Berlin, Kl. Chem., Geol. Biol. **1963**, (2) 81–91.
[420] Laqua, H., VEB Farbenfabrik Wolfen, D. A. S. 1087593 (1958).
[421] Kölbel, H., P. Klamann, P. Kurzendörfer, Liebigs Ann. Chem. **632**, 16–21 (1960).
[421a] Püschel, F., u. O. Todorov, Tenside **5**, 198 (1968); **6**, 121 (1969); **7**, 249 (1970).
[422] U. S. P. 2989547, D. A. S. 1249434 (1967).
[423] T. Hedley & Co. Ltd., E. P. 870456 v. 6. 12. 1957, ausg. 14. 6. 1961; E. P. 833146 (1960).
[424] Kuwamura, T., J. chem. Soc. Japan, Ind. Chem. Sect. **66**, 215–21 (1963).
[425] Smirnow, O. K., u. R. B. Zurini, J. vses. chim. občš. im D. J. Mendeleeva (Moskwa) **11**, 392 (1966).
[426] Bray, U. B., E. P. 822816 v. 5. 4. 1956, ausg. 4. 11. 1959.
[427] Maas, W. F., E. Buchspiess-Paulentz u. F. Stinsky, Seifen, Fette, Öle, Wachse **85**, 183, 234, 264, 297, 325, 349 (1959).
[428] Gilbert, E. E., u. B. Veldhuis, Allies Chemical & Dyestuff Corp., F. P. 1149842 v. 23. 5. 1956, ausg. 2. 1. 1958.
[429] Awaliani, UdSSR-P. 119513 v. 18. 7. 1955.
[430] Aschimov, M. A., M. M. Rafijew, F. M. Ragimow u. Ss. Je. Kansawell, Erdöl Wirtsch. Aserbaidschan **39**, 38–40 (1960).
[431] Aschimow, M. A., u. M. N. Achmedow, Ber. Akad. Wiss. Aserbaidschan. SSR **15**, 673–80 (1959).
[432] Aschimov, M. A., u. M. N. Achmedow, Ber. Akad. Wiss. Aserbaidschan.-SSR **15**, 493–96 (1959).
[433] Hutto, J. F., u. W. N. Axe, Phillips Petrol. Co. U. S. P. 2757194 v. 2. 1. 1952, ausg. 31. 7. 1956.
[434] Bray, U. B., U. S. P. 2781315, 2781316, 2781317 v. 12. 7. 1954, ausg. 12. 2.1957.
[435] Aschimow, M. A., u. M. N. Achmedow, Ber. Akad. Wiss. Aserbaidschan.-SSR **15**, 803–07 (1959).
[436] Honeycutt, J. Essso Res. & Engineering Co., U. S. P. 2880173 v. 10. 4. 1957, ausg. 31. 3. 1959.
[437] Brown, L. V., Siclair Refining Co., U. S. P. 2845455 v. 5. 10. 1956, ausg. 29. 7. 1958.
[438] Titus, E. Y., u. C. Wankat, Universal Oil Products Co., U. S. P. 2720537 v. 5. 9. 1952, ausg. 11. 10. 1955.
[439] Blumer, M., Sonneborn Chemical & Refining Corp., U. S. P. 2961403 v. 6. 9. 1956, ausg. 22. 11. 1960.
[440] Sohn, A. W., u. H. Erasmus, Zellstoffabrik Waldhof, D. A. S. 1226965 v. 24. 9. 1963, ausg. 10. 10. 1966.

[441] Henkel & Cie, G. m. b. H., D. R. P. 671827.
[442] DOERR, E. L., u. V. R. GAERTNER, Monsanto Chemical Co., U. S. P. 2892861 v. 23. 7. 1956, ausg. 30. 6. 1959; 2909554 v. 23. 7. 1956, ausg. 20. 10. 1956.
[443] DOERR, E. L., u. V. R. GAERTNER, Monsanto Chemical Co., U. S. P. 2921952 v. 23. 7. 1956, ausg. 19. 1. 1960.
[444] GAERTNER, V. R., Mosanto Chemical Co., U. S. P. 2904583 v. 21. 12. 1956, ausg. 15. 9. 1959.
[445] U. S. P. 2108886, 2108887.
[446] FINDLEY, T. W., Swift & Co., U. S. P. 2965657 v. 4. 6. 1956, ausg. 20. 12. 1960.
[447] Procter & Gamble Co., U. S. P. 3138629 v. 19. 1. 1961, ausg. 23. 6. 1964.
[448] LEVESQUES, P. E., u. NS. MOUNT, Soap chem. Specialties **39**, (7) 135, 137, 139 (1963).
[449] U. S. P. 3151137.
[450] MACMULLEM, C. W., u. J. ROCKETT, U. S. P. 3032578 v. 6. 1. 1958, ausg. 1. 5. 1962.
[451] MATT, J. Z., u. W. A. SCHROEDER, Armour & Co., U. S. P. 3007952 v. 10. 9. 1956, ausg. 7. 11. 1961.
[452] BLASER, B., H. G. GERMSCHEID, u. K. H. WORMS, Henkel & Cie. G. m. b. H. D. A. S. 1148235 v. 3. 7. 1961, ausg. 9. 6. 1963.
[453] BLASER, B., H. G. GERMSCHEID u. K. H. WORMS, Henkel & Cie, G. m. b. H., D. A. S. 1148552 v. 3. 7. 1961, ausg. 16. 5. 1963.
[454] GERMSCHEID, H. G., u. H. J. SCHIEFER, D. A. S. 1148551 v. 3. 7. 1961, ausg. 16. 5. 1963.
[455] HORIUCHI, K., K. OKAMOTO u. H. SAKURAI, J. chem. Soc. Japan, Ind. Chem. Sect. **70**, 1261 (1967).
[456] Henkel & Cie G. m. b. H., D. A. S. 1252838 v. 1. 4. 1965, ausg. 26. 10. 1967.
[457] BOLLE, J. Ch. E., F. P. 1193799 v. 21. 3. 1958, ausg. 4. 11. 1959.
[458] OKAMOTO, K., u. H. SAKURAI, J. chem. Soc. Japan, Ind. Chem. Sect. **70**, 52 (1967); U. S. P. 3383323, 3390095, 3351558.
[459] Farbwerke Hoechst, A. G., F. P. 1206319 v. 17. 7. 1958, ausg. 9. 2. 1960.
[460] PRAETORIUS, H., u. A. HILLER, D. A. S. 1122938 v. 8. 4. 1957. ausg. 1. 2. 1962.
[461] GRITZKY, R., Fette, Seifen, Anstrichmittel **71**, (11) 971 (1969).
[462] BRICE, T. J., u. W. A. SEVERSON, Minnesota Mining- & Manufact. Co. D. A. S. 1072612 v. 26. 3. 1957, ausg. 7. 1. 1960.
[463] Minnesota Mining- & Manufact. Co., E. P. 818756 v. 7. 8. 1956, ausg. 19. 8. 1959.
[464] MOORE, E. P., jr., A. S. MILIAN, jr. u. H. S. ELEUTERIO, E. I. du Pont de Nemours & Co., F. P. 1275799 v. 8. 12. 1960, ausg. 7. 3. 1962; Japan. A. S. 20599/1961 v. 8. 12. 1960, ausg. 27. 10. 1961; D.A. S. 1148750 v. 8. 12. 1960, ausg. 16. 5. 1963.
[465] D. A. S. 1234702; 1242626.
[466] E. P. 1002324.
[467] U. S. P. 3255228, 3238236, 3271441, 3194480.
[468] GUENTHER, R. A., u. M. L. VIETOR, Ind. Engng. Chem. Product Res. Development **1**, 165—69 (1962).
[469] SCHERER, O., E. STAHLER u. K. REICHNER, D. A. S. 1104968 v. 15. 1. 1958, ausg. 20. 4. 1961.
[470] Pennsalt Chem. Corp. D. A. S. 1242626 v. 29. 4. 1964, ausg. 22. 6. 1967.
[471] KUHRKE, R., Seifen, Öle, Fette, Wachse **87**, (4) 79 (1961).
[472] LANGE, H., Fette, Seifen, Anstrichmittel **70**, (10) 748 (1968).

[473] WURZSCHMITT, B., „*Systematik und qualitative Untersuchungen von oberflächenaktiven Substanzen*", J. F. Bergmann, München 1950.

[474] SCHMIEDER, F., u. J. SCHEWN, D. P. 735418.

[475] ROLLE, F., A. WALTER, F. WETTER u. H. J. MERTENS, Chem. Werke Hüls D. A. S. 1061764.

[476] LÖWE, A. J., u. D. BUTLER, Oxirane Ltd., D. A. S. 1170097.

[477] WILSON, R. A., D. P. 855111.

[478] DREHER, E., u. R. SCHWEN, B. A. S. F., D. A. S. 1180370.

[479] UMBACH, W., u. W. STEIN, Fette, Seifen Anstrichmittel **71**, (11) 938 (1969).

[480] POPESCU, F. S., Rev. Chim. (Bucuresti) **19**, 503 (1968).

[481] BAKER, S. B., u. W. R. THOMPSON, Esso Research & Engineering Co., U. S. P. 3359331 v. 1. 9. 1967.

[482] CAIRNES, J. J., u. W. H. SCHULLER, American Cyanamid Co., Canad.-P. 551507 v. 21. 5. 1953, ausg. 14. 1. 1958.

[483] UMBACH, W., u. W. STEIN, Fette, Seifen, Anstrichmittel **71**, (1) 48 (1969).

[484] LUNDSTEDT, L. G., Wyandotte Chemicals Corp. U. S. P. 3022335 v. 23. 12. 1957, ausg. 20. 2. 1962; Schwz. P. 361135 v. 29.3. 1956, ausg. 15. 5. 1962, Zusatz z. Schwz. P. 320759.

[485] PATTON, J. T. jr., Wyandotte Chemicals Corp., F. P. 1165579 v. 30. 11. 1956, ausg. 27. 10. 1958.

[486] Wyandotte Chemicals Corp., E. P. 855010 v. 2. 12. 1955, ausg. 23. 11. 1960.

[487] JACKSON, D. R., u. L. G. LUNDSTEDT, Wyandotte Chemicals Corp., U. S. P. 3036118 v. 11. 9. 1957, ausg. 22. 5. 1962.

[488] CRECELIUS, S. B., Economics Laboratory Inc., U. S. P. 3031510 v. 1. 10. 1957, ausg. 24. 4. 1962.

[489] Böhme Fettchemie G. m. b. H., E. P. 950844 v. 29. 7. 1960, ausg. 26. 2. 1964.

[490] DENK, W., u. W. FRANK, Fette, Seifen Anstrichmittel **65**, (1) 46—50 (1963).

[491] NEWOLIN, F. W., T. G. TIPISSEWA, W. A. POLJAKOWA u. A. M. SSEMENOWA, Öl- u. Fett-Ind. **28**, (10) 22—26 (1962).

[492] NEWOLIN, F. W., T. G. TIPISSEWA, W. A. POLJAKOWA u. A. M. SSEMENOWA, Abh. dtsch. Akad. Wiss. Berlin, Kl. Chem., Geol., Biol. **1963**, (2) 26—36.

[493] POPESCU, F., u. T. BASARABESCU, Rev. Chim. (Bucuresti) **14**, 400—02 (1963).

[494] DUPRÉ, J., u. R. E. WOLFRAM, Röhm & Haas Co., U. S. P. 3021372 v. 16. 7. 1959, ausg. 13. 2. 1962.

[495] BROWN, G. L., u. E. W. LANE, Röhm & Haas Co., F. P. 1188070 v. 29. 11. 1957, ausg. 18. 9. 1959.

[496] Farbenfabrik Bayer A. G., E. P. 854952 v. 28. 10. 1957, ausg. 23. 11. 1960.

[497] VOICU, O., u. F. POPESCU, Rev. Chim. (Bucuresti) **11**, 569—75 (1960).

[498] REIN, B. B., Amer. Dyestuff Reporter **56**, 909 (1967).

[499] BIXLER, D. A., Olin Mathieson Chemical Corp., Aust. P. 238408 v. 17. 6. 1960, ausg. 17. 5. 1962.

[500] DUPRÉ, J., u. R. E. WOLFRAM, Röhm & Haas Co., U. S. P. 3021372 v. 16. 7. 1959, ausg. 13. 2. 1962.

[501] WOLF, F., Tenside **5**, (9—10) 270 (1968).

[502] KANATSUKA, B., Y. URATA u. R. YAMADA, Japan Oil Chemists' Soc. **16**, 662 (1967).

[503] KIRKPATRICK, W. H., Visco-Products Co., U. S. P. 2950272 v. 25. 3. 1957, ausg. 23. 8. 1960.

[504] KARABINOS, J. V., u. A. T. BALLUN, J. Amer. Oil Chemists' Soc. **31**, 136 (1954).

[505] Harris, L. F., Honeywell-Atlas Ltd., Canad. P. 691852 v. 23. 1. 1961, ausg. 4. 8. 1964; E. P. 908010 v. 11. 2. 1960, ausg. 10. 10. 62.
[506] Grossmann, H., DGF Vortragstagung 1970.
[507] Jungermann, E., u. D. Taber, Nonionic Surfactants **1967**, 208–46.
[508] Sanders, H. L., J. B., Braunwarth, R. B. McConnell u. R. A. Swenson, J. Amer. Oil Chemists' Soc. **46**, 167 (1969).
[509] Schmolka, I. R., u. R. K. Seizinger, J. Amer. Oil Chemists' Soc. **45**, 715 (1968).
[510] Lundstedt, L. G., u. W. K. Langdon, Wyandotte Chemicals Corp., D. A. S. 1081226 (1960).
[511] Reck, R. A., Nonionic Surfactants **1967**, 187–207.
[512] Carpenter, G. B., M. W. Leeds u. R. J. Tedeschi, Air Reduction Co., D. A. S. 1127347 v. 12. 6. 1958, ausg. 12. 4. 1962.
[513] Leeds, M. W., R. J. Tedeschi, S. J. Dumovich u. A. W. Casey, Ind. Engng, Chem. Prod. Res. & Development **4**, 236–42 (1965).
[514] Russell, J. P., u. M. W. Leeds, U. S. P. 2997447 v. 18. 5. 1955, ausg. 22. 8. 1961.
[515] Manneck, H. Seifen, Öle, Fette, Wachse **88**, (6) 133 (1962).
[516] Anonym, Sugar **55**, (1) 31 (1955).
[517] Osipow, L. J., Desnell, R. M. u. K. F. Finchler, J. Amer. Oil Chemists' Soc. **34**, (4) 185 (1957).
[518] Sherwood, P. W., Int. Sugar. J. **60**, 324 (1958).
[519] Mayhew, R. L., u. F. K. Rupin, Soap chem. Specialties **38**, (4) 55–58, 93–95; (5) 80–81, 167–68 (1962).
[520] Novak, J., J. Prachar, J. Hauner u. M. Ranny, Tschech. P. 116089 v. 25. 7. 1964, ausg. 15. 9. 1965.
[521] Novak, J., M. Ranny u. J. Hauner, Tschech. P. 116090 v. 25. 7. 1964, ausg. 15. 9. 1965.
[522] Hauner, J. Tschech. P. 116144 v. 25. 7. 1964, ausg. 15. 9. 1965.
[523] Knafo, G., R. Fuhrmann, T. E. Nesseby u. V. K. Babayan, E. F. Drew & Co., Inc., D. A. S. 1098501 v. 29. 12. 1961, ausg. 2. 2. 1961; E. P. 858440, v. 7. 11. 1958, ausg. 11. 1. 1961.
[524] Ulsperger, E., Tenside **1**, 1–6 (1966).
[525] Ledoga, S. p. A., E. P. 952334 v. 20. 5. 1960, ausg. 18. 3. 1964.
[526] Prey, V., F. Grundschober, D. A. S. 1193027 v. 20. 6. 1961, ausg. 23. 6. 1964.
[527] Crampton, C. A., F. Schild, u. R. J. Wicker, Howards of Ilford Ltd. E. P. 890206 v. 8. 8. 1957, ausg. 28. 2. 1962.
[528] Ulsperger, E., M. Bock u. A. Gradel, Fette, Seifen, Anstrichmittel **60**, (9) 819 (1958).
[529] Ulsperger, E., u. D. Jakobi, Fette, Seifen, Anstrichmittel **66**, 43–46 (1964).
[530] Osipow, L. I., W. C. York, R. M. York, W. R. Grace & Co., U. S. P. 2903446, 2906445 v. 5. 6. 1957, ausg. 8. 9. 1959.
[531] Matthaeus, G., u. M. Quaedvlieg, D. A. S. 1081873 v. 11. 7. 1959, ausg. 19. 5. 1960.
[532] Quaedvlieg, M., u. G. Matthaeus, D. A. S. 1080090 v. 27. 11. 1958, ausg. 21. 4. 1960.
[533] Gerhardt, W., Tenside **5**, 10 (1968).
[534] Ulsperger, E., D. A. S. 1155771 v. 25. 7. 1961, ausg. 17. 10. 1963.
[535] Ulsperger, E., D. A. S. 1124938 v. 5. 2. 1959, ausg. 8. 3. 1962; DP/DDR 24239 v. 4. 2. 1959, ausg. 9. 11. 1962.

[536] STEYERMARK, P. R., T. R. STEADMAN u. R. G. GERMANN, Ind. Engng. Chem., int. Edit. 53, 212–14 (1961).
[537] SCHNEIDER, F., u. H. U. GEYER, Tenside 4, 830 (1967).
[538] POLLITZER, E. L., Universal Oil Products Co., U. S. P. 2974134 v. 2. 12. 1957, ausg. 7. 3. 1961.
[539] GAERTNER, V. R. Monsanto Chemical Co. U. S. P. 3048577 v. 5. 12. 1958, ausg. 7. 8. 1962.
[540] GAERTNER, V. R., J. Amer. Oil Chemists' Soc. 38, 410–18 (1961).
[541] KOMORI, S., M. OKAHARA u. K. OKAMOTO, J. Amer. Oil Chemists' Soc. 37, 468 (1960).
[542] CRECELIUS, S. B., Economics Laboratory Inc., U. S. P. 3018281 v. 27. 4. 1959, ausg. 23. 1. 1962.
[543] Farbenfabrik Bayer A. G., D. A. S. 1189968 v. 21. 10. 1959, ausg. 1. 4. 1965.
[544] Ledoga, S. p. A., Belg. P. 671942 v. 5. 11. 1965, ausg. 30. 11. 1965.
[545] KRITCHEVSKY, U. S. P. 2089212.
[546] RANNY, M., J. PRACHAR u. J. NOVAK, Průmysl Potravin 14, 94–96 (1963).
[547] WALKER, G. T., Seifen, Öle, Fette, Wachse 91, (5) 131 (1965).
[548] MANNECK, H., Seifen, Öle, Fette, Wachse 85, 77 (1959).
[549] Inventa, A. G., D. A. S. 1160449 v. 16. 6. 1961, ausg. 2. 1. 1964.
[550] WARLAMOW, W. Ss., A. N. MIRONOWA u. G. I. OJATEWA, Öl- u. Fett-Ind. 27, (4) 30–33 (1961).
[551] SCHURMANN, J. V., Colgate Palmolive Peet Co., U. S. P. 2863888 v. 28. 9. 1954, ausg. 9. 12. 1958.
[552] LOHR, J. W., Andrew Jergens Co., U. S. P. 3040073 v. 20. 6. 1957, ausg. 19. 6. 1962.
[553] ERNST, R., Textilana Corp., U. S. P. 3024260 v. 15. 10. 1959, ausg. 6. 3. 1962.
[554] KROLL, H., u. H. NADEAU, J. Amer. Oil Chemists' Soc. 34, 323 (1957).
[555] ORETSCHKIN, D. B., N. W. POPOWA u. O. F. SCHEPOTKO, Öl-Fett-Ind. 28, (10) 27–28 (1962).
[556] FÜHRER, H., Seifen, Öle, Fette, Wachse 87, 13–14 (1961).
[557] LENNON, W. J., u. I. M. ROSENBAUM, Amer. Perfumer. Aromatics 72, (4) 76 bis 80 (1958).
[558] HOFFMANN, H., Seifen, Öle, Fette, Wachse 87, 397–402, 423–25 (1961).
[559] SASS, C., Seifen, Öle, Fette, Wachse 89, 853–56 (1963).
[560] SCHNEIDER, R., Seifen, Öle, Fette, Wachse 87, 493, 845 (1961).
[561] FRANZKE, C., u. F. KRETZSCHMANN, Fette, Seifen, Anstrichmittel 65, (4) 275 (1963).
[562] LOWER, E. S., Soap, Perfum., Cosmet. 33, 1201–05, 1313–16 (1960).
[563] KAUFMANN, H. P., u. J. BALTES, D. A. S. 1148224 v. 6. 10. 1951, ausg. 9. 5. 1963.
[564] POHLEMANN, H., u. H. BURKHARDT, Badische Anilin & Sodafabrik A. G., D. A. S. 1149363 v. 3. 5. 1961, ausg. 30. 5. 1963.
[565] NAUMENKO, P. W., u. B. A. CHASSKIN, Öl- u. Fett-Ind. 25, (1) 33–35 (1959).
[566] CHARRET, E. J. F., F. P. 1207139 v. 19. 12. 1956, ausg. 3. 2. 1959.
[567] BEMMANN, R., u. H. SCHADE, VEB Leuna Werke „Walter Ulbricht", Schwz. P. 347528 v. 14. 5. 1956, ausg. 31. 8. 1960.
[568] CIBA, Soc. Ann., F. P. 1207728 v. 8. 7. 1958, ausg. 18. 2. 1960.
[569] HARTMANN, KÄGI. Z. angew. Chem. 41, 127–30 (1928).
[570] CIBA, Soc. Ann., Belg. P. 563863 v. 10. 1. 1958, ausg. 17. 6. 1960.

[571] NIEDERHAUSER, W. D., Röhm & Haas, U. S. P. 2765325 v. 26. 5. 1953, ausg. 2. 10. 1956.
[572] CHWALA, A., Tenside **4**, (3) 69—74, (12) 390—94 (1967).
[573] CHWALA, A., „*Textilhilfsmittel*", Julius Springer-Verlag, Wien 1939.
[574] ROSSNER, F., Desinfektions- u. Gesundheitswesen **46**, 72 (1954).
[575] TESSMAR, K., Röhm & Haas, D. A. S. 1070591 v. 23. 12. 1955, ausg. 10. 12. 1959.
[576] D. A. S. 1264663.
[577] ZDRALEK, B., Seifen, Öle, Fette, Wachse **84**, 663—64, 697—98 (1958).
[578] LAMBERT, K., Kosmetik, Parfüm, Drogen-Rundschau **1963**, 9—10, 147—48.
[579] DOBOZY, O. K., Tenside **6**, 143 (1969).
[580] DARRAGH, J. L., u. R. D. STAYNER, Ind. Engng. Chem. **46**, 254 (1954).
[581] Henkel & Cie, G. m. b. H., E. P. 889652 v. 27. 2. 1958, ausg. 21. 2. 1962.
[582] LINDNER, K., Seifen, Öle, Fette, Wachse **91**, (3) 67 (1965).
[583] SCHWITZER, M. K., Seifen, Öle, Fette, Wachse **91**, (3) 68 (1965).
[584] HOFFMANN, H., Seifen, Öle, Fette, Wachse **95**, (18) 621 (1969).
[585] PROSERPIO, G., Riv. ital. Essenze Profumi **42**, 301—05 (1959).
[586] SCHMITZ, A., Fette, Seifen, Anstrichmittel **55**, 10—16 (1953).
[587] WALKER, R. A., Fa. Johnson & Johnson, U. S. P. 2870160 v. 11. 12. 1957, ausg. 22. 11. 1960.
[588] KEOUGH, A., Fa. Johnson & Johnson, U. S. P. 2961451 v. 11. 12. 1957, ausg. 22. 11. 1960.
[589] Henkel & Cie, G. m. b. H., D. A. S. 1240872 v. 10. 5. 1963, ausg. 24. 5. 1967.
[590] SELLE, H. D., u. A. RUHNAU, VEB Chemische Fabrik Grünau, D. A. S. 1059912 v. 14. 6. 1956, ausg. 25. 6. 1959.
[591] ANDERSEN, D. L., General Mills Inc., U. S. P. 2816920 v. 11. 8. 1955, ausg. 17. 12. 1957.
[592] BLOCH, M., A. KOEBNER u. W. MELLOH, Fette, Seifen, Anstrichmittel **73**, (3) 175 (1971).
[593] MANNHEIMER, H. S., Amer. Perfumer, Aromatics **72**, (4) 69—72 (1958).
[594] MANNHEIMER, H. S., Soap chem. Specialties **34**, (9) 56—58, 206 (1958).
[595] MANNHEIMER, H. S., U. S. P. 2773068, 2528378, 3354275.
[596] LINFIELD, W. M., P. G. ABEND u. G. A. DAVIS, J. Amer. Oil Chemists' Sóc. **40**, 114—17 (1963).
[597] ROSE, I. M., J. Z. GINOS u. W. R. CHRISTIAN, Nopco Chemical Corp., U. S. P. 3254474 v. 22. 6. 1962, ausg. 28. 6. 1966.
[598] LANDMANN, P., Seifen, Öle, Fette, Wachse **81**, 25 (1955).
[599] SALIOPO, M. N., Öl- u. Fett-Ind. **26**, (10) 40—42 (1960).
[600] EISENBERG, D. J., u. T. MAUTHNER, U. S. P. 3020125 v. 10. 11. 1958, ausg. 6. 2. 1962.
[601] Cowles Chemical Co., F. P. 1225168 v. 10. 3. 1959, ausg. 29. 6. 1960.
[602] HEINERT, E., Fette u. Seifen **56**, 594 (1954).
[603] OLDENROTH, O., Fette, Seifen, Anstrichmittel **64**, 468—71 (1962).
[604] MERKENICH, K., Seifen, Öle, Fette, Wachse **91**, (10) 319 (1965).
[605] SEIFFARTH, J., u. D. ZOBEL, Chem. Techn. **20**, 490 (1968).
[606] SCHMIDT, H., Seifen, Öle, Fette, Wachse **92**, (6) 153 (1966).
[607] LINDNER, K., D. A. S. 1118167 v. 3. 7. 1957, ausg. 30. 11. 1961.
[608] BAUMANN, A. N., International Minerals & Chemical Corp., U. S. P. 3035898 v. 30. 12. 1957, ausg. 22. 5. 1962.
[609] Produits Chim. du Limbourg, D. A. S. 1227875 f. 24. 6. 1964, ausg. 3. 11. 1966.

[610] Heinerth, E., Fette u. Seifen **55**, 165 (1953).
[611] Schuster, K., Seifen, Öle, Fette, Wachse **81**, 28, 53 (1955).
[612] Liss, R. L., u. M. E. Tuvell, Soap chem. Specialties **38**, (3) 47–50, 103–05 (1962).
[613] Uhl, O., Fette, Seifen, Anstrichmittel **55**, 109 (1953).
[614] Getty, R., u. W. Stericker, Soap chem. Specialties **37**, (6) 45–47, 114, 116 bis 18 (1961).
[615] Demtschenko, P. A., u. A. W. Dumanski, Ber. Akad. Wiss. UdSSR, **139**, 919 bis 21 (1961).
[616] Dreyer, H., Fette, Seifen, Anstrichmittel **66**, 97–100 (1964).
[617] Anonym, Seifen, Öle, Fette, Wachse **87**, 897 (1961).
[618] Hader, R. N., W. F. Waldeck u. F. W. Smith, Chim. et Ind. **70**, 406 (1953).
[618a] Stawitz, J., Seifen, Öle, Fette, Wachse **81**, 663, 694 (1955).
[619] Pilpel, N. Res. appl. in Ind. **14**, 319–25 (1961).
[620] Stawitz, J., u. P. Höpfner, Seifen, Öle, Fette, Wachse **86**, 51–52 (1960).
[621] Nieuwenhuis, K. J., J. Polymer. Sci. **12**, 237 (1954).
[622] Stüpel, H., u. E. Rohrer, Fette u. Seifen **56**, 588 (1954).
[623] Fong, W., W. H. Ward u. H. P. Lundgren, U. S. P. 3000830 v. 5. 12. 1952, ausg. 19. 9. 1961.
[624] Heinerth, E., Fette, Seifen, Anstrichmittel **70**, (7) 495 (1968).
[625] Stache, H., Fette, Seifen, Anstrichmittel **71**, (5) 381 (1969).
[626] Dambacher, F., u. K. Hörig, D. A. S. 1123106 v. 10. 8. 1959, ausg. 1. 2. 1962.
[627] Birch, S. F., D. H. Desty u. C. L. A. Harbourn, British Petroleum Co. Ltd. E. PP. 748877, 748878, 748879, 748880 u. 748881 v. 31. 12. 1952, ausg. 15. 6. 1956 (Zusätze zu E. P. 697315).
[628] Anonym, Schimmels Briefs **240**, März 1955.
[629] Gonze, M., u. E. Leblon, Solvay & Cie., D. A. S. 1109152 v. 22. 4. 1959, ausg. 22. 6. 1961.
[630] Hyatt, H. G., Food Machinery & Chemical Corp., U. S. P. 2955086 v. 18. 6. 1959, ausg. 4. 10. 1960.
[631] Heymer, G., u. H. Harnisch, Seifen, Öle, Fette, Wachse **92**, (17) 559 (1966).
[632] Schmidt, J., u. W. Meinhold, Henkel & Cie, G. m. b. H., U. S. P. 2975142 v. 4. 5. 1956, ausg. 14. 3. 1961.
[633] Pomot, J. L. E., E. J. F. Luzaretta, u. R. Becanne, Office National Industriel del Azote, D. A. S. 1167473 v. 1. 12. 1961, ausg. 9. 4. 1964.
[634] Dambacher, F., u. K. Hörig, D. A. S. 1141289 v. 10. 8. 1959, ausg. 20. 12. 1962.
[635] Wixon, H. E., Colgate-Palmolive Peet Co., F. P. 1220566 v. 14. 4. 1959, ausg. 25. 5. 1960.
[636] Lindner, K., Fette, Seifen, Anstrichmittel **63**, 451–55 (1961).
[637] Symes, W. F., Monsanto Chemical Co., U. S. P. 2980622 v. 23. 4. 1956, ausg. 18. 4. 1961.
[638] Hegemann, J., A. Mitrowsky u. H. Roos, D. A. S. 1090168 v. 30. 7. 1957, ausg. 6. 10. 1960.
[639] Siegel, E., u. A. Schlachter, Farbenfabrik Bayer A. G., D. A. S. 1089357 v. 17. 12. 1958, ausg. 22. 9. 1960.
[640] Adams, D. A. W., u. A. K. Sarkar, Tschech. P. 99778 v. 7. 10. 1957, ausg. 15. 5. 1961.
[641] Craig, L. E., General Aniline & Film Corp., U. S. P. 2980549 v. 21. 6. 1956, ausg. 18. 4. 1961.

[642] DÜRIG, G., u. R. KAUFMANN, Fette, Seifen, Anstrichmittel **60**, (10) 325 (1967).
[643] FIGGE, K., Fette, Seifen, Anstrichmittel **70**, (9) 680 (1968).
[644] GOLDWASSER, S., Soap chem. Specialties **38**, (8) 47–50 100–101, (9) 62–65, 121 (1962).
[645] BRUNT, K. A., u. D. WILLIAMS, British Nylon Spinners Ltd., E. P. 839407 v. 31. 10. 1957, ausg. 29. 6. 1960; D. A. S. 1105548 v. 30. 10. 1958, ausg. 27. 4. 1961.
[646] Farbenfabrik Bayer, A. G., E. P. 902365 v. 15. 2. 1961, ausg. 1. 8. 1962.
[647] Monsanto Chemical Co., Schwz. P. 372271 v. 21. 6. 1961, ausg. 30. 11. 1963.
[648] Imperial Chemical Industries Ltd. E. P. 911485 v. 3. 2. 1960.
[649] Farbenfabrik Bayer A. G., E. P. 899989 v. 11. 11. 1960, ausg. 27. 6. 1962.
[650] Böhme Fettchemie G. m. b. H., E. P. 919185 v. 14. 1. 1960.
[651] KLING, W., Kolloid-Z. **115**, 37 (1949); Angew. Chem. **62**, 305 (1950).
[652] GOEBELL, K., u. W. KLING, Melliand Textilber. **42**, 1026–28 (1961).
[653] SCHWEN, H., Melliand Textilber. **1966**, (9) 1009–14.
[654] VAN VOORST VADER, Chem. Weekbl. **56**, 512–14 (1960).
[655] LANGE, H., u. W. J. SCHWARZ, Amer. Dyestuff Reporter **50**, 433–46 (1961).
[656] LANGE, H., Fette, Seifen, Anstrichmittel **65**, 231–35 (1963).
[657] TUZSON, J., u. B. A. SHORT, Textile Res. J. **30**, 383–89 (1960).
[658] HESS, K., Ber. dtsch. chem. Ges. **70**, 1800 (1937), Chem. Ber. **81**, 327 (1948); Kolloid-Z. **88**, 40 (1939).
[659] STEVENSON, D. G. J. Soc. Cosmet. Chemists' **12**, 353–70 (1961).
[660] TEUBER, W., Seifen, Öle, Fette, Wachse **81**, 637 (1955).
[661] OLDENROTH, O., Fette, Seifen, Anstrichmittel **61**, 1142–45, 1220–24 (1959), **62**, 13–18 (1960).
[662] Colgate-Palmolive-Peet Co. Belg. P. 631834 v. 2. 5. 1963, ausg. 18. 11. 1963.
[663] BESSPJATOW, M. P., u. M. W. WOJEWODINA, Öl- u. Fett-Ind. **27**, (1) 18–21 (1961).
[664] LINDNER, K., Fette, Seifen, Anstrichmittel **63**, 451–55 (1961).
[665] HAMPSON, G. Ch., u. W. RICKATSON, Unilever Ltd., E. P. 911204 v. 28. 7. 1960, ausg. 21. 11. 1962.
[666] HESLINGA, L., u. H. SCHWAIGER, Unilever N. V. Port. P. 38152 v. 7. 3. 1961.
[667] EMBDEN, J. C. M. v., u. J. BOLDINGH, Unilever N. V. Oe. P. 216462 v. 7. 3. 1959, ausg. 25. 7. 1961.
[668] RITCHIE, A., K. M. SANCIER u. W. W. LEE, Thomas Hedley & Co. Ltd. E. P. 871814 v. 3. 12. 1958, ausg. 5. 7. 1961.
[669] HOOGERHEIDE, J. H. Fette, Seifen, Anstrichmittel **70**, (10) 743 (1968).
[670] GREEN, S. R., Soap chem. Specialties **44**, (5) 86 (1968).
[670a] UHL, O., Fette u. Seifen **56**, 380 (1954).
[671] CZOK, R., G. KAISER u. G. TÄUBER, Internationaler Kongreß über grenzflächenaktive Stoffe, Barcelona 1968.
[672] CHWALA, A., Seifen, Öle, Fette, Wachse **95**, (15) 539 (1969).
[673] DUESING, K. P. Fette, Seifen, Anstrichmittel **69**, (10) 325 (1968).
[674] WILLS, E. P., Biochem. J. **57**, 109 (1954).
[675] MANNHEIM, P., Soap. Perfum. Cosmet. **41**, 750 (1967).
[676] LEIDHOLDT, F., D. P./DDR 14296 v. 7. 7. 1955, ausg. 6. 1. 1958.
[677] WILMSMANN, H., u. A. MARKS, Fette, Seifen, Anstrichmittel **61**, 965–73 (1959).
[678] VAECK, S. V., u. E. C. MAES, Fette, Seifen Anstrichmittel **71**, (9) 770 (1969).
[679] FRANK, W., Fette, Seifen, Anstrichmittel **62**, 1058–59 (1960).
[680] MANNECK, H., Seifen, Öle, Fette, Wachse **95**, (13) 467 (1969).
[681] Procter & Gamble Ltd., E. P. 943927 v. 20. 7. 1960, ausg. 11. 12. 1963.

[682] WEISS, W., D. A. S. 1154221 v. 26. 10. 1962, ausg. 12. 9. 1963.
[683] HEWITT, G. T., Colgate-Palmolive-Peet Co., U. S. P. 2972583 v. 17. 5. 1956, ausg. 21. 6. 1961.
[684] LAUNOIT, J. V. A. G. de, u. G. J. M. C. VERHEGEN, E. P. 928692 v. 21. 4. 1960, ausg. 12. 6. 1963.
[685] HILLER, A., Parfumerie, Cosmét., Savons 1, 112–15, 146–49 (1958).
[686] DUPERRAY, J. N., Chimiotechnic, F. P. 1161674 v. 22. 11. 1956, ausg. 3. 9. 1958.
[687] California Research Corp., E. P. 922478 v. 1963.
[688] BOHRER, J. G., Colgate-Palmolive-Peet Co. D. A. S. 1118384 v. 21. 10. 1960, ausg. 30. 11. 1961.
[689] SCHMITZ, A., Th. Goldschmidt A. G., D. A. S. 1097071 v. 27. 11. 1958, ausg. 12. 1. 1961.
[690] MAYHEW, R. L., u. L. W. BURNETTE, Soap chem. Specialties 38, (8) 55–57 (1962).
[691] DÖHR, M., u. G. RENNER, Henkel & Cie. D. A. S. 1089907.
[692] ANDERSON, R. J., E. P. 899100 v. 23. 9. 1959, ausg. 20. 6. 1962.
[693] Henkel & Cie., G. m. b. H., D. A. S. 1219610 v. 14. 7. 1960, ausg. 23. 6. 1966.
[694] WIXON, H. E., Colgate-Palmolive-Peet Co., U. S. P. 3052635 v. 14. 12. 1960, ausg. 4. 9. 1962.
[695] TIDRIDGE, W. A., F. M. C.-Corp., U. S. P. 3072578 v. 2. 6. 1958, ausg. 8. 1. 1963.
[696] MILWIDSKY, B. M., Soap chem. Specialties 39, (4) 53–56 (1963).
[697] N. V. de Bataafsche Petroleum Mij., Belg. P. 573012 v. 17. 11. 1958, ausg. 21. 9. 1962.
[698] BALINOW, V., Chimija i industrija (Sofia) 40, 369 (1968).
[699] AHEARN, G. P., J. Amer. Oil Chemists' Soc. 46, 540, 542, 544, 576, 578, 580 (1969).
[700] AMAJEW, A. A., u. W. M. SSALASHEW, Erdöl-Wirtsch. (UdSSR) 39, (4) 33–37 (1961).
[701] VOICU, O., F. POPESCU u. T. BASARABESCU, Petrol si Gaze 12, 161–63 (1961).
[702] PEREMYSSLOWA, Je, Ss., Erdöl-Wirt. 33, (9) 47–50 (1955).
[703] BARYSCHEW, W. M., K. W. KARAPETOW u. A. Ss. MELIBEKOW, Erdöl-Wirtsch. (UdSSR) 38, (4) 21–24 (1960).
[704] RUDAKOW, G. Chem. Techn. 15, 472–74 (1963).
[705] GERBERICH, E., Z. Erzbergbau-Metallhüttenwes. 13, 64–68 (1960).
[706] Technical Managers Inc., E. P. 892393 v. 22. 12. 1959, ausg. 28. 3. 1962.
[707] POWELL, H. E., W. A. CALHOUN u. T. E. HILL jun., U. S. Dep. Interior, Bur. Mines, Rep. Invest. 1962, Nr. 6092, 1–18.
[708] SSOKOLOWA, G. Je., u. Ss. I. MITROFANOW, Nichteisenmetalle 35, (1) 16–21 (1962).
[709] PLAKSSIN, I. N., u. G. N. CHASHINSKAJA, Ber. Akad. Wiss. UdSSR 134, 389–90 (1960).
[710] WROBEL, S. A., E. P. 864912 v. 17. 9. 1958, ausg. 12. 4. 1961.
[711] PUSCHKARENKO, Je. I., Koks u. Chim. 9, 12–15 (1959).
[712] SCHÄFFLER, H., Betonstein-Z. 27, 69–72 (1961).
[713] LABORIE, J., F. P. 1195506 v. 30. 4. 1958, ausg. 18. 11. 1959.
[714] American Zement Corp., E. P. 878840 v. 13. 12. 1959, ausg. 14. 10. 1961.
[715] RIETHMAYER, S. A., Fette, Seifen, Anstrichmittel 72, (4) 269 (1970).
[716] MANNECK, H. Seifen, Öle, Fette, Wachse 88, (22) 749 (1962).
[717] SNECK, T., u. N. ASCHAN, Nordisk Betong 7, 307–14 (1963).

[718] STRAUSS, W., Tenside 5, **144**—150 (1966).
[719] MICHAEL, G., u. W. STRAUSS, DEHYDAG Deutsche Hydrierwerke G. m. b. H. D. A. S. 1121899 v. 30. 7. 1960, ausg. 11. 1. 1962.
[720] DEHYDAG Deutsche Hydrierwerke G. m. b. H., E. P. 877146 v. 30. 3. 1960 ausg. 13. 9. 1961.
[721] KNOT, W. J., C. V. WILSON, B. H. CARROL, H. S. ELINS, J. L. GRAHAM, J. SAGAL jun. u. D. J. BEAVERS, Codak Pathé, F. P. 1205155 v. 29. 7. 1957, ausg. 1. 2. 1960.
[722] WILSON, C. V., W. J. KNOX, jr., Codak Pathé F. P. 1190539 v. 9. 8. 1957, ausg. 13. 10. 1959.
[723] HARRIMAN, B. R., U. S. P. 3018 v. 29. 10. 1956, ausg. 23. 1. 1962.
[723a] SCHWAN, J. A., u. C. M. SPATH, Codak Pathé, F. P. 1205205 v. 7. 3. 1958, ausg. 1. 2. 1960.
[724] MOORE, C. D., u. M. BELL, Paint Manufact. **32**, 52—62 (1962).
[725] LEWI, Ss. M., u. O. K. SMIRNOW, J. wiss. angew. Photograph., Kinematogr. (UdSSR) **6**, 34—38 1961.
[726] PACIFICO, u. JONESCU, J. Amer. Oil Chemists' Soc. **34**, 203 (1957).
[727] MARKLEY, „*Fatty Acids*", New York 1947.
[727a] ROVESTI, P., Soap, Perf., Cosmet. **1962**, 139.
[728] GRIESINGER, W. K., Soap chem. Specialties **39**, (4) 43—45 (1963).
[729] ANONYM, J. Amer. Water Works Assoc. **52**, 786—90 (1960).
[730] COHEN, J. M., J. Amer. Water Works Assoc. **55**, 587—91 (1963).
[731] KUCHINKA, R., Städtehygiene **12**, 115—16 (1961).
[732] POHL, B., Vodni Hospodařstvi **1960**, 253—54.
[733] NEWELL, I. L., F. O. A. ALMQUIST, J. New England Water Works Assoc. **74**, 61—77 (1960).
[734] SIGWORTH, E. A., J. Amer. Water Works Assoc. **53**, 1003—06 (1962).
[735] ECKENFELDER, W. W., u. E. BARNHART, Water Sewage Works **108**, 347—51 (1961).
[736] ABRAMS, I. M., u. S. M. LEWON, J. Amer. Water Works Assoc. **54**, 537—43 (1962).
[737] KRYGIELOWA, W., J. KUCHARSKI, u. J. WASOWICZOWA, Zeszyty Naukowe Politechniki Slaskiej Wydz. Chem. i Inž. Sanit. CHEMIA **174**, (34) 103 (1966).
[738] KLEIN, S. A., u. MCGAUHEY, J. Water Pollut. Control. Federat. **35**, 100—15 (1963).
[739] VAUGHN, J. C., J. Amer. Water Works Assoc. **53**, 994—1001 (1961).
[740] SAMPLES, W. R., J. Water Pollut. Control. Federat. **34**, 1070—76 (1962).
[741] CHAMBON, M., Eau **48**, 329—36 (1961).
[742] WINTER, W., Wasserwirtschaft-Wassertechnik **12**, 265—71 (1962).
[743] ZDYBIEWSKA, M., Zeszyty Naukowe Politechniki, Slaskiej., Wydz. Chem., Inž. Sanit. CHEMIA **174**, (34) 77 (1966).
[744] HUSMANN, W., J. Soc. Cosmet. Chemists' **13**, 416—25 (1962).
[745] BURNOP, V. C. E., u. H. J. BUNKER, Bull. Centre belge Étude Doc. EAUX **1960**/IV, 262—68.
[746] SCHÖNBORN, W., Gas- u. Wasserfach, Ausg. Wasser-Abwasser **103**, 1133—36 (1962).
[747] FUJIWARA, Y., T. TAKEZONO, S. KYDNO, S. SAKAYANAGI, K. YAMASOTO u. H. JIZUKA, J. Oil Chemists' Soc. [Yukagaku) **17**, 396 (1968).
[748] RUSCHENBERG, E., Fette, Seifen, Anstrichmittel **65**, (10) 810 (1963).
[749] ÖBA, K., A. MORI, u. S. TOMIYAMA, J. Japan Oil Chemists' Soc. (Yukagaku) **17**, 317 (1968).

[750] Jendreyko, H., u. K. J. Beck, Gas- u. Wasserfach, Ausg. Wasser-Abwasser **103**, 615–17 (1962).
[751] Jendreyko, H., u. E. Ruschenburg, Gas- u. Wasserfach, Ausg. Wasser-Abwasser **104**, 391–96 (1963).
[752] Longwell, J., u. W. D. Maniece, The Analyst **80**, 167 (1955).
[753] Patterson, S. J., C. C. Scott u. K. B. E. Tucker, J. Amer. Oil Chemists' Soc. **47**, 37 (1970).
[754] Anonym, European Chem. News **14**, 34 (1968).
[755] Rossmy, G., Fette, Seifen, Anstrichmittel **74**, (1) 56 (1969).
[756] Wacker-Chemie, G. m. b. H., F. P. 1302218 v. 30. 9. 1961, ausg. 28. 12. 1962.
[757] Maki, H., u. S. Saeki, J. Amer. Oil Chemists' Soc. **46**, 635 (1969).
[758] Meguro, K., M. Ochi u. N. Matsushita, Bull. chem. Soc. Japan **40**, 2657 (1967).
[759] Schmidt, G. A., General Elektric Co. U. S. P. 2991301 v. 16. 9. 1959, ausg. 7. 7. 1961.
[759a] Wacker-Chemie, G. m. b. H., F. P. 1284858 v. 23. 3. 1961, ausg. 6. 7. 1962.
[760] Maki, H., Y. Murakami, I. Ikeda u. S. Komori, J. chem. Soc. Japan, ind. chem. Sect. **71**, 1675 (1968).
[761] Nizsche, S., u. R. Müller, Wacker-Chemie, G. m. b. H., D. A. S. 1118455 v. 14. 8. 1959, ausg. 30. 11. 1961.
[762] Marron, Schifferli, Ind. Engng. Chem., analyt. Edit. **18**, 49 (1959).
[763] Jerkovits, J., Fette, Seifen, Anstrichmittel **60**, 44–46 (1958).
[764] Getmanski, I. K., Öl- u. Fett-Ind. **25**, (7) 29–31 (1959).
[765] Hintermaier, A., u. L. C. Kelber, Fette u. Seifen **50**, 413 (1943).
[766] Hoyt, L. F., u. J. E. Walter, J. Amer. Oil Chemists' Soc. **30**, 623 (1953).
[767] Besugly, Ss. F., u. B. A. Akimow, Chem. Ind. (UdSSR) **1959**, 494–99.
[768] Hirota, K., u. T. Yamada, Botyu-Kagaku (Sci. Insect. Control) **23**, 227–29 (1958).
[769] Hirota, K., H. Sumi u. S. Imabayashi, Annu. Rep. Takamine Lab. **10**, 282–86 (1958).
[770] Schreiber, A. A., McLaughlin Gornley King Co., U. S. P. 2842476 23. 4. 1953, ausg. 8. 7. 1958.
[771] Riley, G., Rohm & Haas Co., U. S. P. 2819996 v. 23. 11. 1955, ausg. 14. 1. 1958.
[772] Hartzell, A., u. F. Wilcoxon, Contr. Boyce Thompson Inst. **20**, 412–24 (1960).
[773] Volkow, Ju. M., Ž. v-ses chim. Obšč. im. D. J. Mendeleeva (Moskwa) **11**, 427 (1966).
[774] Bolton, W., J. agric. Sci. **57**, 83–86 (1961).
[775] Oser, B. L., u. M. Oser, J. of Nutrit. **60**, 367–90 (1956).
[776] Bock, K. J., Arch. Fischereiwiss. **17**, 68 (1966).
[777] Schmidt, O. J., u. H. Mann, Nature (London) **192**, 675 (1961).
[778] Marchetti, R., Riv. ital. Sostanze grasse **45**, (1) 27 (1968).
[779] Klein, A. S., D. Jenkins u. P. H. McGauhey, J. Water Pollut. Control Federat. **35**, 636–54 (1963).
[780] Paluch, J., u. A. Nogaj, Zeszyty Naukowe Politechniki Slaskiej, Wydz. chem. i Inž. Sanit., CHEMIA **174**, (34) 55 (1966).
[781] Dobozi, O., M. Lakatos u. F. Mate, Ž. Prikl. Chim. (Moskwa–Leningrad) **43**, 639 (1970).
[782] Andreas, F., u. J. Franke, Tenside **3**, 419 (1966).
[783] Manneck, H., Seifen, Öle, Fette, Wachse, **85**, 587–89 (1959).

[784] LAMMERS, T., Fette, Seifen, Anstrichmittel **63**, 628–30 (1961).
[785] KLUG, T., Riechstoffe u. Aromen **10**, 110–12 (1960).
[786] SCHLEICHER, H., V. JACOPIAN u. H. SCHMIEDEKNECHT, Zellstoff u. Papier (Leipzig) **17**, 53 (1968).
[787] O'MEARA, D., u. R. M. L. PATERSON, Tappi **43**, 927–33 (1960).
[788] KUKOLEW, G. W., u. K. A. MICHAILOWA, Feuerfeste Mater. (UdSSR) **25**, 222 bis 26 (1960).
[789] GROSZEK, A. J., u. D. J. PALMER, J. Inst. Petroleum **47**, 295–306 (1961).
[790] ZASLAVSKI, Ju. S., u. G. I. ŠOR, Freiberger Forsch. H., Reihe A, Heft **250**, 227 bis 36 (1962).
[791] HARGRAVES, A. J., u. R. L. MCKINNON, Australas. Inst. Mining Metallurgy Proc. **1961**, (200) 37–46.
[792] CHANDLER, R. H., Paint Manufact. **33**, 3–8 (1963).
[793] LEONHARD, F. J., Chem. Rdsch. (Solothurn) **14**, 113–14 (1961).
[794] LITWINOW, M. R., u. M. L. DERBAREMDIKER, Leder- u. Schuhwaren-Ind. (UdSSR) 4 (4) 24–25 (1962).
[795] HUMMEL, D., „*Analyse der Tenside*", Carl Hauser Verlag, München, 1962.
[796] „*Deutsche Einheitsmethoden zur Untersuchung von Fetten, Fettprodukten und verwandten Stoffen*", 9. Lieferung, Abt. H: „*Organische grenzflächenaktive Stoffe*," Wissenschaftliche Verlagsgesellschaft Stuttgart 1952.
[797] WICKBOLD, R., Seifen, Öle, Fette, Wachse **85**, 415 (1959).
[798] ARPINO, A., u. V. DE ROSA, Riv. ital. Sostanze grasse **39**, 386–93 (1962).
[799] WICKBOLD, R., Fette, Seifen, Anstrichmittel **70**, (9) 688–92 (1968).
[800] BÜRGER, K., Tenside **5**, (9, 10) 278 (1968).
[801] PUSCHMANN, H., Tenside **5**, (7, 8) 210–12 (1968).
[802] GRIFFITH, J. G., Chem. & Ind. **1957**, 1041–42.
[803] HAZLEHURST, T. H., J. chem. Educat. **19**, 61 (1942).
[804] JENNINGS, Jr., H. K., Rev. sci. Instruments **28**, 774–77 (1957).
[805] HEUSCH, R., Fette, Seifen, Anstrichmittel **72**, (11) 969 (1970).
[806] SCHWEN, G., Melliand Textilber. **31**, 627 (1950); **32**, 939 (1951).
[807] STIEPEL, C., Seifensieder-Zeitung. **41**, 347 (1914).
[808] RADDER, J., u. A. DE VLIEGER, De Tex **20**, 297–305 (1961).
[809] BLINOOW, W. A., u. L. P. RUMJANZEW, Öl- u. Fett-Ind. **27**, (12) 22–24 (1961).
[810] BERTSCH, H., G. KRETZSCHMANN u. H. FRUHNER, Fette, Seifen, Anstrichmittel **63**, 843–44 (1961).
[810a] ROSS u. MILES, Oil and Soap **18**, 99 (1941).
[811] MATALON, C. R., hebd. Séances Acad. Sci. **222**, 1213 (1946).
[812] FOULK, u. MILLER, Ind. Engng. Chem., analyt. Edit. **23**, 1283 (1931).

Register

Kolibri 360 GmbH
Ferdinand-Jühlke-Straße 7
99095 Erfurt, Deutschland
produktsicherheit@kolibri360.de